面向21世纪课程教材

中华农业科教基金资助编写

面向 21 世纪课程教材

Textbook Series for 21st Century

土壤农化分析

第三版

鲍士旦 主编

土壤、农业化学、资源与环境专业用

中国农业出版社

第三版编写人员名单

主　编　鲍士旦（南京农业大学）

参编人员组成（按姓氏笔划排列）

江荣风（中国农业大学）

杨超光（南京农业大学）

徐国华（南京农业大学）

鲍士旦（南京农业大学）

韩晓日（沈阳农业大学）

第二版修订者

主　编　史瑞和（南京农业大学）
编写者　鲍士旦（南京农业大学）
　　　　秦怀英（南京农业大学）
　　　　劳家柽（沈阳农业大学）
　　　　安战士（西北农业大学）
　　　　游植麟（华南农业大学）
　　　　余允贵（浙江农业大学）

第一版编写者

主　编	南京农学院	史瑞和	鲍士旦
副主编	沈阳农学院	劳家柽	陈小萱
编写者	北京农业大学	李酉开	
	浙江农业大学	袁可能	余允贵
	华南农学院	郭媛娟	游植麟
	西南农学院	陶启珍	青长乐
	西北农学院	安战士	

第三版前言

本书为全国高等农业院校教材指导委员会审定教材，适用于资源与环境学院有关土壤、农业化学、植物营养等专业本科生和研究生。

根据农业部农教高〔1997〕91号文件通知精神，关于下达1997年全国高等农业院校“九五”规划教材编写任务的通知，其中“九五”期间部级重点教材《土壤农化分析》由南京农业大学鲍士旦教授主持再版。参编的有中国农业大学江荣风，南京农业大学杨超光、徐国华，沈阳农业大学韩晓日。在修订过程中，以本书二版（93年获首届部级优秀教材奖）为基础，参照兄弟院校的意见和查阅国内外有关文献，拟出了修订大纲，明确编写要求及技术规范。然后各参编教师拟订详细编写大纲，经主编审定后开始编写。初稿经主编初审后，由编者修改再交主编审阅。全书由鲍士旦通读修改，后经主审审定并提出意见，最后由鲍士旦修改定稿。

再版时，我们力求反映20世纪90年代有关土壤农化分析方面的进展。土壤分析部分内容略有增加，但变动不大；植物分析中农产品品质分析增加新的内容；由于工业“三废”排放有害重金属元素进入水体和农田，对植物、动物及人类产生日益严重的毒害，故增加“无机污染（有害）物质的分析”一章；肥料分析部分增加了无机复混肥料分析的内容，其方法均为国标法。鉴于各校已单独开设仪器分析课，根据大家的意见去掉“仪器分析”一章；为了全面开展质量控制，提高技术人员业务水平，保证分析工作质量和加强分析工作的科学管理，特增加“分析质量控制及数据处理”一章。

在本书第二版中有许多现在已不再使用的计量单位和符号，在再版时严格按照1984年颁布的《中华人民共和国法定计量单位》及有关量和单位的国家标准，相应给予全面修改，以保持全书的一致性。

为启发学生思考、扩大知识面，在每章的后面增加了思考题，并附参考文献，以便查阅。

本课程内容多，而且都要做实验。由于各地区土壤类型不同，农业生产情况不一，存在问题也不尽相同；本课程授课时数各校也不尽相同。因此，各校可根据实际情况选择合适的分析方法组织教学，可酌情增减或有所侧重。系统编写的目的是便于学生自学和使用时参考、查阅。

参加编写人员与分工如下：南京农业大学鲍士旦（前言，第二、三、五、六、十五和十六章，附录）；杨超光（第一、十四、十七、十九和二十章）；徐国华（第七、十二章），徐国华和杨超光（第十三章）。中国农业大学江荣风（第四、八、九和十章）。沈阳农业大学韩晓日（第十一、十八和二十一章）。在编写过程中，原浙江农业大学、华南农业大学、原西北农业大学和湖南农业大学等兄弟院校有关教师对本书二版提出了许多宝贵意见；南京农业大学胡蕴珠教授审阅修改了第二十一章，在此一并谨致以衷心的感谢。

全书由华南农业大学游植麟教授主审。对他提出的许多宝贵意见，编者表示衷心的感谢。

由于土壤农化分析涉及内容广泛，而编者水平有限，书中不足甚至错误之处，希望读者批评指正。

编　者

1999.12

第二版前言

根据农牧渔业部57号文件通知的精神，关于1984年修订20门农业通用教材的通知，其中有全国高等农业院校试用教材《土壤农化分析》由南京农业大学史瑞和主持再版。于1984年10月在南京农业大学召开了教材修订大纲讨论会，参加讨论会的有南京农业大学、沈阳农业大学、北京农业大学、西北农业大学、华南农业大学、浙江农业大学、西南农业大学、华中农业大学等八所兄弟院校有关同志13人，经充分讨论、协商确定了修订大纲。根据农牧渔业部要求编写人员不能太多的指示，最后商定了参加编写的人员与分工如下：南京农业大学史瑞和（前言，修改审定），鲍士旦〔第二、三、五、六、十九（1～3节）章〕，秦怀英〔第一、十一、十二、十九（4节）章〕；沈阳农业大学劳家柽（第十三、十四、十五、十六章）；西北农业大学安战士（第八、九、十章）；华南农业大学游植麟（第七、十七、十八章）；浙江农业大学余允贵（第四章）。初稿写成之后，互相交流审阅，又于1985年11月在南京召开了编写者会议，在会上相互提出修改意见。修改稿于1986年3月底全部寄到南京农业大学，后经鲍士旦整理（其中第十章由秦怀英整理），最后由史瑞和校阅审定。

再版时，土壤分析内容，变动不大；植物分析部分则有所加强，由于经济发展的需要，农产品品质分析增加了新的内容，肥料分析部分有所压缩，好在无机肥料成分单纯，分析方法一般以部颁方法为主。

当前由于现代分析仪器的应用，测试的精密度和速度有了很大的提高，因此要求学生既要熟悉和掌握土壤农化分析的基本原理和操作技术，又要学会使用现代分析仪器。但鉴于各校已单独开设仪器分析课，再版时，仪器分析部分，仅去掉吸收光谱分析的一般原理及其应用一节，增加了极谱分析的基本原理。

再版在章节安排方面作了新的尝试，章节用数目字表示，以利于翻阅。单位和符号也作了统一规定，以保持全书的一致性。

由于土壤农化分析内容广泛，而编者水平有限，本书还有不少缺点和错误，热忱地希望采用这本教材的老师和同学多多提出意见，以便日后修订。

编　者

1986.3

第一版前言

土壤是农业生产的基础，摸清土壤底细，研究植物营养和作物施肥，都需要化学分析工作。新中国成立以来，在毛主席革命路线指引下，我国广大土肥工作者走与工农相结合的道路，与贫下中农一起，开展群众性土壤普查，进行土壤和作物营养诊断，指导作物施肥，土壤农化分析工作在提高农业生产上起了重要的作用。

土壤农化分析包括土壤分析、植物分析和肥料分析三个方面。土壤分析主要是土壤的基本化学特性分析，包括化学组成、肥力特性、交换性能、酸碱度、盐分等，为土壤分类、土地资源开发利用、土壤改良、合理施肥等提供依据。

植物分析包括两个方面。一是植物养分含量的分析，研究在不同土壤、气候条件和不同栽培措施与施肥技术影响下，植物体内养分含量的变化，为合理施肥提供参考数据；二是收获物品质的分析，如蛋白质、糖分、淀粉、油分等含量的分析。品质分析不仅是对食物和饲料的检定，而且对新品种的选育具有重要意义。

肥料分析是确定肥料中某一营养成分的百分含量。根据分析要求，或测定这种成分的总量，或测定对植物直接有效的那一部分养分的含量。矿质肥料的分析，检验矿质肥料或化学肥料符合于规定标准的程度，是商品检验的一项重要内容。肥料的施用量是根据分析结果或规定标准来计算的。有机肥料的分析，可以了解养分含量和堆制贮存过程中养分的变化，从而对堆制贮存方法提出改进意见。这些测定也为按规定用量施用肥料提供数据。

土壤农化分析既是一门技术性较强的课程，又是一门应用学科。既要学好基础理论、基本知识和基本操作，还要学会使用现代分析仪器；同时又要学好专业课和农学类课程，才能正确地把分析结果应用到生产实际和科学研究中去。这里特别需要强调的是，由于现代分析仪器和自动化装置的应用，大大加快了分析工作的进度，现代化分析仪器在分析工作中成了不可缺少的工具。但是现代化仪器的使用，同样离不开分析化学的基本原理和操作。复杂的精密仪器，对样品的预处理有时要求更高。因此基本理论、基本知识和基本操作训练就显得更加重要。

土壤科学的发展，对测试手段不断提出新的要求。如果就30年以前的常规土壤分析项目来看，在今天，内容和方法都有了很大改变。在50年以前，我们要分析一个元素，例如N、P、K、Zn、B等，一个有经验的工作人员，在设备比较完善的实验室中平均一天只能完成10个左右的土壤样本。而目前由于现代分析仪器的应用，如最常用的有原子吸收分光光度计，各种光谱仪，各种离子选择性电极以及自动化分析仪，使测试的精密度和速度有了很大的提高。另外，电子计算机在土壤农化分析工作中的应用，也大大加快了分析工作的进展。例如用电子计算机控制中子活化分析装置来分析作物和肥料中N、P、K、Ca、Mg、Cl、Si七种元素的含量，它按照编好的程序工作，实现自动化进样，自动分析这些元素，自动进行数据处理，自动打印出分析结果，每8h可分析500个样品，大大提高了工作效率和分析结果的精密度。

另外，分析方法也有很大改进。例如样品一次消煮可同时测定N、P、K。为了适合自动化分析仪器的使用，不仅操作步骤简化了，分析方法渐趋统一。例如土壤速效磷的提取，30年前大约采用了20～30种不同的提取剂，现在已基本上一致，石灰性土壤和酸性土壤分别可以用一个试剂提取。

由于现代化分析仪器的应用和分析方法的改进，分析工作的速度加快了，对土壤样品的采集也有了新的认识。目前一致趋向于在一定面积的土壤上采取更多的样品，进行更多的分析项目，累积更多的数据，应用电子计算机进行综合性分析，获得可靠的结论，构成合理的建议。

当前我国土壤农化分析工作也有很大进展，不仅很多研究单位建立了现代化的分析实验室，配备了现代分析仪器，改进分析方法，增加分析项目，而且很多基层单位如县农科所、大队农科站也建立了分析实验室。开展群众性的土壤普查，进行土壤和作物营养诊断，促进了农业生产的发展。许多地区经土壤普查、速测诊断后，发现土壤缺磷或缺钾，施用磷肥或钾肥，产量大幅度增加。同时速测诊断工作的广泛开展，增加了群众性科学实验的活动内容，提高了群众科学技术水平。

本课程内容多，而且都要做实验，需180～200学时。由于各地区土壤类型不同，农业生产情况不一，存在的问题也不尽相同，各校在使用教材时，可酌情增减，或有所侧重。

随着土壤农化分析的发展，本教材中比色分析占了较大的比重，仪器分析也有所增加，为了加强基本技能训练，教材中还适当地安排了若干重量和容量分析方法。并对同一分析项目并列了几个方法，以照顾分析目的和设备条件的差异。这样既注意反映了当前先进水平，介绍了较多的仪器分析方法，又考虑到基层单位的实际情况，介绍了简便快速的分析方法。另外，对每个测定方法原理的说明，力求深入浅出，操作步骤阐述详细具体，并辅以注解，以便同学更好地掌握分析原理和操作技术。

现代化分析仪器是分析工作中不可缺少的手段。高等农业院校应尽快用现代化仪器装备实验室，迅速实现科学技术的现代化。教材中新增加一章介绍常用的几种现代分析仪器，希望各院校积极创造条件，为土化专业开设《仪器分析》课。

目　录

第五章 土壤中磷的测定

第六章　土壤中钾的测定

第七章　土壤中微量元素的测定

第八章　土壤阳离子交换性能的分析

第九章　土壤水溶性盐的分析

第十章 土壤中碳酸钙和硫酸钙的测定

第十一章 土壤中硅、铁、铝等元素的分析

第十三章 植物灰分和各种营养元素的测定

第十四章 农产品中蛋白质和氨基酸的分析

第十五章　农产品中碳水化合物的分析

第十六章　籽粒中油脂和脂肪酸的测定

第十七章　有机酸和维生素分析

第十八章　无机污染（有害）物质的分析

第十九章　无机肥料分析

第二十章　有机肥料的分析

第二十一章　分析质量的控制和数据处理

附表

本书的术语和代号说明

1. 水：在试剂配制和操作步操中所说的“水”，除特别说明外，一律系指蒸馏水或去离子水。

2. 试剂级别：除非特别说明，一般试剂溶液系指用化学纯（CP）试剂配制，标定剂和标准溶液则用分析纯（AR）或优级纯（GR）试剂配制。

3. 定容：一定量的溶质溶解后，或取一整份溶液，在精密量器（容量瓶或比色管等）中准确稀释到一定的体积（刻度），塞紧，并充分摇匀为止，这一整个操作过程称为“定容”。因此“定容”不仅指准确稀释，还包括充分混匀的意思。

4. 养分的表示方法：除化肥成分用K_2O、P_2O_5外，其他一切土壤、植物的养分均用元素（N、P、K、Ca、Mg、Cu、Mn、Zn、B、Mo等）表示。

5. 凡计算结果中用%或mg・kg、μg・kg等表示的，均为某物质的质量分数。

6. 根据1984年颁布的《中华人民共和国法定计量单位》及有关量和单位的国家标准，对本书二版进行全面修改。为了充分利用以前的数据，现将土壤农化分析方法中常用法定计量单位与废止计量单位之间的转换关系列表如下：

量的名称	非法定计量单位 表达式①	法定计量单位 表达式②	由①换成②的 乘数
物质B的浓度 ($c_B=n_B \cdot V^{-1}$)	1N HCl	$c(HCl)=1\ mol \cdot L^{-1}$	1
	1N H_2SO_4	$c(1/2H_2SO_4)=1\ mol \cdot L^{-1}$	1
	1N H_2SO_4	$c(H_2SO_4)=1/2\ mol \cdot L^{-1}$	1/2
	1N $K_2Cr_2O_7$	$c(1/6K_2Cr_2O_7)=1\ mol \cdot L^{-1}$	1
	1N $K_2Cr_2O_7$	$c(K_2Cr_2O_7)=1/6\ mol \cdot L^{-1}$	1/6
	1N $KMnO_4$	$c(1/5KMnO_4)=1\ mol \cdot L^{-1}$	1
	1N $KMnO_4$	$c(KMnO_4)=1/5\ mol \cdot L^{-1}$	1/5
	1M HCl	$c(HCl)=1\ mol \cdot L^{-1}$	1
	1M H_2SO_4	$c(H_2SO_4)=1\ mol \cdot L^{-1}$	1
	1M $K_2Cr_2O_7$	$c(K_2Cr_2O_7)=1\ mol \cdot L^{-1}$	1
	1M $KMnO_4$	$c(KMnO_4)=1\ mol \cdot L^{-1}$	1

（续）

量的名称	非法定计量单位表达式①	法定计量单位表达式②	由①换成②的乘数
交换量 *CEC*	meq/100g	$cmol \cdot kg^{-1}$	1
物质B的质量浓度（$\rho_B = m_B \cdot V^{-1}$）	5%(*W*/*V*)NaCl	$\rho(NaCl) = 50\ g \cdot L^{-1}$	10
	5%(*W*/*V*)HCl	$\rho(HCl) = 50\ g \cdot L^{-1}$	10
	1ppm P	$\rho(P) = 1\ mg \cdot L^{-1}$ 或 $1\ \mu g \cdot mL^{-1}$	1
	1ppb Se	$\rho(Se) = 1\ \mu g \cdot L^{-1}$	1
物质B的质量分数（$\omega_B = m_B \cdot m^{-1}$）	5%(*W*/*W*)NaCl	$\omega(NaCl) = 0.05 = 5\%$	1
	1 ppm P	$\omega(P) = 1 \times 10^{-6}$ 或 $\omega(P) = 1\ mg \cdot kg^{-1}$	1
	1 ppb Se	$\omega(Se) = 1 \times 10^{-9}$ 或 $\omega(Se) = 1\ \mu g \cdot kg^{-1}$	1
物质B的体积分数（$\varphi_B = V_B \cdot V^{-1}$）	5%(*V*/*V*)HCl	$\varphi(HCl) = 0.05 = 5\%$	1
	5%(*V*/*V*)HCl	$\varphi(HCl) = 50\ mL \cdot L^{-1}$	10
体积比（$V_1 : V_2$）	1＋1 HCl	HCl(1∶1)	
	1＋1 H_2SO_4	H_2SO_4(1∶9)	
	3＋1 HCl∶HNO_3	HNO_3(3∶1)	
［旋］转速［度］(*n*)	rpm	$r \cdot min^{-1}$ 或（1/60）s^{-1}	1
压力和压强（*p*）	bar	kPa	10^2
	atm(760mmHg)	kPa	101.325
	mm H_2O	Pa	9.806 65
面积（*A*）	市亩	m^2	666.66
	市亩	hm^2	0.066 666

第一章

土壤农化分析的基本知识

学习土壤农化分析，和学习其他课程一样，必须掌握有关的基本理论、基本知识和基本操作技术。基本知识包括与土壤农化分析有关的数理化知识、分析实验室知识、农业生产知识和土化专业知识。这些基本知识必须在有关课程的学习中以及在生产实践和科学研究工作中不断吸取和积累。本章只对土化分析用的纯水、试剂、器皿等基本知识作一简要的说明。定量分析教材中的内容一般不再重复。

1.1 土壤农化分析用纯水

1.1.1 纯水的制备

分析工作中需用的纯水用量很大，必须注意节约、水质检查和正确保存，勿使受器皿和空气等来源的污染，必要时装苏打-石灰管防止 CO_2 的溶解沾污。

纯水的制备常用蒸馏法和离子交换法。蒸馏法是利用水与杂质的沸点不同，经过外加热使所产生的水蒸气经冷凝后制得。蒸馏法制得的蒸馏水，由于经过高温的处理，不易长霉；但蒸馏器多为铜制或锡制，因此蒸馏水中难免有痕量的这些金属离子存在。实验室自制时可用电热蒸馏水器，出水量有 5、10、20、或 50L/h 等种，使用尚称方便，但耗电较多，出水速度较小。工厂和浴室利用废蒸汽所得的副产蒸馏水，质量较差，必须检查后才能使用。

离子交换法可制得质量较高的纯水——去离子水，一般是用自来水通过离子纯水器制得，因未经高温灭菌，往往容易长霉。离子交换纯水器可以自己装置，各省市也有商品纯水器供应。

水通过交换树脂获得的纯水称离子交换水或去离子水。离子交换树脂是一种不溶性的高分子化合物。组成树脂的骨架部分具有网状结构，对酸碱及一般溶剂相当稳定，而骨架上又有能与溶液中阳离子或阴离子进行交换的活性基团。在树脂庞大的结构中，磺酸基（$—SO_3^- H^+$）或季铵基[$—CH_2N^+(CH_3)_3OH^-$，简作$\equiv N^+OH^-$]等是活性基团，其余的网状结构是树脂的骨架，可以用R表示。上述两种树脂的结构可简写为$R—SO_3H$和$R=NOH$。当水流通过装有离子交换树脂的交换器时，水中的杂质离子被离子交换树脂所截留。这是因为离子交换基中的H^+或OH^-与水中的杂质离子（如Na^+，Ca^{2+}，Cl^-，SO_4^{2-}）交换，交换下来的H^+与OH^-结合为H_2O，而杂质离子则被吸附在树脂上，以阳离子Na^+和阴离子Cl^-为例，其化学反应式为：

$$R—SO_3H+Na^+ \rightleftharpoons R—SO_3Na+H^+$$

$$R\equiv NOH+Cl^- \rightleftharpoons R\equiv NCl+OH^-$$

$$OH^- + H^+ \longrightarrow H_2O$$

上述离子交换反应是可逆的，当H^+与OH^-的浓度增加到一定程度时，反应向相反方向进行，这就是离子交换树脂再生的原理。在纯水制造中，通常采用强酸性阳离子交换树脂（如国产732树脂）和强碱性阴离子树脂（如国产717树脂）。新的商品树脂一般是中性盐型式的树脂（常制成$R—SO_3Na$和$R\equiv NCl$等型式），性质较稳定，便于贮存。在使用之前必须进行净化和转型处理，使之转化为所需的H^+型和OH^-型的树脂。

离子交换树脂的性能与活性基团和网状骨架、树脂的粒度和温度、pH等有关。①活性基团越多，交换容量越大。一般树脂的交换容量为3～6 $mol \cdot kg^{-1}$，干树脂（离子型式）。活性基团和种类不同，能交换的离子基团也不同。②网状骨架的网眼是由交联剂形成的。例如上述苯乙烯系离子交换树脂结构中的长碳链，是由若干个苯乙烯聚合而成。长链之间则用二乙烯苯交联起来，二乙烯苯就是交联剂。树脂骨架中所含交联剂的质量百分率就是交联度。交联度小时，树脂的水溶性强，泡水后的膨胀性大，网状结构的网眼大，交换速度快，大小离子都容易进入网眼，交换的选择性低。反之，交联度大时，则水溶性弱，网眼小，交换慢，大的离子不易进入，具有一定的选择性。制备纯水的树脂，要求能除去多种离子，所以交联度要适当小。但同时以要求树脂难溶于水，以免沾污纯水，所以交联度又要适当地大。实际选用时，交联度以7%～12%为宜。③树脂的粒度越小（颗粒越小），工作交换量（实际上能交换离子的最大量）越大，但在交换柱中充填越紧密，流速就越慢。制备纯水用的树脂粒度以在0.3～1.2 mm（50～16目）之间为宜。④温度过高或过低，对树脂的强度和交换容量都有很大的影响。温度降低时，树脂的交换容量和机械强度都随之降低；冷至≤0 ℃时，树脂即冻结，并由于内部水分的膨胀而使树脂破裂，从而影响寿命。温度过高，则容易使树脂的活性基团分解，从而影响树脂的交换容量和使用寿命。一般阳离子树脂的耐热性高于阴离子树脂；盐型树脂以 Na 型最好。水的 pH 对于树脂活性基团的离解也有影响。因为 H^+ 和 OH^- 离子是活性基团的解离产物。显然 pH 下降将抑制阳离子树脂活性基团的离解；pH 上升，则抑制阴离子树脂活性基团的离解。这种抑制作用对酸、碱性较强的树脂的影响较小，对酸、碱性较弱的树脂则影响较大。

中性盐式的树脂，性质较稳定，便于贮存，所以商品树脂常制成 R—SO_3Na 和 R═NCl 等型式。新树脂使用时要先经净化和“转型”处理：用水和酒精洗去低聚物、色素、灰沙等杂质，分别装入交换柱，用稀 HCl 和 NaOH 溶液分别浸洗阳、阴离子交换树脂，使之转化为 H^+ 和 OH^- 树脂，再用纯水洗去过量的酸碱和生成的盐。转型后将各交换柱按照阳→阴→阳→阴的顺序串联起来。洁净的天然水通过各柱，即得去离子水。树脂使用老化后，就要分别用 HCl 和 NaOH 再生为 H^+ 和 OH^- 型。再生的反应和转型的反应相似。上述交换方法称为复柱法。它的设备和树脂再生处理都很简单，便于推广；串联的柱数越多，所得去离子水的纯度越高。它的缺点是，柱中的交换产物多少会引起逆反应，制得水的纯度不是很高。

制取纯度很高的水，可采用混合柱法：将阳、阴离子按 1∶1.5 或 1∶2 或 1∶3 的比例（随两种树脂交换能力的相对大小而定）混合装在交换柱中，它相当于阳、阴离子交换柱的无限次串联。一种树脂的交换产物（例如 HCl 或 $Ca(OH)_2$ 等）可立即被另一种树脂交换除去，整个系统的交换产物就是中性的水，因此交换作用更完全，所得去离子水的纯度也更高。但混合柱中两种树脂的再生时，需要先用较浓的 NaOH 或 HCl 溶液逆流冲洗，使比重较小的阴离子交换树脂浮升到阳离子交换树脂上面，用水洗涤后，再在柱的上下两层分别进行阳、阴离子交换树脂的再生。也可以采用联合法，即在“复柱”后面安装一个“混合柱”，按照阳→阴→混的顺序串联各柱，则可制得优质纯水，可以减少混合柱中树脂分离和再生的次数。

关于新树脂的预处理、纯水器的装置、树脂的再生、纯水的制备等操作细节，可查阅各商品的说明书。

1.1.2 实验室用水的检验

实验室用水的外观应为无色透明的液体。它分为 3 个等级。一级水，基本上不含有溶解或胶态离子杂质及有机质。它可用二级水经过石英装置重蒸馏、离子交换混合床和 0.2 μm 的过滤膜的方法制得。二级水，可允许含有微量的无机、有机或胶态杂质。可用蒸馏、反渗透或去离子后再进行蒸馏等方法制得。三级水，可采用蒸馏、反渗透或去离子等方法制得。

按照我国国家标准《实验室用水规格》（GB6682－86）之规定，实验室用水要经过 pH、电导率、可氧化物限度、吸光度及二氧化硅五个项目的测定和试验，并应符合相应的规定和要求（表 1－1）。

表 1－1　实验室用水标准*

级别	一级水	二级水	三级水
pH	难于测定，不规定	难于测定，不规定	5.0～7.5（pH 计测定）
电导率（$\mu S \cdot cm^{-1}$）	＜0.1	＜1.0	＜5.0
可氧化物限度	无此试验项目	1 L 水＋98 $g \cdot L^{-1}$ 硫酸 10 mL＋0.002 $mol \cdot L^{-1}$ 高锰酸钾 1.0 mL 煮沸 5 min，淡红色不褪尽	100 mL 水，同左测定
吸光度（λ＝254 mm）	＜0.001（同右）	＜0.01（石英比色杯，1 cm 为参比，测 2 cm 比色杯中水的吸光度。）	无此测定项目
SiO_2（$mg \cdot L^{-1}$）	＜0.02	＜0.05	无此测定项目

*　详细测定方法步骤见楼书聪编，化学试剂配制手册，江苏科学技术出版社 1995，380～386 页。

土壤农化分析实验室的用水，一般使用三级水，有些特殊的分析项目要求用更高纯度的水。其水的纯度可用电导仪测定电阻率、电导率或用化学的方法检查。电导率在 2 $\mu S \cdot cm^{-1}$ 左右的普通纯水即可用于常量分析，微量元素分析和离子电极法、原子吸收光谱法等有时需用 1 $\mu S \cdot cm^{-1}$ 以下的优质纯水，特纯水可在 0.06 $\mu S \cdot cm^{-1}$ 以上，但水中尚有 0.01 $mg \cdot L^{-1}$ 杂质离子。几种水的电阻率和电导率如图 1－1 所示。

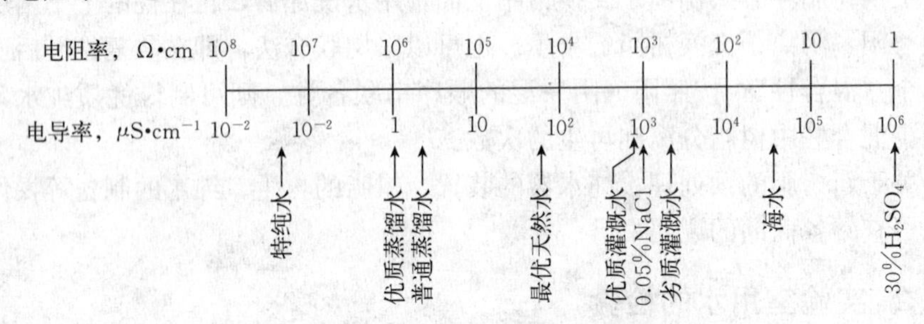

图 1－1　几种水的电阻率和电导率

一般土壤农化分析实验室用水还可以用以下化学检查方法：

（1）金属离子。水样 10 mL，加铬黑 T－氨缓冲溶液（0.5 g 铬黑 T 溶于 10 mL 氨缓冲溶液，加酒精至 100 mL）2 滴，应呈蓝色。如为紫红色，表明含有 Ca、Mg、Fe、Al、Cu 等金属离子；此时可加入 1 滴 0.01 $mol \cdot L^{-1}$ EDTA

二钠盐溶液，如能变为蓝色表示纯度尚可，否则为不合格（严格要求时须用 50 mL 水样检查，如加 1 滴 EDTA 不能变蓝即不合格）。

（2）氯离子。水样 10 mL，加浓 HNO_3 1 滴和 0.1 mol·L^{-1} $AgNO_3$ 溶液 5 滴，几分钟后在黑色背景上观察完全澄清，无乳白色浑浊生成，否则表示 Cl^- 较多。

（3）pH 值。应在 6.5～7.5 范围以内。水样加 1 g·L^{-1} 甲基红指示剂应呈黄色；加 1 g·L^{-1} 溴百里酚蓝指示剂应呈草绿色或黄色，不能呈蓝色；加 1 g·L^{-1} 酚酞指示剂应完全无色。pH 值也可以用广泛 pH 试纸检查。纯水由于溶有微量 CO_2，pH 值常小于 7；太小则表明溶解的 CO_2 太多，或者离子交换器有 H^+ 泄漏；太大则表明含 HCO_3^- 太多或者离子交换器有 OH^- 泄漏。

单项分析用的纯水有时须作单项检查。例如测定氮时须检查无氮或无酸碱；测定磷时须检查无磷等［普通去离子水用于钼蓝比色法测磷和硅时，可能有不明原因的蓝色物质生成，应特别注意检验（编者）］。

某些微量元素分析和精密分析需用纯度很高的水，可将普通纯水用硬质玻璃蒸馏器加少量的 $KMnO_4$（氧化有机质），并视需要加少量 H_2SO_4（防氨等馏出）或少量 NaOH（防 CO_2、SO_2、H_2S 等馏出）重新蒸馏，制成“重蒸馏水”；也可用重交换法制取优质去离子水。

1.2 试剂的标准、规格、选用和保藏

1.2.1 试剂的标准

“试剂”应是指市售原包装的“化学试剂”或“化学药品”。用试剂配成的各种溶液应称为某某溶液或“试液”。但这种称呼并不严格，常常是混用的。

试剂标准化的开端源于 19 世纪中叶，德国伊默克公司的创始人伊马纽尔·默克（Emanuel Merck）1851 年声明要供应保证质量的试剂。在 1888 年出版了伊默克公司化学家克劳赫（Krauch）编著的《化学试剂纯度检验》，后历经多次修订。该公司 1971 出版的《默克标准（Merck Standard）》（德文）。在讲德语的国家中，它起到了试剂标准的作用。

在伊默克公司的影响下，世界上其它国家的试剂生产厂家很快也出版了这类汇编。除了《默克标准》之外，其中比较著名的，对我国化学试剂工业影响较大的国外试剂标准有：由美国化学家约瑟夫．罗津（Joseph Rosin，1937 年）首编，历经多次修订而成的《罗津（Rosin）标准》，全称为《具有试验和测定方法的化学试剂及其标准（Reagent Chemicals Standards With Methods of Testing and Assaying)》，它是世界上最著名的一部学者标准；美国化学学

会分析试剂委员会编纂的《ASA 规格》，全称为《化学试剂——美国化学学会规格（Reagent Chemicals—Americal Society Specification）》，类似于《ASA 规格》的早期文本出现于 1917 年，至 1986 年已经修订出版了七版，是当前美国最有权威性的一部试剂标准。

我国化学试剂标准分国家标准、部颁标准和企业标准 3 种，《中华人民共和国国家标准·化学试剂》制定，出版于 1965 年，其最新的版本在 1995 年出版。

国家标准由化学工业部提出，国家标准局审批和发布，其代号是“GB”，是“国标”的汉语拼音缩写。其编号形式如 GB2299—80 高纯硼酸，表示国家标准 2299 号，1980 年颁布。它的内容包括试剂名称、性状、分子式、分子量、试剂的最低含量和杂质的最高含量、检验规则、试验方法、包装及标志等。

部颁标准由化工部组织制订、审批、发布，报送国家标准局备案。其代号是“HG（化工）”；还有一种是化工部发布的暂时执行标准，代号为“HGB（化工部）”。其编号形式与国家标准相同。

企业标准由省化工厅（局）或省、市级标准局审批、发布，在化学试剂行业或一个地区内执行。企业标准代号采用分数形式“Q/HG 或 Q、HG”，即“企/化工”的汉语拼音缩写。其编号形式与国家标准相同。

在这 3 种标准中，部颁标准不得与国家标准相抵触；企业标准不得与国家标准和部颁标准相抵触。

1.2.2 试剂的规格

试剂规格又叫试剂级别或试剂类别。一般按试剂的用途或纯度、杂质的含量来划分规格标准，国外试剂厂生产的化学试剂的规格趋向于按用途划分，其优点是简单明了，从规格可知此试剂的用途，用户不必在使用哪一种纯度的试剂上反复考虑。

我国试剂的规格基本上按纯度划分，共有高纯、光谱纯、基准、分光纯、优级纯、分析纯和化学纯 7 种。国家和主管部门颁布质量指标的主要是优级纯、分析纯和化学纯 3 种。①优级纯，属一级试剂，标签颜色为绿色。这类试剂的杂质很低。主要用于精密的科学研究和分析工作。相当于进口试剂“G. R”（保证试剂）。②分析纯，属于二级试剂，标签颜色为红色，这类试剂的杂质含量低。主要用于一般的科学研究和分析工作。相当于进口试剂的“A. R”（分析试剂）。③化学纯，属于三级试剂，标签颜色为蓝色。这类试剂的质量略低于分析纯试剂，用于一般的分析工作。相当于进口试剂“C. P”

（化学纯）。

除上述试剂外，还有许多特殊规格的试剂，如指示剂、生化试剂、生物染色剂、色谱用试剂及高纯工艺用试剂等。

1.2.3 试剂的选用

土壤农化分析中一般都用化学纯试剂配制溶液。标准溶液和标定剂通常都用分析纯或优级纯试剂。微量元素分析一般用分析纯试剂配制溶液，用优级纯试剂或纯度更高的试剂配制标准溶液。精密分析用的标定剂等有时需选用更纯的基准试剂（绿色标志）。光谱分析用的标准物质有时须用光谱纯试剂(S.P)，其中近于不含能干扰待测元素光谱的杂质。不含杂质的试剂是没有的，即使是极纯粹的试剂，对某些特定的分析或痕量分析，并不一定符合要求。选用试剂时应当加以注意。如果所用试剂虽然含有某些杂质，但对所进行的实验事实上没有妨碍，若没有特别的约定，那就可以放心使用。这就要求分析工作者应具备试剂原料和制造工艺等方面的知识，在选用试剂时把试剂的规格和操作过程结合起来考虑。不同级别的试剂价格有时相差很大。因此，不需要用高一级的试剂时就不用。相反，有时经过检验，则可用较低级别的试剂，例如经检查（空白试验）不含氮的化学试剂（L.R，四级、蓝色标志）甚至工业用（不属试剂级别）的浓 H_2SO_4 和 NaOH，也可用于全氮的测定。但必须指出的是，一些仲裁分析，必须按其要求选用相应规格的试剂。

1.2.4 试剂的保存

试剂的种类繁多，贮藏时应按照酸、碱、盐、单质、指示剂、溶剂、有毒试剂等分别存放。盐类试剂很多，可先按阳离子顺序排列，同一阳离子的盐类再按阴离子顺序排列。强酸、强碱、强氧化剂、易燃品、剧毒品、异臭和易挥发试剂应单独存放于阴凉、干燥、通风之处，特别是易燃品和剧毒品应放在危险品库或单独存放，试剂橱中更不得放置氨水和盐酸等挥发性药品，否则会使全橱试剂都遭污染。定氮用的浓 H_2SO_4 和定钾用的各种试剂溶液尤须严防 NH_3 的污染，否则会引起分析结果的严重错误。NH_3 水和 NaOH 吸收空气中的 CO_2 后，对 Ca、Mg、N 的测定也能产生干扰。开启 NH_3 水、乙醚等易挥发性试剂时须先充分冷却、瓶口不要对着人，慎防试剂喷出发生事故。过氧化氢溶液能溶解玻璃的碱质而加速 H_2O_2 的分解，所以须用塑料瓶或内壁涂蜡的玻璃瓶贮藏；波长为 320～380 nm 的光线也会加速 H_2O_2 的分解，故最好贮于棕色瓶中，并藏于阴凉处。高氯酸的浓度在 700 g·kg^{-1} 以上时，与有机质如纸炭、木屑、橡皮、活塞油等接触容易引起爆炸，500～600 g·kg^{-1} $HClO_4$ 则比较安全。HF有很强的腐蚀性和毒性，除能腐蚀玻璃以外，滴在皮肤上即产生难以痊愈的烧伤，特别是在指甲上。因此，使用HF时应戴上橡皮手套，并在通风橱中进行操作。氯化亚锡等易被空气氧化或吸湿的试剂，必须注意密封保存。

1.2.5 试剂的配制

试剂的配制。视具体的情况和实际需要的不同，有粗配和精配两种方法。

一般实验用试剂，没有必要使用精确浓度的溶液，使用近似浓度的溶液就可以得到满意的结果。如盐酸、氢氧化钠和硫酸亚铁等溶液。这些物质都不稳定，或易于挥发吸潮，或易于吸收空气中的二氧化碳，或易被氧化而使其物质的组成与化学式不相符。用这些物质配制的溶液就只能得到近似浓度的溶液。在配制近似浓度的溶液时，只要用一般的仪器就可以。例如用粗天平来称量物质，用量筒来量取液体。通常只要一位或两位有效数字。这种配制方法叫粗配。近似浓度的溶液要经过用其它标准物质进行标定，才可间接得到其精确的浓度。如酸、碱标准液，必须用无水碳酸钠、苯二甲酸氢钾来标定才可得到其精确的浓度。

有时候，则必须使用精确浓度的溶液。例如在制备定量分析用的试剂溶液，即标准溶液时，就必须用精密的仪器，如分析天平、容量瓶、移液管和滴定管等，并遵照实验要求的准确度和试剂特点精心配制。通常要求浓度具有四位有效数字。这种配制方法叫精配。如重铬酸盐、碱金属氯化物、草酸、草酸钠、碳酸钠等能够得到高纯度的物质，它们都具有较大的分子量，贮藏时稳定，烘干时不分解，物质的组成精确地与化学式相符合的特点，可以直接制备得到标准溶液。

试剂配制的注意事项和安全常识，定量分析中都有详细的论述，可参考有关的书籍。

1.3 常用器皿的性能、选用和洗涤

1.3.1 玻璃器皿

1.3.1.1 软质玻璃　又称普通玻璃是含有二氧化硅（SiO_2）、氧化钙（CaO）、氧化钾（K_2O）、三氧化二铝（Al_2O_3）、三氧化二硼（B_2O_3）、氧化钠（Na_2O）等成分制成的。有一定的化学稳定性、热稳定性和机械强度，透明性较好，易于灯焰加工焊接。但热膨胀系数大，易炸裂、破碎。因此，多制成不需要加热的仪器。如试剂瓶、漏斗、量筒、玻璃管等。

1.3.1.2　硬质玻璃　又称硬料，主要成分是二氧化硅（SiO_2）、碳酸钾（K_2CO_3）、碳酸钠（Na_2CO_3）、碳酸镁（$MgCO_3$）、硼砂（$Na_2BO_7 \cdot 10H_2O$）、氧化锌（ZnO）、三氧化二铝（Al_2O_3）等，也称为硼硅玻璃。如我国的“95料”、GG-17耐高温玻璃和美国的Pyrex玻璃等。硬质玻璃的耐温、耐腐蚀及抗击性能好，热膨胀系数小，可耐较大的温差（一般在300℃左右），可制成加热的玻璃器皿，如各种烧瓶、试管蒸馏器等。但不能用于B、Zn元素的测定。

此外，根据某些分析工作的要求，还有石英玻璃、无硼玻璃、高硅玻璃等。

容量器皿的容积并非都十分准确地和它所标示的大小相符，如量筒、烧杯等。但定量器皿如滴定管、移液管或吸量管等，它们的刻度是否精确，常常需要校正。关于校准方法，可参考有关书籍。玻璃器皿的允许误差见表1-2。

表1-2　玻璃器皿的允许误差

容积（mL）	误差限度（mL）			
	滴定管	吸量管	移液管	容量瓶
2		0.01	0.006	
5	0.01	0.02	0.01	
10	0.02	0.03	0.02	0.02
25	0.03		0.03	0.03
50	0.05		0.05	0.05
100	0.10		0.08	0.08
200				0.10
250				0.11
500				0.15
1 000				0.30

玻璃器皿洗涤的要则是“用毕立即洗刷”。如待污物干结后再洗，必将事倍功半。烧杯、三角瓶等玻璃器皿，一般用自来水洗刷，并用少量纯水淋洗2～3次即可。每次淋洗必须充分沥干后再洗第二次，否则洗涤效率不高。洗涤的器皿内壁应能均匀地被水湿润，不沾水滴。一般污痕可用洗衣粉（合成洗涤剂）刷洗或用铬酸洗液浸泡后再洗刷。含砂粒的洗衣粉不宜用来擦洗玻璃器皿的内壁，特别是不要用它来刷洗量器（量筒、容量瓶、滴定管等）的内壁以免

擦伤玻璃。用上法不能洗去的特殊污垢，须将水沥干后根据污垢的化学性质和洗涤剂的性能选用适当的洗涤液浸泡刷洗。例如，多数难溶于水的无机物（铁锈、水垢等）用废弃的稀 HCl 或 HNO_3；油脂用铬酸洗涤液（温度视玻璃的质量和洗涤的难易而定或碱性酒精洗涤液或碱性 $KMnO_4$ 洗液；盛 $KMnO_4$ 后遗下的 MnO_2 氧化性还原物用 $SnCl_2$ 的 HCl 液或草酸的 H_2SO_4 液，难溶的银盐（AgCl、Ag_2O 等）用 $Na_2S_2O_3$ 液或 NH_3 水；铜蓝痕迹和钼磷喹啉、钼酸（白色 MoO_3 等）用稀 NaOH 液；四苯硼钾用丙酮等。用过的各种洗液都应倒回原瓶以备再用。器皿用清水充分洗刷并用纯水淋洗几次。

1.3.2 瓷、石英、玛瑙、铂、塑料和石墨等器皿

1.3.2.1 *瓷器皿* 实验室所用的瓷器皿实际上是上釉的陶器。因此，瓷器的许多性质主要由釉的性质决定。它的溶点较高（1 410 ℃），可高温灼烧，如瓷坩埚可以加热至 1 200 ℃，灼烧后重量变化小，故常常用来灼烧沉淀和称重。它的热膨胀系数为 $(3\sim4)\times10^{-6}$，在蒸发和灼烧的过程中，应避免温度的骤然变化和加热不均匀现象，以防破裂。瓷器皿对酸碱等化学试剂的稳定性较玻璃器皿的稳定性好，然而同样不能和 HF 接触，过氧化钠及其他碱性溶剂也不能在瓷器皿或瓷坩埚中熔融。

1.3.2.2 *石英器皿* 它的主要化学成分是二氧化硅，除 HF 外，不与其他的酸作用。在高温时，能与磷酸形成磷酸硅，易与苛性碱及碱金属碳酸盐作用，尤其在高温下，侵蚀更快，然而可以进行焦磷酸钾熔融。石英器皿对热稳定性好，在约 1 700 ℃以下不变软，不挥发，但在 1 100～1 200 ℃开始失去玻璃光泽。由于其热膨胀系数较小，只有玻璃的 1/15，故而热冲击性好。石英器皿价格较贵，脆而易破裂，使用时须特别小心，其洗涤的方法大体与玻璃器皿相同。

1.3.2.3 *玛瑙器皿* 是 SiO_2 胶溶体分期沿石空隙向内逐渐沉积成的同心层或平层块体，可制成研钵和杵，用于土壤全量分析时研磨土样和某些固体试剂。

玛瑙质坚而脆，使用时可以研磨，但切莫将杵击撞研钵，更要注意勿摔落地上。它的导热性能不良，加热时容易破裂。所以，无论在任何情况下都不得烘烤或加热。玛瑙是层状多孔体，液体能渗入层间内部，所以玛瑙研钵不能用水浸洗，而只能用酒精擦洗。

1.3.2.4 *铂质器皿* 铂的熔点很高（1 774 ℃），导热性好，吸湿性小，质软，能很好地承受机械加工，常用铂与铱或铑的合金（质较硬）制作坩埚和蒸发器皿等分析用器皿。铂的价格很贵，约为黄金的 9 倍，故使用铂质器皿时

要特别注意其性能和使用规则。

铂对化学试剂比较稳定，特别是对氧很稳定，也不溶于单独的 HCl、HNO_3、H_2SO_4、HF，但易溶于易放出游离 Cl_2 的王水，生成褐红色稳定的络合物 H_2PtCl_6。

$$3HCl+HNO_3 \rightleftharpoons NOCl+Cl_2+2H_2O$$

$$Pt+2Cl_2 \rightleftharpoons PtCl_4$$

$$PtCl_4+2HCl \rightleftharpoons H_2PtCl_6$$

铂在高温下对一系列的化学作用非常敏感。例如，高温时能与游离态卤素（Cl_2、Br_2、F_2）生成卤化物，与强碱 NaOH、KOH、LiOH、$Ba(OH)_2$ 等共熔也能变成可溶性化合物，但 Na_2CO_3、K_2CO_3 和助溶剂 $K_2S_2O_7$、$KHSO_4$、$Na_2B_4O_7$、$CaCO_3$ 等仅稍有侵蚀，尚可忍受，灼热时会与金属 Ag、Zn、Hg、Sn、Pb、Sb、Bi、Fe 等生成比较易熔的合金。与 B、C、Si、P、As 等造成变脆的合金。

根据铂的这些性质，使用铂器皿时应注意下列各点：

（1）铂器易变形，勿用力捏或与坚硬物件碰撞。变形后可用木制模具整形。

（2）勿与王水接触，也不得使用 HCl 处理硝酸盐或 HNO_3 处理氯化物。但可与单独的强酸共热。

（3）不得溶化金属和一切高温下能析出金属的物质、金属的过氧化物、氰化物、硫化物、亚硫酸盐、硫代硫酸盐、苛性碱等，磷酸盐、砷酸盐、锑酸盐也只能在电炉中（无碳等还原性物质）熔融，赤热的铂器皿不得用铁钳夹取（须用镶有铂头的坩埚钳）并放在干净的泥三角架上。慎勿接触铁丝。石棉垫也须灼尽有机质后才能应用。

（4）铂器应在电炉上或喷灯上加热，不允许用还原焰，特别是有烟的火焰加热，灰化滤纸的有机样品时也须先在通风条件下低温灰化，然后再移入高温电炉灼烧。

（5）铂器皿长久灼烧后有重结晶现象而失去光泽，容易裂损。可用滑石粉的水浆擦拭，恢复光泽后洗净备用。

（6）铂器皿洗涤可用单独的 HCl 或 HNO_3 煮沸溶解一般的难溶的碳酸盐和氧化物，而酸的氧化物可用 $K_2S_2O_7$ 或 $KHSO_4$ 熔融，硅酸盐可用碳酸钠、硼砂熔融，或用 HF 加热洗涤。熔融物须倒入干净的容器，切勿倒入水盆或湿缸，以防爆溅。

1.3.2.5　银、镍、铁器皿　铁镍的熔点高（分别为 1 535 ℃和 142 ℃），银的熔点较低（961 ℃），对强碱的抗蚀力较强（Ag＞Ni＞Fe），价较廉。这

3 种金属器皿的表面却易氧化而改变重量，故不能用于沉淀物的灼烧和称重。它们最大的优点是可用于一些不能在瓷或铂坩埚中进行的样品熔融，例如 Na_2O_2 和 NaOH 熔融等，一般只需 700 ℃左右，仅约 10 min 即可完成。熔融时可用坩埚钳，夹好坩埚和内容物，在喷灯上或电炉内转动，勿使底部局部太热而易致穿孔。铁坩埚一般可熔融 15 次以上，虽较易损坏，但价廉还是可取的。

1.3.2.6 *塑料器皿* 普通塑料器皿一般是用聚乙烯或聚丙烯等热塑而成的聚合物。低密度的聚乙烯塑料，熔点 108 ℃，加热不能超过 70 ℃，高密度的聚乙烯塑料，熔点 135 ℃，加热不能超过 100 ℃，它的硬度较大。它们的化学稳定性和机械性能好，可代替某些玻璃、金属制品。在室温下，不受浓盐酸、氢氟酸、磷酸或强碱溶液的影响，只有被浓硫酸（大于 600 $g \cdot kg^{-1}$、浓硝酸、溴水或其他强氧化剂慢慢侵蚀。有机溶剂会侵蚀塑料，故不能用塑料瓶贮存。而贮存水，标准溶液和某些试剂溶液比玻璃容器优越，尤其适用于微量物质分析。

聚四氟乙烯的化学稳定性和热稳定性好，是耐热性能最好的有机材料，使用温度可达 250 ℃。当温度超过 415 ℃时，急剧分解。它的耐腐蚀性好，对于浓酸（包括 HF）、浓碱或强氧化剂，皆不发生作用。可用于制造烧杯、蒸发皿、表面皿等。聚四氟乙烯制的坩埚能耐热至 250 ℃（勿超过 300 ℃），可以代替铂坩埚进行 HF 处理，塑料器皿对于微量元素和钾、钠的分析工作尤为有利。

1.3.2.7 *石墨器皿* 石墨是一种耐高温材料，即使达到 2 500 ℃左右，也不熔化，只在 3 700 ℃（常压）升华为气体。石墨有很好的耐腐蚀性，无论有机或无机溶剂都不能溶解它。在常温下不与各种酸、碱发生化学反应，只有在 500 ℃以上才与硝酸强氧化剂等反应。此外，石墨的热膨胀系数小，耐急冷热性也好。其缺点是耐氧化性能差，随温度的升高，氧化速度逐渐加剧。常用的石墨器皿有石墨坩埚和石墨电极。

1.4 滤纸的性能与选用

滤纸分为定性和定量两种。定性滤纸灰分较多，供一般的定性分析用，不能用于重量分析。定量滤纸经盐酸和氢氟酸处理，蒸馏水处理，灰分较少，适用于精密的定量分析。此外，还有用于色谱分析用的层析滤纸。

选择滤纸要根据分析工作对过滤沉淀的要求和沉淀性质及其量的多少来决定。定量滤纸的类型、规格、适用范围见表 1-3 和表 1-4。

表 1-3 国产定量滤纸的类型和适用范围

类型	色带标志	性能和适用范围
快速	白	纸张组织松软，过滤速度最快，适用于保留粗度沉淀物，如氢氧化铁等
中速	蓝	纸张组织较密，过滤速度适中，适用于保留中等细度沉淀物，如碳酸锌等
慢速	红	纸张组织最密，过滤速度最慢，适用于保留微细度沉淀物，如硫酸钡等

表 1-4 国产定量滤纸规格

圆形直径（cm）	7	9	11	12.5	15	18
灰分每张含量（g）	3.5×10^{-5}	5.5×10^{-5}	8.5×10^{-5}	1.0×10^{-4}	1.5×10^{-4}	2.2×10^{-4}

定性滤纸的类型与定量滤纸相同（无色带标志）。灰分含量$<2\ g\cdot kg^{-1}$。

国外某些定量滤纸的类型有 Whatman 41 S. S589/1（黑带）粗孔；Whatman 40 S. S589/2（白带）中孔；Whatman 42 S. S589/3（蓝带）细孔。

主要参考文献

[1] 南京农学院主编．土壤农化分析（一版）．北京：农业出版社．1980，1～8
[2] 南京农业大学主编．土壤农化分析（二版）．北京：中国农业出版社．1996，1～8
[3] 楼书聪编．化学试剂配制手册．南京：江苏科学技术出版社．1993，86～108

思考题

1. 实验室用纯水是如何得到的？它应符合哪些要求？怎样进行检验？
2. 离子交换树脂交换能力的大小取决于哪些因素？
3. 试剂有哪些规格？它们有些什么特征？如何选用和保存？
4. 联系实际说明应如何进行试剂的配制？配制试剂时应注意些什么？
5. 常用的器皿的特性如何？使用时应注意些什么？如何进行洗涤？
6. 举例说明选用滤纸时应注意些什么？
7. 请你查阅有关参考书，把下列各标准物质的分子量、用途、干燥温度和保存方法等制成一表备查。$AgNO_3$，$CaCO_3$，Cu，EDTA 二钠，Fe，H_3BO_3，$H_2C_2O_4$，KCl，$K_2Cr_2O_7$，$KHC_8H_4O_4$（苯二甲酸氢钾），KH_2PO_4，$KMnO_4$，KNO_3，Mg，$Na_2B_4O_7\cdot10H_2O$，NaCl，Na_2CO_3，$Na_2C_2O_4$，$Na_2SO_3\cdot5H_2O$，NH_4Cl，$(NH_4)_6Mo_{24}\cdot4H_2O$，Zn。
8. 查阅有关参考书，举例说明稀酸、稀碱标准溶液是如何配制的？怎样进行标定？

第二章

土壤样品的采集与制备

2.1 土壤样品的采集

2.1.1 概述

土壤是一个不均一体，影响它的因素是错综复杂的。有自然因素包括地形（高度、坡度）、母质等；人为因素有耕作、施肥等，特别是耕作施肥导致土壤养分分布的不均匀，例如条施和穴施、起垄种植、深耕等措施，均能造成局部差异。这些都说明了土壤不均一性的普遍存在，因而给土壤样品的采集带来了很大困难。采取1 kg样品，再在其中取出几克或几百毫克，而足以代表一定面积的土壤，似乎要比正确的化学分析还困难些。实验室工作者只能对送来样品的分析结果负责，如果送来的样品不符合要求，那么任何精密仪器和熟练的分析技术都将毫无意义。因此，分析结果能否说明问题，关键在于采样。

分析测定，只能是样品，但要求通过样品的分析，而达到以样品论“总体”的目的。因此，采集的样品对所研究的对象（总体），必须具有最大的代表性。

所谓总体，是指一个从特定来源的、具有相同性质的大量个体事物或现象的全体。

所谓样品，是由总体中随机抽取出来的一些个体所组成的。因为个体之间是有变异的。因此，样品也必然存在着变异。由此看来，样品与总体之间，既存在着同质的“亲缘”联系，因而样品可作为总体的代表，但同时也存在着一定程度非异质性的差异，差异愈小，样品的代表性愈大；反之亦然。为了达到所采集样品的代表性，采样时要贯彻“随机”化原则，即样品应当随机地取自所代表的总体，而不是凭主观因素决定的。另一方面，在一组需要相互之间进行比较的诸样品（即样品1、样品2……样品n），应当有同样的个体数组成。

2.1.2 混合土样的采集

2.1.2.1 *采样误差*　土壤样品的代表性与采样误差的控制直接相关。例如：在一块不到2/3公顷的同一种土类的土壤上取9个样点，分别采9个土样，分析其速效磷的含量。每个土样称取两个分析样品作为重复。土壤中的速效磷用浸提液提取，吸取两分滤液作为重复进行磷的比色分析，测定结果和统计分析列于表2-1和表2-2。

表2-1　土壤速效磷的分析结果（P_2O_5，$mg \cdot kg^{-1}$）

采样点代号	称样1		称样2		样品总和
	溶液1	溶液2	溶液1	溶液2	
1	30	30	28	28	116
2	25	25	26	27	103
3	38	38	39	39	154
4	24	23	26	26	99
5	26	25	27	28	106
6	30	28	30	27	117
7	36	36	34	32	138
8	27	26	29	28	110
9	25	25	24	26	100
Σx	261	256	263	263	1 043
$\bar{x}$	29.0	28.4	29.2	29.2	
	28.7		29.2		

表2-2　土壤速效磷分析结果的方差分析

变异原因	平方和	自由度	均　方	F 值	$F^{*}_{0.05}$	$F^{**}_{0.01}$
样品间	694.72	8	86.84	58.28**	2.38	3.41
称样间	2.25	1	2.25	1.51	4.28	7.88
分析间	3.64	3	1.21	0.81	3.03	4.76
误　差	34.36	23	1.49			
总	734.97	35				

*　表示达到5%显著水准；**　表示达到1%显著水准。

从表2-2方差分析结果，说明采样（即样品间）的误差非常显著（达到1%显著水准）。这是由于土壤的不均一性造成的。因此，采样误差则比较难克服。一般在田间任意取若干点，组成混合样品，混合样品组成的点愈多，其代表性愈大。但实际上因工作量太大，有时不易做到。因此，采样时必须兼顾样品的可靠性和工作量。这充分说明代表性样品采集的重要性和艰巨性。

称样误差主要决定于样品的混合的均匀程度和样品的粗细。一个混合均匀的土样，在称取过程中大小不同的土粒有分离现象。因为大小不同的土粒化学成分不同，给分析结果带来差异。称样的量愈少，这种影响愈大。一般常根据称样的多少，决定样品的细度。分析误差是由分析方法、试剂、仪器以及分析工作者的判断产生的。一个经过严格训练的熟练分析人员可以使分析误差降至最低限度。从表 2－2 方差结果也证明称样和分析误差很小（都没有达到差异显著水准）。

2.1.2.2 采样时间 土壤中有效养分的含量，随着季节的改变而有很大的变化。以速效磷、钾为例，最大差异可达 1～2 倍。

土壤中有效养分含量随着季节而变化的原因是比较复杂的。无疑的土壤温度和水分是重要因素。温度和水分的影响，表土比底土为明显。因为表土冷热变化和干湿变化较大。温度和水分还有它们的间接影响，例如冬季土壤中有效磷、钾均增加，在一定程度上是由于温度降低，土壤中有机酸有所积累，由于有机酸能与铁、铝、钙等离子络合，降低了这些阳离子的活性，增加了磷的活性，同时也有一部分非交换态钾转变成交换态钾。分析土壤养分供应时，一般都在晚秋或早春采集土样。总之，采取土样时要注意时间因素，同一时间内采取的土样分析结果才能相互比较。

2.1.2.3 混合样品采集的原则 混合样品是由很多点样品混合组成。它实际上相当于一个平均数，借以减少土壤差异。从理论上讲，每个混合样品的采样点愈多，即每个样品所包含的个体数愈多，则对该总体，样品的代表性就愈大。在一般情况下，采样点的多少，取决于采样的土地面积、土壤的差异程度和试验研究所要求的精密度等因素。研究的范围愈大，对象愈复杂，采样点数必将增加。在理想情况下，应该使采样的点和量最少，而样品的代表性又最大，使有限的人力和物力，得到最高的工作效率。

土壤分析结果，应代表一定面积耕地的养分水平。过去因受分析工作速度的限制，一般偏重于在少数代表性田块上采取混合土壤样品，来进行分析，把结果推广到大面积的农业生产上，例如几十公顷或几百公顷。少数田块上所采集的混合样品，往往不能代表一个农场或村或乡的肥料需求情况。有人做了这样的试验：在 16 公顷的农田上，采取了 256 个土样（每 25 m^2 采一个混合样品）进行磷素养分水平的分析，得到的速效磷，有 161 个是“极低”，69 个是“偏低”，26 个是“高”。

可以看到，就这 16 公顷农田的整体来讲，对于磷肥的需要性是很明确的。

通过详细的数学分析，说明有80%的土壤在不同程度上缺少磷素，并且在一定耕作条件下，也可以提出这块农田的磷肥施用量。但是如果只抽出少数样品来判断，引起错觉的机会还是不少的。近年来由于现代仪器的使用，分析工作的自动化，大大加快了分析工作的速度。在一定面积的土地上，趋向于采取更多的土样，通过数学方法把大量数据加以统计，以获得更多可靠的有用资料。

2.1.2.4 混合土样的采集 以指导农业生产或进行田间试验为目的的土壤分析，一般都采集混合土样。采集土样时首先根据土壤类型以及土壤的差异情况，同时也要向农民作调查并征求意见，然后把土壤划分成若干个采样区，我们称它为采样单元。每一个采样单元的土壤要尽可能均匀一致。一个采样单元包括多大面积的土地，由于分析目的不同，具体要求也不同。每个采样单元再根据面积大小，分成若干小单元，每个小单元代表面积愈小，则样品的代表性愈可靠。但是面积愈小，采样花的劳力就愈大，而且分析工作量亦愈大，那么一个混合样品代表多大面积比较可靠而经济呢？除不同土类必须分开来采样，一般可以从1/5公顷到几公顷。原则上应使所采的土样能对所研究的问题，在分析数据中得到应有的反应。

由于土壤的不均一性，使各个体都存在着一定程度的变异。因此，采集样品必须按照一定采样路线和“随机”多点混合的原则。每个采样单元的样点数，一般常常是人为地决定5～10点或10～20点，视土壤差异和面积大小而定，但不宜少于5点。混合土样一般采集耕层土壤（0～15 cm或0～20 cm）；有时为了解各土种的肥力差异和自然肥力变化趋势，可适当地采集底土（15～30 cm或20～40 cm）的混合样品。

采集混合样品的要求：

（1）每一点采取的土样厚度、深浅、宽狭应大体一致。

（2）各点都是随机决定的，在田间观察了解情况后，随机定点可以避免主观误差，提高样品的代表性，一般按S形线路采样，从图2-1三种土壤采样点的方式可以看出1和2两种情况容易产生系统误差。因为耕作、施肥等措施往往是顺着一定的方向进行的。

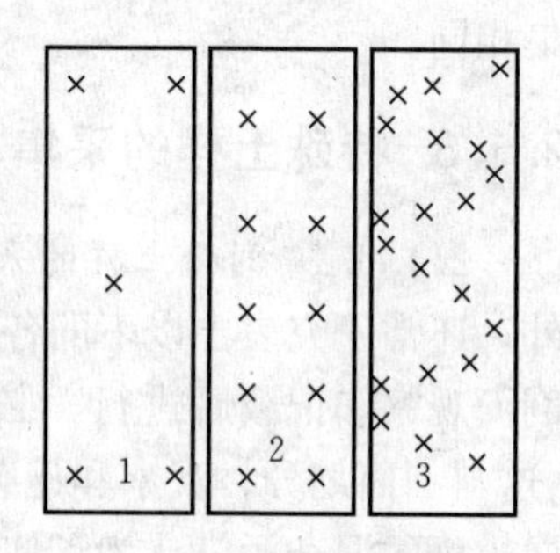

图2-1 土壤采样点的方式
×代表采样点位置；
1～2. 不适当的；3. 正确的

（3）采样地点应避免田边、路边、沟边和特殊地形的部位以及堆过肥料的地方。

（4）一个混合样品是由均匀一致的许多点组成的，各点的差异不能太大，不然就要根据土壤差异情况分别采集几个混合土样，使分析结果更能说明问题。

（5）一个混合样品重在 1 kg 左右，如果重量超出很多，可以把各点所采集的土壤放在一个木盆里或塑料布上用手捏碎摊平，用四分法对角取两份混合放在布袋或塑料袋里，其余可弃去，附上标签，用铅笔注明采样地点、采土深度、采样日期、采样人，标签一式两份，一份放在袋里，一份扣在袋上。与此同时要做好采样记录。

2.1.2.4.1 试验田土样的采集　首先要求找到一个肥力比较均匀的土壤，使试验中的各个“处理”尽可能地少受土壤不均一性的干扰。肥料试验的目的是要明确推广的范围，因此我们必须知道试验是布置在什么性质的土壤上。在布置肥料试验时所采集的土壤样品，通常只采表土。试验田的取样，不仅在于了解土壤的一般肥力情况，而且希望了解土壤肥力差异情况，这就要求采样单元的面积不能太大。

2.1.2.4.2 大田土样的采样　对农场、村和乡的土壤肥力进行诊断时，先要调查访问，了解村和乡的土壤、地形、作物生长、耕作施肥等情况，再拟定采样计划。就一个乡来讲，土壤类型、地形部位、作物布局等都可能有所不同，确定采样区（采样单元）后，采集混合土样。村土地面积较小，南方各省一般只有 7～13 公顷，土壤种类、地形等比较一致，群众常根据作物产量的高低，把自己的田块分成上、中、下三类，可以作为村、场采样的依据。

2.1.2.4.3 水田土样的采集　在水稻生长期间，地表淹水情况下采集土样，要注意地面要平，只有这样采样深度才能一致，否则会因为土层深浅的不同而使表土速效养分含量产生差异。一般可用具有刻度的管形取土器采集土样。将管形取土器钻入一定深度的土层，取出土钻时，上层水即流走，剩下潮湿土壤，装入塑料袋中，多点取样，组成混合样品，其采样原则与混合样品采集相同。

2.1.3 特殊土样的采集

2.1.3.1 剖面土样的采集　为了研究土壤基本理化性状，除了研究表土外，还常研究表土以下的各层土壤。这种剖面土样的采集方法，一般可在主要剖面观察和记载后进行。必须指出，土壤剖面按层次采样时，必须自下而上（这与剖面划分、观察和记载恰恰相反）分层采取，以免采取上层样品时对下层土壤的混杂污染。为了使样品能明显地反映各层次的特点，通常是在各层最典型的中部采取（表土层较薄，可自地面向下全层采样），这样可克服层次间的过渡现象，从而增加样品的典型性或代表性。样品重量也是 1 kg 左右，其它要求与混合样品相同。

2.1.3.2 土壤盐分动态样品的采集[2]　盐碱土中盐分的变化比土壤养分含量的变化还要大。土壤盐分分析不仅要了解土壤中盐分的多少，而且常要了解盐分的变化情况。盐分的差异性是有关盐碱土的重要资料。在这样的情况下，就不能采用混合样品。

盐碱土中盐分的变化垂直方向更为明显。由于淋洗作用和蒸发作用，土壤剖面中的盐分季节性变化很大，而且不同类型的盐土，盐分在剖面中的分布又不一样。例如南方滨海盐土，底土含盐分较重，而内陆次生盐渍土，盐分一般都积聚在表层。根据盐分在土壤剖面中的变化规律，应分层采取土样。

分层采集土样，不必按发生层次采样，而自地表起每隔 10 cm 或 20 cm 采集一个样品，取样方法多用“段取”，即在该取样层内，自上到下，整层地均匀地取土，这样有利于储盐量的计算。研究盐分在土壤剖面中分布的特点时，则多用“点取”，即在该取样层的中部位置取土。根据盐土采样的特点，应特别重视采样的时间和深度。因为盐分上下移动受不同时间的淋溶与蒸发作用的影响很大。虽然土壤养分分析的采样也要考虑采样季节和时间，但其影响远不如对盐碱土的影响那样大。鉴于花碱土碱斑分布的特殊性，必须增加样点的密度和样点的随机分布，或将这种碱斑占整块田地面积的百分比估计出来，按比例分配斑块上应取的样点数，组成混合样品；也可以将这种斑块另外组成一个混合样品，用作与正常地段土壤的比较。

2.1.3.3 养分动态土样的采集　为研究土壤养分的动态而进行土壤采样时，可根据研究的要求进行布点采样。例如，为研究过磷酸钙在某种土壤中的移动性，前述土壤混合样品的采法显然是不合适的。如果过磷酸钙是以条状集中施肥的，为研究其水平移动距离，则应以施肥沟为中心，在沟的一侧或左右两侧按水平方向每隔一定距离，将同一深度所取的相应同位置土样进行多点混合。同样，在研究其垂直方向的移动时，应以施肥层为起点，向下每隔一定距离作为样点，以相同深度土样组成混合土样。

2.1.4 其他特殊样品的采集

群众常送来有问题的植株和土壤，要求我们分析和诊断。这些问题大致是某些营养元素不足包括微量元素，或酸碱问题，或某种有毒物质的存在，或土中水分过多，或底土层有坚硬不透水层的存在等。为了查证作物生长不正常的土壤原因，就要采典型样品。在采集典型土壤样品时，应同时采集正常的土壤样品。植株样品也是如此。这样可以比较，以利诊断。在这种情况下，不仅要采集表土样品，而且也要采底土样品。

测定土壤微量元素的土样采集，采样工具要用不锈钢土钻、土刀、塑料布、塑料袋等，忌用报纸包土样，以防污染。

2.1.5 采集土壤样品的工具

采样方法随采样工具而不同。常用的采样工具有3种类型：小土铲、管形土钻和普通土钻（图2-2）。

2.1.5.1 小土铲　在切割的土面上根据采土深度用土铲采取上下一致的一薄片（图2-3）。这种土铲在任何情况下都可使用，但比较费工，多点混合采样，往往嫌它费工而不用。

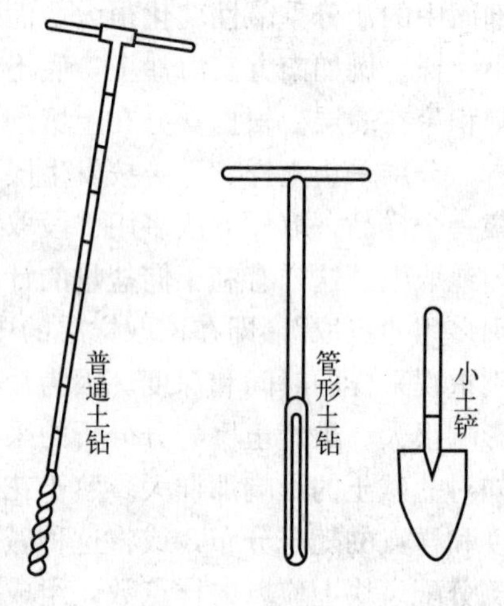

图2-2　采样工具

2.1.5.2 管形土钻　下部系一圆柱形开口钢管，上部系柄架，根据工作需要可用不同管径的管形土钻。将土钻钻入土中，在一定土层深度处，取出一均匀土柱。管形土钻取土速度快，又少混杂，特别适用于大面积多点混合样品的采集。但它不太适用于很砂性的土壤，或干硬的黏重土壤。

2.1.5.3 普通土钻　普通土钻使用起来比较方便，但它一般只适用于湿润的土壤，不适用于很干的土壤，同样也不适用于砂土。另外普通土钻的缺点是容易使土壤混杂。

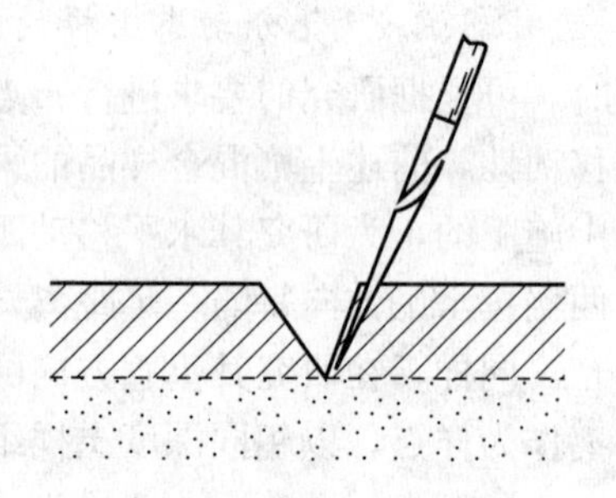
图2-3　土铲取土

用普通土钻采取的土样，分析结果往往比其他工具采取的土样要低，特别是有机质、有效养分等的分析结果较为明显。这是因为用普通土钻取样，容易损失一部分表层土样。由于表层土较干，容易掉落，而表层土的有效养分、有机质的含量又较高。

不同取土工具带来的差异主要是由于上下土体不一致造成的。这也说明采样时应注意采土深度、上下土体保持一致。

2.2 土壤样品的制备和保存

从野外取回的土样，经登记编号后，都需经过一个制备过程——风干、磨细、过筛、混匀、装瓶，以备各项测定之用。

样品制备目的是：①剔除土壤以外的侵入体（如植物残茬、昆虫、石块等）和新生体（如铁锰结核和石灰结核等），以除去非土壤的组成部分；②适当磨细，充分混匀，使分析时所称取的少量样品具有较高的代表性，以减少称样误差；③全量分析项目，样品需要磨细，以使分解样品的反应能够完全和彻底；④使样品可以长期保存，不致因微生物活动而霉坏。

2.2.1 新鲜样品和风干样品

为了样品的保存和工作的方便，从野外采回的土样都先进行风干。但是，在风干过程中，有些成分如低价铁、铵态氮、硝态氮等会起很大的变化，这些成分的分析一般均用新鲜样品。也有一些成分如土壤 pH、速效养分，特别是速效磷、钾也有较大的变化。因此，土壤速效磷、钾的测定，用新鲜样品还是用风干样品，就成了一个争论的问题。有人认为新鲜样品比较符合田间实际情况；也有人认为新鲜样品是暂时的田间情况，它随着土壤中水分状况的改变而变化，不是一个可靠的常数，而风干土样测出的结果是一个平衡常数，比较稳定和可靠，而且新鲜样品称样误差较大，工作又不方便。因此，在实验室测定土壤速效磷、钾时，仍以风干土为宜。

2.2.2 样品的风干、制备和保存

2.2.2.1　风干　将采回的土样，放在木盘中或塑料布上，摊成薄薄的一层，置于室内通风阴干。在土样半干时，须将大土块捏碎（尤其是黏性土壤），以免完全干后结成硬块，难以磨细。风干场所力求干燥通风，并要防止酸蒸气、氨气和灰尘的污染。

样品风干后，应拣去动植物残体如根、茎、叶、虫体等和石块、结核（石灰、铁、锰）。如果石子过多，应当将拣出的石子称重，记下所占的百分数。

2.2.2.2　粉碎过筛　风干后的土样，倒入钢玻璃底的木盘上，用木棍研细，使之全部通过 2 mm 孔径的筛子。充分混匀后用四分法分成两份，如图 2-4。一份作为物理分析用，另一份作为化学分析用。作为化学分析用的土样还必须进一步研细，使之全部通过 1 mm 或 0.5 mm 孔径的筛子。1927 年国际土壤学会规定通过 2 mm 孔径的土壤作为物理分析之用，通过 1 mm 孔径作为化学分析之用，人们一直沿用这个规定。但近年来很多分析项目趋向用于半微量的分析方法，称样量减

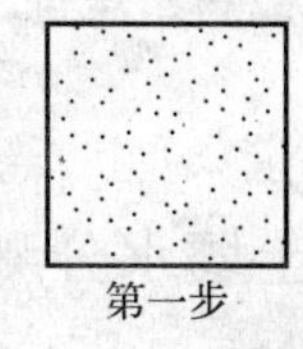

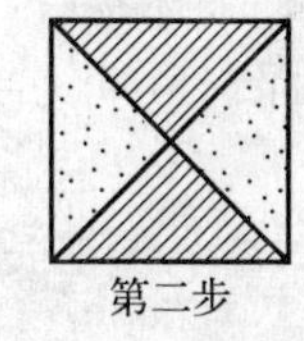

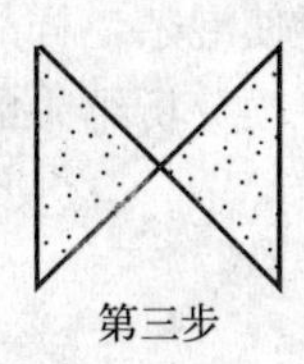

图 2-4　四分法取样步骤图

少，要求样品的细度增加，以降低称样的误差。因此，现在有人使样品通过0.5 mm孔径的筛子。但必须指出，土壤pH、交换性能、速效养分等测定样品不能研得太细，因为研得过细，容易破坏土壤矿物晶粒，使分析结果偏高。同时要注意，土壤研细主要使团粒或结粒破碎，这些结粒是由土壤黏土矿物或腐殖质胶结起来的，而不能破坏单个的矿物晶粒。因此，研碎土样时，只能用木棍滚压，不能用榔头锤打。因为矿物晶粒破坏后，暴露出新的表面，增加有效养分的溶解。

全量分析的样品包括Si、Fe、Al、有机质、全氮等的测定则不受磨碎的影响，而且为了减少称样误差和样品容易分解，需要将样品磨得更细。方法是取部分已混匀的1 mm或0.5 mm的样品铺开，划成许多小方格，用骨匙多点取出土壤样品约20 g，磨细，使之全部通过100目筛子。测定Si、Al、Fe的土壤样品需要用玛瑙研钵研细，瓷研钵会影响Si的测定结果。

在土壤分析工作中所用的筛子有两种：一种以筛孔直径的大小表示，如孔径为2 mm、1 mm、0.5 mm等；另一种以每英寸长度上的孔数表示。如每英寸长度上有40孔，为40目筛子（或称40目筛子），每英寸有100孔为100目筛子。孔数愈多，孔径愈小。筛目与孔径之间的关系可用下列简式表示：

$$\text{筛孔直径（mm）}=\frac{16}{1\text{英寸孔数}}$$

1英寸＝25.4 mm，16 mm＝25.4 mm－9.4 mm（网线宽度）

2.2.2.3 保存　一般样品用磨口塞的广口瓶或塑料瓶保存半年至一年，以备必要时查核之用。样品瓶上标签须注明样号、采样地点、土类名称、试验区号、深度、采样日期、筛孔等项目。

标准样品是用以核对分析人员各次成批样品的分析结果，特别是各个实验室协作进行分析方法的研究和改进时需要有标准样品。标准样品需长期保存，不使混杂，样品瓶贴上标签后，应以石蜡涂封，以保证不变。每份标准样品附各项分析结果的记录。

2.3 土壤水分测定

进行土壤水分含量的测定有两个目的：一是为了解田间土壤的实际含水状况，以便及时进行灌溉、保墒或排水，以保证作物的正常生长；或联系作物长相、长势及耕作栽培措施，总结丰产的水肥条件；或联系苗情症状，为诊断提供依据。二是风干土样水分的测定，为各项分析结果计算的基础。前一种田间土壤的实际含水量测定，目前测定的方法很多，所用仪器也不同，在土壤物理分析中有详细介绍，这里指的是风干土样水分的测定。

风干土中水分含量受大气中相对湿度的影响。它不是土壤的一种固定成分，在计算土壤各种成分时不包括水分。因此，一般不用风干土作为计算的基础，而用烘干土作为计算的基础。分析时一般都用风干土，计算时就必须根据水分含量换算成烘干土。

测定时把土样放在105～110 ℃的烘箱中烘至恒重，则失去的质量为水分质量，即可计算土壤水分百分数。在此温度下土壤吸着水被蒸发，而结构水不致破坏，土壤有机质也不致分解。下面引用国家标准《土壤水分测定法》。

2.3.1 适用范围

本标准用于测定除石膏性土壤和有机土（含有机质20%以上的土壤）以外的各类土壤的水分含量。

2.3.2 方法原理

土壤样品在105±2 ℃烘至恒重时的失重，即为土壤样品所含水分的质量。

2.3.3 仪器设备

①土钻；②土壤筛：孔径1 mm；③铝盒：小型的直径约40 mm，高约20 mm；大型的直径约55 mm，高约28 mm；④分析天平：感量为0.001 g和0.01 g；⑤小型电热恒温烘箱；⑥干燥器：内盛变色硅胶或无水氯化钙。

2.3.4 试样的选取和制备

（1）风干土样。选取有代表性的风干土壤样品，压碎，通过1 mm筛，混合均匀后备用。

（2）新鲜土样。在田间用土钻取有代表性的新鲜土样，刮去土钻中的上部浮土，将土钻中部所需深度处的土壤约20 g，捏碎后迅速装入已知准确质量的大型铝盒内，盖紧，装入木箱或其他容器，带回室内，将铝盒外表擦拭干净，立即称重，尽早测定水分。

2.3.5 测定步骤

（1）风干土样水分的测定。取小型铝盒在105 ℃恒温箱中烘烤约2 h，移入干燥器内冷却至室温，称重，准确至0.001 g。用角勺将风干土样拌匀，舀取约5 g，均匀地平铺在铝盒中，盖好，称重，准确至0.001 g。将铝盒盖揭开，放在盒底下，置于已预热至105±2 ℃的烘箱中烘烤6 h。取出，盖好，移入干燥器内冷却至室温（约需 20 min），立即称重。风干土样水分的测定应做两份平行测定。

（2）新鲜土样水分的测定。将盛有新鲜土样的大型铝盒在分析天平上称重，准确至 0.01 g。揭开盒盖，放在盒底下，置于已预热至 105±2 ℃的烘箱中烘烤 12 h。取出，盖好，在干燥器中冷却至室温（约需 30 min），立即称重。新鲜土样水分的测定应做三份平行测定。

注：烘烤规定时间后 1 次称重，即达“恒重”。

2.3.6 结果的计算

（1）计算公式。

$$水分（分析基）,\%=\frac{m_1-m_2}{m_1-m_0}\times 100 \quad (1)$$

$$水分（干基）,\%=\frac{m_1-m_2}{m_2-m_0}\times 100 \quad (2)$$

式中：m_0——烘干空铝盒质量（g）；

m_1——烘干前铝盒及土样质量（g）；

m_2——烘干后铝盒及土样质量（g）。

（2）平行测定的结果用算术平均值表示，保留小数后一位。

（3）平行测定结果的相差，水分小于 5%的风干土样不得超过 0.2%，水分为 5%～25%的潮湿土样不得超过 0.3%，水分大于 15%的大粒（粒径约 10 mm）粘重潮湿土样不得超过 0.7%（相当于相对相差不大于 5%）。

编者注：为了全书统一，将本法的编目加以改变。

主要参考文献

[1] 南京农学院主编．田间试验和统计方法．北京：农业出版社．1979，11，44～45

[2] 刘光崧等主编．土壤理化分析与剖面描述．北京：中国标准出版社．1996，1～4，12～122

思　考　题

1. 为使采集的土样具有最大的代表性，其分析结果能反映田间实际情况，应如何使采样误差减小到最低程度？

2. 采集一个代表性混合土样有哪些要求？应该注意些什么？

3. 盐碱土土样的采集有何特殊要求？

4. 土样在制备过程中应注意哪些事项？

第三章

土壤有机质的测定

3.1 概　　述

3.1.1 土壤有机质含量及其在肥力上的意义

土壤有机质是土壤中各种营养元素特别是氮、磷的重要来源。它还含有刺激植物生长的胡敏酸类等物质。由于它具有胶体特性，能吸附较多的阳离子，因而使土壤具有保肥力和缓冲性。它还能使土壤疏松和形成结构，从而可改善土壤的物理性状。它也是土壤微生物必不可少的碳源和能源。因此，除低洼地土壤外，一般来说，土壤有机质含量的多少，是土壤肥力高低的一个重要指标。

华北地区不同肥力等级的土壤有机质含量约为：高肥力地>15.0 g·kg^{-1}，中等肥力地 10～14 g·kg^{-1}，低肥力地 5.0～10.0 g·kg^{-1}薄砂地<5.0 g·kg^{-1}。

南方水稻土肥力高低与有机质含量也有密切关系。据浙江省农业科学院土壤肥料研究所水稻高产土壤研究组报道，浙江省高产水稻土的有机质含量大部分为 23.6～48 g·kg^{-1}，均较其邻近的一般田高。上海郊区高产水稻土的有机质含量也在 25.0～40 g·kg^{-1}范围之内。

我国东北地区雨水充足，有利于植物生长，而气温较低，有利土壤有机质的积累。因此，东北的黑土有机质含量高达 40～50 g·kg^{-1}以上。由此向西北，雨水减少，植物生长量逐渐减少，土壤有机质含量亦逐渐减少，如栗钙土为 20～30 g·kg^{-1}，棕钙土为 20 g·kg^{-1}左右，灰钙土只有 10～20 g·kg^{-1}。向南雨水多、温度高，虽然植物生长茂盛，但土壤中有机质的分解作用增强，黄壤和红壤有机质含量一般为 20～30 g·kg^{-1}。对耕种土壤来讲，人为的耕作活动则起着更重要的影响。因此，在同一地区耕种土壤有机质含量比未耕种土壤要低得多。影响土壤有机质含量的另一重要因素是土壤质地，砂土有机质含量低于粘土。

土壤有机质的组成很复杂，包括三类物质：①分解很少，仍保持原来形态学特征的动植物残体。②动植物残体的半分解产物及微生物代谢产物。③有机质的分解和合成而形成的较稳定的高分子化合物——腐植酸类物质。

分析测定土壤有机质含量，实际包括了上述全部2、3两类及第1类的一部分有机物质，以此来说明土壤肥力特性是合适的。因为从土壤肥力角度来看，上述有机质三个组成部分，在土壤理化性质和肥力特性上，都起重要作用。但是，在土壤形成过程中，研究土壤腐殖质中碳氮比的变化时则需严格剔除未分解的有机物质。

全国各地的大量资料分析结果表明[1]（表3-1），土壤有机质含量与土壤

表3-1　耕地土壤全氮与土壤有机质含量*的比值

省（区）	有机质（$g \cdot kg^{-1}$）	全氮（$g \cdot kg^{-1}$）	全氮/有机质（%）
河北	12.2	0.74	6.07
山西	10.7	0.68	6.34
河南	12.2	0.70	5.74
安徽	14.0	0.86	6.14
福建	15.9	0.79	4.97
新疆	13.9	0.79	5.68
广东	14.9	0.80	5.27

* 为全省（区）统计的平均值。摘自《中国土壤》1998，中国农业出版社，P875。

总氮量之间呈正相关。例如浙江省对水稻土255个样品统计分析，其相关系数 $r=0.943$，达极显著水平（图3-1）。又如吉林省东部山区的通化对115个旱地土壤样品进行的回归分析，其回归方程为：

$\hat{y}=0.006\,2+0.573x \quad r=0.939^{**}$

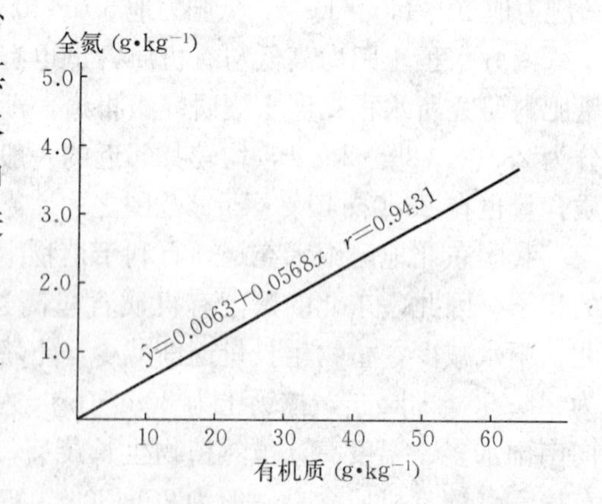

图3-1　水稻土耕层有机质含量 x（$g \cdot kg^{-1}$）和全氮含量 $\hat{y}$（$g \cdot kg^{-1}$）的关系

土壤全氮总量与土壤有机质含量的比值，随着土壤所处的环境因素和利用状况而变化。如表3-2所示，安徽省位于南北过渡带，成土母质复杂，土壤类型众多，而各类土壤开垦利用情况不同，全氮含

量与有机质含量的比值（%）有一定差别。从高地的山地草甸土的 4.05%至低洼地的砂姜黑土的 7.05%，但总体上看二者的回归相关性仍显著，$\hat{y}=0.0364+0.0371x$，$r=0.9916^{**}$ $(n=15)$，相关系数 $r^2=0.9833$，说明土壤全氮的变异有 98.33%可由土壤有机质变异所引起。

表 3-2 土壤有机质含量与土壤全氮（$g \cdot kg^{-1}$）

（安徽）

土壤类型	有机质			全氮			全氮量/有机质量（%）
	样品数	土壤变幅	平均值	样品数	土壤变幅	平均值	
红　壤	4 684	15.2～44.2	28.6	4 673	0.88～2.0	1.34	4.69
黄　壤	232	12.3～61.0	53.1	232	2.04～2.8	2.36	4.44
黄棕壤	1 646	12.5～85.0	18.6	1 646	0.75～3.88	0.84	4.52
棕壤（酸性）	186	28.4～104.1	37.9	186	4.69～10.3	1.66	4.38
黄褐土	4 036	9.5～20.2	13.3	4 265	1.26～6.0	0.84	6.32
砂姜黑土	9 446	9.0～13.2	12.6	9 458	0.59～0.94	0.89	7.05
石灰（岩）土	893	30.3～47.8	33.7	882	1.72～2.59	1.86	5.52
紫色土	1 174	13.5～22.8	18.8	1 179	0.97～1.23	0.99	5.27
山地草甸土	15		99.2	15		4.02	4.05
潮　土	6 425	42～24.8	14.0	6 390	0.28～1.46	0.93	6.64
粗骨土	1 504	27.3～44.0	29.6	1 426	1.24～1.69	1.45	4.90
石质土	212	34.2～63.8	48.6	207	1.64～2.72	2.19	4.51
水稻土	31 857	14.2～33.7	21.7	31 455	0.90～2.32	1.31	6.04

摘自《中国土壤》1996 年，中国农业出版社，P876。

总的看来，土壤有机质一般含氮 5%左右，故可以从有机质测定结果来估计土壤全氮的近似值。

土壤全氮量（$g \cdot kg^{-1}$）＝土壤有机质（$g \cdot kg^{-1}$）×0.05（或 0.06）

3.1.2 土壤有机碳不同测定方法的比较和选用

关于土壤有机碳的测定，有关文献中介绍很多，根据目的要求和实验室条件可选用不同方法。

经典测定的方法有干烧法（高温电炉灼烧）或湿烧法（重铬酸钾氧化），放出的 CO_2，一般用苏打石灰吸收称重，或用标准氢氧化钡溶液吸收，再用标准酸滴定。

用上述方法测定土壤有机碳时，也包括土壤中各元素态碳及无机碳酸盐。因此，在测定石灰性土壤有机碳时，必须先除去 $CaCO_3$。除去 $CaCO_3$ 的方法，可以在测定前用亚硫酸处理去除之，或另外测定无机碳和总碳的含量，从全碳结果中减去无机碳。

干烧法和湿烧法测定 CO_2 的方法均能使土壤有机碳全部分解，不受还原物质的影响，可获得准确的结果，可以作为标准方法校核时用。由于测定时须要一些特殊的仪器设备，而且很费时间，所以一般实验室都不用此法。

近年来高温电炉灼烧和气相色谱装置相结合制成碳氮自动分析仪，已应用于土壤分析中，但由于仪器的限制，所以未能被广泛采用。

目前，各国在土壤有机质研究领域中使用得比较普遍的是容量分析法。虽然各种容量法所用的氧化剂及其浓度或具体条件稍有差异，但其基本原理是相同的。使用最普遍的方法是在过量的硫酸存在下，用氧化剂重铬酸钾（或铬酸）氧化有机碳，剩余的氧化剂用标准硫酸亚铁溶液回滴，从消耗的氧化剂量来计算有机碳量。这种方法，土壤中的碳酸盐无干扰作用，而且方法操作简便、快速，适用于大量样品的分析。

采用这一方法进行测定时，有的直接利用浓硫酸和重铬酸钾（2∶1）溶液迅速混和时所产生的热（温度在 120 ℃左右）来氧化有机碳，称为稀释热法（水合热法）。也有用外加热（170～180 ℃）来促进有机质的氧化。前者操作方便，但对有机质的氧化程度较低，只有 77%，而且受室温变化的影响较大，而后者操作较麻烦，但有机碳的氧化较完全，可达 90%～95%，不受室温变化的影响。

此外，还可用比色法测定土壤有机质所还原的重铬酸钾的量来计算，即利用土壤溶液中重铬酸钾被还原后产生的绿色铬离子（Cr^{3+}）或剩余的重铬酸钾橙色的变化，作为土壤有机碳的速测法。

以上方法主要是通过测定氧化剂的消耗量来计算出土壤有机碳的含量，所以土壤中存在氯化物、亚铁及二氧化锰，它们在铬酸溶液中能发生氧化还原反应，导致有机碳的不正确结果。土壤中 Fe^{2+} 或 Cl^- 的存在将导致正误差，而活性的 MnO_2 存在将产生负误差。但大多数土壤中活性的氧化锰的量是很少的，因为仅新鲜沉淀的 MnO_2，将参加氧化还原反应，即使锰含量较高的土壤，存在的 MnO_2 中很少部分能与 $Cr_2O_7^{2-}$ 发生氧化还原作用，所以，对绝大多数土壤中 MnO_2 的干扰，不致产生严重的误差。

测定土壤有机质含量除上述方法外，还可用直接灼烧法，即在 350～400 ℃下灼烧，从灼烧后失去的重量计算有机质含量。灼烧失重，包括有机质和化合水的重量，因此本法主要适用于砂性土壤。

3.1.3 有机碳的校正系数

经典的干烧法或湿烧法，均为彻底氧化的方法。因为土壤中所有的有机碳

均氧化为 CO_2，而不需要一个校正系数。而上述外加热重铬酸盐法，不能完全氧化土壤中的有机化合物，需要用一个校正系数去校正未反应的有机碳，Schollenberger 法的校正系数为 1.15。Tyurin（1931）法的校正系数不加 Ag_2SO_4 时为 1.1，加 Ag_2SO_4 时为 1.04。

表 3-3 不同研究者用 Walkley and Black 方法测定了一些表土，有机碳未回收的校正系数

参考文献	研究土壤的数目	有机碳回收率（%）		平均校正系数
		范围	平均数	
Dremner and Jenkinson（1960a）	15	57～92	84	1.19
Kalembasa & Jenkinson（1973）	22	46～80	77	1.30
Orphanos（1973）	12	69～79	75	1.33
Richter et al（1973）	12	79～87	83	1.20
Nelson & Sommers（1975）	10	44～88	79	1.27

摘自 Methods of Soil Analysis part 2，1982，p. 567

从表 3-3 可以看出，Walkley and Black 的稀释热法（水合热法）有机碳回收率有很大变化（44%～92%），所以适合于各种土壤校正系数变化范围为 1.09～2.27。对各类土壤合适平均校正系数的变化范围为 1.19～1.33。因此，应用 1.3 校正系数（有机碳平均回收率为 77%）在一定范围土壤上看来是最合适的，但应用于各类土壤将会带来误差。

3.1.4 有机质含量的计算

土壤中有机质含量可以用土壤中一般的有机碳比例（即换算因数）乘以有机碳百分数而求得。其换算因数随土壤有机质的含碳率而定。各地土壤的有机质组成不同，含碳量亦不一致，因此根据含碳量计算有机质含量时，如果都用同一换算因数，势必造成一些误差。

Van Bemmelen 因数为 1.724，是假定土壤有机质含碳 58%计算的。然而许多研究指出，对许多土壤此因数太低，因此低估了有机质的含量。Broadbent（1953）概括了许多早期工作，确定换算因数为 1.9 和 2.5，将分别适用于表土和底土。其它工作者发现（Ponomareva & Platnikova，1967），1.9～2.0 的换算因数对于表层矿物土壤是令人满意的。

尽管这样，我国目前仍沿用“Van Bemmelen 因数”1.724。在国外常用有机碳而不用有机质含量表示。

3.2 土壤有机质测定

3.2.1 重铬酸钾容量法——外加热法

3.2.1.1 *方法原理* 在外加热的条件下（油浴温度为 180 ℃，沸腾 5 mm），用一定浓度的重铬酸钾—硫酸溶液氧化土壤有机质（碳），剩余的重铬酸钾用硫酸亚铁来滴定，从所消耗的重铬酸钾量，计算有机碳的含量。本方法测得的结果，与干烧法对比，只能氧化 90%的有机碳，因此将测得的有机碳乘上校正系数 1.1，以计算有机碳量。在氧化和滴定过程中的化学反应如下：

$$2K_2Cr_2O_7+8H_2SO_4+3C \longrightarrow 2K_2SO_4+2Cr_2(SO_4)_3+3CO_2+8H_2O$$

$$K_2Cr_2O_7+6FeSO_4+7H_2SO_4 \longrightarrow K_2SO_4+Cr_2(SO_4)_3+3Fe_2(SO_4)_3+7H_2O$$

在 1 mol·L^{-1} H_2SO_4 溶液中用 Fe^{2+} 滴定 $Cr_2O_7^{2-}$ 时，其滴定曲线的突跃范围为 1.22～0.85V。

表 3-4 滴定过程中使用的氧化还原指示剂有下列四种

指示剂名称	E_0	本身变色 氧化—还原	Fe^{2+}滴定 $Cr_2O_7^{2-}$ 时的变色 氧化—还原	特 点
二苯胺	0.76V	深蓝→无色	深蓝→绿	须加 H_3PO_4；近终点须强烈摇动，较难掌握
二苯胺磺酸钠	0.85V	红紫→无色	红紫→蓝紫→绿	须加 H_3PO_4；终点稍难掌握
2-羧基代二苯胺	1.08V	紫红→无色	棕红→紫→绿	不必加 H_3PO_4；终点易于掌握
邻啡罗啉	1.11V	淡蓝→红色	橙→灰绿→淡绿→砖红	不加 H_3PO_4；终点易于掌握

从表 3-4 中，可以看出每种氧化还原指示剂都有自己的标准电位（E_0），邻啡罗啉（E_0=1.11V），2-羧基代二苯胺（E_0=1.08V），以上两种氧化还原指示剂的标准电位（E_0），正落在滴定曲线突跃范围之内，因此，不需加磷酸而终点容易掌握，可得到准确的结果。

例如：以邻啡罗啉亚铁溶液（邻二氮啡亚铁）为指示剂，三个邻啡罗啉（$C_{12}H_8H_2$）分子与一个亚铁离子络合，形成红色的邻啡罗啉亚铁络合物，遇强氧化剂，则变为淡蓝色的正铁络合物，其反应如下：

$$\underset{\text{淡蓝色}}{[(C_{12}H_8N_2)_3Fe]^{3+}}+e \rightleftharpoons \underset{\text{红色}}{[(C_{12}H_8N_2)_3Fe]^{2+}}$$

滴定开始时以重铬酸钾的橙色为主，滴定过程中渐现 Cr^{3+} 的绿色，快到终点变为灰绿色，如标准亚铁溶液过量半滴，即变成砖红色，表示终点已到。

但用邻啡罗啉的一个问题是指示剂往往被某些悬浮土粒吸附，到终点时颜色变化不清楚，所以常常在滴定前将悬浊液在玻璃滤器上过滤。

从表 3－4 中也可以看出，二苯胺、二苯胺磺酸钠指示剂变色的氧化还原标准电位（E_0）分别为 0.76V、0.85V。指示剂变色在重铬酸钾与亚铁滴定曲线突跃范围之外。因此使终点后移，为此，在实际测定过程中加入 NaF 或 H_3PO_4 络合 Fe^{3+}，其反应如下：

$$Fe^{3+} + 2PO_4^{3-} \longrightarrow Fe(PO_4)_2^{3-}$$

$$Fe^{3+} + 6F^- \longrightarrow [FeF_6]^{3-}$$

加入磷酸等不仅可消除 Fe^{3+} 的颜色，而且能使 Fe^{3+}/Fe^{2+} 体系的电位大大降低，从而使滴定曲线的突跃电位加宽，使二苯胺等指示剂的变色电位进入突跃范围之内。

根据以上各种氧化还原指示剂的性质及滴定终点掌握的难易，推荐应用 2－羧基代二苯胺。价格便宜，性能稳定，值得推荐采用[3,4]。

3.2.1.2　**主要仪器**　油浴消化装置（包括油浴锅和铁丝笼）、可调温电炉、秒表、自动控温调节器。

3.2.1.3　**试剂**

（1）0.800 0 mol·L^{-1}（$\frac{1}{6}K_2Cr_2O_7$）标准溶液。称取经 130 ℃烘干的重铬酸钾（$K_2Cr_2O_7$，GB642－77，分析纯）39.224 5 g 溶于水中，定容于 1 000 mL 容量瓶中。

（2）H_2SO_4。浓硫酸（H_2SO_4，GB625－77，分析纯）。

（3）0.2 mol·L^{-1} $FeSO_4$ 溶液。称取硫酸亚铁（$FeSO_4 \cdot 7H_2O$，GB664－77，化学纯）56.0 g 溶于水中，加浓硫酸 5 mL，稀释至 1 L。

（4）指示剂。

① 邻啡罗啉指示剂：称取邻啡罗啉（GB1293－77，分析纯）1.485 g 与 $FeSO_4 \cdot 7H_2O$ 0.695 g，溶于 100 mL 水中。

② 2－羧基代二苯胺（O－phenylanthranilicacid，又名邻苯氨基苯甲酸，$C_{13}H_{11}O_2N$）指示剂：称取 0.25 g 试剂于小研钵中研细，然后倒入 100 mL 小烧杯中，加入 0.1 mol·L^{-1} NaOH 溶液 12 mL，并用少量水将研钵中残留的试剂冲洗入 100 mL 烧杯中，将烧杯放在水浴上加热使其溶解，冷却后稀释定容到 250 mL，放置澄清或过滤，用其清液。

（5）Ag_2SO_4。硫酸银（Ag_2SO_4，HG3－945－76，分析纯），研成粉末。

（6）SiO_2。二氧化硅（SiO_2，Q/HG22－562－76，分析纯），粉末状。

3.2.1.4 操作步骤 称取通过0.149 mm（100目）筛孔的风干土样0.1～1 g（精确到0.000 1 g）(注1)，放入一干燥的硬质试管中(注2,3)，用移液管准确加入0.800 0 mol·L^{-1}（$\frac{1}{6}K_2Cr_2O_7$）标准溶液5 mL（如果土壤中含有氯化物需先加Ag_2SO_4 0.1 g），用注射器加入浓H_2SO_4 5 mL充分摇匀(注4)，管口盖上弯颈小漏斗，以冷凝蒸出之水汽。

将8～10个试管放入自动控温的铝块管座中（试管内的液温控制在约170 ℃），[或将8～10个试管盛于铁丝笼中（每笼中均有1～2个空白试管），放入温度为185～190 ℃的石蜡油浴锅(注5,6)中，要求放入后油浴锅温度下降至170～180 ℃左右，以后必须控制电炉，使油浴锅内温度始终维持在170～180 ℃]，待试管内液体沸腾发生气泡时开始计时(注7)，煮沸5 min(注8)，取出试管（用油浴法，稍冷，擦净试管外部油液）。

冷却后，将试管内容物倾入250 mL三角瓶中，用水洗净试管内部及小漏斗，这三角瓶内溶液总体积为60～70 mL，保持混合液中$\left(\frac{1}{2}H_2SO_4\right)$浓度为2～3 mol·L^{-1}，然后加入2-羧基代二苯胺指示剂12～15滴，此时溶液呈棕红色。用标准的0.2 mol·L^{-1}硫酸亚铁滴定，滴定过程中不断摇动内容物，直至溶液的颜色由棕红经紫色变为暗绿（灰蓝绿色），即为滴定终点。如用邻啡罗啉指示剂，加指示剂2～3滴，溶液的变色过程中由橙黄→蓝绿→砖红色即为终点。记取$FeSO_4$滴定毫升数（V）。

每一批（即上述每铁丝笼或铝块中）样品测定的同时，进行2～3个空白试验，即取0.500 g粉状二氧化硅代替土样，其他手续与试样测定相同。记取$FeSO_4$滴定mL数（V_0），取其平均值。

3.2.1.5 结果计算

$$\text{土壤有机碳}(g\cdot kg^{-1})=\frac{\frac{c\times 5}{V_0}\times(V_0-V)\times 10^{-3}\times 3.0\times 1.1\times}{m\times k}\times 1\,000$$

式中：c——0.800 0 mol·L^{-1}$\left(\frac{1}{6}K_2Cr_2O_7\right)$标准溶液的浓度；

5——重铬酸钾标准溶液加入的体积（mL）；

V_0——空白滴定用去$FeSO_4$体积（mL）；

V——样品滴定用去$FeSO_4$体积（mL）；

3.0——$\frac{1}{4}$碳原子的摩尔质量（g·mol^{-1}）；

10^{-3}——将mL换算为L；

1.1——氧化校正系数；

m——风干土样质量（g）；

k——将风干土换算成烘干土的系数。

土壤有机质（$g \cdot kg^{-1}$）＝土壤有机碳（$g \cdot kg^{-1} \times 1.724$）

式中：1.724——土壤有机碳换成土壤有机质的平均换算系数。

3.2.1.6　注释

注1. 含有机质高于50 $g \cdot kg^{-1}$者，称土样0.1 g，含有机质为20 g～30 $g \cdot kg^{-1}$者，称土样0.3 g，少于20 $g \cdot kg^{-1}$者，称0.5 g以上。由于称样量少，称样时应用减重法以减少称样误差。

注2. 土壤中氯化物的存在可使结果偏高。因为氯化物也能被重铬酸钾所氧化，因此，盐土中有机质的测定必须防止氯化物的干扰，少量氯可加少量 Ag_2SO_4，使氯根沉淀下来（生成 AgCl）。Ag_2SO_4 的加入，不仅能沉淀氯化物，而且有促进有机质分解的作用。据研究，当使用 Ag_2SO_4 时，校正系数为1.04，不使用 Ag_2SO_4 时校正系数为1.1。Ag_2SO_4 的用量不能太多，约加0.1 g，否则生成 $Ag_2Cr_2O_7$ 沉淀，影响滴定。

在氯离子含量较高时，可用一个氯化物近似校正系数1/12来校正之，由于 $Cr_2O_7^{2-}$ 与 Cl^- 及C的反应是定量的：

$$Cr_2O_7^{2-} + 6Cl^- + 14H^+ \longrightarrow 2Cr^{3+} + 3Cl_2 + 7H_2O$$

$$2Cr_2O_7^{2-} + 3C + 16H^+ \longrightarrow 4Cr^{3+} + 3CO_2 + 8H_2O$$

由上二个反应式可知 $C/4Cl^- = 12/4 \times 35.5 \approx 1/12$

$$土壤含碳量（g \cdot kg^{-1}）＝未经校正土壤含碳量（g \cdot kg^{-1}）－\frac{土壤 Cl 含量，（g \cdot kg^{-1}）}{12}$$

此校正系数在Cl∶C比为5∶1以下时适用。

注3. 对于水稻土、沼泽土和长期渍水的土壤，由于土壤中含有较多的 Fe^{2+}、Mn^{2+} 及其它一些还原性物质，它们也消耗 $K_2Cr_2O_7$，可使结果偏高，对这些样品必须在测定前充分风干。一般可把样品磨细后，铺成薄薄一层，在室内通风处风干10天左右即可使全部 Fe^{2+} 氧化。长期沤水的水稻土，虽经几个月风干处理，样品中仍有亚铁反应，对这种土壤，最好采用铬酸磷酸湿烧——测定二氧化碳法（见3.2.3）。

注4. 这里为了减少0.4 $mol \cdot L^{-1}\left(\frac{1}{6}K_2Cr_2O_7\right)$—$H_2SO_4$ 溶液的黏滞性带来的操作误差，准确加入0.800 0 $mol \cdot L^{-1}\left(\frac{1}{6}K_2Cr_2O_7\right)$水溶液5 mL及浓

H_2SO_4 5 mL，以代替 0.4 mol·L^{-1} $\left(\frac{1}{6}K_2Cr_2O_7\right)$溶液 10 mL。在测定石灰性土壤样品时，也必须慢慢加入 $K_2Cr_2O_7-H_2SO_4$ 溶液，以防止由于碳酸钙的分解而引起激烈发泡。

注 5. 最好不采用植物油，因它也可被重铬酸钾氧化，而可能带来误差。而矿物油或石蜡对测定无影响。油浴锅预热温度，当气温很低时应高一些（约 200 ℃）。铁丝笼应该有脚，使试管不与油浴锅底部接触。

注 6. 用矿物油虽对测定无影响，但空气污染较为严重，最好采用铝块（有试管孔座的）加热自动控温的方法来代替油浴法。

注 7. 必须在试管内溶液表面开始沸腾才开始计算时间。掌握沸腾的标准尽量一致，然后继续消煮 5 min，消煮时间对分析结果有较大的影响，故应尽量记时准确。

注 8. 消煮好的溶液颜色，一般应是黄色或黄中稍带绿色，如果以绿色为主，则说明重铬酸钾用量不足。在滴定时消耗硫酸亚铁量小于空白用量的 1/3 时，有氧化不完全的可能，应弃去重做。

3.2.2 重铬酸钾容量法——稀释热法

3.2.2.1 *方法原理* 基本原理、主要步骤与重铬酸钾容量法（外加热法）相同。稀释热法（水合热法）是利用浓硫酸和重铬酸钾迅速混和时所产生的热来氧化有机质，以代替外加热法中的油浴加热，操作更加方便。由于产生的热，温度较低，对有机质氧化程度较低，只有 77%。

3.2.2.2 *试剂*

（1）1 mol·L^{-1} $\left(\frac{1}{6}K_2Cr_2O_7\right)$溶液。准确称取 $K_2Cr_2O_7$（分析纯，105 ℃烘干）49.04 g，溶于水中，稀释至 1 L。

（2）0.4 mol·L^{-1} $\left(\frac{1}{6}K_2Cr_2O_7\right)$的基准溶液。准确称取 $K_2Cr_2O_7$（分析纯）（在 130 ℃烘 3 h）19.613 2 g 于 250 mL 烧杯中，以少量水溶解，将全部洗入 1 000 mL 容量瓶中，加入浓 H_2SO_4 约 70 mL，冷却后用水定容至刻度，充分摇匀备用［其中含硫酸浓度约为 2.5 mol·L^{-1} $\left(\frac{1}{2}H_2SO_4\right)$］。

（3）0.5 mol·L^{-1} $FeSO_4$ 溶液。称取 $FeSO_4\cdot7H_2O$ 140 g 溶于水中，加入浓 H_2SO_4 15 mL，冷却稀释至 1 L 或称取 $Fe(NH_4)_2(SO_4)_2\cdot6H_2O$ 196.1 g 溶解于含有 200 mL 浓 H_2SO_4 的 800 mL 水中，稀释至 1 L。此溶液的准确浓度以 0.4 mol·L^{-1} $\left(\frac{1}{6}K_2Cr_2O_7\right)$的基准溶液标定之。即准确分别吸取 3 份

0.4 mol · L^{-1} $\left(\frac{1}{6}K_2Cr_2O_7\right)$基准溶液各 25 mL 于 150 mL 三角瓶中，加入邻啡罗啉指示剂 2～3 滴（或加 2 羧基代二苯胺 12～15 滴），然后用 0.5 mol · L^{-1} $FeSO_4$ 溶液滴定至终点，并计算出 $FeSO_4$ 的准确浓度。硫酸亚铁（$FeSO_4$）溶液在空气中易被氧化需新鲜配制或以标准的 $K_2Cr_2O_7$ 溶液每天标定之。

其他试剂同 3.2.1.3 中（4）、（5）、（6）。

3.2.2.3　*操作步骤*　准确称取 0.500 0 g 土壤样品(注1)于 500 mL 的三角瓶中，然后准确加入 1 mol · L^{-1} $\left(\frac{1}{6}K_2Cr_2O_7\right)$溶液 10 mL 于土壤样品中，转动瓶子使之混合均匀，然后加浓 H_2SO_4 20 mL，将三角瓶缓缓转动 1 min，促使混合以保证试剂与土壤充分作用，并在石棉板上放置约 30 min，加水稀释至 250 mL，加 2-羧基代二苯胺指示剂 12～15 滴，然后用 0.5 mol · L^{-1} $FeSO_4$ 标准溶液滴定之，其终点为灰蓝绿色。

或加 3～4 滴邻啡罗啉指示剂，用 0.5 mol · L^{-1} $FeSO_4$ 标准溶液滴定至近终点时溶液颜色由绿变成暗绿色，逐滴加入 $FeSO_4$ 直至生成砖红色为止。

用同样的方法做空白测定（即不加土样）。

如果 $K_2Cr_2O_7$ 被还原的量超过 75%，则须用更少的土壤重做。

3.2.2.4　*结果计算*

$$土壤有机碳（g \cdot kg^{-1}）=\frac{c(V_0-V)\times10^{-3}\times3.0\times1.33}{烘干土重}\times1\,000$$

$$土壤有机质（g \cdot kg^{-1}）=土壤有机碳（g \cdot kg^{-1}\times1.724）$$

式中：1.33——为氧化校正系数；

c——为 0.5 mol · L^{-1} $FeSO_4$ 标准溶液的浓度；

其他各代号和数字的意义同 3.2.1.5。

3.2.2.5　*注释*　泥炭称 0.05 g，土壤有机质含量低于 10 g · kg^{-1}者称 2.0 g。

3.2.3　完全湿烧法（铬酸、磷酸）——测定 CO_2 法[2]

3.2.3.1　*方法原理*　土壤样品中的有机质（碳）与铬酸、磷酸溶液在 160 ℃下进行消煮，氧化有机碳所产生的二氧化碳，被连接在烧瓶上的截流装置中的标准氢氧化钾所吸收，形成的碳酸盐用氯化钡溶液沉淀之，过量的标准氢氧化钾，以酚酞为指示剂，用标准酸回滴，即可从消耗的标准氢氧化钾量求出土壤有机碳含量。其化学反应式如下：

$$4CrO_3+4H_3PO_4+3C\longrightarrow4CrPO_4+6H_2O+3CO_2$$

$$2KOH+CO_2+H_2O\longrightarrow K_2CO_3+2H_2O$$

$$K_2CO_3+BaCl_2\longrightarrow BaCO_3\downarrow+2KCl$$

$$\underset{(剩余)}{KOH} + HCl \longrightarrow KCl + H_2O$$

本方法与经典干烧法比较平均回收率是 97.6%，对于碳质土壤，不论采自耕地或林地，用二种不同方法所得结果，彼此都很一致，而泥炭及酸性腐殖质土壤，本法所得结果较干烧法普遍偏低，但在 95%置信区间以内，差异都不显著。本法适合于长期沤水的水稻土，虽经风干处理仍有亚铁反应的土壤。

3.2.3.2 **主要仪器** 消化蒸馏装置。土壤样品的氧化是在硬质玻璃（95 料或 GG－17）的消化—蒸馏联合装置中进行的（图 3－2 所示）。这种联合装置包括一个容积约 90 mL，外径 42 mm 的圆底消化管（A）。消化管再以磨沙接头（T29/32）与双室截流装置（B，C）连结，为了隔绝空中的 CO_2，在截流装置（C）的上端接上一支玻管（D），玻管（D）的一端用由 2.5 mol·L^{-1}KOH 浸湿的聚氨基甲酸乙酯塑料泡沫闭塞（塑料泡沫的密度为 0.030 g·cm^{-3}，直径 9 mm，长 30 mm）。整个双室截流装置（B、C）的结构用一坚实的玻璃环（E）加固。每个消化装置均安放在一个 320 cm×480 cm×60 cm 并钻有与消化管相适合的圆孔（孔径 42.5 mm，孔深 50 mm）的石墨底盘上。每个底盘共可放置 24 套消化装置，石墨底盘用表面温度范围为 20～360 ℃的电热板加温。

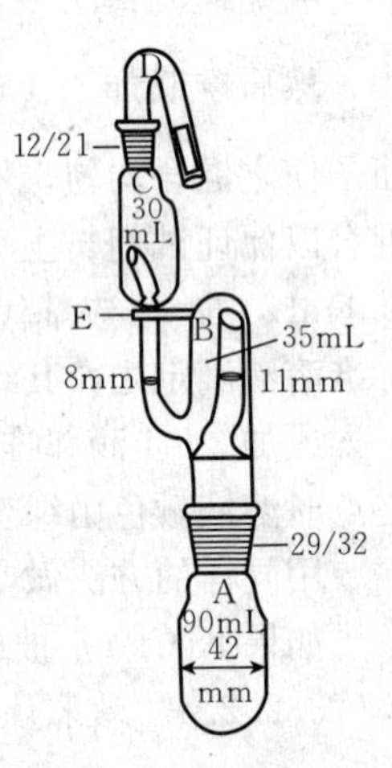

图 3－2 测定有机碳的消化—蒸馏装置

3.2.3.3 试剂

（1）氧化液。称取 CrO_3（化学纯）200 g 及 $CuSO_4 \cdot 2H_2O$ 2.5 g 溶于 800 mL浓 H_3PO_4（比重 1.74）及 150 mL 水的混合液中。

（2）2.5 mol·L^{-1} KOH 溶液。称取 KOH（分析纯）140.3 g 溶于 1 L 水中，贮于橡皮塞的玻璃瓶内，塞外连接一个苏打石灰管，以防空气中 CO_2 进入。

（3）1 mol·L^{-1} $BaCl_2$ 溶液。称取 $BaCl_2$（化学纯）208.3 g 加水溶解，并稀释至 1 L。

（4）1 mol·L^{-1}HCl 标准溶液。量取浓 HCl（化学纯）83.3 mL 用水稀释至 1 L，用无水碳酸钠（或硼砂）校正其浓度。

（5）偏磷酸片剂。化学纯，Baker（38%～42%HPO_3，58%～62%$NaPO_3$）。

（6）酚酞指示剂。称酚酞（化学纯）1 g 溶于 100 mL 95%酒精中。

3.2.3.4 操作步骤　非石灰性土壤。称取土样 0.2～10 g（最高含碳量不超过 120 mg），放入消化管（A）中，用自动移液管加入 25 mL 氧化液。在移液时慢慢转动烧瓶，以使烧瓶磨砂接头内表面也为溶液所湿润。为防止 CO_2 的损失，立即将烧瓶与截流装置（B、C）连接好，在截流装置中曾经预先通过上端磨沙口（T12/21）准确注入 2.5 moL·L^{-1} KOH 10 mL。截流器（B）中的 KOH 液面应在接连（B）（C）两室的管道的底孔之上，在截流器（C）的上端连结玻管（D），玻管（D）用经碱液处理过的聚氨基甲酸乙酯塑料泡沫闭塞，这套消化—蒸馏装置（每次分析包括二个空白试验）都放置在 155～160 ℃的石墨底盘上（底盘上有为放置消化管中的圆孔），加热 3 h 以完成氧化作用。在开始后 5～10 min 内，CO_2 的释放量为强烈。

将联合装置从石墨底盘上移至特制的样品架上，再将截流装置（B、C）依次从烧瓶（A）上卸下，并用蒸馏水仔细地冲洗磨沙接头（T29/32），以及（B）室的相应的内壁。然后把吸收液从（C）室的上端（T12/21）移入 300 mL锥形瓶中，用蒸馏水反复冲洗截流装置，冲洗时把蒸馏水反复注入和倒出截流装置的上下两端的孔。淋洗液总量不超过 200～220 mL。化验员必需有熟练的操作技术，并经过一定的训练，才能有效地完成截流装置的冲洗作业。

淋洗液加入 1 mol·L^{-1} $BaCl_2$ 20 mL 和 2～3 滴酚酞指示剂，所含的过量 KOH 用 1 mol·L^{-1} HCl 回滴。

3.2.3.5 结果计算

$$\text{土壤有机碳}\ (\text{g}\cdot\text{kg}^{-1})=\frac{c(V_0-V)\times\frac{12.01}{2\,000}}{\text{烘干土样重}}\times 1\,000$$

式中：c——标准 HCl 溶液的浓度（mol·L^{-1}）；

V_0——空白（对照）溶液滴定用去 HCl 的体积（mL）；

V——样品洗出液滴定用去 HCl 的体积（mL）；

土壤有机质（g·kg^{-1}）＝土壤有机碳（g·kg^{-1}×1.724）。

碳酸盐土壤：测定碳酸盐土壤中的有机质（碳）时，应预先用酸处理，通常是用硫酸或稀磷酸。本方法用偏磷酸预处理，所产生的 CO_2 可以收集起来进行定量测定（本法假定这样处理时，土壤有机物不发生显著的脱羧作用）。

用水 10 mL 和偏磷酸片剂 4 g 处理烧瓶（A）中的土壤样品，立即使烧瓶与装有 KOH 溶液 10 mL 的截流装置（B，C）连接。在室温下不时旋转振荡 30 min。过了这段时间，当有气体产生时，将该装置放在事先升温至 130 ℃的石墨底盘上，使样品煮沸 30 min。将收集的 CO_2 从截流装置中洗出，并照上述步骤，用 HCl 滴定洗出液。除去了碳酸盐以后的样品残渣，可供测定有机碳之用，其方法同 3. 2. 3。

主要参考文献

[1] 全国土壤普查办公室．《中国土壤》．北京：中国农业出版社．1998

[2] 土壤分析译文集（上集）．上海科学技术情报研究所．1976. 2，1～5

[3] Mebius，L. J. A rapid method for the determination of organic carbon in soil. Anal. Chim. Acta 22：1960，120～124

[4] Simakov，V. N. The use of phenylanthranilic acid in the determination of humus by Tyurin's method. pochvovedenie 1957，8：72～73

思 考 题

1. 重铬酸钾容量法测定土壤有机质的原理是什么？

2. 测定二氧化碳的铬酸、磷酸湿烧法，与重铬酸钾容量法测定土壤有机质，在原理上有何不同点？

3. 水合热氧化有机质的重铬酸钾容量法和外加热氧化有机质的重铬酸钾容量法，测定总有机碳的测出率是多少？试比较其方法优缺点。

4. 长期沤水的水稻土，采用哪种分析方法为好？为什么？

第四章

土壤氮和硫的分析

4.1 土壤中氮的测定[1]

4.1.1 概述

土壤中氮素绝大部分为有机的结合形态。无机形态的氮一般占全氮的1%～5%。土壤有机质和氮素的消长，主要决定于生物积累和分解作用的相对强弱、气候、植被、耕作制度诸因素，特别是水热条件，对土壤有机质和氮素含量有显著的影响。从自然植被下主要土类表层有机质和氮素含量来看，以东北的黑土为最高（N，2.56～6.95 $g \cdot kg^{-1}$）。由黑土向西，经黑钙土、栗钙土、灰钙土，有机质和氮素的含量依次降低。灰钙土的氮素含量只有（N，0.4～1.05 $g \cdot kg^{-1}$）。我国由北向南，各土类之间表土0～20 cm中氮素含量大致有下列的变化趋势：由暗棕壤（N，1.68～3.64 $g \cdot kg^{-1}$）经棕壤、褐土到黄棕壤（N，0.6～1.48 $g \cdot kg^{-1}$），含量明显降低，再向南到红壤、砖红壤（N，0.90～3.05 $g \cdot kg^{-1}$），含量又有升高。耕种促进有机质分解，减少有机质积累。因此，耕种土壤有机质和氮素含量比未耕种的土壤低得多，但变化趋势大体上与自然土壤的情况一致。东北黑土地区耕种土壤的氮素含量最高（N，1.5～3.48 $g \cdot kg^{-1}$），其次是华南、西南和青藏地区，而以黄、淮、海地区和黄土高原地区为最低（N，0.30～0.99 $g \cdot kg^{-1}$）。对大多数耕种土壤来说，土壤培肥的一个重要方面是提高土壤有机质和氮素含量。总的来讲，我国耕种土壤的有机质和氮素含量不高，全氮量（N）一般为1.0～2.0 $g \cdot kg^{-1}$。特别是西北黄土高原和华北平原的土壤，必须采取有效措施，逐渐提高土壤有机质和氮素的含量。

土壤中有机态氮可以分为半分解的有机质、微生物躯体和腐殖质，而主要是腐殖质。有机形态的氮大部分必须经过土壤微生物的转化作用，变成无机形态的氮，才能为植物吸收利用。有机态氮的矿化作用随季节而变化。一般来讲，由于土壤质地的不同，一年中约有1%～3%N释放出来供植物吸收利用。

无机态氮主要是铵态氮和硝态氮，有时有少量亚硝态氮的存在。土壤中硝态氮和铵态氮的含量变化大。一般春播前肥力较低的土壤含硝态氮5～10 mg·kg^{-1}，肥力较高的土壤硝态氮含量有时可超过20 mg·kg^{-1}；铵态氮在旱地土壤中的变化比硝态氮小，一般为10～15 mg·kg^{-1}。至于水田中铵态氮变化则较大，在搁田过程中它的变化更大。

还有一部分氮（主要是铵离子）固定在矿物晶格内称为固定态氮。这种固定态氮一般不能为水或盐溶液提取，也比较难被植物吸收利用。但是，在某些土壤中，主要是含蛭石多的土壤，固定态氮可占一定的比例（占全氮的3%～8%），底土所占比例更高（占全氮的9%～44%）。这些氮需要用HF—H_2SO_4溶液破坏矿物晶格，才能使其释放。

土壤氮素供应情况，有时用有机质和全氮含量来估计，有时测定速效形态的氮包括硝态氮、铵态氮和水解性氮。土壤中氮的供应与易矿化部分有机氮有很大关系。各种含氮有机物的分解难易随其分子结构和环境条件的不同差异很大。一般来讲，土壤中与无机胶体结合不紧的这部分有机质比较容易矿化，它包括半分解有机质和生物躯体，而腐殖质则多与粘粒矿物结合紧密，不易矿化。

土壤氮的主要分析项目有土壤全氮量和有效氮量。全氮量通常用于衡量土壤氮素的基础肥力，而土壤有效氮量与作物生长关系密切。因此，它在推荐施肥中意义更大。

土壤全氮量变化较小，通常用开氏法或根据开氏法组装的自动定氮仪测定，测定结果稳定可靠。

土壤有效氮包括无机的矿物态氮和部分有机质中易分解的、比较简单的有机态氮。它是铵态氮、硝态氮、氨基酸、酰胺和易水解的蛋白质氮的总和，通常也称水解氮，它能反映土壤近期内氮素供应情况。

目前国内外土壤有效氮的测定方法一般分两大类：即生物方法和化学方法。生物培养法测定的是土壤中氮的潜在供应能力。虽然方法较繁，需要较长的培养试验时间，但测出的结果与作物生长有较高的相关性；化学方法快速简便，但由于对易矿化氮的了解不够，浸提剂的选择往往缺乏理论依据，测出的结果与作物生长的相关性亦较差。

生物培养法又可分为好气培养和厌气培养两类。好气培养法为取一定量的土壤，在适宜的温度、水分、通气条件下进行培养，测定培养过程中释出的无机态氮，即在培养之前和培养之后测定土壤中铵态氮和硝态氮的总量，二者之差即为矿化氮。好气培养法沿用至今已有很多改进，主要反映在：用的土样质量（10～15 g)、新鲜土样或风干土样、加或不加填充物（如砂、蛭石）等以及土样和填充物的比例、温度控制（25～35 ℃)、水分和通气调节（如土 10 g）加水 6 mL 或加水至土壤持水量的 60%)、培养时间（14～20 天）等。很明显，培养的条件不同，测出的结果就不一样。

厌气培养法即在淹水的情况下进行培养，测定土壤中由铵化作用释出的铵态氮。培养过程中条件的控制比较容易掌握，不需要考虑通气条件和严格的水分控制，可以用较少的土样（5 g)，较短的培养时间（7～10 天）和较低温度（30～40 ℃)，方法比较简单，结果的再现性也较好，且与作物吸氮量和作物产量有很好的相关性。因此，厌气培养法更适合于例行分析。

化学方法快速、简便，更受人欢迎。但土壤中氮的释放主要受微生物活动的控制。而化学试剂不像微生物那样有选择性地释放土壤中某部分的有效氮。因此，只能用化学模拟估计土壤有效氮的供应。例如，用全氮估计，一般假定一个生长季节有 1%～3%的全氮矿化为无机氮供作物利用；用土壤有机质估计，土壤有机质被看作氮的自然供应库，假定有机质含氮 5%，再乘以矿化系数，以估计土壤有效氮的供应量。水解氮常被看作是土壤易矿化氮。水解氮的测定方法有两种：即酸水解和碱水解。酸水解就是用丘林法测定水解氮。本法对有机质含量高的土壤，测定结果与作物有良好的相关性，但对于有机质缺乏的土壤，测定结果并不十分理想，对于石灰性土壤更不合适，而且操作手续繁长、费时，不适合于例行分析。碱水解法又可分二种：一种是碱解扩散法，即应用扩散皿，以 1 mol · L^{-1} NaOH 进行碱解扩散。此法是碱解、扩散和吸收各反应同时进行，操作较为简便，分析速度快，结果的再现性也较好。浙江省农业科学院 20 世纪 60 年代和上海市农业科学院 80 年代都先后证实了该法同田间试验结果的一致性。另一种是碱解蒸馏法，即加还原剂和 1 mol · L^{-1} NaOH 进行还原和碱解，最后将氨蒸馏出来，其结果也有较好的再现性。碱解蒸馏主要用于美国，碱解扩散应用于英国和西欧各国，我国也进行了几十年的研究试验，一般认为碱解扩散法较为理想，它不仅能测出土壤中氮的供应强度，也能看出氮的供应容量和释放速率。

土壤中的有效氮变化则较大，测定方法虽多，但迄今尚无一个可通用的方法。目前常用的化学方法有水或盐溶液浸提法和碱水解法等。生物方法有厌气培养法和好气培养法等。生物培养法由于是在模拟大田情况下进行的，所释出有效氮比较符合田间实际，因而与作物生长相关性较好，但培养时间较长。化学水解法简便快速，但所测出的有效氮与作物的相关性总不及生物培养法。

4.1.2 土壤全氮量的测定[1]

4.1.2.1 概述 测定土壤全氮量的方法主要可分为干烧法和湿烧法两类。

干烧法是杜马斯（Dumas）于1831年创立的，又称为杜氏法。其基本过程是把样品放在燃烧管中，以600℃以上的高温与氧化铜一起燃烧，燃烧时通以净化的CO_2气，燃烧过程中产生的氧化亚氮（主要是N_2O）气体通过灼热的铜还原为氮气（N_2），产生的CO则通过氧化铜转化为CO_2，使N_2和CO_2的混合气体通过浓的氢氧化钾溶液，以除去CO_2，然后在氮素计中测定氮气体积。

杜氏法不仅费时，而且操作复杂，需要专门的仪器，但是一般认为与湿烧法比较，干烧法测定的氮较为完全。

湿烧法就是常用的开氏法。这个方法是丹麦人开道尔（J. Kjeldahl）于1883年用于研究蛋白质变化的，后来被用来测定各种形态的有机氮。由于设备比较简单易得，结果可靠，为一般实验室所采用。此方法的主要原理是用浓硫酸消煮，借催化剂和增温剂等加速有机质的分解，并使有机氮转化为氨进入溶液，最后用标准酸滴定蒸馏出的氨。

此方法后来进行了许多改进，一是用更有效的加速剂缩短消化时间；二是改进了氨的蒸馏和测定方法，以提高测定效率。

在开氏法中，通常都用加速剂来加速消煮过程。加速剂的成分按其效用的不同，可分为增温剂、催化剂和氧化剂等三类。

常用的增温剂主要是硫酸钾或硫酸钠。在消煮过程中温度起着重要作用。消煮时的温度要求控制在360～410℃之间，低于360℃，消化不容易完全，特别是杂环氮化合物不易分解，使结果偏低，高于410℃则容易引起氨的损失。温度的高低受加入硫酸钾的量所控制，如果加入的硫酸钾较少（每毫升硫酸加K_2SO_4 0.3 g），则需要较长时间才能消化完全。如果加入的硫酸钾较多，则消化时间可以大大缩短，但是当盐的质量浓度超过0.8 g·mL^{-1}时，则消化完毕后，内容物冷却结块，给操作带来一些困难。因此，消煮过程中盐的浓度应控制在0.35～0.45 g·mL^{-1}，在消煮过程中如果硫酸消耗过多，则将影响盐的浓度，一般在开氏瓶口插入一小漏斗，以减少硫酸的损失。

开氏法中应用的催化剂种类很多。事实上多年来人们致力于开氏法的改进，多数集中在催化剂的研究上。目前应用的催化剂主要有Hg、HgO、$CuSO_4$、$FeSO_4$、Se、TiO_2等，其中以$CuSO_4$和Se混合使用最普遍。

汞和硒的催化能力都很强，但在测定过程中，汞会带来一些操作上的困难。因为HgO能与铵结合生成汞—铵复合物。这些包含在复合物中的铵，加碱蒸馏不出来，因此，在蒸馏之前，必须加硫代硫酸钠将汞沉淀出来：

$$HgO+(NH_4)_2SO_4=[Hg(NH_3)_2]SO_4+H_2O$$

$$[Hg(NH_3)_2]SO_4+Na_2S_2O_3+H_2O=HgS+Na_2SO_4+(NH_4)_2SO_4$$

产生的黑色沉淀（HgS）会使蒸馏器不易保持清洁，且汞有毒，污染环境，因此在开氏法中，人们不喜欢用汞作催化剂。

硒的催化作用最强，但必须注意，用硒粉作催化剂时，开氏瓶中溶液刚刚清澈并不表示所有的氮均已转化为铵。由于硒也有毒性，国际标准（ISO 11261：1995）改用氧化钛（TiO_2）代替硒，其加速剂的组成和比例为 K_2SO_4 ∶ $CuSO_4\cdot5H_2O$ ∶ TiO_2＝100 ∶ 3 ∶ 3。

近年来氧化剂的使用特别是高氯酸又引起人们的重视。因为 $HClO_4$—H_2SO_4 的消煮液可以同时测定氮、磷等多种元素，有利于自动化装置的使用。但是，由于氧化剂的作用过于激烈，容易造成氮的损失，使测定结果很不稳定，所以，它不是测定全氮的可靠方法。

目前在土壤全氮量测定中，一般认为标准的开氏法为：称 1.0～10.0 g 土样（常量法），加混合加速剂 K_2SO_4 10 g，$CuSO_4$ 1.0 g，Se 0.1 g，再加浓硫酸 30 mL，消煮 5 h。为了缩短消煮时间和节省试剂，自 20 世纪 60 年代至今广泛采用半微量开氏法（0.2～1.0 g 土样）。

开氏法测定的土壤全氮并不完全包括 NO_3^-—N 和 NO_2^-—N，由于它们含量一般都比较低，对土壤全氮量的测定影响也小，因此，通常可忽略。但是，如果土壤中含有显著数量的 NO_3^-—N 和 NO_2^-—N，则须用改进的开氏法。

消煮液中的氮以铵的形态存在，可以用蒸馏滴定法、扩散法或比色法等测定。最常用的是蒸馏滴定法，即加碱蒸馏，使氨释放出来，用硼酸溶液吸收，而后用标准酸滴定之。蒸馏设备用半微量蒸馏器，对于半微量蒸馏器，近年来也有不少研究和改进，现在除了用电炉加热和蒸汽加热各种单套半微量蒸馏器外，还有多套半微量蒸馏器联合装置，即一个蒸汽发生器可同时带四套定氮装置，既省电，又提高了功效，颇受科研工作者的欢迎。

扩散法是用扩散皿（即 Conway 皿）进行的。皿分为内外两室（图 4-1），外室盛有消化液，内室盛硼酸溶液，加碱液于外室后，立即密封，使氨扩散到内室被硼酸溶液吸收，最后用标准酸滴定之。有人认为扩散法的准确度和精密度大致和蒸馏法相似，但扩散法设备简单，试剂用量少，操作简单，时间短，适于大批样品的分析。

比色法适用于自动装置，但自动比色分析应有一个比较灵敏的显色反应。且在显色反应中不应有沉淀、过滤等步骤。氨的比色分析，以靛酚蓝比色法最灵敏，干扰也较少。连续流动分析（CFA）中铵的分析采用靛酚蓝比色法。

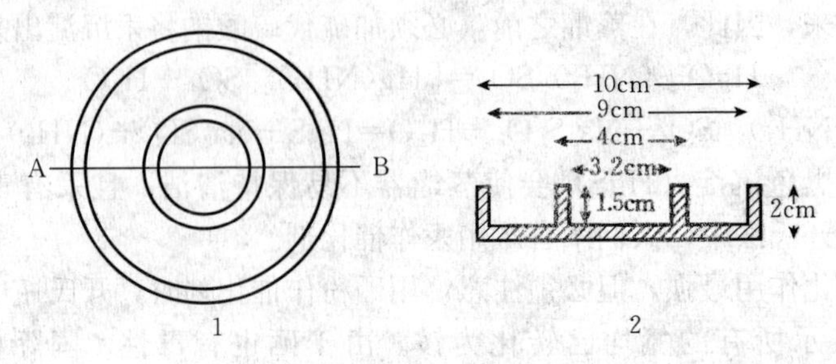

图 4-1 微量扩散皿

1. 平面图 2. 横断面图

土壤氮的测定是重要的常规测试项目之一。因此，许多国家都致力于研制氮素测定的自动、半自动分析仪。目前国内外已有不少型号的定氮仪。

利用干烧法原理研制的自动定氮仪，有的可进行许多样品的连续燃烧，使各样品的氮全部还原成氮气，彻底清除废气后，使氮气进入精确的注射管，自动测定其容积（μL），例如 Cole-man29-29A 氮素自动分析仪以及德国的 N-A型快速定氮仪；有的则不清除 CO_2，而同时将 N_2 和 CO_2 送入热导池探测器，利用 N_2 和 CO_2 的导热系数不同，而同时测定 N_2 和 CO_2（例如 Leco Corporation，CR-412，CHN600，CHN1000 型等）。

利用湿烧法的自动定氮仪，实际上是开氏法的组装，所用试剂药品也同开氏法。它可同时进行许多个样品消煮，它的蒸馏、滴定及其结果的计算等步骤均系自动快速进行。分析结果能同时数字显示并打印出来。例如近年来进口的丹麦福斯—特卡托 1035/1038 型和德国 GERHARDT 的 VAP5/6 型自动定氮仪，能同时在密闭吸收系统里迅速消煮几十个样品，既快速又避免了环境污染。它的蒸馏、滴定虽然也是逐个进行，但每个样品从蒸馏开始到结果自动显示并打印出来只需 2 min，而且样品送入可连续进行，大大提高了开氏法的分析速度。我国北京、上海、武汉等已有多个仪器厂家生产自动和半自动定氮仪并在常规实验室中广泛应用，如北京真空仪表厂生产的 DDY1-5 系列和北京思贝得机电技术研究所生产 KDY-9810/30 系列的自动、半自动定氮仪等。

自动定氮仪的应用，可使实验室的分析工作向快速、准确、简便和自动化方向发展，适合现代分析工作的要求。

4.1.2.2 土壤全氮测定—半微量开氏法[1,6]

4.1.2.2.1 方法原理 样品在加速剂的参与下，用浓硫酸消煮时，各种含氮有机化合物，经过复杂的高温分解反应，转化为氨与硫酸结合成硫酸铵。碱化后蒸馏出来的氨用硼酸吸收，以标准酸溶液滴定，求出土壤全氮含量（不包括全部硝态氮）。

包括硝态和亚硝态氮的全氮测定，在样品消煮前，需先用高锰酸钾将样品中的亚硝态氮氧化为硝态氮后，再用还原铁粉使全部硝态氮还原，转化成铵态氮。

在高温下硫酸是一种强氧化剂，能氧化有机化合物中的碳，生成 CO_2，从而分解有机质。

$$2H_2SO_4+C \longrightarrow 2H_2O+2SO_2\uparrow+CO_2\uparrow \text{高温}$$

样品中的含氮有机化合物，如蛋白质在浓 H_2SO_4 的作用下，水解成为氨基酸，氨基酸又在 H_2SO_4 的脱氨作用下，还原成氨，氨与硫酸结合成为硫酸铵留在溶液中。

Se 的催化过程如下：

$$2H_2SO_4+Se \longrightarrow \underset{\text{亚硒酸}}{H_2SeO_3}+2SO_2\uparrow+H_2O$$

$$H_2SeO_3 \longrightarrow SeO_2+H_2O$$

$$SeO_2+C \longrightarrow Se+CO_2$$

由于 Se 的催化效能高，一般常量法 Se 粉用量不超过 0.1～0.2 g，如用量过多则将引起氮的损失。

$$(NH_4)_2SO_4+H_2SeO_3 \longrightarrow (NH_4)_2SeO_3+H_2SO_4$$

$$3(NH_4)_2SeO_3 \longrightarrow 2NH_3+3Se+9H_2O+2N_2\uparrow$$

以 Se 作催化剂的消煮液，也不能用于氮磷联合测定。硒是一种有毒元素，在消化过程中，放出 H_2Se。H_2Se 的毒性较 H_2S 更大，易引起人中毒。所以，实验室要有良好的通风设备，方可使用这种催化剂。

$CuSO_4$ 的催化作用如下：

$$4CuSO_4+3C+2H_2SO_4 \xrightarrow{\triangle} 2Cu_2SO_4+4SO_2\uparrow+3CO_2\uparrow+2H_2O$$

$$\underset{\text{褐红色}}{Cu_2SO_4}+2H_2SO_4 \longrightarrow \underset{\text{蓝绿色}}{2CuSO_4}+2H_2O+SO_2\uparrow$$

当土壤中有机质分解完毕，碳质被氧化后，消煮液则呈现清澈的蓝绿色即“清亮”，因此硫酸铜不仅起催化作用，也起指示作用。同时应该注意开氏法刚刚清亮并不表示所有的氮均已转化为铵，有机杂环态氮还未完全转化为铵态氮，因此消煮液清亮后仍需消煮一段时间，这个过程叫“后煮”。

消煮液中硫酸铵加碱蒸馏，使氨逸出，以硼酸吸收之，然后用标准酸液滴定之。

蒸馏过程的反应：

$$(NH_4)_2SO_4+2NaOH \longrightarrow Na_2SO_4+2NH_3+2H_2O$$

$$NH_3+H_2O \longrightarrow NH_4OH$$

$$NH_4OH + H_3BO_3 \longrightarrow NH_4 \cdot H_2BO_3 + H_2O$$

滴定过程的反应：

$$2NH_4 \cdot H_2BO_3 + H_2SO_4 \longrightarrow (NH_4)_2SO_4 + 2H_3BO_3$$

4.1.2.2.2 主要仪器

消煮炉、半微量定氮蒸馏装置（图 4－2）、半微量滴定管（5 mL）。

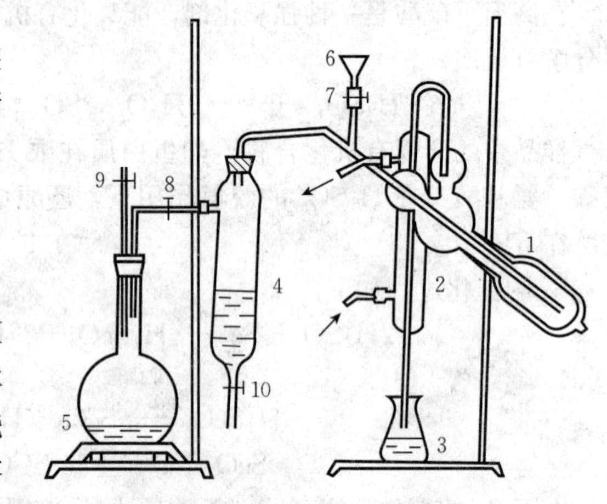

图 4－2 半微量蒸馏装置

1. 蒸馏瓶 2. 冷凝器 3. 承受瓶 4. 分水筒 5. 蒸汽发生器 6. 加碱小漏斗 7、8、9. 螺旋夹子 10. 开关

4.1.2.2.3 试剂

（1）硫酸。$\rho = 1.84\ g \cdot mL^{-1}$，化学纯；

（2）$10\ mol \cdot L^{-1}$ NaOH 溶液。称取工业用固体 NaOH 420 g，于硬质玻璃烧杯中，加蒸馏水 400 mL 溶解，不断搅拌，以防止烧杯底角固结，冷却后倒入塑料试剂瓶，加塞，防止吸收空气中的 CO_2，放置几天待 Na_2CO_3 沉降后，将清液虹吸入盛有约 160 mL 无 CO_2 的水中，并以去 CO_2 的蒸馏水定容 1 L 加盖橡皮塞。

（3）甲基红—溴甲酚绿混合指示剂。0.5 g 溴甲酚绿和 0.1 g 甲基红溶于 100 mL 乙醇中（注1）。

（4）$20\ g \cdot L^{-1}\ H_3BO_3$ -指示剂溶液。20 gH_3BO_3（化学纯）溶于 1 L 水中，每升 H_3BO_3 溶液中加入甲基红—溴甲酚绿混合指示剂 5 mL 并用稀酸或稀碱调节至微紫红色，此时该溶液的 pH 为 4.8。指示剂用前与硼酸混合，此试剂宜现配，不宜久放。

（5）混合加速剂。$K_2SO_4 : CuSO_4 : Se = 100 : 10 : 1$ 即 100 gK_2SO_4（化学纯）、10 g$CuSO_4 \cdot 5H_2O$（化学纯）和 1gSe 粉混合研磨，通过 80 号筛充分混匀（注意戴口罩），贮于具塞瓶中。消煮时每毫升 H_2SO_4 加 0.37 g 混合加速剂。

（6）$0.02\ mol \cdot L^{-1}\left(\frac{1}{2}H_2SO_4\right)$标准溶液。量取 H_2SO_4（化学纯、无氮、$\rho = 1.84\ g \cdot ml^{-1}$）2.83 mL，加水稀释至 5 000 mL，然后用标准碱或硼砂标定之。

(7) $0.01\ mol \cdot L^{-1}\left(\frac{1}{2}H_2SO_4\right)$标准液。将 $0.02\ mol \cdot L^{-1}\frac{1}{2}H_2SO_4$ 标准液用水准确稀释一倍。

(8) 高锰酸钾溶液。25 g 高锰酸钾（分析纯）溶于 500 mL 无离子水，贮于棕色瓶中。

(9) 1∶1 硫酸（化学纯、无氮、$\rho=1.84\ g \cdot mL^{-1}$）硫酸与等体积水混合。

(10) 还原铁粉。磨细通过孔径 0.15 mm（100 号）筛。

(11) 辛醇。

4.1.2.2.4　测定步骤

(1) 称取风干土样（通过 0.149 mm 筛）1.000 0 g [含氮约 1 mg(注2)]，同时测定土样水分含量。

(2) 土样消煮。

① 不包括硝态氮和亚硝态氮的消煮：将土样送入干燥的开氏瓶（或消煮管）底部，加少量无离子水（0.5～1 mL）湿润土样后(注3)，加入加速剂 2 g 和浓硫酸 5 mL，摇匀，将开氏瓶倾斜置于 300 W 变温电炉上，用小火加热，待瓶内反应缓和时（10～15 min），加强火力使消煮的土液保持微沸，加热的部位不超过瓶中的液面，以防瓶壁温度过高而使铵盐受热分解，导致氮素损失。消煮的温度以硫酸蒸气在瓶颈上部 1/3 处冷凝回流为宜。待消煮液和土粒全部变为灰白稍带绿色后，再继续消煮 1 h。消煮完毕，冷却，待蒸馏。在消煮土样的同时，做两份空白测定，除不加土样外，其他操作皆与测定土样相同。

② 包括硝态和亚硝态氮的消煮：将土样送入干燥的开氏瓶（或消煮管）底部，加高锰酸钾溶液 1 mL，摇动开氏瓶，缓缓加入 1∶1 硫酸 2 mL，不断转动开氏瓶，然后放置 5 min，再加入 1 滴辛醇。通过长颈漏斗将 0.5 g（±0.01 g）还原铁粉送入开氏瓶底部，瓶口盖上小漏斗，转动开氏瓶，使铁粉与酸接触，待剧烈反应停止时（约 5 min），将开氏瓶置于电炉上缓缓加热 45 min（瓶内土液应保持微沸，以不引起大量水分丢失为宜）。停火，待开氏瓶冷却后，通过长颈漏斗加加速剂 2 g 和浓硫酸 5 mL，摇匀。按上述①的步骤，消煮至土液全部变为黄绿色，再继续消煮 1 h。消煮完毕，冷却，待蒸馏。在消煮土样的同时，做两份空白测定。

(3) 氨的蒸馏。

① 蒸馏前先检查蒸馏装置是否漏气，并通过水的馏出液将管道洗净。

② 待消煮液冷却后，用少量无离子水将消煮液定量地全部转入蒸馏器内，并用水洗涤开氏瓶 4～5 次（总用水量不超过 30～35 mL）。若用半自动式自动

定氮仪，不需要转移，可直接将消煮管放入定氮仪中蒸馏。

于150 mL 锥形瓶中，加入20 g・L^{-1}硼酸—指示剂混合液5 mL(注4)，放在冷凝管末端，管口置于硼酸液面以上3～4 cm处(注5)。然后向蒸馏室内缓缓加入10 mol・L^{-1} NaOH溶液20 mL，通入蒸汽蒸馏，待馏出液体积约50 mL时，即蒸馏完毕。用少量已调节至pH4.5的水洗涤冷凝管的末端。

③ 用0.01 mol・L^{-1} $\left(\frac{1}{2}H_2SO_4\right)$或0.01 mol・L^{-1} HCl标准溶液滴定馏出液由蓝绿色至刚变为紫红色。记录所用酸标准溶液的体积（mL）。空白测定所用酸标准溶液的体积，一般不得超过0.4 mL。

4.1.2.2.5 结果计算

$$土壤全氮（N）量（g \cdot kg^{-1}）=\frac{(V-V_0)\times c\left(\frac{1}{2}H_2SO_4\right)\times 14.0\times 10^{-3}}{m}\times 10^3$$

式中：V——滴定试液时所用酸标准溶液的体积（mL）；

V_0——滴定空白时所用酸标准的体积（mL）；

c——0.01 mol・L^{-1} $\left(\frac{1}{2}H_2SO_4\right)$或HCl标准溶液浓度；

14.0——氮原子的摩尔质量（g・mol^{-1}）；

10^{-3}——将mL换算为L；

m——烘干土样的质量（g）。

两次平行测定结果允许绝对相差：土壤含氮量大于1.0 g・kg^{-1}时，不得超过0.005%；含氮1.0～0.6 g・kg^{-1}时，不得超过0.004%；含氮<0.6 g・kg^{-1}时，不得超过0.003%。

4.1.2.2.6 注释

注1. 对于微量氮的滴定还可以用另一更灵敏的混合指示剂，即0.099 g溴甲酚绿和0.066 g甲基红溶于100 mL乙醇中。如要配制成20 g・L^{-1} H_3BO_3—指示剂溶液：称取硼酸（分析纯）20 g溶于约950 mL水中，加热搅动直至H_3BO_3溶解，冷却后，加入混合指示剂20 mL混匀，并用稀酸或稀碱调节至紫红色（pH约5），加水稀释至1 L混匀备用。宜现配。

注2. 一般应使样品中含氮量为1.0～2.0 mg，如果土壤含氮量在2 g・kg^{-1}以下，应称土样1 g；含氮量在2.0～4.0 g・kg^{-1}者，应称0.5～1.0 g；含氮量在4.0 g・kg^{-1}以上者应称0.5 g。

注3. 开氏法测定全氮样品必须磨细通过100孔筛，以使有机质能充分被氧化分解，对于黏质土壤样品，在消煮前须先加水湿润使土粒和有机质分散，以提高氮的测定效果。但对于砂质土壤样品，用水湿润与否并没有显著差别。

注4. 硼酸的浓度和用量以能满足吸收 NH_3 为宜，大致可按每毫升 10 g · L^{-1} H_3BO_3 能吸收氮（N）量为 0.46 mg 计算，例如 20 g · L^{-1} H_3BO_3 溶液5 mL最多可吸收的氮（N）量为 5×2×0.46＝4.6 mg。因此，可根据消煮液中含氮量估计硼酸的用量，适当多加。

注5. 在半微量蒸馏中，冷凝管口不必插入硼酸液中，这样可防止倒吸减少洗涤手续。但在常量蒸馏中，由于含氮量较高，冷凝管须插入硼酸溶液，以免损失。

4.1.3 土壤无机氮的测定

土壤中无机态氮包括 NH_4^+—N 和 NO_3^-—N，土壤无机氮常采用 Zn—$FeSO_4$ 或戴氏合金（Devarda's alloy）在碱性介质中把 NO_3^-—N 还原成 NH_4^+—N，使还原和蒸馏过程同时进行，方法快速（3～5 min）、简单，也不受干扰离子的影响，NO_3^-—N 还原率为 99%以上，适合于石灰性土壤和酸性土壤。

土壤 NH_4^+—N 测定主要分直接蒸馏和浸提后测定两类方法。直接蒸馏可能使结果偏高，故目前都用中性盐（K_2SO_4、KCl、NaCl 等）浸提，一般多采用 2 mol · L^{-1} KCl 溶液浸出土壤中 NH_4^+，浸出液中的 NH_4^+，可选用蒸馏、比色或氨电极等法测定。

浸提蒸馏法的操作简便，易于控制条件，适合于 NH_4^+—N 含量较多的土壤。

用氨气敏电极测定土壤中 NH_4^-—N，操作简便，快速，灵敏度高，重复性和测定范围都很好，但仪器的质量必须可靠。

土壤中的 NO_3^-—N 的测定，可先用水或中性盐溶液提取，要求制备澄清无色的浸出液。在所用的各种浸提剂中，以饱和 $CaSO_4$ 清液最为简便和有效。浸出液中 NO_3^-—N 可用比色法、还原蒸馏法、电极法和紫外分光光度法等测定。

比色法中的酚二磺酸法的操作手续虽较长，但具有较高的灵敏度。测定结果的重现性好，准确度也较高。

还原蒸馏法是在蒸馏时加入适当的还原剂，如戴氏（Devarda）合金，将土壤中 NO_3^-—N 还原成 NH_4^+—N 后，再进行测定。此法只适合于含 NO_3^-—N 较高的土壤。

用硝酸根电极测定土壤中 NO_3^-—N 较一般常规法快速和简便。虽然土壤浸出液有各种干扰离子和 pH 的影响以及电极液膜本身的不稳定等因素的影响。但其准确度仍相当于 Zn—$FeSO_4$ 还原法。而且有利于流动注射分析。

紫外分光光度法[2,3]，虽然灵敏、快速，但需要价格较高的紫外分光光度计。

有效氮的同位素测定法，也属生物方法。它是用质谱仪测定施入土壤中的标记^{15}N肥料进行的。由于目前影响有效氮“A”值的因素不清楚；且同位素^{15}N的生产成本很高，试验只能小规模进行；测定用的质谱仪，价格贵，操作技术要求高等因素限制了它的应用。

4.1.3.1 土壤硝态氮的测定

4.1.3.1.1 酚二磺酸比色法

4.1.3.1.1.1 方法原理　土壤浸提液中的NO_3^-—N 在蒸干无水的条件下能与酚二磺酸试剂作用，生成硝基酚二磺酸：

$$\underset{\text{2,4-酚二磺酸}}{C_6H_3OH(HSO_3)_2} + HNO_3 \longrightarrow \underset{\text{6-硝基酚-2,4-二磺酸}}{C_6H_2OH(HSO_3)_2NO_2} + H_2O$$

此反应必须在无水条件下才能迅速完成，反应产物在酸性介质中无色，碱化后则为稳定的黄色溶液，黄色的深浅与NO_3^-—N 含量在一定范围内成正相关，可在 400～425 mn 处（或用蓝色滤光片）比色测定。酚二磺酸法的灵敏度很高，可测出溶液中 0.1 $mg \cdot L^{-1}$ NO_3^-—N，测定范围为 0.1～2 $mg \cdot L^{-1}$。

4.1.3.1.1.2 主要仪器　分光光度计、水浴锅、瓷蒸发皿。

4.1.3.1.1.3 试剂　$CaSO_4 \cdot 2H_2O$（分析纯、粉状）、$CaCO_3$（分析纯、粉状）、$Ca(OH)_2$（分析纯、粉状）、$MgCO_3$（分析纯、粉状）、Ag_2SO_4（分析纯、粉状）、1∶1NH_4OH、活性炭（不含NO_3^-）。

酚二磺酸试剂：称取白色苯酚（C_6H_5OH，分析纯）25.0 g 置于 500 mL 三角瓶中，以 150 mL 纯浓 H_2SO_4 溶解，再加入发烟 H_2SO_4 75 mL 并置于沸水浴中加热 2 h，可得酚二磺酸溶液，储于棕色瓶中保存。使用时须注意其强烈的腐蚀性。如无发烟 H_2SO_4，可用酚 25.0 g，加浓 H_2SO_4 225 mL，沸水中加热 6 h 配成。试剂冷后可能析出结晶，用时须重新加热溶解，但不可加水，试剂必须贮于密闭的玻塞棕色瓶中，严防吸湿。

10 $\mu g \cdot mL^{-1}$ NO_3^-—N 标准溶液：准确称取 KNO_3（二级）0.722 1 g 溶于水，定容 1 L，此为 100 $\mu g \cdot mL^{-1}$ NO_3^-—N 溶液，将此液准确稀释 10 倍，即为 10 $\mu g \cdot mL^{-1}$ NO_3^-—N 标准液。

4.1.3.1.1.4 操作步骤

（1）浸提。称取新鲜土样[注1] 50 g 放在 500 mL 三角瓶中，加入 $CaSO_4 \cdot 2H_2O$ 0.5 g[注2] 和 250 mL 水，盖塞后，用振荡机振荡 10 min。放置 5 min 后，将悬液的上部清液用干滤纸过滤，澄清的滤液收集在干燥洁净的三角瓶中。如果滤液因有机质而呈现颜色，可加活性炭除之[注3,4]。

（2）测定。吸取清液 25～50 mL（含 NO_3^-—N 20～150 μg）于瓷蒸发皿

中，加 $CaCO_3$ 约 0.05 g[注5]，在水浴上蒸干[注6]，到达干燥时不应继续加热。冷却，迅速加入酚二磺酸试剂 2 mL，将皿旋转，使试剂接触到所有的蒸干物。静止 10 min 使其充分作用后，加水 20 mL，用玻璃棒搅拌直到蒸干物完全溶解。冷却后缓缓加入 1∶1NH_4OH[注7] 并不断搅拌混匀，至溶液呈微碱性（溶液显黄色）再多加 2 mL，以保证 NH_4OH 试剂过量。然后将溶液全部转入 100 mL 容量瓶中，加水定容[注8]。在分光光度计上用光径 1 cm 比色杯在波长 420 nm 处比色，以空白溶液作参比，调节仪器零点。

NO_3^-—N 工作曲线绘制：分别取 10 $\mu g \cdot mL^{-1}$ NO_3^-—N 标准液 0、1、2、5、10、15、20 mL 于蒸发皿中，在水浴上蒸干，与待测液相同操作，进行显色和比色，绘制成标准曲线，或用计算器求出回归方程。

4.1.3.1.1.5　结果计算

土壤中 NO_3^-—N 含量（$mg \cdot kg^{-1}$）$= \rho(NO_3^- — N) \times V \times ts/m$

式中：$\rho(NO_3^-—N)$——从标准曲线上查得（或回归所求）的显色液 NO_3^-—N 质量浓度（$\mu g \cdot mL^{-1}$）；

V——显色液的体积（mL）；

ts——分取倍数；

m——烘干样品质量，g。

4.1.3.1.1.6　注释

注 1. 硝酸根为阴离子，不为土壤胶体吸附，且易溶于水，很易在土壤内部移动，在土壤剖面上下层中移动频繁，因此测定硝态氮时应注意采样深度。即不仅要采集表层土壤，而且要采集心土和底土，采样深度可达 40 cm、60 cm以至 120 cm。试验证明，旱地土壤上分析全剖面的硝态氮含量能更好地反映土壤的供氮水平。和表层土壤比较，则全剖面的硝态氮含量与生物反应之间有更好的相关性，土壤经风干或烘干易引起 NO_3^-—N 变化，故一般都用新鲜土样测定。

注 2. 用酚二磺酸法测定硝态氮，首先要求浸提液清彻，不能混浊，但是一般中性或碱性土壤滤液不易澄清，且带有机质的颜色，为此在浸提液中应加入凝聚剂。凝聚剂的种类很多，有 CaO、$Ca(OH)_2$、$CaCO_3$、$MgCO_3$、$KAl(SO_4)_2$、$CuSO_4$、$CaSO_4$ 等，其中 $CuSO_4$ 有防止生物转化的作用，但在过滤前必须以氢氧化钙或碳酸镁除去多余的铜，因此以 $CaSO_4$ 法提取较为方便。

注 3. 如果土壤浸提液由于有机质而有较深的颜色，则可用活性炭除去，但不宜用 H_2O_2，以防最后显色时反常。

注 4. 土壤中的亚硝酸根和氯离子是本法的主要干扰离子。亚硝酸和酚二磺酸产生同样的黄色化合物，但一般土壤中亚硝酸含量极少，可忽略不计。必要时可加少量尿素、硫尿和氨基磺酸（20 g·L^{-1} NH_2SO_3H）以除去之。例如亚硝酸根如果超出了1 μg·mL^{-1}时，一般每10 mL待测液中加入20 mg尿素，并放置过夜，以破坏亚硝酸根。

检查亚硝酸根的方法：可取待测液5滴于白瓷板上，加入亚硝酸试粉0.1 g，用玻璃棒搅拌后，放置10 min，如有红色出现，即有1 mg·L^{-1}亚硝酸根存在。如果红色极浅或无色，则可省去破坏亚硝酸根手续。

$$NO_3^- + 3Cl^- + 4H^+ \longrightarrow \underset{\text{亚硝酰氯}}{NOCl} + Cl_2 + 2H_2O$$

Cl^-对反应的干扰，主要是在加酸后生成亚硝酰氯化合物或其它氯的气体。如果土壤中含氯化合物超过15 mg·kg^{-1}，则必须加Ag_2SO_4除去，方法是每100 mL浸出液中加入Ag_2SO_4 0.1 g(0.1 g Ag_2SO_4可沉淀22.72 mg Cl^-)，摇动15 min，然后加入$Ca(OH)_2$ 0.2 g及$MgCO_3$ 0.5 g，以沉淀过量的银，摇动5 min后过滤，继续按蒸干显色步骤进行。

注5. 在蒸干过程中加入碳酸钙是为了防止硝态氮的损失。因为在酸性和中性条件下蒸干易导致硝酸离子的分解，如果浸出液中含铵盐较多，更易产生负误差。

注6. 此反应必须在无水条件下才能完成，因此反应前必须蒸干。

注7. 碱化时应用NH_4OH，而不用NaOH或KOH，是因为NH_3能与Ag^+络合成水溶性的$[Ag(NH_3)_2]^+$，不致生成Ag_2O的黑色沉淀而影响比色。

注8. 在蒸干前，显色和转入容量瓶时应防止损失。

4.1.3.1.2 还原蒸馏法

4.1.3.1.2.1 方法原理 土壤浸出液中的NO_3^-和NO_2^-在氧化镁存在下，用$FeSO_4$—Zn还原蒸出氨气为硼酸吸收，用盐酸标准溶液滴定。单测硝态氮时，土壤用饱和硫酸钙溶液浸提，联合测定铵态氮和硝态氮时，土壤用氯化钾浸提。

4.1.3.1.2.2 试剂

（1）饱和硫酸钙溶液。将硫酸钙加入水中充分振荡，使其达到饱和，澄清。

（2）0.01 mol·L^{-1} HCl标准溶液。将浓盐酸（HCl，$\rho \approx 1.19$ g·mL^{-1}，分析纯）约1 mL稀释至1 L，用硼砂标准液标定其准确浓度。

（3）甲基红—溴甲酚绿混合指示剂。称取甲基红0.1和溴甲酚绿0.5 g于玛瑙研钵中，加入100 mL乙醇研磨至完全溶解。

(4) 氧化镁悬液。称取氧化镁（MgO，化学纯）12 g，放入 100 mL 水中，摇匀。

(5) 硫酸亚铁锌还原剂。称取锌粉（Zn，化学纯）与硫酸亚铁（$FeSO_4 \cdot 7H_2O$，化学纯）按 1∶5 混合，磨细。

(6) 硼酸指示剂溶液。称取硼酸 20 g 溶于水中，稀释至 1 L，加入甲基红—溴甲酚绿指示剂 20 mL，并用稀碱或稀酸调节溶液为紫红色（约 pH4.5）。

4.1.3.1.2.3 主要仪器 往复式振荡机和定氮蒸馏装置。

4.1.3.1.2.4 操作步骤

(1) 浸提。见 4.1.3.1.1.4 (1)。

(2) 蒸馏。吸取滤液 25 mL，放入定氮蒸馏器中，加入氧化镁悬液 10 mL，通入蒸汽蒸馏去除铵态氮，待铵态氮去除后（用钠氏试剂检查），加入硫酸亚铁锌还原剂约 1 g，或节瓦尔德合金（过 60 号筛）0.2 g，继续蒸馏，在冷凝管下端用硼酸溶液吸收还原蒸出的氨。用盐酸标准溶液滴定。同时做空白试验。

4.1.3.1.2.5 结果计算

$$\text{土壤硝态氮 } NO_3^-\text{(N) 含量 }(mg \cdot kg^{-1}) = \frac{c \times (V - V_0) \times 14.0 \times ts}{m} \times 10^3$$

式中：c——盐酸标准溶液浓度（$mol \cdot L^{-1}$）；

V——样品滴定 HCl 标准溶液体积（mL）；

V_0——空白滴定 HCl 标准溶液体积（mL）；

14.0——氮的原子摩尔质量（$g. mol^{-1}$）；

ts——分取倍数；

10^3——“换算系数”（包括 mL 换算为 L，10^{-3}；g 换算为 mg，10^3；换算为每 kg 土，10^3。）；

m——烘干样品质量（g）。

4.1.3.2 土壤铵态氮的测定

4.1.3.2.1 2 $mol \cdot L^{-1}$ KCl 浸提—蒸馏法

4.1.3.2.1.1 方法原理 用 2 $mol \cdot L^{-1}$ KCl 浸提土壤，把吸附在土壤胶体上的 NH_4^+ 及水溶性 NH_4^+ 浸提出来。取一份浸出液在半微量定氮蒸馏器中加 MgO(MgO 是弱碱，有防止浸出液中酰胺有机氮水解的可能）蒸馏。蒸出的氨以 H_3BO_3 吸收，用标准酸溶液滴定，计算土壤中的 NH_4^+—N 含量。

4.1.3.2.1.2 主要仪器 振荡器、半微量定氮蒸馏器、半微量滴定管（5 mL）。

4.1.3.2.1.3 试剂

(1) 20 g·L^{-1}硼酸（见 4.2.1.3 试剂 4）。

(2) 0.005 mol·$L^{-1}\frac{1}{2}H_2SO_4$ 标准液。量取 H_2SO_4（化学纯）2.83 mL，加蒸馏水稀释至 5 000 mL，然后用标准碱或硼酸标定之，此为 0.020 0 mol·L^{-1} $\left(\frac{1}{2}H_2SO_4\right)$标准溶液，再将此标准液准确地稀释 4 倍，即得 0.005×mol·L^{-1} $\left(\frac{1}{2}H_2SO_4\right)$标准液(注1)。

(3) 2 mol·L^{-1}KCl 溶液。称 KCl（化学纯）149.1 g 溶解于 1 L 水中。

(4) 120 g·L^{-1}MgO 悬浊液。MgO12 g 经 500～600 ℃灼烧 2 h，冷却，放入 100 mL 水中摇匀。

4.1.3.2.1.4 操作步骤　取新鲜土样 10.0 g(注2)，放入 100 mL 三角瓶中，加入 2 mol·L^{-1}KCl 溶液 50.0 mL。用橡皮塞塞紧，振荡 30 min，立即过滤于 50 mL 三角瓶中（如果土壤 NH_4^+—N 含量低，可将液土比改为 2.5∶1）。

吸取滤液 25.0 mL（含 NH_4^+— N 25 μg 以上）放入半微量定氮蒸馏器中，用少量水冲洗，先把盛有 20 g·L^{-1} 硼酸溶液 5 mL 的三角瓶放在冷凝管下，然后再加 120 g·L^{-1}MgO 悬浊液 10 mL 于蒸馏室中蒸馏，待蒸出液达 30～40 mL 时（约 10 min）停止蒸馏，用少量水冲洗冷凝管，取下三角瓶，用 0.005 mol·L^{-1} $\left(\frac{1}{2}H_2SO_4\right)$标准液滴至紫红色为终点，同时做空白试验。

4.1.3.2.1.5 结果计算

$$土壤中铵态氮 NH_4^+—N 含量（mg·kg^{-1}）=\frac{c\times(V-V_0)\times 14.0\times ts}{m}\times 10^3$$

式中：c——0.005 mol·$L^{-1}\left(\frac{1}{2}H_2SO_4\right)$标准溶液浓度；

V——样品滴定硫酸标准溶液体积（mL）；

V_0——空白滴定硫酸标准溶液体积（mL）；

14.0——氮的原子摩尔质量（g·mol^{-1}）；

ts——分取倍数；

10^3——换算系数（同 4.1.3.1.2.5）；

m——烘干土质量（g）。

4.1.3.2.2 2 mol·L^{-1}KCl 浸提—靛酚蓝比色法

4.1.3.2.2.1 方法原理　用 2 mol·L^{-1}KCl 溶液浸提土壤，把吸附在土壤胶体上的 NH_4^+ 及水溶性 NH_4^+ 浸提出来。土壤浸出液中的铵态氮在强碱性介质中与次氯酸盐和苯酚作用，生成水溶性染料靛酚蓝，溶液的颜色很稳定。在含氮 0.05～0.5 mg・L^{-1}的范围内，吸光度与铵态氮含量成正比，可用比色法测定。

4.1.3.2.2.2　试剂

（1）2 mol・L^{-1}KCl 溶液。称取 149.1 g 氯化钾（KCl，化学纯）溶于水中，稀释至 1 L。

（2）苯酚溶液。称取苯酚（C_6H_5OH，化学纯）10 g 和硝基铁氰化钠 [$Na_2Fe(CN)_5NO_2H_2O$] 100 mg 稀释至 1 L。此试剂不稳定，须贮于棕色瓶中，在 4 ℃冰箱中保存。

（3）次氯酸钠碱性溶液。称取氢氧化钠（化学纯）10 g、磷酸氢二钠（$Na_2HPO_4 \cdot 7H_2O$，化学纯）7.06 g、磷酸钠（$Na_3PO_4 \cdot 12H_2O$，化学纯）31.8 g 和 52.5 g・L^{-1}次氯酸钠（NaOCl，化学纯，即含 5%有效氯的漂白粉溶液）10 mL 溶于水中，稀释至 1 L，贮于棕色瓶中，在 4 ℃冰箱中保存。

（4）掩蔽剂。将 400 g・L^{-1}的酒石酸钾钠（$KNaC_4H_4O_6 \cdot 4H_2O$，化学纯）与 100 g・L^{-1}的 EDTA 二钠盐溶液等体积混合。每 100 mL 混合液中加入 10 mol・L^{-1}氢氧化钠溶液 0.5 mL。

（5）2.50 μg・mL^{-1}铵态氮（NH_4^+—N）标准溶液。称取干燥的硫酸铵 [$(NH_4)_2SO_4$，分析纯] 0.471 7 g 溶于水中，洗入容量瓶后定容至 1 L，制备成含铵态氮（N）100 μg・mL^{-1}的贮存溶液；使用前将其加水稀释 40 倍，即配制成含铵态氮（N）2.5 μg・mL^{-1}的标准溶液备用。

4.1.3.2.2.3　仪器与设备 往复式振荡机、分光光度计。

4.1.3.2.2.4　分析步骤

（1）浸提。称取相当于 20.00 g 干土的新鲜土样（若是风干土，过 10 号筛）准确到 0.01 g，置于 200 mL 三角瓶中，加入氯化钾溶液 100 mL，塞紧塞子，在振荡机上振荡 1 h。取出静置，待土壤—氯化钾悬浊液澄清后，吸取一定量上层清液进行分析。如果不能在 24 h 内进行分析，用滤纸过滤悬浊液，将滤液储存在冰箱中备用。

（2）比色。吸取土壤浸出液 2～10 mL（含 NH_4^+— N 2 μg～25 μg）放入 50 mL 容量瓶中，用氯化钾溶液补充至 10 mL，然后加入苯酚溶液 5 mL 和次氯酸钠碱性溶液 5 mL，摇匀。在 20 ℃左右的室温下放置 1 h 后[注1]，加掩蔽剂 1 mL 以溶解可能产生的沉淀物，然后用水定容至刻度。用 1 cm 比色槽在 625 nm波长处（或红色滤光片）进行比色，读取吸光度。

（3）工作曲线。分别吸取 0.00，2.00，4.00，6.00，8.00，10.00 mL NH_4^+—N 标准液于 50 mL 容量瓶中，各加 10 mL 氯化钾溶液，同（2）步骤进

行比色测定。

4.1.3.2.2.5 结果计算

$$土壤中 NH_4^+—(N)含量(mg \cdot kg^{-1})=\frac{\rho \times V \times ts}{m}$$

式中：ρ——显色液铵态氮的质量浓度（$\mu g \cdot mL^{-1}$）；

V——显色液的体积（mL）；

ts——分取倍数；

m——样品质量（g）。

4.1.3.2.2.6 注释

注：显色后在20℃左右放置1 h，再加入掩蔽剂。过早加入会使显色反应很慢，蓝色偏弱；加入过晚，则生成的氢氧化物沉淀可能老化而不易溶解。

4.1.4 碱解氮的测定（碱解扩散法）[1]

4.1.4.1 方法原理 在扩散皿中，用1.0 mol·L^{-1} NaOH水解土壤，使易水解态氮（潜在有效氮）碱解转化为NH_3，NH_3扩散后为H_3BO_3所吸收。H_3BO_3吸收液中的NH_3再用标准酸滴定，由此计算土壤中碱解氮的含量。

4.1.4.2 主要仪器 扩散皿、半微量滴定管、恒温箱。

4.1.4.3 试剂

（1）1.0 mol·L^{-1} NaOH溶液。称取NaOH（化学纯）40.0 g溶于水，冷却后稀释至1 L。

（2）20 g·L^{-1} H_3BO_3—指示剂溶液。同4.1.2.2.3（4）。

（3）0.005 mol·L^{-1} $\left(\frac{1}{2}H_2SO_4\right)$标准溶液。量取$H_2SO_4$（化学纯）2.83 mL，加蒸馏水稀释至5 000 mL，然后用标准碱或硼酸标定之，此为0.020 0 mol·L^{-1} $\left(\frac{1}{2}H_2SO_4\right)$标准溶液，再将此标准液准确地稀释4倍，即得0.005 0 mol·L^{-1} $\left(\frac{1}{2}H_2SO_4\right)$标准液(注1)。

（4）碱性胶液。取阿拉伯胶40.0 g和水50 mL在烧杯中热温至70～80℃，搅拌促溶，约1 h后放冷。加入甘油20 mL和饱和K_2CO_3水溶液20 mL，搅拌、放冷。离心除去泡沫和不溶物，清液贮于具塞玻瓶中备用。

（5）$FeSO_4 \cdot 7H_2O$粉末。将$FeSO_4 \cdot 7H_2O$（化学纯）磨细，装入密闭瓶中，存于阴凉处。

（6）Ag_2SO_4饱和溶液。存于避光处。

4.1.4.4 操作步骤(注2) 称取通过18号筛（1 mm）风干土样2.00 g，置于洁净的扩散皿外室，轻轻旋转扩散皿，使土样均匀地铺平。

取 H_3BO_3—指示剂溶液 2 mL 放于扩散皿内室，然后在扩散皿外室边缘涂碱性胶液，盖上毛玻璃(注3)，旋转数次，使皿边与毛玻璃完全黏合。再渐渐转开毛玻璃一边，使扩散皿外室露出一条狭缝，迅速加入 1 mol·L^{-1} NaOH 溶液 10.0 mL，立即盖严，轻轻旋转扩散皿，让碱溶液盖住所有土壤。再用橡皮筋圈紧，使毛玻璃固定。随后小心平放在 40±1 ℃恒温箱中，碱解扩散 24±0.5 h 后取出（可以观察到内室应为蓝色）内室吸收液中的 NH_3 用 0.005 或 0.01 mol·L^{-1} $\left(\frac{1}{2}H_2SO_4\right)$标准液滴定(注4)。

在样品测定的同时进行空白试验，校正试剂和滴定误差。

4.1.4.5　结果计算

$$\text{碱解氮（N）含量（mg·kg}^{-1}\text{）}=\frac{c(V-V_0)\times14.0}{m}\times10^3$$

式中：c——0.005 mol·L^{-1}（1/2H_2SO_4）标准溶液的浓度（mol·L^{-1}）；

V——样品滴定时用去 0.005 mol·L^{-1}（1/2H_2SO_4）标准液体积（mL）；

V_0——空白试验滴定时用去 0.005 mol·L^{-1}（1/2H_2SO_4）标准液体积（mL）；

14.0——氮原子的摩尔质量（g·mol^{-1}）；

m——样品质量（g）；

10^3——换算系数（同 4.1.3.1.2.5）。

两次平行测定结果允许绝对相差为 5 mg·g^{-1}。

4.1.4.6　注释

注 1. 如要配非常准确的 0.005 mol·L^{-1} 1/2H_2SO_4 标准液，则可以吸取一定量的 NH_4^+—N 标准溶液，在样品测定的同时，用相同条件的扩散法标定。例如，吸取 5.00 mg·kg^{-1} NH_4^+—N 标准溶液（含 NH_4^+—N 0.250 mg）放入扩散皿外室，碱化后扩散释放的 NH_3 经 H_3BO_3 吸收后，如滴定用去配好的稀标准 H_2SO_4 液 3.51 mL，则标准 H_2SO_4 的浓度为：

$$c(1/2H_2SO_4)=\frac{0.000\,25}{3.51\times0.014}=0.005\,08\ \text{mol}\cdot\text{L}^{-1}$$

注 2. 如果要将土壤中 NO_3^-—N 包括在内，测定时需加 $FeSO_4$·7H_2O 粉，并以 Ag_2SO_4 为催化剂，使 NO_3^-—N 还原为 NH_3。而 $FeSO_4$ 本身要消耗部分 NaOH，所以测定时所用 NaOH 溶液的浓度须提高。例如，2 g 土加 1.07 mol·L^{-1} NaOH10 mL、$FeSO_4$·7H_2O 0.2 g 和饱和 Ag_2SO_4 溶液

0.1 mL进行碱解还原。

注3. 由于胶液的碱性很强，在涂胶液和洗涤扩散皿时，必须特别细心，慎防污染内室，造成错误。

注4. 滴定时要用小玻璃棒小心搅动吸收液，切不可摇动扩散皿。

4.1.5 矿化氮的测定（生物培养法）

4.1.5.1 厌气培养法[4,5]

4.1.5.1.1 方法原理 用浸水保温法（Water - logged incubation）处理土壤(注1)，利用嫌气微生物在一定温度下矿化土壤有机氮成为 NH_4^+—N，再用 2 mol·L^{-1}KCl 溶液浸提，浸出液中的 NH_4^+—N，用蒸馏法测定，从中减去土壤初始矿质氮（即原存在于土壤中的 NH_4^+—N 和 NO_3^-—N）得土壤矿化氮含量。

4.1.5.1.2 主要仪器 恒温生物培养箱、其余仪器同铵态氮的测定。

4.1.5.1.3 试剂

（1）0.02 mol·L^{-1}（1/2H_2SO_4）标准溶液。先配制 0.10 mol·L^{-1}（1/2H_2SO_4）溶液，然后标定，再准确稀释而成。

（2）2.5 mol·L^{-1}KCl。称取 KCl（化学纯）186.4 g，溶于水定容 1 L。

（3）$FeSO_4$—Zn 粉还原剂。将 $FeSO_4 \cdot 7H_2O$（化学纯）50.0 g 和 Zn 粉 10.0 g 共同磨细（或分别磨细，分别保存，可数年不变，用时按比例混合）通过 60 号筛，盛于棕色瓶中备用（易氧化，只能保存一星期）。

其余试剂同铵态氮蒸馏法测定。

4.1.5.1.4 操作步骤

（1）土壤矿化氮和初始氮之和的测定。称取 20 目风干土样 20.0 g(注2)，置于 150 mL 三角瓶中，加蒸馏水 20.0 mL，摇匀。要求土样被水全部覆盖，加盖橡皮塞，置于 40±2 ℃恒温生物培养箱中培养一星期（七昼夜）取出，加 80 mL 2.5 mol·L^{-1}KCl 溶液(注3)，再用橡皮塞塞紧，在振荡机上振荡 30 min，取下立即过滤于 150 mL 三角瓶中，吸取滤液 10.0～20.0 mL 注入半微量定氮蒸馏器中，用少量水冲洗，先将盛有 20 g·L^{-1}硼酸—指示剂溶液 10.0 mL 的三角瓶放在冷凝管下，然后再加 120 g·L^{-1}MgO 悬浊液 10 mL 于蒸馏器中，用少量水冲洗，随后封闭。再通蒸汽，待馏出液约达 40 mL 时（约 10 min），停止蒸馏。取下三角瓶用 0.02 mol·L^{-1}（1/2H_2SO_4）标准液滴定。同时做空白试验。

（2）土壤初始氮的测定。称取 20 目筛的风干土样 20.0 g 于 250 mL 三角瓶中，加 2 mol·L^{-1}KCl 溶液 100 mL，加塞振荡 30 min，过滤于 150 mL 三角瓶中。

取滤液30～40 mL于半微量定氮蒸馏器中，并加入$FeSO_4$—Zn粉还原剂1.2 g，再加400 g·L^{-1} NaOH溶液5 mL，立即封闭进样口。预先将盛有20 g·L^{-1}硼酸—指示剂10 mL的三角瓶置于冷凝管下，再通蒸汽蒸馏，当吸收液达到40 mL时（约10 min）停止蒸馏，取下三角瓶，用0.02 mol·L^{-1} H_2SO_4标准溶液滴定。同时做空白试验。

4.1.5.1.5　结果计算

$$\text{土壤矿化氮与初始氮之和（N）(mg·kg}^{-1}\text{)}=\frac{c(V-V_0)\times 14.0\times ts\times 10^3}{m} \quad (1)$$

$$\text{土壤初始氮（N）(mg·kg}^{-1}\text{)}=\frac{c(v-v_0)\times 14.0\times ts\times 10^3}{m} \quad (2)$$

式中：c——0.02 mol·L^{-1}（1/2H_2SO_4）标准溶液的浓度（mol·L^{-1}）；

V——样品滴定时用去（1/2H_2SO_4）标准液体积（mL）；

V_0——空白试验滴定时用去（1/2H_2SO_4）标准液体积（mL）；

ts——分取倍数；

14.0——氮原子的摩尔质量（g·mol^{-1}）；

m——样品质量（g）；

10^3——换算系数（同4.1.3.1.2.5）。

4.1.5.1.6　注释

注1. 据张守敬博士介绍，台湾林家芬等研究认为，浸水保温法和所释出的矿化氮与肥料效应、作物产量等均达到1%的显著水准。

注2. 也可以用新鲜土样测定矿氮，以防风干作用促进土壤氮的矿化。

注3. 由于原来培养土壤时已加水20.0 mL，因此必须提高KCl的浓度，才能使最后KCl的浓度达到2.0 mol·L^{-1}。

4.1.5.2　好气培养法[6]

4.1.5.2.1　方法原理　土壤样品与3倍质量的石英砂相混合，用水湿润(注1)，将样品在通气良好又不损失水分(注2)的条件下恒温30 ℃，培养2周。然后用2 mol·L^{-1} KCl溶液提取铵态氮、硝态氮和亚硝态氮。取部分提取液再用MgO和戴氏（Devarda）合金同时进行还原和蒸馏，测定馏出液的铵态氮量，以此计算培养后样品中（NH_4^+—N+NO_3^-—N+NO_2^-—N）氮含量。用同样方法测定培养前土壤—石英砂混合物中的（NH_4^+—N+NO_3^-—N+NO_2^-—N）氮含量，根据两次测定结果之差，计算土壤样品中的可矿化氮含量。

4.1.5.2.2　主要仪器　科龙A型半微量定氮蒸馏器、0.01 mL刻度的5 mL微量滴定管、RC—16型的Res罩(注3)、恒温生物培养箱。

4.1.5.2.3 试剂

(1) 2 mol・L^{-1}的 KCl 溶液。溶解 KCl（化学纯、无氮）1 500 g 于水中，然后稀释 10 L，充分搅匀。

(2) 氧化镁（MgO）。MgO（化学纯），放在马福炉中以 600～700 ℃灼烧 2 h，取出置于内盛粒状 KOH 的干燥器中冷却后，贮于密闭瓶中。

(3) 第威德合金（Alloy Devarda's），又称戴氏合金（含 Cu50%，含 Al45%，含 Zn5%），将优质的合金球磨至通过 100 目筛，其中至少有 76%应能通过 300 目筛。将磨细的合金置于密封瓶中贮存。

(4) 硼酸—指示剂溶液。同 4.1.2.2.3（4）。

(5) 0.005 mol・L^{-1}（$1/2H_2SO_4$）标准液：同 4.1.4.3（3）。

4.1.5.2.4 测定步骤 称取 10.00 g（过 2 mm 筛）风干(注4)土样于 100 mL烧杯中，再加 30.00 g 经酸洗的 30～60 目的石英砂(注5)充分混匀。然后将混合物移到内盛 6 mL 水(注6)的 250 mL 广口瓶中，在转移时，应将混合物均匀铺在瓶底上。当混合物全部移入广口瓶后轻轻震动瓶子，弄平混合物的表面。在瓶颈上塞上具有中心孔并边接有 Res 罩的橡皮塞，将瓶子放在 30 ℃的恒温生物培养箱内培养 2 周。培养结束后，除去带 Res 罩的橡皮塞，加入 2 mol・L^{-1}KCl溶液 100 mL，用另一只实心橡皮塞塞紧，放在振荡机上振荡 1 h。静置悬浊液直到土壤—砂子混合物沉下，上层溶液清沏(注7)（一般需 30 min）。此时可将盛有 20 g・L^{-1}硼酸—指示剂溶液 5 mL 的三角瓶置于半微量蒸馏器的冷凝管下，冷凝管的末端不必插入硼酸—指示剂溶液中，用 20 mL 移液管吸取上层清液置于科龙 A 型半微量蒸馏器的进样杯中，并使其很快流入蒸馏瓶中，用洗瓶以少量水冲洗进样杯，然后加入戴氏合金 0.2 g 和 MgO 0.2 g 于蒸馏瓶中再用少量水冲洗进样杯，最后加水封闭进样杯。立即通蒸汽蒸馏。当馏出液达到 30 mL 时，可停止蒸馏，冲洗冷凝管末端，移出盛蒸馏液的三角瓶，用微量滴定管以 0.005 mol・L^{-1}（$1/2H_2SO_4$）标准液滴定。同时做空白试验。

用同法测定另一份未经培养的土壤—石英砂混合物的含氮量。求两者之差，即为该土壤可矿化氮的含量。

4.1.5.2.5 结果计算

同 4.1.5.1.5。

4.1.5.2.6 注释

注 1. 以土壤质量计算加水量，每 10 g 土加水 6 mL，其结果是在培养前先将土壤样品与 3 倍质量的石英砂（30～60 孔）混合，则不同土壤在培养期间都能基本达到氮素最大好气矿化所需加水分。

注 2. 水分在土壤氮素矿化时很重要，配好的水分为土壤氮素矿化的最佳水分含量。培养过程中只允许通气而不能损失水分。

注 3. Res 罩是培养瓶口封用的塑料装置的商品名称。这种罩能防止培养瓶内水蒸气损失，又可保持土壤氮素最大好气矿化所需的通气性。这种装置是一根小塑料管，在其一头的内口焊有一块薄的能使空气和呼吸的气体扩散，但水蒸气冷却不能通过的渗透膜。如果没有 Res 罩，可用聚乙烯膜进行培养期间通气，亦能得到重复性很好的结果。

注 4. 这种方法对于田间湿土也能得到重复性很好的结果。当用田间湿土进行培养时，称取土样量应相当于10 g 风干土，加入的水的体积应是（$6-x$）mL，x 为培养用的田间湿土样所含的水量（105 ℃烘干测定）。

注 5. 建筑上用的白色石英砂经洗净和过筛后可作为培养用的砂子。这种石英砂仅含有极少量 NO_3^-—N 和 NO_2^-—N，粒级大部分是 30～60 目的，有时可能含有少量的铵和水溶性物质。但经稀酸处理后再用水冲洗，即易于将这些杂质去除。最好将过筛洗净的砂粒贮于密封的容器内。如果将原先无铵的砂粒置于纸口袋或其他类型的透气容器中存放几个星期以后，就可检出其中含有相当多量的铵。

注 6. 在这种培养法中，不是用一般的方法来湿润土壤—砂子混合物的，而是先将水加在培养瓶中，然后再加土壤—砂子混合物，加完后也不进行搅拌混合。与一般将水加到土壤—砂子混合物中，而且为了确保水分均匀又加以搅拌混合的方法相比，这种加水方法能得到重复性较好的结果。

注 7. 用 2 mol·L^{-1} KCl 浸提后，不必过滤，只要静置澄清，吸取上层清液进行分析即可。用多种土壤所作的试验表明，将培养和未经培养的土壤—砂子混合物用 2 mol·L^{-1} KCl 振荡提取液的悬浊液贮存 1～2 天，对分析结果无影响，如果将过滤后的清液置于冰箱中保存，则可稳定几个月。不必除去待测清液中的悬浮物质，因其并不影响（NH_4^+—N＋NO_3^-—N＋NO_2^-—N）氮的测定结果。

4.2　土壤中硫的分析

4.2.1　概述

硫（S）在地壳中含量大约为 0.6 g·kg^{-1}。我国主要土类全硫（S）含量在 0.11～0.49 g·kg^{-1}（表 4-1）。除盐土和自然植被生长较好的地区含硫较高外，在耕地中以黑土含量最高，水稻土和北方旱地（潮土、棕壤、褐土、楼土、绵土、栗钙土及灰钙土）含量次之，南方红壤旱地含量最低。

表 4-1 我国主要土壤类型硫和有机质的含量

土壤类型	全硫含量（S，g·kg^{-1}）	有机质含量（g·kg^{-1}）
红壤（自然植被）	0.146±0.011	37.4±13.7
红壤（耕地）	0.105±0.027	16.9±7.8
黄壤（自然植被）	0.337±0.050	84.7±101.1
南方水稻土	0.240±0.014	24.6±10.0
东北黑土	0.336±0.060	56.7±25.5
棕壤褐土	0.132±0.046	35.4±20.7
栗钙土灰钙土	0.147±0.023	24.2±9.1
西北楼土绵土	0.158±0.022	10.4±4.2
黄淮海潮土	0.156±0.020	9.7±4.8
滨海盐土	0.343±0.061	11.9±1.8
高山草毡土	0.490±0.125	82.9±37.6

土壤中的硫，除某些盐碱土外，大部分呈有机态存在（硫常与碳、氮结合）。据测定，南方水稻土、红黄壤有机硫占全硫的85%～94%，无机硫仅占6%～15%。只有北方某些石灰性土壤（楼土、绵土、潮土和滨海盐土）无机硫含量较高，可占全硫的39.4%～61.8%。

土壤无机硫主要有3种类型：①难溶性硫酸盐。常以硫酸钙和碳酸钙共沉淀的形式存在。②易溶性硫酸盐。③吸附性硫酸盐。我国南方酸性土壤无机硫以吸附和易溶性硫酸盐为主。而北方石灰性土壤则以难溶性和易溶性硫酸盐为主。华北平原的潮土和黄土高原的楼土和绵土，无机硫约占全硫的40%～45%，其中易溶性硫各占一半。滨海盐土易溶性硫含量较高，占全硫的41.7%。土壤中难溶性无机硫含量常与碳酸钙含量呈正相关。可见这部分硫是和土壤碳酸钙共沉淀的。

我国土壤硫含量的分布规律受温度、雨量和土壤有机质等因素的影响。东南部高温多雨土壤中无机硫易遭淋失。因此，南方的浙、赣、闽北、滇中和鄂、桂等地的丘陵山区常有缺硫现象。而西北部的干旱和半干旱地区，土壤中积累较多的无机硫。

耕作土壤的全硫含量在0～0.6 g·kg^{-1}范围内，一般在0.1～0.5 g·kg^{-1}。我国南方水稻土经常处于淹水情况下，有机质分解缓慢，有利于土壤养分的积累，且稻田施肥往往高于旱地，因此水稻土的全硫含量一般高于同地区的旱作土壤。经测定，我国南方8省126个稻田表土，其全硫平均含量为

0.252 g·kg^{-1}。根据76个水田表土与22个旱地表土比较，全硫含量水田比旱地平均高44.5%，有效硫平均高20.0%（表4-2）。

表4-2　南方水稻土和旱地含硫量比较

成土母质类型	有效硫（mg·kg^{-1}）		全硫（g·kg^{-1}）	
	水田	旱地	水田	旱地
花岗岩	16	12.2	0.27	0.18
第四纪红色黏土	18.9	30.2	0.27	0.20
沉积岩	22.8	12.9	0.27	0.17
近代河流冲积物	14.6	7.8	0.16	0.13
湖积物	38.6	—	0.28	—
平均	19.8	16.5	0.25	0.17

在一般情况下，土壤全硫在剖面中的分布和土壤有机质的分布相似。表土含量最高，随着土层深度而逐渐减少。但有效硫（可溶性硫和吸附性硫）的分布，随土壤性质的不同而有较大的变化。南方红壤富含1∶1黏土矿物和水化氧化铁、铝，在酸性条件下这些矿物对SO_4^{2-}的吸附能力较强。由于雨水的淋洗作用，在土层的下部往往可以积累较多的吸附态硫。如砖红壤地区的林地，这种现象特别明显。因此，在研究土壤供硫能力时，除考虑耕层外，也应注意硫在整个剖面中的分布。

20世纪60年代以来，世界各地，例如亚洲、大洋洲、非洲和北美纷纷报道土壤缺硫情况，其中缺硫分布较广的地区有澳大利亚、新西兰、南美和北美以及非洲和亚洲的热带地区。缺硫危及经济作物和粮食作物产量，关系到该地区的经济发展。所以，硫在土壤中的含量愈来愈受到人们的重视，硫的分析成为重要的常规分析项目之一。

土壤硫可以测定以下几种类型：①可溶性硫酸盐；②可溶性＋吸附性硫酸盐；③可溶性硫＋吸附性硫＋易分解的有机硫；④全硫；⑤有机硫。

其中以第2类和第3类最能说明土壤硫的供应状况，测定结果与生物效应的相关性较好。但一般根据需要只测土壤全硫和有效硫（即第3类）。

土壤全硫的测定有两类方法。一是将硫氧化成SO_4^{2-}或SO_2；另一方法是将它转化成S^{2-}。较早的方法是在铂坩埚中用Na_2CO_3和Na_2O_2熔融土壤。此法的优点是适合于所有土壤，但手续较繁。Butter（1959）建议以$Mg(NO_3)_2$氧化土壤，用$BaSO_4$比浊，测定的手续较简便，再现性好，平均变异系数小（3.1%）。另一方法是将土壤样品直接放在管式高温电炉中燃烧，释出的SO_2碘量法测定。此法的特点是比较快速，但不适用于精密测定，所需管式高温电炉也不易购置。

土壤有效硫的测定分 2 类：①酸性土壤用 $Ca(H_2PO_4)_2$ 浸提剂，浸出的硫与田间试验效应的相关性较好；②中性和石灰性土壤则用 $CaCl_2$ 溶液浸提。土壤浸出液中的硫一般用快速的 $BaSO_4$ 比浊法测定。

4.2.2 土壤全硫的测定——燃烧碘量法（GB7875—87）[9,10]

4.2.2.1 *方法原理* 土样在 1 250 ℃的管式高温电炉通入空气进行燃烧，使样品中的有机硫或硫酸盐中的硫形成二氧化硫逸出，以稀盐酸溶液吸收成亚硫酸，用标准碘酸钾溶液滴定，终点是生成的碘分子（I_2）与指示剂淀粉形成蓝色吸附物质，从而计算出土壤全硫含量。本法适用于 0.05～200 g · kg^{-1}的全硫含量测定。

$$IO_3^- + 3SO_3^{2-} \longrightarrow I^- + 3SO_4^{2-}$$

4.2.2.2 *试剂*

（1）盐酸—甘薯淀粉吸收液。于 500 mL 正在沸腾的 4 g · L^{-1}盐酸中，加入 10 g · L^{-1}甘薯淀粉溶液 200 mL，搅匀（甘薯淀粉指示剂比普通淀粉指示剂终点明显，特别适用于低硫的测定）。该吸收液使用不宜超过半个月。

（2）0.050 0 mol · L^{-1}（$1/6K_2Cr_2O_7$）标准溶液。称取在 130 ℃烘过 3 h 的重铬酸钾 2.451 6 g 于烧杯中，加少量水溶解后，移入 1 L 容量瓶中，用水稀释至刻度，摇匀。

（3）0.050 0 mol · L^{-1}硫代硫酸钠标准溶液。称取硫代硫酸钠（$Na_2S_2O_3 \cdot 7H_2O$）14.21 g，溶于 200 mL 水中，加入无水碳酸钠 0.2 g，待完全溶解，再以水定容至 1 L。放置数天后，以重铬酸钾标准溶液标定，其标定方法如下：

吸取 0.050 0 mol · L^{-1}（$1/6K_2Cr_2O_7$）标准溶液 25 mL 于 150 mL 锥形瓶中，加碘化钾 1 g，溶解后加入 HCl（1∶1）5 mL，放置暗处 5 min，取出以等体积水稀释。用待标定的硫代硫酸钠溶液滴定至溶液由棕红色褪到淡黄色，即加入 10 g · L^{-1}甘薯淀粉指示剂 2 mL（1 g 甘薯淀粉溶于 100 mL 沸水中），继续滴定至蓝色褪去，溶液呈无色即为终点，记下硫代硫酸钠用量，计算其浓度。

（4）0.01 mol · L^{-1}碘酸钾标准溶液。称取碘酸钾 2.14 g 溶解于含有碘化钾 4 g 和氢氧化钾 1 g 的热溶液中，冷却后用水定容至 1 L，摇匀。此溶液如需稀释至低浓度时，同样也用 4 g · L^{-1}碘化钾和 1 g · L^{-1}氢氧化钾溶液稀释之。测定低硫样品时，可将碘酸钾标准溶液稀释 10 倍后应用。标定方法如下：

吸取待标定的碘酸钾溶液 25 mL 于 150 mL 锥形瓶中，加 1∶1 盐酸 5 mL，立即以刚标定过的相当浓度的硫代硫酸钠标准溶液滴定至溶液由棕红色变为淡黄色，再加入 10 g·L^{-1}甘薯淀粉指示剂 2 mL，继续滴定至蓝色减褪，溶液呈淡蓝色即为终点。滴定近终点时，因蓝色褪去较慢，硫代硫酸钠溶液需要慢慢滴入，每加 1 滴，就摇动 10～20 s，以免过量。计算滴定度，公式如下：

$$T=\frac{c\times V_1\times 32.06}{25} \tag{1}$$

式中：T——碘酸钾标准溶液对硫的滴定度（mg·mL^{-1}）；

c——硫代硫酸钠标准溶液的浓度（mol·L^{-1}）；

V_1——消耗硫代硫酸钠标准溶液的体积（mL）；

32.06——硫原子的摩尔质量（g·mol^{-1}）；

25——待标定的碘酸钾溶液体积（mL）。

5. 50 g·L^{-1}高锰酸钾溶液：高锰酸钾 5 g 溶于 50 g·L^{-1}碳酸氢钠溶液 100 mL 中。

6. 50 g·L^{-1}硫酸铜溶液：硫酸铜 5 g 溶于 100 mL 水中。

4.2.2.3 *主要仪器*　燃烧法测定硫的装置图 4-3。

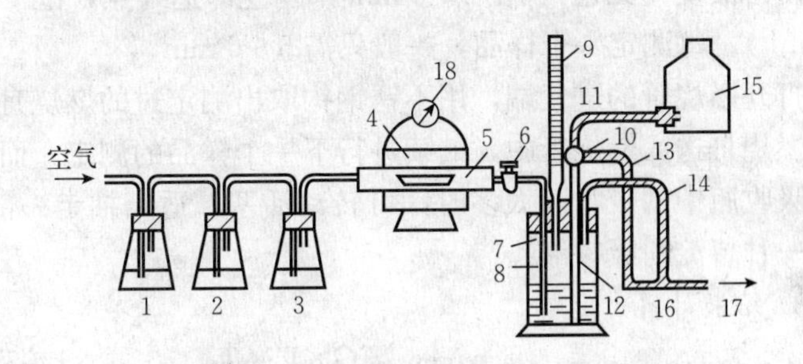

图 4-3　燃烧法测定硫的装置图

1. 盛有 50 g·L^{-1}硫酸铜溶液的洗气瓶　2. 盛有 50 g·L^{-1}高锰酸钾溶液的洗气瓶　3. 盛有浓硫酸的洗气瓶　4. 管式电炉　5. 燃烧管和燃烧舟　6. 二通活塞　7. 吸收瓶　8. 圆形玻璃漏斗　9. 滴定管　10. 三通活塞　11、13、14. 橡皮管　12. 玻璃管　15. 盛吸收液的下口瓶　16、17. 玻璃抽气管（或真空泵）和废液排出口　18. 铂铑温度计

吸收系统使用说明：当仪器完全安装好且经检查不漏气后(注1)，关闭活塞 6，用玻璃抽气管或真空泵进行抽气，转动活塞 10，使玻璃管 12 与橡皮管 11 连通，此时盛于瓶 15 中的吸收液吸收瓶 7 中，约 50 mL 体积后，关闭活塞 10，打开活塞 6，调节抽气管抽气速度，直至有均匀小气泡缓缓不断从包有尼龙布的玻璃漏斗口冒出为止。此时即可燃烧样品和进行滴定。当需要排出滴定废液时，打开活塞 10，使玻璃管 12 和橡皮管 13 连通，捏紧橡皮管 14，废液即由玻璃管 12 经橡皮管 13 排出。

4.2.2.4　测定步骤

(1) 将有硅碳棒的高温管式电炉预先升温到 1 250 ℃左右(注2)，在吸收瓶中加入盐酸—甘薯淀粉吸收液 80 mL，用吸气法（可用抽气管或真空泵抽气）调节气流速度，使空气顺序通过盛有 50 g·L^{-1}硫酸铜溶液（用于除去空气中可能存在的硫化氢）、50 g·L^{-1}高锰酸钾溶液（用于除去还原性气体），以及浓硫酸的 3 个洗气瓶，然后进入燃烧管(注3)，再进入盐酸—甘薯淀粉吸收液的底部，最后进入抽气真空泵。用碘酸钾（KIO_3）标准溶液滴定吸收液，使之从无色变为浅蓝色（2～3 min 不褪色）。

(2) 打开燃烧管的进气端，将盛有土壤样品 0.5～1.5 g（精确至 0.000 1 g，样品质量视土壤含硫量而定）的燃烧舟，用耐高温的不锈钢钩送入燃烧管的最热处，迅速把燃烧管与其进气端重新接紧。此时，样品中的含硫化合物经燃烧而释放出二氧化硫气体，随流动的空气进入吸收液(注4,注5)，立即不断地用碘酸钾标准溶液滴定（用刻度 0.05 mL 的 10 mL 滴定管），使吸收液始终保持浅蓝色（决不可使溶液变为无色），在 2～3 min 不褪色即达终点，记下碘酸钾标准液的用量（mL）。每测定一个样品，一般只需 5～6 min。

(3) 再打开燃烧管的进气端，用不锈钢钩取出测定过的燃烧舟，并将另一装有土样的燃烧舟送入燃烧管中，继续进行下一个样品的测定，而不需要换吸收液（如果吸收瓶中的吸收液太多时，可转动活塞，适当抽走一部分吸收液，并补加盐酸—甘薯淀粉吸收液）。

4.2.2.5　结果计算

$$\text{土壤全硫（S）含量}\ (g \cdot kg^{-1}) = \frac{G \times V \times T}{m \times 1\,000} \times 1\,000 = \frac{1.05VT}{m} \qquad (2)$$

$$\text{土壤全硫（}SO_3\text{）含量}\ (g \cdot kg^{-1}) = \text{全（S）含量} \times 2.497 \qquad (3)$$

式中：G——经验校正常数（1.05）(注6)；

V——滴定时用去碘酸钾标准溶液体积（mL）；

T——碘酸钾标准溶液对硫的滴定度（mg·mL^{-1}）；

m——烘干土样品质量（g）；

1 000——换算系数；

2.497——由硫换算成三氧化硫的系数。

4.2.2.6　注释

注 1. 要随时检查整个仪器装置有无漏气现象。通空气时，气流不能太快，否则二氧化硫吸收不完全。

注 2. 测定过程中必须控制温度为 1 250±50 ℃。低于此值时，则燃烧分解不完全，影响测定结果，超过此值时，则硅碳棒易烧坏。燃烧不宜连续使用

6 h以上，否则易损坏。

注 3. 燃烧管要经常保持清洁，同时燃烧管的位置要固定不变，不能随意转动，仪器装置中所用的橡皮管和橡皮塞均需预先在 250 g·L^{-1}氢氧化钠溶液中煮过，借以除去可能混入的硫。

注 4. 通空气流的目的是帮助高温氧化燃烧，以有利于分解样品中的硫酸盐类，若通氧气则效果更佳。为了促使样品中全硫更好地分解，可加入助熔剂。助熔剂以无水钒酸为好，用量 0.1 g，也可用 0.25 g 锡粉。

注 5. 吸收装置中的圆形玻璃漏斗口上应包有耐酸的尼龙布，以便使冒出的气泡细小均匀，使二氧化硫吸收完全。

注 6. 经试验证明，本法所得全硫结果只相当于实际含量的 95%左右，其原因是某些硫酸盐（如硫酸钡）在短时间内不能分解完全，故必须乘以经验校正常数。

（为了全书编目统一、及不附法定计量单位的地方略加修改，本法测定步骤等均无改变。）

4.2.3 土壤有效硫的测定——磷酸盐浸提—硫酸钡比浊法

测定酸性土壤有效硫，通常用磷酸盐为浸提剂，对石灰性土壤则用氯化钙溶液浸提。浸提出的硫包括易溶性硫、吸附硫和部分有机硫，常用硫酸钡比浊法测定。

4.2.3.1 *方法原理* 酸性土用磷酸盐（石灰性土用氯化钙）浸提，浸出液中少量有机质用过氧化氢去除后，硫酸根用比浊法测定。

4.2.3.2 *试剂*

（1）浸提剂。①磷酸盐浸提剂（用于酸性土壤）：称取磷酸二氢钙［$Ca(H_2PO_4)_2 \cdot H_2O$，化学纯］2.04 g 溶于水中，稀释至 1 L。此浸提剂含磷（P）500 mg·L^{-1}。②氯化钙浸提剂（用于石灰性土壤）：称取氯化钙（$CaCl_2$，分析纯）1.5 g 溶于水，稀释至 1 L。

（2）过氧化氢。过氧化氢［$\omega(H_2O_2) \approx 30\%$，化学纯］。

（3）HCl 1∶4 溶液。一份浓盐酸（HCl，$\rho \approx 1.19$ g·mL^{-1}，化学纯）与四份水混合。

（4）阿拉伯胶溶液。称取阿拉伯胶 0.25 g 溶于水，稀释至 100 mL。

（5）氯化钡晶粒。将氯化钡（$BaCl_2 \cdot 2H_2O$，化学纯）磨碎，筛取0.25～0.5 mm 部分。

（6）100 μg·mL^{-1}硫（S）标准溶液。称取硫酸钾（K_2SO_4，分析纯）0.543 6 g 溶于水，定容至 1 L。

4.2.3.3 仪器与设备 振荡机、电热板或砂浴、分光光度计、电磁搅拌器。

4.2.3.4 分析步骤

(1) 浸提。称取风干土（通过 10 号筛）10.00 g（精确至 0.01 g），于 100 mL三角瓶中，加浸提剂 50 mL，振荡 1 h（20～25 ℃），用干滤纸过滤。

(2) 比浊。吸取滤液 25 mL 于 100 mL 三角瓶中，在电热板或砂浴上加热，用过氧化氢 3～5 滴氧化有机物。待有机物分解完全后继续煮沸，除尽过氧化氢。加入（1∶4）盐酸 1 mL，用水洗入 25 mL 容量瓶中，加入阿拉伯胶溶液 2 mL，用水定容。倒入 100 mL 烧杯中，加氯化钡晶粒 1 g，用电磁搅拌器搅拌 1 min。5～30 min 内用 3 cm 比色槽 440 nm 波长比浊，同时作空白对照。

(3) 工作曲线。将硫标准溶液稀释至 $\rho(\mathrm{S})=10.00\ \mu g \cdot mL^{-1}$。吸取 0.00，1.00，3.00，5.00，8.00，10.00，12.00 mL 分别放入 25 mL 容量瓶中，加入 1 mL 盐酸和 2 mL 阿拉伯胶热溶液，用水定容。得到 0.00 $\mu g \cdot mL^{-1}$，0.40 $\mu g \cdot mL^{-1}$，1.20 $\mu g \cdot mL^{-1}$，2.00 $\mu g \cdot mL^{-1}$，3.20 $\mu g \cdot mL^{-1}$，4.00 $\mu g \cdot mL^{-1}$，4.80 $\mu g \cdot mL^{-1}$S 标准系列溶液。按 4.2.3.4（2）步骤加氯化钡晶粒比浊(注1)。

4.2.3.5 结果计算

$$\text{土壤有效硫（S）含量}\ (mg \cdot kg^{-1}) = \frac{\rho \times V \times ts}{m}$$

式中：ρ——测定液中硫的质量浓度（$\mu g \cdot mL^{-1}$）；

V——测定时定容体积（mL）；

ts——分取倍数；

m——烘干土质量（g）。

4.2.3.6 允许偏差 允许相对偏差≤10%。

4.2.3.7 注释

注：标准曲线在浓度低的一端不成直线。为了提高测定的可靠性，可在样品溶液和标准系列中都添加等量 SO_4^{2-}-S，使浓度提高到 1 $\mu g \cdot mL^{-1}$ S（加入 10 $\mu g \cdot mL^{-1}$S 标准液 2.5 mL）。

主要参考文献

[1] 南京农业大学主编．土壤农化分析（二版）．北京：农业出版社．1986，40～64

[2] 李酉开．紫外分光光度法测定硝酸盐，土壤学进展．1992，6，44～45

[3] 易小琳，李酉开，韩琅丰．紫外分光光度法测定硝态氮．土壤通报．1983，6

[4] [美] L. M 沃而什 J. D 比坦主编．周鸣铮译．袁可能校．土壤测定与植物分析．北京：农业出版社．1982，65～75
[5] 农业部教育局，华南农学院．水稻营养与施肥．外籍学者讲学材料之十九．1982，74～76
[6] [美] J. M. 布伦纳等著．曹亚澄译．朱北良、刘芷宇、邢光喜校．土壤氮素分析法．北京：农业出版社，1981，208～230
[7] 刘崇群．土壤硫素和硫肥施用问题．土壤进展．1981，4，11～18
[8] [美] S. L. 蒂斯代尔 W. L. 纳尔逊著（孙秀廷、曹志洪等译鲁如坤等校）．土壤肥力与肥料．北京：科学出版社．1984，167～182
[9] 刘光崧主编．土壤理化分析与剖面描述．北京：中国标准出版社．1996，33～37，41～42
[10] 国家标准 GB7875—87 森林土壤全硫的测定，国家标准局．1988
[11] D. L. Sparks，1996，Methods of Soil Analysis，p921～960，SSSA，ASA，Madison，Wisconsin，USA

思考题

1. 土壤中的氮有哪些形态？其相互关系如何？测定时应注意什么问题？

2. 土壤有效氮有哪些形态？为什么测定土壤有效氮特别困难？

3. 在土样消煮时，为什么在消煮液澄清后，还需要继续消煮一段时间？

4. 为什么说消煮过程包括氧化和还原两个过程？加速剂的主要作用是什么？为什么？硫酸钾在消煮过程中的作用是什么？

5. 在蒸馏出 NH_3 的接受瓶中，应该加多少毫升硼酸液为宜？如何计算？设土壤样品 10 g，含氮量为 0.2%，计算 5 mL 2%的硼酸是否足够？

6. 酚二磺酸法测定硝态氮应注意什么问题？

7. 测定土壤有效硫时用什么浸提剂浸提？用什么方法定量？

第五章

土壤中磷的测定

5.1 概　　述

土壤全磷（P）量是指土壤中各种形态磷素的总和。我国土壤全磷的含量（以P，$g\cdot kg^{-1}$表示）从第二次全国各地土壤普查资料来看[2]，大致在0.44～0.85 $g\cdot kg^{-1}$范围内，最高可达1.8 $g\cdot kg^{-1}$，低的只有0.17 $g\cdot kg^{-1}$。南方酸性土壤全磷含量一般低于0.56 $g\cdot kg^{-1}$；北方石灰性土壤全磷含量则较高。

土壤全磷含量的高低，受土壤母质、成土作用和耕作施肥的影响很大。一般而言，基性火成岩的风化母质含磷多于酸性火成岩的风化母质。我国黄土母质全磷含量比较高，一般在0.57～0.70 $g\cdot kg^{-1}$之间。另外，土壤中磷的含量与土壤质地和有机质含量也有关系。粘土含磷多于砂性土，有机质丰富的土壤含磷亦较多。磷在土壤剖面中的分布，耕作层含磷量一般高于底土层。

大量资料的统计结果表明，我国不同地带的气候区的土壤其速效磷含量与全磷含量呈正相关的趋势。

在全磷含量很低的情况下（*P*0.17～0.44 $g\cdot kg^{-1}$以下），土壤中有效磷的供应也常感不足，但是全磷含量较高的土壤，却不一定说明它已有足够的有效磷供应当季作物生长的需要，因为土壤中磷大部分成难溶性化合物存在。例如我国大面积发育于黄土性母质的石灰性土壤，全磷含量均在0.57～0.79 $g\cdot kg^{-1}$之间，高的在0.87 $g\cdot kg^{-1}$以上。但由于土壤中大量游离碳酸钙的存在，大部分磷成为难溶性的磷酸钙盐，能被作物吸收利用的有效磷含量很低，施用磷肥有明显的增产效果。因此，从作物营养和施肥的角度看，除全磷分析外，特别要测定土壤中有效磷含量，这样才能比较全面地说明土壤磷素肥力的供应状况。

土壤中磷可以分为无机磷和有机磷两大类。矿质土壤以无机磷为主，有机磷约占全磷的20%～50%。土壤有机磷是一个很复杂的问题，许多组成和结构还不清楚，大部分有机磷，以高分子形态存在，有效性不高，这一直是土壤学中一个重要的研究课题。

土壤中无机磷以吸附态和钙、铁、铝等的磷酸盐为主，土壤中无机磷存在的形态受pH的影响很大。石灰性土壤中以磷酸钙盐为主，酸性土壤中则以磷酸铝和磷酸铁占优势。中性土壤中磷酸钙、磷酸铝和磷酸铁的比例大致为1∶1∶1。酸性土壤特别是酸性红壤中，由于大量游离氧化铁存在，很大一部分磷酸铁被氧化铁薄膜包裹成为闭蓄态磷，磷的有效性大大降低。另外，石灰性土壤中游离碳酸钙的含量对磷的有效性影响也很大，例如磷酸一钙、磷酸二钙、磷酸三钙等随着钙与磷的比例增加，其溶解度和有效性逐渐降低。因此，进行土壤磷的研究时，除对全磷和有效磷测定外，很有必要对不同形态磷进行分离测定，磷的分级方法就是用来分离和测定不同形态磷的。

5.2　土壤全磷的测定

5.2.1　土壤样品的分解和溶液中磷的测定

土壤全磷测定要求把无机磷全部溶解，同时把有机磷氧化成无机磷，因此全磷的测定，第一步是样品的分解，第二步是溶液中磷的测定。

5.2.1.1　*土壤样品的分解*　样品分解有Na_2CO_3熔融法、$HClO_4—H_2SO_4$消煮法、$HF—HClO_4$消煮法等。目前$HClO_4—H_2SO_4$消煮法应用最普遍，因为操作方便，又不需要白金坩埚，虽然$HClO_4—H_2SO_4$消煮法不及Na_2CO_3熔融法样品分解完全，但其分解率已达到全磷分析的要求。Na_2CO_3熔融法虽然操作手续较繁，但样品分解完全，仍是全磷测定分解的标准方法。目前我国已将NaOH碱熔钼锑抗比色法列为国家标准法。样品可在银或镍坩埚中用NaOH熔融是分解土壤全磷（或全钾）比较完全和简便方法。

5.2.1.2　*溶液中磷的测定*　溶液中磷的测定，一般都用磷钼蓝比色法。多年来，人们对钼蓝比色法进行了大量的研究工作，特别是在还原剂的选用上有了很大改革。最早常用的还原剂有氯化亚锡、亚硫酸氢钠等，以后采用有机还原剂如1，2，4-胺基萘酚磺酸、硫酸联氨、抗坏血酸等，目前应用较普遍的是钼锑抗混合试剂。

还原剂中的氯化亚锡的灵敏度最高，显色快，但颜色不稳定。土壤速效磷的速测方法仍多用氯化亚锡作还原剂。抗坏血酸是近年被广泛应用的一种还原剂，它的主要优点是生成的颜色稳定，干扰离子的影响较小，适用范围较广，但显色慢，需要加温。如果溶液中有一定的三价锑存在时，则大大加快了抗坏血酸的还原反应，在室温下也能显色。

溶液中磷的测定 加钼酸铵于含磷的溶液中，在一定酸度条件下，溶液中的正磷酸与钼酸络合形成磷钼杂多酸。

$$H_3PO_4+12H_2MoO_4=H_3[PMo_{12}O_{40}]+12H_2O$$

杂多酸是由两种或两种以上简单分子的酸组成的复杂的多元酸，是一类特殊的配合物。在分析化学中，主要是在酸性溶液中，利用 H_3PO_4 或 H_4SiO_4 等作为原酸，提供整个配合阳离子的中心体，再加钼酸根配位使生成相应的12-钼杂多酸，然后再进行光度法、容量法或重量法测定。

磷钼酸的铵盐不溶于水，因此，在过量铵离子存在下，同时磷的浓度较高时，即生成黄色沉淀磷钼酸铵 $(NH_4)_3[PMo_{12}O_{40}]$，这是质量法和容量法的基础。当少量磷存在时，加钼酸铵则不产生沉淀，仅使溶液略现黄色 $[PMo_{12}O_{40}]^{3-}$，其吸光度很低，加入 NH_4VO_3 使生成磷钒钼杂多酸。磷钒钼杂多酸是由正磷酸、钒酸和钼酸三种酸组合而成的杂多酸，称为三元杂多酸 $H_3(PMO_{11}VO_{40})\cdot nH_2O$。根据这个化学式，可以认为磷钒钼酸是用一个钒酸根取代12-钼磷酸分子中的一个钼酸的结果。三元杂多酸比磷钼酸具有更强的吸光作用，亦即有较高的吸光度，这是钒钼黄法测定的依据。但是在磷较少的情况下，一般都用更灵敏的钼蓝法，即在适宜试剂浓度下，加入适当的还原剂，使磷钼酸中的一部分 Mo^{6+} 离子被还原为 Mo^{5+}，生成一种叫做“钼蓝”的物质，这是钼蓝比色法的基础。蓝色产生的速度、强度、稳定性等与还原剂的种类、试剂的适宜浓度特别是酸度以及干扰离子等有关。

还原剂的种类 对于杂多酸还原的产物——钼蓝及其机理，虽然有很多人作过研究，但意见不一致。目前一般认为，杂多酸的蓝色还原产物是由 Mo^{6+} 和 Mo^{5+} 原子构成，仍维持12-钼磷酸的原有结构不变，且 Mo^{5+} 不再进一步被还原。一般认为磷钼杂多蓝的组成可能为 $H_3PO_4\cdot 10MoO_3\cdot Mo_2O_5$ 或 $H_3PO_4\cdot 8MoO_3\cdot 2Mo_2O_5$，说明杂多酸阳离子中有两个或四个 Mo^{6+} 被还原到 Mo^{5+}（有的书上把磷钼杂多蓝的组成写成 $H_3PO_4\cdot 10MoO_3\cdot 2MoO_2$，这样钼原子似乎已被还到四价，这是不大可能的）。

与钒相似，锑也能与磷钼酸反应生成磷锑钼三元杂多酸，其组成为 P∶Sb∶Mo=1∶2∶12，此磷锑钼三元杂多酸在室温下能迅速被抗坏血酸还原为蓝色的络合物，而且还原剂与钼试剂配成单一溶液，一次加入，简化了操作手续，有利于测定方法的自动化。

H_3PO_4、H_3AsO_4 和 H_4SiO_4 都能与钼酸结合生成杂多酸，在磷的测定中，硅的干扰可以控制酸度抑制之。磷钼杂多酸在较高酸度下形成（0.4～0.8 $mol\cdot L^{-1}$，H^+），而硅钼酸则在较低酸度下生成；砷的干扰则比较难克服，所幸，土壤中砷的含量很低，而且砷钼酸还原速度较慢，灵敏度较磷低，在一般情况下，不致影响磷的测定结果。但是在使用农药砒霜时，要注意砷的干扰影响，在这种情况下，在未加钼试剂之前将砷还原成亚砷酸而克服之。

在磷的比色测定中，三价铁也是一种干扰离子，它将影响溶液的氧化还原势，抑制蓝色的生成。在用 $SnCl_2$ 作还原剂时，溶液中的 Fe^{3+} 不能超过 20 mg·kg^{-1}，因此过去全磷分析中，样品分解强调用 Na_2CO_3 熔融，或 $HClO_4$ 消化。因为 Na_2CO_3 熔融或 $HClO_4$ 消化，进入溶液的 Fe^{3+} 较少。但是用抗坏血酸作还原剂，Fe^{3+} 含量即使超过 400 mg·kg^{-1}，仍不致产生干扰影响。因为抗坏血酸能与 Fe^{3+} 络合，保持溶液的氧化还原势。因此，磷的钼蓝比色法中，抗坏血酸作为还原剂已广泛被采用。

钼蓝显色是在适宜的试剂浓度下进行的。不同方法所要求的适宜试剂浓度不同。所谓试剂的适宜浓度是指酸度。钼酸铵浓度以及还原剂用量要适宜，使一定浓度的磷产生最深最稳定的蓝色。磷钼杂多酸是在一定酸度条件下生成的，过酸与不足均会影响结果。因此在磷的钼蓝比色测定中酸度的控制最为重要。不同方法有不同的酸度范围。兹将常用的三种钼蓝法的工作范围和各种试剂在比色液中的最终浓度列于表 5-1。

表 5-1　三种钼蓝法的工作范围和试剂浓度

项　目	$SnCl_2$—H_2SO_4 体系	$SnCl_2$—HCl 体系	钼锑抗体系
工作范围（mg·kg^{-1}，P）	0.02～1.0	0.05～2	0.01～0.6
显色时间（min）	5～15	5～15	30～60
稳定性	15 min	20 min	8 h*
最后显色酸度（mol·L^{-1}，H^+）	0.39～0.4	0 0.6～0.7	0.35～0.55
显色适宜温度（℃）	20～25	20～25	20～60
钼酸铵（g·L^{-1}）	1.0	3.0	1.0
还原剂（g·L^{-1}）	0.07	0.12	抗坏血酸 0.8～1.5 酒石酸氧锑钾 0.024～0.05

* 见《土壤农业化学常规分析方法》，科学出版社，1983 年，P96。

上述三种方法以 $SnCl_2—H_2SO_4$ 体系最灵敏，钼锑抗—硫酸体系的灵敏度接近 $SnCl_2—H_2SO_4$ 体系，而显色稳定，受干扰离子的影响亦较小，更重要的是还原剂与钼试剂配成单一溶液，一次加入，简化了操作手续，有利于测定方法的自动化，因此目前钼锑抗—H_2SO_4 体系被广泛采用。

5.2.2 土壤全磷测定方法之一——$HClO_4—H_2SO_4$ 法

5.2.2.1 *方法原理* 用高氯酸分解样品，因为它既是一种强酸，又是一种强氧化剂，能氧化有机质，分解矿物质，而且高氯酸的脱水作用很强，有助于胶状硅的脱水，并能与 Fe^{3+} 络合，在磷的比色测定中抑制了硅和铁的干扰。硫酸的存在提高消化液的温度，同时防止消化过程中溶液蒸干，以利消化作用的顺利进行。本法用于一般土壤样品分解率达 97%～98%，但对红壤性土壤样品分解率只有 95%左右。溶液中磷的测定采用钼锑抗比色法（其原理见 5.2.1.2）。

5.2.2.2 *主要仪器* 721 型分光光度计；LNK—872 型红外消化炉。

5.2.2.3 *试剂*

(1) 浓硫酸（H_2SO_4，$\rho \approx 1.84\ g \cdot cm^{-3}$，分析纯）。

(2) 高氯酸 $CO(HClO_4) \approx 70\%～72\%$，分析纯）。

(3) 2，6-二硝基酚或 2，4-二硝基酚指示剂溶液。溶解二硝基酚 0.25 g 于 100 mL 水中。此指示剂的变色点约为 pH3，酸性时无色，碱性时呈黄色。

(4) $4\ mol \cdot L^{-1}$ 氢氧化钠溶液。溶解 NaOH 16 g 于 100 mL 水中。

(5) $2\ mol \cdot L^{-1} \left(\frac{1}{2}H_2SO_4\right)$ 溶液，吸取浓硫酸 6 mL，缓缓加入 80 mL 水中，边加边搅动，冷却后加水至 100 mL。

(6) 钼锑抗试剂。A. $5\ g \cdot L^{-1}$ 酒石酸氧锑钾溶液：取酒石酸氧锑钾 $[K(SbO)C_4H_4O_6]$ 0.5 g，溶解于 100 mL 水中。B. 钼酸铵—硫酸溶液：称取钼酸铵 $[(NH_4)_6Mo_7O_{24} \cdot 4H_2O]$ 10 g，溶于 450 mL 水中，缓慢地加入 153 mL 浓 H_2SO_4，边加边搅。再将上述 A 溶液加入到 B 溶液中，最后加水至 1 L。充分摇匀，贮于棕色瓶中，此为钼锑混合液。

临用前（当天），称取左旋抗坏血酸（$C_6H_8O_5$，化学纯）1.5 g，溶于 100 mL 钼锑混合液中，混匀，此即钼锑抗试剂。有效期 24 h，如藏于冰箱中则有效期较长。此试剂中 H_2SO_4 为 $5.5\ mol \cdot L^{-1}$（H^+），钼酸铵为 $10\ g \cdot L^{-1}$，酒后酸氧锑钾为 $0.5\ g \cdot L^{-1}$，抗坏血酸为 $15\ g \cdot L^{-1}$。

(7) 磷标准溶液。准确称取在 105 ℃烘箱中烘干的 KH_2PO_4（分析纯）0.219 5 g，溶解在 400 mL 水中，加浓 H_2SO_4 5 mL（加 H_2SO_4 防长霉菌，可

使溶液长期保存)，转入 1 L 容量瓶中，加水至刻度。此溶液为 50 $\mu g \cdot mL^{-1}$ P 标准溶液。吸取上述磷标准溶液 25 mL，稀释至 250 mL，即为 5 $\mu g \cdot mL^{-1}$ P 标准溶液（此溶液不宜久存)。

5.2.2.4　操作步骤

（1）待测液的制备。准确称取通过 100 目筛子的风干土样 0.500 0～1.000 0 g(注1)，置于 50 mL 开氏瓶（或 100 mL 消化管）中，以少量水湿润后，加浓 H_2SO_4 8 mL，摇匀后，再加 70%～72% $HClO_4$ 10 滴，摇匀，瓶口上加一个小漏斗，置于电炉上加热消煮（至溶液开始转白后继续消煮）20 min。全部消煮时间为 40～60 min。在样品分解的同时做一个空白试验，即所用试剂同上，但不加土样，同样消煮得空白消煮液。

将冷却后的消煮液倒入 100 mL 容量瓶中（容量瓶中事先盛水 30～40 mL)，用水冲洗开氏瓶（用水应根据少量多次的原则)，轻轻摇动容量瓶，待完全冷却后，加水定容。静置过夜，次日小心地吸取上层澄清液进行磷的测定；或者用干的定量滤纸过滤，将滤液接收在 100 mL 干燥的三角瓶中待测定。

（2）测定。吸取澄清液或滤液 5 mL［（对含 P，0.56 $g \cdot kg^{-1}$ 以下的样品可吸取 10 mL)，以含磷（P）在 20～30 μg 为最好］注入 50 mL 容量瓶中，用水冲稀至 30 mL，加二硝基酚指示剂 2 滴，滴加 4 $mol \cdot L^{-1}$ NaOH 溶液直至溶液变为黄色，再加 2 $mol \cdot L^{-1}\left(\frac{1}{2}H_2SO_4\right)$ 1 滴，使溶液的黄色刚刚褪去（这里不用 NH_4OH 调节酸度，因消煮液酸浓度较大，需要较多碱去中和，而 NH_4OH 浓度如超过 10 $g \cdot L^{-1}$ 就会使钼蓝色迅速消退)。然后加钼锑抗试剂 5 mL，再加水定容 50 mL，摇匀。30 min 后，用 880 nm 或 700 nm 波长进行比色(注2)，以空白液的透光率为 100（或吸光度为 0)，读出测定液的透光度或吸收值。

（3）标准曲线。准确吸取 5 $\mu g \cdot mL^{-1}$，P 标准溶液 0、1、2、4、6、8、10 mL，分别放入 50 mL 容量瓶中，加水至约 30 mL，再加空白试验定容后的消煮液 5 mL，调节溶液 pH 为 3，然后加钼锑抗试剂 5 mL，最后用水定容至 50 mL。30 min 后进行比色。各瓶比色液磷的浓度分别为 0、0.1、0.2、0.4、0.6、0.8、1.0 $\mu g \cdot mL^{-1}$ P。

5.2.2.5　结果计算　从标准曲线上查得待测液的磷含量后，可按下式进行计算：

$$\text{土壤全磷（P）量}\ (g \cdot kg^{-1}) = \rho \times \frac{V}{m} \times \frac{V_2}{V_1} \times 10^{-3}$$

式中：ρ——待测液中磷的质量浓度（$\mu g \cdot mL^{-1}$）；

V——样品制备溶液的 mL 数；

m——烘干土质量（g）；

V_1——吸取滤液 mL 数；

V_2——显色的溶液体积（mL）；

10^{-3}——将 μg 数换算成每 kg 土壤中含磷的 g 数的乘数。

5.2.2.6 注释

注 1. 最后显色溶液中含磷量在 20～30 μg 为最好。控制磷的浓度主要通过称样量或最后显色时吸取待测液的毫升数。

注 2. 本法钼蓝显色液比色时用 880 nm 波长比 700 nm 更灵敏，一般分光光度计为 721 型只能选 700 nm 波长。

5.2.3 土壤全磷测定方法之二——NaOH 熔融—钼锑抗比色法

土壤硅酸盐的溶解度决定于硅和金属元素的比例以及金属元素的碱度。硅和金属元素的比例愈小，金属元素的碱性愈强，则硅酸盐的溶解度愈大，用 NaOH 熔化土样，即增加样品中碱金属的比例，保证熔解物能为酸所分解，直至能溶解于水中。溶液中磷的测定用钼锑抗法（其原理见 5.2.1.2）。

下面引用国家标准法 GB8937—88《土壤全磷测定法》氢氧化钠熔融—钼锑抗比色法。

5.2.3.1 适用范围　本标准适用于测定各类土壤全磷含量。

5.2.3.2 方法原理　土壤样品与氢氧化钠熔融，使土壤中含磷矿物及有机磷化合物全部转化为可溶性的正磷酸盐，用水和稀硫酸溶解熔块，在规定条件下样品溶液与钼锑抗显色剂反应，生成磷钼蓝，用分光光度法定量测定。

5.2.3.3 仪器、设备

（1）土壤样品粉碎机。

（2）土壤筛，孔径 1 mm 和 0.149 mm。

（3）分析天平，感量为 0.000 1 g。

（4）镍（或银）坩埚，容量≥30 mL。

（5）高温电炉，温度可调（0～100 ℃）。

（6）分光光度计，要求包括 700 nm 波长。

（7）容量瓶 50、100、1 000 mL。

（8）移液管 5、10、15、20 mL。

（9）漏斗直径 7 cm。

（10）烧杯 150、100 mL。

（11）玛瑙研钵。

5.2.3.4 试剂　所有试剂，除注明者外，皆为分析纯，水均指蒸馏水或去离子水。

（1）氢氧化钠（GB 629）。

（2）无水乙醇（GB 678）。

（3）100 g·L^{-1}碳酸钠溶液：10 g 无水碳酸钠（GB 639）溶于水后，稀释至 100 mL，摇匀。

（4）50 mL·L^{-1}硫酸溶液：吸取 5 mL 浓硫酸（GB 625，95.0%～98.0%，比重 1.84）缓缓加入 90 mL 水中，冷却后加水至 100 mL。

（5）3 mol/L H_2SO_4 溶液：量取 160 mL 浓硫酸缓缓加入到盛有 800 mL 左右水的大烧杯中，不断搅拌，冷却后，再加水至 1 000 mL。

（6）二硝基酚指示剂：称取 0.2 g 2，6-二硝基酚溶于 100 mL 水中。

（7）5 g·L^{-1}酒石酸锑钾溶液：称取化学纯酒石酸锑钾 0.5 g 溶于 100 mL 水中。

（8）硫酸钼锑贮备液：量取 126 mL 浓硫酸，缓缓加入到 400 mL 水中，不断搅拌，冷却。另称取经磨细的钼酸铵（GB 657）10 g 溶于温度约 60 ℃ 300 mL 水中，冷却。然后将硫酸溶液缓缓倒入钼酸铵溶液中，再加入 5 g·L^{-1}酒石酸锑钾溶液 100 mL，冷却后，加水稀释至 1 000 mL，摇匀，贮于棕色试剂瓶中，此贮备液含 10 g·L^{-1}钼酸铵，2.25 mol·L^{-1} H_2SO_4。

（9）钼锑抗显色剂：称取 1.5 g 抗坏血酸（左旋，旋光度＋21～22°）溶于 100 mL 钼锑贮备液中。此溶液有效期不长，宜用时现配。

（10）磷标准贮备液：准确称取经 105 ℃下烘干 2 h 的磷酸二氢钾（GB 1274，优级纯）0.439 0 g，用水溶解后，加入 5 mL 浓硫酸，然后加水定容至 1 000 mL，该溶液含磷 100 mg/L，放水冰箱可供长期使用。

（11）5 mg·L^{-1}磷（P）标准溶液：准确吸取 5 mL 磷贮备液，放入 100 mL容量瓶中，加水定容。该溶液用时现配。

（12）无磷定量滤纸。

5.2.3.5 土壤样品制备　取通过 1 mm 孔径筛的风干土样在牛皮纸上铺成薄层，划分成许多小方格。用小勺在每个方格中提出等量土样（总量不少于 20 g）于玛瑙研钵中进一步研磨使其全部通过 0.149 mm 孔径筛。混匀后装入磨口瓶中备用。

5.2.3.6 操作步骤

（1）熔样。准确称取风干样品 0.25 g，精确到 0.000 1 g，小心放入镍（或银）坩埚底部，切勿粘在壁上，加入无水乙醇 3～4 滴，润湿样品，在样品上平铺 2 g 氢氧化钠，将坩埚（处理大批样品时，暂放入大干燥器中以防吸潮）放入高温电炉，升温。当温度升至 400 ℃左右时，切断电源，暂停 15 min。然后继续升温至 720 ℃，并保持 15 min，取出冷却，加入约 80 ℃的水 10 mL 和用水多次洗坩埚，洗涤液也一并移入该容量瓶，冷却，定容，用无磷定量滤纸过滤或离心澄清，同时做空白试验。

（2）绘制校准曲线。分别准确吸取 5 mg・L^{-1}磷标准溶液 0、2、4、6、8、10 mL 于 50 mL 容量瓶中，同时加入与显色测定所用的样品溶液等体积的空白溶液二硝基酚指示剂 2～3 滴，并用 100 g・L^{-1}碳酸钠溶液或 50 mL・L^{-1}硫酸溶液调节溶液至刚呈微黄色，准确加入钼锑抗显色剂 5 mL，摇匀，加水定容，即得含磷（P）量分别为 0.0、0.2、0.4、0.8、1.0 mg・L^{-1}的标准溶液系列。摇匀，于 15 ℃以上温度放置 30 min 后，在波长 700 nm 处，测定其吸光度，在方格坐标纸上以吸光度为纵坐标，磷浓度（mg・L^{-1}）为横坐标，绘制校准曲线。

（3）样品溶液中磷的定量。

① 显色：准确吸取待测样品溶液 2～10 mL（含磷 0.04～1.0 μg）于 50 mL容量瓶中，用水稀释至总体积约 3/5 处，加入二硝基酚指示剂 2～3 滴，并用 100 g・L^{-1}碳酸钠溶液或 50 mL・L^{-1}硫酸溶液调节溶液至刚呈微黄色，准确加入 5 mL 钼锑抗显色剂，摇匀，加水定容，室温 15 ℃以上，放置 30 min。

② 比色：显色的样品溶液在分光光度计上，用 700 nm、1 cm 光径比色皿，以空白试验为参比液调节仪器零点，进行比色测定，读取吸光度，从校准曲线上查得相应的含磷量。

5.2.3.7 结果计算

$$土壤全磷（P）量（g\cdot kg^{-1}）=\rho\times\frac{V_1}{m}\times\frac{V_2}{V_3}\times10^{-3}\times\frac{100}{100-H}$$

式中：ρ——从校准曲线上查得待测样品溶液中磷的质量浓度（mg・L^{-1}）；

m——称样质量（g）；

V_1——样品熔后的定容的体积（mL）；

V_2——显色时溶液定容的体积（mL）；

V_3——从熔样定容后分取的体积（mL）；

10^{-3}——将 mg・L^{-1}浓度单位换算为 kg 质量的换算因素；

$\frac{100}{100-H}$——将风干土变换为烘干土的转换因数；

H——风干土中水分含量百分数。

用两平行测定的结果的算术平均值表示，小数点后保留三位。

允许差：平行测定结果的绝对相差，不得超过 0.05 $g \cdot kg^{-1}$。

附加说明：

本标准由全国农业分析标准化技术委员会归口。

本标准由中国农业科学院分析测试中心负责起草。

本标准主要起草人肖国壮、张辉、苏方康、杨杰。

〔编者注〕为了全书统一，文中不符合国家法定计量单位地方，加以修改，特此说明。

5.3 土壤速效磷的测定

5.3.1 概述

了解土壤中速效磷供应状况，对于施肥有着直接的指导意义。土壤中速效磷的测定方法很多。有生物方法、化学速测方法、同位素方法、阴离子交换树脂方法等。

在测定土壤有效磷之前，先了解一些名词的涵义是重要的。文献中常用土壤中有效磷含量、土壤中磷的有效性、“磷位”、磷素供应的强度因素、容量因素、速率等。弄清楚这些名词，对土壤有效磷的提取是有帮助的。

土壤中有效磷含量是指能为当季作物吸收的磷量。因此，有效磷的测定生物方法是最直接的，即在温室中进行盆钵试验，测定在一定生长时间内作物从土壤吸收的磷量。

土壤中磷的有效性是指土壤中存在的磷能为植物吸收利用的程度，有的比较容易，有的则较难。这里就涉及到强度、容量、速率等因素。

土壤固相磷$\rightleftharpoons$溶液中磷$\longrightarrow$植物从溶液吸收磷

植物吸收磷，首先决定于溶液中磷的浓度（强度因素），溶液中磷的浓度高，则植物吸收的磷就多。当植物从溶液中吸收磷时，溶液中磷的浓度降低，则固相磷不断补给以维持溶液中磷的浓度不降低，这就是土壤的磷供应容量。

固相磷进入溶液的难易，或土壤吸持磷的能力，即所谓“磷位”（$1/2pCa+pH_2PO_4$）。它与土壤水分状况用 pF 表示相似，即用能量概念来表示土壤的供磷强度。土壤吸持磷的能力愈强，则磷对植物的有效性愈低。

土壤有效磷的测定，生物的方法被认为是最可靠的。目前用同位素^{32}P稀释法测得的“A”值被认为是标准方法。阴离子树脂方法有类似植物吸收磷的作用，即树脂不断从溶液中吸附磷，是单方向的，有助于固相磷进入溶液，测出的结果也接近"A"值。但是用得最普遍的是化学速测方法。化学速测方法即用提取剂提取土壤中的有效磷。

5.3.2 土壤有效磷的化学浸提方法

(1) 用水作提取剂。植物吸收的磷主要是 $H_2PO_4^-$ 的形态，因此测定土壤中水溶性磷应是测定土壤有效磷的一个可靠方法。但是用水提取不易获得澄清的滤液；水溶液缓冲能力弱，溶液 pH 容易改变，影响测定结果，而且很多含有效磷低的土壤，测定也有困难，因为水的提取能力较弱。因此本法未能广泛被采用。砂性土壤用这个方法是比较适合的，因为砂性土壤固定磷的能力不大，存在于砂性土壤中的磷以水溶性磷为主。

(2) 饱和以 CO_2 的水为提取剂。它的理论根据是植物根分泌 CO_2，根部周围溶液的 pH 约为 5。实践证明，石灰性土壤中磷的溶解度随着水溶液中 CO_2 浓度的增加而增加。虽然操作手续较繁，仍是石灰性土壤有效磷测定的一个很好的方法。

(3) 有机酸溶液为提取剂。用有机酸作土壤有效磷的提取剂，其理论根据与饱和以 CO_2 的水一样，植物根分泌有机酸，其溶解能力相当于饱和以 CO_2 的水。常用的有机酸有柠檬酸、乳酸、醋酸等。这些有机酸提取剂西欧国家用得比较多，例如英国用 1%柠檬酸作提取剂，德国用乳酸铵钙缓冲液。

(4) 无机酸为提取剂。无机酸的选用主要是从分析方法的方便来考虑的，当然它需与作物吸收磷有相关性。一般均用缓冲溶液如 HOAc—NaOAc 溶液，pH4.8；$0.001\ mol \cdot L^{-1}\ H_2SO_4—(NH_4)_2SO_4$，pH3；$0.025\ mol \cdot L^{-1}$ HCl—$0.03\ mol \cdot L^{-1}\ NH_4F$ 等，也有用 $0.2\ mol \cdot L^{-1}$ HCl，$0.05\ mol \cdot L^{-1}$ HCl—$0.025\ mol \cdot L^{-1}$ $(1/2H_2SO_4)$ 双酸法。这些提取剂中 HOAc—NaOAc 法曾被称为通用方法，它不仅能提取有效磷，而且也能提取 NO_3^-、NH_4^+、K^+、Ca^{2+}、Mg^{2+} 等。HCl—H_2SO_4 双酸法也有此优点。这些方法主要用于酸性土壤，不适用于石灰性土壤。

(5) 碱溶液为提取剂。目前 $0.5\ mol \cdot L^{-1}\ NaHCO_3$ 溶液是用得最广的碱提取剂。它的理论根据是在 pH8.5 的 $NaHCO_3$ 溶液中 Ca^{2+}、Al^{3+}、Fe^{3+} 等离子的活度很低，有利于磷的提取，而溶液中 OH^-、HCO_3^-、CO_3^{2-} 等阴离子均能置换 $H_2PO_4^-$。这个方法主要用于石灰性土壤，但也可用于中性和酸性土壤。

影响有效磷提取的因素：①提取剂的种类。各种阴离子从固相上置换磷酸根的能力顺序如下：$F^- >$ 柠檬酸 $> HCO_3^- > CH_3COO^- > SO_4^{2-} > Cl^-$，由于

F^-溶解磷的能力较强，同时又能与铁、铝等阳离子络合，因此 0.025 mol·L^{-1} HCl—0.03 mol·L^{-1} NH_4F 法被广泛用于酸性土壤有效磷的测定；但对水稻土不太适宜；②水土比例。提取过程中磷的再固定是一个重要因素，增大水土比例，不仅能增加磷的溶解，而且能减少磷的再固定，因此水土比例不同，测出的结果相差很大；③振荡时间。固相磷的溶解作用和交换作用都与作用时间有关，因此振荡时间必须规定，才能获得比较好的结果；④温度的影响。提取和显色过程受温度的影响很大，一般要在室温（20～25℃）下进行。

总之，提取液的浓度越高，水土比例愈大，振荡时间愈长，浸提出来的养分愈多。但这里必须指出，化学速测方法提取的磷只是有效磷的一部分，并不要求提取出全部有效磷，只要求提取出来的有效磷能与作物吸收的磷有密切相关。因此并不是水土比例愈大愈好。相反，提取有效磷时不希望太大的水土比例。有人认为，在土壤有效磷的提取过程中，克服非有效磷的溶解是方法成败的关键。因此水土比例不能太大，振荡时间也不要太长。表 5-2 列出三种常用的化学提取方法。所以有效磷含量只是一个相对指标，只有用一方法在相同条件下测得的结果才有相对比较的意义，不能根据测定结果直接来计算施肥量。因此，在报告有效磷结果时，必须同时注明所用的测定方法。

表 5-2　土壤有效磷测定常用的三种方法

适用于	浸提剂	pH	土水比例	振荡时间（min）
酸性土壤	0.05 mol·L^{-1} HCl—0.025 mol·L^{-1} $\left(\frac{1}{2}H_2SO_4\right)$	—	5∶25	5
酸性土壤	0.03 mol·L^{-1} NH_4F—0.025 mol·L^{-1} HCl	1.6	1∶7	1
石灰性土壤	0.5 mol·L^{-1} $NaHCO_3$	8.5	5∶100	30

5.3.3　中性和石灰性土壤速效磷的测定——0.5 mol·L^{-1} $NaHCO_3$ 法

5.3.3.1　*方法原理*　石灰性土壤由于大量游离碳酸钙存在，不能用酸溶液来提取有效磷。一般用碳酸盐的碱溶液。由于碳酸根的同离子效应，碳酸盐的碱溶液降低碳酸钙的溶解度，也就降低了溶液中钙的浓度，这样就有利于磷酸钙盐的提取。同时由于碳酸盐的碱溶液，也降低了铝和铁离子的活性，有利于磷酸铝和磷酸铁的提取。此外，碳酸氢钠碱溶液中存在着 OH^-、HCO_3^-、

CO_3^{2-} 等阴离子，有利于吸附态磷的置换，因此 $NaHCO_3$ 不仅适用石灰性土壤，也适应于中性和酸性土壤中速效磷的提取。待测液中的磷用钼锑抗试剂显色，进行比色测定。

5.3.3.2 主要仪器 往复振荡机、分光光度计或比色计。

5.3.3.3 试剂

(1) 0.5 mol·L^{-1} $NaHCO_3$ 浸提液溶解 $NaHCO_3$ 42.0 g 于 800 mL 水中，以 0.5 mol·L^{-1}NaOH 溶液调节浸提液的 pH 至 8.5。此溶液曝于空气中可因失去 CO_2 而使 pH 增高，可于液面加一层矿物油保存之。此溶液贮存于塑料瓶中比在玻璃中容易保存，若贮存超过 1 个月，应检查 pH 值是否改变。

(2) 无磷活性炭。活性炭常含有磷，应做空白试验，检验有无磷存在。如含磷较多，须先用 2 mol·L^{-1} HCl 浸泡过夜，用蒸馏水冲洗多次后，再用 0.5 mol·$L^{-1}$$NaHCO_3$ 浸泡过夜，在平瓷漏斗上抽气过滤，每次用少量蒸馏水淋洗多次，并检查到无磷为止。如含磷较少，则直接用 $NaHCO_3$ 处理即可。

其他钼锑抗试剂、磷标准溶液同 5.2.2.3 试剂中 (6)、(7)。

5.3.3.4 操作步骤 称取通过 20 目筛子的风干土样 2.5 g (精确到 0.001 g) 于 150 mL 三角瓶 (或大试管) 中，加入 0.5 mol·$L^{-1}$$NaHCO_3$ 溶液 50 mL，再加一勺无磷活性炭(注1)，塞紧瓶塞，在振荡机上振荡 30 min(注2)，立即用无磷滤纸过滤，滤液承接于 100 mL 三角瓶中，吸取滤液 10 mL (含磷量高时吸取 2.5～5.0 mL，同时应补加 0.5 mol·L^{-1} $NaHCO_3$ 溶液至 10 mL) 于 150 mL三角瓶中(注3)，再用滴定管准确加入蒸馏水 35 mL，然后移液管加入钼锑抗试剂 5 mL(注4)，摇匀，放置 30 min 后，用 880 nm 或 700 nm 波长进行比色。以空白液的吸收值为 0，读出待测液的吸收值 (A)。

标准曲线绘制：分别准确吸取 5 μg·mL^{-1} P 磷标准溶液 0、1.0、2.0、3.0、4.0、5.0 mL 于 150 mL 三角瓶中，再加入 0.5 mol·L^{-1} $NaHCO_3$ 10 mL，准确加水使各瓶的总体积达到 45 mL，摇匀；最后加入钼锑抗试剂 5 mL，混匀显色。同待测液一样进行比色，绘成标准曲线。最后溶液中磷的浓度分别为 0、0.1、0.2、0.3、0.4、0.5 μg·mL^{-1}P。

5.3.3.5 结果计算

$$\text{土壤中有效磷 (P) 含量 (mg·kg}^{-1}) = \frac{\rho \times V \times ts}{m \times 10^3 \times k} \times 1\,000$$

式中：ρ——从工作曲线上查得 P 的质量浓度 (μg·mL^{-1})；

V——显色时定容体积 (mL)；

ts——为分取倍数 (即浸提液总体积与显色对吸取浸提液体积之比)；

m——风干土质量（g）；

k——将风干土换算成烘干土质量的系数；

10^3——将 μg 换算成 mg；

1 000——换算成每 kg 含 P 量。

土壤速效磷 $\mu g \cdot kg^{-1}$ P	等级
<5	低
5～10	中
>10	高

5.3.3.6 *注释*

注 1. 活性炭对 PO_4^{3-} 有明显的吸附作用，当溶液中同时存在大量的 HCO_3^- 离子饱和了活性炭颗粒表面，抑制了活性炭对 PO_4^{3-} 的吸附作用。

注 2. 本法浸提温度对测定结果影响很大。有关资料曾用不同方式校正该法浸提温度对测定结果的影响，但这些方法都是在某些地区和某一条件下所得的结果，对于各地区不同土壤和条件下不能完全适用，因此必须严格控制浸提时的温度条件。一般要在室温（20～25 ℃）下进行，具体分析时，前后各批样品应在这个范围内选择一个固定的温度，以便对各批结果进行相对比较。最好在恒温振荡机上进行提取。显色温度（20 ℃左右）较易控制。

注 3. 由于取 0.5 $mol \cdot L^{-1}$ $NaHCO_3$ 浸提滤液 10 mL 于 50 mL 容量瓶中，加水和钼锑抗试剂后，即产生大量的 CO_2 气体，由于容量瓶口小，CO_2 气体不易逸出，在摇匀过程中，常造成试液外溢，造成测定误差。为了克服这个缺点，可以准确加入提取液、水和钼锑抗试剂（共计 50 mL）于三角瓶中，混匀，显色。

注 4. 全磷钼锑抗法，其显色溶液的酸的浓度为 0.55 $mol \cdot L^{-1}$（$1/2H_2SO_4$），钼酸铵浓度为 1 $g \cdot L^{-1}$。在 A. L. Page，Methods of Soil Analysis. part 2，1982（419～422 页）Olsen 法中先用 H_2SO_4 中和 $NaHCO_3$ 提取液至 pH5，再加钼锑抗试剂使最后显色溶液的酸的浓度为 0.42 $mol \cdot L^{-1}$（$1/2H_2SO_4$），钼酸铵浓度为 0.96 $g \cdot L^{-1}$。经我们试验[6]，用本法测定磷的含量，其结果是很理想的。为了统一应用全磷测定中的钼锑抗试剂，同时考虑到 Olsen 法是属于例行方法，可以省去中和步骤，这样最后显色液酸的浓度约为 0.45 $mol \cdot L^{-1}$（$1/2H_2SO_4$），钼酸铵浓度为 1.0 $g \cdot L^{-1}$，这样仍在合适的显色的酸的浓度范围。

5.3.4 酸性土壤速效磷的测定方法 A——0.03 $mol \cdot L^{-1}$ NH_4F—0.025 $mol \cdot L^{-1}$ HCl 法[3]

5.3.4.1 *方法原理* NH_4F—HCl 法主要提取酸溶性磷和吸附磷，包括大部分磷酸钙和一部分磷酸铝和磷酸铁。因为在酸性溶液中氟离子能与三价铝离子和铁离子形成络合物，促使磷酸铝和磷酸铁的溶解：

$$3NH_4F+3HF+AlPO_4 \longrightarrow H_3PO_4+(NH_4)_3AlF_6$$

$$3NH_4F+3HF+FePO_4 \longrightarrow H_3PO_4+(NH_4)_3FeF_6$$

溶液中磷与钼酸铵作用生成磷钼杂多酸，在一定酸度下被 $SnCl_2$ 还原成磷钼蓝，蓝色深浅与磷的浓度成正比。

5.3.4.2 试剂

(1) 0.5 $mol \cdot L^{-1}$ 盐酸溶液。20.2 mL 浓盐酸用蒸馏水稀释至 500 mL。

(2) 1 $mol \cdot L^{-1}$ 氟化铵溶液。溶解 NH_4F 37 g 于水中，稀释至 1 L，贮存在塑料瓶中。

(3) 浸提液。分别吸取 1.0 $mol \cdot L^{-1}$ NH_4F 溶液 15 mL 和 0.5 $mol \cdot L^{-1}$ HCl 溶液 25 mL，加入到 460 mL 蒸馏水中，此即 0.03 $mol \cdot L^{-1}$ NH_4F—0.025 $mol \cdot L^{-1}$ HCl 溶液。

(4) 钼酸铵试剂。溶解钼酸铵 $(NH_4)_6Mo_7O_{24} \cdot 4H_2O$ 15 g 于 350 mL 蒸馏水中，徐徐加入 10 $mol \cdot L^{-1}$ HCl 350 mL，并搅动，冷却后，加水稀释至 1 L，贮于棕色瓶中。

(5) 25 $g \cdot L^{-1}$ 氯化亚锡甘油溶液。溶解 $SnCl_2 \cdot H_2O_2$.5 g 于 10 mL 浓盐酸中，待 $SnCl_2$ 全部溶解溶液透明后，再加化学纯甘油 90 mL，混匀，贮存于棕色瓶中(注1)。

(6) 50 $\mu g \cdot mL^{-1}$ 磷 (P) 标准溶液参照土壤全磷测定方法一。吸取 50 $\mu g \cdot mL^{-1}$ P 溶液 50 mL 于 250 mL 容量瓶中，加水稀释定容，即得 10 $\mu g \cdot mL^{-1}$ P 标准溶液。

5.3.4.3 操作步骤 称 1.000 g 土样，放入 20 mL 试管中，从滴定管中加入浸提液 7 mL。试管加塞后，摇动 1 min，用无磷干滤纸过滤。如果滤液不清，可将滤液倒回滤纸上再过滤，吸取滤液 2 mL(注2)，加蒸馏水 6 mL 和钼酸铵试剂 2 mL，混匀后，加氯化亚锡甘油溶液 1 滴，再混匀。在 5～15 min 内(注3)，在分光光度计上用 700 nm 波长进行比色(注4)。

标准曲线的绘制：分别准确吸取 10 $\mu g \cdot mL^{-1}$ P 标准溶液 2.5、5.0、10.0、15.0、20.0、和 25.0 mL，放入 50 mL 容量瓶中，加水至刻度，配成 0.5、1.0、2.0、3.0、4.0、5.0 $\mu g \cdot mL^{-1}$ P 的系列标准溶液。

分别吸取系列标准溶液各 2 mL，加水 6 mL 和钼试剂 2 mL 再加 1 滴氯化亚锡甘油溶液进行显色，绘制标准曲线。

表 5-3　磷的系列标准溶液（$NH_4F—HCl$ 法）

标准磷溶液 ($\mu g\cdot mL^{-1}P$)	吸取标准溶液 (mL)	加水* (mL)	钼酸铵试剂 (mL)	最后溶液中磷浓度 ($\mu g\cdot mL^{-1}P$)
0	2	6	2	0
0.5	2	6	2	0.1
1.0	2	6	2	0.2
2.0	2	6	2	0.4
3.0	2	6	2	0.6
4.0	2	6	2	0.8
5.0	2	6	2	1.0

* 包括 2 mL 提取剂。

5.3.4.4　结果计算

$$\text{土壤速效磷（P）含量}（mg\cdot kg^{-1}）=\frac{\rho\times10\times7}{m\times2\times10^3}\times1\,000=\rho\times35$$

式中：ρ——从标准曲线上查得的磷的质量浓度（$\mu g\cdot mL^{-1}P$）；

10——显色时定容体积（mL）；

7——浸提剂的体积（mL）；

2——吸取滤液的体积（mL）；

m——风干土质量（g）；

10^3——将 μg 换算成 mg；

1 000——换算成每 kg 含 P 质量。

土壤速效磷（$mg\cdot kg^{-1}$，P）	等　级
<3	很低
3～7	低
7～20	中等
>20	高

5.3.4.5　注释

注 1. 氯化亚锡甘油溶液远比水溶液稳定，可贮存半年以上。但每隔 1～2 个月，仍应用标准磷溶液检查一下，视其已否失效。

注 2. 加入钼酸铵试剂量要准确，因为这里显色溶液的体积较小（10 mL），钼酸铵试剂量的多少，容易改变溶液的酸度，影响显色。

注 3. 用 $SnCl_2$ 还原剂的钼蓝法，颜色不够稳定，5～15 min 内颜色最为稳定，比色应在此时间内进行。

注 4. 在显色过程中氟化物可能产生干扰影响，可以加硼酸克服之，但在大多数情况下（除非少数酸性砂土）并无此必要。

5.3.5 酸性土壤速效磷的测定方法 B——0.05 mol·L^{-1}HCl—0.025 mol·L^{-1}（1/2H_2SO_4）法

5.3.5.1 *方法原理* 本法特别适用于固定磷较强的酸性土壤。如土壤有机质含量较低，pH 小于 6.5，阳离子交换量小于 100 cmol·kg^{-1}的土壤。本法不仅适用于酸性土壤速效磷的测定，也能用以测定其他有效养分。

5.3.5.2 *试剂*

（1）提取剂〔(0.05 mol·L^{-1} HCl—0.025 mol·L^{-1}(1/2H_2SO_4)〕。精确量取浓 HCl 4 mL 和浓 H_2SO_4 0.7 mL，放入 1 L 容量瓶中，加水定容。

（2）抗坏血酸溶液。溶解抗坏血酸 176.0 g 于水中，最后加水至 2 L。贮于棕色瓶中，最好保存在冰箱中。

（3）硫酸—钼酸铵溶液。溶解钼酸铵〔$(NH_4)_6Mo_7O_{24}\cdot 4H_2O$〕100 g 于 500 mL 水中。再溶解酒石酸氧锑钾〔$K(SbO)C_4H_4O_6\cdot 1/2H_2O$〕2.425 g 于钼酸铵溶液中，然后徐徐加入浓 H_2SO_4 1 400 mL，充分混匀，冷却后加水至 2 L，贮于塑料瓶中，放在暗处。

（4）工作溶液。工作溶液需要每天制备，即吸取抗坏血酸溶液 10 mL 和硫酸—钼酸铵溶液 20 mL，用提取剂稀释至 1 L。工作溶液配好后放置 2 h 后再使用。

（5）磷标准溶液（1 000 μg·mL^{-1} P）。溶解磷酸二氢铵（$NH_4H_2PO_4$）3.85 g 于 1 L 提取剂中，此溶液为 1 000 μg·mL^{-1}P 标准磷溶液。将此标准磷溶液用提取剂稀释，分别制成 1、2、5、10、15 和 20 μg·mL^{-1}P 的标准系列溶液。

5.3.5.3 *操作步骤* 称取土样 5.00 g，放入 50 mL 三角瓶中，加入提取剂 25 mL，在振荡机上振荡 5 min，过滤。

吸取滤液 1 mL，加入工作溶液 24 mL，摇匀，放置 0.5 h 后[注1,2,3]在分光光度计上用 700 nm 波长进行比色（用浸提剂空白调零）。读得吸收值 A，从标准曲线上查得待测液中磷的浓度。标准曲线绘制：分别准确吸取 1、2、5、10、15 和 20 μg·mL^{-1}P 的标准液 1 mL 分别加入 24 mL 工作溶液，摇匀，放置 0.5 h 后进行比色，绘制标准曲线，最后溶液中磷的浓度分别为 0.04、0.08、0.2、0.4、0.6、0.8 μg·mL^{-1}

5.3.5.4 结果计算

$$\text{土壤有效磷 (P)(mg} \cdot \text{kg}^{-1}) = \mu\text{g} \cdot \text{mL}^{-1}\text{P} \times \frac{25}{5} \times \frac{25}{1} = \mu\text{g} \cdot \text{mL}^{-1}\text{P} \times 125$$

速效磷分级	磷含量 (P)(mg · kg^{-1})
极 低	<5.5
低	5.6～16
中 等	17～34
高	35～56
极 高	>56

5.3.5.5 注释

注 1. 钼锑抗法显色 20 min 达到最高，而且稳定在 24 h 内不变。

注 2. 风干土样贮存数月不会影响速效磷的提取，但时间放过长了就有影响。含磷的提取溶液应在 24 h 内进行磷的测定，不要放置过长。

注 3. 测定时的波长在条件许可情况下，最好选用 882 nm。

5.3.6 同位素稀释法测定“A”值

5.3.6.1 方法原理 施用一定量用^{32}P 标志的过磷酸钙于土壤，进行盆钵试验，分析植物样品中的全磷含量和放射性强度，即可求得植物从肥料吸收的磷占植物体中总磷量的百分数（y），则植物从土壤吸收的磷为 $100-y$。假定土壤中有效磷含量为 A，由肥料施入土中的有效磷量为 B，那末，

$$y : 100-y = B : A \qquad A = B\,\frac{100-y}{y} \qquad y = \frac{b}{a+b}$$

式中：b——植物从肥料吸收而来之磷，从植物样品放射性强度测定求得。

$a+b$——植物样品总磷含量，从化学分析求得。

5.3.6.2 盆钵试验 将不同土壤，风干、研碎使之通过 2 mm 孔径的筛子，称 4 kg 土壤与肥料充分混匀后放入 20 cm×20 cm 的盆钵中，每个土样重复 1 次，每次试验需有空白试验，即未施放射性^{32}P 肥料。

加入的肥料（以每 1/15 公顷数计算）包括 P_2O_5 10 kg（过磷酸钙用^{32}P 标记，每公斤 P_2O_5 带有 0.05 毫居里的放射性）、N20 kg、K10 kg、Mg3 kg 及酒石酸铁（Ⅲ）0.5 kg、$MnSO_4$ 0.5 kg、$ZnSO_4$ 0.05 kg 和 Na_2MoO_4 0.01 kg。

以大麦为指示作物，每钵播种 15 粒，每钵加水至土壤田间持水量的 75%，称重。以后每天加水至固定质量。在温室中（保持温度在 20 ℃左右）培植，出苗后进行间苗，每钵保留 8 株苗。生长至齐穗时，从土表起刈割大麦地上部分，将整个地上部植株样品烘干称量，求得干物质质量。

烘干样品粉碎使之通过 40 目筛，然后进行全磷含量和放射性的测定。植物样品全磷分析见第十三章。

5.3.6.3 放射性的测定

（1）植物样品放射性的测定。用钟罩型计数管测定放射性，按照计数管窗口直径大小，称一定质量的通过 40 目筛的样品，用压力机压成直径 2.0 cm、厚 0.5 cm 的圆形小饼，即可进行放射性的测定。

（2）肥料放射性的测定。将空白试验（无放射性）的植物样品，混以已知质量的^{32}P标记的过磷酸钙（放射性过磷酸钙必须与植物样品充分混匀）同样压成圆形小饼，测定其放射性。因为肥料放射性磷量已知，则样品放射性与肥料放射性相比，就可求得样品中放射性磷量，亦即植物从肥料吸收的磷量。样品放射性和肥料放射性强度同时测定也校正了放射性磷的衰变损失。

从植物样品放射性强度的测定，即可求得从肥料吸收的磷占植物体总磷量的百分数（y），代入上述公式即可求出“A”值。

5.3.7 同位素方法测定“E”值

5.3.7.1 方法原理 加入的^{32}P与土壤表面磷进行交换，同时被土壤有效磷所稀释，因此溶液中放射性比强降低。当溶液中的^{32}P与土壤表面 P 达成平衡时，则

$$\frac{\text{固相表面}^{31}\text{P}}{\text{固相表面}^{32}\text{P}}=\frac{\text{溶液}^{31}\text{P}}{\text{溶液}^{32}\text{P}}$$

$$\text{固相表面}^{31}\text{P}=\text{溶液}^{31}\text{P}\times\frac{\text{固相表面}^{32}\text{P}}{\text{溶液}^{32}\text{P}}$$

用公式来表示，即

$$\text{“E”值}=P\text{e}+P\text{s}$$

$$P\text{e}=P\text{s}\times\frac{\text{固相表面}^{32}\text{P}}{\text{溶液}^{32}\text{P}}$$

$$\begin{aligned}\text{“E”值}&=P\text{s}+P\text{s}\times\frac{\text{固相表面}^{32}\text{P}}{\text{溶液}^{32}\text{P}}=P\text{s}\left(1+\frac{\text{固相表面}^{32}\text{P}}{\text{溶液}^{32}\text{P}}\right)\\&=P\text{s}\left(\frac{\text{溶液}^{32}\text{P}+\text{固相表面}^{32}\text{P}}{\text{溶液}^{32}\text{P}}\right)\\&=P\text{s}/\frac{\text{溶液}^{32}\text{P}}{\text{溶液}^{32}\text{P}+\text{固相表面}^{32}\text{P}}=P\text{s}/f_{\text{t}}\end{aligned}$$

上式：Pe——固相表面^{31}P；

Ps——溶液中^{31}P，即可溶性磷，可用比色测定；

f_t——残留在溶液中^{32}P百分数，根据原始溶液和平衡溶液放射性

强度的测定，即可求得。

5.3.7.2 操作步骤　称1～5 g土样，加99 mL水或0.001 mol・L^{-1}柠檬酸缓冲溶液，然后加1 mL1μCi的无载体^{32}P溶液，振荡24 h，用离心机离心。吸取滤液0.5 mL，在小铝碟上蒸干，测定其放射性。同时吸取0.5 mL原始溶液（1 mL 1 μ$Ci^{32}P$溶液＋99 mL水或柠檬酸缓冲溶液）蒸干，测定其放射性。原始溶液放射性强度的测定，不仅求得总放射性强度，而且校正了放射性磷的衰变损失。

5.3.8 阴离子交换树脂法

5.3.8.1 方法原理　土壤悬浊液与树脂共同振荡，溶液中磷不断为树脂所吸附，促进固相磷的不断释放，经一定时间后，吸附在树脂上的磷，用NaCl溶液置换而测定之。

（土壤）P＋（树脂）Cl＝（土壤）Cl＋（树脂）P

（树脂）P＋NaCl＝（树脂）Cl＋溶液P

土壤中磷绝大部分呈固相状态，溶解于土壤溶液中的磷极少，固相磷呈各种不同结合状态，其中处于固相表面的磷，与溶液中的磷进行交换，建立一定的平衡。这种交换作用有快有慢。快交换作用的磷为土壤速效态磷，慢交换作用的磷，称为迟效态磷。因此，可利用交换作用的速度将土壤磷进行分级。同时可以说明土壤磷的供应强度、容量、释放速率等因素。

5.3.8.2 试剂

（1）阴离子交换树脂。强盐基型（例如Dowex－2）颗粒大小为30～50目，Cl饱和。

（2）100 g・kg^{-1}NaCl溶液。

其他试剂同5.2.2.3中（6）、（7）。

5.3.8.3 操作步骤　称取土壤（通过100目筛子）1.000 0 g和树脂1 g于250 mL三角瓶中，加入100 mL水，连续振荡16 h。将悬浊液倾至装有80目筛的布氏漏斗中，用少量去离子水冲洗，使土粒完全洗去，仅树脂保留在筛子上。用100 g・kg^{-1}NaCl溶液25 mL转移筛上树脂于50 mL烧杯中，将烧杯放在蒸汽板上45 min，冷却后，同上述方法将溶液过滤于100 mL容量瓶中。另外，分次用100 g・kg^{-1}NaCl溶液淋洗树脂直至100 mL。

吸取40 mL上述溶液于50 mL容量瓶中，用钼锑抗法测定磷的浓度〔同5.2.2.4操作步骤中（2）、（3）〕。

5.3.8.4 结果计算　同5.3.3.5。

$$土壤与树脂交换的磷(P)(mg \cdot kg^{-1}) = \frac{\rho \times 50 \times 2.5}{m}$$

式中：ρ——从曲线上查得的 P 的质量浓度（$\mu g \cdot mL^{-1}$）；

50——显色时定容体积（mL）；

2.5——为分取倍数$\left(\frac{100}{40}\right)$；

m——烘干土质量（g）。

5.4 土壤无机磷形态的分级测定

土壤中磷分为无机磷和有机磷两大类。无机磷中又可分磷酸钙、磷酸铝、磷酸铁和闭蓄态磷酸盐，即为氧化物包裹的磷酸铝和磷酸铁。这些磷酸盐在不同的土壤中存在的比例不同。石灰性土壤中以磷酸钙盐为主，强酸性土壤中以磷酸铁占优势。在系统分析中 NH_4F 和 NaOH 处理必须在 H_2SO_4 处理之前，因为硫酸不仅溶解磷酸钙，也溶解大量的磷酸铝和磷酸铁。

土壤无机磷的分级，过去虽有很多人研究，但比较系统和完整的方法，由张守敬和 Jackson 于 1957 年提出，并在 60 年代又作了许多改正，在酸性或中性土壤上已成为研究土壤无机形态组成和转化的主要方法。但是对主要以磷酸钙形态存在的石灰性土壤中无机磷的分级，由于该法不能区分各种磷酸钙盐，因此具有一定的缺点。70 年代，对磷酸钙的分级虽有所改进，但仍不够完善，所以到目前为止，张守敬和 Jackson 的方法仍然是国际上比较广泛应用的方法。80 年代末蒋柏藩、顾益初（1989）研究了石灰性土壤无机磷分级体系；顾益初、蒋柏藩（1990）并提出了石灰性土壤无机磷分级的测定方法。它的特点是将石灰性土壤中的磷酸钙盐分成三种类型：①磷酸二钙型；②磷酸八钙型；③磷灰石型。并用混合浸提剂浸提磷酸铁盐。磷酸铝盐和闭蓄态磷酸盐的浸提方法与张守敬的土壤磷的分级体系同。新体系的三级磷酸钙盐之和相当于张守敬的分级体系的 NH_4Cl 和 H_2SO_4 溶性磷，非闭蓄态磷酸铁盐与闭蓄态磷酸盐之和，在这两个体系中也基本相当。但在张守敬的体系中，磷酸钙盐绝大部分都进入 H_2SO_4 浸提液一级，而非闭蓄态的磷酸铁盐大多被混入闭蓄态磷酸盐之中。

下面除介绍酸性、中性土壤无机磷形态的分级方法之外，同时也介绍了石灰性土壤无机磷的分级测定方法，供大家研究时参考。

5.4.1 酸性、中性土壤无机磷形态的分级测定[7,8]

5.4.1.1 *方法原理* 土壤无机形态磷分级测定方法的基本原理，是利用不同化学浸提剂的特性，将土壤中各种形态的无机磷酸盐加以逐级分离。土壤样品首先用 1 mol · L^{-1} NH_4Cl 浸提，提出的部分为水溶性磷，断键的和结合松弛的磷。除新施磷肥的土壤外，在一般自然土壤中，这部分磷量很少，通常不必测定这一级浸出液中的磷。第二级用 0.5 mol · L^{-1} NH_4F 浸提，所浸提剂在 pH8.2 的条件下，F^- 与 Al^{3+} 形成配合物，与 Fe^{3+} 的配合能力很弱，这样使 Al－P（铝结合的磷酸盐）基本上可以与 Fe－P（铁结合的磷酸盐）分离。第三级用 0.1 mol · L^{-1} NaOH 浸提，由于 Fe－P 与 NaOH 的水解反应，使 Fe－P 中的磷酸根转化而释放。继而用 0.3 mol · L^{-1} 柠檬酸钠和连二亚硫酸钠溶液浸提 O－P（闭蓄态磷酸盐）。这部分磷是被氧化铁胶膜所包蔽，利用连二亚硫酸钠强烈的还原作用，使包蔽的氧化铁还原成亚铁，继而被柠檬酸钠配合，使氧化亚铁包裹不断剥离，而浸提出全部闭蓄态磷。以上 Al－P、Fe－P和 O－P 的浸提都是在碱性条件下进行的，基性的 Ca－P（钙结合的磷酸盐）几乎不被溶解。此后，土壤再用 0.5 mol · L^{-1} H_2SO_4 浸提，在这一强酸性溶液中，Ca－P（包括氟磷灰石）绝大部分被浸提出来。

5.4.1.2 主要仪器　往复振荡机、电动离心机（100 mL 离心管，6 000 r · min^{-1}）、电动搅拌机、恒温水浴；pH 计、分光光度计或比色计。

5.4.1.3 试剂

（1）1 mol · L^{-1} NH_4Cl 溶液。称取 NH_4Cl（化学纯）53.3 g 溶于约 800 mL水中，稀释至 1 L。

（2）0.5 mol · L^{-1} NH_4F 溶液。称取 NH_4F（化学纯）18.5 g 溶于约 800 mL水中，稀释至 990 mL，用 4 mol · L^{-1} NH_4OH 调至 pH8.2（用 pH 计测定），再稀释至 1 L。

（3）0.1 mol · L^{-1} NaOH 溶液。称 NaOH（化学纯）4.0 g 溶于约 800 mL 水中，冷却后稀释至 1 L，标定。

（4）0.30 mol · L^{-1} 柠檬酸钠溶液。称柠檬酸钠（$Na_3C_6H_5O_7 \cdot 2H_2O$，CP）88.2 g 溶于约 900 mL 热水中，冷却后稀释至 1 L。

（5）连二亚硫酸钠（$Na_2S_2O_4 \cdot 2H_2O$，俗称保险粉）。极不稳定，易氧化和分解，受潮或露置空气中会失效，注意防湿密封贮存于阴凉处。

（6）0.5 mol · L^{-1} $\left(\frac{1}{2}H_2SO_4\right)$溶液。加浓 H_2SO_4 15 mL 于约 800 mL 水中，冷却后稀释至 1 L，标定。

（7）0.5 mol · L^{-1} NaOH 溶液。称 NaOH（化学纯）20 g 溶于约 800 mL 水中，冷却后稀释至 1 L，标定。

（8）饱和 NaCl 溶液。称 NaCl（化学纯）400 g 溶于 1 L 水中，待溶解至饱和后过滤。

(9) 三酸混合液。H_2SO_4 ∶ $HClO_4$ ∶ HNO_3 以 1∶2∶7 的体积比混合。

(10) 0.8 mol·L^{-1} H_3BO_3 溶液。称 H_3BO_3（分析纯）49.0 g 溶于约 900 mL热水中，冷却后稀释至 1 L。

其余试剂同 5.2.2.3 试剂中 (6)、(7)。

5.4.1.4 操作步骤

(1) Al—P 的测定。称取通过 100 目的风干土样 1.000 0 g，置于 100 mL 离心管中，加入 1.0 mol·L^{-1} NH_4Cl 溶液 50 mL，在 20～25 ℃下振荡 30 min，离心（约 3 500 r·min^{-1}，8 min），弃去上层清液（必要时也可以测定）。再在 NH_4Cl 浸提过的土样中加入 0.5 mol·L^{-1} NH_4F（pH8.2）溶液 50 mL，在 20～25 ℃下振荡 1 h，取出离心（约 3 500 r·min^{-1}，8 min），将上层清液倾入小塑料瓶中。吸取上述浸出液 20 mL 于 50 mL 容量瓶中，加入 0.8 mol·L^{-1} H_3BO_3 溶液 20 mL，再加 2，6－二硝基酚指示剂 2 滴，用稀 HCl 和稀 NH_4OH 溶液调节 pH 至待测液呈微黄，用钼锑抗法测定〔同 5.2.2.4(2)〕，同时作空白试验。

工作曲线的绘制：由于加入 H_3BO_3 溶液可以完全消除浸出液中 F^- 的干扰，因此在磷标准系列溶液中不必另加 NH_4F 和 H_3BO_3 溶液。工作曲线的绘制同 5.2.2.4 (3)。

(2) Fe—P 的测定。浸提过 Al—P 的土样用饱和 NaCl 溶液洗两次（每次 25 mL，离心后弃去），然后加入 0.1 mol·L^{-1} NaOH 溶液 50 mL，在 20～25 ℃振荡 2 h，静置 16 h，再振荡 2 h，离心（约 4 500 r·min^{-1}，10 min）。倾出上层清液于三角瓶中，并在浸出液中加浓 H_2SO_4（在结果计算时应考虑加入 H_2SO_4 的体积）1.5 mL，摇匀后放置过夜，过滤，以除去凝絮的有机质。吸取适量滤液[注1]，用钼锑抗比色测定磷〔同 5.2.2.4 (2)、(3)〕。

(3) O—P 的测定。浸提液 Fe—P 的土样用饱和 NaCl 溶液洗两次（每次 25 mL，离心后弃去），然后加 0.3 mol·L^{-1}柠檬酸钠溶液 40 mL，充分搅拌碎土块，再加连二亚硫酸钠 1.0 g，放入 80～90 ℃水浴中，待离心管内溶液温度和水浴温度平衡后，用电动搅拌机搅拌 15 min，再加入 0.5 mol·L^{-1} NaOH 溶液 10 mL（连续搅拌 10 min），冷却后离心（约 4 500 r·min^{-1}，10 min），将上层清液倾入 100 mL 容量瓶中。土样用饱和 NaCl 溶液洗两次（每次 20 mL），离心后上层清液一并倒入容量瓶中，用水定容。吸取上述浸出液 10 mL 于 50 mL 三角瓶中，加入三酸混合液 10 mL，瓶口放一小漏斗，在电炉上消煮，逐步升高温度，待 HNO_3 和 $HClO_4$ 全部分解，有 H_2SO_4 回流时即可取下。冷却后成白色固体，加入 50 mL 水，煮沸，使全部溶解后，用

0.1 mol·L^{-1}（$1/2H_2SO_4$）溶液洗入 100 mL 容量瓶中，定容。吸取 30 mL 溶液于 50 mL 容量瓶中，用钼锑抗比色法测定磷〔同 5.2.2.4(2)、(3)〕，同时做空白试验。

(4) Ca—P 的测定。浸提过 O—P 的土样加入 0.5 mol·L^{-1}（$1/2H_2SO_4$）溶液 50 mL，在 20～25 ℃振荡 1 h，离心，倾出上层清液于三角瓶中。吸取适量浸出液于 50 mL 容量瓶中(注1)，用钼锑抗比色法测定磷〔同 5.2.2.4 (2)(3)〕。

5.4.1.5　结果计算　同 5.3.3.5。

5.4.1.6　注释

注：根据经验，一般自然土壤在各级磷比色时，浸出液的吸取量（mL）大致如下（供参考）：

	Al—P	Fe—P	O—P	Ca—P
酸性土壤	20	5～10	30	10～20
中性土壤	20	5	30	10～25
石灰性土壤	20	30	30	1～5

5.4.2 石灰性土壤无机磷形态的分级测定方法[4,5]

本分级体系适用于石灰性土壤、中性土壤以及无机磷酸盐中磷酸钙占有较大比例的土壤或其他沉积物。体系的主要特点是：①将土壤无机磷部分的磷酸钙盐分成 3 级，即 Ca_2—P 型、Ca_8—P 型和 Ca_{10}—P 型；②用混合型浸提剂提取磷酸铁盐。测试表明，将磷酸钙盐作上述分级，有助于对磷肥施入土壤后的形态转化和有效性等问题的研究。同时对磷酸铁盐在石灰性土壤上的磷素营养意义可能会有新的评价。

5.4.2.1　试剂

(1) 0.25 mol·L^{-1} $NaHCO_3$ 溶液（pH7.5）。称 $NaHCO_3$ 21.0 g 溶解于约 800 mL 水中，稀释至约 990 mL，用 1∶1HCl 调到 pH7.5，最后稀释至 1 L。贮存于塑料瓶中（此溶液不宜久存）。

(2) 0.5 mol·L^{-1} NH_4OAC 溶液（pH4.2）。取冰醋酸 29.5 mL 溶于约 800 mL 水中，用氨水调至 pH4.2，最后稀释至 1 L。

(3) 0.5 mol·L^{-1} NH_4F 溶液（pH8.2）。称 NH_4F 18.5 g 溶于 800 mL 水中，稀释至 990 mL，用 4 mol·L^{-1} NH_4OH 调至 pH8.2，再稀释至 1 L。贮存于塑料瓶中。

(4) 0.1 mol·L^{-1} NaOH—0.1 mol·L^{-1}（$1/2Na_2CO_3$）溶液。称无水 Na_2CO_3 5.3 g 和 NaOH4.0 g 溶于 800 mL 水中，稀释至 1 L。贮存塑料瓶中。

（5）0.3 mol·L^{-1}柠檬酸钠溶液：称柠檬酸三钠（$Na_3C_6H_5O_7 \cdot 2H_2O$）88.2 g溶于约900 mL热水中，冷却后稀释至1 L。

（6）0.5 mol·L^{-1} NaOH溶液。称取NaOH 20 g溶于800 mL水中，冷却后稀释至1 L。贮存于塑料瓶中。

（7）0.5 mol·L^{-1} H_2SO_4溶液。取浓H_2SO_4 15 mL溶于约800 mL水中，稀释至1 L。

（8）饱和NaCl溶液。称取NaCl 400 g溶于1 L水中，待溶液呈饱和后使用。

（9）0.8 mol·$L^{-1}$$H_3BO_3$溶液。称取硼酸49 g溶于1 L水中，冷却后稀释至1 L。

（10）三酸混合液。取H_2SO_4：$HClO_4$：HNO_3以1：2：7的体积比混合。

（11）连二亚硫酸钠（俗称保险粉$Na_2S_2O_4$）。密封、避光、防潮保存。

（12）钼锑贮存液。取浓$H_2SO_4$153 mL缓慢地倒入约400 mL水中，搅拌，冷却。钼酸铵10 g溶于约60 ℃的300 mL水中，冷却。然后将H_2SO_4溶液缓缓倒入钼酸铵溶液中，再加入5 g·L^{-1}酒石酸锑钾（$KSbOC_4H_4O_6 \cdot 1/2H_2O$）溶液100 mL，最后用水稀释至1 L，避光贮存。此贮存液含10 g·kg^{-1}钼酸铵、5.5 mol·L^{-1}（$1/2H_2SO_4$）。

（13）钼锑抗显色剂。称取抗坏血酸（$C_6H_8O_6$，左旋，旋光度+21～22 ℃）1.5 g溶于100 mL钼锑贮存液中。此液须随配随用，有效期1天。

（14）二硝基酚指示剂。称2，6-二硝基酚或2，4-二硝基酚0.2 g溶于100 mL水中。

（15）5 μg·mL^{-1}P标准溶液。称KH_2PO_4（二级，105 ℃烘2 h）0.439 0 g溶于200 mL水中，加入浓$H_2SO_4$5 mL，转入1 L容量瓶中，定容。此为100 μg·mL^{-1}P标准溶液，可长期保存。取此溶液准确稀释20倍，即为5 μg·mL^{-1}P标准溶液，此溶液不宜久存。

5.4.2.2 操作步骤

（1）$NaHCO_3$溶性磷（Ca2—P型）的测定。称取土壤样品1.000 g（通过100目），置于100 mL离心管中，加0.25 mol·L^{-1} $NaHCO_3$溶液50 mL，振荡1 h（20～25 ℃），离心（3 500 r·min^{-1}，8 min），上层清液倾入50 mL三角瓶中。吸取上述清液5～20 mL于50 mL容量瓶中，用水稀释到25 mL左右，加入2滴二硝基酚指示剂，用稀H_2SO_4或NH_4OH溶液调至溶液呈微黄色，然后加入钼锑抗显色剂5 mL，用水稀释至刻度，摇匀，在>15 ℃的环境中放置0.5 h后，于分光光度计上用波长700 nm比色测定磷。

工作曲线的绘制。分别准确吸取 5 $\mu g \cdot mL^{-1}$ P 标准溶液 0，1，2，3，4，5，6 mL 于 50 mL 容量瓶中，加水稀释至约 30 mL，加入钼锑抗显色液 5 mL，定容，摇匀。即得 0，0.1，0.2，0.3，0.4，0.5，0.6 $\mu g \cdot mL^{-1}$ P 标准系列溶液，与待测液同时比色。在半对数纸上以透光度为纵坐标，$\mu g \cdot mL^{-1}$ P 为横坐标，绘制成工作曲线。

（2）NH_4OAc 溶性磷（Ca_8—P 型）的测定。将经 $NaHCO_3$ 溶液浸提过的土壤，用 950 $mL \cdot L^{-1}$ 的酒精洗两次（每次 25 mL，离心后弃去清液）。然后加 0.5 $mol \cdot L^{-1}$ NH_4OAc 溶液 50 mL，将土块充分分散，置 4 h，待 CO_2 逸出后，在 20～25 ℃振荡 1 h，离心。倾出上层清液于三角瓶中。吸取浸提液 2～5 mL于 50 mL 容量瓶中，用钼锑抗法比色测定磷（同 $NaHCO_3$ 溶性磷测定）。

（3）NH_4F 溶性磷（Al—P 型）的测定。将经 NH_4OAc 溶液浸提过的土壤用饱和 NaCl 溶液洗两次（每次 25 mL，离心后弃去清液）。然后加入 0.5 $mol \cdot L^{-1}$ NH_4F 溶液 50 mL，在 20～25 ℃振荡 1 h，离心，将上层清液倾入塑料瓶中。吸取浸出液 10～20 mL 于 50 mL 容量瓶中，加入与吸取的浸提液体积相等的 0.8 $mol \cdot L^{-1}$ H_3BO_3 溶液。再加二硝基酚指示剂 2 滴，用稀 HCl 和 NH_4OH 溶液将待测液调至微黄色，然后加入钼锑抗显色剂 5 mL，定容。在 40 ℃的烘箱中保温 1 h，取出冷却，比色（同 $NaHCO_3$ 溶性磷测定）。颜色在 2 h 内可保持稳定。

（4）NaOH—Na_2CO_3 溶性磷（Fe—P 型）的测定。将经 NH_4F 溶液浸提过的土壤用饱和 NaCl 溶液洗两次（每次 25 mL，离心后弃去清液）。然后加入 0.1 $mol \cdot L^{-1}$ NaOH—0.1 $mol \cdot L^{-1}$ Na_2CO_3 溶液 50 mL，振荡 2 h，静置 16 h，再振荡 2 h，离心（约 4 500 $r \cdot min^{-1}$，8～10 min）。倾出上层清液于三角瓶中，并在浸出液中加入浓 H_2SO_4 0.1 mL（在结果计算时应考虑加入 H_2SO_4 的体积），摇匀后过滤，以除去凝絮的有机质。吸取适量滤液（一般 5～20 mL），比色测定磷（同 $NaHCO_3$ 溶性磷的测定）。

（5）闭蓄态磷（O—P 型）的测定。将经 NaOH—Na_2CO_3 溶液浸提过的土壤用饱和 NaCl 溶液洗两次（每次 25 mL，离心后弃去清液）。然后加入 0.3 $mol \cdot L^{-1}$ 柠檬酸钠溶液 40 mL，充分搅碎土块，再加连二亚硫酸钠（保险粉）1 g，放入 80～90 ℃的水浴中，待离心管内溶液温度和水浴温度平衡后，用电动搅拌机搅拌 15 min，再加入 0.5 $mol \cdot L^{-1}$ NaOH 10 mL，继续搅拌 10 min，冷却后离心。将上层清液倾入 100 mL 容量瓶中。土壤用饱和 NaCl 溶液洗两次（每次 20 mL），离心后上层清液一并倒入容量瓶中，用水定容。吸取上述溶液 10 mL 于 50 mL 三角瓶中，加入三酸混合液 10 mL，瓶口上放一小漏斗，在电炉上消煮，逐步升高温度，待 HNO_3 和 $HClO_4$ 全部分解，瓶壁有 H_2SO_4 回流时即可取下。冷却后成白色固体。加入 30 mL 水，煮沸，使固体全部溶解后，用水洗入 50 mL 容量瓶中，定容。吸取 30 mL 溶液于 50 mL 容量瓶中，比色测定磷（同 $NaHCO_3$ 溶性磷的测定）。同时作试剂空白试验。

（6）H_2SO_4 溶性磷（Ca_{10}—P 型）的测定。浸提过 O—P 的土壤加 0.5 mol·L^{-1}（$1/2H_2SO_4$）溶液 50 mL，振荡 1 h，离心，倾出上层清液于三角瓶中。吸取浸出液 1～5 mL 于 50 mL 容量瓶中，比色测定磷（同 $NaHCO_3$ 溶性磷的测定）。

5.4.2.3 结果计算

$$土壤中 P，mg \cdot kg^{-1} = \frac{\rho \times 显色液体积 \times 分取倍数}{m}$$

式中：ρ——显色液从工作曲线上查得的 μg·mL，P；

显色液体积——50 mL；

分取倍数——浸出液总体积与吸取浸出液体积之比；

m——土样的质量（g）。

也可由回归方程式上计算求得。

5.5 土壤有机磷的分离测定[3]

土壤有机磷的测定主要有两类方法。第一类用酸和碱多次浸提；第二类是灼烧后再用酸浸提。前者手续烦琐，后者较为简便。在例行分析中以灼烧法使用较为普遍。

5.5.1 方法原理

土壤经 550 ℃灼烧，使有机磷化合物转化为无机态磷，然后与未经灼烧的同一土样，分别用 0.2 mol·L^{-1}（$1/2\ H_2SO_4$）溶液浸提后测定磷量，所得结果的差值即为有机磷。

5.5.2 主要仪器

高温电炉、电烘箱、分光光度计或比色计。

5.5.3 试剂

0.2 mol·L^{-1}（$1/2\ H_2SO_4$）溶液。取浓 H_2SO_4 6 mL 溶解于 1 000 mL 水中，标定。

5.5.4 操作步骤

称取通过 60 目的风干土壤样品 1.000 g 置于 15 mL 瓷坩埚中，在 550 ℃ 高温电炉内灼烧 1 h，取出冷却，用 0.2 mol·L^{-1}（1/2 H_2SO_4）溶液 100 mL 将土样洗入 200 mL 容量瓶中。另外称取 1.000 g 同一样品于另一个 200 mL 容量瓶中，加入 0.2 mol·L^{-1}（1/2 H_2SO_4）溶液 100 mL。

两瓶的溶液摇匀后，分别将瓶塞松放在瓶口上，一起放入 40 ℃烘箱内保温 1 h。取出，冷却至室温，加水定容，过滤。

吸取两瓶的滤液各 10.00 mL（含 5～25 μgP）分别放入 50 mL 容量瓶中，用水稀释至约 30 mL，用钼锑抗比色法测定磷（同 5.2.2.4）。

5.5.5 结果计算（同 5.3.3.5）

分别算出灼烧与未灼烧土壤的含磷量，然后经灼烧的结果减去未灼烧的结果，其差值即为有机磷含量。

主要参考文献

[1] 中国土壤学会农业化学专业委员会编．土壤农业化学常规分析方法．北京：科学出版社．1989，99～106

[2] 全国土壤普查办公室．中国土壤．北京：中国农业出版社．1998，901～918

[3] 南京农学院，南京农业大学主编．土壤农化分析．北京：农业出版社．1980，1986（二版）

[4] 蒋柏藩，顾益初．石灰性土壤无机磷分级体系的研究．中国农业科学．1989，22（3）：58～66

[5] 顾益初，蒋柏藩．石灰性土壤无机磷分级的测定方法．土壤．1990，22（2）：101～102

[6] 秦怀英，李友钦．碳酸氢钠法测定土壤有效磷几个问题的探讨．土壤通报．1991，22（6）：285～288

[7] Chang，S. C. and Jackson，M. L.，Fnactioration of Soil phosphorus. Soil Sci. 1957，84：133～144

[8] Petersen，G. W. and Corey，R. B.，A modilied Chang and Jackson precedure for routine lractionation of inorganic Soil phosphate. Soil sa. soc. Am. proc.. 1966，30（5）：563～565

思 考 题

1. 土壤全磷（P）含量的大致范围：试述影响土壤全磷含量的因素。

2. 如何选择合适的土壤有效磷浸提剂？为什么 0.5 mol·L^{-1} $NaHCO_3$ 是石灰性土壤

有效磷的较好的浸提剂？钼锑抗法的显色条件是什么？

3. HCl—NH_4F 法浸提出来的磷主要是什么形态磷？

4. 讨论影响土壤有效磷浸提的因素。

5. 如何确定土壤有效磷的指标？

6. 用哪些数据来衡量土壤磷的供应能力？

第六章 土壤中钾的测定

6.1 概 述

土壤中全钾的含量（K，g·kg^{-1}）一般在 16.6 g·kg^{-1} 左右，高的可达 24.9～33.2 g·kg^{-1}，低的可低至 0.83～3.3 g·kg^{-1}。在不同地区、不同土壤类型和气候条件下，全钾量相差很大。如华北平原除盐渍化土外，全钾（K）为 18.2～21.68 g·kg^{-1}，西北黄土性土壤为 14.9～18.3 g·kg^{-1}，到了淮河以南，土壤中钾的含量变化十分悬殊。如安徽南部山地（K）含量为 9.9～33.2 g·kg^{-1}，广西为 5.0～24.9 g·kg^{-1}，海南岛为 0.83～32.4 g·kg^{-1}。由此可以看出华北、西北地区钾的含量变幅较小，而淮河长江以南则较大。这是因为华北、西北地区成土母质均一和气候干旱，而淮河长江以南成土母质不均一以及气候多雨有关。

此外，土壤全钾量与粘土矿物类型有密切关系。一般来说 2∶1 型粘土矿物较 1∶1 型粘土矿物为高，特别是伊利石（一系列水化云母）高的土壤钾的含量较高。

土壤中钾主要成无机形态存在。按其对作物有效程度划分为速效钾（包括水溶性钾、交换性钾）、缓效性钾和相对无效钾三种。它们之间存在着动态平衡，调节着钾对植物的供应。

按化学形态分：

非交换性钾（层间钾）

水溶性钾⇌交换性钾⇌非交换性钾 Ⅰ ⇌ 非交换性钾 Ⅱ ⇌ 非交换性钾 Ⅲ……⇌ 矿物钾

按植物有效性分[2]：

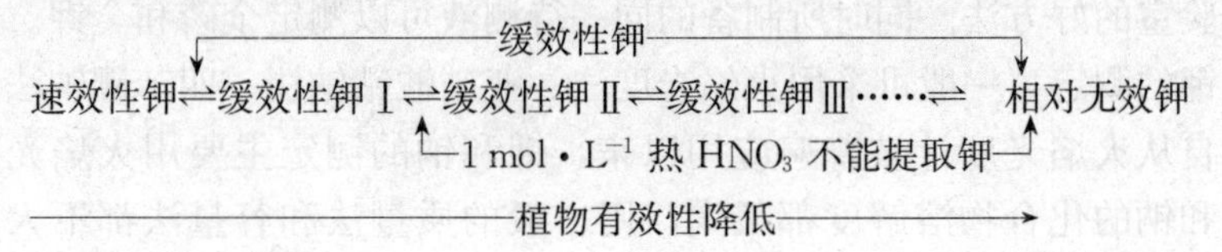

土壤中钾主要成矿物的结合形态，速效性钾（包括水溶性钾和交换性钾）只占全钾的1%左右。交换性钾（K）含量从<100 mg·kg^{-1}到几百 mg·kg^{-1}，而水溶性钾只有几个 mg·kg^{-1}。通常交换性钾包括水溶性钾在内，这部分钾能很快地被植物吸收利用，故称为速效钾。缓效钾或称非交换性钾（层间 K），主要是次生矿物如伊利石、蛭石、绿泥石等所固定的钾。我国土壤缓效钾（K）的含量，一般在 40 mg·kg^{-1}～1 400 mg·kg^{-1}，它占全钾的 1%～10%。缓效性钾和速效性钾之间存在着动态平衡，是土壤速效钾的主要储备仓库，是土壤供钾潜力的指标。但缓效性钾与相对无效钾之间没有明确界线，这种动态平衡愈向右方，植物有效性愈低。

矿物态钾即原生矿物如钾长石（$KAlSi_3O_8$）、白云石［$H_2KAl_3(SiO_4)_3$］、黑云母等的风化难易不同。它占全钾量的 90%～98%。土壤中全钾量与氮、磷相比要高得多，但不等于说土壤已经有了足够的钾素供应植物需要了，这是因为土壤中钾矿物绝大多数是呈难溶性状态存在，所以贮量虽很高，而植物仍可能缺乏钾素。土壤钾素肥力的供应能力主要决定于速效钾和缓效钾。土壤全钾的分析在肥力上意义并不大，但是土壤粘粒部分钾的分析，可以帮助鉴定土壤粘土矿物的类型。

6.2 土壤全钾的测定

6.2.1 土壤样品的分解和溶液中钾的测定

土壤中全钾的测定在操作上分为两步：一是样品的分解，二是溶液中钾的测定。土壤全钾样品的分解，大体上可分为碱熔和酸溶两大类。较早采用的是 J. Lawrence Smith 提出的 NH_4Cl—$CaCO_3$ 碱熔法，因所用的熔剂纯度要求较高，样品用量大，KCl 易挥发损失，结果偏低，同时对坩埚的腐蚀性大，而且手续比较繁琐，目前已很少使用。HF—$HClO_4$ 法需用昂贵的铂坩埚，同时要求有良好的通风设备，即使这样，通风设备的腐蚀以及空气污染仍较严重，此法不易被人们所接受。但目前已经可用密闭的聚四氟乙烯塑料坩埚代替，所制备的待测液也可同时测定多种元素，而且溶液中杂质较少，有利于各种元素的分析，但是近年来已逐渐被 NaOH 熔融法所代替。采用 NaOH 熔融法不仅操作方便，分解也较为完全，而且可用银坩埚（或镍坩埚）代替铂坩埚，这是适用于一般实验室的好方法。同时所制备的同一待测液可以测定全磷和全钾。

溶液中钾的测定，一般可采用火焰光度法、亚硝酸钴钠法、四苯硼钠法和钾电极法。自从火焰光度计被普遍应用以来，钾和钠的测定主要用火焰光度法。因为钾和钠的化合物溶解度都很大，用一般的质量法和容量法都不大理想。钾电极法用于土壤中钾的测定，由于各种干扰因素的影响还没有研究清楚，因此它在土壤中钾的测定受到限制，目前化学方法中四苯硼钠法是比较好的方法。

6.2.2 土壤中全钾的测定方法——NaOH 熔融，火焰光度法

6.2.2.1 *方法原理* 用 NaOH 熔融土壤与 Na_2CO_3 熔融土壤原理是一样的，即增加盐基成分，促进硅酸盐的分解，以利于各种元素的溶解。NaOH 熔点（321 ℃）比 Na_2CO_3（853 ℃）低，可以在比较低的温度下分解土样，缩短熔化所需要的时间。样品经碱熔后，使难溶的硅酸盐分解成可溶性化合物，用酸溶解后可不经脱硅和去铁、铝等手续，稀释后即可直接用火焰光度法测定。

火焰光度法的基本原理。当样品溶液喷成雾状以气—液溶胶形式进入火焰后，溶剂蒸发掉而留下气—固溶胶，气—固溶胶中的固体颗粒在火焰中被熔化、蒸发为气体分子，继续加热即又分解为中性原子（基态），更进一步供给处于基态原子以足够能量，即可使基态原子的一个外层电子移至更高的能级（激发态），当这种电子回到低能级时，即有特定波长的光发射出来，成为该元素的特征之一。例如，钾原子线波长是 766.4 nm、769.8 nm；钠原子线波长是 589 nm。用单色器或干涉型滤光片把元素所发射的特定波长的光从其余辐射谱线中分离出来，直接照射到光电池或光电管上，把光能变为光电流，再由检流计量出电流的强度。用火焰光度法进行定量分析时，若激发的条件（可燃气体和压缩空气的供给速度，样品溶液的流速，溶液中其它物质的含量等）保持一定，则光电流的强度与被测元素的浓度成正比。即可用下式表示之，即 $I=ac^b$，由于用火焰作为激发光源时较为稳定，式中 a 是个常数，当浓度很低时，自吸收现象可忽略不计，此时 $b=1$，于是谱线强度与试样中欲测元素的浓度成正比关系：$I=ac$

把测得的强度与一种标准或一系列标准的强度比较，即可直接确定待测元素的浓度而计算出未知溶液含钾量（有关仪器的构造及仪器使用方法详见仪器说明书）。

6.2.2.2 *主要仪器* 茂福电炉、银或镍坩埚或铁坩埚、火焰光度计或原子吸收分光光度计。

6.2.2.3 试剂

（1）无水酒精（分析纯）。

（2）H_2SO_4（1∶3）溶液。取浓 H_2SO_4（分析纯）1 体积缓缓注入 3 体积水中混合。

（3）HCl（1∶1）溶液。盐酸（HCl，$\rho\approx1.19\ g\cdot mL^{-1}$，分析纯）与水

等体积混合。

（4）0.2 mol·L^{-1} H_2SO_4 溶液。

（5）100 μg·mL^{-1} K 标准溶液。准确称取 KCl（分析纯，110 ℃烘 2 h）0.190 7 g 溶解于水中，在容量瓶中定容至 1 L，贮于塑料瓶中。

吸取 100 μg·mL^{-1} K 标准溶液 2、5、10、20、40、60 mL，分别放入 100 mL 容量瓶中，加入与待测液中等量试剂成分，使标准溶液中离子成分与待测液相近［在配制标准系列溶液时应各加 0.4 gNaOH 和 H_2SO_4（1∶3）溶液 1 mL］，用水定容至 100 mL。此为含钾 ρ（K）分别为 2、5、10、20、40、60 μg·mL^{-1}系列标准溶液。

6.2.2.4 操作步骤

（1）待测液制备。称取烘干土样（100 目）约 0.250 0 g 于银（或镍）坩埚底部，用无水酒精稍湿润样品，然后加固体 NaOH2.0 g[注1]，平铺于土样的表面，暂放在大干燥器中，以防吸湿。

将坩埚加盖留一小缝放在高温电炉内，先以低温加热，然后逐渐升高温度至 450 ℃（这样可以避免坩埚内 NaOH 和样品溢出），保持此温度 15 min，熔融完毕[注2]。如在普通电炉上加热时则待熔融物全部熔成流体时，摇动坩埚然后开始计算时间，15 min 后熔融物呈均匀流体时，即可停止加热，转动坩埚，使熔融物均匀地附在坩埚壁上。

将坩埚冷却后，加入 10 mL 水，加热至 80 ℃左右[注3]，待熔块溶解后，再煮 5 min，转入 50 mL 容量瓶中，然后用少量 0.2 mol·$L^{-1}$$H_2SO_4$ 溶液清洗数次，一起倒入容量瓶内，使总体积至约 40 mL，再加 HCl（1∶1）5 滴和 H_2SO_4（1∶3）5 mL[注4]，用水定容，过滤。此待测液可供磷和钾的测定用。

（2）测定。吸取待测液 5.00 或 10.00 mL 于 50 mL 容量瓶中（K 的浓度控制在 10～30 μg·mL^{-1}），用水定容，直接在火焰光度计上测定，记录检流计的读数，然后从工作曲线上查得待测液的 K 浓度（μg·mL^{-1}）。注意在测定完毕之后，用蒸馏水在喷雾器下继续喷雾 5 min，洗去多余的盐或酸，使喷雾器保持良好的使用状态。

（3）标准曲线的绘制。将 6.2.2.3 中（5）配制的钾标准系列溶液，以浓度最大的一个定到火焰光度计上检流计的满度（100），然后从稀到浓依序进行测定，记录检流计的读数。以检流计读数为纵坐标，μg·mL^{-1}K 为横坐标，绘制标准曲线图。

6.2.2.5 结果计算

$$\text{土壤全钾量（K，g·kg}^{-1}\text{）}=\frac{\rho\times\text{测读液的定容体积}\times\text{分取倍数}}{m\times10^6}\times1\,000$$

式中 ρ——从标准曲线上查得待测液中 K 的质量浓度（$\mu g \cdot mL^{-1}$）；

m——烘干样品质量（g）；

10^6——将 μg 换算成 g 的除数。

样品含钾量等于 10 g·kg^{-1}时，两次平行测定结果允许差为 0.5 g·kg^{-1}。

6.2.2.6 注释

注 1. 土壤和 NaOH 的比例为 1∶8，当土样用量增加时，NaOH 用量也需相应增加。

注 2. 熔块冷却后应凝结成淡蓝色或蓝绿色，如熔块呈棕黑色则表示还没有熔好，必须再熔一次。

注 3. 如在熔块还未完全冷却时加水，可不必再在电炉上加热至 80 ℃，放置过夜自会溶解。

注 4. 加入 H_2SO_4 的量视 NaOH 用量多少而定，目的是中和多余的 NaOH，使溶液呈酸性（酸的浓度约 0.15 mol·L^{-1} H_2SO_4）而硅得以沉淀下来。

6.3 土壤中速效钾、有效性钾和缓效钾的测定

6.3.1 概述

土壤速效钾以交换性钾为主，占 95%以上，水溶性钾仅占极小部分。测定土壤交换性钾常用的浸提剂有 1 mol·L^{-1} NH_4OAC、100 g·L^{-1} NaCl、1 mol·L^{-1} Na_2SO_4 等。通常认为用 1 mol·L^{-1} NH_4OAC 作为土壤交换性钾的标准浸提剂，它能将土壤交换性钾和粘土矿物固定的钾截然分开。我们知道土壤不同形态钾之间存在一种动态平衡，用不同阳离子来提取土壤中交换性钾时，由于它们对这种平衡的影响不一样，提取出来的钾量相差很大。下面是 H^+、NH_4^+、Na^+ 三种不同阳离子对交换性钾的提取能力（表 6-1）。

表 6-1 不同阳离子浸提交换性钾量

土壤	连续淋洗次数	不同阳离子浸提的钾(K)量($mg \cdot kg^{-1}$)			土壤	连续淋洗次数	不同阳离子浸提的钾(K)量($mg \cdot kg^{-1}$)		
		HOAc	NaOAc	NH_4OAc			HOAc	NaOAc	NH_4OAc
A	1	27	33	26.5	B	1	37	40.5	37.5
	2	8	9	1		2	4.5	9	1
	3	3	6	0.5		3	1.5	3.5	0.5
	4	1.5	3.5	0.5		4	1	4	0.5
	5	0.5	2.5	0		5	0.5	2.5	0.5
	合计	40	54	28.5		合计	44.5	59.5	40.0

（续）

土壤	连续淋洗次数	不同阳离子浸提的钾(K)量($mg \cdot kg^{-1}$)			土壤	连续淋洗次数	不同阳离子浸提的钾(K)量($mg \cdot kg^{-1}$)		
		HOAc	NaOAc	NH_4OAc			HOAc	NaOAc	NH_4OAc
C	1	65.5	112.5	90	D	1	21	24	24.5
	2	29.5	36.5	2.5		2	3	4.5	0.5
	3	15	21	0.5		3	1.5	2	0.5
	4	9	12.5	0.5		4	0.5	1.5	0.5
	5	6	9.5	0		5	0.5	1	0
	合计	125	202	93.5		合计	26.5	33.0	26.0

从表6－1表中可以看出，土壤中交换性钾提出的量决定于浸提液阳离子的种类。不论从1次浸提出来的钾量或是5次淋洗出来的总钾量均以Na^+为最高。这是因为Na^+离子不仅置换交换性钾，而且将一部分晶格间钾也置换下来了。从1次浸提的钾量来看，NH_4^+大于H^+，而从5次淋洗的总量来看，则H^+大于NH_4^+。这里很明显地看出，因NH_4^+所浸提的交换钾量，不因淋洗次数的增加而增加。也就是说，NH_4^+浸提出来的钾可以把交换性的钾和粘土矿物固定的钾（非交换钾）截然分开。其它离子，如Na^+、H^+则不能。它们在浸提过程中也能把一部分非交换性钾逐渐浸提出来，而且浸提时间越长或浸提次数越多，浸出的非交换性钾也越多。为此，土壤中交换性钾常采用1 $mol \cdot L^{-1}$ NH_4OAC溶液作为浸提剂。此外，用NH_4OAC浸提的土壤交换性钾的结果，重现性比其他盐类好。同时和作物吸收量相关性也较好。NH_4OAc浸提土壤交换性钾最有利于采用火焰光度计来测定钾的含量。土壤浸出液可不用除去NH_4^+直接应用火焰光度计来测定，手续简单，且结果较好，而其他化学方法NH_4^+的干扰很大。

NH_4OAc方法测土壤速效钾的水土比例一般以10∶1，故现在采用10∶1水土比例，振荡30 min。由于离子间的交换作用关系，故固定水土比例和振荡一定时间是必要的。如有振荡机最理想，否则可用手摇每隔5 min振荡1次，每次30下，共6次。

植物从土壤溶液中吸收所需的养分，一般来说水溶性钾依赖于交换性钾，因此常常用交换性来衡量土壤钾的供应状况。在盆栽耗竭试验中[8]观察到由于作物吸收而出现土壤交换性钾的“最低值”以后不再下降。从吸收前后的差值可以计算出土壤交换性钾可利用值的百分率（即有效度），水稻平均为72.8%（n=10），黑麦草平均为77%（n=10）。以上事实也说明不是所有的交换性钾对作物的有效性都是一样的，只有56.90%的交换性钾与溶液中钾建立较为密切的联系。不同土壤不一样，可能与粘粒含量和粘土矿物类型有关。Schachtschalel and Heinemann（1974）认为[3]，速测法用 0.025 mol·L^{-1}（$\frac{1}{2}CaCl_2$）溶液所提取的钾占交换性钾的 40%～80%（因粘土类型和数量而不同），此法测得的值与土壤溶液中的钾和作物反应有很好的相关性，看来是有道理的，这个方法应该是一个比较理想的速效钾的测定方法。

除土壤速效钾外，还有非交换性的缓效性钾。这部分钾不能被 NH_4OAc 交换出来，但当土壤交换性钾由于作物吸收及淋洗而减低时，这种非交换性的缓效钾逐渐释放出来，特别是那些含粘土矿物较多的土壤，非交换性缓效钾对土壤钾的供应起了重要作用。在这种情况下，仅用交换性钾（K）含量作为土壤钾素肥力的指标是不够全面的，还应考虑非交换性缓效钾的含量。

关于缓效钾的测定，我国主要采用热的 1 mol·L^{-1} HNO_3 溶液进行提取的酸溶性钾减去交换性钾即为土壤缓效性钾。

植物钾素营养处于一个复杂的生态系统中，它包括土壤系统和高等植物的根系统，它们都是一个动态系统，在这两个系统中进行各种物理的、化学的、生物的过程，它们又受着不同因素的控制。大家都知道，不同土壤类型钾的供应能力相差很大，不同作物对钾的吸收和需要差别也很大。我们认为，凡作物在短期内需钾较多而吸收能力相对较弱的作物，如块根（甘薯）、块茎（马铃薯）、甜菜、棉花、大豆等作物，种植在土壤交换性含量较低的土壤上，以棉花为例，一般靠土壤缓效性钾的释放不能满足它的需要，所以对这些作物土壤交换性钾含量可作为钾素的诊断指标；而稻、麦、黑麦草等禾谷类作物吸钾能力很强，许多试验[5,6,7,8]证明，缓效钾（即非交换性钾）是水稻、大麦、小麦钾素的主要给源。很显然，对禾本科作物稻麦等来说，单凭交换性钾的指标来衡量土壤供钾状况是不够的。根据禾本科作物（稻、麦）的吸钾特点，除吸收土壤速效钾以外，非交换性缓效钾在补给交换性钾方面起了重要作用。不同土壤非交换性缓效钾的释放速率是不同的，因此，这种补给能力不同，土壤也是不一样的，这与土壤粘土矿物的组成和含量有关。鲍士旦等[5]提出了用冷的 2 mol·L^{-1} HNO_3 溶液提取法作为测定水稻土有效钾的快速而简便的方法。同时多年的田间试验证明[8]水稻土有效钾量（既包括土壤交换性钾也包括缓效钾中的有效部分）凡小于 100～120 K(mg·kg^{-1}) 土为缺钾土壤。本研究的结果发表后得到戴自强等[9,10]，用 7 种化学浸提方法的测定结果与盆栽试验中 4 项参比标准的统计结果表明，2 mol·L^{-1}冷 HNO_3 法和阳离子树脂袋法与参比标准的相关性最好，均达极显著水平，能较好反映旱地土壤供钾状况，也都是测定旱地土壤有效钾的较好方法。戴自强认为 2 mol·L^{-1}冷 HNO_3 法在操作上比阳离子树脂法更为简便。因此本节除介绍测定土壤中速效钾和缓效性钾之外，再介绍 2mol·L^{-1}冷 HNO_3 法作为浸提剂测定土壤有效性钾的方法。

浸出液中钾的测定方法有多种，应用仪器测量的有火焰光度法和钾电极法。火焰光度法具有快速而准确的优点，且又不受铵和硝酸的干扰。

在无火焰光度计设备时可试用 1 mol·L^{-1} $NaNO_3$ 浸提—四苯硼钠比浊法[11]，但此法由于浸提的液土比较小，浸提时间又短，所得结果比 NH_4OAc 浸提法的结果较低，且比浊法的精度较差，故一般很少采用。

6.3.2 土壤速效钾的测定——NH_4OAc 浸提，火焰光度法

6.3.2.1 方法原理 以 NH_4OAc 作为浸提剂与土壤胶体上阳离子起交换作用如下：

$$(\text{土壤})\begin{matrix}H\\Mg\\Ca\\K\end{matrix}+nNH_4OAc \rightleftharpoons NH_4\,(\text{土壤})\begin{matrix}NH_4\\NH_4\\NH_4\\NH_4\\NH_4\end{matrix}+(n-6)NH4OAc+HOAc+Ca(OAc)_2+Mg(OAc)^2+KOAc$$

NH_4OAC 浸出液常用火焰光度计直接测定。为了抵消 NH_4OAc 的干扰影响，标准钾溶液也需要用 1 mol·L^{-1} NH_4OAc 配制。火焰光度法的基本原理见 6.2.2.1。

6.3.2.2 主要仪器 火焰光度计、往返式振荡机。

6.3.2.3 试剂

(1) 1 mol·L^{-1}中性 NH_4OAc（pH7）溶液。称取化学纯 CH_3COONH_4 77.09 g 加水稀释，定容至近 1 L。用 HOAc 或 NH_4OH 调至 pH7.0，然后稀释至 1 L。具体方法如下：取出 1 mol·L^{-1} NH_4OAC 溶液50 mL，用溴百里酚蓝作指示剂，以 1∶1 NH_4OH 或稀 HOAc 调至绿色即为 pH7.0（也可以在酸度计上调节）。根据 50 mL 所用 NH_4OH 或 HOAc 的毫升数，算出所配溶液大概需要量，最后调至 pH7.0。

(2) 钾的标准溶液的配制[注1]。称取 KCl（二级，110 ℃烘干 2 h）0.190 7 g 溶于 1 mol·L^{-1} NH_4OAc 溶液中，定容至 1 L，即为含 100 μg·mL^{-1} K 的 NH_4OAc 溶液。同时分别准确吸取此 100 μg·mL^{-1} K 标准液 0、2.5、5.0、10.0、15.0、20.0、40.0 mL 放入 100 mL 容量瓶中，用 1 mol·$L^{-1}$$NH_4OAc$ 溶液定容，即得 0、2.5、5、10、15、20、40 μg·mL K 标准系列溶液[注1]。

6.3.2.4 操作步骤 称取通过 1 mm 筛孔的风干土 5.00 g 于 100 mL 三角瓶或大试管中，加入 1 mol·L^{-1}中性 NH_4OAc 溶液 50 mL，塞紧橡皮塞，振荡 30 min，用干的普通定性滤纸过滤。

滤液盛于小三角瓶中，同钾标准系列溶液一起在火焰光度计上测定。记录其检流计上的读数，然后从标准曲线上求得其浓度。

标准曲线的绘制：将 6.3.2.3 中配制的钾标准系列溶液，以浓度最大的一个定到火焰光度计上检流计为满度（100），然后从稀到浓依序进行测定，记录检流计的读数。以检流计读数为纵坐标，钾（K）的浓度 $\mu g \cdot mL^{-1}$ 为横坐标，绘制标准曲线。

6.3.2.5　结果计算

$$土壤有效钾（mg \cdot kg^{-1}，K）=待测液（\mu g \cdot mL^{-1}，K）\times \frac{V}{m}$$

式中：V——加入浸提剂 mL 数；

m——烘干土样品的质量（g）。

土壤速效钾的诊断指标（1 mol · L^{-1} NH_4OAc 浸提）[12](注2)

（单位：mg · kg^{-1}）

土壤速效钾（K）含量	<50	51～83	84～116	>116
等　级	极低	低	中	高
钾肥对棉花增产效果	显著	显著	有效果	不显著

6.3.2.6　注释

注 1. 含 NH_4OAc 的 K 标准溶液配制后不能放置过久，以免长霉，影响测定结果。

注 2. 以土壤速效钾作为钾素指标时，应注意以下问题：①速效钾含量容易受施肥、温度、水分、作物吸收等影响而变化的数值。因此，不同时期采集的样品难以严格对比。②土壤性质（质地、矿物类型）差异较大的土壤所结持的钾的有效性各异（粘性、砂性）。③由于作物耗竭吸收，土壤速效性钾降到某一“最低值”以后不再降低，例如 70 mg · kg^{-1} K→降到 40 mg · kg^{-1} K，能维持交换性钾最低能力，也就是钾的缓冲能力，不同土壤不一样。④作物在生育过程中吸收溶液中钾，当交换性钾下降到一定水平时，非交换性钾开始释放出来，在盆栽耗竭中可以看出植物吸收的钾可以是交换性钾的几倍。因此，速效性养分的测定值（mg · kg^{-1}）仅是供互相比较的相对值，无绝对含量的意义。⑤单凭速效性钾含量不够，还应同时考虑缓效性钾。当 2 个土壤交换性钾含量相近，而缓效性钾含量不同时，缓效性钾含量高的土壤，钾肥往往效果不显著，缓效性钾低者，则相反。当前根据有关养分有效性和吸收新概念，认为交换性钾并不是钾的有效度的良好指标。

6.3.3 土壤有效性钾的测定（冷的 2 mol·L^{-1} HNO_3 溶液浸提—火焰光度法）

6.3.3.1 原理 以冷的 2 mol·L^{-1}HNO_3 作为浸提剂与土壤（水土比为 20∶1）振荡 0.5 h 以后，立即过滤，溶液中钾直接用火焰光度计测定之。本法所浸提的钾量大于速效钾，它既包括速效钾和缓效钾中有效部分，故称为土壤有效性钾。编者经过近 17 年的盆栽和田间反复试验证明，本法测定值与稻、麦、黑麦草等禾本科作物的吸钾量、生物产量之间均达到极显著、显著水平。γ 值均大于其他化学测定法。它的测定值能反映土壤的供钾状况，而且方法快速简便，容易掌握，重现性也好，一般试验室可以推行。

6.3.3.2 主要仪器 同 6.3.2.2。

6.3.3.3 试剂

(1) 2 mol·L^{-1} HNO_3 浸提剂。取浓硝酸（HNO_3，$\rho \approx 1.42$ g·mL^{-1}，化学纯）125 mL，用水稀释至 1 L[注1]。

(2) K 标准溶液［参见 6.2.2.3 中（6）］。将 100 μg·mL^{-1}K 标准溶液，分别配制成 2.5、5、10、15、20、30、40 μg·mL^{-1} K 系列标准溶液。其中标准系列溶液中亦应含有待测液相同量的 HNO_3，以抵消待测液中硝酸的影响。

6.3.3.4 操作步骤 称取通过 1 mm 筛孔的风干土样 2.500 g 于硬质大试管中，加入冷的 2 mol·L^{-1} HNO_3 50 mL，加塞，在振荡机（往返式）上振荡 0.5 h，立即用定量滤纸过滤，滤液盛于小三角瓶中，同钾标准系列溶液一起在火焰光度计上测定。记录其检流计上的读数，然后从标准曲线上求得其浓度。注意在火焰光度计上测定完毕后，必须立即用蒸馏水在喷雾器下喷雾 5 min，以洗去残留在喷雾器中酸和盐，使火焰光度计保持良好的使用状态。

标准曲线的绘制：将上 6.3.3.3 中（2）配制的钾标准系列溶液，以浓度最大的一个定到火焰光度计上检流计为满度（100），然后从稀到浓依序进行测定，记录检流计的读数。以检流计读数为纵坐标，钾（K）的浓度（μg·mL^{-1}）为横坐标，绘制标准曲线。

6.3.3.5 结果计算

$$\text{土壤有效钾含量（K，mg·kg}^{-1}\text{）}=\text{待测液（K，}\mu\text{g·mL}^{-1}\text{）}\times\frac{V}{m}$$

式中：V——总浸提剂体积（mL）；

m——烘干土质量（g）。

土壤有效钾（K）测定值小于 100～120 mg·kg^{-1}时为缺钾土壤。作为初

步钾素诊断指标，供参考。

6.3.3.6　注释

注 1. 市场供应的浓硝酸有时不足 16 mol·L^{-1}，为了配制成准确的 2 mol·L^{-1} HNO_3 溶液，宜先配成稍大于 2 mol·L^{-1} HNO_3 溶液，取少量此溶液，进行标定，最后计算稀释成准确的 2 mol·L^{-1} HNO_3 溶液。

6.3.4　土壤缓效钾的测定——1 mol·L^{-1}热 HNO_3 浸提，火焰光度法

6.3.4.1　方法原理　用 1 mol·L^{-1}热 HNO_3 浸提的钾多为黑云母、伊利石、含水云母分解的中间体以及粘土矿物晶格所固定的钾离子，这种钾与禾谷类作物吸收量有显著相关性。

从 1 mol·L^{-1} HNO_3 浸提的钾量减去土壤速效性钾，即为土壤缓效性钾。

6.3.4.2　主要仪器　弯颈小漏斗、调压变压器、电炉、火焰光度计。

6.3.4.3　试剂

(1) 1 mol·L^{-1} HNO_3 浸提剂。取浓硝酸（三级，比重 1.42）62.5 mL，用水稀释至 1 L(注1)。

(2) 0.1 mol·L^{-1} HNO_3 溶液。

(3) K 标准溶液〔参见 6.2.2.3 中 (5)〕。将 100 μg·mL^{-1}标准溶液，配制成 5、10、20、30、50、60 μg·mL^{-1} K 系列标准溶液。其中标准系列溶液亦应含有待测液相同量的 HNO_3（即含有 0.33 mol·L^{-1} HNO_3），抵消待测液中硝酸的影响。

6.3.4.4　操作步骤　称取通过 1 mm 筛孔的风干土样 2.5 g（精确至 0.001 g）于 100 mL 三角瓶或大的硬质试管中，加入 1 mol·L^{-1} HNO_3 25 mL，在瓶口加一弯颈小漏斗，将 8～10 个大试管于铁丝笼中，放入油浴锅内加热煮沸 10 min（从沸腾开始准确记时）取下(注2)，稍冷，趁热过滤于 100 mL 容量瓶中，用 0.1 mol·L^{-1} HNO_3 溶液洗涤土壤和试管 4 次，每次用 15 mL，冷却后定容。在火焰光度计上直接测定。

标准曲线绘制参 6.3.3.4。

6.3.4.5　结果计算

$$\text{土壤酸溶性钾 (K, mg·kg}^{-1}) = \text{待测液 (K, μg·mL}^{-1}) \times \frac{V}{m}$$

式中：V——定容的体积（mL）；

m——烘干土样的质量。

土壤缓效性 K＝酸溶性 K－速效性 K

1 mol·L^{-1} HNO_3 酸溶性钾两次平行测定结果允许差 K，2～5 mg·kg^{-1}。

土壤缓效钾的分级指标

1 mol·L^{-1} HNO_3 浸提的缓效 K（mg·kg^{-1}）	＜300	300～600	＞600
等　级	低	中	高

6.3.3.6 注释

注 1. 市场供应的浓硝酸的浓度有时不足 16 mol·L^{-1}，为了配制成准确的 1 mol·L^{-1} HNO_3 溶液，宜先配成稍大于 1 mol·L^{-1} HNO_3 溶液，取少量此溶液，进行标定，最后计算稀释成准确的 1 mol·L^{-1} HNO_3 溶液。

注 2. 煮沸时间要严格掌握，煮沸 10 min 是从开始沸腾起计时间。碳酸盐土壤消煮时有大量的 CO_2 气泡产生，不要误认为沸腾。

6.4 土壤供钾特性的测定——电超滤法[13,14]（Electroultra filtration，简称 EUF）

6.4.1 概述

电超滤法（EUF）是一种新发展的测定土壤有效养分的方法，在一次测定过程中，能同时测得土壤钾素等养分的溶液浓度、数量、缓冲容量和固定能力。因为植物主要从土壤溶液中吸取养分，所以了解土壤溶液中养分浓度的高低及其缓冲容量是至关重要的。

为了了解电超滤中发生的过程，这里首先叙述几个实际上久已了解的过程。

构成电超滤法的几个程序：渗析、超滤和电渗析。一百年前，渗析已应用于胶体离子的分离（例如粘土矿物）。这个方法是根据通过半透膜沿着浓度梯度扩散的基本原理，渗析过程很缓慢，但通过增加膜的表面、浓度梯度和温度能够加速渗析的过程。

从土壤中分离植物营养元素的第二个方法是根据超过滤的原理。这个过滤过程，土壤胶体通过过滤而收集在滤纸上，而吸附的离子淋洗法而去除。此方法很费时，因为随着土壤分散度的增加而过滤速度大大减慢。

1903 年 Morse 和 Pierce 发明了电渗析方法后，离子扩散作用通过两个膜而大大加速了。此方法也能应用于土壤测定（Konig 等，1913；Braedfield 等，1928）。许多分析结果表明，不同土壤释放的离子量很不同。用合成人造沸石和长石粉末研究说明，用电渗析法检测出的主要是交换性离子。长石粉末释放很少量的阳离子，证实交换性阳离子能得出定量的数量。但渗析的时间总计近

20～50 h。电渗析法除了时间过长外，其主要缺点是提取过程中 pH 的下降。Bechold（1925）指出，将超过滤与电渗析结合起来，能克服 pH 下降的不良影响，他称这新的方法为电超滤法（EUF 法）。电超滤与电渗析基本不同之处，在电超滤中，电渗析第二产物（氢氧化物和酸）是通过抽吸而去除，因而不能进入中室，以致 pH 的变化减到最低值。

Bechold 和 Koning 用的电超滤装置，在 30～40 年代 Kottgen 加以改进，应用于土壤测定。最近 Grinme 使用恒定电压电超滤法研究营养元素解析的动力学。

土壤溶液中营养元素移动（扩散和质流）至根表的重要意义被认识以后，大家就探索在例行分析中能测定土壤溶液中营养元素的浓度和它的缓冲能力的方法，进一步发展了在提取过程中改变电压和温度的电超滤（EUF）法，是符合这个目的的。

6.4.2 电超滤法（EUF）

6.4.2.1 *方法原理* 电超滤法是在可变电场下，阳离子为阴极所吸引而阴离子为阳极所吸引。由于溶解和吸附的离子不能达到平衡，使吸附的离子不断释放入溶液中。阳离子的解吸速度和磷酸盐、碳酸盐等的溶解速度与所加电压成正比与土壤对离子的结合力呈反比。

当一电势加于土壤悬浮液时，在阴极产生如下反应：

$$2Na^{+}+2e \longrightarrow 2Na^{0}$$

$$2Na^{0}+2H_2O \longrightarrow 2NaOH+H_2+282.2\ kJ/mol$$

K、Ca、Mg 等亦可能产生相似的反应。

在阳极产生的反应：

$$NO_3^{-}-e=[NO_3]\cdot$$

$$[NO_3]\cdot+H_2O \longrightarrow NO_3^{-}+H^{+}+[OH]\cdot$$

$$2[OH]\cdot=H_2O_2 \longrightarrow H_2O+\frac{1}{2}O_2$$

电压变化 0～5 min 电压 50 V 20 ℃

5～30 min 电压 200 V 20 ℃

30～35 min 电压 400 V 20 ℃或 80 ℃

每隔 5 min 取样 1 次，分别测定阴极室提取液中的钾（在取阴极室提取液的同时将阳极室提取液弃去，使中室 pH 值的变化减到最低值）。在火焰光度计上进行测定，便可制得如图 6-1 所示的 EUF-K 解吸曲线。

0～10 min 解吸的钾量表示强度因素。

0～35 min 解吸的钾量表示数量因素。

5～10 min 内解吸的钾量，即曲线（图 6－1）上的线段 AB。

30～35 min 内解吸的钾量，即曲线（图6－1）上的线段 CD。表示缓冲容量，当 CD 越大，则整个生长季节土壤溶液中钾的浓度也高。

AB/CD 比值越小，说明固钾能力愈强。

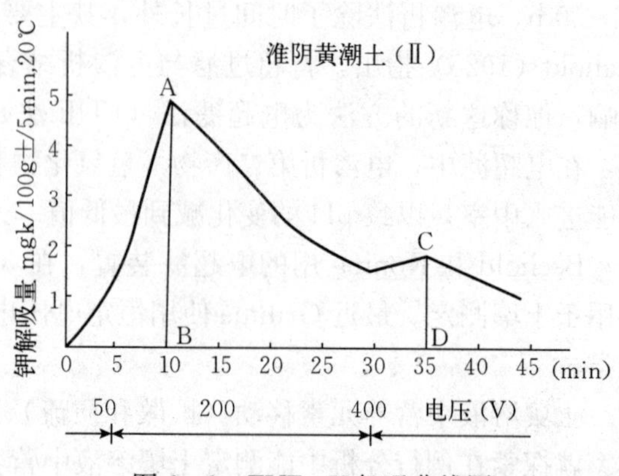

图 6－1 EUF－K 解吸曲线图

$\Delta K/\Delta t$ 解吸钾量的单位以 mgK·100 g 土$^{-1}$·5 min^{-1}表示。

6.4.2.2 主要仪器 电超滤仪、火焰光度计。

6.4.2.3 试剂 钾的标准水溶液系列（0、2、4、6、8、10 μg·mL^{-1} K）。

6.4.2.4 操作步骤（并介绍电超滤仪） 电超滤仪器是由三室构成，中室盛土壤悬浮液（土∶水＝1∶10）内有一个搅拌器和一个进水管。中室的每边用一张微孔滤纸附在铂电极上，把中室和两边室隔开，两边室则连接真空装置（图 6－2）。所以阴极上聚积的氢氧化物［NaOH、KOH、Ca$(OH)_2$、NH_4OH 等］和阳极上积聚的酸（HNO_3，H_2SO_4 等）不断由水流洗至集收槽中。每隔 5 min 或一定时间，收集滤液 1 次，并进行钾的测定。与电渗析法不同在于用 EUF 法提取时，土壤悬浮液中的 pH 值能保持稳定，这是很重要的。因为 pH 值对解吸和溶解速度起决定性影响。

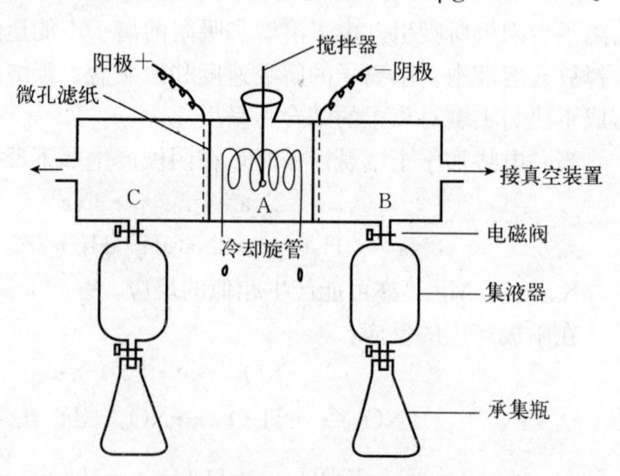

图 6－2 电超滤装置示意图

为了实际应用，提取 35 min 就够了（7 次，每次 5 min）。经过详细研究，并与常规测定法进行比较，电压规定如下：0～5 min，50 V(11.1 V/cm)；5～

30 min，200 V(44.4 V/cm)；30—35 min，400 V(88.8 V/cm)。每隔 5 min 取样，在火焰光度计上进行测定。

6.4.2.5　结果计算

$$\text{EUF 解吸 K 量（K，mg} \cdot \text{kg}^{-1}\text{，5 min)} = \text{提取液中（K，}\mu\text{g} \cdot \text{mL}^{-1}\text{)} \times \frac{\text{提取液体积}}{\text{土重}}$$

结果表明，每隔 5 minEUF 解吸钾量对时间（提取的持续时间）作图，以解吸 K 量（K，mg・kg^{-1}，5 min）为纵坐标，解吸持续时间和所用的电压则表示在横坐标上（图 6-2)。

主要参考文献

[1] 南京农业大学主编．1996，土壤农化分析（二版）．北京：中国农业出版社．1996，84～94

[2] 杨振明，鲍士旦等．耗竭条件下冬小麦的吸钾特点及其对土壤不同形态钾的利用．植物营养与肥料学报．1998，4（1），43～49

[3] H. Grimme and K. Nemeth. “The Evaluation of Soil K Status by means of Soil testing”，potassium Reseach Review Trends，proceeding of the 11th Congress of the Internationalpotash Institute. 1978，99～108

[4] 鲍士旦，史瑞和．土壤钾素供状况的研究（Ⅰ）．南京农学院学报．1982，1：59～66

[5] 鲍士旦，史瑞和．土壤钾素供状况的研究（Ⅱ）．南京农学院学报．1984，4：70～78

[6] 史建文，鲍士旦，史瑞和．耗竭条件下层间钾的释放及耗竭后土壤的固钾特性，土壤学报．1994，31（1)：42～49

[7] 鲍士旦，徐国华．稻麦轮作下施钾效应及钾肥后效，南京农业大学学报．1993，16（4)：43～48

[8] 鲍士旦．稻、麦钾素营养诊断和钾肥施用．土壤．1990，22（4)：184～189

[9] 用米平等．冷硝酸法浸提土壤有效钾的研究．土壤肥料．1991，1 期，43～45

[10] 戴自强，李明德．旱地土壤有效钾测定方法的研究．土壤学报．1997，34（3)：336，343

[11] 李酉开，张淑民，周斐德．四苯硼钠比浊法测定土壤速效钾．土壤通报．1982，（5）39～42

[12] 鲍士旦．棉花的钾素营养诊断和钾肥施用．南京农业大学学报．1989，12（1)：136，138

[13] Németh. K.，the availibility of Nutrients in the Soil as determined by Electro-ultra-filtration（EUF）. Adv. Agron. 1979，31：155～188

[14] Wanasuria，S and De Datta，S. S. and Mengel，Rice yield in Relation to Electro-ultra-filtration Extractable Soil potassium. Plant and Soil. 1981，59：23～31

思 考 题

1. 土壤中钾存在哪些形态？其相互关系如何？

2. 土壤全钾的测定方法有几种？根据什么条件选择测定方法？

3. 浸提土壤交换性钾最通用的是那几种浸提剂？为什么以 1 mol · L^{-1} NH_4OAc 作为土壤速效钾的标准浸提剂？它有什么优点？

4. 以土壤速效钾作为钾素指标时，应注意那些问题？

5. 土壤有效钾的概念是什么？它与速效钾有何区别？

第七章

土壤中微量元素的测定

微量元素是指土壤中含量很低的化学元素，除了土壤中某些微量元素的全含量稍高外，这些元素的含量范围一般为十万分之几到百万分之几，有的甚至少于百万分之一。土壤中微量元素的研究涉及到化学、农业化学、植物生理、环境保护等很多领域。作物必需的微量元素有硼、锰、铜、锌、铁、钼等。此外，还有一些特定的对某些作物所必需的微量元素，如钴、钒是豆科植物所必须的微量元素。随着高浓度化肥的施用和有机肥投入的减少，作物发生微量元素缺乏的情况愈来愈普遍。有时候微量元素的缺乏会成为作物产量的限制因素，严重时甚至颗粒无收。

土壤中的微量元素对作物生长影响的缺乏、适量和致毒量间的范围较窄。因此，土壤中微量元素的供应不仅有供应不足的问题，也有供应过多造成毒害的问题。明确土壤中微量元素的含量、分布、形态和转化的规律，有助于正确判断土壤中微量元素的供给情况。土壤中微量元素的含量主要是由成土母质和土壤类型决定，变幅可达一百倍甚至超过一千倍（表 7-1），而常量元素的含量在各类土壤中的变幅则很少超过 5 倍。

表 7-1　我国土壤微量元素的含量

元　素	全量范围（$mg \cdot kg^{-1}$）*	全量平均（$mg \cdot kg^{-1}$）*	有效态（$mg \cdot kg^{-1}$）
硼	痕迹～500	64	0.0～5（水溶性硼）
钼	0.1～6.0	1.7	0.02～0.5（Tamm-Mo）
锌	3～790	100	0.1～4（DTPA-Zn）
铜	3～300	22	0.2～4（DTPA-Cu）
锰	42～5 000	74	

* 刘铮，中国土壤的合理利用和培肥

影响土壤中微量元素有效性的土壤条件包括土壤酸碱度、氧化还原电位、土壤通透性和水分状况等，其中以土壤的酸碱度影响最大。土壤中的铁、锌、锰、硼的可给性随土壤 pH 的升高而减低，而钼的有效性则呈相反的趋势。所以，石灰性土壤中常出现铁、锌、锰和硼的缺乏现象。而酸性土壤易出现钼的缺乏，酸性土壤使用石灰有时会引起硼、锰等的“诱发性缺乏”现象。

土壤中的微量元素以多种形态存在。一般可以区分为四种化学形态：存在于土壤溶液中的“水溶态”；吸附在土壤固体表面的“交换态”；与土壤有机质相结合的“螯合态”；存在于次生和原生矿物的“矿物态”。前 3 种形态易对植物有效，尤其以交换态和螯合态最为重要。因此，无论是从植物营养或土壤环境的角度，合理地选择提取剂或提取方法以区分微量元素的不同形态是微量元素分析的重要环节。本章将介绍国内外微量元素全量和有效成分的提取和测定。由于不同提取剂或提取方法的测定结果，特别是有效态含量相差非常大。因此，土壤微量元素的有效态含量一定要注明提取测定方法或者提取剂。

土壤样品分解或提取溶液中微量元素的测定则主要是分析化学的内容。现代仪器分析方法使土壤和植物微量元素能够进行大量快速、准确的自动化分析。很多繁琐冗长的比色分析方法多被仪器分析方法替代，从而省略了许多分离和浓缩萃取等繁琐手续。目前除了个别元素用比色分析外，大部分都采用原子吸收分光光度法（AAS）、极谱分析、X 光荧光分析、中子活化分析等。特别是电感耦合等离子体发射光谱技术（Inductively coupled plasm - atomic emission spectrometry，简称 ICP - AES 或 ICP）的应用，不仅进一步提高了自动化程度，而且扩大了元素的测定范围，一些在农业上有重要意义的非金属元素和原子吸收分光光度法较难测定的元素如硼、磷等均可以应用 ICP 进行分析，只是这种仪器目前在国内应用还不够广泛。

微量元素分析尤其要防止可能产生的样本污染。在一般的实验室中，锌是很容易受到污染的元素。医用胶布、橡皮塞、铅印报纸、铁皮烘箱、水浴锅等都是常见的污染源。微量元素分析一般应尽量使用塑料器皿，用不锈钢器具进行样品的采集和制备（磨细、过筛），用洁净的塑料瓶（袋）盛装或标签标记样品。烘箱、消化橱及其它一些常用简单设备，甚至实验室应尽可能专用，特别值得注意的是微量元素分析应该与肥料分析分开。避免用普通玻璃器皿进行高温加热的样品预处理或试剂制备。实验用的试剂一般应达到分析纯，并用去离子水或重蒸馏水配制试剂和稀释样品。

7.1 土壤中硼的测定

7.1.1 概述[1]

土壤中大部分硼存在于土壤矿物（如电气石）的晶体结构中。我国土壤中全硼含量从痕迹至 500 mg · kg^{-1}，平均约为 64 mg · kg^{-1}。土壤中硼的主要来源的各种母质中，其含硼量也相差很大。一般海相沉积物和沉积岩含硼量较高，可达 20～200 mg · kg^{-1}，其中页岩平均含硼量为 100 mg · kg^{-1}。海水中含硼量平均达 4.6 mg · kg^{-1}。岩浆岩含硼量较少，平均为 3 mg · kg^{-1}，其中花岗岩含硼量平均为 10 mg · kg^{-1}，而玄武岩为 5 mg · kg^{-1}。除母质影响外，还与气候、土壤质地、有机质含量有关。一般土壤中的硼有随粘粒和有机质含量的增加而有增加的趋势。硼是一种比较容易淋失的一种微量元素，因此，干旱地区土壤中硼的含量一般较高，一般在 30 mg · kg^{-1}以上。而南方土壤中硼的含量较低，有的少于 10 mg · kg^{-1}。总的来说由北向南逐渐降低。此外，由于受海水的影响，滨海地区冲积土比内陆地区的含硼量要高。

如同土壤中的其它营养元素一样，土壤全硼含量并不能很好地反映作物有效硼的多寡。一般作物对土壤中硼的吸收只取决于土壤溶液中硼的活度（Keren 等，1985）。土壤有效硼受多种因素如土壤质地、pH 等的影响。当硼的浓度低于 280 mg · L^{-1}时，硼在水溶液中主要以硼酸分子（H_3BO_3）和离子形态 $B(OH)_4^-$ 存在。因此当土壤 pH 低于 7 时，溶液中硼主要以 H_3BO_3 形态存在，很少被土壤粘粒吸附；当 pH 从 7 逐渐增加到 9 时，$B(OH)_4^-$ 成为主要形态，[OH^-] 的浓度仍然较低，因而大量土壤溶液中的硼被粘粒吸附。土壤水溶性硼占全硼量的 0.1%～10%，一般只有 0.05～5.0 mg · kg^{-1}。我国各类土壤中有效硼含量差异很大。如东北地区棕黄土为 0.35～0.48 mg · kg^{-1}；江苏南部棕黄壤耕层为 0.14～0.22 mg · kg^{-1}；湖积和近代沉积物发育的水稻土耕层为 0.18～0.74 mg · kg^{-1}；华中和华南的水稻土为 0.02～1.44 mg · kg^{-1}；浙江一般耕地为 0.8 mg · kg^{-1}。而山区和半山区河谷平原仅在 0.1～0.3 mg · kg^{-1}之间。西北关中地区石灰性土壤为 0.33～0.49 mg · kg^{-1}。

土壤中水溶性硼的临界浓度视土壤种类和作物种类而异。一般以 0.3～0.5 mg · kg^{-1}作为硼缺乏的临界浓度。但土壤性质不同，临界浓度也有差异。如粘重土壤可高达 0.6～0.8 mg · kg^{-1}，而砂质土壤可低至 0.15～0.30 mg · kg^{-1}。作物种类不同，对硼的需求也不等。因此，土壤硼的临界浓度也有差异。Berger 等按作物需要硼的多少分成三组临界浓度：

需硼较多的作物（>0.5 mg · kg^{-1}）：油菜、萝卜、甜菜、花椰菜、卷心菜、芹菜、向日葵、豆类及豆科绿肥作物、苹果、葡萄。

中等需硼的作物（0.1～0.5 mg · kg^{-1}）：棉花、烟草、番茄、甘薯、花生、马铃薯、胡萝卜、桃、梨、樱桃、茶树。

需硼较少的作物（<0.1 mg · kg^{-1}）：水稻、小麦、大麦、黑麦、燕麦、乔麦、玉米、高粱、柑橘、草类、甘蔗。

土壤中硼的足够数量和过剩中毒的数量间的范围很窄。硼的缺乏通常发生在潮湿（润）地区或在质地较沙、pH 较高的土壤上。干湿交替也会加重土壤胶体对硼的吸附。相反，硼的中毒一般在干旱、半干旱地区较为常见。在这些地区作物发生硼中毒既可能是由于土壤中硼含量过高，也可能是由于灌溉水中带入了过量的硼所致。因而特别需要加强灌溉水中的硼浓度的监测。造成作物硼中毒（产量开始减低或出现受害症状）的灌溉水中硼的临界浓度变幅很大，对硼敏感作物可低至 0.3 mg · L^{-1}。超过 2 mg · L^{-1}时耐硼的作物也可能出现中毒。土壤性质种类同样会影响其临界中毒浓度，如酸性土 1.2 mg · kg^{-1}的硼就使作物中毒，而石灰性土壤 2 mg · kg^{-1}时，作物却不一定中毒。

溶液中硼的测定方法目前有 ICP-AES 法和比色分析法。ICP-AES 法对硼的监测限可以达到 6 ng · mL^{-1}。硼的比色分析法按其显色条件可分 4 种：蒸干显色法、浓硫酸溶液中显色法、三元配合物萃取比色法和在水溶液中显色法。

蒸干显色法：将含有硼酸的试液与显色试剂在蒸发干涸时形成有色化合物，然后用有机溶剂溶解有色化合物进行比色测定。姜黄素（Curcumin）是被常采用的试剂，因为它在蒸干条件下显色，加上它的灵敏度高，该方法特别适用于土壤中硼的微量测定，为目前较普遍使用的一种方法。但这种方法的操作要求严格，蒸发温度、时间及其试剂用量等都可能对分析结果的可靠性产生较大影响。

浓硫酸溶液中显色法：浓硫酸起着脱水剂的作用，使硼以三价阳离子的形态存在，然后再与显色剂生成有色配合物，在此条件下很多金属离子均不能与有机染料形成有色化合物，使方法表现出很好的选择性。某些试样常可不经分离而直接进行比色测定硼，但在硫酸介质中使操作带来不便。在浓硫酸溶液中，能与硼产生显色反应的显色剂很多，以胭脂红酸（Carmine）、醌一茜素（Quinaliyarin）等试剂的应用较为普遍。胭脂红酸法的测定硼范围 0.5～10 mg · L^{-1}。

三元配合物萃取比色法：根据硼的负电性配位体形成络离子的这一基本特点，以有机溶剂萃取进行硼的比色测定。组成三元配合物的负电性配位体有 HF、水杨酸、β-间苯二酚等。常用的碱性染料有次甲基蓝、孔雀绿等。因次甲基蓝法灵敏度可高达 10^{-6} 数量级硼的测定，使用较普遍。但因次甲基蓝本身有少量被萃取等原因，该方法的空白值较高。

水溶液中显色法：硼与某些有机溶剂能在水溶液中显色，其操作简便，更适宜于自动化分析，近年来得到较多的研究和应用。其缺点是方法的灵敏度稍低，干扰的因素也较多，如甲亚胺（Azomethine-H）法、茜素-S 法等。

目前国内在土壤、植物微量硼的测定中应用较为普遍的是姜黄素法、甲亚胺比色法。

7.1.2 土壤中全量硼的测定

7.1.2.1 碳酸钠熔融——甲亚胺比色法[1]

7.1.2.1.1 方法原理　土壤中大部分硼存在于电气石中。电气石是复杂的酸不溶性铝硅酸盐，而且析出的硼酸；如果在酸性条件下加热与水蒸气一起挥发损失，所以土壤全硼测定的样品分解都采用碳酸钠碱融法（见土壤矿物全量分析），熔融物用 1∶1HCl 溶解，加饱和 $BaCO_3$ 溶液使溶液呈碱性，大量金属离子产生氢氧化物沉淀，分离除去干扰物质后用甲亚胺比色法测定。

甲亚胺（Azomethime－H）为 H 酸［$C_{10}H_4NH_2OH(SO_3H)_2$、8－氨基－1－萘酚－3，6－二磺酸］和水杨酸（C_6H_4OHCHO，O－羟基苯甲醛）的缩合物，缩合反应和结构式如下：

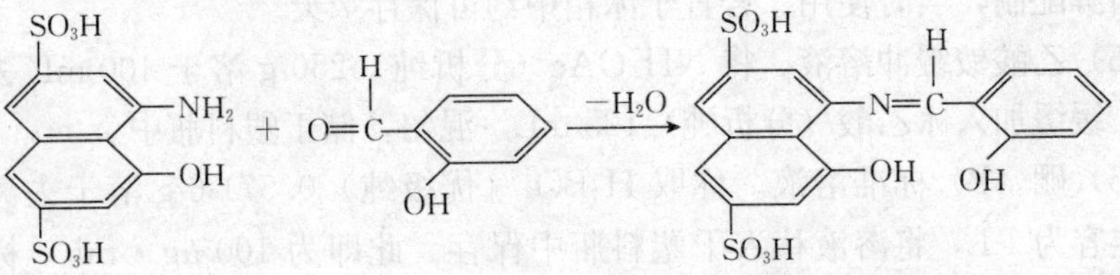

$$\text{H 酸} + \text{水杨醛 (O=CH}-C_6H_4-OH) \xrightarrow{-H_2O} \text{甲亚胺 (}-N=CH-C_6H_4-OH)$$

甲亚胺可以自己制备，国外现已有商品试剂出售，有的方法也建议将 H 酸和水杨酸分别加到试样溶液中。

硼与甲亚胺在 pH5.1～5.8 的 NH_4OAc－HOAc 缓冲溶液中，配合形成棕黄色配合物，它们的配合比［M］/［R］＝1∶3（M 代表 B，R 代表甲亚胺），配合稳定常数为 5.1×10^8。此法可以测定硼（B）0.05～1.0 μg·mL^{-1}，最大吸收峰在 410～420 nm。根据试验对测定有影响的干扰离子有 F^-、Al^{3+}、Fe^{3+}、Cu^{2+}。当溶液中含有 5 000 mg·L^{-1}（F^-）、3 000 mg·L^{-1}（Al^{3+}）、2 500 mg·L^{-1}（Cu^{2+}）以上时，可以加 EDTA 溶液抑制其干扰。而 Fe^{3+} 的允许含量为＜10 mg·L^{-1}，且不能用 EDTA 克服其干扰。因为 EDTA 与 Fe^{3+} 的配合物是黄色的。所幸的是溶液可先用饱和 $BaCO_3$ 溶液沉淀去除其干扰。该法的主要缺点是土壤或植物样本分解或提取溶液中可能存在的浅黄色会给测定结果带来误差。适宜的显色温度在 20～35 ℃范围内，一般控制在 23 ℃左右为宜，否则随着温度的升高吸光度显著减小。显色达到稳定所需的时间约 2 h。本法可以在水溶液中显色，操作简便，准确、快速，测定的浓度范围广，更适用于自动化分析[5]。目前已较广泛地应用在水、土壤和植物中硼的分析。

7.1.2.1.2 主要仪器　白金坩埚、高温电炉、分光光度计等。

7.1.2.1.3 试剂

（1）无水碳酸钠（Na_2CO_3）（分析纯）。

（2）1∶1HCl（优级纯）。

（3）饱和 $BaCO_3$ 溶液。

（4）甲亚胺制备。将 H 酸 18 g 溶于水 1 000 mL 中，稍加热使溶解完全。必要时过滤。用 100 g · L^{-1}KOH 溶液中和至 pH7，加水杨醛 20 mL，然后滴加浓 HCl，同时加以搅拌使酸度为 pH1.5（试纸试之，约加浓 HCl 15 mL）直至黄色沉淀产生。小心加热（约 40 ℃）1 h，并加以搅拌，放置 3～4 天并间隙振荡。用平瓷漏斗过滤或离心，用无水乙醇洗涤沉淀 5～6 次，收集合成的甲亚胺在 100 ℃干燥 3 h，冷却后，在玛瑙研钵中磨细，储于塑料瓶中备用。产品为橘黄色。

甲亚胺显色溶液：将甲亚胺 0.9 g 和抗坏血酸 2 g 溶于 60 mL 去离子水中，在水浴稍加热使溶解完全，稀释成 100 mL，必要时过滤，储于塑料瓶中备用。最好新鲜配制，当时使用。若置于冰箱中约可保存 7 天。

（5）乙酸铵缓冲溶液。将 NH_4OAc（分析纯）250 g 溶于 400 mL 去离子水中，缓缓加入冰乙酸（分析纯）125 mL，混匀，储于塑料瓶中。

（6）硼（B）标准溶液。称取 H_3BO_3（优级纯）0.571 6 g 溶于去离子水中，定容为 1 L，将溶液移入干塑料瓶中保存。此即为 100 μg · mL^{-1} 标准硼（B）储备溶液。用时再将其稀释 20 倍成 5 μg · mL^{-1} 的硼（B）标准工作溶液。

7.1.2.1.4 操作步骤

（1）待测液的制备。称取通过 100 目筛子的风干或烘干土样 1.000 g，用无水碳酸钠熔融，按 11.3.1.4 操作步骤进行，同时做空白试验，融熔后取出冷却，放在 250 mL 石英（或聚四氟乙烯）烧杯中，加少量水于坩埚中，用表面皿盖在烧杯上，小心加 1∶1HCl 溶液溶解融块，切忌加热，直至熔块完全溶解。取出并洗净坩埚，加饱和 $BaCO_3$ 溶液至产生棕红色沉淀为止[注1]，加热至微沸，用中密定量滤纸过滤。滤液收集在 200 mL 的容量瓶中。用热水洗涤烧杯及沉淀，洗至总体积约 150 mL，用水定容。

（2）溶液中硼的测定。吸取待测液（B，2.5－20 μg · mL^{-1}）于 25 mL 容量瓶中，加乙酸铵缓冲液 10 mL 和甲亚胺显色液 5 mL 混匀[注2]，用水稀释至刻度，摇匀。保持在 23 ℃左右 2 h 后[注3]，在分光光度计上用 420 nm 波长进行比色测定（4 h 内颜色很稳定）。

标准曲线的制作。分别吸取 5 μg · mL^{-1} 的硼（B）标准工作溶液 0、0.25、0.50、1.0、1.5、2.0、2.5 mL 置于 7 个 25 mL 的容量瓶中，加乙酸铵缓冲溶液 10 mL，摇匀，加甲亚胺显色液 5.00 mL，混匀，加水至刻度，摇匀，即相当于 0、0.05、0.1、0.2、0.3、0.4、0.5 $\mu g \cdot mL^{-1}$ 的系列硼标准溶液，保存在 23 ℃左右恒温箱中，2 h 后在分光光度计上用 420 nm 波长进行比色。

7.1.2.1.5　结果计算

$$土壤中全硼含量（B，mg \cdot kg^{-1}）=\rho \cdot V \cdot ts/m$$

式中：ρ——测定液中硼的质量浓度（$\mu g \cdot mL^{-1}$）；

V——显色液体积（mL）；

ts——分取倍数，融块溶解后定容体积（mL）/比色时吸取待测定液体积（mL）；

m——烘干土样质量（g）。

7.1.2.1.6　注释

注 1. 溶液中 Si、Fe、Ai 等会影响甲亚胺与硼的显色，用 $BaCO_3$ 中和，使 Fe、Al 等呈氢氧化物而沉淀，硅形成硅酸钡沉淀而除去。

注 2. 加甲亚胺试剂时必须尽量准确，因试剂本身颜色较深，影响吸光值。每批样品标准样品最好要重新测定。

注 3. 避免甲亚胺试剂为光所分解，加显色剂后，宜放在暗处保存。实验室如果无空调设备，可将显好色的溶液置于 23 ℃恒温箱中显色 2 h.

7.1.2.2　碳酸钠熔融——姜黄素比色法（A 法）[1]

7.1.2.2.1　方法原理　样品经碳酸钠熔融分解后，溶液中的硼用姜黄素比色法测定。姜黄素又称姜黄或郁金黄，即 1，7-二（4-羟基-3-氧甲基苯酚）1，6-稀-3，5-庚酮（1，7bis(4-hydroxy-3-methoxyphenyl)-1，6-heptadiene-3，5-dione）。它不溶于水而易溶于甲醇、乙醇、丙酮及冰乙酸，其溶液为黄色。姜黄素的结构存在下列两种互变异构：

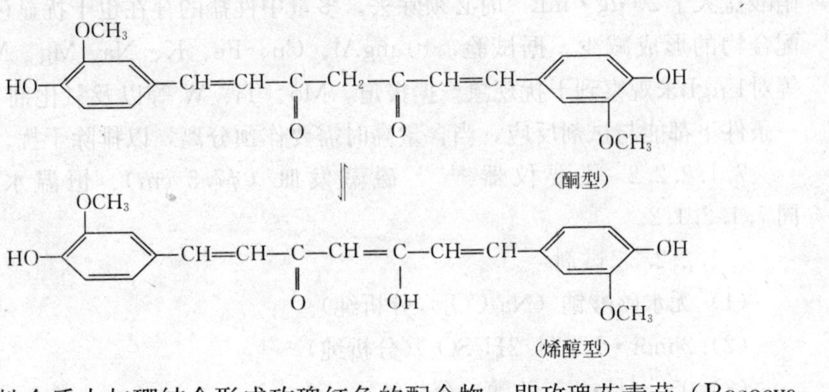

OCH_3(苯环)-HO … CH=CH—C(=O)—CH_2—C(=O)—CH=CH—(苯环)-OH, OCH_3

(酮型)

‖

OCH_3(苯环)-HO … CH=CH—C(=O)—CH=C(OH)—CH=CH—(苯环)-OH, OCH_3

(烯醇型)

在酸性介质中与硼结合形成玫瑰红色的配合物，即玫瑰花青苷（Rosocyanin）。它可能是两个姜黄素分子和一个硼原子配合而成。检出硼的灵敏度是所有比色测定硼的试剂中最高的（摩尔吸收系数 $\varepsilon_{550}=1.80\times10^5$），但实际上测得的值是在（1.4～1.6）$\times10^5$ 之间，最大吸收峰在 550 nm 处。形成的结构式如下：

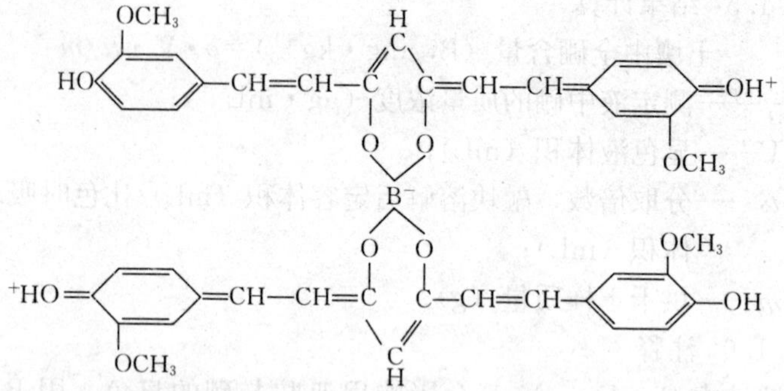

OCH₃ H OCH₃
HO—C₆H₃—CH=CH—C(—O)=CH—C(—O)=CH—CH=C₆H₃=OH⁺
B⁻
⁺HO=C₆H₃=CH—CH=C(—O)—CH=C(—O)—CH=CH—C₆H₃—OH
OCH₃ H OCH₃

玫瑰花青苷溶液在 0.001 4～0.06 $\mu g\cdot mL^{-1}$ 的硼浓度范围内符合 Beer 定理。

姜黄素与 B 配合形成玫瑰花青苷需要在无水条件下进行，有水存在会使配合物颜色强度降低。所以必须蒸干脱水显色。姜黄素与 B 蒸干显色法的灵敏度和重现性决定于姜黄素的品质以及准确控制其操作条件（如蒸干时的温度、时间、试剂量和溶剂等），甚至认为空气的湿度、温度等因影响蒸发速度和空气流动速度，对结果也有影响。故这些因素必须尽量保持一致。蒸干显色时，蒸发常用温度为 55±3 ℃，随着温度升高，反应速度加快。但灵敏度降低，再现性不良。市售的姜黄素试剂其品质有相当大的差别。故选用试剂时应特别注意。

蒸干显色后的产物玫瑰花青苷不十分稳定，遇热迅速分解。将它溶于乙醇后，在室温下 1～2 h 内稳定。硝酸盐干扰姜黄素与硼的配合物的形成，所以硝酸盐大于 20 $\mu g\cdot mL^{-1}$ 时必须除去。多量中性盐的存在也干扰显色，使有色配合物的形成减少。据试验，10 mgAl、Cu、Fe、K、Na、Mg、Mn、PO_4^{3-} 等对1 μgB未观察到干扰现象。据报道，Mo、Ti、W 等以及氧化剂和 F^- 在同一条件下都能与试剂反应，当含量高时需要作预分离，以排除干扰。

7.1.2.2.2 主要仪器[注1] 磁蒸发皿（ϕ7.5 cm）、恒温水浴，其它同 7.1.2.1.2。

7.1.2.2.3 试剂

（1）无水碳酸钠（Na_2CO_3）（分析纯）。

（2）2 mol·L^{-1}（1/2H_2SO_4）（分析纯）。

（3）950 mL·L^{-1} 乙醇（分析纯）。

（4）无水乙醇（分析纯）。

（5）姜黄素-草酸溶液。称取姜黄素 0.04 g 和草酸（$H_2C_2O_4 \cdot 2H_2O$，分析纯）5 g 溶于无水乙醇中，加入 6 mol·L^{-1} HCl 4.2 mL，移入 100 mL 石英容量瓶中，用乙醇定容（可用普通容量瓶定容后，将溶液移入塑料瓶中保存），储藏在冰箱中，有效期可延长至 3～5 天。姜黄素容易分解，最好当天配制。

（6）硼（B）标准溶液。称取 H_3BO_3（优级纯）0.571 6 g 溶于去离子水中，在容量瓶中定容成 1 L，将溶液移入干塑料瓶中保存。此即为 100 μg·mL^{-1}硼（B）标准溶液。再将其稀释 10 倍成 10 μg·mL^{-1}的硼（B）标准工作溶液。量取 10 μg·mL^{-1}溶液 1.0、2.0、3.0、4.0、5.0 mL，用水定容成 50 mL，成为 0.2、0.4、0.6、0.8、1.0 μg·mL^{-1}的标准硼系列溶液，储藏在塑料瓶中。

7.1.2.2.4 操作步骤

（1）待测液的制备（土壤样品的熔融）。称取通过 100 目筛的土壤风干或烘干样品 0.500 0 g 放在铂金坩埚中，然后加入无水碳酸钠 3 g，并且用玻璃棒搅动使之与土壤混合，在马福炉中融熔，直至反应完全，然后冷却坩埚，放入盛有蒸馏水约 50 mL 的 250 mL 石英烧杯中，盖上表面皿，分次加入 4 mol·L^{-1}（$1/2H_2SO_4$）溶液约 15 mL，用带淀帚的玻棒不断搅动，直至融溶物完全溶解，并且使其 pH 在 6.5 左右（用溴甲酚蓝作指示剂）。同时做空白试验。

将溶液转入到 500 mL 的容量瓶中。用水洗涤烧杯及坩埚，将洗液并入容量瓶中，溶液的体积勿超过 150 mL，加几滴酚酞指示剂，充分混合内容物。加入片状的 Na_2CO_3 并使之混合（加入 950 mL·L^{-1}乙醇至近 500 mL），直至溶液呈微碱性，然后加乙醇至刻度。过剩的 Na_2CO_3 结晶以及铁、铝及碱土金属发生沉淀析出，将悬浮液离心或过滤得到澄清液。

吸取清液 100 mL 于 250 mL 烧杯中，加入水 50 mL，以防止在以下步骤中产生沉淀。将溶液蒸发至 15 mL 左右，然后转入铂坩埚中（以防碱溶液侵蚀玻璃器皿），最后蒸发至干，并小心地灼烧，以破坏有机质。冷却后用吸管加入 0.1 mol·L^{-1} HCl 溶液 10 mL，并用淀帚充分捣碎残渣，然后用干滤纸滤入干塑料瓶中。

（2）溶液中硼的测定。吸取含 B 不超过 1 μg 的待测清亮滤液 1 mL（注2），放入瓷蒸发皿中，加入姜黄素-草酸溶液 4 mL。略加摇动均匀，在 55±3 ℃水浴上蒸干（注3），继续在水浴上蒸干 15 min 以除去残存水分，冷却至室温。在蒸发过程中显出红色（注4）。用移液管加入 950 mL·L^{-1} 乙醇 20 mL，用塑料棒搅动使残渣完全溶解。用干滤纸过滤到 1 cm 光径比色杯中，在 550 nm 波长处比色。用乙醇作空白调节比色计的零点（注5）。若吸收值过大，说明硼浓度过高，应该加 950 mL·L^{-1}乙醇稀释或改用 580 或 600 nm 的波长比色。

(3) 标准曲线的制作。分别吸取硼浓度分别为0.20、0.40、0.60、0.80、1.0 $\mu g \cdot mL^{-1}$标准系列硼溶液各1 mL放入瓷蒸发皿中，加姜黄素-草酸溶液4 mL，按上述步骤显色和比色。以硼（B）标准系列浓度（$\mu g \cdot mL^{-1}$）—吸收值（A）制作标准曲线。

7.1.2.2.5 结果计算

$$\text{土壤中全硼含量（B, } mg \cdot kg^{-1}\text{）} = \rho \cdot ts/m$$

式中：ρ——从标准曲线查得的硼的质量浓度（$\mu g \cdot mL^{-1}$）；

ts——分取倍数［(500/100)×(10/1)］=50；

m——烘干土样质量（g）。

7.1.2.2.6 注释

注1. 硬质玻璃中常含有硼，所使用的玻璃器皿不应与试剂、试样溶液长时间接触。应尽量储藏在塑料器皿中。

注2. 用姜黄素与待测液中硼进行显色以前，必须对干扰物质进行分离。用于土壤和水溶性硼的测定要除去NO_3^-（见土壤水溶性硼的测定）。

注3. 用本法测定硼时必须严格控制显色条件。蒸发的温度、速度和空气流速等都必须保持一致，否则再现性不良。所用的瓷蒸发皿要经过挑选。以保证其形状、大小、厚度尽可能一致。恒温水浴应尽可能采用水层较深的水浴，并且完全敞开，将瓷蒸发皿直接漂在水面上。水浴的水面应尽可能高，使蒸发皿不致被水浴的四壁挡住而影响空气的流动，以保证蒸发速度的一致。

注4. 蒸发显色后，应将蒸发皿从水浴中取出擦干，随即放入干燥器中，待比色时再随时取出。蒸发皿不应长时间曝露在空气中，以免玫瑰花青苷因吸收空气中的水分而发生水解，使测定结果不准确。显色过程最好不要停顿，如因故必须暂停工作，应在加入姜黄素试剂以前，不要在加入姜黄素试剂以后，否则会使结果不准确。

注5. 比色过程中，由于乙醇的蒸发损失，体积缩小，使溶液的吸收值发生改变，故应用带盖的比色杯比色，比色工作应尽可能迅速。同时应另作空白试验，即在不加试样的情况下，其它条件和操作过程完全相同测定的空白值从分析结果中扣除。

7.1.2.3 碳酸钠熔融——姜黄素比色法（B法）[2] 由于蒸干显色的姜黄素比色法的显色条件较苛刻，不易掌握，同时有较多的干扰离子或干扰因素影响测定结果，有时需要分离后测定硼，在实际应用时有诸多困难。所以Goldman等（1975）将上述传统的姜黄素方法作了修改，使之能快速方便地用于测定水溶液中微量的硼。

7.1.2.3.1 方法原理 提取液（或水溶液）中的硼与溶于氯仿中的2-乙

基-1，3-已二醇（2-ethyl-1，3-hexanedial）相结合，然后再与冰乙酸—姜黄素溶液反应，在一定量的硫酸存在下充分作用，形成红色配合物，用乙醇稀释后在 20 min 内在波长 550 nm 处比色测定。该法快速、准确、简便，特别适用于水溶液中硼的测定。由于该法有较高的灵敏度，在一定的程度上也适用于土壤中硼的测定。

7.1.2.3.2　主要仪器　分光光度计、聚丙烯试管（17 mm×100 mm）、搅拌器。

7.1.2.3.3　试剂

（1）1 mol·L^{-1} HCl 溶液。加浓盐酸（HCl，分析纯）81 mL 于近 900 mL 蒸馏水中，混匀，冷却后加水至 1 L；

（2）浓硫酸 [$\rho(H_2SO_4)\cong(1.84$ g·mL^{-1}，分析纯)]。

（3）950 mL·L^{-1} 乙醇（C_2H_5OH，分析纯）。

（4）2-乙基-1，3-已二醇—氯仿溶液。取 2-乙基-1，3-已二醇（2-ethyl-1，3-hexanedial）10 mL，加入氯仿（$CHCl_3$，分析纯）100 mL 中，摇匀。

（5）姜黄素溶液。称取磨细的姜黄素 0.375 g 加入冰乙酸溶液 100 mL 中，摇匀。此溶液在测定当天新鲜配制。

（6）硼（B）标准溶液。溶解硼酸（H_3BO_3，优级纯）0.571 75 g 于蒸馏水中，稀释定容成 1 L，将溶液移入干塑料瓶中保存。此即为 100 μg·mL^{-1} 硼（B）标准溶液。再将其稀释 10 倍成 10 μg·mL^{-1} 的硼（B）标准工作溶液。吸取 10 μg·mL^{-1} 溶液 0、0.5、1.0、2.0、3.0、4.0、5.0 mL，用水定容成 50 mL，成为 0、0.1、0.2、0.4、0.6、0.8、1.0 μg·mL^{-1} 的标准硼（B）系列溶液，储藏在塑料瓶中。

7.1.2.3.4　操作步骤　吸取 7.1.2.2.4（1）的待测清亮液 1 mL（含 B0.1～1.0 μg）或标准 B 溶液于聚丙烯试管中，加入 1 mol·L^{-1} HCl 溶液 2 mL，用搅拌器混匀，加入 2-乙基-1，3-已二醇—氯仿溶液 3 mL，用搅拌器混匀 0.5 min。吸取有机相试样 0.5 mL[注1] 至另一聚丙烯试管中，加入姜黄素溶液 1 mL，再加入浓 H_2SO_4 0.3 mL，充分混合后放置 15 min，用 950 mL·L^{-1} 乙醇定容为 25 mL，用分光光度计在 20 min 内测定其吸收值，比色波长为 550 nm。绘制硼（B）质量浓度—吸收值（A）标准曲线。

7.1.2.3.5　结果计算　同 7.1.2.2.5。

7.1.2.3.6　注释

注：若样品溶液含 B 大于 1.0 μg·L^{-1}，应用蒸馏水稀释至测定范围；若样品溶液含 B 小于 1.0 μg·L^{-1}，不足以对硼进行可靠测定时，可吸取较多的

有机相用小型真空蒸发器蒸发浓缩至 0.5 mL，然后进行测定。

7.1.3 土壤有效硼的测定

土壤有效硼的测试方法很多，目前国内外仍然普遍采用的是 Berger Troug (1939) 提出的热水回流浸提法。此法的土水比为 1∶2 的悬浊液在回流冷凝管下煮沸 5 min，然后测定滤液中的硼。此法与许多大田作物和蔬菜等生产的相关性最好。

其它常见方法还有 1 g · L^{-1} ($CaCl_2$ · $2H_2O$) 溶液回流 5 min 提取法 (Baker Mertnson, 1966)[3]、0.01 mol · L^{-1} 甘露糖醇—0.01 mol · L^{-1} $CaCl_2$ · $2H_2O$ 溶液提取法 (Rhacles 等，1970)[4]。它们所提取的硼与热水提取的硼相同，因为有 $CaCl_2$ 的存在，便于过滤得到澄清的滤液。

水溶液中的硼可以不经分离直接测定，一般用甲亚胺比色法和姜黄素比色法。

土壤水溶性硼的缺乏临界浓度，对一般作物来说是 0.50 mg · kg^{-1}。但可根据土壤类型和作物种类作进一步区分。例如根据土壤质地，可将轻质土壤和黏重土壤区分成三级：

土壤硼的供应水平	轻质土壤	黏重土壤
充足	>0.50 mg · kg^{-1}	>0.80 mg · kg^{-1}
适度	0.25～0.50 mg · kg^{-1}	0.4～0.8 mg · kg^{-1}
不足	0～0.25 mg · kg^{-1}	0～0.4 mg · kg^{-1}

除质地外，土壤 pH 和 $CaCO_3$ 含量等都有一定的影响。例如在酸性土壤上，1.2 mg · kg^{-1} 的水溶性 B 会使植物中毒，而在含有 $CaCO_3$ 的土壤上，则 3 mg · kg^{-1} 仍然不致使植物中毒。植物种类不同，需硼量有很大的差异。豆科和十字花科植物需硼较多，禾本科植物需硼最少。而喜硼作物例如甜菜，在土壤水溶性硼接近 1 mg · kg^{-1} 时，仍可能对硼有一定的反应。所以，对甜菜来说，缺硼临界值应当较高。我国南方甘蓝型油菜发生缺硼症状的土壤中，水溶性 B 多在 0.08～0.25 mg · kg^{-1} 之间。

7.1.3.1 沸水浸提——甲亚胺比色法

7.1.3.1.1 主要仪器 石英（或其它无硼玻璃）三角瓶 (150～250 mL)、回流装置（图 7-1）、离心机、分光光度计。

7.1.3.1.2 试剂

(1) 活性碳。处理同土壤有效磷 ($NaHCO_3$ 法) 用活性碳相同。

(2) 1.0 mol · L^{-1} (1/2$CaCl_2$ · $2H_2O$，分析纯)。

其它试剂同 7.1.2.1.3。

7.1.3.1.3 操作步骤

(1) 有效硼的提取。称取过 1 mm 筛风干土样 15.00 g 置于 150 mL 石英三角瓶中，加去离子水 30.0 mL，连接回流冷凝器后，放在电热板上煮沸 5 min（可先在电炉上加热煮沸后移至电热板上），冷却，加 1 $mol\cdot L^{-1}(1/2CaCl_2)$ 溶液 2～4 滴和一小匙活性碳（以加速澄清和除去有机质），激烈摇动，并放置 5 min 左右，用定量滤纸过滤入塑料容器中，滤液必须清亮。

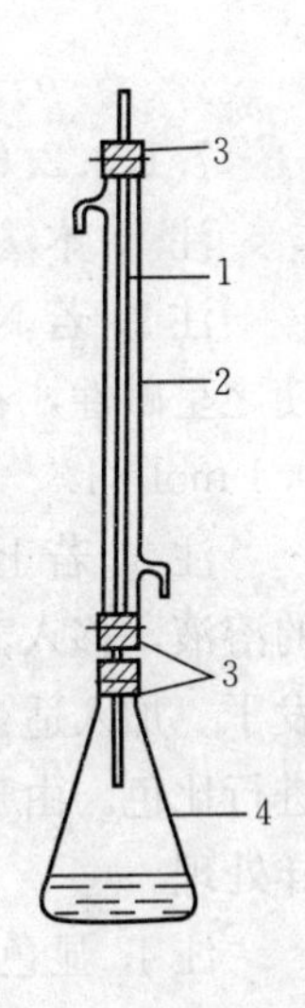

图 7-1 回流装置

1. 石英玻璃管（外径 8 mm，长 500 mm）
2. 冷凝管（普通玻璃，外径 45 mm，长约 400 mm）
3. 橡皮塞
4. 石英三角瓶（250 ml）

(2) 溶液中硼的测定。吸取滤液 10.0 mL 置于 25 mL 容量瓶中（也可用塑料瓶代替），准确加乙酸铵缓冲液 10.0 mL、甲亚胺显色溶液 5.0 mL(注1)，摇匀，置于暗处 2 h（显色过程中保温 23 ℃左右）(注2)，在分光光度计上用 420 nm 波长进行比色测定。

标准曲线的制作同 7.1.2.1.4 (2)。

7.1.3.1.4 结果计算

土壤中有效硼含量 ($B, mg\cdot kg^{-1}$) $=\rho\cdot V\cdot ts/m$

式中：ρ——测定液中硼的质量浓度 ($\mu g\cdot mL^{-1}$)；

V——显色液体积 (mL)；

ts——浸提时吸取浸提剂的体积 (mL) /比色时吸取待测定液体积 (mL)；

m——烘干土样质量 (g)。

7.1.3.1.5 注释 同 7.1.2.1.6 中注 2、注 3。

7.1.3.2 沸水浸提——姜黄素比色法(注1)

7.1.3.2.1 方法原理 同 7.1.2.2.1。

7.1.3.2.2 主要仪器 同 7.1.2.2.2。

7.1.3.2.3 试剂 同 7.1.2.2.3。

7.1.3.2.4 操作步骤

(1) 有效硼的提取。同 7.1.3.1.3 (1)(注2)。

(2) 溶液中硼的测定。吸取滤液 1.00 mL（含硼量不超过 1 μg）置于瓷蒸发皿中(注3)，以下步骤同 7.1.2.2.4 溶液中硼的测定步骤进行(注4)，同时作空白试验及标准样品的测定。

7.1.3.2.5 结果计算

$$土壤中有效硼含量\ (B, mg\cdot kg^{-1})=2\cdot\rho$$

式中：2——水土比，热水浸提时所用水的体积 (mL)/称取土壤样品的质量（g）；

ρ——测定液中硼的质量浓度（$\mu g \cdot mL^{-1}$）。

7.1.3.2.6 注释

注 1. 本法的浸提液也可以用改进的姜黄素比色法测定（见 7.1.2.3）。

注 2. 若 NO_3^- 浓度超过 20 $mg \cdot L^{-1}$ 对硼的测定有干扰，必须加 $Ca(OH)_2$ 使之呈碱性，在水浴上蒸发至干，再慢慢灼烧以破坏硝酸盐。再用一定量的 0.1 $mol \cdot L^{-1}$ HCl 溶液溶解残渣，吸取 1.0 mL 溶液进行比色测定硼。

注 3. 若土壤中的水溶性硼含量过低，比色发生困难，可以准确吸取较多的溶液，移入蒸发皿中，加少许饱和 $Ca(OH)_2$ 溶液使之呈碱性，在水浴上蒸发干。加入适当体积（例如 5 mL）的 0.1 $mol \cdot L^{-1}$ HCl 溶解。吸取 1.0 mL 进行比色。由于待测液的酸度对显色有很大影响，所以标准样品的测定也应同样处理。

注 4. 显色条件、操作条件注意事项同 7.1.2.2.6。

7.2 土壤中铜、锌的测定

7.2.1 概述[1]

土壤中的铜主要来自原生矿物，存在于矿物的晶格内。我国土壤中全铜的含量一般为 4～150 $mg \cdot kg^{-1}$，平均约 22 $mg \cdot kg^{-1}$，接近世界土壤中含铜量的平均水平（20 $mg \cdot kg^{-1}$）。全 Cu 含量与土壤母质类型、腐殖质的量、成土过程和培肥条件有关。一般基性岩发育的土壤含铜量多于酸性岩，沉积岩中以砂岩含铜最少。

我国土壤中全锌含量为 3～709 $mg \cdot kg^{-1}$，平均含量约在 100 $mg \cdot kg^{-1}$，比世界土壤的平均含锌量约 50 $mg \cdot kg^{-1}$高出一倍。土壤含锌量与成土母质中的矿物种类及其风化程度有关。一般岩浆岩和安山岩、火山灰等风化物含锌量最低。在沉积岩和沉积物中，页岩和粘板岩的风化物含锌量最高，其次是湖积物及冲积粘土，而以砂土的含锌量最低。

土壤中的铜和锌一般以下列几种形态存在：①以游离态或复合态离子形式存在于土壤溶液中的水溶态；②以非专性（交换态）或专性吸附在土壤粘粒的阳离子；③主要与碳酸盐和铝、铁、锰水化氧化物结合的闭蓄态阳离子；④存在于生物残体和活的有机体中有机态；⑤存在于原生和次生矿物晶格结构中的矿物态。它们在各种形态中的相对分配比例则取决于矿物种类结构、母质、土壤有机质含量等。土壤中的活性铜和锌主要指水溶态和非专性吸附的交换态离子。一般土壤溶液中的铜、锌含量很低，例如在 20 种石灰性土壤中水溶性铜为 0.004～0.039 mg·kg^{-1}，在一些酸性土壤上水溶性锌为 0.032～0.172 mg·kg^{-1}（Hodgson 等，1965，1966）[5,6]。

土壤中铜、锌具有很多的相同特性，因此土壤全量铜、锌的测定常放在一起讨论。它们的样品分解方法大体可以分为两类。一类为碱熔法（碳酸钠法、偏硼酸锂法等），碱熔法分解样品完全，因添加了大量的可溶性盐，在原子吸收分光光度计的燃烧器上有时会有盐结晶生成及火焰的分子吸收，致使结果偏高，可能引起污染的危险性也较大。另一类为酸溶法（氢氟酸与盐酸、硫酸、硝酸、高氯酸等酸的一种、两种或几种酸配合组成的消化方法）。在酸溶法分解样品之前，石灰性土壤须用硝酸除去碳酸盐，泥炭或腐殖质土须用双氧水除去有机质。有较多的实验表明，用含有氢氟酸的酸溶法分解样品，测定的结果与碱融法相近。但分解液中残留的氢氟酸可能会腐蚀 ASS 或 ICP 光谱仪。

溶液中铜、锌的定量常用比色法、极谱法、AAS 法和 ICP-AES 法。比色法测定铜、锌的显色剂常用的有双硫腙（Dithizone，缩写为 Dz）和二乙基二硫代氨基甲酸钠（DDTC），它们分别称作铜试剂（Cupral）和锌试剂（Zincon）。但是由于这些显色剂的专一性差，能与多种金属离子配合，对测定产生干扰，需要经过多次分离后才能测定铜、锌，操作繁琐冗长，不能满足大批量分析工作的要求。极谱法测定铜、锌也有许多离子的干扰，如测定铜时受铁的干扰等，同时经典极谱法使用大量的汞，易污染环境，故一般也不采用。ICP-AES 法虽然是较理想的测定铜、锌的方法，但受仪器普及程度的限制。原子吸收光谱仪的使用较普及，故溶液中铜、锌的定量目前一般都采用快速准确的 AAS 法。

7.2.2 土壤中全量铜、锌的测定

7.2.2.1 样品的分解——酸熔法（Jackson 法）[1]

7.2.2.1.1 方法原理 土壤样品必要时经 HNO_3（或 H_2O_2）预处理，除去碳酸盐或有机质，继用 H_2SO_4-HF 分解样品，破坏硅酸盐，再用 HNO_3-H_2SO_4-$HClO_4$ 溶解残留物，经定容稀释得到定量待测滤液。

7.2.2.1.2 主要仪器 50 mL 四聚氟乙烯试管或烧杯（或聚丙烯、硬质玻璃试管和 150 mL 四聚氟乙烯烧杯）、电热板或有孔铝块。

7.2.2.1.3 试剂 过氧化氢 [$\omega(H_2O_2) \cong 30\%$，分析纯]、氢氟酸 [$\omega(HF) \cong 48\%$，分析纯]、浓 HNO_3（优级纯）、浓 H_2SO_4（优级纯）。

7.2.2.1.4 操作步骤(注1) 称取 0.5～1.000 g 通过 100 目筛的土样（风干

或经105 ℃烘干）置于50 mL四聚氟乙烯试管（或烧杯）中。如果样品是石灰性土壤，加水25 mL和浓HNO_3溶液2 mL，置于水浴上蒸干，以除去碳酸盐；泥炭或腐殖土，加H_2O_2 10 mL在90 ℃水浴上蒸发至近干，重复用H_2O_2处理，直至不发生大量泡沫为止，以除去有机质(注2)。加浓H_2SO_4 3滴和HF10 mL放在铝块孔穴中(注3)或砂浴上，逐渐升高温度至200 ℃，蒸发溶液至干。用H_2SO_4－HF重复再处理1次。加浓HNO_3 15 mL、浓H_2SO_4 2 mL和$HClO_4$ 5 mL，继续加热至白烟产生为止。冷却，用水25 mL洗涤容器内壁，用聚丙烯棒搅拌，使Cu、Zn等都溶于溶液中，将溶液移入50 mL的容量瓶中，用去离子水定容。在样品消化的同时，作空白试验。

7.2.2.1.5 注释

注1. 锌无处不在，样品分解过程中要特别注意容器、试剂被污染。

注2. 对于一般有机质含量不高的土壤，可不必用H_2O_2处理。

注3. 在铝块加热器的试管孔中，插一个温度计，外接继电器控制温度，方便加热。

7.2.2.2 样品的分解——偏硼酸锂（$LiBO_2$）碱融法[1]

7.2.2.2.1 方法原理 土壤样品与偏硼酸锂在石墨坩埚中高温融熔，用稀硝酸溶解融块后，制备成待测溶液。

7.2.2.2.2 主要仪器 石墨坩埚（50 mL）、马福（高温）电炉、硬质烧杯。

7.2.2.2.3 试剂

（1）偏硼酸锂（$LiBO_2 \cdot 8H_2O$，分析纯）。偏硼酸锂在高温电炉中200 ℃灼烧2～3 h，失去结晶水，取出冷却，在玛瑙研钵中磨细（过100目塑料筛）。储存在塑料瓶中备用。

（2）HNO_3（分析纯）1∶9溶液。

（3）石墨粉（光谱纯）。

7.2.2.2.4 操作步骤 用差减称量法准确称取烘干土样0.100 0 g，放在9 cm定量滤纸上，另称取$LiBO_2$ 0.7 g倾倒在上述土样中，用细头玻璃棒小心地充分拌均匀，然后将玻璃棒在滤纸上擦干净，将混合物包好。在石墨坩埚内放石墨粉，使其衬垫成凹形，将上述包好的混合物放在准备好的坩埚中。

石墨坩埚先放在普通电炉上碳化，待黑烟冒尽，再将其移入高温电炉中，先在500～600 ℃灼烧10 min，再升高到900 ℃融熔15～20 min。冷却后取出坩埚，用两根细玻璃棒把熔块取出，放在150 mL硬质烧杯中（如融块表面粘有石墨粉，用清洁毛笔刷净），融块颜色一般呈半透明灰色或淡绿色。

烧杯中加 1∶9HNO_3 40 mL，使融块溶解，如果难溶可稍加热溶解。融块完全溶解后，将溶液移入 100 mL 容量瓶中，使最后的 HNO_3 浓度为 40 $mL \cdot L^{-1}$。定容，即得到待测溶液。同时做空白试验。

7.2.2.3　溶液中 Cu、Zn 的测定——AAS 法[1]

7.2.2.3.1　方法原理　原子吸收分光光度法是应用原子吸收光谱来进行分析的一种方法。当光源辐射出具有待测元素特征谱线的光通过试样所产生的原子蒸汽时，被蒸汽中待测元素的基态原子所吸收，由辐射特征谱线的光被减弱的程度来测定试样中该元素含量。

铜是原子吸收光谱法中最经常和最容易测定的元素之一。在空气/乙炔火焰里进行铜的测定没有什么干扰。溶液铜的测定可选用 324.7 nm 谱线，其灵敏度为 0.1 $\mu g \cdot mL^{-1}$%，检出限约为 0.001 $\mu g \cdot mL^{-1}$。

原子吸收光谱法测定锌也是目前最常用的方法，其灵敏度和准确度很高。在空气/乙炔火焰里进行锌的测定也没有什么干扰。普拉特和马西肯定了 1 000 $\mu g \cdot mL^{-1}$ 的硫酸盐、磷酸盐、亚硝酸盐、硝酸盐、碳酸氢盐、硅酸盐、EDTA 和 9 种其它阳离子对 1 $\mu g \cdot mL^{-1}$ Zn 的吸收值没有什么影响。但由于锌的无处不在，特别容易受到污染，因此在操作过程中特别要注意溶液被沾污。

7.2.2.3.2　主要仪器　原子吸收分光光度计。

7.2.2.3.3　试剂

（1）100 $\mu g \cdot mL^{-1}$ Cu 标准溶液。溶解纯铜 0.100 0 g 于 1∶1HNO_3 50 mL 溶液中，用去离子水稀释定容至 1 L。

（2）Cu 标准系列溶液。将 100 $\mu g \cdot mL^{-1}$ Cu 标准液用去离子水稀释 10 倍，即为 10 $\mu g \cdot mL^{-1}$ Cu 标准溶液。准确量取 10 $\mu g \cdot mL^{-1}$ Cu 标准溶液 0、2、4、6、8、10、15、20 mL 置于 100 mL 容量瓶中，用去离子水定容，即得 0、0.2、0.4、0.6、0.8、1.0、1.5、2.0 $\mu g \cdot mL^{-1}$ Cu 标准系列。

（3）100 $\mu g \cdot mL^{-1}$ Zn 标准溶液。溶解纯金属锌 0.100 0 g 于 1∶1HCl 50 mL溶液中，用去离子水稀释定容至 1 L。

（4）标准 Zn 系列溶液。将 100 $\mu g \cdot mL^{-1}$ Zn 标准液用去离子水稀释 10 倍，即为 10 $\mu g \cdot mL^{-1}$ Zn 标准溶液。准确量取 10 $\mu g \cdot mL^{-1}$ Zn 标准液 0、2、4、6、8、10 mL 置于 100 mL 容量瓶中，用去离子水定容，即得 0、0.2、0.4、0.6、0.8、1.0 $\mu g \cdot mL^{-1}$ 的 Zn 标准系列。

7.2.2.3.4　操作步骤　待测溶液、空白消化溶液和标准系列溶液用原子吸收光谱法测定铜、锌。仪器操作参数的选择参考表 7－2。

标准曲线的制作：用与样品测定同样的操作参数，将 Cu、Zn 标准系列溶液在原子吸收光谱仪上测定其吸收值（A），制作浓度（$\mu g \cdot mL^{-1}$）—吸收值

(A) 标准曲线或求得直线回归方程。

表 7-2 原子吸收光谱法测定铜锌的操作参数*

参数名称	铜 (Cu)	锌 (Zn)
最适的浓度范围 ($\mu g \cdot mL^{-1}$)	0.2~10	0.05~2
灵敏度 ($\mu g \cdot mL^{-1}\%$)	0.1	0.02
检测限 ($\mu g \cdot mL^{-1}$)	0.001	0.001
波长 (nm)	324.7	213.8
空气-乙炔火焰条件	氧化型	氧化型

* 其它条件参照仪器说明。

7.2.2.3.5 结果计算

$$\text{土壤全 Cu(或 Zn) 含量 } (mg \cdot kg^{-1}) = (\rho - \rho_0) \cdot V/m$$

式中：ρ——标准曲线查得待测液中 Cu 或 Zn 的质量浓度 ($\mu g \cdot mL^{-1}$)；

ρ_0——标准曲线查得空白消化液 Cu 或 Zn 的质量浓度 ($\mu g \cdot mL^{-1}$)；

V——消化后定容体积 (mL)；

m——烘干土的质量 (g)。

7.2.3 土壤有效铜、锌的测定[1]

鉴于植物利用土壤中的锌是随着土壤 pH 的减低而有增加的趋势，以及土壤中的可溶性锌与 pH 之间有一定的负相关的特点，最初，稀酸（如 0.1 mol · L^{-1} HCl）溶性锌或铜被广泛地用作土壤有效锌、铜的浸提。现在美国的一些地区也有用 Mehlich - I（稀盐酸-硫酸双酸法）提取剂评价土壤的有效锌（Cox，1968；Reed and Martnns，1996[7]）。应用稀酸提取剂时，必须考虑土壤的 pH，一般它们只适用于酸性土壤，而不适用于石灰性土壤。

同时提取测定多种微量元素甚至包括大量元素的提取剂的选择的研究发现，用螯合剂提取土壤养分可以相对较好地评价多种土壤养分的供应状况。早期的有双硫腙提取土壤锌法；pH = 9 的 0.05 mol · L^{-1} EDTA（乙二胺四乙酸）及 pH=7 的 0.07 mol · L^{-1} EDTA—1 mol · L^{-1} NH_4OAc 法等同时提取土壤 Zn、Mn 和 Cu 的方法。Lindsay and Norvell（1969）提出，用溶液 pH=7.3 的 DTPA（二乙基三胺五乙酸）—TEA(三乙醇胺）方法（简称为 DTPA - TEA 方法），同时提取石灰性土壤有效锌和铁。随后他们对该方法作了深入研究，指出了该法的理论基础和实用价值（Lindsay and Norvell，1978）[8]。目前该方法已经在国内外被广泛地用于中性、石灰性土壤有效锌、铁、铜和锰等的提取。此外，国外近年来常用的方法还有 pH=7.6 的 0.005 mol · L^{-1} DT-

PA—1.0 mol·L^{-1}碳酸氢铵（简称 DTPA－AB 法），用于同时提取测定近中性-石灰性土壤的有效铜、铁、锰、锌和有效磷、钾、硝态氮等养分的含量（Soltanpour 等，1982；Soltanpour，1991[9]）。该方法的理论基础与 DTPA－TEA 方法相近似，因此要注意区分这两种方法。Mehlich（1984）[19]提出的 Mehlich－III 提取剂（含有 EDTA），也被认为可以评价包括铜、锌在内的多种大量、微量元素，用 EDTA 代替 DTPA，主要是因为 DTPA 会干扰提取液中磷的比色测定（Reed and Martens，1996）[10]。

土壤有效锌、铜缺素临界值的范围与提取方法及供试作物有关（表 7－3）。

表 7－3　几种不同浸提剂的铜、锌缺素临界值（mg·kg^{-1}）

浸提剂	DTPA－TEA	Mehlich－I 或 III	DTPA－AB 或 0.1 mol·L^{-1} HCl
锌（Zn）	0.5～1.0	0.8～1.0	1.0～1.5
铜（Cu）	0.2	0.5*	0.3～0.5**

*　为 Mehlich－III 法；**　为 DTPA－AB 法。

需要指出的是，尽管提取剂种类和试剂浓度相同，但各种资料中所介绍的方法提取的温度、时间、液土比不尽一致，这也会导致测定结果的差异。另外样品的磨细程度、土壤样品的干燥过程也会影响土壤铜、锌的有效含量（Leggett and Argyle，1983）[11]。迄今为止，还没有合适的致使作物中毒的土壤有效铜、锌含量范围（Sims and Johnson，1991）[12]。

7.2.3.1　*中性和石灰性土壤有效 Zn、Cu 的测定——DTPA－TEA 浸提-AAS 法*[1]

7.2.3.1.1　方法原理　DTPA 提取剂包括 0.005 mol·L^{-1}DTPA（二乙基三胺五乙酸）、0.01 mol·$L^{-1}$$CaCl_2$ 和 0.1 mol·L^{-1}TEA（三乙醇胺）所组成，溶液 pH 为 7.30。DTPA 是金属螯合剂，它可以与很多金属离子（Zn、Fe、Mn、Cu）螯合，形成的螯合物具有很高的稳定性，从而减小了溶液中金属离子的活度，使土壤固相表面结合的金属离子解吸而补充到溶液中，因此在溶液中积累的螯合金属离子的量是土壤溶液中金属离子的活度（强度因素）和这些离子由土壤固相解吸补充到溶液中去的量（容量因素）的总和。这两种因素对测定土壤养分的植物有效性是十分重要的。DTPA 能与溶液中的 Ca^{2+} 螯合，从而控制了溶液中 Ca^{2+} 的浓度。当提取剂加入到土壤中，使土壤液保持在 pH7.3 左右时，大约有 3/4 的 TEA 被质子化（$TEAH^+$），可将土壤中的代换态金属离子置换下来。在石灰性土壤中，则增加了溶液中 Ca^{2+} 浓度，平均达 0.01 mol·L^{-1}左右，进一步抑制了 $CaCO_3$ 的溶解，同时 TEA 可以提高溶液的缓冲液能力。$CaCl_2$ 的作用是提供大量的 Ca^{2+}，抑制 $CaCO_3$ 的溶解，

避免一些对植物无效的包蔽态的微量元素释放出来。提取剂缓冲到 pH7.3，Zn、Fe 等的 DTPA 螯合物最稳定。由于这种螯合反应达到平衡时间很长，需要一星期甚至 1 个月，实验操作过程规定为 2 h，实际是一个不平衡体系，提取量随时间的改变而改变，所以实验的操作条件必须标准化，如提取的时间、振荡强度、水土比例和提取温度等。DTPA 提取剂能成功地区分土壤是否缺 Zn 和缺 Fe，也被认为是土壤有效 Cu 和 Mn 浸提测定的有希望的方法。

提取液中的 Zn、Cu 等元素可直接用原子吸收分光光度法测定。

7.2.3.1.2 主要仪器 往复振荡机、100 mL 和 30 mL 塑料广口瓶、原子吸收分光光度计。

7.2.3.1.3 试剂

(1) DTPA 提取剂（其成分为：0.005 $mol \cdot L^{-1}$ DTPA—0.01 $mol \cdot L^{-1}$ $CaCl_2$—0.1 $mol \cdot L^{-1}$ TEA，pH=7.3）。称取 DTPA（二乙基三胺五乙酸，$C_{14}H_{23}N_3O_{10}$，分析纯）1.967 g 置于 1 L 容量瓶中，加 TEA（三乙醇胺 $C_6H_{15}O_3N$）14.992 g，用去离子水溶解，并稀释至 950 mL。再加 $CaCl_2 \cdot 2H_2O$ 1.47 g，使其溶解。在 pH 计上用 6 $mol \cdot L^{-1}$ HCl 调节至 pH7.30（每升提取液约需要加 6 $mol \cdot L^{-1}$ HCl8.5 mL），最后用去离子水定容。储存于塑料瓶中。

(2) Zn 的标准溶液。100 $\mu g \cdot mL^{-1}$ 和 10 $\mu g \cdot mL^{-1}$ Zn，同 7.2.2.3.3(3) 和（4）。

(3) Cu 的标准溶液。100 $\mu g \cdot mL^{-1}$ 和 10 $\mu g \cdot mL^{-1}$ Cu，同 7.2.2.3.3 (1) 和（2）。

7.2.3.1.4 操作步骤 称取通过 1 mm 筛的风干土 25.00 g 放入 100 mL 塑料广口瓶中，加 DTPA 提取剂 50.0 mL，25 ℃振荡 2 h，过滤。滤液、空白溶液和标准溶液中的 Zn、Cu 用原子吸收分光光度计测定。测定时仪器的操作条件同 7.2.2.3.4，见表 7.2。

Cu、Zn 标准系列样品的原子吸收分光光度法测定同 7.2.2.3.3(2) 和 (4)，但用 DTPA 提取液稀释。

最后分别绘制 Cu、Zn 标准曲线

7.2.3.1.5 结果计算

土壤有效铜（或锌）含量（$mg \cdot kg^{-1}$）$=\rho \cdot V/m$

式中：ρ——标准曲线查得待测液中铜或锌的质量浓度（$\mu g \cdot mL^{-1}$）；

V——DTPA 浸提剂的体积（mL）；

m——称取土壤样品的质量（g）。

7.2.3.2 中性和酸性土壤有效 Zn、Cu 的测定——0.1 $mol \cdot L^{-1}$ HCl 浸提-AAS 法[1]

7.2.3.2.1 方法原理 0.1 mol·L^{-1} HCl 浸提土壤有效 Zn、Cu，不但包括了土壤水溶态和代换态的 Zn、Cu，还能释放酸溶性化合物中的 Zn、Cu，后者对植物的有效性则较低。本法适用于中性和酸性土壤。浸提液中的 Zn、Cu 可直接用原子吸收分光光度法测定。

7.2.3.2.2 主要仪器 同 7.2.3.1.2

7.2.3.2.3 试剂

（1）0.1 mol·L^{-1} 盐酸（HCl，优级纯）溶液。

（2）Zn 的标准溶液。100 μg·mL^{-1} 和 10 μg·mL^{-1} Zn，同 7.2.2.3.3(3) 和（4）。

（3）Cu 的标准溶液。100 μg·mL^{-1} 和 10 μg·mL^{-1} Cu，同 7.2.2.1.3(1) 和（2）。

7.2.3.2.4 操作步骤 称取通过 1 mm 筛的风干土 10.00 g 放入 100 mL 塑料广口瓶中，加 0.1 mol·L^{-1} HCl50.0 mL，25 ℃振荡 1.5 h，过滤。滤液、空白溶液和标准溶液中的 Zn、Cu 用原子吸收分光光度计测定。测定时仪器的操作条件同 7.2.2.3.4，见表 7-2。

Cu、Zn 标准系列样品的 AAS 法测定同 7.2.2.3.3(2) 和（4），但用 0.1 mol·L^{-1} HCl 提取液稀释。

7.2.3.2.5 结果计算 同 7.2.3.1.5

7.3 土壤有效锰的分析

7.3.1 概述[1]

土壤中全锰（Mn）含量比较丰富，但变幅比较大，一般在 100～5 000 mg·kg^{-1} 之间，平均为 850 mg·kg^{-1}。我国土壤中全锰含量在 42～3 000 mg·kg^{-1} 之间，平均含量为 710 mg·kg^{-1}。土壤中锰的总含量因母质的种类、质地、成土过程以及土壤的酸度、有机质的积累程度等而异，其中母质的影响尤为明显。土壤中锰的化学行为与铁十分相近。土壤中锰的形态十分复杂，而且很容易起变化。主要以 2、3、4 价的状态存在，如 Mn^{2+}、$Mn_2O_3 \cdot xH_2O$ 和 MnO_2 等，但三价锰在溶液中不稳定。引起锰形态转化的因素主要是土壤的酸碱度和氧化还原状况。当土壤在酸性（pH<6）和淹水还原的条件下，可溶性锰（主要是 Mn^{2+}）将大大增加，而在碱性和氧化条件下，可溶性锰离子被固定或成为不溶性氧化物。所以缺锰的土壤主要是质地轻的石灰性土壤。在强酸性或强还原性的水田，作物则有可能会有锰中毒的现象出现。栽培管理措施可显著影响土壤中锰的有效性。因此，土壤有效锰的测定应该采用新鲜的田间原

始土，不应该采用常规风干磨细后的土样。

土壤中锰的形态也可分为：①包括存在于土壤溶液中的游离态和与有机或无机配位体复合的阳离子的水溶态；②粘粒和有机质表面松结弛的非专性结合的交换态；③强结弛的专性结合态，包括被铁氧化物吸附的锰；④被土壤有机质吸附的锰，大部分锰通过螯合作用，结合较牢固；⑤难溶性锰沉淀物，包括大分子量的氧化态锰和与铁的水化氧化物共沉淀的锰；⑥矿物态锰，包括粘土矿物结构中部分同晶取代铝和铁的少量锰。毫无疑问，水溶态和交换态锰是作物最容易吸收利用的锰，因此，土壤有效锰分析首先应评价这两种形态锰的含量。此外，部分易还原态的锰也可能是对作物易有效的锰。这三者总和称为活性锰。因此，有效锰的提取一般用 1 mol·L^{-1} NH_4OAc 溶液和 NH_4OAc 加对苯二酚溶液作为提取剂。前者称为交换态锰（包括数量较少的水溶性锰），后者称为易还原态锰。它们的临界指标分别为 2.3 mg·kg^{-1}和 25～65 mg·kg^{-1}锰。DTPA-TEA 方法似乎同样也可以区分中性-石灰性土壤有效锰的状况(Martens ans Lindsay，1990)，近年来该方法得到较多的采用[13]。此外，还有采用稀盐酸—硫酸双酸法（Mehlich-I)、0.033 mol·L^{-1}磷酸提取剂方法等（Gambrell，1996)[14]。但土壤条件、作物种类和管理措施显著影响土壤中锰的有效性。对于酸性土壤或通气不良的土壤，水溶性锰可能是一个很好的有效性指标，pH 较高的旱作土壤则可能以交换态更好（Adams，1965)[14]。因此，对土壤有效锰测定指标的评价应该同时结合考虑土壤条件，特别是 pH、氧化还原状况、有机质含量等。

上壤提取液中的锰除了采用 ICP-AES 方法外，一般用 AAS 法最为方便。用 ICP-AES 法和 AAS 方法测定锰，它们的样液制备方法基本相同。如无这些仪器时，也可以用经典的比色法。常用的是 $KMnO_4$ 比色法（双酸法的提取液中含较多氯离子，不宜采用此法)，其它可用于锰测定的仪器分析方法有X-衍射仪、中子活化分析、离子色谱分析等，在土壤和植物样品锰的测定中很少应用。

7.3.2 土壤交换性锰的测定

7.3.2.1 1 mol·L^{-1} NH_4OAc 浸提——$KMnO_4$ 比色法[1]

7.3.2.1.1 方法原理　以 NH_4OAC 中的 NH_4^+ 将土壤胶体上的 Mn^{2+} 交换下来进入溶液，除去还原物质后，溶液中的锰离子可用高锰酸钾比色法测定。

测定锰的比色法是在将待测溶液中的 Mn^{2+} 在酸性条件下，用适当强度的氧化剂氧化为红色的 MnO_4^- 后进行比色测定。锰的氧化可采用高碘酸钾或过硫酸铵。

高碘酸钾在热酸性溶液中，将 Mn^{2+} 氧化成 MnO_4^- 的反应式如下：

$$2Mn^{2+} + 5IO_4^- + 3H_2O = 2MnO_4^- + 5IO_3^- + 6H^+$$

反应在含有 H_2SO_4、HNO_3，最好为 H_3PO_4 的酸性溶液中进行得很快。所需溶液酸度的大小取决于锰含量的多少，当锰的浓度约 1 mg · L^{-1}时，酸度须为 2 mol · L^{-1}(H^+)；锰的浓度高时，须 3.5 mol · L^{-1}(H^+)，但酸度过高，紫色又将减退成微黄色。

MnO_4^- 的吸收峰在波长 525～545 nm，其摩尔吸收系数 $\varepsilon_{525} = 2.24 \times 10^3$，浓度在 0.6～25 mg · L^{-1}Mn 范围内符合 Beer 定理。在有过量的高碘酸钾存在时，颜色在两个月内稳定。

若溶液中含有较多的氯离子、有机质、硫化物、草酸盐等还原性物质时，它们会干扰显色，如氯离子能使 MnO_4^- 还原成 Mn^{2+}，反应式如下：

$$10Cl^- + 2MnO_4^- + 16H^+ = 5Cl_2 + 2Mn^{2+} + 8H_2O$$

因而要消耗较多的 KIO_4，显然不能选用含有这些盐的试剂。盐土、水稻土或施用过大量含氯、硫肥料的土壤可能会有较高的氯、硫等，需要除去它们的干扰。可以预先加 HNO_3 或 HNO_3 - H_2SO_4 的混合酸蒸发，以分解除去这些物质。当有大量的三价铁时，则可以加入 H_3PO_4 与 Fe^{3+} 配合成无色的配合物 $[Fe(PO_4)_2]^{3-}$，同时防止过量的碘酸铁的沉淀。

高硫酸铵与高碘酸钾同样可以作为氧化剂使锰显色，其化学反应式如下：

$$2Mn^{2+} + 5S_2O_8^{2-} + 8H_2O = 2MnO_4^- + 10SO_4^{2-} + 16H^+$$

它与高碘酸钾不同之处，须加 $AgNO_3$ 为催化剂（因为 $S_2O_8^{2-}$ 进行的氧化过程很慢，关于 Ag^+ 的催化机理并不十分清楚）。

7.3.2.1.2　主要仪器　往复振荡机、分光光度计。

7.3.2.1.3　试剂

（1）1 mol · L^{-1} NH_4OAc(pH7）溶液。称取 NH_4OAc（分析纯）77.1 g 溶于大约水 900 mL 中，用 3 mol · L^{-1} HOAc 或 3 mol · L^{-1} NH_4OAc 在 pH 调节至 pH7.00±0.05，然后用去离子水稀释至 1 L。

（2）浓 HNO_3（分析纯）。

（3）过氧化氢 [$\omega(H_2O_2) \cong 30\%$，分析纯]。

（4）浓磷酸 [$\omega(H_3PO_4) \cong 85\%$，分析纯]。

（5）KIO_4（分析纯）。

（6）10 μg · mL^{-1}Mn 标准溶液。称取无水 $MnSO_4$（优级纯）0.274 9 g 溶于少量水，加浓 H_2SO_4 1 mL，用水定容至 1 L，此为 100 μg · mL^{-1}Mn 标准溶

液。将此溶液用水稀释 10 倍，成为 10 $\mu g \cdot mL^{-1}$ Mn 标准溶液。无水 $MnSO_4$ 按照下法制得：将 $MnSQ_4 \cdot 7H_2O$ 于 150 ℃烘干，移入高温电炉中于 400 ℃灼烧 2 h。

7.3.2.1.4 操作步骤

(1) 称取新鲜土样 10.0 g(注1)（土壤样品应事先捣碎，并且尽可能混匀，另称取一份新鲜土样测定土壤水分，以便计算相当于 10 g 新鲜土的干土质量），装入 250 mL 三角瓶中，加 1 $mol \cdot L^{-1}$ 中性 NH_4OAc 溶液 100 mL，加塞。在往返振荡机上振荡 0.5 h，放置 6 h，并且时加摇动。离心或过滤。

(2) 吸取滤液 20～50 mL（含 10～30 mgMn）放入 100 mL 烧杯中，在电热板上蒸干。待 NH_4OAc 烟雾不再发生为止。取下烧杯，冷却，加浓 HNO_3 5 mL和 30% H_2O_2 2 mL，加盖表面皿后，水浴上加热 30 min，以氧化有机质(注2)，然后取下表面皿蒸发溶液至干。加水 20 mL(注3)，浓 HNO_3 2 mL，浓 H_3PO_4 2 mL 和 KIO_4 0.3 g，加盖。再在电热板上加热近沸至紫色出现，再加水至约 40 mL，继续加热保持 30 min（水体积因蒸发减少，可补充加水至约 40 mL）。使显色完全，通过小漏斗倒入 50 mL 容量瓶中，并且用少量的水洗净烧杯，冷却后定容，用 540 nm 的波长进行比色测定其吸收值。由标准曲线查得显色液中 Mn 浓度。

(3) 标准曲线的制作。分别吸取 10 $\mu g \cdot mL^{-1}$ 锰标准溶液 0、5、10、15、20、25、30 mL 放入 7 个 100 mL 烧杯中，按上述步骤显色（不需要用 HNO_3 和 H_2O_2 处理），定容成 50 mL 后比色测定吸收值，绘制标准曲线。

7.3.2.1.5 结果计算

$$土壤交换性锰含量（Mn，mg \cdot kg^{-1}）= \rho \cdot V \cdot ts/(m \cdot k)$$

式中：ρ——标准曲线查得锰的质量浓度（$\mu g \cdot mL^{-1}$）；

V——显色液体积（mL）；

ts——浸提时所用浸提剂体积（mL）/测定时吸取浸提液体积（mL）；

m——土样质量（g）；

k——水分系数。

7.3.2.1.6 注释

注 1. 土壤样品经风干或放置均可以使代换性锰增加。为了避免土壤样品因处理不当给分析结果带来的影响，应当使用田间水分的新鲜土样。

注 2. 本法显色液中，必须除去所有还原性物质，如氯离子、土壤中的有机物质、浸提液中 NH_4OAc 等。

注 3. 显色时酸度须在 2～3 $mol \cdot L^{-1}$（H^+）之间，故此溶液显色时，必须事先加一定量的水，以免酸度过高。

7.3.2.2　1 mol·L^{-1} NH_4OAc 浸提——AAS 法[1]

7.3.2.2.1　方法原理　土壤用 1 mol·L^{-1} NH_4OAc（pH7）溶液浸提土壤交换态锰，得到的待测溶液用原子吸收分光光度计直接测定溶液中的锰。

在贫燃的空气/乙炔火焰里用原子吸收分光光度法测定土壤交换态锰，一般无干扰，可直接测定。当溶液中锰浓度高时，用稀释法可将燃烧灯头转一定角度，减小吸收值，使其适应仪器的测定范围，即可减少样品的稀释步骤。

测定锰的原子吸收分光光度法的仪器工作参数如下：波长，279.5 nm；火焰，空气/乙炔（氧化型）；灵敏度，0.055 mg·mL^{-1}1%；检测限，0.022 mg·mL^{-1}1%。

7.3.2.2.2　主要仪器　往返振荡机、原子吸收分光光度计。

7.3.2.2.3　试剂

(1) 1 mol·L^{-1} NH_4OAc 溶液（pH7）。同 7.3.2.1.3。

(2) 10 μg·mL^{-1} Mn 标准溶液。同 7.3.2.1.3（6）。

7.3.2.2.4　操作步骤　土壤交换性锰的提取与 7.3.2.1.4 相同，提取液可直接在原子吸收分光光度计上，于 279.5 nm 波长处直接测定锰的吸收值。

标准曲线的制作。取 10 μg·mL^{-1} LMn 标准溶液，制备成 0.05～5 μg·mL^{-1} Mn 系列标准溶液，用 1 mol·L^{-1} NH_4OAc 溶液稀释。与样品测定的同时，在相同仪器参数操作条件下，将锰标准系列溶液在原子吸收光光度计上测定其吸收值，绘制标准曲线。

7.3.2.2.5　结果计算

$$\text{土壤交换性锰含量（Mn，mg·kg}^{-1}\text{）}=\rho \cdot V/(m \cdot k)$$

式中：ρ——标准曲线查得锰的质量浓度（μg·mL^{-1}）；

V——浸提时所用浸提液的体积（mL）；

m——土样质量（g）；

k——水分系数。

7.3.3　土壤易还原性锰的测定

7.3.3.1　对苯二酚——1 mol·L^{-1} NH_4OAc 浸提，$KMnO_4$ 比色法[1]

7.3.3.1.1　方法原理　易还原性锰指对植物可能有效的部分高价锰的氧化物，主要是三、四价锰的氧化物，晶形小，且结晶程度低，所以其活性较其它形态的氧化锰大，在土壤中与二价锰保持平衡。易还原锰的浸提剂常用 1 mol·L^{-1} NH_4OAc＋2 g·L^{-1} 对苯二酚，其中对苯二酚为还原剂，与高价锰的氧化物的反应如下：

$$MnO^{2+}+C_6H_4(OH)_2+2H^+ = Mn^{2+}+C_6H_4O_2+2H_2O$$

$$Mn_2O_3+C_6H_4(OH)_2+4H^+ = 2Mn^{2+}+C_6H_4O_2+3H_2O$$

在待测液中的易还原性锰可以用比色法或 AAS 法测定。用比色法测定锰时，溶液中剩余的对苯二酚及乙酸铵等还原性物质在测定前必须加以破坏。用 AAS 法测定时，可以用土壤浸出液直接测定，并无干扰。

易还原性锰的浸提可以用浸提过交换性锰的残余土壤，再加 1 mol・L^{-1} NH_4OAc+2 g・L^{-1} 对苯二酚溶液直进行测定；也可以用原始土样直接用 1 mol・L^{-1} NH_4OAc+2 g・L^{-1} 对苯二酚溶液直接浸提，从测定结果中减去交换性锰的量即为易还原性锰的量。

7.3.3.1.2 主要仪器 同 7.3.2.2.2

7.3.3.1.3 试剂

1 mol・L^{-1} NH_4OAc+2 g・L^{-1} 对苯二酚溶液。在使用前每 1 mol・L^{-1} 中性 NH_4OAc1 000 mL 溶液中，加入对苯二酚（分析纯）2 g。

其余试剂同 7.3.2.1.3

7.3.3.1.4 操作步骤 将 7.3.2.1.4 节中已浸提过交换性锰的土壤样品（残渣）移回原 150～250 mL 塑料瓶中(注1)，或另称取 10 g 新鲜土样放在塑料瓶中(注2)，加 1 mol・L^{-1} NH_4OAc+2 g・L^{-1} 对苯二酚溶液 100 mL，在往返振荡机上振荡 0.5 h，放置 6 h，并时加摇动，离心分离或过滤。

吸取清的滤液 10～20 mL（100～300 mgMn）于 100 mL 烧杯中，以下按 7.3.2.1.4 所述步骤除去还原物和显色。

7.3.3.1.5 结果计算 同 7.3.2.1.5

7.3.3.1.6 注释

注 1. 塑料瓶应预先称重，并称出（塑料瓶＋残渣＋残留液）的量，进而计算出交换态锰的残留量，在结果计算中予以扣除。

注 2. 如果另称土样直接用 1 mol・L^{-1} NH_4OAc+2 g・L^{-1} 对苯二酚浸提时，需要从测定结果中减去交换性 Mn，才为易还原性锰的含量。

7.3.3.2 对苯二酚——1 mol・L^{-1} NH_4OAc 浸提—AAS 法[1]

7.3.3.2.1 方法原理 同 7.3.3.1.1。

浸出液中的锰直接用 AAS 计，在 279.5 nm 处测定吸收值。计算土壤中易还原性锰的含量。

7.3.3.2.2 主要仪器 同 7.3.3.1.2。

7.3.3.2.3 试剂 同 7.3.3.1.3。

7.3.3.2.4 操作步骤 土壤易还原性锰的浸提同 7.3.3.1.4。

浸出液中锰可直接用原子吸收分光光度计在 279.5 nm 处测定其吸收

值(注1)。如溶液中浓度超过仪器正常的工作范围，可用浸提剂稀释或将燃烧灯头转一定角度，减小吸收值，使其适应仪器的测定范围。仪器操作参数同 7.3.2.2.1

用 1 mol・$L^{-1}NH_4OAc$+2 g・L^{-1}对苯二酚浸提液配制成 5～60 μg・mL^{-1}Mn 的标准系列，在相同工作条件下，测定其吸收值，并绘制锰的系列质量浓度-吸收值（A）的标准曲线。

7.3.3.2.5　结果计算　同 7.3.3.1.5

7.3.3.2.6　注释

注：溶液中硅的含量高，可能会干扰锰的 AAS 法测定，可以加入少量的 Ca($CaCl_2$，约 60 μg・mL^{-1}）予以消除。

7.3.3.3　*DTPA-TEA 浸提——AAS 法*　提取剂、操作步骤和结果计算同土壤有效锌、铜的测定（7.2.3.1）。只是用 25.0 g 混匀的新鲜土样代替风干土。提取、过滤的溶液直接用原子吸收分光光度法测定。

若以风干土作为有效锰计算基础，应考虑新鲜土的水分含量。

7.4 土壤中钼的分析

7.4.1 概述[1]

土壤中全钼的含量很少，一般含量在 0.1～10 mg・kg^{-1}之间，平均为 2 mg・kg^{-1}。也有的土壤中全钼的含量较高，如有些泥碳土中钼的含量高达 20～30 mg・kg^{-1}，有的甚至超过 100 mg・kg^{-1}以上。土壤中钼的平均含量与地壳的平均含量（2.3 mg・kg^{-1}）基本一致。我国土壤的含钼量，根据现有资料，全钼量为 0.1～7.0 mg・kg^{-1}，平均为 1.7 mg・kg^{-1}。我国各地区和主要土壤类型的含量也有较大差异。东北地区各种森林土和白浆土的含钼量最为丰富，为 1.3～6 mg・kg^{-1}；其次是草甸土、黑土、黑钙土和褐色土，为 0.2～5 mg・kg^{-1}；碱土和盐土为 0.5～2 mg・kg^{-1}；栗钙土 0.1～1.2 mg・kg^{-1}；而以砂土最低，仅 0.1～0.7 mg・kg^{-1}；华中地区的红壤为 0.36～0.86 mg・kg^{-1}。江苏南部的黄棕壤和水稻土含钼量为 0.27～1.83 mg・kg^{-1}，其中以白土含钼量最低，只有 0.34～0.53 mg・kg^{-1}。

土壤中的钼可分为 4 部分：①水溶性钼。其含量只有 2.2～8.1 mg・kg^{-1}，在 pH 大于 5 时，主要以阴离子 MoO_4^{2-} 形态存在，此时土壤 pH 每提高一个单位，水溶性钼可增加 100 倍（Lindsay，1972）。②代换态钼。以 MoO_4^{2-} 或 MoO_4^- 的阴离子形态被粘土矿物吸附，这种吸附作用随 pH 减低而增强。在酸性土壤中钼酸盐牢固地被水化氧化态铁、铝（$Fe_2O_3.xH_2O$、$Al_2O_3.xH_2O$）

所提供的正电荷所吸附，因此酸性土壤容易缺钼，使用石灰可以提高酸性土壤中钼的有效性。③矿物态钼。主要以辉钼矿（MoS_2）的形态存在，以及$PbMoO_4$矿物等。它们的溶解度都较低，因此矿物态钼一般对植物是无效的。④有机结合态钼。它随着有机质的矿化被释放出来，为植物所利用。

土壤和植物中钼的分析对植物和动物营养都具有重要意义。一般豆科作物需要的钼较多（>0.5 mg·kg^{-1}），而非豆科作物需要较少（0.1～0.4 mg·kg^{-1}）。虽然植物需钼量很少，但时有发生钼的缺乏，而植物对钼的忍耐而不至发生中毒的范围较宽。相反，以钼浓度超过 10～20 mg·kg^{-1}的植物组织作饲料会导致反刍动物钼中毒（钼诱导的铜缺乏）。除了石灰性土壤，城市生活污泥、污水的大量施用、采矿活动等都可能带来大量的钼。据（Sims，1996）报道[12]，生活污泥中钼的平均含量可达 11～15 mg·kg^{-1}。这可能会加剧动物钼毒症的发生。

土壤有效钼主要是指水溶性和代换态钼。由于土壤含钼量和作物需钼量均很低，而且土壤条件差异和作物种子所含一定数量的钼影响作物对土壤钼的需求，相比其它微量元素，评价土壤有效钼供应状况的提取方法的确定更为困难。常见的一些提取剂有：Tamm 溶液（pH3.3 的草酸-草酸铵）、热水（Lowe and Massey，1965）[16]、阴离子交换树脂（Bhella and Dawson，1972[17]；Sims，1996[12]）、DTPA-AB（Soltanpour 等，1991[9]）等。目前应用较多的仍然是 Tamm 溶液浸提法，该法所浸提的钼一般包括交换态和一部分铝铁氧化物中的钼，一般土壤这部分钼的含量 0.02～0.14 mg·kg^{-1} Mo；在酸性土壤上，豆科植物对钼肥可能有反应的土壤有效钼 0.15～0.2 mg·kg^{-1}。该法浸提的有效钼临界值为 0.1～0.2 mg·kg^{-1}。近年来有研究认为，pH 调整为 6.0 的草酸铵比 pH3.3 的草酸-草酸铵提取的土壤钼更能反映土壤钼的供应状况（Sims，1996）[12]。

溶液中微量钼的测定方法常用的有比色法、极谱法和 ICP-AES 法，也可以用 AAS 法。钼的比色测定以硫氰酸盐比色法用得最为广泛，是测定钼的经典方法。但该法将提取的六价钼用还原剂还原成五价钼再与硫氰酸根形成琥珀色的配合物是逐级形成的，各级配合物的颜色不一样，所以该法对试剂的浓度和酸度有严格的要求。此外，土壤待测溶液中大量的铁、铝、铜等干扰测定。虽然该法的灵敏度较高（0.5～15 mg·L^{-1}），由于土壤中钼，尤其是有效钼的含量很低，一般需要有机溶剂萃取后比色。而常用的有机浓缩剂四氯化碳是致癌物质，对人体健康有影响。因此在操作过程中对人体需要采用一定的保护措施。

用 AAS 法测定钼时，由于钼的原子化所需的解离能高，在乙炔/空气火焰中，仅有部分钼原子化，测定的灵敏度低，在 10^{-6} 数量级才能被测出，需要用乙炔/N_2O 高温火焰或浓缩方法，才能使钼的浓度提高到能适应 AAS 法的灵敏度。如用石墨炉无焰原子化方法（Curtis and Grusovin，1985）[18]，最好有自动化加样设备，才能提高其精密度。因此一般实验室应用 AAS 法测定钼有一定的困难。

近年来由于催化波的应用，极谱法测定钼的灵敏度远远超过了比色法，在常规分析中已逐渐被广泛使用。如无极谱仪，可采用经典的硫氰酸铵比色法。

7.4.2 土壤中全量钼的测定

7.4.2.1 $HClO_4$—HNO_3 消煮——催化极谱法[1]

7.4.2.1.1 方法原理　测定土壤样品全钼的分解方法，可以用碳酸钠碱熔融法或酸溶法（如 HF - $HClO_4$ 法，HF - HCl 法和 $HClO_4$ - HNO_3 法等）。消煮分解后的溶液经过滤，滤液蒸干除去 HNO_3、$HClO_4$ 后，用催化极谱法测定溶液中的钼。

在氯酸盐、羟基酸存在时，钼产生催化波的机理是：在硫酸-苦杏仁酸（苯羟乙酸）体系中，钼与苦杏仁酸形成的配合物强烈地被吸附于电极表面，产生电极反应，六价钼被还原成五价的钼，与此同时，在溶液中产生化学反应，五价的钼被氧化为六价的钼，反应式如下：

$$Mo^{6+}\text{—苦杏仁酸} + e = Mo^{5+}\text{—苦杏仁酸} \quad (1)$$

$$6Mo^{5+}\text{—苦杏仁酸} + ClO_3^- + 6H^+ = 6Mo^{6+}\text{—苦杏仁酸} + Cl^- + 3H_2O \quad (2)$$

反应式（1）和（2）反复进行，其中 Mo^{5+} 为催化体，整个反应的结果，Mo^{6+} 从反应（2）中不断得到补充，Mo^{6+} 的实际浓度并没有变化，消耗的物质是 ClO_3^-。所以极限催化电流比 Mo^{6+} 的极限扩散电流高得多，催化电流约为扩散电流的 $1.5\times10^3 \sim 3.0\times10^4$ 倍左右，使钼的检测下限达到 0.06 $\mu g \cdot L^{-1}$ 左右，而且干扰元素少，又不需要除氧，故该法为钼测定方法中最灵敏的方法。

钼催化极谱的测定条件：据试验，在硫酸-苯羟乙酸体系中，在 0.25 $mol \cdot L^{-1}$ H_2SO_4、0.1 $mol \cdot L^{-1}$ 苦杏仁酸、250 $g \cdot L^{-1}$ $NaClO_3$ 中，其测定的灵敏度最高。钼的起波电位 -0.1 V，峰值电位 -0.22 V。由于温度对钼的催化电流影响较大，温度系数为 4.4%/度，因此作极谱图时应在恒温条件下或在相同温度下进行。铁锰含量较高时影响钼的催化极谱法测定，当铁和锰的含量分别高于钼的含量 15 000 倍和 2 000 倍时，钼的催化波明显增高。因此对于铁锰含量高的样品，必须排除其干扰。

7.4.2.1.2 主要仪器　电热板、恒温水浴、极谱仪。

7.4.2.1.3 试剂

(1) 1 mol · L^{-1} H_2SO_4（优级纯）溶液。

(2) 高氯酸（$HClO_4$，优级纯，ρ=1.60 g · mL^{-1}）。

(3) 硝酸（HNO_3，优级纯，ρ=1.42 g · mL^{-1}）。

(4) 0.4 mol · L^{-1}苯羟乙酸［苦杏仁酸，$C_6H_5CH(OH)COOH$，分析纯］。

(5) 500 g · L^{-1}氯酸钠（$NaClO_3$，分析纯）溶液。

(6) 732*强酸性阳离子交换树脂。新树脂需经活化后使用，使用过的树脂经再生处理后可继续使用。再生时先用 2 mol · L^{-1} NaOH 溶液处理，用水洗去碱后，再用 2 mol · L^{-1} HCl 处理，用水洗尽酸，沥干后备用。

(7) 标准 Mo 溶液。称取氧化钼（MoO_3，优级纯）0.150 0 g 溶解于 0.1 mol · L^{-1} NaOH 溶液 10 mL 中，加盐酸使其呈微酸性，用去离子水稀释定容至 1 L。此即为 100 μg · mL^{-1} Mo 标准溶液。吸取该溶液 10.00 mL 定容至 1 L，即为 1 μg · mL^{-1}的 Mo 标准溶液。

7.4.2.1.4 操作步骤

(1) 称取通过 100 筛的风干或经 105 ℃烘干土样 1.000 g 置于 100 mL 硬质烧杯中，加浓 HNO_3 20 mL，在电热板上低温加热氧化有机质。再加 $HClO_4$（试剂 2）10 mL，继续加热直到冒大量白烟和有机物的颜色消失为止。全部消煮过程大约需要 1 h。所得的溶液应为无色，残渣为浅灰色。同时做空白试验。加水 15 mL 溶解残渣，过滤，滤液收集在 150 mL 的硬质烧杯中，用 6 mol · L^{-1} HCl 洗残渣 3 次，每次用 10～15 mL，最后用水洗 3 次。

(2) 将滤液放在电热水浴锅上蒸发至干，加 6 mol · L^{-1} HCl 溶液 1 mL 溶解残渣，在电热板上低温蒸干，加 0.3 mol · L^{-1} HCl 溶液 10 mL 和 732*阳离子交换树脂 1 g，摇动数次，放置过夜[注1]，次日将清液倾至另一只 50 mL 硬质烧杯中，用 0.3 mol · L^{-1} HCl 溶液 3～5 mL 清洗树脂，洗涤液并入烧杯中，如此洗涤 7～8 次，将烧杯中溶液在电热板上低温蒸干，依次加入 1 mol · L^{-1} H_2SO_4 2.5 mL，0.4 mol · L^{-1}苯羟乙酸溶液 2.5 mL，500 g · L^{-1} $NaClO_3$ 溶液 5 mL 溶解残渣，0.5 h 后移入电解杯中，在极谱仪上从－0.1 V 开始记录钼的极谱波[注2]，测量峰后波的波高。依据标准曲线计算样品钼的含量。

(3) 标准曲线的制作。将 1 μg · mL^{-1} Mo 标准溶液用去离子水稀释成 0.02 μg · mL^{-1} Mo 标准溶液。分别吸取含 0、0.04、0.08、0.16、0.24 μgMo 标准溶液于 6 个 50 mL 硬质烧杯中，加 1∶1HCl 溶液 1 mL，在电炉上低温蒸干，加 0.3 mol · L^{-1} HCl 溶液 10 mL 和 732*阳离子交换树脂 1 g。以下同待测液一样处理。处理好的溶液，在与待测液相同条件下，于极谱仪上测定钼的极谱波，测量峰后波的波高，作钼的质量-峰后波高度的标准曲线。

7.4.2.1.5 结果计算

土壤全钼（Mo）含量（$mg \cdot kg^{-1}$）$=\rho/m$

式中：ρ——标准曲线查得钼的质量（μg）；

m——土样质量（g）；

7.4.2.1.6 注释

注 1. 用阳离子交换树脂分离锰时，盐酸的浓度应保持为 0.3 $mol \cdot L^{-1}$；树脂的用量也要控制在 1 g（干树脂）左右。标准溶液必须同样用树脂处理。

注 2. 极谱催化波受温度的影响较大，温度系数为 4.4%/度，因此极谱测定应在同一温度下进行。

7.4.2.2 $HClO_4$—HNO_3 消煮——(NH_4SCN 比色法)[1]

7.4.2.2.1 方法原理 测定土壤样品全钼的分解方法，用 $HClO_4$ - HNO_3 法。溶液中的六价钼，在酸性条件和 NH4sCN（或 KSCN）存在下，被还原剂还原为五价钼。

$$2H_2MoO_4+SnCl_2+2HCl \longrightarrow 2HMoO_3+SnCl_4+2H_2O$$

五价钼与 CNS^- 反应，形成琥珀色配合物，$Mo(CNS)_5$ 用有机溶剂（乙酸乙酯或异丙醚等）萃取后比色测定。此配合物的最大吸收峰在波长 470 nm 处，摩尔吸收系数 $\varepsilon_{470}=1.95\times10^4$。在盐酸介质、乙酸异戊酯萃取，测定范围 0.5～15 $\mu g \cdot mL^{-1}$。硫氰酸盐配合物的逐级形成是该配合物的一个重要特性，Mo^{5+} 与 CNS^- 的配合也有类似的情况。

$$Mo^{5+}+3CNS^- = [Mo(CNS)_3]^{2+}$$

$$[Mo(CNS)_3]^{2+}+2CNS^- = Mo(CNS)_5 \text{（琥珀色）}$$

$$Mo(CNS)_5+CNS^- = [Mo(CNS)_6]^-$$

其最大吸光度出现于 $Mo^{5+}:CNS^-=1:5$，$Mo(CNS)_5$ 的离解常数较小，由于硫氰酸盐的逐级形成，并且各级配合物的颜色也不一样，所以在测定过程中，既要保持过量的显色剂，硫氰酸盐的加入量应为钼量的 10^4～10^5 倍，否则会形成吸光度低的 $MoO(CNS)_3$ 的配合物，使结果偏低。又需保持试剂浓度的一致，以保证良好的重现性。

硫氰酸钼配合物在盐酸体系中，用 $SnCl_2$ 作还原剂时显色酸度为 0.8～1.7 $mol \cdot L^{-1}H^+$，酸度过低，显色慢，酸度过高颜色不稳定，易褪为黄色溶液。如在硫酸体系中用 $SnCl_2$ 还原，其酸度为 1.0～2.5 $mol \cdot L^{-1}H^+$。

大量的铁、铜、钨、铝等干扰测定，对于土壤植物中铜、钨和铝等含量很少，不致引起干扰，大量 Fe^{3+} 的存在与 CNS^- 形成红色的硫氰酸铁，干扰比色测定，但少量 Fe^{3+} 存在时，加 $SnCl_2$ 还原剂后，Fe^{3+} 被还原成 Fe^{2+} 以后，不但不干扰钼的测定，反而会使硫氰酸钼的颜色加深，并可增加五价钼的稳定性，因此，在测定不含铁或含铁很少的试样时，应加入 $FeCl_3$ 溶液。溶液的含

铁量或 $FeCl_3$ 的加入时，应等于或大于溶液的含钼量。铂的干扰是采用铂器皿时引入的，形成的铂氯酸再被还原呈黄色，故测定钼时应避免使用铂器皿。

7.4.2.2.2 主要仪器 125 mL 分液漏斗、分光光度计等。

7.4.2.2.3 试剂

(1) 浓盐酸（优级纯）。

(2) 100 g·L^{-1} $SnCl_2$ 溶液。溶解氯化亚锡（$SnCl_2$，分析纯）10 g 于浓盐酸 10 mL 中，必要时加热（低沸），溶解后用去离子水稀释至 100 mL，新鲜配制。

(3) 49 g·L^{-1} $FeCl_3$ 溶液。溶解三氯化铁（$FeCl_3 \cdot 6H_2O$，分析纯）49 g 于去离子水中，稀释至 1 L。

(4) 425 g·L^{-1} $NaNO_3$ 溶液。溶解硝酸钠（$NaNO_3$，分析纯）42.5 g 于去离子水中，稀释至 100 mL。

(5) 异丙醚（Isopropyl ether）。使用前将异丙醚放在分液漏斗中，用 $SnCl_2 : NH_4SCN : H_2O = 1 : 1 : 1$ 洗涤，其用量相当于异丙醚体积的 1/10，振荡，静置分层后，弃去水相，用 2 mol·L^{-1} HCl 洗涤，用量为异丙醚的 1/10，振荡后，弃去水相，如此重复 4～5 次。

(6) 100 g·L^{-1} NH_4SCN 溶液。溶解硫氰酸铵（NH_4SCN，分析纯）50 g 于去离子水中，稀释至 500 mL。

(7) 标准钼（Mo）溶液。同 7.4.2.1.3 (7)。

7.4.2.2.4 操作步骤

(1) 样品分解。按 7.4.2.1.4 (1) 步骤用 $HClO_4 - HNO_3$ 法分解样品。

(2) 显色测定。将滤液放在电热水浴锅上蒸发至干，用 6 mol·L^{-1} HCl 溶液 9 mL 溶解残渣(注1)，转移洗入 125 mL 分液漏斗中，加水至总体积约 40 mL（使含 Mo1～3 μg，含 1.2 mol·L^{-1} HCl），依次加入 49 g·L^{-1} $FeCl_3$ 溶液 1 mL，425 g·L^{-1} $NaNO_3$ 溶液 1 mL(注2)，100 g·L^{-1} NH_4SCN 溶液 5 mL 和 100 g·L^{-1} $SnCl_2$ 溶液 5 mL(注3)。每加入一种溶液必须充分摇匀，打开瓶塞，用去离子不冲洗瓶颈和塞子（如有机相要通过瓶颈倒出，则漏斗颈部上残留的试剂和水分必须除尽）(注4)，最后准确加入纯化的异丙醚 10 mL，摇动 2～3 min，静置分层后(注5)，分离除去水相，用干滤纸擦净瓶颈，从分液漏斗的上部转移有机相溶液至 15 mL 离心管中，离心 5 min(注6)，将离心好的溶液放入 1 cm比色皿中，在 470 nm 处进行比色。

(3) 标准曲线的制作。量取 1 μg·mL^{-1} Mo 标准溶液 0、0.5、1.0、2.0、3.0、4.0、5.0 mL 于分液漏斗中（最终在有机相中 Mo 的浓度分别为 0、0.05、0.1、0.2、0.3、0.4、0.5 μg·mL^{-1} Mo），各加 6 mol·L^{-1} HCl 溶液 9 mL，加水至总体积约 40 mL（使含 1.2 mol·L^{-1} HCl），此后显色步骤同上。

7.4.2.2.5　结果计算

$$土壤中\ Mo(mg \cdot kg^{-1}) = \rho \cdot V/m$$

式中：ρ——标准曲线查得 Mo 的质量浓度（$\mu g \cdot mL^{-1}$）；

V——显色液体积（10 mL）；

m——土样质量（g）。

7.4.2.2.6　注释

注 1. 显色时溶液的酸度应严格控制，只有在本文中所述酸度下，过量的 $SnCl_2$ 才会使 Mo^{6+} 还原为 Mo^{5+}。

注 2. 适量的硝酸根存在，可控制还原作用的强度，以防止五价钼被 $SnCl_2$ 还原为三价钼。

注 3. 显色时试剂加入的顺序不宜改变，必须先加入 NH_4SCN，而后加入 $SnCl_2$。否则易形成钼的含氯配合物，可能是 $K_2(MoOCl_5)$、$K_2(MoO_2Cl_3)$或 $K_3(MoCl_4)$，即使再加入 SCN^- 也难于使其转化成硫氰酸钼。

注 4. 分液漏斗的颈部必须保持无残余试剂和水分。因为最后在有机相中的 Mo 配合物要从分液漏斗颈部倾出时，被试剂和水分"沾污"。

注 5. 在有机相中的颜色应为琥珀色，如果带红色，表示为 $Fe(SCN)_3$ 存在，干扰测定，分离除去水相后，可再加入 100 $g \cdot L^{-1}$ $SnCl_2$ 溶液 5 mL 至有机相，激烈搅动，反萃取除去 Fe^{3+} 的干扰。

注 6. 离心分离除去微量水分，这一步骤很重要，因静置时，微小水分不易全部很快从有机相中分离出来，结果增强了有机相的浊度，给比色带来很大的误差。

7.4.3　土壤有效钼的测定

7.4.3.1　草酸-草酸铵浸提，催化极谱法[1]

7.4.3.1.1　方法原理　Tamm 溶液是 pH3.3 的草酸-草酸铵溶液，它具备了弱酸性、还原性、阴离子的代换作用和配合作用，能浸提水溶性的、交换态的钼和溶解相当数量的铁、铝氧化物中的钼。浸提的溶液经除去草酸盐和干扰离子后，用催化极谱法测定溶液中的钼。此法优点是灵敏度高，且容易掌握。当样品中铁、锰的含量高时，干扰钼的测定，可用阳离子交换树脂除去铁和锰后用本法测定。活性铁、锰含量低的土壤（如石灰性土壤）则破坏草酸盐和有机质后，不经分离铁、锰，可直接用本法测定。

7.4.3.1.2　主要仪器　同 7.4.2.1.2。

7.4.3.1.3　试剂　7.4.2.1.3 中（4）、（5）、（6）、（7）。

7.4.3.1.4　操作步骤

（1）土壤有效钼的浸提。称取通过 1 mm 尼龙筛的风干土壤 5.00 g，置于 100 mL 塑料瓶中，加草酸—草酸铵浸提剂 50 mL。塞严瓶塞后在往返振荡机上振荡 8 h 或过夜。过滤（滤纸事先用 6 mol·L^{-1} HCl 洗净），弃去最初 5～10 mL 滤液。

（2）土壤有效钼的测定。吸取滤液（含 0.02～0.24 μgMo）5～10 mL，置于 50 mL 硬质烧杯中，在电热板上低温蒸干。移入高温电炉中，在 450 ℃下灼烧 4 h，冷却。

石灰性土壤或有机质少的砂质土壤的浸出液蒸干后灼烧成灰白色或灰黄色时，可以不经分离铁、锰，直接加 1 mol·L^{-1} H_2SO_4 2.5 mL、0.4 mol·L^{-1} 苯羟乙酸溶液 2.5 mL 和 500 g·L^{-1} $NaClO_3$ 溶液 5.0 mL 溶解残渣。0.5 h 后移入电解杯中，在极谱仪上从 −0.1 V 开始记录钼的极谱波。测量峰后波的波高，依据标准曲线计算样品钼的含量。

酸性土壤或浸出液中铁、锰含量高的土壤样品，需要分离铁、锰后测定。其操作步骤同 7.4.2.1.4（2）。

（3）标准曲线的制作。同 7.4.2.1.4（3）。

7.4.3.1.5 结果计算

$$土壤有效钼（Mo）^{(注2)}(mg\cdot kg^{-1})=\rho\cdot ts/m$$

式中：ρ——标准曲线查得 Mo 的质量（$\mu g\cdot mL^{-1}$）；

ts——分取倍数，浸提时所用浸提液的体积（mL）/测定时吸取浸提液的体积（mL）；

m——土样质量（g）。

7.4.3.1.6 注释

注 1. 溶液在蒸干过程中要防止溅出，特别是浓度愈高，溅出的危险愈大。所以最后应在水浴上蒸干。放在高温电炉之前，残渣必须完全蒸干，否则有在高温灼烧时有溅出的危险。

注 2. 土壤中钼的有效性受 pH 的影响较大，pH 升高（4.7～7.5 范围）则钼的有效性增加，所以也有人用钼值［pH＋有效钼含量（mg·kg^{-1}）×10］来表示。当钼值＜6.2，土壤中缺乏钼；钼值＝6.2～8.2，土壤中钼供应中等；钼值＞8.2，土壤中钼供应充足。应用钼的临界指标时还应考虑土壤中其它离子如 Ca^{2+}、PO_4^- 和 SO_4^{2-} 的量，因为钙、磷促进植物对钼的吸收，而硫却抑制植物对钼的吸收[20]。

7.4.3.2 草酸-草酸铵浸提（NH_4SCN 比色法）[1]

7.4.3.2.1 方法原理 Tamm 溶液是 pH3.3 的草酸-草酸铵溶液，其中具备了弱酸性、还原性阴离子代换作用和配合作用，能浸提水溶性的、交换态的和溶解本当数量铁铝氧化物中的钼。溶液中的钼用 NH_4SCN 比色法测定。

7.4.3.2.2　主要仪器　往复振荡机、高温电炉、其它同 7.4.2.2.2。

7.4.3.2.3　试剂

（1）草酸——草酸铵浸提剂。草酸铵［$(NH_4)_2C_2O_4 \cdot H_2O$，分析纯］24.9 g 与草酸（$H_2C_2O_4 \cdot 2H_2O$，分析纯）12.6 g 溶于去离子水中，定容为 1 L。pH3.3，必要时在定容前用 pH 计校正。试剂中应不含钼。

（2）其它试剂同 7.4.2.2.3。

7.4.3.2.4　操作步骤　称取过 1 mm 塑料筛风干土样 25.00 g，置于 500 mL塑料瓶中，加草酸—草酸铵浸提剂 250 mL。塞紧后在往复振荡机上振荡 8 h或过夜，用事先经 6 mol·L^{-1} HCl 洗净的滤纸过滤，弃去最初 10～15 mL 滤液。

取滤液 200 mL（含 Mo 不超过 6 μg）在 250 mL 硬质玻璃烧杯中，于电热板上蒸发至小体积，移入 50 mL 的硬质玻璃烧杯中，在水浴上继续蒸发至干(注1)。移入高温电炉中在 450 ℃灼烧，破坏草酸盐和有机物。取出冷却后，加 6 mol·L^{-1} HCl 溶液 9 mL 溶解残渣，必须完全移入 125 mL 分液漏斗，加水至体积为 40 mL。以下步骤同 7.4.2.2.4（2）步骤进行显色、萃取和比色。

标准曲线的制作同 7.4.2.2.4（3）步骤。

7.4.3.2.5　结果计算

$$土壤中有效\ Mo(mg \cdot kg^{-1}) = \rho \cdot V \cdot ts/m$$

式中：ρ——标准曲线查得 Mo 的质量浓度（$\mu g \cdot mL^{-1}$）；

V——显色液体积（10 mL）；

ts——分取倍数，浸提时所用浸提剂的体积（mL）/测定时吸取浸出液的体积（mL）；

m——土样质量（g）。

7.4.3.2.6　注释

注：溶液在蒸干过程中，要防止溅出，浓度越高溅出的危险越大，最后在水浴上蒸干，放入高温电炉之前，残渣必须完全蒸干，否则在高温灼烧时有溅出的危险。

主要参考文献

[1] 南京农业大学主编．土壤农化分析（二版）．北京：中国农业出版社．1996，171～199

[2] D. L. Sparks et al. ed. Methods of soil analysis. Part 3 Chemical Methods. SSSA/ASA, Madison，WI，USA. 1996，665～681

[3] Baker A. S. & Mortensen，Soil Sci. 1966，102～173

[4] Rhoades J. D. et al，Soil Sci.，Soc. Amr. Proc. 1970，34：871～875

[5] Hodgson, J. F., Geering, H. R., and Norvell, W. A. Micronutrient cation complexes in soil solution Partition between complexed and uncomplexed forms by solvent extraction. Soil Sci. Am. Proc. 1965, 29: 665~669

[6] Hodgson, J. F., Lindsay, W. L., and Trierweiler, J. F. Micronutrient cation complexes in soil solution II. Complexing of zinc and copper in displaced solution from calcacerous soils. Soil Sci. Am. Proc. 1966, 30: 723~726

[7] Reed, S. T., and Martens, D. C. 1996, Copper and Zinc. In: D. L. Sparks et al. (eds.) Methods of soil analysis Part 3 Chemical Methods. SSSA/ASA, Madison, WI, USA. 1996, 703~721

[8] Lindsay, W. L. and Norvell, W. A. Development of a DTPA test for Zn, Fe, Mn, and Cu. Soil Sci. Soc. Am. J. 1978, 42: 421~428

[9] Soltanpour, P. N., Determination of Nutrient Avaiablity and Elememtal Toxicity by AB-DTPA, Soil test and ICPS. In: Stewart (ed.) Advance inSoil Sci. Vil. 16 Springer-Verlag, Inc., New York. 1991, 165~190

[10] Sparks et al ed., Methods of soil analysis part 3, Chemical methods. 1996, 709~711 and 713~715

[11] Legget, G. E., and Argyle, D. P. The DTPA-extractable Fe, Mn, Cu, and Zn from neutral and calcareous soils dried under different conditions. Soil Sci. Soc. Am. J. 1983, 47: 518~522

[12] Sims, J. T., Molybolemum and Cobalt. In: D. L. Sparks et al (ed.) Methods of Soil Analysis, Part 3 Chemical Methods. SSSA/ASA, Madison, WI, USA. 1996, 423~737

[13] Martens, D. C., and Lindsay, W. L. Testing soils for copper, Iron, manganese, and zinc. In: R. L. Westernan et al. (eds.) Soil testing and plant analysis. 3rd ed. SSSA, Madison, WI, USA. 1990, 229~264

[14] Gambrell, R. P. Manganese. In: D. L. Sparks et al. (eds.) Methods of soil analysis. Part 3 Chemical Methods. SSSA/ASA, Madison, WI, USA. 1996, 665~681

[15] Adams, F. Mangnese. In: C. A. Black et al. (eds.) Methods of soil analysis. Part 2. Agron. Monogr. 9. ASA, Madison, WI, USA. 1965, 1011~1018

[16] Lowe, R. H., and Massey, H. F. Hot water extraction for available soil Mo. Soil Sci. 1965, 100: 238~143

[17] Bhella, H. S., and Dawson, M. D. The use of anion exchange resin for determining available soil molybdenum. Soil Sci. Soc. Am. Proc. 1972, 36: 177~178

[18] Curtis, P. R., and Grusovin, J. Determination of molydenum in plant tissue by graphite furnace atomic absorption spectrophotometry (GFAAS) Commu. Soil Sci. Plant Anal. 1985, 16: 1279~1291

[19] Mehlich, A. Mehlich 3 soil test extractant: A modification of Mehlich 2 extractant. Commum Soil Sci. Plant Anal. 1984, 15: 1409~1416

[20] 中国土壤学会农业化学专业委员会编．土壤农业化学常规分析方法．1983，157～158

思　考　题

1. 有哪些影响土壤微量元素生物有效性的因子？土壤 pH 对硼、钼、锌、铁、锰、铜的有效性影响有何不同？以锰的测定为例，简述如何正确评价土壤有效养分的测定结果。

2. 为尽可能减少污染，在样品采集到测定的全过程中土壤微量元素分析应该注意哪些问题？

3. 姜黄素法和甲亚胺法测定溶液中硼的工作范围、测定条件。怎样看待它们各自的优缺点？

4. DTPA－TEA 提取溶液中各种试剂成分、浓度、pH 的主要作用。DTPA－TEA 和 DTPA－AB 两种提取剂在组分和用途上有何不同？

5. 催化极谱法测定土壤微量钼的原理是什么？有哪些主要干涉因子？怎样消除？

第八章

土壤阳离子交换性能的分析

8.1 概　述

土壤中阳离子交换作用，早在19世纪50年代已为土壤科学家所认识。当土壤用一种盐溶液（例如醋酸铵）淋洗时，土壤具有吸附溶液中阳离子的能力，同时释放出等量的其它阳离子如 Ca^{2+}、Mg^{2+}、K^{+}、Na^{+} 等。它们称为交换性阳离子。在交换中还可能有少量的金属微量元素和铁、铝。Fe^{3+}（Fe^{2+}）一般不作为交换性阳离子。因为它们的盐类容易水解生成难溶性的氢氧化物或氧化物。

土壤吸附阳离子的能力用吸附的阳离子总量表示，称为阳离子交换量（cation exchange capacity，简作（Q），其数值以厘摩尔每千克（$cmol \cdot kg^{-1}$）表示。土壤交换性能的分析包括土壤阳离子交换量的测定、交换性阳离子组成分析和盐基饱和度、石灰、石膏需要量的计算。

土壤交换性能是土壤胶体的属性。土壤胶体有无机胶体和有机胶体。土壤有机胶体腐殖质的阳离子交换量为200～400 $cmol \cdot kg^{-1}$。无机胶体包括各种类型的粘土矿物，其中2∶1型的粘土矿物如蒙脱石的交换量为60～100 $cmol \cdot kg^{-1}$，1∶1型的粘土矿物如高岭石的交换量为10～15 $cmol \cdot kg^{-1}$。因此，不同土壤由于粘土矿物和腐殖质的性质和数量不同，阳离子交换量差异很大。例如东北的黑钙土的交换量为30～50 $cmol \cdot kg^{-1}$，而华南的土壤阳离子交换量均小于10 $cmol \cdot kg^{-1}$，这是因为黑钙土的腐殖质含量高，粘土矿物以2∶1型为主；而红壤的腐殖质含量低，粘土矿物又以1∶1型为主。

阳离子交换量的测定受多种因素影响。例如交换剂的性质、盐溶液的浓度和pH等，必须严格掌握操作技术才能获得可靠结果。作为指示阳离子常用的有 NH^{4+}、Na^{+}、Ba^{2+}，亦有选用 H^{+} 作为指示阳离子。各种离子的置换能力为 $Al^{3+} > Ba^{2+} > Ca^{2+} > Mg^{2+} > NH^{4+} > K^{+} > Na^{+}$。$H^{+}$ 在一价阳离子中置换能力最强。在交换过程中，土壤交换复合体的阳离子，溶液中的阳离子和指示阳离子互相作用，出现一种极其复杂的竞争过程，往往由于不了解这种作用，而使交换不完全。交换剂溶液的 pH 是影响阳离子交换量的重要因素。阳离子交换量是由土壤胶体表面的净负电荷量决定的。无机、有机胶体的官能团产生的正负电荷和数量则因溶液的 pH 和盐溶液浓度的改变而变动。在酸性土壤中，一部分负电荷可能为带正电荷的铁、铝氧化物所掩蔽，一旦溶液 pH 升高，铁、铝呈氢氧化物沉淀而增强土壤胶体负电荷。尽管在常规方法中，大多数都考虑了交换剂的缓冲性，例如酸性、中性土壤用 pH7.0，石灰性土壤用 pH8.2 的缓冲溶液，但是这种酸度与土壤，尤其是酸性土壤原来的酸度可能相差较大而影响结果。

最早测定阳离子交换量的方法是用饱和 NH_4Cl 反复浸提，然后从浸出液中 NH^{4+} 的减少量计算出阳离子交换量。该方法在酸性非盐土中包括了交换性 Al^{3+}，即后来所称的酸性土壤的实际交换量（$Q_{+,E}$）。后来改用 1 mol·L^{-1} NH_4Cl 淋洗，然后用水、乙醇除去土壤中过多的 NH_4Cl，再测定土壤中吸附的 NH^{4+}（Kelly and Brown，1924）。当时还未意识到在田间 pH 条件下，用非缓冲性盐测定土壤阳离子交换量更合适，尤其对高度风化的酸性土。但根据其化学计算方法，已经发现土壤可溶性盐的存在影响测定结果。后来人们改用缓冲盐溶液如乙酸铵（pH7.0）淋洗，并用乙醇除去多余的 NH^{4+} 以防止吸附的 NH^{4+} 水解（Kelley，1948；Schollenberger and Simons，1945）。这一方法在国内外应用非常广泛，美国把它作为土壤分类时测定阳离子交换量的标准方法。但是，对于酸性土特别是高度风化的强酸性土壤往往测定值偏高。因为 pH7.0 的缓冲盐体系提高了土壤的 pH，使土壤胶体负电荷增强。同理，对于碱性土壤则测定值偏低（Kelley，1948）。

由于 $CaCO_3$ 的存在，在交换清洗过程中，部分 $CaCO_3$ 的溶解使石灰性土壤交换量测定结果大大偏高。对于含有石膏的土壤也存在同样问题。Mehlich A（1942）最早提出用 0.1 mol·L^{-1} $BaCl_2$—TEA（三乙醇胺）pH8.2 缓冲液来测定石灰性土壤的阳离子交换量。在这个缓冲体系中，因 $CaCO_3$ 的溶解受到抑制而不影响测定结果。但是，土壤 SO_4^{2-} 的存在将消耗一部分 Ba^{2+} 使测定结果偏高。Bascomb（1964）改进了这一方法，采用强迫交换的原理用 $MgSO_4$ 有效地代换被土壤吸附的 Ba^{2+}。平衡溶液中离子强度对阳离子交换量的测定有影响，因此在清洗过程中，固定溶液的离子强度非常重要。一般浸提溶液的离子强度应与田间条件下的土壤离子强度大致相同。经过几次改进后，$BaCl_2$—$MgSO_4$ 强迫交换的方法，能控制土壤溶液的离子强度，是酸性土壤阳离子交换量测定的良好方法，也可用于其他各种类型土壤，目前它是国际标准方法。本章凡选用的国标法中，为了全书编目，文字及法定计单位的统一，略加修改，其他内容均不变，特此说明。

8.2 酸性土交换量和交换性阳离子的测定

8.2.1 酸性土交换量的测定

8.2.1.1 $BaCl_2$—$MgSO_4$（强迫交换）法[4,5]

8.2.1.1.1 方法原理　用 Ba^{2+} 饱和土壤复合体

$$\left[\text{土}\right]\begin{matrix}Ca^{2+}\\Mg^{2+}\\K^{+}\\Na^{+}\end{matrix}+nBaCl_2\rightleftharpoons\left[\text{土}\right]\begin{matrix}Ba^{2+}\\Ba^{2+}\\Ba^{2+}\end{matrix}+CaCl_2+MgCl_2+KCl+NaCl+(n-3)BaCl_2$$

经 Ba^{2+} 饱和的土壤用稀 $BaCl_2$ 溶液洗去大部分交换剂之后，离心称重，求出残留稀 $BaCl_2$ 溶液量。再用定量的标准 $MgSO_4$ 溶液交换土壤复合体中的 Ba^{2+}。

$$[\text{土}]xBa^{2+}+yBaCl_2\text{（残留量）}+zMgSO_4\rightleftharpoons[\text{土}]xMg^{2+}+yMgCl^{2+}(z-x-y)MgSO_4+(x+y)BaSO_4\downarrow$$

调节交换后悬浊液的电导率使之与离子强度参比液一致，从加入 Mg^{2+} 总量中减去残留于悬浊液中的 Mg^{2+} 的量，即为该样品阳离子交换量。

8.2.1.1.2 主要仪器　离心机、电导仪、pH 计。

8.2.1.1.3 试剂

（1）0.1 $mol\cdot L^{-1}$ $BaCl_2$ 交换剂。溶解 24.4 g$BaCl_2\cdot 2H_2O$，用蒸馏水定容到 1 000 mL。

（2）0.002 $mol\cdot L^{-1}$ $BaCl_2$ 平衡溶液。溶解 0.488 9 g$BaCl_2\cdot 2H_2O$，用去离子水定容到 1 000 mL。

（3）0.01 $mol\cdot L^{-1}\left(\frac{1}{2}MgSO_4\right)$溶液。溶解 $MgSO_4\cdot 7H_2O$ 1.232 g，并定容到 1 000 mL。

（4）离子强度参比液（0.003 $mol\cdot L^{-1}\left(\frac{1}{2}MgSO_4\right)$。溶解 0.370 0 g$MgSO_4\cdot 7H_2O$ 于水中，定容到 1 000 mL。

（5）0.10 $mol\cdot L^{-1}\left(\frac{1}{2}H_2SO_4\right)$溶液。量取 H_2SO_4（化学纯）2.7 mL，加蒸馏水稀释至 1 000 mL。

8.2.1.1.4 测定步骤 称取风干土 2.00 g 于预先称重（m_0）的 30 mL 离心管中，加入 0.1 mol·L^{-1} $BaCl_2$ 交换剂 20.0 mL，用胶塞塞紧，振荡 2 h。在 10 000 r·min^{-1}下离心，小心弃去上层清液。加入 0.002 mol·L^{-1} $BaCl_2$ 平衡溶液 20.0 mL，用胶塞塞紧，先剧烈振荡，使样品充分分散，然后再振荡 1 h。离心，弃去清液。重复上述步骤两次，使样品充分平衡。在第 3 次离心之前，测定悬浊液的 pH($pHBaCl_2$)。弃去第 3 次清液后，加入 0.01 moL·L^{-1} $\left(\frac{1}{2}MgSO_4\right)$溶液 10.00 mL 进行强迫交换，充分搅拌后放置 1 h。测定悬浊液的电导率 EC_{susp}和离子强度参比液 0.003 mol·L^{-1} $\left(\frac{1}{2}MgSO_4\right)$溶液的电导率 EC_{ref}。若 $EC_{susp}<EC_{ref}$，逐渐加入 0.01 mol·L^{-1} $\left(\frac{1}{2}MgSO_4\right)$溶液，直至 $EC_{susp}=EC_{ref}$，并记录加入 0.01 mol·L^{-1} $\left(\frac{1}{2}MgSO_4\right)$溶液的总体积（$V_2$）；

若 $EC_{susp}>EC_{ref}$，测定悬浊液 pH(pH_{susp})，若 $pH_{susp}>pH_{BaCl_2}$超过 0.2～3 单位，滴加 0.10 mol·L^{-1} $\left(\frac{1}{2}H_2SO_4\right)$溶液直至 pH 达到 pH_{BaCl_2}；加入去离子水并充分混和，放置过夜，直至两者电导率相等为止。如有必要，再次测定并调节 pH_{susp} 和 EC_{susp}，直至达到以上要求，准确称离心管加内容物的质量（m_1）。

8.2.1.1.5 结果计算

土壤阳离子交换量 Q_+（CEC，cmol·kg^{-1}）=100（加入 Mg 的总量－保留在溶液在 Mg 的量）/土样质量

$$Q_+=\frac{(0.1+c_2V_2-c_3V_3)\times100}{m}$$

式中：Q_+——阳离子交换量（cmol·kg^{-1}）；

0.1——用于强迫交换时加入 0.01 mol·L^{-1} $\left(\frac{1}{2}MgSO_4\right)$溶液 10 mL；

c_2——调节电导率时，所用 0.01 mol·L$\left(\frac{1}{2}MgSO_4\right)$溶液的浓度；

V_2——调节电导率时，所用的 0.01 mol·L$\left(\frac{1}{2}MgSO_4\right)$溶液的体积（mL）；

c_3——离子强度参比液的浓度 0.003 mol·L$\left(\frac{1}{2}MgSO_4\right)$溶液；

V_3——悬浊液的终体积［$m_1-(m_0+2.00\ g)$］；

m——烘干大样品质量（g）。

8.2.1.2 1 mol·L^{-1}乙酸铵交换法（GB7863－87）[3]

8.2.1.2.1 方法原理 用 1 mol·L^{-1}乙酸铵溶液（pH7.0）反复处理土壤，使土壤成为NH^{4+}饱和土。用 950 ml·L^{-1}乙醇洗去多余的乙酸铵后，用水将土壤洗入开氏瓶中，加固体氧化镁蒸馏。蒸馏出的氨用硼酸溶液吸收，然后用盐酸标准溶液滴定。根据NH^{4+}的量计算土壤阳离子交换量。

8.2.1.2.2 试剂

（1）1 mol·L^{-1}乙酸铵溶液（pH7.0）。称取乙酸铵（CH_3COONH_4，化学纯）77.09 g 用水溶解，稀释至近 1 L。如 pH 不在 7.0，则用 1∶1 氨水或稀乙酸调节至 pH7.0，然后稀释至 1 L。

（2）950 mL·L^{-1}乙醇溶液（工业用，必须无NH^{4+}）。

（3）液体石蜡（化学纯）。

（4）甲基红—溴甲酚绿混合指示剂。称取溴甲酚绿 0.099 g 和甲基红 0.066 g 于玛瑙研钵中，加少量 950 mL·L^{-1}乙醇，研磨至指示剂完全溶解为止，最后加 950 mL·L^{-1}乙醇至 100 mL。

（5）20 g·L^{-1}硼酸—指示剂溶液。称取硼酸（H_3BO_3，化学纯）20 g，溶于 1 L 水中。每升硼酸溶液中加入甲基红—溴甲酚绿混合指示剂 20 mL，并用稀酸或稀碱调节至紫红色（葡萄酒色），此时该溶液的 pH 为 4.5。

（6）0.05 mol·L^{-1}盐酸标准溶液。每升水中注入浓盐酸 4.5 mL，充分混匀，用硼砂标定。标定剂硼砂（$Na_2B_4O_7 \cdot 10H_2O$，分析纯）必须保存于相对湿度 60%～70%的空气中，以确保硼砂含 10 个结合水，通常可在干燥器的底部放置氯化钠和蔗糖的饱和溶液（并有二者的固体存在），密闭容器中空气的相对湿度即为 60%～70%。

称取硼砂 2.382 5 g 溶于水中，定容至 250 mL，得 0.05 mol·L^{-1} $\left(\frac{1}{2}Na_2B_4O_7\right)$标准溶液。吸取上述溶液 25.00 mL 于 250 mL 锥形瓶中，加 2 滴溴甲酚绿—甲基红指示剂（或 0.2%甲基红指示剂），用配好的 0.05 mol·L^{-1}盐酸溶液滴定至溶液变酒红色为终点（甲基红的终点为由黄突变为微红色）。同时做空白试验。盐酸标准溶液的浓度按下式计算，取 3 次标定结果的平均值。

$$c_1=\frac{c_2\times V_2}{V_1-V_0} \tag{1}$$

式中：c_1——盐酸标准溶液的浓度（mol·L^{-1}）；

V_1——盐酸标准溶液的体积（mL）；

V_0——空白试验用去盐酸标准溶液的体积（mL）；

c_2——（1 /2$Na_2B_4O_7$）标准溶液的浓度（mol·L^{-1}）；

V_2——用去（1/2$Na_2B_4O_7$）标准溶液的体积（mL）。

（7）pH10 缓冲溶液。称取氯化铵（化学纯）67.5 g 溶于无二氧化碳的水中，加入新开瓶的浓氨水（化学纯，ρ=0.9 g·mL^{-1}，含氨 25%）570 mL，用水稀释至 1 L，贮于塑料瓶中，并注意防止吸收空气中的二氧化碳。

（8）K—B 指示剂。称取酸性铬蓝 K0.5 g 和萘酚绿 B1.0 g，与 105 ℃烘过的氯化钠 100 g 一同研细磨匀，越细越好，贮于棕色瓶中。

（9）固体氧化镁。将氧化镁（化学纯）放在镍蒸发皿或坩埚内，在 500～600 ℃高温电炉中灼烧半小时，冷后贮藏在密闭的玻璃器皿内。

（10）纳氏试剂。称取氢氧化钾（KOH，分析纯）134 g 溶于 460 mL 水中。另称碘化钾（KI，分析纯）20 g 溶于 50 mL 水中，加入大约碘化汞（HgI_2，分析纯）3 g，使溶解至饱和状态。然后将两溶液混合即成。

8.2.1.2.3　主要仪器　电动离心机（转速 3 000～4 000 r·min^{-1}）、离心管（100 mL）、开氏瓶（150 mL）、蒸馏装置。

8.2.1.2.4　测定步骤

（1）称取通过 2 mm 筛孔的风干土样 2.0 g，质地较轻的土壤称 5.0 g，放入 100 mL 离心管中，沿离心管壁加入少量 1 mol·L^{-1} 乙酸铵溶液，用橡皮头玻璃棒搅拌土样，使其成为均匀的泥浆状态。再加 1 mol·L^{-1} 乙酸铵溶液至总体积约 60 mL，并充分搅拌均匀，然后用 1 mol·L^{-1} 乙酸铵溶液洗净橡皮头玻璃棒，溶液收入离心管内。

（2）将离心管成对放在粗天平的两盘上，用乙酸铵溶液使之质量平衡。平衡好的离心管对称地放入离心机中[注1]，离心 3～5 min，转速 3 000～4 000 r·min^{-1}，如不测定交换性盐基，离心后的清液即弃去，如需测定交换性盐基时，每次离心后的清液收集在 250 mL 容量瓶中，如此用 1 mol·L^{-1} 乙酸铵溶液处理 3～5 次，直到最后浸出液中无钙离子反应为止[注2]。最后用 1 mol·L^{-1} 乙酸铵溶液定容，留着测定交换性盐基。

（3）往载土的离心管中加少量 950 mL·L^{-1} 乙醇，用橡皮头玻璃棒搅拌土样，使之其成为泥浆状态，再加 950 ml·L^{-1} 乙醇约 60 mL，用橡皮头玻璃棒充分搅匀，以便洗去土粒表面多余的乙酸铵，切不可有小土团存在[注3]。然后将离心管成对放在粗天平的两盘上，用 950 mL·L^{-1} 乙醇溶液使之质量平衡，并对称放入离心机中，离心 3～5 min，转速 3 000～4 000 r·min^{-1}，弃去酒精溶液。如此反复用酒精洗 3～4 次，直至最后 1 次乙醇溶液中无铵离子为止，用纳氏试剂检查铵离子。

(4) 洗净多余的铵离子后，用水冲洗离心管的外壁，往离心管内加少量水，并搅拌成糊状，用水把泥浆洗入 150 mL 开氏瓶中，并用橡皮头玻璃棒擦洗离心管的内壁，使全部土样转入开氏瓶内，洗入水的体积应控制在 50～80 mL。蒸馏前往开氏瓶内加入液状石蜡 2 mL 和氧化镁 1 g，立即把开氏瓶装在蒸馏装置上。

(5) 将盛有 20 g・L^{-1}硼酸指示剂吸收液 25 mL 的锥形瓶（250 mL），放置在用缓冲管连接的冷凝管的下端。打开螺丝夹（蒸汽发生器内的水要先加热至沸），通入蒸汽，随后摇动开氏瓶内的溶液使其混合均匀。打开开氏瓶下的电炉电源，接通冷凝系统的流水。用螺丝夹调节蒸汽流速度，使其一致，蒸馏约 20 min，馏出液约达 80 mL 以后，应检查蒸馏是否完全。检查方法：取下缓冲管，在冷凝管下端取几滴馏出液于白瓷比色板的凹孔中，立即往馏出液内加 1 滴甲基红-溴甲酚绿混合指示剂，呈紫红色，则示氨已蒸完，蓝色需继续蒸馏（如加滴纳氏试剂，无黄色反应，即表示蒸馏完全）。

(6) 将缓冲管连同锥形瓶内的吸收液一起取下，用水冲洗缓冲管的内外壁（洗入锥形瓶内），然后用盐酸标准溶液滴定。同时做空白试验。

8.2.1.2.5 结果计算

$$Q_{+}=\frac{c\times(V-V_0)}{m_1}\times 100 \tag{2}$$

式中：Q_{+}——阳离子交换量（cmol・kg^{-1}）；

c——盐酸标准溶液的浓度（mol・L^{-1}）；

V——盐酸标准溶液的用量（mL）；

V_0——空白试验盐酸标准溶液的用量（mL）；

m_1——烘干土样质量（g）。

8.2.1.2.6 注释

注 1. 如无离心机也可改用淋洗法。参阅文献[4] 97～99 页。

注 2. 检查钙离子的方法。取最后 1 次乙酸铵浸出液 5 mL 放在试管中，加 pH 10 缓冲液 1 mL，加少许 K—B 指示剂。如溶液呈蓝色，表示无钙离子；如呈紫红色，表示有钙离子，还要用乙酸铵继续浸提。

注 3. 用少量乙醇冲洗并回收橡皮头玻棒上粘附的粘粒（编者注）。

8.2.1.3 交换性阳离子加和法

8.2.1.3.1 方法原理 用中性乙酸铵浸提法测得的交换性盐基阳离子总量（Ca^{2+}、Mg^{2+}、K^{+}、Na^{+}）与氯化钾交换—中和滴定法测得的交换性酸总量（H^{+}、Al^{3+}）之和表示酸性土壤的实际阳离子交换量（$Q_{+,E}$）。

8.2.1.3.2 分析步骤 分别见交换性钙、镁、钾、钠的测定和交换酸的测定。

8.2.1.3.3 结果计算

$$Q_{+,E}=Q_{+,B}+Q_{+,A}$$

式中：$Q_{+,E}$——土壤实际阳离子交换量（$cmol\cdot kg^{-1}$）；

$Q_{+,B}$——交换性盐基总量（$cmol\cdot kg^{-1}$）；

$Q_{+,A}$——交换性酸总量（$cmol\cdot kg^{-1}$）。

8.2.2 土壤交换性盐基及其组成的测定

交换性盐基是指土壤胶体吸附的碱金属和碱土金属离子（K^+、Na^+、Ca^{2+}、Mg^{2+}）。各个离子的总和为交换性盐基总量，它与交换量之比即土壤盐基饱和度。盐基饱和度是土壤的特性，可为土壤改良利用和土壤分类提供重要依据。

测定交换性盐基的方法很多。NH_4OAc 是测定交换性盐基最常用的方法，NH_4OAc 淋出液含有土壤可交换的 K^+、Na^+、Ca^{2+}、Mg^{2+}，直接用火焰光度法测定 K^+、Na^+，原子吸收光度法测定 Ca^{2+}、Mg^{2+}，这样可以了解盐基组成的相对含量和盐基总量，有快速方便的特点；亦可将溶液蒸干灼烧后制成含盐基离子的溶液后用 EDTA 络合滴定法测定 Ca^{2+}、Mg^{2+}，含量。当不需要测定盐基成分时，可将蒸干灼烧后的残渣采用中和滴定法测定盐基总量。

8.2.2.1 交换性盐基总量的测定（GB7864—87）[3]

8.2.2.1.1 方法原理　土壤用中性 1 $mol\cdot L^{-1}$ NH_4OAc 处理后的浸出液，包含全部交换性盐基，它们都以醋酸盐状态存在。将浸出液蒸干，灼烧，碱金属和碱土金属的盐，最后大部分转化为碳酸盐、氧化物，用过量的 0.1 $mol\cdot L^{-1}$ 盐酸溶解灼烧残渣，以标准 0.05 $mol\cdot L^{-1}$ NaOH 滴定过量的酸，按实际耗酸量计算交换性盐基总量。

8.2.2.1.2 试剂

(1) 1.0 $g\cdot L^{-1}$ 甲基红指示剂。

(2) 0.05 $mol\cdot L^{-1}$ 氢氧化钠标准溶液。称取氢氧化钠（分析纯）2.0 g 用无二氧化碳的水定容至 1 L，摇匀过夜。用邻苯二甲酸氢钾标定。

称取经 110 ℃烘干的邻苯二甲酸氢钾（$KHC_8H_4O_4$，分析纯）2.552 8 g 溶于水，定容至 250 mL 得 0.050 0 $mol\cdot L^{-1}$ 的邻苯二甲酸氢钾标准溶液。吸取该液 25 mL 于 150 mL 锥形瓶中，加入 5 $g\cdot L^{-1}$ 酚酞指示剂 1～2 滴，用待标定的 0.05 $mol\cdot L^{-1}$ 氢氧化钠溶液滴定至溶液由无色变为浅红色，并在 30 s 内不褪色为终点。同时做空白试验。按下式计算氢氧化钠的浓度。取 3 次标定结果的平均值。

$$c_1=\frac{c_2\times V_2}{V_1-V_0} \tag{3}$$

式中：c_1——氢氧化钠溶液的浓度（$mol\cdot L^{-1}$）；

V_1——标定时用去氢氧化钠溶液的体积（mL）；

V_0——空白试验用去氢氧化钠溶液的体积（mL）；

c_2——邻苯二甲酸氢钾的浓度（$mol\cdot L^{-1}$）；

V_2——邻苯二甲酸氢钾的体积（mL）。

（3）0.1 $mol\cdot L^{-1}$盐酸标准溶液。取浓盐酸 9 mL，用水定容至 1 L。吸取该溶液 15 mL，以酚酞作指示剂，用已标定好的 0.05 $mol\cdot L^{-1}$氢氧化钠标准溶液标定其准确浓度：

$$c_3=\frac{c_1\times V_1}{V_3} \tag{4}$$

式中：c_3——盐酸标准溶液的浓度（$mol\cdot L^{-1}$）；

V_3——盐酸标准溶液的体积（mL）；

c_1——氢氧化钠标准溶液的浓度（$mol\cdot L^{-1}$）；

V_1——标定时用去标准氢氧化钠溶液的体积（mL）。

8.2.2.1.3 主要仪器 高温电炉、瓷蒸发皿（100 mL）。

8.2.2.1.4 测定步骤 吸取 1 $mol\cdot L^{-1}$乙酸铵处理土壤的浸出液 50～100 mL 放入瓷蒸发皿中，在水浴锅上蒸干。蒸干后的瓷蒸发皿放入 470～500 ℃高温电炉中灼烧 15 min，冷却后加 0.1 $mol\cdot L^{-1}$盐酸标准溶液 10.00 mL，用橡皮头玻璃棒小心擦洗瓷蒸发皿的内壁并搅匀，使残留物溶解，慎防产生的二氧化碳气体溅失溶液，低温加热 5 min，冷却后，加甲基红指示剂 1 滴，用 0.05 $mol\cdot L^{-1}$氢氧化钠标准溶液滴定至突变为黄色。

8.2.2.1.5 结果计算

$$\text{交换性盐基总量}（Q_{+,B}，cmol\cdot kg^{-1}）=\frac{(c_1\times V_1-c_2\times V_2)\times ts}{m_1\times k_2}\times 100 \tag{5}$$

式中：c_1——盐酸标准溶液的浓度（$mol\cdot L^{-1}$）；

V_1——盐酸标准溶液的体积（mL）；

c_2——氢氧化钠标准溶液的浓度（$mol\cdot L^{-1}$）；

V_2——氢氧化钠标准溶液的体积（mL）；

ts——分取倍数，$ts=\frac{\text{浸出液总体积（mL）}}{\text{吸取浸出液体积（mL）}}=\frac{250}{50\sim100}$

m_1——风干土样质量（g）；

k_2——将风干土换算成烘干土的水分换算系数。

8.2.2.2 土壤交换性钙和镁的测定——1 mol·L^{-1}乙酸铵交换—原子吸收分光光度法（GB7865—87（2））[3]

8.2.2.2.1 方法原理 以1 mol·L^{-1}乙酸铵为土壤交换剂，用原子吸收分光光度法测定土壤交换性钙、镁时，所用的钙、镁标准溶液中应加入同量的1 mol·L^{-1}乙酸铵溶液，以消除基体效应。此外，在土壤浸出液中，还应加入释放剂锶（Sr），以消除铝、磷和硅对钙测定的干扰。

8.2.2.2.2 试剂

（1）1000 μg·mL^{-1}钙（Ca）标准溶液。称取碳酸钙（$CaCO_3$，分析纯，经110 ℃烘4 h）2.497 2 g溶于1 mol·L^{-1}盐酸溶液中，煮沸赶去二氧化碳，用水洗入1 L容量瓶中，定容。

（2）1 000 μg·mL^{-1}镁（Mg）标准溶液。称取金属镁（光谱纯）1.000 0 g溶于少量6 mol·L^{-1}盐酸溶液中，用水洗入1 L容量瓶，定容。

（3）钙、镁标准系列混合溶液（其中含钙1~24 μg·mL^{-1}，含镁0~6 μg·mL^{-1}）。分别吸取不同量的1 000 μg·mL^{-1}钙（Ca）和1 000 μg·mL^{-1}镁（Mg）的标准溶液，用1 mol·L^{-1}乙酸铵溶液定容配制成含钙（Ca）1、4、8、12、16、20、24 μg·mL^{-1}和镁（Mg）0.5、1、2、3、4、5、6 μg·mL^{-1}的混合溶液。各混合液中应先加入30 g·L^{-1}氯化锶（$SrCl_2 \cdot 6H_2O$）溶液，使配制的溶液中含锶（Sr）1 000 μg·mL^{-1}。

（4）1 mol·L^{-1}乙酸铵溶液（pH7.0）。同8.2.1.2.2试剂（1）。

8.2.2.2.3 主要仪器 原子吸收分光光度计。

8.2.2.2.4 测定步骤 吸取1 mol·L^{-1}乙酸铵溶液处理土壤的浸出液（8.2.1.2.4）20.00 mL于25 mL容量瓶中，加30 g·L^{-1}氯化锶（$SrCl_2 \cdot 6H_2O$）溶液2.5 mL，用1 mol·L^{-1}乙酸铵溶液定容。定容后的溶液直接在选定工作条件的原子吸收分光光度计上用422.7 nm（钙）和285.2 nm（镁）波长处测定吸收值。在成批样品测定过程中，要按一定时间间隔用标准溶液校正仪器。

先用标准系列溶液在相同条件下测定吸收值，绘制浓度—吸收值工作曲线。

根据待测液中钙、镁的吸收值，分别在工作曲线上查得钙、镁的质量浓度（μg·mL^{-1}）。

8.2.2.2.5 结果计算

$$土壤交换性钙（1/2Ca^{2+}，cmol \cdot kg^{-1}）=\frac{\rho \times V \times ts}{m_1 \times 20.04 \times 1\,000} \times 100 \quad (6)$$

$$\text{土壤交换性镁}(1/2Mg^{2+},\ cmol\cdot kg^{-1})=\frac{\rho\times V\times ts}{m_1\times 12.153\times 1\,000}\times 100 \quad (7)$$

式中：ρ——从工作曲线上查得待测液的钙（或镁）质量浓度（$\mu g\cdot mL^{-1}$）；

V——测读液体积（25 mL）；

ts——分取倍数，$ts=\frac{\text{浸出液总体积(mL)}}{\text{吸取浸出液体积(mL)}}=\frac{250}{20}$；

m_1——烘干土样质量（g）；

20.04——$\frac{1}{2}Ca^{2+}$的摩尔质量（$g\cdot mol^{-1}$）；

12.153——$\frac{1}{2}Mg^{2+}$的摩尔质量（$g\cdot mol^{-1}$）；

1 000——将微克换算成毫克。

8.2.2.3 土壤交换性钾和钠的测定——1 mol·L^{-1}乙酸铵溶液交换—火焰光度法（GB7866—87）[3]

8.2.2.3.1 方法原理 用1 mol·L^{-1}乙酸铵溶液交换的土壤浸出液（8.2.1.2.4），直接在火焰光度计上测定钾和钠，从工作曲线上查出相应的浓度（mg·L^{-1}）。

钾和钠的标准溶液必须用1 mol·L^{-1}乙酸铵溶液配制。

8.2.2.3.2 试剂

（1）1 000 mg·L^{-1}钠（Na）标准溶液。准确称取氯化钠（NaCl，分析纯，经105 ℃烘4 h）2.542 2 g溶于水，定容至1 L。

（2）1 000 mg·L^{-1}钾（K）标准溶液。准确称取氯化钾（KCl，分析纯，经105 ℃烘4 h）1.906 8 g，溶于水，定容至1 L。

（3）钾、钠标准系列混合溶液。分别吸取不同量的1 000 $\mu g\cdot mL^{-1}$钾（K）和1 000 $\mu g\cdot mL^{-1}$钠（Na）的标准溶液，用1 mol·L^{-1}乙酸铵溶液稀释配制成含钾（K）和钠（Na）各为5、10、15、20、30、50 $\mu g\cdot L^{-1}$的系列混合溶液。

8.2.2.3.3 主要仪器 火焰光度计。

8.2.2.3.4 测定步骤 将配制好的钾、钠标准系列混合溶液，以最大浓度定为火焰光度计上检流计的满度，然后从稀到浓依序进行测定，记录检流计读数，以检流计读数为纵坐标，钾（或钠）浓度为横坐标，绘制工作曲线。

将1 mol·L^{-1}乙酸铵溶液处理土壤的浸出液［8.2.1.2.(4)］，直接在火焰光度计上测定钾和钠，记录检流计读数，然后从工作曲线上查得待测液的钾（或钠）的浓度。

8.2.2.3.5 结果计算

$$土壤交换性钾（K^+，cmol \cdot kg^{-1}）=\frac{\rho \times V}{m_1 \times 39.1 \times 1\,000}\times 100 \quad (8)$$

$$土壤交换性钠（Na^+，cmol \cdot kg^{-1}）=\frac{\rho \times V}{m_1 \times 23.0 \times 1\,000}\times 100 \quad (9)$$

式中：ρ——从工作曲线上查得待测液的钾（或钠）质量浓度（$\mu g \cdot mL^{-1}$）；

V——测读液体积（250 mL）；

m_1——烘干土样质量（g）；

39.1——钾（K^+）离子的摩尔质量（$g \cdot mol^{-1}$）；

23.0——钠（Na^+）离子的摩尔质量（$g \cdot mol^{-1}$）；

1 000——将微克换算成毫克。

8.2.2.4 土壤盐基饱和度的计算　用“Q_+”表示阳离子交换总量，“$Q_{+,B}$”表示交换性盐基总量，“S”表示盐基饱和度，“S_i”表示某一盐基成分的饱和度，“$Q_{+,A}$”表示交换性酸。盐基饱和度计算式为：

$$S\%=\frac{Q_{+,B}}{Q_+}\times 100 \text{ 或 } S\%=\frac{Q_+ - Q_{+,A}}{Q_+}\times 100 \text{ 或 } S_{Ca^{2+}/2}\%=\frac{Q_{+,Ca^{2+}/2}}{Q_+}\times 100$$

8.2.3 土壤活性酸、交换性酸的测定[4]

8.2.3.1 土壤活性酸（pH）的测定——电位法

$$[土壤]\,H \rightleftharpoons 溶液\,H^+$$

潜在酸　　　　活性酸

（交换性酸）

土壤胶体上吸附的 H^+ 为潜在酸，溶液中的 H^+ 为活性酸，它们处于动态平衡中。活性酸常以 pH 表示，是一种强度因素。潜在酸可以用标准碱液滴定之。

pH 是土壤溶液中氢离子活度的负对数，用水（或 0.01 $mol \cdot L^{-1}$ $CaCl_2$ 溶液）处理土壤制成悬浊液，测定悬浊液的 pH 值。

pH 的测定可分为比色法、电位法两大类。由于科学的发展，可适用于各种情况测定的形式多样的 pH 玻璃电极和相应精密的现代化测量仪器，使电位法有准确（0.001pH）、快速、方便等优点。比色法有简便、不需要贵重仪器、受测量条件限制较少、便于野外调查使用等优点，但准确度低。目前也有多种适合于田间或野外工作的微型 pH 计，准确度可达 0.01pH 单位。

影响土壤 pH 测定的因子很多。其中有些是属于土壤本身问题，有些是方法和仪器方面的问题，有些是环境因素的变化引起的。现就其中一些问题分析如下。

(1) 液土比例。对于中性和酸性土壤，一般情况是土壤悬液愈稀即液土比例愈大，pH 值愈高。大部分土壤从脱粘点到液土比 10∶1 时，pH 增加 0.3～0.7 单位。所以，为了使测定结果能够互相比较，在测定 pH 时，液土比应该加以固定。国际土壤学会规定液土比例为 2.5∶1，在我国的例行分析中以 1∶1，2.5∶1，5∶1 较多。为使所测定的 pH 更接近田间的实际情况，以液土比 1∶1 或 2.5∶1 甚至为水分饱和的饱和土浆较好。

(2) 提取与平衡时间。在制备悬液时，土壤与提取剂的浸提平衡时间不够，则将影响土壤胶体扩散层与自由溶液之间的氢离子分布状况，因而引起误差。在现行的各种方法中，有搅拌 1～2 min 放置半小时；有搅拌 1 min，平衡 5 min；振荡 1 h 后平衡半小时，还有其它的处理方法。对不同土壤，搅拌与放置平衡时间要求有不同。就我国大多数土壤，1 h 的平衡时间一般已够，过长时间可能因微生物活动也引起误差。

(3) 界面电位影响。当甘汞电极与土壤悬液接触时，就会产生电位，称为液接电位。液接电位可引起土壤 pH 测定的误差。当玻璃电极在悬液上下不同位置，测定值亦有差异，这种差异的大小决定于土壤的种类和 pH 值。当 pH 低于 5 时，差异很小，而当 pH 在 6.5～7.5 时，可增至 0.2～0.3pH。对于红壤测定时若搅动溶液可低 0.03～0.30pH 单位。因此，常规测定中，甘汞电极处在清液层，玻璃电极与泥糊接触，清液测量可以取得较为稳定的读数。

8.2.3.1.1 方法原理　用 pH 计测定土壤悬浊液的 pH 时，由于玻璃电极内外溶液 H^+ 活度的不同产生电位差，$E=0.0591\log\frac{a_1}{a_2}$，$a_1$＝玻璃电极内溶液的 H^+ 活度（固定不变）；a_2＝玻璃电极外溶液（即待测液 H^+ 活度）电位计上读数换算成 pH 后在刻度盘上直接读出 pH 值。

8.2.3.1.2 主要仪器　pH 酸度计或 pH 离子计、pH 玻璃电极、参比电极(注1)。

8.2.3.1.3 试剂

(1) 饱和（25 ℃）酒石酸氢钾（pH3.557）。将过量的酒石酸氢钾与水一起振荡后，保存待用。使用前经过滤或用倾注法取清液使用。

(2) 0.05 mol·L^{-1} 邻—苯二甲酸氢钾，pH4.008。将结晶的邻-苯二甲酸氢钾在 110 ℃下干燥 1 h，在干燥器中冷却后，称取 2.53 g 溶于水后稀释至 250 mL（25℃）。

(3) 0.025 mol·L^{-1} 磷酸氢二钠、0.025 mol·L^{-1} 磷酸二氢钾，pH6.865

(25 ℃)。最好用无结晶水的试剂并在 120 ℃干燥 2 h（温度不能过高，避免生成缩合磷酸盐）于干燥器中冷却后，称取 Na_2HPO_4 3.53 g 和 KH_2PO_4 3.39 g，溶于水后稀释至 1 L。

(4) 0.01 mol・L^{-1}四硼酸钠，pH9.18（25 ℃）。试剂放在内盛有蔗糖和 NaCl 饱和溶液的干燥器中，平衡数天后，称取 $Na_2B_4O_7 \cdot 10H_2O$ 3.80 g 溶于水后稀释至 1 L。

8.2.3.1.4　操作步骤

(1) 仪器校准。用标准缓冲溶液检查 pH 计时，必须用两个不同 pH 的缓冲溶液，一个为 pH4，另一个为 pH7。先将电极插进 pH4 的缓冲溶液，开启电源，调节零点和温度补偿后，将挡板拨至 pH 档，用"定位"调节指针至缓冲溶液的 pH。这次调节的是电极不对称电位，经过第一次缓冲溶液校正后，如电极完好或仪器已在正常情况下工作，则用第二个缓冲溶液 pH7 检查时，允许的偏差在 0.02pH 以内（pH7±0.02）。如果产生较大的偏差，则必须更换电极或检查原因。

(2) 测定。称取 10 g 通过 1 mm 筛孔风干土样置 25 mL 烧杯中，加蒸馏水（或 0.01 mol・L^{-1} $CaCl_2$）10 mL(注2、3)混匀，静置 30 min，用校正过的 pH 计测定悬液的 pH 值。测定时将玻璃电极球部（或底部）浸入悬液泥层中，并将甘汞电极侧孔上的塞子拨去，甘汞电极浸在悬液上部清液中。测读 pH 值。

土样若是新鲜土或水田土，应减少加液数量。减少的体积应与土壤所含水量相当。

8.2.3.1.5　注释

注 1. 玻璃电极（包括 pH 和 pNa）敏感膜，必须形成水化凝胶层后才能进行正常反应，所以用前需用蒸馏水或稀盐酸浸泡 12～24 h。但长期浸泡会因玻璃溶解而致功能减退，因此长期不用时，应洗净后干保存为好。市售甘汞电极的 KCl 浓度有饱和 KCl(4.2 mol・L^{-1})、1 mol・L^{-1} 和 0.1 mol・L^{-1} KCl 数种。氯离子的浓度直接影响标准电位。使用前检查电极内充 KCl 溶液是否充满腔体（对饱和 KCl 甘汞电极应有少量 KCl 结晶），盐桥内是否有气泡阻塞。

注 2. 用 0.01 mol・L^{-1} $CaCl_2$ 作提取剂有几个好处：第一能消除悬液效应的影响；第二不大受稀释影响；第三它虽是盐溶液，但与非盐化土壤溶液中的实际电解质浓度近似，所以用它测出的 pH 值更接近田间状态。另外，用 $CaCl_2$ 提取较易澄清，便于测定。

注 3. 采用 1∶1 的水土比例，对碱性土壤和酸性土壤均能得到较好的结果，特别是碱性土壤。

8.2.3.2 土壤交换性酸的测定（1 mol·L^{-1}KCl 交换—中和滴定法） 土壤用一种盐溶液（如 KCl、0.2 mol·L^{-1} $CaCl_2$）处理，然后用标准碱溶液滴定滤液中的酸获得的总酸度，它包括潜在酸和活性酸。它是土壤酸的容量。测定土壤酸容量的方法很多，有偏碱性的 pH8.2$Ba(OH)_2$－TEA 法、$Ca(OH)_2$－$Ba(OAc)_2$ 法、$BaCl_2$ TEA 法、中性 NH_4OAc 法以及 $CaCl_2$，KCl 等方法。除 $CaCl_2$ 和 KCl 外，都是具有缓冲作用的提取剂。这些提取剂有随缓冲液 pH 升高提取的酸有增大的趋势。由于各方法提取的总酸量不同，有把 $BaCl_2$－TEA 法称为土壤“潜在总酸度”，1 mol·L^{-1}中性 NH_4OAc 提取的酸称为交换酸总量，而把 KCl 提取的酸称为“盐可提取的酸度”。KCl 溶液平衡交换或淋洗法由于铝离子不可能为 KCl 完全交换，平衡提取的测定结果即使乘上 1.75 的经验系数，也只能部分地符合某些类型的土壤情况，淋洗法可适用于所有酸性土壤，相对误差在 5%以下。

8.2.3.2.1 方法原理 在酸性土壤中，土壤胶体上可交换的 H^+ 及铝在用 KCl 淋洗时，为 H^+ 交换而进入溶液。

$$\left[\text{土壤}\right]\begin{matrix}H^+\\Al^{3+}\\Ca^{2+}\\Mg^{2+}\end{matrix}+n\mathrm{KCl}\rightleftharpoons\left[\text{土壤}\right]8K^+ + KCl + AlCl_3 + CaCl_2 + MgCl_2 + (n-8)\ KCl$$

同时可溶解的有机胶体及有机胶体上可交换的氢亦随淋洗而进入溶液。当用标准 NaOH 溶液滴定浸出液时，

$$H^+ + OH^- \longrightarrow H_2O$$

$$R-\overset{\overset{\displaystyle O}{\|}}{C}-OH + OH^- \longrightarrow R-\overset{\overset{\displaystyle O}{\|}}{C}-O^- + H_2O$$

$$Al(OH)_{3-n}^{n+} + nOH^- \longrightarrow Al(OH)_3$$

从标准 NaOH 消耗量可以得到交换酸的含量。

若浸出液中另取一份溶液加入足够量的 NaF 时，氟离子与铝络合成 $[AlF_6]^{3-}$，它对酚酞是中性的。制止了 $AlCl_3$ 水解之后，再用标准 NaOH 溶液滴定，所消耗碱的量即为交换性氢，两者之差即为交换性铝。

8.2.3.2.2 试剂

(1) 1 mol·L^{-1}氯化钾溶液。称取 KCl74.6 g，用蒸馏水溶解并稀释至 1 000 mL。

(2) 0.02 mol·L^{-1}标准碱（NaOH）。称取 NaOH 约 0.8 g，溶于 1 000 mL 无 CO_2 蒸馏水中。用邻苯二甲酸氢钾标定浓度。

(3) 10 g·L^{-1}酚酞。称取酚酞 1 g，溶于 100 mL 乙醇中。

(4) 35 g·L^{-1}NaF 溶液。称取 NaF（化学纯）3.5 g 溶于 80 mL 无 CO_2 水中，以酚酞为指示剂，用稀 NaOH 或 HCl 调节到微红色（pH8.3），稀释至 100 mL，贮于塑料瓶中。

8.2.3.2.3 操作步骤 称取风干土样（1 mm）5.00 g 放在已铺好滤纸的漏斗内，用1 mol·L^{-1}KCl溶液少量多次地淋洗土样，滤液承接在 250 mL 容量瓶中至近刻度时用1 mol·L^{-1}KCl溶液定容(注1)。

吸取滤液 100 mL 于 250 mL 三角瓶中，煮沸 5 min 赶出 CO_2，加入酚酞指示剂 5 滴，趁热用 0.02 mol·L^{-1} NaOH 标准溶液滴定至微红色，记下 NaOH 用量（V_1）。

另一份 100 mL 滤液于 250 mL 三角瓶中，煮沸 5 min，赶去 CO_2，趁热加入过量 35 g·L^{-1}NaF 溶液约 1 mL(注2)，冷却后加入酚酞 5 滴，用 0.02 mol·L^{-1} NaOH 标准溶液滴定至微红色，记下 NaOH 用量（V_2）。

同上做空白试验，分别记取 NaOH 用量（V_0 和 V_0'）。

8.2.3.2.4 结果计算

$$土壤交换性铝（1/3Al^{3+}，cmol·kg^{-1}）=Q_{+,A}-Q_{+,H^+}$$

$$土壤交换性酸总量（Q_{+,A}，cmol·kg^{-1}）=\frac{(V_1-V_0)c\times 分取倍数}{m}\times 100$$

$$土壤交换性 H^+（Q_{+,H^+}，cmol·kg^{-1}）=\frac{(V_2-V_0')c\times 分取倍数}{m}\times 100$$

式中：c——NaOH 标准溶液的浓度（mol·L^{-1}）；

分取倍数——$\frac{250}{100}=2.5$；

m——烘干土样质量（g）。

8.2.3.2.5 注释

注 1. 淋洗 250 mL 已可把交换性氢、铝基本洗出来，若淋洗体积过大或时间过长，有可能把部分非交换酸洗出。

注 2. NaF 溶液用量应根据计算取用：

$$35\ g·L^{-1}NaF 加入量（mL）=\frac{V\times c\times 6}{0.85\times 3}$$

式中：c、V——滴定交换酸总量时所用 NaOH 的浓度（mol·L^{-1}）和体积（mL）；

0.85——35 g·L^{-1}NaF 近似浓度；

“6”——［AlF6］$^{3-}$络离子中 Al 与 F－比值。

3——Al^{3+}变为［1/3Al^{3+}］基本单元的换算系数。

8.2.3.3 *石灰需要量的测定与计算*（0.2 mol·$L^{-1}$$CaCl_2$ *交换——中和滴定法*）[4] 酸性土壤石灰需要量是指把土壤从其初始酸度中和到一个选定的中性或微酸性状态，或使土壤盐基饱和度从其初始饱和度增至所选定的盐基饱和度需要的石灰或其它碱性物质的量。由于石灰的加入提高了土壤溶液的 pH 值而使酸性土壤某些原来浓度已达到毒害程度的元素溶解度降低，消除了它们的毒害作用，但若加量太多，往往可把 Fe、Mn 有效度降得过低而使 Fe、Mn 缺乏。因此，应用一种准确、可行的测定方法，测定土壤石灰需要量，指导施用石灰是一种极有价值的土壤管理措施。

测定土壤石灰需要量的方法很多。田间试验法，利用田间对比试验研究决定石灰施用量，是一种校正实验室测定方法的参比法；土壤一石灰培养法，它是把若干份供试土壤按递增量加石灰，在一定湿度下培养之后测定 pH 的变化，从而决定中和到规定 pH 值的石灰需要量；酸碱滴定法，常用的有交换酸中和法，其中 $CaCl_2-Ca(OH)_2$ 中和滴定法模拟了土壤施入石灰时所引起反应的大致情况，同时在测定时由于 $CaCl_2$ 盐的作用，使滴定终点明显。在国际还流行一种土壤一缓冲溶液平衡法，简称 SMP 法，它是一种弱酸与其盐组成的缓冲液，能使土壤酸度在比较低而且近于恒定的 pH 下逐渐中和，利用缓冲液 pH 的变化决定石灰用量。测定石灰需要量的方法都有其局限性，因此利用测定值指导石灰施用时，必须考虑土壤 Q_+ 和盐基饱和度、土壤质地和有机质的含量、土壤酸存在的主要形式、石灰的种类和施用方法，同时还要考虑可能带来的其它不利影响，例如土壤微量元素养分的平衡供应等等。

8.2.3.3.1 方法原理 用 0.2 mol·$L^{-1}$$CaCl_2$ 溶液交换土壤胶体上的 H^+ 和铝离子而进入溶液用 0.015 mol·$L^{-1}$$Ca(OH)_2$ 标准溶液滴定，用 pH 酸度计指示终点。根据 $Ca(OH)_2$ 的用量计算石灰施用量。

8.2.3.3.2 主要仪器 pH 酸度计、调速磁力搅拌器。

8.2.3.3.3 试剂

(1) 0.2 mol·$L^{-1}$$CaCl_2$ 溶液。称取 $CaCl_2\cdot 6H_2O$（化学纯）44 g 溶于水中，稀释至 1 000 mL，用 0.015 mol·$L^{-1}$$Ca(OH)_2$ 或 0.1 mol·L^{-1}HCl 调节到 pH7.0（用 pH 酸度计测量）。

(2) 0.015 mol·$L^{-1}$$Ca(OH)_2$ 标准溶液。称取经 920 ℃灼烧半小时的 CaO（分析纯）4 g 溶于 200 mL 无 CO_2 水中，搅拌后放置澄清，倾出上部清液于试剂瓶中，用装有苏打石灰管及虹吸管的橡皮塞塞紧。用苯二甲酸氢钾或 HCl 标准溶液标定浓度。

8.2.3.3.4 操作步骤 称取风干土（1 mm）10.00 g，放在 100 mL 烧杯

中，加入 0.2 mol·$L^{-1}$$CaCl_2$ 溶液 40 mL，在磁力搅拌器上充分搅拌 1 min，调节至慢速[注1]，放 pH 玻璃电极及饱和甘汞电极，在缓速搅拌下用 0.015 mol·L^{-1} $Ca(OH)_2$ 滴定至 pH7.0 即为终点，记录 $Ca(OH)_2$ 用量。

8.2.3.3.5 结果计算

$$石灰施用量\ CaO[kg\cdot(hm^2)^{-1}]=\frac{cV}{m}\times 0.028\times 2\,250\,000\times 1/2$$

式中：c，V——滴定时消耗 $Ca(OH)_2$ 标准溶液的浓度（mol·L^{-1}和体积 mL）；

m——风干土样重（g）；

0.028——1/2CaO 的摩尔质量（kg·mol^{-1}）[注2]；

2 250 000——每公顷耕层土壤的质量［kg·$(hm^2)^{-1}$］；

1/2——实验室测定值与田间实际情况的差异系数[注3]。

8.2.3.3.6 注释

注 1. 搅拌速度太快会因土壤粒子的冲击损坏玻璃电极，亦不利于电极平衡和测定。

注 2. 若施用 $CaCO_3$ 则应改乘以 0.05。

注 3. 施用的石灰是 CaO 时，作用强烈，所以差异系数小于 1（一般 0.5)，当施用的石灰为 $CaCO_3$ 时，其作用温和，差异系数大于 1（一般选用 1.3)。

8.3 石灰性土壤交换量的测定

8.3.1 概述

石灰性土壤含游离碳酸钙、镁，是盐基饱和（主要是钙饱和）的土壤。一般只作交换量的测定。从土壤分类与土壤肥力方面考虑，也需进行交换性阳离子组成的测定。

测定石灰性土壤交换量的最大困难是交换剂对碳酸钙、镁的溶解。由于 Ca^{2+}、Mg^{2+} 始终在溶液中参与交换平衡，阻碍它们被交换完全，因此，交换剂的选择是测定石灰性土壤交换量的首要问题。

石灰性土壤在大气 CO_2 分压下的平衡 pH 接近于 8.2。在 pH8.2 时，许多交换剂对石灰质的溶解度很低。所以用于石灰性土壤的交换剂往往采用 pH8.2 的缓冲液。有些应用碳酸铵溶液，但因它对 $MgCO_3$ 的溶解度较高，不合适于含白云石类的土壤。表 8-1 列出几种交换剂对碳酸钙、镁的溶解度，作为选用时的参考。

表 8-1 几种交换剂对石灰质的溶解度[4]

交换剂	方解石 $CaCO_3$	白云石 $CaCO_3 \cdot MgCO_3$	菱镁矿 $MgCO_3$
1 mol·L^{-1} pH7 NaCl	0.053 4		0.414
1 mol·L^{-1} pH7 NH_4Cl	0.577 5		
1 mol·L^{-1} pH7 NH_4OAc	0.855	0.432	0.060 4
1 mol·L^{-1} pH8.2 NaOAc	0.053 1	0.035 4	0.063
1 mol·L^{-1} pH8.2 $BaCl_2$-TEA	0.06	—	—

以 NaOAc 为交换剂是目前国内广泛用于石灰性土壤和碱性土壤交换量测定的一个常规方法。它对 $CaCO_3$ 的溶解度较小，但对 $MgCO_3$ 的溶解度较高，测定的交换性镁往往有一定的正误差（<1 cmol·kg^{-1}），在含蛭石粘土矿物的土壤，其内层离子能为 Na^+ 取代而保持在内层的 Na^+ 又能被置换，因此，NaOAc 不像 NH_4OAc 那样会降低阳离子交换量的问题。

pH8.2$BaCl_2$-TEA 作为石灰性土壤的交换剂，它的最大优点在于 Ba^{2+} 在石灰质表面形成 $BaCO_3$ 沉淀，包裹石灰矿粒，避免进一步溶解，从而有利于降低溶液中 Ca^{2+} 浓度，使交换作用完全。1 mol·L^{-1} NH_4OAc pH7 对石灰质溶解太强，一般不适用，但可先以 1 mol·L^{-1} NH_4Cl 分解石灰，然后再用 NH_4OAc 进行交换。同位素示踪法具有明显的优点，因为土壤为指示离子饱和之后既不需要除尽多余的盐溶液，也不需要作更多的其它处理，土壤用 $CaCl_2$ 溶液处理饱和的 Ca^{2+}，然后用 1.85×10^4 Bq $^{45}Ca(0.5\mu Ci)$ 溶液(注1)平衡土壤，达到平衡时，

$$\frac{(土壤)\ Ca}{溶液\ Ca}=\frac{(土壤)^{45}Ca}{溶液^{45}Ca}$$

$$(土壤)\ Ca=\frac{(土壤)^{45}Ca}{溶液^{45}Ca}\times 溶液\ Ca\ (交换量)$$

根据上述公式只要测定离心液中钙的浓度（EDTA 滴定）和离心液的放射性强度，即可计算阳离子交换量，（土壤）^{45}Ca 是从原始溶液放射性总强度减去离心液的放射性强度。

8.3.2 乙酸钠——火焰光度法（适用于石灰性土和盐碱土）

8.3.2.1 *方法原理*

$$\boxed{土壤}\ Ca + nNaOAc = \boxed{土壤}\begin{matrix}Na\\Na\end{matrix} + Ca(OAc)_2 + (n-2)NaOAc$$

$$\boxed{土壤}\ Na + NH_4OAc = \boxed{土壤}\ NH_4 + NaOAc$$

用 pH8.2 1 mol·L^{-1} NaOAc 处理土壤，使其为 Na^+ 饱和。洗除多余的 NaOAc 后，以 NH_4^+ 将交换性 Na^+ 交换出来，测定 Na^+ 以计算交换量。

在操作程序中，用醇洗去多余的 NaOAc 时，交换性钠倾向于水解进入溶液而损失，因此洗涤过头将产生负误差；减少淋洗次数，则因残留交换剂而提高交换量。只有当两个误差互相抵消，才能得到良好的结果。试验证明，醇洗 3 次，一般可使误差达到最低值。

8.3.2.2 主要仪器　离心机，火焰光度计。

8.3.2.3 试剂

(1) 1 mol·L^{-1} 乙酸钠（pH8.2）溶液。称取 $CH_3COONa \cdot 3H_2O$ 136 g 用蒸馏水溶解并稀释至 1 L。此溶液 pH 为 8.2。否则以 NaOH 或 HOAc 调节至 pH8.2。

(2) 异丙醇（990 mL·L^{-1}）或乙醇（950 mL·L^{-1}）。

(3) 1 mol·L^{-1} NH_4OAc（pH7）。取冰乙酸（99.5%）57 mL，加蒸馏水至 500 mL，加浓氨水（NH_4OH）69 mL，再加蒸馏水至约 980 mL，用 NH_4OH 或 HOAc 调节溶液至 pH7.0，然后用蒸馏水稀释到 1 L。

(4) 钠（Na）标准溶液。称取氯化钠（分析纯，105 ℃烘 4 h）2.542 3 g，以 pH7.0，0.1 mol·L^{-1} NH_4OAc 为溶剂，定容于 1 L，即为 1 000 μg·mL^{-1} 钠标准溶液，然后逐级用醋酸铵溶液稀释成 3、5、10、20、30、50 μg·mL^{-1} 标准溶液，贮于塑料瓶中保存。

8.3.2.4 操作步骤　称取过 1 mm 筛孔的风干土样 4.00～6.00 g（粘土 4 g，砂土 6 g），置 50 mL 离心管中，加 pH8.2 1 mol·L^{-1} NaOAc 33 mL，使各管质量一致，塞住管口，振荡 5 min 后离心，弃去清液(注2)。重复用 NaOAc 提取 4 次(注3)。然后以同样方法，用异丙醇或乙醇洗涤样品 3 次，最后 1 次尽量除尽洗涤液。将上述土样加 1 mol·L^{-1} NH_4OAc 33 mL，振荡 5 min（必要时用玻棒搅动），离心，将清液小心倾入 100 mL 容量瓶中；按同样方法用 1 mol·L^{-1} NH_4OAc 交换洗涤两次，收集的清液最后用 1 mol·L^{-1} NH_4OAc 溶液稀释至刻度。用火焰光度计测定溶液中 Na^+ 浓度，计算土壤交换量。

8.3.2.5 结果计算

$$土壤交换量（cmol \cdot kg^{-1}）= \frac{\rho \times V}{m \times 23} \times 10^{-3} \times 100$$

式中：ρ——标准曲线上查得的待测液中钠离子的质量浓度（μg·mL^{-1}）；

V——测定时定容的体积（mL）；

23——钠的摩尔质量（g·mol^{-1}[注4]）；

10^{-3}——把微克换算成毫克；

m——烘干质量（g）。

8.3.2.6 注释

注1. 放射性活度1Ci（居里）=3.7×10^{10}Bq（贝可），这里1.85×10^{4}Bq ^{45}Ca（相当于0.5μCi）溶液。

注2. 此步骤是石灰性土壤交换量测定，用于盐碱土时，由于该类土壤既含有石灰质又含易溶盐，在交换前必须除去可溶盐。具体办法是：于离心管中加入50℃左右的500 mL·L^{-1}乙醇溶液数毫升，搅拌样品，离心后弃去清液，反复数次至用$BaCl_2$检查清液仅有微量$BaSO_4$反应为止。

注3. 用NaOAc溶液提取4次，第4次提取的钙和镁已很少，第4次提取液的pH值为7.9～8.2，表示提取过程已基本完成。

注4. 每升中钠离子的摩尔质量为23 g；这里以毫升表示，则钠的摩尔质量为23 mg。

8.4 盐碱土交换量及交换性钠的测定

盐碱土是一个统称，包括盐土、碱土与盐碱土。盐土主要测定盐分与交换量，为土壤分类和农业利用提供基础。碱土则按钠饱和度为土壤的类型划分与改良提供依据，因此测定交换性钠和交换量是必要的。有的盐土含有大量镁盐，成为主要的危害因素，需要测定交换性镁。总之，应根据具体情况选择适当的测定项目。

盐碱土都是盐基饱和的土壤，多数既含石灰质又含易溶盐。因此不仅需要避免和减小石灰质的溶解，还应除去易溶盐类。

除去盐分，不能用极性溶剂，保证盐分以分子状态溶解，以免参与离子交换作用。一般用>500 mL·L^{-1}乙醇洗除易溶盐。

易溶盐除去后，石膏成分是又一个较为麻烦的问题。因此在选择交换剂时，应该兼顾避免石膏的溶解。表8-2是石膏和石灰在几种交换剂中的溶解度。

根据石膏溶解度情况看出，pH8.2 0.4 mol·L^{-1} NaOAc-0.1 mol·L^{-1}NaCl的乙醇溶液特别适用于石膏盐土，而pH8.2 1 mol·L^{-1}NaOAc则更适用于普通石灰性土。由于盐碱土pH值一般较高，除测定交换性Na^{+}、Mg^{2+}之外，不适于使用NH_4^{+}作指示阳离子测定交换量，以免挥发损失带来误差。

表 8-2　石膏和石灰的溶解度（$g \cdot L^{-1}$）

矿物成分 \ 溶剂	纯水	pH8.2 1 $mol \cdot L^{-1}$ NaOAc	pH8.2，0.4 $mol \cdot L^{-1}$ NaOAc-0.1 $mol \cdot L^{-1}$ NaCl（600 $mL \cdot L^{-1}$ 乙醇溶液）
石膏（$CaSO_4$）	0.209	2.108	0.394
石灰（$CaCO_3$）	0.105	0.075	0.200

测定碱化土交换性钠的方法很多，例如石膏—EDTA 法、石灰法、$Ca(HCO_3)_2$法等。这些方法都因为碱化土壤含有大量可溶性盐（特别是 Na_2CO_3）和在一些土壤中含有石膏等的干扰，很难取得满意的测定结果。尽管不同的研究者围绕着如何解决这些干扰因素和限制条件，而提出了种种的解决办法，但是迄今为止，碱化土壤交换性钠的测定还没有一个较为满意的方法。改进了的 NH_4OAc—NH_4OH 法和 $CaCO_3$—CO_2 法制备的溶液用火焰光度法测定交换性钠，克服了非交换性钙的干扰，有快速可靠的优点。但是，如何把交换性钠与非交换性钠完全分开仍是一个不易解决的问题。为了解决这个问题，各测定方法都是采用一定浓度的乙醇溶液等有机溶剂洗去样品中可溶性盐，减少可溶性钠的干扰。

8.4.1 盐碱土交换量的测定（乙酸钠法）

8.4.1.1　方法原理　同 8.3.2.1。

8.4.1.2　主要仪器　同 8.3.2.2。

8.4.1.3　试剂　500 $mL \cdot L^{-1}$ 乙醇。取 950 $mL \cdot L^{-1}$ 乙醇（工业用品亦可，但不可含 Na^+）526 mL，加蒸馏水稀释至 1 000 mL 其余同 8.3.2.3。

8.4.1.4　操作步骤　称取通过 1 mm 筛孔风干土样 5.00 g，加 50 ℃左右的 500 $mL \cdot L^{-1}$ 乙醇数毫升，用倾泻法洗涤样品，反复洗涤后将土样移入离心管中，加热乙醇搅拌离心，检查反复洗至离心后的清液中仅有微量 SO_4^{2-} 为止，说明 Na_2SO_4 已洗净，仅剩 $CaSO_4$ 对测定无妨，以下操作同 8.3.2.4。

结果计算同 8.3.2.5。

8.4.2 交换性钠的测定

8.4.2.1　$CaCO_3$—CO_2 交换-中和滴定法

8.4.2.1.1　方法原理　在加有足量 $CaCO_3$ 的土壤与水的分散体系中，通入 CO_2 气体产生大量的 $Ca(HCO_3)_2$，并解离出 Ca^{2+} 与土壤吸附态 Na^+ 相互交换：

$$[土壤]^{Na}_{Na} + Ca(HCO_3)_2 \longrightarrow [土壤]Ca + 2NaHCO_3$$

过量的 $Ca(HCO_3)_2$ 与交换产物 $NaHCO_3$ 在加热的情况下发生以下变化：

$$Ca(HCO_3)_2 \xrightarrow{\triangle} CaCO_3\downarrow + CO_2\uparrow + H_2O$$

$$2NaHCO_3 \xrightarrow{\triangle} Na_2CO_3 + CO_2\uparrow + H_2O$$

将干固物溶解过滤，滤液中仅有 Na_2CO_3 残存。用标准酸滴定，计算交换性钠。

8.4.2.1.2 主要仪器 土壤交换性钠浸提装置如图 8－1。

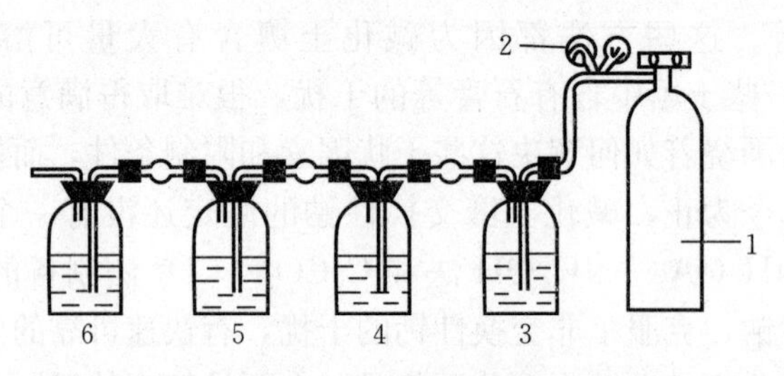

图 8－1 土壤交换性钠浸提装置示意图

1. CO_2 气体钢瓶 2. 减压表 3. 洗气瓶 4、5、6. 样品瓶

8.4.2.1.3 试剂

(1) 100 $g \cdot L^{-1}$ $BaCl_2$ 溶液。称取 $BaCl_2$ 10 g 溶于 100 mL 蒸馏水中。

(2) $CaCO_3$ 粉。粉状试剂（分析纯）。

(3) 100 $g \cdot L^{-1}$ $(NH_4)_2CO_3$ 溶液。称取 $(NH_4)_2CO_3$ 10 g，加蒸馏水 100 mL溶解。

(4) 氨水。1∶1 稀释。

(5) CO_2 压缩气体。

(6) 0.010 0 $mol \cdot L^{-1}$ $\left(\frac{1}{2}H_2SO_4\right)$ 标准溶液。

(7) 1 $g \cdot L^{-1}$ 甲基橙水溶液。

(8) 500 $ml \cdot L^{-1}$ 乙醇。同 8.4.1.3。

8.4.2.1.4 操作步骤 称取通过 1 mm 筛孔的风干土 5.00～10.00 g 置于铺有细孔滤纸的漏斗中，用 50 ℃的 500 $mL \cdot L^{-1}$ 乙醇淋洗[注1]。洗至滤出液仅有微量 SO_4^{2-} 反应为止[注2]。洗好的样品连同滤纸一起放入交换性钠提取装置的广口瓶内。加入分析纯 $CaCO_3$ 粉，使土壤中 $CaCO_3$ 含量达到 10%以上（若土壤原含 $CaCO_3$ 已足够，则不必另加）。准确加入蒸馏水 300 mL，与 CO_2 压缩钢瓶连接，通入 CO_2 气体 3 h[注3]，每隔 15 min 摇动瓶子 1 次，通入 CO_2 的强度以不断强烈鼓泡为好。通气毕，脱离通气装置，塞紧，待土粒沉降，使溶液澄清待用。

取出清液 100 mL 于瓷蒸发皿中，在水浴或砂浴上浓缩至 10 mL 左右，加 100 g · L^{-1}碳酸铵 10 mL 和 1∶1 氨水 2 mL，使 Ca^{2+}形成 $CaCO_3$ 沉淀。蒸干，加入 50 ℃的 500 mL · L^{-1}乙醇溶解沉淀(注4)，过滤入另一个蒸发皿内，用少量乙醇洗沉淀，滤液再加入碳酸铵和氨水。如此沉淀、蒸干、溶解、过滤、洗涤反复处理 2～3 次直至溶液加入碳酸铵、氨水不再有 $CaCO_3$ 沉淀为止。蒸干滤液，残渣在 130 ℃烘烤 15 min。取出后，用热蒸馏水 25 mL 溶解残渣。加入甲基橙 2 滴，用标准酸滴定，溶液由黄刚刚转为橙红色终点为止。同时做空白试验。

8.4.2.1.5 结果计算(注5)

$$交换性钠（Na^+）含量（cmol \cdot kg^{-1}）=\frac{(V-V_0)\times c\times 3}{m}\times 100$$

式中：V_0 和 V——分别为空白和样品滴定时消耗标准酸的体积（mL）；

c——0.010 0 mol · $L^{-1}\left(\frac{1}{2}H_2SO_4\right)$标准溶液的浓度；

3——为分取倍数；

m——烘干样质量（g）。

8.4.2.1.6 注释

注 1. 如果样品中含有石膏则不能被乙醇洗去，当提取时，石膏被水溶解进入溶液，在蒸干脱钙时，硫酸钙与碳酸钠作用变成碳酸钙沉淀和中性硫酸钠，这就使容量测定结果偏低。用水浴加热乙醇，切勿直接用火加热。

注 2. 取最后滤出液 2～3 mL 于小试管中，再加等量的蒸馏水使乙醇浓度在 300 mL · L^{-1}以下，加 1∶3HCl 酸化后滴入 100 g · L^{-1} $BaCl_2$ 至只有微量混浊为止。

注 3. 通 CO_2 气体时，将各瓶塞塞紧。启开钢瓶阀门和减压器旋钮时不可过猛，保持适当气流，使各个样品瓶中的气泡连续翻腾。摇动时用手指按紧瓶塞，勿使冲开，更不可使溶液冲到下一个样品瓶中。

注 4. 温热的 500 mL · L^{-1}乙醇可溶 Na_2CO_3 而抑制 $CaCO_3$ 溶解，样品有 $MgCO_3$ 或大量交换性镁时，应将乙醇浓度提高到 600～700 mL · L^{-1}以除去 $MgCO_3$ 干扰。

注 5. 本法测定结果包括交换性钾。

8.4.2.2 NH_4OAc—NH_4OH 火焰光度法

8.4.2.2.1 方法原理 土壤经乙醇和乙二醇—乙醇溶液先洗去水溶盐后，用 pH9 的 NH_4OAc—NH_4OH 溶液提取土壤吸收复合体上的交换性 Na^+，用火焰光度计测定。

8.4.2.2.2 主要仪器 火焰光度计。

8.4.2.2.3 试剂

(1) 500 mL·L^{-1}乙醇。同 8.4.1.3。

(2) 200 mL·L^{-1}乙二醇（乙醇溶液）。量取乙二醇（化学纯）20 mL 与无水乙醇（化学纯）80 mL 混合。

(3) $NH_4OAc—NH_4OH$ 溶液（pH9.0）。称取 NH_4OAc（分析纯）77.09 g 加水溶解稀释至 1 000 mL，用浓氨水调节至 pH9.0。

(4) 1 000 μg·mL^{-1}钠（Na）标准溶液。称取分析纯 NaCl（105 ℃烘4 h）2.542 2 g，以 pH9$NH_4OAc—NH_4OH$ 溶液溶解并稀释至 1 000 mL，再用 $NH_4OAc—NH_4OH$ 溶液稀释制成含 Na 为 5，10，20，30，50 μg·mL^{-1}的系列标准溶液。

8.4.2.2.4 操作步骤 称取风干样品 2.00～5.00 g(注1)，放在 50 mL 烧杯中，继续用 200 mL·L^{-1}乙二醇—乙醇溶液洗至无 Na^+ 为止(注2)，弃去滤液。经处理过的样品用 pH9.0$NH_4OAc—NH_4OH$ 溶液淋洗，滤液盛于 100 mL 容量瓶中。洗至近刻度后定容(注3)。此溶液用火焰光度法测定 Na。

8.4.2.2.5 结果计算 同 8.3.2.5。

8.4.2.2.6 注释

注 1. 黏重土壤或碱化度高的土壤可称取 2.00 g，砂质土壤称 5.00 g。

注 2. 可用电导检查（电导率须少于 20 μS·cm^{-1}）也可以用火焰光度法检查是否有钠。

注 3. 用少量多次的淋洗，经试验洗到近 100 mL 已可将交换性 Na 交换完全。亦可用火焰光度法检查。

主要参考文献

[1] 于天仁，张效年等．电化学方法及其在土壤研究中的应用．北京：科学出版社．1982，100～154

[2] 勒弗戴主编，黄震华等译．灌溉土壤分析方法．银川：宁夏人民出版社．1981，190～191

[3] 刘光崧主编，土壤理化分析与剖面描述．北京：中国标准出版社．1996，24～29

[4] 南京农业大学主编．土壤农化分析（二版），北京：农业出版社出版．1986，95～116

[5] D. L. Sparks，Methods of. Soil Analysis，SSSA，ASA，Madison，Wisconsin，USA. 1996，1215～1218

思考题

1. 土壤交换性能的分析包括哪些项目？如何根据土壤性质选择分析项目？

2. 选择交换剂的原则依据是什么？常用交换剂的种类有哪些？

3. 酸性土壤的 pH、交换酸和石灰需要量的关系？

4. 石灰性土壤交换量的测定存在哪些问题？怎样解决？

5. 测定盐碱土的交换性钠有些什么困难？怎样克服？你有什么更好的建议？

6. 土壤交换量的测定主要有几种方法，分别适用于哪类土壤？测定可分哪几步？各步骤可能产生哪些误差？如何避免和克服这些误差？

第九章

土壤水溶性盐的分析

9.1 概　　述

土壤水溶性盐是盐碱土的一个重要属性，是限制作物生长的障碍因素。我国盐碱土的分布广，面积大，类型多。在干旱、半干旱地区盐渍化土壤，以水溶性的氯化物和硫酸盐为主。滨海地区由于受海水浸渍，生成滨海盐土，所含盐分以氯化物为主。在我国南方（福建、广东、广西等省、区）沿海还分布着一种反酸盐土。

盐土中含有大量水溶性盐类，影响作物生长，同一浓度的不同盐分危害作物的程度也不一样。盐分中以碳酸钠的危害最大，增加土壤碱度和恶化土壤物理性质，使作物受害。其次是氯化物，氯化物中又以 $MgCl_2$ 的毒害作用较大，另外，氯离子和钠离子的作用也不一样。

土壤（及地下水）中水溶性盐的分析，是研究盐渍土盐分动态的重要方法之一，对了解盐分、对种子发芽和作物生长的影响以及拟订改良措施都是十分必要的。土壤中水溶性盐分析一般包括 pH、全盐量、阴离子（Cl^-、SO_4^{2-}、CO_3^{2-}、HCO_3^-、NO_3^- 等）和阳离子（Na^+、K^+、Ca^{2+}、Mg^{2+}）的测定，并常以离子组成作为盐碱土分类和利用改良的依据。

表 9-1　盐碱土几项分析指标

	饱和泥浆浸出液电导率（$dS \cdot m^{-1}$）	pH	交换性钠占交换量的百分数	水溶性钠占阳离子总量百分数
盐土	>4	<8.5	<15	<50
盐碱土	>4	<8.5	<15	<50
碱土	<4	>8.5	>15	>50

盐碱土是一种统称，包括盐土、碱土和盐碱土。美国农业部盐碱土研究室

以饱和土浆电导率和土壤的 pH 与交换性钠为依据，对盐碱土进行分类（表 9-1）。我国滨海盐土则以盐分总含量为指标进行分类（表 9-2）。

在分析土壤盐分的同时，需要对地下水进行鉴定（表 9-3）。当地下水矿化度达到 2 g·L^{-1}时，土壤则比较容易盐渍化。所以，地下水矿化度大小可以作为土壤盐渍化程度和改良难易的依据。

表 9-2　我国滨海盐土的分级标准

盐分总含量（g·kg^{-1}）	盐土类型	盐分总含量（g·kg^{-1}）	盐土类型
1.0～2.0	轻度盐化土	2.0～4.0	中度盐化土
4.0～6.0	强度盐化土	>6.0	盐　土

表 9-3　地下水矿化度的分级标准

类　别	矿化度（g·L^{-1}）	水　质
淡水	<1	优质水
弱矿化水	1～2	可用于灌溉*
半咸水	2～3	一般不宜用于灌溉
咸水	>3	不宜用于灌溉

*　用于灌溉的水，其电导率为 0.1～0.75dS·m^{-1}。

测定土壤全盐量可以用不同类型的电感探测器在田间直接进行，如 4 联电极探针、素陶多孔土壤盐分测定器以及其它电磁装置，但要测定土壤盐分的化学组成，则需要用土壤水浸出液进行。

9.2　土壤水溶性盐的浸提
（1∶1 和 5∶1 水土比及饱和土浆浸出液的制备）[1]

土壤水溶性盐的测定主要分为两步：①水溶性盐的浸提；②测定浸出液中盐分的浓度。制备盐渍土水浸出液的水土比例有多种，例如 1∶1，2∶1，5∶1，10∶1 和饱和土浆浸出液等。一般来讲，水土比例愈大，分析操作愈容易，但对作物生长的相关性差。因此，为了研究盐分对植物生长的影响，最好在田间湿度情况下获得土壤溶液；如果研究土壤中盐分的运动规律或某种改良措施对盐分变化的影响，则可用较大的水土比（5∶1）浸提水溶盐。

浸出液中各种盐分的绝对含量和相对含量受水土比例的影响很大。有些成分随水分的增加而增加，有些则相反。一般来讲，全盐量是随水分的增加而增加。含石膏的土壤用5∶1的水土比例浸提出来的Ca^{2+}和SO_4^{2-}数量是用1∶1的水土比的5倍，这是因为水的增加，石膏的溶解量也增加；又如含碳酸钙的盐碱土，水的增加，Na^+和HCO_3^-的量也增加。Na^+的增加是因为$CaCO_3$溶解，钙离子把胶体上Na^+置换下来的结果。5∶1的水土比浸出液中Na^+量比1∶1浸出液中的大2倍。氯根和硝酸根变化不大。对碱化土壤来说，用高的水土比例浸提对Na^+的测定影响较大，故1∶1浸出液更适用于碱土化学性质分析方面的研究。

水土比例、振荡时间和浸提方式对盐分的溶出量都有一定的影响。试验证明，如$Ca(HCO_3)_2$和$CaSO_4$这样的中等溶性和难溶性盐，随着水土比例的增大和浸泡时间的延长，溶出量逐渐增大，致使水溶性盐的分析结果产生误差。为了使各地分析资料便于相互交流比较，必须采用统一的水土比例、振荡时间和提取方法，并在资料交流时应加以说明。

我国采用5∶1浸提法较为普遍，在此重点介绍1∶1，5∶1浸提法和饱和土浆浸提法，以便在不同情况下选择使用。

9.2.1 主要仪器

(1) 布氏漏斗（图9-1），或其它类似抽滤装置。

(2) 平底漏斗、抽气装置、抽滤瓶等。

9.2.2 试剂

1 g·L^{-1}六偏磷酸钠溶液。称取$(NaPO_3)_6$ 0.1 g溶于100 mL水中。

9.2.3 操作步骤

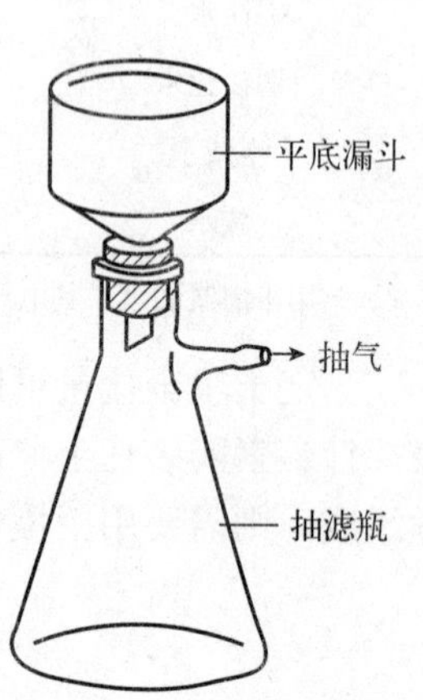

图9-1 减压过滤装置

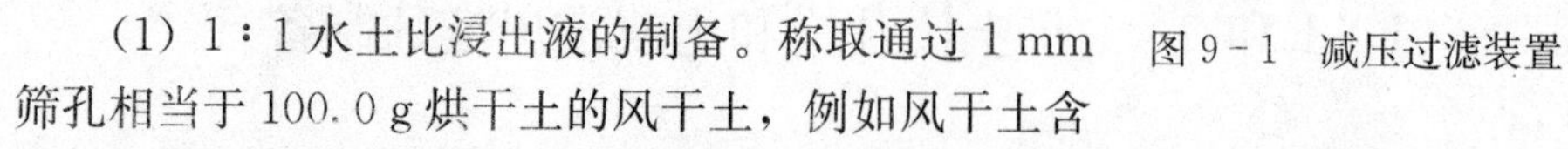

(1) 1∶1水土比浸出液的制备。称取通过1 mm筛孔相当于100.0 g烘干土的风干土，例如风干土含水量为3%，则称取103 g风干土放入500 mL的三角瓶中，加刚沸过的冷蒸馏水97 mL，则水土比为1∶1。盖好瓶塞，在振荡机上振荡15 min。

用直径11 cm的瓷漏斗过滤，用密实的滤纸，倾倒土液时应摇浑泥浆，在抽气情况下缓缓倾入漏斗中心。当滤纸全部湿润并与漏斗底部完全密接时再继续倒入土液，这样可避免滤液浑浊。如果滤液浑浊应倒回重新过滤或弃去浊液。如果过滤需时间长，用表玻璃盖上以防水分蒸发。

将清亮液收集在250 mL细口瓶中，每250 mL加1 g·L^{-1}六偏磷酸钠一滴，储存在4 ℃备用。

(2) 5∶1水土比浸出液的制备。称取通过1 mm筛孔相当于50.0 g烘干土重的风干土，放入500 mL三角瓶中，加水250 mL（如果土壤含水量大于3%时，加水量应加以校正）(注1,2)。

盖好瓶塞，在振荡机上振荡3 min，或用手摇荡3 min(注3)。然后将布氏漏斗与抽气系统相连，铺上与漏斗直径大小一致的紧密滤纸，缓缓抽气，使滤纸与漏斗紧贴，先倒少量土液于漏斗中心，使滤纸湿润并完全贴实在漏斗底上，再将悬浊土浆缓缓倒入，直至抽滤完毕。如果滤液开始浑浊应倒回重新过滤或弃去浊液。将清亮滤液收集备用(注4)。

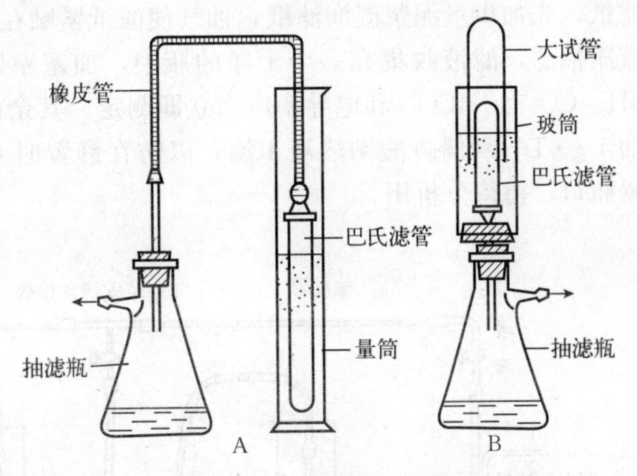

图9-2　巴斯德滤菌器
A、B. 两种抽滤方式

如果遇到碱性土壤，分散性很强或质地粘重的土壤，难以得到清亮滤液时，最好用素陶瓷中孔（巴斯德）吸滤管减压过滤（图9-2）(注5)，或用改进的抽滤装置过滤（图9-3）。如用巴氏滤管过滤应加大土液数量，过滤时可用几个吸滤瓶连结在一起（图9-4）。

(3) 饱和土浆浸出液的制备。本提取方法长期不能得到广泛应用的主要原因是由于手工加水混合难于确定一个正确的饱和点，重现性差，特别是对于质地细的和含钠高的土壤，要确定一个正确的饱和点是困难的。现介绍一种比较容易掌握的加水混合法，操作步骤如下：称取风干土样（1 mm）20.0～25.0 g，用毛管吸水饱和法制成饱和土浆，放在105～110 ℃烘箱中烘干、称重。计算出饱和土浆含水量。

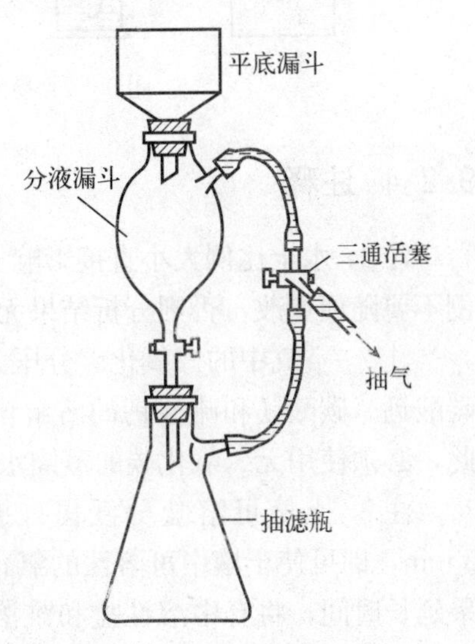

图9-3　改进的抽滤装置

制备饱和土浆浸出液所需要的土样重与土壤质地有关。一般制备25～30 mL饱和土浆浸出液需要土样重：壤质砂土400～

600 g，砂壤土 250～400 g，壤土 150～250 g，粉砂壤土和粘土 100～150 g；粘土 50～100 g。根据此标准，称取一定量的风干土样，放入一个带盖的塑料杯中，加入计算好的所需水量，充分混合成糊状，加盖防止蒸发。放在低温处过夜（14～16 h），次日再充分搅拌。将此饱和土浆在 4 000 $r \cdot min^{-1}$ 速度下离心，提取土壤溶液，或移入预先铺有滤纸的砂芯漏斗或平瓷漏斗中（用密实滤纸，先加少量泥浆湿润滤纸，抽气使滤纸紧贴在漏斗上，继续倒入泥浆），减压抽滤，滤液收集在一个干净的瓶中，加塞塞紧，供分析用。浸出液的 pH、CO_3^{2-}、HCO_3^- 和电导率应当立即测定。其余的浸出液，每 25 mL 溶液加 1 $g \cdot L^{-1}$ 六偏磷酸钠溶液 1 滴，以防在静置时 $CaCO_3$ 从溶液中沉淀。塞紧瓶口，留待分析用。

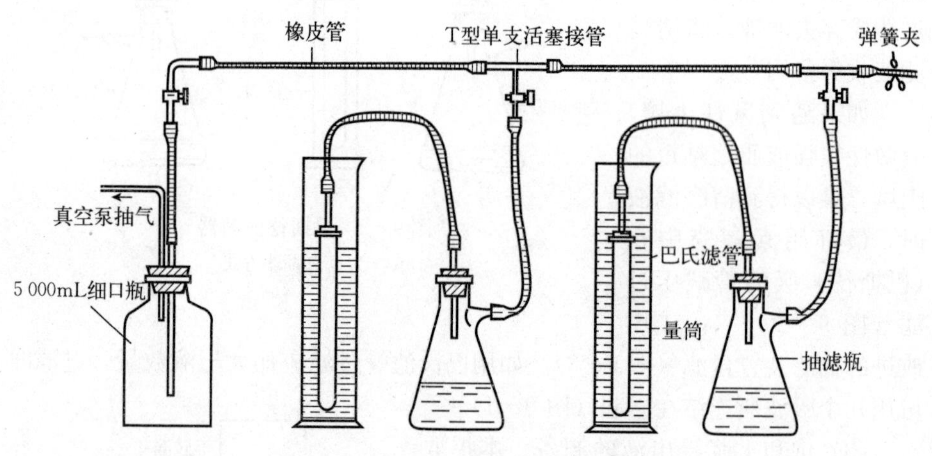

图 9－4　易溶性盐抽气过滤系统装置

9.2.4 注释

注 1. 水土比例大小直接影响土壤可溶性盐分的提取，因此提取的水土比例不要随便更改，否则分析结果无法对比。

注 2. 空气中的二氧化碳分压大小以及蒸馏水中溶解的二氧化碳都会影响碳酸钙、碳酸镁和硫酸钙的溶解度，相应地影响着水浸出液的盐分数量，因此，必须使用无二氧化碳的蒸馏水来提取样品。

注 3. 土壤可溶盐分浸提（振荡）时间问题，经试验证明，水土作用 2 min，即可使土壤中可溶性的氯化物、碳酸盐与硫酸盐等全部溶于水中，如果延长时间，将有中溶性盐和难溶性盐（硫酸钙和碳酸钙等）进入溶液。因此，建议采用振荡 3 min 立即过滤的方法，振荡和放置时间越长，对可溶性盐的分析结果误差也越大。

注 4. 待测液不可在室温下放置过长时间（一般不得超过 1 天），否则会影响钙、镁、碳酸根和重碳酸根的测定。可以将滤液储存 4 ℃条件下备用。

注 5. 对于难以过滤的碱化度高或质地粘重的土壤可用巴氏滤管抽滤。巴氏滤管是用不同细度的陶瓷制成，其微孔大小分为 6 级。号数越大，微孔越小，土壤盐分过滤可用 1G3 或 1G4。也有的巴氏滤管微孔大小分为粗、中、细三级，土壤盐分过滤可用粗号或中号。

9.3 土壤水溶性盐总量的测定

测定土壤水溶性总量有电导法和残渣烘干法。

电导法比较简单、方便、快速。残渣烘干法比较准确，但操作繁琐、费时，另外它也可用于阴阳离子总量相加计算。

9.3.1 电导法[1]

9.3.1.1 *方法原理* 土壤水溶性盐是强电解质，其水溶液具有导电作用。以测定电解质溶液的电导为基础的分析方法，称为电导分析法。在一定浓度范围内，溶液的含盐量与电导率呈正相关。因此，土壤浸出液的电导率的数值能反映土壤含盐量的高低，但不能反映混合盐的组成。如果土壤溶液中几种盐类彼此间的比值比较固定时，则用电导率值测定总盐分浓度的高低是相当准确的。土壤浸出液的电导率可用电导仪测定，并可直接用电导率的数值来表示土壤含盐量的高低。

将连接电源的两个电极插入土壤浸出液（电解质溶液）中，构成一个电导池。正负两种离子在电场作用下发生移动，并在电极上发生电化学反应而传递电子，因此电解质溶液具有导电作用。

根据欧姆定律，当温度一定时，电阻与电极间的距离（L）成正比与电极的截面积（A）成反比。

$$R=\rho\frac{L}{A}$$

式中：R——电阻；

ρ——电阻率。

当 $L=1$ cm，$A=1$ cm^2 则 $R=\rho$，此时测得的电阻称为电阻率（ρ）。

溶液的电导是电阻的倒数，溶液的电导率（EC）则是电阻率的倒数。

$$EC=\frac{1}{\rho}$$

电导率的单位常用西门子·米$^{-1}$（$S \cdot m^{-1}$）。土壤溶液的电导率一般小于1个$S \cdot m^{-1}$，因此常用$dS \cdot m^{-1}$（分西门子·米$^{-1}$）表示。

两电极片间的距离和电极片的截面积难以精确测量，一般可用标准KCl溶液（其电导率在一定温度下是已知的）求出电极常数（注1）。

$$\frac{KC_{KCl}}{S_{KCl}}=K$$

K为电极常数，EC_{KCl}为标准KCl溶液（0.02 $mol \cdot L^{-1}$）的电导率（$dS \cdot m^{-1}$），18 ℃时$EC_{KCl}=2.397\ dS \cdot m^{-1}$，25 ℃时为2.765 $dS \cdot m^{-1}$。S_{KCl}为同一电极在相同条件下实际测得的电导度值。那么，待测液测得的电导度乘以电极常数就是待测液的电导率。

$$EC=KS$$

大多数电导仪有电极常数调节装置，可以直接读出待测液的电导率，无需再考虑用电极常数进行计算结果。

9.3.1.2 仪器

（1）电导仪。目前在生产科研应用较普遍的是DDSJ－308型等电导仪。此外还有适于野外工作需要的袖珍电导仪。

（2）电导电极。一般多用上海雷磁仪器厂生产的DJS－1C型等电导电极。这种电极使用前后应浸在蒸馏水内，以防止铂黑的惰化。如果发现镀铂黑的电极失灵，可浸在1∶9的硝酸或盐酸中2 min，然后用蒸馏水冲洗再行测量。如情况无改善，则应重镀铂黑，将镀铂黑的电极浸入王水中，电解数分钟，每分钟改变电流方向一次，铂黑即行溶解，铂片恢复光亮。用重铬酸钾浓硫酸的温热溶液浸洗，使其彻底洁净，再用蒸馏水冲洗。将电极插入100 mL溶有氯化铂3 g和醋酸铅0.02 g配成的水溶液中，接在1.5V的干电池上电解10 min，5 min改变电流方向1次，就可得到均匀的铂黑层，用水冲洗电极，不用时浸在蒸馏水中。

9.3.1.3 试剂

（1）0.01 $mol \cdot L^{-1}$的氯化钾溶液。称取干燥分析纯KCl 0.745 6 g溶于刚煮沸过的冷蒸馏水中，于25 ℃稀释至1 L，贮于塑料瓶中备用。这一参比标准溶液在25 ℃时的电导率是1.412 $dS \cdot m^{-1}$。

（2）0.02 $mol \cdot L^{-1}$的氯化钾溶液。称取KCl 1.491 1 g，同上法配成1 L，则25 ℃时的电导率为2.765 $dS \cdot m^{-1}$。

9.3.1.4 操作步骤　吸取土壤浸出液或水样30～40 mL，放在50 mL的小烧杯中（如果土壤只用电导仪测定总盐量，可称取4 g风干土放在25 mm×200 mm的大试管中，加水20 mL，盖紧皮塞，振荡3 min，静置澄清后，不必

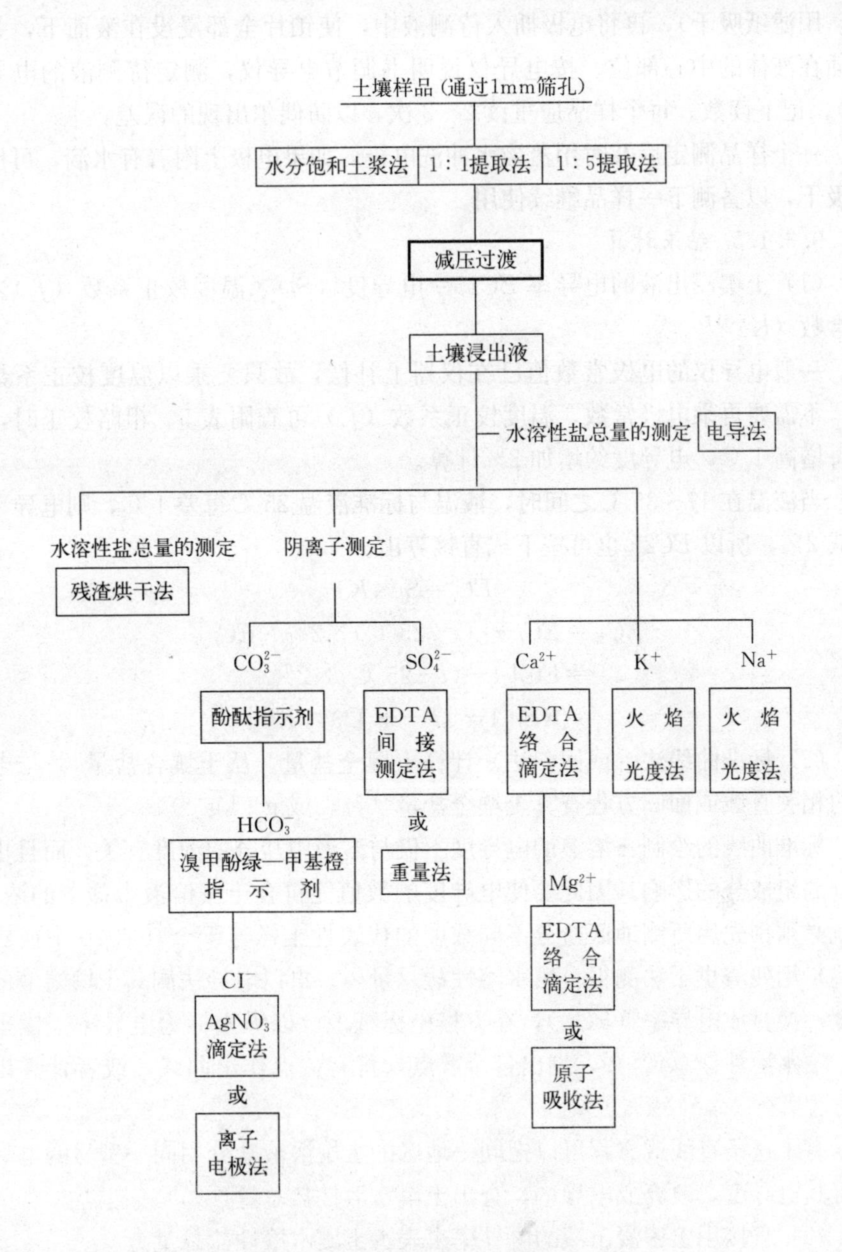

图 9-5　土壤水溶性盐分析次序图

过滤，直接测定。测量液体温度。如果测一批样品时，应每隔 10 min 测 1 次液温，在 10 min 内所测样品可用前后两次液温的平均温度或者在 25 ℃恒温水浴中测定。将电极用待测液淋洗 1～2 次（如待测液少或不易取出时可用水冲洗，用滤纸吸干），再将电极插入待测液中，使铂片全部浸没在液面下，并尽量插在液体的中心部位。按电导仪说明书调节电导仪，测定待测液的电导度（S），记下读数。每个样品应重读 2～3 次，以防偶尔出现的误差。

一个样品测定后及时用蒸馏水冲洗电极，如果电极上附着有水滴，可用滤纸吸干，以备测下一样品继续使用。

9.3.1.5 结果计算

（1）土壤浸出液的电导率 $EC25$＝电导度（S_t）×温度校正系数（f_t）×电极常数（K）(注1)。

一般电导仪的电极常数值已在仪器上补偿，故只要乘以温度校正系数即可，不需要再乘电极常数。温度校正系数（f_t）可查附表 5。粗略校正时，可按每增高 1 ℃，电导度约增加 2%计算。

当液温在 17～35 ℃之间时，液温与标准液温 25 ℃每差 1 ℃，则电导率约增减 2%，所以 $EC25$ 也可按下式直接算出。

$$EC_t = S_t \times K$$

$$\begin{aligned} EC_{25} &= EC_t - [(t - 25\ ℃) \times 2\% \times EC_t] \\ &= EC_t[1 - (t - 25\ ℃) \times 2\%] \\ &= KS_t[1 - (t - 25\ ℃) \times 2\%] \end{aligned}$$

（2）标准曲线法（或回归法）计算土壤全盐量。从土壤含盐量,%与电导率的相关直线或回归方程查算土壤全盐量（%，或 $g \cdot kg^{-1}$）。

标准曲线的绘制：溶液的电导度不仅与溶液中盐分的浓度有关，而且也受盐分的组成分的影响。因此要使电导度的数值能符合土壤溶液中盐分的浓度，那就必须预先用所测地区盐分不同浓度的代表性土样若干个（如 20 个或更多一些）用残渣烘干法测得土壤水溶性盐总量%。再以电导法测其土壤溶液的电导度，换算成电导率（EC_{25}），在方格坐标纸上，以纵坐标为电导率，横坐标为土壤水溶性盐总量,%，划出各个散点，将有关点作出曲线，或者计算出回归方程。(注2)

有了这条直线或方程可以把同一地区的土壤溶液盐分用同一型号的电导仪测得其电导度，改算成电导率，查出土壤水溶性盐总量（%）。

（3）直接用土壤浸出液的电导率来表示土壤水溶性盐总量。

目前国内多采用 5∶1 水土比例的浸出液作电导测定，不少单位正在进行浸出液的电导率与土壤盐渍化程度及作物生长关系的指标的研究和拟定。

美国用水饱和的土浆浸出液的电导率来估计土壤全盐量，其结果较接近田间情况，并已有明确的应用指标（表 9-4）。

表 9-4　土壤饱和浸出液的电导率与盐分和作物生长关系

饱和浸出液 EC_{25} (dS·m^{-1})	盐分 (g·kg^{-1})	盐渍化程度	植物反应
0～2	＜1.0	非盐渍化土壤	对作物不产生盐害
2～4	1.0～3.0	盐渍化土	对盐分极敏感的作物产量可能受到影响
4～8	3.0～5.0	中度盐土	对盐分敏感作物产量受到影响，但对耐盐作物（苜蓿、棉花、甜菜、高粱、谷子）无多大影响
8～16	5.0～10.0	重盐土	只有耐盐作物有收成，但影响种子发芽，而且出现缺苗，严重影响产量
＞16	＞10.0	极重盐土	只有极少数耐盐植物能生长，如耐盐的牧草、灌木、树木等

9.3.1.6　注释

注 1. 电极常数 K 的测定。电极的铂片面积与距离不一定是标准的，因此必须测定电极常数 K 值。测定方法是：用电导电极来测定已知电导率的 KCl 标准溶液的电导度。即可算出该电极常数 K 值。不同温度时 KCl 标准溶液的电导率如表 9-5 所示。

$$电极常数\ K=\frac{EC}{S}$$

式中：EC——KCl 标准溶液的电导率；

S——测得 KCl 标准溶液的电导度。

表 9-5　0.020 00 mol KCl 标准溶液在不同温度下的电导度（dS·m^{-1}）

t (℃)	电导度	t (℃)	电导度	t (℃)	电导度	t (℃)	电导度
11	2.043	16	2.294	21	2.553	26	2.819
12	2.093	17	2.345	22	2.606	27	2.873
13	2.142	18	2.397	23	2.659	28	2.927
14	2.193	19	2.449	24	2.712	29	2.98
15	2.243	20	2.501	25	2.765	30	3.036

注 2. 盐的含量与溶液电导率许多研究者发现不是简单的直线关系，若以盐含量对应电导率的对数值作图或回归统计，可以取得更理想的线性效果。

9.3.2　残渣烘干——质量法[1]

9.3.2.1　*方法原理*　吸取一定量的土壤浸出液放在瓷蒸发皿中，在水浴上蒸干，用过氧化氢 H_2O_2 氧化有机质，然后在 105～110 ℃烘箱中烘干，称重，即得烘干残渣质量。

9.3.2.2 试剂 150 g · L^{-1}过氧化氢溶液。

9.3.2.3 操作步骤 吸收 1∶5 土壤浸出液或水样 20～50 mL（根据盐分多少取样，一般应使盐分重量在 0.02～0.2 g 之间）[注1] 放在 100 mL 已知烘干质量的瓷蒸发皿内，在水浴上蒸干，不必取下蒸发皿，用滴管沿皿周围加 150 g · L^{-1} H_2O_2，使残渣湿润，继续蒸干，如此反复用 H_2O_2 处理，使有机质完全氧化为止，此时干残渣全为白色[注2]，蒸干后将残渣和皿放在 105～110 ℃烘箱中烘干 1～2 h，取出冷却，用分析天平称重，记下质量。将蒸发皿和残渣再次烘干 0.5 h，取出放在干燥器中冷却。前后两次重量之差不得大于 1 mg[注3]。

9.3.2.4 结果计算

$$土壤水溶性盐总量（g \cdot kg^{-1}=\frac{m_1}{m_2}\times 1\,000$$

式中：m_1——烘干残渣质量（g）；

m_2——烘干土样质量（g）。

9.3.2.5 注释

注 1. 吸取待测液的数量，应以盐分的多少而定，如果含盐量>5.0 g · kg^{-1}，则吸取 25 mL；含盐量<5.0 g · kg^{-1}，则吸取 50 mL 或 100 mL。保持盐分量在 0.02～0.2 g 之间。

注 2. 加过氧化氢去除有机质时，只要达到使残渣湿润即可，这样可以避免由于过氧化氢分解时泡沫过多，使盐分溅失，因而必须少量多次地反复处理，直至残渣完全变白为止。但溶液中有铁存在而出现黄色氧化铁时，不可误认为是有机质的颜色。

注 3. 由于盐分（特别是镁盐）在空气中容易吸水，故应在相同的时间和条件下冷却称重。

9.3.3 用阳离子和阴离子总量计算土壤或水样中的总盐量

土壤水溶性盐总量（g · kg^{-1}）＝八个离子质量分数（g · kg^{-1}）之和

9.4 阳离子的测定

土壤水溶性盐中的阳离子包括 Ca^{2+}，Mg^{2+}，K^+，Na^+。目前 Ca^{2+} 和 Mg^{2+} 的测定中普遍应用的是 EDTA 滴定法。它可不经分离而同时测定钙、镁含量，符合准确和快速分析的要求。近年来广泛应用原子吸收光谱法也是测定钙和镁的好方法。K^+、Na^+的测定目前普遍使用的是火焰光度法。

9.4.1 钙和镁的测定——EDTA 滴定法

9.4.1.1 方法原理　EDTA 能与许多金属离子 Mn、Cu、Zn、Ni、Co、Ba、Sr、Ca、Mg、Fe、Al 等起配合反应，形成微离解的无色稳定性配合物。

但在土壤水溶液中除 Ca^{2+} 和 Mg^{2+} 外，能与 EDTA 配合的其它金属离子的数量极少，可不考虑。因而可用 EDTA 在 pH10 时直接测定 Ca^{2+} 和 Mg^{2+} 的数量。

干忧离子加掩蔽剂消除，待测液中 Mn、Fe、Al 等金属含量多时，可加三乙醇胺掩蔽。1∶5 的三乙醇胺溶液 2 mL 能掩蔽 5～10 mgFe、10 mgAl、4 mgMn。

当待测液中含有大量 CO_3^{2-} 或 HCO_3^- 时，应预先酸化，加热除去 CO_2，否则用 NaOH 溶液调节待测溶液 pH12 以上时会有 $CaCO_3$ 沉淀形成，用 EDTA 滴定时，由于 $CaCO_3$ 逐渐离解而使滴定终点拖长。

当单独测定 Ca 时，如果待测液含 Mg^{2+} 超过 Ca^{2+} 的 5 倍，用 EDTA 滴 Ca^{2+} 时应先稍加过量的 EDTA，使 Ca^{2+} 先和 EDTA 配合，防止碱化时形成的 $Mg(OH)_2$ 沉淀对 Ca^{2+} 吸附。最后再用 $CaCl_2$ 标准溶液回滴过量 EDTA。

单独测定 Ca 时，使用的指示剂有紫尿酸铵，钙指示剂（NN）或酸性铬蓝 K 等。测定 Ca、Mg 含量时使用的指示剂有铬黑 T，酸性铬蓝 K 等。

9.4.1.2 主要仪器　磁搅拌器、10 mL 半微量滴定管

9.4.1.3 试剂

（1）4 mol·L^{-1}的氢氧化钠溶液。溶解氢氧化钠 40 g 于水中，稀释至 250 mL，贮塑料瓶中，备用。

（2）铬黑 T 指示剂。溶解铬黑 T0.2 g 于 50 mL 甲醇中，贮于棕色瓶中备用，此液每月配制 1 次，或者溶解铬黑 T0.2 g 于 50 mL 二乙醇胺中，贮于棕色瓶。这样配制的溶液比较稳定，可用数月。或者称铬黑 T0.5 g 与干燥分析纯 NaCl 100 g 共同研细，贮于棕色瓶中，用毕即刻盖好，可长期使用。

（3）酸性铬蓝 K+萘酚绿 B 混合指示剂（K—B 指示剂）。称取酸性铬蓝 K0.5 g 和萘酚绿 B 1 g 与干燥分析纯 NaCl 100 g 共同研磨成细粉，贮于棕色瓶中或塑料瓶中，用毕即刻盖好。可长期使用。或者称取酸性铬蓝 K 0.1 g，萘酚绿 B 0.2 g，溶于 50 mL 水中备用，此液每月配制 1 次。

（4）浓 HCl（化学纯，ρ=1.19 g/mL）。

（5）1∶1HCl（化学纯）。取 1 份盐酸加 1 份水。

（6）pH10 缓冲溶液。称取氯化铵（化学纯）67.5 g 溶于无二氧化碳的水中，加入新开瓶的浓氨水（化学纯，密度 0.9 g·mL^{-1}，含氨 25%）570 mL，

用水稀释至1 L，贮于塑料瓶中，并注意防止吸收空气中的二氧化碳。

(7) 0.01 mol·L^{-1}Ca标准溶液。准确称取在105 ℃下烘4～6 h的分析纯$CaCO_3$0.500 4 g。溶于25 mL0.5 mol·L^{-1} HCl中煮沸除去CO_2，用无CO_2蒸馏水洗入500 mL量瓶，并稀释至刻度。

(8) 0.01 mol·L^{-1}EDTA标准溶液。取EDTA二钠盐3.720 g溶于无二氧化碳的蒸馏水中，微热溶解，冷却定容至1 000 mL。用标准Ca^{2+}溶液标定，贮于塑料瓶中，备用。

9.4.1.4 操作步骤

(1) 钙的测定。吸取土壤浸出液或水样10～20 mL（含Ca 0.02～0.2 mol）放在150 mL烧杯中，加1∶1HCl2滴，加热1 min，除去CO_2，冷却，将烧杯放在磁搅拌器上，杯下垫一张白纸，以便观察颜色变化。

给此液中加4 mol·L^{-1}的NaOH 3滴中和HCl，然后每5 mL待测液再加1滴NaOH和适量K—B指示剂，搅动以便$Mg(OH)_2$沉淀。

用EDTA标准溶液滴定，其终点由紫红色至蓝绿色。当接近终点时，应放慢滴定速度，5～10s加1滴。如果无磁搅拌器时应充分搅动，谨防滴定过量，否则将会得不到准确终点。记下EDTA用量（V_1）。

(2) Ca、Mg合量的测定。吸取土壤浸出液或水样10～20 mL（每份含Ca和Mg0.01～0.1 mol）放在150 mL的烧杯中，加1∶1HCl 2滴摇动，加热至沸1 min，除去CO_2，冷却。加3.5 mLpH10缓冲液，加1～2滴铬黑T指示剂，用EDTA标准溶液滴定，终点颜色由深红色到天蓝色，如加KB指示剂则终点颜色由紫红变成蓝绿色，消耗EDTA量（V_2）。

9.4.1.5 结果计算

$$\text{土壤水溶性钙（1/2Ca）含量（cmol·kg}^{-1}\text{）}=\frac{c\text{（EDTA）}\times V_1\times 2\times ts}{m}\times 100$$

$$\text{土壤水溶性钙（Ca）含量（g·kg}^{-1}\text{）}=\frac{c\text{（EDTA）}\times V_1\times ts\times 0.040}{m}\times 1\,000$$

$$\text{土壤水溶性镁（1/2Mg）含量（cmol·kg}^{-1}\text{）}=\frac{c\text{（EDTA）}\times(V_2-V_1)\times 2\times ts}{m}\times 100$$

$$\text{土壤水溶性镁（Mg）含量（g·kg}^{-1}\text{）}=\frac{c\text{（EDTA）}\times(V_2-V_1)\times ts\times 0.024\,4}{m}\times 1\,000$$

式中：V_1——滴定Ca^{2+}时所用的EDTA体积（mL）；

V_2——滴定Ca^{2+}、Mg^{2+}含量时所用的EDTA体积（mL）；

c(EDTA)——EDTA标准溶液的浓度（mol·L^{-1}）；

ts——分取倍数。

m——烘干土壤样品的质量(g)。

9.4.2 钙和镁的测定——原子吸收分光光度法

9.4.2.1 主要仪器 原子吸收分光光度计(附Ca、Mg空心阴极灯)。

9.4.2.2 试剂

(1) $50\ g \cdot L^{-1}\ LaCl_3 \cdot 7H_2O$ 溶液。称 $LaCl_3 \cdot 7H_2O$ 13.40 g溶于100 mL水中,此为 $50\ g \cdot L^{-1}$ 镧溶液。

(2) $100\ \mu g \cdot mL^{-1}$ Ca标准溶液。称取 $CaCO_3$(分析纯,在110 ℃烘4 h)溶于 $1\ mol \cdot L^{-1}$ HCl溶剂中,煮沸赶去 CO_2,用水洗入1 000 mL容量瓶中,定容。此溶液Ca浓度为 $1\,000\ \mu g \cdot mL^{-1}$,再稀释成 $100\ \mu g \cdot mL^{-1}$ 标准溶液。

(3) $25\ \mu g \cdot mL^{-1}$ Mg标准溶液。称金属镁(化学纯)0.100 0 g溶于少量 $6\ mol \cdot L^{-1}$ HCl溶剂中,用水洗入1 000 mL容量瓶,此溶液Mg浓度 $100\ \mu g \cdot mL^{-1}$,再稀释成 $25\ \mu g \cdot mL^{-1}$ Mg;

将以上这两种标准溶液配制成Ca、Mg混合标准溶液系列,含Ca,0~$20\ \mu g \cdot mL^{-1}$;Mg,0~$1.0\ \mu g \cdot mL^{-1}$,最后应含有与待测液相同浓度的HCl和 $LaCl_3$。

9.4.2.3 操作步骤 吸取一定量的土壤浸出液于50 mL量瓶中,加 $50\ g \cdot L^{-1}$ $LaCl_3$ 溶液5 mL,用去离子水定容。在选择工作条件的原子吸收分光光度计上分别在422.7 nm(Ca)及285.2 nm(Mg)波长处测定吸收值。可用自动进样系统或手控进样,读取记录标准溶液和待测液的结果。并在标准曲线上查出(或回归法求出)待测液的测定结果。在批量测定中,应按照一定时间间隔用标准溶液校正仪器,以保证测定结果的正确性。

9.4.2.4 结果计算

土壤水溶性钙(Ca^{2+} 含量($g \cdot kg^{-1}$)$=\rho(Ca^{2+})\times 50\times ts\times 10^{-3}/m$

土壤水溶性钙(1/2Ca)含量($cmol \cdot kg^{-1}$)$=Ca^{2+}$($g \cdot kg^{-1}$)/0.020

土壤水溶性镁(Mg^{2+})含量($g \cdot kg^{-1}$)$=\rho(Mg^{2+})\times 50\times ts\times 10^{-3}/m$

土壤水溶性镁(1/2Mg)含量($cmol \cdot kg^{-1}$)$=Mg^{2+}$($g \cdot kg^{-1}$)/0.012 2

式中:$\rho(Ca^{2+})$ 或(Mg^{2+})——钙或镁的质量浓度($\mu g \cdot mL^{-1}$);

ts——分取倍数;

50——待测液体积(mL);

0.020和0.012 2——$1/2Ca^{2+}$ 和 $1/2Mg^{2+}$ 的摩尔质量($kg \cdot mol^{-1}$);

m——土壤样品的质量,(g)。

9.4.3 钾和钠的测定——火焰光度法

9.4.3.1 *方法原理* K、Na元素通过火焰燃烧容易激发而放出不同能量的谱线，用火焰光度计测示出来，以确定土壤溶液中的K、Na含量。为抵销K、Na二者的相互干扰，可把K、Na配成混合标准溶液，而待测液中Ca对于K干扰不大，但对Na影响较大。当Ca达400 mg·kg^{-1}对K测定无影响，而Ca在20 mg·kg^{-1}时对Na就有干扰，可用$Al_2(SO_4)_3$抑制Ca的激发减少干扰，其它Fe^{3+} 200 mg·kg^{-1}，Mg^{2+} 500 mg·kg^{-1}时对K、Na测定皆无干扰，在一般情况下（特别是水浸出液）上述元素均未达到此限。

9.4.3.2 *仪器* 火焰光度计。

9.4.3.3 *试剂*

（1）约c=0.1 mol·L^{-1} 1/6 $Al_2(SO_4)_3$溶液。称取$Al_2(SO_4)_3$ 34 g或$Al_2(SO_4)_3\cdot 18H_2O$ 66 g溶于水中，稀释至1 L。

（2）K标准溶液。称取在105 ℃烘干4～6 h的分析纯KCl 1.906 9 g溶于水中，定容成1 000 mL，则含Na为1 000 μg·mL^{-1}，吸取此液100 mL，定容成1 000 mL，则得100 μg·mL^{-1}K标准液。

（3）Na标准溶液。称取在105 ℃烘干4～6 h的分析纯NaCl 2.542 g溶于水中，定容1 000 mL，则含Na为1 000 μg·mL^{-1}。吸取此液250 mL定容成1 000 mL则得250 μg·mL^{-1}Na标准液。

将K、Na两标准溶液按照需要可配成不同浓度和比例的混合标准溶液（如将K 100 μg·mL^{-1}和Na 250 μg·mL^{-1}标准溶液等量混合则得K 50 μg·mL^{-1}和Na 125 μg·mL^{-1}的混合标准溶液，贮在塑料瓶中备用）。

9.4.3.4 *操作步骤* 吸取土壤浸出液10～20 mL，放入50 mL量瓶中，加$Al_2(SO_4)_3$溶液1 mL，定容。然后，在火焰光度计上测试（每测一个样品都要用水或被测液充分吸洗喷雾系统），记录检流计读数，在标准曲线上查出它们的浓度；也可利用带有回归功能的计算器算出待测液的浓度。

标准曲线的制作。吸取K、Na混合标准溶液0，2，4，6，8，10，12，16，20 mL，分别移入9个50 mL的量瓶中，加$Al_2(SO_4)_3$ 1 mL，定容，则分别含K为0，2，4，6，8，10，12，16，20 μg·mL^{-1}和含Na为0，5，10，15，20，25，30，40，50 μg·mL^{-1}。

用上述系列标准溶液，在火焰光度计上用各自的滤光片分别测出K和Na在检流计上的读数。以检流计读数作为纵坐标，以浓度作为横坐标，在直角座标纸上绘出K、Na的标准曲线；或输入带有回归功能的计算器，求出回归方程。

9.4.3.5 结果计算

$$\text{土壤水溶性 } K^+,\ Na^+ \text{ 含量 } (g \cdot kg^{-1}) = \rho(K^+,\ Na^+) \times 50 \times ts \times 10^{-3}/m$$

式中：ρ（K^+，Na^+）——钙或镁的质量浓度（$\mu g \cdot mL^{-1}$）；

ts——分取倍数；

50——待测液体积（mL）；

m——烘干样品质量（g）。

9.5 阴离子的测定

在盐土分类中，常用阴离子的种类和含量进行划分，所以在盐土的化学分析中，须进行阴离子的测定。在阴离子分析中除 SO_4^{2-} 外，多采用半微量滴定法。SO_4^{2-} 测定的标准方法是 $BaSO_4$ 重量法，但常用的是比浊法，或半微量 EDTA 间接配合滴定法或差减法。

9.5.1 碳酸根和重碳酸根的测定——双指示剂—中和滴定法

在盐土中常有大量 HCO_3^-，而在盐碱土或碱土中不仅有 HCO_3^-，也有 CO_3^{2-}。在盐碱土或碱土中 OH^- 很少发现，但在地下水或受污染的河水中会有 OH^- 存在。

在盐土或盐碱土中由于淋洗作用而使 Ca^{2+} 或 Mg^{2+} 在土壤下层形成 $CaCO_3$ 和 $MgCO_3$ 或者 $CaSO_4 \cdot 2H_2O$ 和 $MgSO_4 \cdot H_2O$ 沉淀，致使土壤上层 Ca^{2+}、Mg^{2+} 减少，$Na^+/(Ca^{2+}+Mg^{2+})$ 比值增大，土壤胶体对 Na^+ 的吸附增多，这样就会导致碱土的形成，同时土壤中就会出现 CO_3^{2-}。这是因为土壤胶体吸附的钠水解形成 NaOH，而 NaOH 又吸收土壤空气中的 CO_2 形成 Na_2CO_3 之故。因而 CO_3^{2-} 和 HCO_3^- 是盐碱土和碱土中的重要成分。

$$\text{土壤—}Na^+ + H_2O \rightleftharpoons \text{土壤—}H^+ + NaOH$$

$$2NaOH + CO_2 \longrightarrow Na_2CO_3 + H_2O$$

$$Na_2CO_3 + CO_2 + H_2O \rightleftharpoons 2NaHCO_3$$

9.5.1.1 *方法原理*

土壤水浸出液的碱度主要决定于碱金属和碱土金属的碳酸盐及重碳酸盐。溶液中同时存在碳酸根和重碳酸根时，可以应用双指示剂进行滴定。

$$Na_2CO_3 + HCl = NaHCO_3 + NaCl \text{（pH8.3 为酚酞终点）} \quad (1)$$

$$NaHCO_3 + HCl = NaCl + CO_2 + H_2O \text{（pH4.1 为溴酚蓝终点）} \quad (2)$$

由标准酸的两步用量可分别求得土壤中 CO_3^{2-} 和 HCO_3^- 的含量。滴定时

标准酸如果采用 H_2SO_4，则滴定后的溶液可以继续测定 Cl^- 的含量。对于质地粘重，碱度较高或有机质含量高的土壤，会使溶液带有黄棕色，终点很难确定，可采用电位滴定法（即采用电位计指示滴定终点）。

9.5.1.2 试剂

（1）5 g·L^{-1}酚酞指示剂。称取酚酞指示剂 0.5 g，溶于 100 mL 600 mL·L^{-1} 的乙醇中。

（2）1 g L^{-1}溴酚蓝（Bromophenol blue）指示剂。称取溴酚蓝 0.1 g 在少量 950 mL·L^{-1}乙醇中研磨溶解，然后用乙醇稀释至 100 mL。

（3）0.01 mol·L^{-1} $\frac{1}{2}H_2SO_4$ 标准溶液。量取的浓 H_2SO_4（比重 1.84）2.8 mL 加水至 1 L，将此溶液再稀释 10 倍，再用标准硼砂标定其准确浓度。

9.5.1.3 操作步骤　吸取两份 10～20 mL 土水比为 1∶5 的土壤浸出液，放入 100 mL 的烧杯中。

把烧杯放在磁搅拌器上开始搅拌，或用其他方式搅拌，加酚酞指示剂 1～2 滴（每 10 mL 加指示剂 1 滴），如果有紫红色出现，即示有碳酸盐存在，用 H_2SO_4 标准溶液滴定至浅红色刚一消失即为终点，记录所用 H_2SO_4 溶液的毫升数（V_1）。

溶液中再加溴酚蓝指示剂 1～2 滴（每 5 mL 加指示剂 1 滴）。在搅拌中继续用标准 H_2SO_4 溶液滴定至终点，由蓝紫色刚褪去，记录加溴酚蓝指示剂后滴定所用 H_2SO_4 标准溶液的 mL 数（V_2）。

9.5.1.4 结果计算

$$\text{土壤中水溶性 } CO_3^{2-} \text{ 含量（cmol·kg}^{-1}\text{）}=\frac{2V_1\times c\times ts}{m}\times 100$$

土壤中水溶性 CO_3^{2-} 含量（g·kg^{-1}）＝1/2CO_3^{2-}，（cmol，kg^{-1}）×0.030 0

$$\text{土壤中水溶性 } HCO_3^- \text{ 含量（cmol·kg}^{-1}\text{）}=\frac{(V_2-2V_1)\times c\times ts}{m}\times 100$$

土壤中水溶性 HCO_3^- 含量（g·kg^{-1}）＝HCO_3^-，（cmol，kg^{-1}）×0.061 0

式中：V_1——酚酞指示剂达终点时消耗的 H_2SO_4 毫升数，此时碳酸盐只是半中和，故 2×V_1；

V_2——溴酚蓝为指示剂达终点时消耗的 H_2SO_4 体积（mL）；

c——1/2H_2SO_4 标准溶液的浓度（mol·L^{-1}）；

ts——分取倍数；

m——烘干土样质量（g）；

0.030 0 和 0.061 0——分别为 1/2 CO_3^{2-} 和 HCO_3^- 的摩尔质量（kg·mol^{-1}）。

9.5.2 氯离子的测定

土壤中普遍都含有 Cl^-，它的来源有许多方面，但在盐碱土中它的来源主要是含氯矿物的风化、地下水的供给、海水浸漫等方面。由于 Cl^- 在盐土中含量很高，有时高达水溶性总盐量的 80%以上，所以常被用来表示盐土的盐化程度，作为盐土分类和改良的主要参考指标。因而盐土分析中 Cl^- 是必须测定的项目之一，甚至有些情况下只测定 Cl^- 就可判断盐化程度。

以二苯卡贝肼为指示剂的硝酸汞滴定法和以 K_2CrO_4 为指示剂的硝酸银滴定法（莫尔法），都是测定 Cl^- 离子的好方法。前者滴定终点明显，灵敏度较高，但需调节溶液酸度，手续较繁。后者应用较广，方法简便快速，滴定在中性或微酸性介质中进行，尤适用于盐渍化土壤中 Cl^- 测定，待测液如有颜色可用电位滴定法。氯离子选择性电极法也被广泛使用。

9.5.2.1 *硝酸银滴定法*

9.5.2.1.1 方法原理　用 $AgNO_3$ 标准溶液滴定 Cl^- 是以 K_2CrO_4 为指示剂，其反应如下：

$$Cl^- + Ag^+ \longrightarrow AgCl\downarrow \text{（白色）}$$

$$CrO_4^{2+} + 2Ag^+ \longrightarrow Ag_2CrO_4\downarrow \text{（棕红色）}$$

AgCl 和 Ag_2CrO_4 虽然都是沉淀，但在室温下，AgCl 的溶解度（1.5×10^{-3} $g\cdot L^{-1}$）比 Ag_2CrO_4 的溶解度（2.5×10^{-2} $g\cdot L^{-1}$）小，所以当溶液中加入 $AgNO_3$ 时，Cl^- 首先与 Ag^+ 作用形成白色 AgCl 沉淀，当溶液中 Cl^- 全被 Ag^+ 沉淀后，则 Ag^+ 就与 K_2CrO_4 指示剂作用，形成棕红色的 Ag_2CrO_4 沉淀，此时即达终点。

用 $AgNO_3$ 滴定 Cl^- 时应在中性溶液中进行，因为在酸性环境中会发生如下反应：

$$CrO_4^{2-} + H^+ \longrightarrow HCrO_4^-$$

因而降低了 K_2CrO_4 指示剂的灵敏性，如果在碱性环境中则：

$$Ag^+ + OH^- \longrightarrow AgOH\downarrow$$

而 AgOH 饱和溶液中的 Ag^+ 浓度比 Ag_2CrO_4 饱和液中的为小，所以 AgOH 将先于 Ag_2CrO_4 沉淀出来，因此，虽达 Cl^- 的滴定终点而无棕红色沉淀出现，这样就会影响 Cl^- 的测定。所以用测定 CO_3^{2-} 和 HCO_3^- 以后的溶液进行 Cl^- 的测定比较合适。在黄色光下滴定，终点更易辨别。

如果从苏打盐土中提出的浸出液颜色发暗不易辨别终点颜色变化时，可用电位滴定法代替。

9.5.2.1.2 试剂

(1) 50 g·L^{-1}铬酸钾指示剂。溶解 K_2CrO_4 5 g 于大约 75 mL 水中，滴加饱和的 $AgNO_3$ 溶液，直到出现棕红色 Ag_2CrO_4 沉淀为止，在避光放置 24 h，倾清或过滤除去 Ag_2CrO_4 沉淀，半清液稀释至 100 mL，贮在棕色瓶中，备用。

(2) 0.025 mol·L^{-1}硝酸银标准溶液。将 105 ℃烘干的 $AgNO_3$ 4.246 8 g 于溶解于水中，稀释至 1 L。必要时用 0.01 mol·L^{-1} KCl 溶液标定其准确浓度。

9.5.2.1.3 操作步骤　用滴定碳酸盐和重碳酸盐以后的溶液继续滴定 Cl^-。如果不用这个溶液，可另取两份新的土壤浸出液，用饱和 $NaHCO_3$ 溶液或 0.05 mol·L^{-1} H_2SO_4 溶液调至酚酞指示剂红色褪去。

每 5 mL 溶液加 K_2CrO_4 指示剂 1 滴，在磁搅拌器上，用 $AgNO_3$ 标准溶液滴定。无磁搅拌器时，滴加 $AgNO_3$ 时应随时搅拌或摇动，直到刚好出现棕红色沉淀不再消失为止。

9.5.2.1.4 结果计算

$$\text{土壤中 } Cl^- \text{ 含量 (cmol·kg}^{-1}) = \frac{c \times V \times ts}{m} \times 100$$

$$\text{土壤中 } Cl^- \text{ 的含量 (g·kg}^{-1}) = Cl^-, \text{ (cmol·kg}^{-1}) \times 0.035\,45$$

式中：V——消耗 $AgNO_3$ 标准液体积（mL）；

c——$AgNO_3$ 摩尔浓度（mol·L^{-1}）；

0.035 45——Cl^- 的摩尔质量（kg·mol^{-1}）。

9.5.3 硫酸根的测定

在干旱地区的盐土中易溶性盐往往以硫酸盐为主。硫酸根分析是水溶性盐分析中比较麻烦的一个项目。经典方法是硫酸钡沉淀称重法，但由于手续烦琐而妨碍了它的广泛使用。近几十年来，滴定方法的发展，特别是 EDTA 滴定方法的出现有取代重量法之势。硫酸钡比浊测定 SO_4^{2-} 虽然快速、方便，但易受沉淀条件的影响，结果准确性差。硫酸—联苯胺比浊法虽然精度差，但作为野外快速测定硫酸根还是比较方便的。用铬酸钡测定 SO_4^{2-}，可以用硫代硫酸钠滴定法，也可以用 CrO_4^{2-} 比色法，前者比较麻烦，后者较快速，但精确度较差，四羟基醌（二钠盐）可以快速测定 SO_4^{2-}。四羟基醌（二钠盐）是一种 Ba^{2+} 的指示剂，在一定条件下，四羟基醌与溶液中的 Ba^{2+} 形成红色络合物。所以可用 $BaCl_2$ 滴定来测定 SO_4^{2-}。

下面介绍 EDTA 间接络合滴定法和 $BaSO_4$ 比浊法。

9.5.3.1 EDTA 间接络合滴定法

9.5.3.1.1 方法原理

用过量氯化钡将溶液中的硫酸根完全沉淀。为了防止 $BaCO_3$ 沉淀的产生，在加入 $BaCl_2$ 溶液之前，待测液必须酸化，同时加热至沸以赶出 CO_2，趁热加入 $BaCl_2$ 溶液以促进 $BaSO_4$ 沉淀，形成较大颗粒。

过量 Ba^{2+} 连同待测液中原有的 Ca^{2+} 和 Mg^{2+}，在 pH10 时，以铬黑 T 指示剂，用 EDTA 标准液滴定。为了使终点明显，应添加一定量的镁。从加入钡镁所消耗 EDTA 的量（用空白标定求得）和同体积待测液中原有 Ca^{2+}、Mg^{2+} 所消耗的 EDTA 的量之和减去待测液中原有 Ca^{2+}、Mg^{2+} 以及与 SO_4^{2-} 作用后剩余钡及镁所消耗的 EDTA 量，即为消耗于沉淀 SO_4^{2-} 的 Ba^{2+} 量，从而可求出 SO_4^{2-} 量。如果待测溶液中 SO_4^{2-} 浓度过大，则应减少用量。

9.5.3.1.2 试剂

（1）钡镁混合液。称 $BaCl_2 \cdot 2H_2O$（化学纯）2.44 g 和 $MgCl_2 \cdot 6H_2O$（化学纯）2.04 g 溶于水中，稀释至 1 L，此溶液中 Ba^{2+} 和 Mg^{2+} 的浓度各为 $0.01\ mol \cdot L^{-1}$，每毫升约可沉淀 SO_4^{2-} 1 mg。

（2）HCl（1∶4）溶液。一份浓盐酸（HCl，$\rho \approx 1.19\ g \cdot mL^{-1}$，化学纯）与四份水混合。

（3）$0.01\ mol \cdot L^{-1}$ EDTA 二钠盐标准溶液。取 EDTA 二钠盐 3.720 g 溶于无 CO_2 的蒸馏水中，微热溶解，冷却定容至 1 000 mL。用标准 Ca^{2+} 溶液标定，方法同滴定 Ca^{2+}。此液贮于塑料瓶中备用。

（4）pH10 的缓冲溶液。称取氯化铵（NH_4Cl，分析纯）33.75 g 溶于 150 mL水中，加氨水 285 mL，用水稀释至 500 mL。

（5）铬黑 T 指示剂和 K-B 指示剂（同 9.4.1.3）。

9.5.3.1.3 操作步骤

（1）吸取 25.00 mL 土水比为 1∶5 的土壤浸出液于 150 mL 三角瓶中，加 HCl（1∶4）5 滴，加热至沸，趁热用移液管缓缓地准确加入过量 25%～100%的钡镁混合液（5～10 mL）(注1) 继续微沸 5 min，然后放置 2 h 以上。

加 pH10 缓冲液 5 mL，加铬黑 T 指示剂 1～2 滴，或 K-B 指示剂 1 小勺（约 0.1 g），摇匀。用 EDTA 标准溶液滴定由酒红色变为纯蓝色。如果终点前颜色太浅，可补加一些指示剂，记录 EDTA 标准溶液的体积（V_1）。

（2）空白标定。取 25 mL 水，加入 HCl(1∶4) 5 滴，钡镁混合液 5 或 10 mL（用量与上述待测液相同），pH10 缓冲液 5 mL 和铬黑 T 指示剂 1～2 滴或 K-B 指示剂一小勺（约 0.1 g），摇匀后，用 EDTA 标准溶液滴定由酒红色变为纯蓝色，记录 EDTA 溶液的体积（V_2）。

(3) 土壤浸出液中钙镁含量的测定（如土壤中 Ca^{2+}、Mg^{2+} 已知，可免去此步骤）。

吸取上述 (1) 土壤浸出液相同体积 [测定见 9.4.1.4 (2)] 记录 EDTA 溶液的用量 (V_3)。

9.5.3.1.4 结果计算

$$\text{土壤中水溶性 } 1/2SO_4^{2-} \text{ 的含量 (cmol·kg}^{-1}) = \frac{c(EDTA \times (V_2 + V_3 - V_1) \times ts \times 2}{m} \times 100$$

土壤中水溶性 SO_4^{2-} 的含量 ($g \cdot kg^{-1}$) $= 1/2SO_4^{2-}$ ($cmol \cdot kg^{-1}$) $\times 0.0480$

式中：V_1——待测液中原有 Ca^{2+}、Mg^{2+} 以及 SO_4^{2-} 作用后剩余钡镁剂所消耗的总 EDTA 溶液的体积 (mL)；

V_2——钡镁剂（空白标定）所消耗的 EDTA 溶液的体积 (mL)；

V_3——同体积待测液中原有 Ca^{2+}、Mg^{2+} 所消耗的 EDTA 溶液的体积 (mL)；

c——EDTA 标准溶液的摩尔浓度 ($cmol \cdot L^{-1}$)；

0.048 0——1/2 SO_4^{2-} 的摩尔质量 ($kg \cdot mol^{-1}$)。

9.5.3.1.5 注释

注：由于土壤中 SO_4^{2-} 含量变化较大，有些土壤 SO_4^{2-} 含量很高，可用下式判断所加沉淀剂 $BaCl_2$ 是否足量：

$V_2 + V_3 - V_1 = 0$，表明土壤中无 SO_4^{2-}。$V_2 + V_3 - V_1 < 0$，表明操作错误。

如果 $V + V_3 - V_1 = A(mL)$，$A + A \times 25\% \leqslant$ 所加 $BaCl_2$ 体积，表明所加沉淀剂足量。$A + A \times 25\% >$ 所加 $BaCl_2$ 体积，表明所加沉淀剂不够，应重新少取待测液，或者多加沉淀剂重新测定 SO_4^{2-}。

9.5.3.2 *硫酸钡比浊法* (GB7871-87)[2]

9.5.3.2.1 方法原理

在一定条件下，向试液中加入氯化钡 ($BaCl_2$) 晶粒，使之与 SO_4^{2-} 形成的硫酸钡 ($BaSO_4$) 沉淀分散成较稳定的悬浊液，用比色计或比浊计测定其浊度（吸光度）。同时绘制工作曲线，由未知浊液的浊度查曲线，即可求得 SO_4^{2-} 浓度。比浊法适用于 SO_4^{2-} 浓度小于 40 $mg \cdot L^{-1}$ 的试液中 SO_4^{2-} 的测定。

9.5.3.2.2 试剂

(1) SO_4^{2-} 标准溶液。硫酸钾（分析纯，110 ℃烘 4 h）0.181 4 g 溶于水，定容至 1 L。此溶液含 SO_4^{2-} 100 $\mu g \cdot mL^{-1}$。

(2) 稳定剂。氯化钠（分析纯）75.0 g 溶于 300 mL 水中，加入 30 mL 浓盐酸和 100 mL 950 $mL \cdot L^{-1}$ 乙醇，再加入 50 mL 甘油，充分混合均匀。

(3) 氯化钡晶粒。净氯化钡 ($BaCl_2 \cdot 2H_2O$，分析纯) 结晶磨细过筛，取粒度为 0.25～0.5 mm 之间的晶粒备用。

9.5.3.2.3　主要仪器　量勺（容量 0.3 cm3 盛 1.0 g 氯化钡）、分光光度计或比浊计。

9.5.3.2.4　测定步骤

（1）根据预测结果，吸取 25.00 mL 土壤浸出液（SO_4^{2-} 浓度在 40 μg·mL^{-1}以上者，应减少用量，并用纯水准确稀释至 25.00 mL），放入 50 mL 锥形瓶中。准确加入 1.0 mL 稳定剂和 1.0 g 氯化钡晶粒（可用量勺量取），立即转动锥形瓶至晶粒溶完为止。将上述浊液在 15 min 内于 420 nm 或 480 nm 处进行比浊（比浊前须逐个摇匀浊液）。用同一土壤浸出液（25 mL 中加 1 mL 稳定剂，不加氯化钡），调节比色（浊）计吸收值“0”点，或测读吸收值后在土样浊液吸收值中减去之，从工作曲线上查得比浊液中的 SO_4^{2-} 含量（mg/25 mL）。记录测定时的室温。

（2）工作曲线的绘制。分别准确吸取含 SO_4^{2-} 100 μg·mL^{-1}的标准溶液 0、1、2、4、6、8、10 mL，各放入 25 mL 容量瓶中，加水定溶，即成含 SO_4^{2-} 0、0.1、0.2、0.4、0.6、0.8、1.0 mg/25 mL 的标准系列溶液。按上述与待测液相同的步骤，加 1 mL 稳定剂和 1 g 氯化钡晶粒显浊和测读吸取值后绘制工作曲线。

测定土样和绘制工作曲线时，必须严格按照规定的沉淀和比浊条件操作，以免产生较大的误差。

9.5.3.2.5　结果计算

$$土壤水溶性\ SO_4^{2-}\ 含量（\%）=\frac{m_1}{m}\times 100$$

或　　$$土壤水溶性\ SO_4^{2-}\ 含量，(g\cdot kg^{-1})=\frac{m_1}{m}\times 1\,000$$

土壤水溶性 $1/2SO_4^{2-}$ 的含量（cmol·kg^{-1}）= SO_4^{2-}，g·kg^{-1}/0.048 0

式中：m_1——由工作曲线查得 25 mL 浸出液中的 SO_4^{2-} 含量（mg）；

m——相当于分析时所取浸出液体积的干土质量（mg）；

0.048 0——$1/2SO_4^{2-}$ 的摩尔质量（kg·mol^{-1}）。

主要参考文献

[1] 南京农业大学主编．1986. 土壤农化分析（二版）．北京：农业出版社出版．1986，115～137

[2] 刘光崧主编．1996. 土壤理化分析与剖面描述．中国标准出版社．1996，208～209

思考题

1. 土壤水溶性盐分主要指哪些？它们与作物生长主要有什么关系？

2. 测定土壤水溶性盐的土壤样品不能用烘干土而只能用风干土，但是计算各种成分时又要以烘干土表示，为什么？

3. 用水饱和土浆法，或者用土水比为 1∶1 或 1∶5 的提取法，提取土壤盐分各有什么优缺点？

4. 沙土和粘土含有同样的盐量，哪种土壤对作物危害大？为什么？

5. 用 EDTA 法间接测定 SO_4^{2-} 时为什么一定要给土壤溶液中加入 Mg 盐？

6. 用 EDTA 单独测定 Ca^{2+} 时为什么要加 NaOH？

第十章

土壤中碳酸钙和硫酸钙的测定

10.1 概　述

在土壤测定中常先检定土壤的石灰反应，这不仅是因为土壤中碳酸盐容易检定和估量，而且也因为有无碳酸钙和含量多少都会影响到土壤的许多特性。例如，土壤的淋溶程度，土壤发生发育的程度，土壤酸度，土壤养分元素的存在形态和有效程度，土壤盐基饱和度，土壤吸附的阳离子种类，土壤结构，土壤微生物区系，以及盐土改良时土壤是否会碱化和碱化程度等都与碳酸钙有关。对石灰性土壤来说，通常以 $CaCO_3$ 在剖面中的淋溶和淀积特征作为判断土壤形成、分类和肥力状况的指标之一。例如褐土分类中的碳酸盐褐土、淋溶褐土，黑土中的普通黑土、淋溶黑土等。一般石灰性土壤随石灰含量的不同，pH 在 6.5～8.5。石灰性土壤中植物常会 P、Zn、Fe 缺乏，引起缺绿症、小叶病等。

土壤中无机碳酸盐主要是难溶性的方解石（$CaCO_3$）和白云石（$CaCO_3 \cdot MgCO_3$），一般以方解石为主。在盐碱土中则有一定量的易溶性碳酸盐 Na_2CO_3 和 $NaHCO_3$。但是这种易溶性碱族元素碳酸盐的含量与方解石类碳酸盐相比则很少。所以土壤中碳酸盐主要是碱土类元素的碳酸盐。在碱土族元素碳酸盐中，方解石遇冷的稀盐酸极易放出 CO_2，而白云石作用则比较困难，不仅时间长，甚至要加热。在干旱和半干旱地区的土壤除积累有易溶性的硫酸盐芒硝（$Na_2SO_4 \cdot 10H_2O$）外，还积累有微溶性的硫酸盐石膏（$CaSO_4 \cdot 2H_2O$）和无水石膏（$CaSO_4$），石膏多出现在靠近土壤表层，而无水石膏多出现在土壤的下层。石膏的溶解度较小，常温下为 0.241 g/100 mL。在盐土冲洗改良时，土壤中水溶性盐分很快被淋洗到土壤下层并从地下水中排出，而硫酸钙则不然，它缓慢溶解使土壤溶液中长期保留一定量的 Ca，这对防止盐土碱化和改良碱土都有好处，可以减小土壤胶体对

Na^{+}的吸附，使土壤能够保持比较良好的结构。所以，了解盐土和盐碱土中石膏的含量是很重要的，而且在土壤调查中，土壤石膏层出现的部位也是土属划分的依据。

10.2 不溶性碳酸盐总量（$CaCO_3$、$MgCO_3$）的测定

测定土壤无机碳酸盐的方法很多。一是快速中和法，即加一定量标准酸于土壤，使之与碳酸盐作用，过量的酸再用标准碱溶液回滴。二是加盐酸于土壤，产生的CO_2用气体装置测量其体积（这是最常用的气量法）或者用标准碱液将CO_2吸收，然后再用标准酸滴定剩余的碱，或者使CO_2吸收于苏打石灰称重。

10.2.1 气量法

10.2.1.1 *方法原理* 样品中$CaCO_3$与HCl作用，产生CO_2：

$$CaCO_3 + 2HCl \longrightarrow CaCl_2 + H_2O + CO_2\uparrow$$

将所产生的CO_2收集在量气管中，测得CO_2的体积。根据当时的气压和温度可以算出$CaCO_3$的含量。CO_2在一定温度和气压下具有一定的比重，查本书末附表可得每毫升CO_2的重量，根据CO_2重量可换算出$CaCO_3$的含量，或称取不同重量的$CaCO_3$系列，加酸后用所产生的CO_2体积绘制工作曲线，根据样品产生的CO_2体积在工作曲线上直接查出碳酸钙的重量，在温度和气压比较恒定情况下进行测定，可以省去温度与气压的校正。

为了防止CO_2在水中的溶解，装入量气管的水应当呈酸性，为了便于观察，水中可加入一些指示剂，水中含一定量的酸时还可减小集气管中水蒸气分压，故在计算CO_2压力时减小误差。

10.2.1.2 *仪器*

(1) 气量法测定$CaCO_3$的装置。在250 mL的三角瓶C上塞一个具有两孔的橡皮塞，一孔插入一支温度计T，另一孔插入一个三通活塞K（图10-1）。

将两支50 mL的碱式滴定管或100 mL的量气管A和B夹在专用的板架上或夹在滴定管架上。在B管的上端与三角瓶C相连。两管的下端用一个Y型管与一个250～300 mL的广口瓶E相连，在广口瓶上塞一个具三孔的橡皮塞，直型活塞G为放气用，H是一个打气球。

(2) 取一支70 mm×18 mm的平底试管D或侧面开孔的弯曲试管准备盛HCl用。

(3) 气压计。

10.2.1.3 试剂

(1) HCl(1：2)。取1份HCl加2份水。

(2) 约0.5 mol·L^{-1} H_2SO_4 有色溶液。每100 mL水中加浓 H_2SO_4 3 mL，加甲基红指示剂数滴，装入量气管。

(3) 碳酸钙：固体分析纯 $CaCO_3$。

10.2.1.4 操作步骤

称取通过0.25 mm筛孔的土壤1.00～10.00 g（含 $CaCO_3$ 0.1～0.2 g），小心地将土样倒入三角瓶底。于试管D装入1：2 HCl约至2/3处，将试管用镊子小心地立在已盛有土样的三角瓶C中。

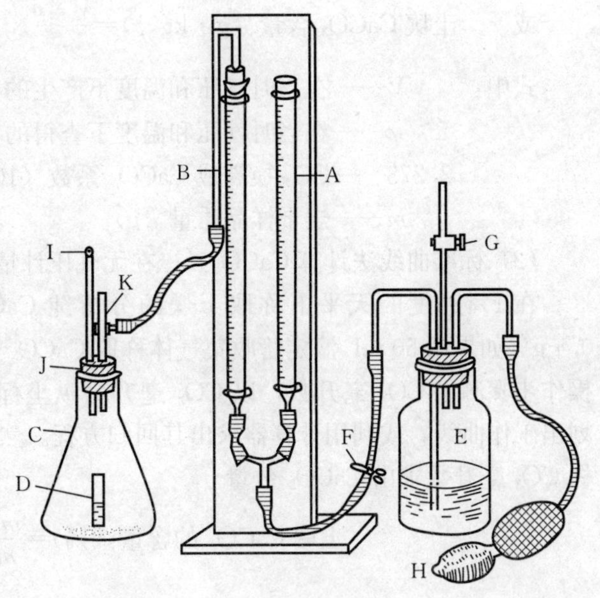

图10-1　气量法测定 $CaCO_3$ 的装置

给广口瓶中装入0.5 mol·L^{-1} H_2SO_4 有色溶液，关闭活塞G，打开夹子F，用打气球打气，使水装满滴定管（滴定管0度处）。检查是否漏气：关闭活塞K（与外部空气隔绝），将橡皮塞J塞好，此时B管液面略低于A管，稍等片刻，检查是否漏气。如果漏气，两管液面会慢慢平齐，则应查明原因。

打开活塞K，使A、B两管液面重新在同一平面上，并记下B管的数字。再关好活塞K（与外部空气隔绝），同时打开活塞G。

将三角瓶C中的D管盐酸倒于瓶底，此时即有 CO_2 气体产生，B管液面下降，应及时用夹子F调节A管中液面，使A管中液面始终略高于B管。当B管液面停止下降时，用手间歇轻摇三角瓶C 4～5次（手应拿住瓶口处以减小体温的影响），直到B管液面不下降为止。

用夹子F或上下变动A管高低来调节A、B两管液面使之在同一水平面上，记下读数。前后两数之差即为所产生的 CO_2 的体积。

同时读取气压计读数和温度计读数。

10.2.1.5 结果计算

(1) 查附表4（CO_2 密度表）计算：

$$土壤 CaCO_3 含量（\%）=\frac{V\times\rho}{m}\times10^{-4}\times2.273$$

或 $$土壤 CaCO_3 含量（g\cdot kg^{-1}）=\frac{V\times\rho}{m}\times10^{-3}\times2.273$$

式中：　V——在当时气压和温度下产生的 CO_2 体积（mL）；

ρ——在当时气压和温度下查得的 CO_2 密度（$\mu g\cdot mL^{-1}$）；

2.273——CO_2 换算成 $CaCO_3$ 系数（100/44）；

m——烘干样品质量（g）。

（2）标准曲线法计算 $CaCO_3$%。在无气压计情况下采用。

在1%感度的天平上称取干燥的分析纯 $CaCO_3$ 0.05，0.1，0.2，0.3，0.4 g（如果用 50 mL 滴定管收集气体称取 $CaCO_3$ 量不要大于 0.2 g），按上述操作步骤测定 CO_2 毫升数，以 CO_2 毫升为纵坐标，$CaCO_3$ 含量%为横坐标，划出工作曲线，或利用计算器求出其回归方程。然后用一同单位时间测得的土样 CO_2 毫升数求出 $CaCO_3$ 数量。

$$土壤 CaCO_3 的含量（\%）=\frac{m_1}{m}\times100$$

$$土壤 CaCO_3 的含量（g\cdot kg^{-1}）=\frac{m_1}{m}\times1\,000$$

式中：m_1——查得 $CaCO_3$ 的质量（g）；

m——烘干土样质量（g）。

10.2.2 中和滴定法

10.2.2.1 *方法原理* 土壤与一定量的 HCl 作用后，剩余的酸再用标准碱液回滴，以酚酞为指示剂，用净消耗的 HCl 数量来计算碳酸钙的含量。此法只能测得近似结果，因为所加的酸不仅能与碳酸盐作用，还能与其它物质发生反应。由于酸与土壤矿物质作用，特别是在加热过程中会使许多物质分解或溶解，而使滤液中含有胶体物质，当用碱回滴时，使滤液具有比较强的缓冲作用，而使酚酞颜色变化迟钝，终点不易辨别，在加热情况下进行滴定会使情况改善。

10.2.2.2 *试剂*

（1）0.5 $mol\cdot L^{-1}$ HCl 标准溶液。稀释 41.7 mL HCl 至 1 L，用 Na_2CO_3 或硼砂标定之。

（2）0.5 $mol\cdot L^{-1}$ NaOH 标准溶液。溶解 20 g 的 NaOH 至 1 L，标定其浓度。

(3) 10 g·L^{-1}酚酞指示剂。溶解 1 g 酚酞于 100 mL 乙醇(φ=70%)中。

10.2.2.3 *操作步骤* 称取通过 0.25 mm 筛孔的土壤 5~25 g(含$CaCO_3$ 0.25~1 g),放在 250 mL 的烧杯中,用滴定管缓缓加入 0.5 mol·L^{-1} HCl 20~80 mL(HCl 用量必须为中和 $CaCO_3$ 所需量的 2 倍以上)摇匀,盖以表面玻璃,小火加热,微沸 5 min 以赶尽 CO_2。冷却后过滤,用无 CO_2 的水洗至无酸反应(可用溴百里酚蓝指示剂检查,显蓝色)。每次用水量不要过多(约 10 mL),等漏斗无水滴下时再加水。在滤液中加酚酞指示剂(每 10 mL 滤液加指示剂 1 滴)3~4 滴,趁热用 0.5 mol·L^{-1}的 NaOH 滴定到粉红色出现(或者发现红棕色浑浊)。记下所用碱液体积。

10.2.2.4 *结果计算*

$$\text{土壤中}CaCO_3\text{含量}(\%)=\frac{(c_1V_1-c_2V_2)\times 0.050}{m}\times 100$$

式中:c_1 和 V_1——HCl 标准溶液的浓度(mol·L^{-1})和体积(mL);
c_2 和 V_2——NaOH 标准溶液的浓度(mol·L^{-1})和体积(mL);
m——烘干样品质量(g);
0.050——1/2$CaCO_3$ 的摩尔质量(kg·mol^{-1})。

10.3 土壤石膏的测定

在干旱和半干旱地区由于降水量小,土壤中的微溶性石膏〔$CaSO_4(2H_2O)$〕难以从剖面中淋洗下去,而在靠近土壤表层积累起来,或者由于富含石膏的地下水蒸发,随毛管水上升到土壤表层或在亚表层积累起来。在非常干旱的地区除石膏外还有少量半水石膏〔$CaSO_4(1/2H_2O)$〕和无水石膏($CaSO_4$)。这些石膏在土壤内常成为粗粘或粉粒大小的颗粒,在土壤剖面下层还会有石膏结晶,这种结晶能成为砂粒状或更大的颗粒。石膏在水中的溶解速度随颗粒的细度增加而增快,所以分析石膏的土样应磨得细一些,以便石膏迅速溶解。一般土壤颗粒应<0.25 mm。测定 $CaSO_4$ 的方法:可以用水浸提,醋酸铵溶液浸提或 HCl 浸提等。然后在浸出液中测定 SO_4^{2-},计算出 $CaSO_4$ 含量。硫酸钡质量法适用于测定石膏含量较高的土壤,该法测定结果虽然准确,但操作步骤冗长。盐酸浸提—EDTA 滴定法则快速简便。

10.3.1 硫酸钡质量法[2]

10.3.1.1 *方法原理* 土壤经乙醇洗去可溶性硫酸盐后,用盐酸—氯化钠溶液浸提,使表面碳酸钙胶膜被破坏溶解,再以氯化钡为沉淀剂与浸出液中

SO_4^{2-} 产生硫酸钡沉淀，经洗涤、称重、换算成石膏量。

10.3.1.2 试剂

(1) 乙醇 [$\varphi(CH_3CH_2OH)=70\%$]。量取乙醇 [$\varphi(CH_3CH_2OH)=95\%$，化学纯] 737 mL，用水稀释至 1 L。

(2) 酸化乙醇 [$\varphi(CH_3CH_2OH)=30\%$]。量取乙醇 [$\varphi(CH_3CH_2OH)=95\%$，化学纯] 316 mL，加入浓盐酸（HCl，分析纯）0.5 mL，用水稀释至 1 L。

(3) 0.03 mol·L^{-1} HCl—1 mol·L^{-1} NaCl 溶液。称取氯化钠（NaCl，分析纯）58.45 g 溶于水中，加入 3 mol·L^{-1} HCl 10 mL，用水稀释至 1 L。

(4) 盐酸（1∶1）。盐酸（HCl，$\rho\approx1.19$ g·mL^{-1}，分析纯）与水等体积混合。

(5) 氨水（1∶1）。氨水（NH_4OH，$\rho\approx0.88$ g·mL^{-1}，分析纯）和水等体积混合。

(6) 100 g·L^{-1} $BaCl_2$ 溶液。称取氯化钡（$BaCl_2$，化学纯）100 g 加水溶解，稀释至 1 L。

(7) 甲基橙指示剂。称取 0.1 g 甲基橙溶于 100 mL 水中。

10.3.1.3 仪器　离心机、真空泵、高温电炉、砂芯坩埚（G4，30 mL）。

10.3.1.4 操作步骤

(1) 浸提。称取 1.00～10.00 风干土（0.25 mm），置于 100 mL 离心管中，用乙醇（$\varphi=70\%$）离心洗盐 2～4 次，以洗去氯化物和可溶性硫酸盐等，洗至无 SO_4^{2-} 反应为止。往离心管内加入 20 mL 盐酸—氯化钠溶液浸提剂，搅拌离心，浸出液倒入 100 mL 容量瓶中，浸提 3～4 次，最后用浸提剂定容 100 mL。

(2) 沉淀。吸取上述待测液 20～50 mL 于 100 mL 烧杯中，加入 2～3 滴甲基橙指示剂，用氨水中和至黄色，加入 1 mL 盐酸，加热煮沸，再缓慢地加入 10 mL 氯化钡溶液，微沸 3～5 min，取下放置过夜。将沉淀移入已知恒重的 30 mL 砂芯坩埚中，抽滤，并以温热的酸化乙醇洗沉淀至无 Ba^{2+}。

(3) 灼烧称量。将盛有 $BaSO_4$ 的砂芯坩埚放入 105～110 ℃烘箱中，烘干 2 h，取出，移入干燥器中充分冷却，称重。重新烘干，称至恒重为止。或将沉淀用致密的定量滤纸过滤，以温热的 30%酸化乙醇洗涤至无 Ba^{2+} 为止。再将沉淀包好，放入已知恒重的瓷坩埚中，先在电炉上灰化，然后移入 600 ℃高温箱式电炉中灼烧 1 h，取出稍冷后，移入干燥器中同上冷却和称量，至恒重为止。

10.3.1.5 结果计算

$$土壤中石膏(CaSO_4 \cdot 2H_2O)含量(\%)=\frac{(m_1-m_0)\times ts\times 0.7372}{m}\times 100$$

式中：m_0——坩埚重（g）；

m_1——坩埚+沉淀重（g）；

ts——分取倍数；

m——烘土样的质量（g）；

0.737 2——硫酸钡换算成石膏的系数。

10.3.2 盐酸浸提——EDTA 滴定法

10.3.2.1 *方法原理*　土壤经乙醇洗除可溶性硫酸盐后，用稀盐酸浸提石膏，浸出液经沉淀铁、铝及钙以后，再加入过量氯化钡溶液沉淀硫酸钡，过量的钡用 EDTA 滴定，计算石膏含量。

10.3.2.2 试剂

(1) 乙醇［φ(C2H5OH)=70%］。量取乙醇［$\varphi(CH_3CH_2OH)$=95%，化学纯］737 mL，用水稀释至 1 L。

(2) 1 mol·L^{-1} HCl 盐酸溶液。量取盐酸（HCl，ρ=1.19 g·mL^{-1}，分析纯）83 mL 稀释至 1 L。

(3) 氨水（1∶1）。浓氨水（NH_4OH，ρ=0.88 g·mL^{-1}，分析纯）和水等体积混合。

(4) 200 g·L^{-1} $(NH_4)_2CO_3$ 溶液。称取碳酸铵［$(NH_4)_2CO_3$，分析纯］200 g 溶于 1 L 水中。

(5) pH10 缓冲溶液。称取氯化铵（NH_4Cl，分析纯）33.75 g 溶于 150 mL 水中，加氨水 285 mL，用水稀释至 500 mL。

(6) 钡、镁混合溶液。称取氯化钡（$BaCl_2$，化学纯）3.66 g 和氯化镁（$MgCl_2 \cdot 6H_2O$，化学纯）1.02 g 溶于水中，用水稀释至 1 L。

(7) 混合指示剂。称取酸性铬蓝 K 0.5 g，萘酚绿 B 1 g 与氯化钠（NaCl，分析纯）100 g 在研钵中磨细混匀。

(8) 0.01 mol·L^{-1} EDTA 标准溶液。称取 EDTA 二钠盐（$C_{10}H_{14}O_8N_2Na_2 \cdot 2H_2O$，分析纯）3.72 g 溶于无二氧化碳蒸馏水中，稀释至 1 L。用钙或镁标准溶液标定其准确浓度。

10.3.2.3 仪器与设备　电动离心机（转速 3 000 r·min 1 以上）、75 mL 或 100 mL 离心管。

10.3.2.4 分析步骤

(1) 浸提。称取含石膏土壤 1.00 g～2.00 g 风干土（通过 60 号筛），精确至 0.01 g，置于离心管中，用 70%乙醇洗至无 SO_4^{2-}（用氯化钡检查），每次洗涤液弃去。加 1 ml・L^{-1} HCL 20 mL，充分搅拌，赶尽二氧化碳。平衡后离心，清液倒入 200 mL 容量瓶中，提取 2～3 次，向容量瓶中滴加 1∶1 氨水，至铁、铝沉淀出现，再加 10 mL 碳酸铵溶液，用水定容，摇匀，放置过夜。

(2) 沉淀。吸取清液二份各加 20 mL 于 200 mL 三角瓶中，用 1 mol・L^{-1} 盐酸调节至 pH1～2，并在电炉上煮沸，其中一份加钡、镁混合液 5 mL，继续煮沸 2 min，取下放置过夜。

(3) 滴定。第二天向沉淀好的一份中加 pH10 缓冲溶液 5 mL 和混合指示剂 2 滴，用 EDTA 标准溶液滴定至溶液由紫红变为蓝色，记录滴定体积。用同样方法滴定空白。另一份加 pH10 缓冲溶液 5 mL，加混合指示剂 2 滴，用 EDTA 标准溶液滴定其中钙、镁。

10.3.2.5 结果计算

$$\text{土壤中石膏}(CaSO_4 \cdot 2H_2O)\text{的含量}(\%) = \frac{c \times [V_0 - (V_1 - V_2)] \times ts \times 0.172}{m} \times 100$$

式中：c——EDTA 标准溶液的浓度（mol・L^{-1}）；

V_0——空白对照液滴定的 EDTA 标准液的体积（mL）；

V_1——待测液滴定的 EDTA 标准液的体积（mL）；

V_2——待测液中钙、镁滴定的 EDTA 标准液的体积（mL）；

0.172——石膏（$CaSO_4 \cdot 2H_2O$）的摩尔质量（kg・mol^{-1}）；

m——烘干样品质量（g）；

ts——分取倍数。

10.4 土壤石膏需要量的测定

10.4.1 方法原理

在碱土改良时，把土壤胶体所吸附的 Na^+ 用石膏中的 Ca^{2+} 交换出来需要的石膏数量，即土壤石膏的需要量。

$$[\text{土壤胶体}]^{Na}_{Na} + Ca^{2+} \longrightarrow [\text{土壤胶体}]Ca + 2Na^+$$

加一定量石膏饱和溶液（100 mL 冷水溶解 0.24 g）于一定量的土壤中，振荡使其进行交换。然后用 EDTA 测定交换作用平衡后留在土壤溶液中的

$Ca^{2+}+Mg^{2+}$数量。从所加的石膏饱和溶液中原有的Ca^{2+}量减去留在土壤溶液中的$Ca^{2+}+Mg^{2+}$量，二者之差，即被土壤吸附的Ca^{2+}量，就是土壤的石膏需要量。

10.4.2 试剂

石膏饱和溶液。称取化学纯$CaSO_4\cdot 2H_2O$ 5 g 溶于 1 L 蒸馏水中，搅动 1 h，过滤。吸取滤液 5 mL，用 EDTA 测定Ca^{2+}量（A），参考 9.4.1.4，Ca 浓度应该在 14～15 mol·L^{-1}。

其它试剂参考 9.4.1.3。

10.4.3 操作步骤

称取 5 g 风干土，放在 250 mL 三角瓶中，准确加入 100 mL 石膏饱和溶液，塞好。间歇振荡 10 min，然后用干滤纸过滤，吸取滤液 5 mL，加$MgCl_2$标准溶液 1 mL，缓冲液 2 mL，K—B 指示剂 1～2 滴，然后用 EDTA 标准溶液滴定至终点，红紫色变为蓝绿色，记下滴定读数（V_2）。

10.4.4 结果计算

$$\text{土壤吸附 }Ca^{2+}\text{量}\ (\text{cmol}\cdot\text{kg}^{-1})=\frac{(V_1-V_2)\times c\times ts}{m}\times 100$$

$$\text{石膏需要量}\ [\text{kg}\cdot(\text{hm}^2)^{-1}]=\text{吸附 }Ca^{2+}\ (\text{cmol}\cdot\text{kg}^{-1})\times 0.172\times 2\,250\,000$$

式中：V_1——滴定 5 mL 石膏饱和溶液所消耗 EDTA 体积（mL）；

V_2——滴定 5 mL 土壤滤液所消耗 EDTA 体积（mL）；

c——EDTA 标准溶液摩尔浓度（mol·L^{-1}）；

0.172——石膏（$CaSO_4\cdot 2H_2O$）的摩尔质量（kg·mol^{-1}）；

2 250 000——每公顷耕层土壤质量（kg）；

m——烘干土样质量；当 A<B 时，说明土壤中原含有较多的Ca^{2+}和Mg^{2+}、不必施用石膏。

如果需要施用石膏，但常因所用石膏含有一定的杂质，应扣除杂质，实际上不一定施用理论上所计算的那么多，改良土壤时不需要把土壤胶体上的Na^+全部交换出来，因此施用理论数的 1/2 或 1/3 就可以了。

主要参考文献

[1] 南京农业大学主编．土壤农化分析（二版）．北京：农业出版社．1986，138～146

[2] 刘光崧主编．土壤理化分析与剖面描述．北京：中国标准出版社．1996，29～31

思　考　题

1. 测定土壤中的 $CaCO_3$ 含量有什么重要意义？

2. 如果测得土壤吸附量为 2 cmol・kg^{-1}，试求 20 cm 深土层每公顷应施用 90％的石膏多少千克？实际上应施用多少千克？

第十一章

土壤中硅、铁、铝等元素的分析

11.1 概　述

硅、铁、铝是土壤中的主要成分。土壤全硅（Si）含量 150 g·kg^{-1}～320 g·kg^{-1}，有的可低于 100 g·kg^{-1}或高达 420 g·kg^{-1}以上。全铁（Fe）含量约为 35～70 g·kg^{-1}，有些富含铁的土壤可在 150 g·kg^{-1}以上。土壤中全铝（Al）含量约为 50～110 g·kg^{-1}。成土母质、气候、植被、质地和风化强度都会影响土壤中硅、铁、铝的数量和分布。土壤矿物胶体主要是硅酸盐类和铁、铝氧化物，所以分析土体中或土壤胶体中全量硅、铁、铝元素的变化，就能说明土壤矿物胶体在土体中的变化。了解土壤矿质成分的迁移和变化，有利于阐明土壤的发生发育程度，土壤理化性质和土壤肥力状况等。

土壤中的硅绝大多数存在于硅酸盐结晶或沉淀之中，能为植物吸收利用的只是其中的活性部分或可溶部分，也就是土壤中的有效硅部分，包括水溶态、吸附态和部分矿物态硅等。

土壤中铁的形态主要有游离铁（Fed）、无定形铁（Feox）、有机配合态铁（Fep）以及水溶态（Few）和代换态铁（Feex）等。土壤中不属于硅酸盐组成部分的其它形态的铁，通称为游离铁。主要是氧化铁及其水合物，其溶解度受 pH 控制，在 pH6.5～8.0 降至最低，因此在石灰性土壤上生长的某些植物感到缺铁，发生失绿症。而在淹水条件下，又常产生亚铁毒害问题。土壤（或粘粒）中游离铁（Fed）占全铁（FeT）的百分比称为铁的游离度［(Fed/FeT)×100］。它反映了成土过程的特点，常用作风化度的指标之一。土壤游离铁的测定通常用连二亚硫酸钠—柠檬酸钠—重碳酸钠（DCB 法）浸提，邻啡罗啉比色法测定[1]。土壤中无定形铁（Feox）或称“活性”氧化铁，主要是氧化铁和氢氧化铁矿物。由于它们在土体中体积小，表面积大，因此是土壤中最活跃的铁的形态。无定形铁与游离铁的比值称为氧化铁的活化度［(Feox/Fed)

×100]。测定土壤中的无定形铁通常在黑暗中用草酸-草酸铵溶液浸提(Tamm 氏法)，邻啡罗啉比色法测定[1]。有机结合态铁（Fep）是指与土壤中难溶性有机物质结合的铁，主要是螯合作用结合的铁，通常用碱性焦磷酸钠浸提，邻啡罗啉比色法测定[1]。有机配合态铁与游离铁的比值［(Fep/Fed)×100］称为铁的配合度。土壤水溶态铁和代换态铁虽然都是可以利用的形态，但在中性—石灰性土壤中含量甚微，很少用于有效铁的诊断。

酸性土壤中的活性铝亦称有效铝，是无定形或游离氧化物，对土壤酸度和铝离子浓度有明显影响。测定土壤活性铝含量有利于揭示土壤酸化机理和诊断植物铝中毒状况等。

对有些土壤，只要分析土体样品就可以明显地看出它们的变异，但有时土壤胶体部分的化学成分更能说明问题。例如，从 $SiO_2/(Fe_2O_3+Al_2O_3)$ 或 SiO_2/Al_2O_3 的分子比率（即用这些氧化物的分子量分别除以它们的含量百分数所得的分子数之间的比例）就可以说明土壤矿物的风化程度。这都有利于对土壤类型的划分、土壤区划和土地的合理利用。

我国幅员辽阔，土壤类型复杂，土壤化学组成及元素迁移量和富集系数各不相同[2]。

土壤中硅、铁、铝含量的表示方法，可以用烘干土为基础的质量分数($g \cdot kg^{-1}$)表示，也可以用灼烧后土壤为基础的质量分数表示。用前者干基表示，其质量分数中除矿物元素含量外，还包括土壤有机质、矿物中的化学结合水、碳酸盐等成分，这些都是土壤中的重要成分，在土壤全量分析中都应考虑。此外用烘干土测定硅、铁、铝比较方便，避免灼烧麻烦。所得结果经过换算消除土壤腐殖质和易于变化的碳酸盐类等的影响，可以得到比较符合土壤中硅、铁、铝的累积和淋溶情况的含量。

如果以灼烧后的土壤为基础的质量分数表示时，即各矿物元素的氧化物的总和等于100%，这里已除去了不属于土壤矿物的有机成分、碳酸盐中的 CO_2 及矿物结构中的化学结合水。

测定土壤矿物元素的全量分析方法是将土壤矿物元素从酸不溶状态转化成能溶于酸的均匀溶液。常用的方法有碱熔法和酸分解法。碱熔法使用的熔融剂有碳酸钠、氢氧化钾、氢氧化钠、过氧化钠或偏硼酸锂等[3]。碱熔剂在高温的条件下与土壤中难溶性硅酸盐作用，增加硅酸盐中盐基性成分，形成硅酸钠，其他矿质元素均成为可溶性盐类而达到分解目的。碱熔法中不管用哪一种熔融剂，最终溶液中的盐浓度较高，不利于直接用原子吸收法测定。碳酸钠熔融法是经典方法，分解硅酸盐最为完全，被定为标准方法，一般全量分析多采用此法，但缺点是必须用昂贵的铂坩埚。偏硼酸锂熔融法可以用石墨坩埚代替铂坩埚，是近年来提出的适合于原子吸收光谱法（AAS）和等离子体发射光谱法（ICP）分析多元素的样品分解方法。酸分解法通常为氢氟酸分解法，优点是酸度小，外加离子少，特别适用于仪器分析测定，但是由于某些难溶性矿物分解不太完全，特别是铁、铝、锰、钛等元素的测定，目前还存在一定问题。此外，从 20 世纪 70 年代以来，国外采用在密封容器中的氢氟酸消化法（Jackson，1974；Sridhar，1974）和微波炉分解法（Gilman，1988）较好地解决了硅酸盐的溶解和样本溶液的稳定性问题，分解的样品非常适合于原子吸收光谱法（AAS）或等离子体发射光谱法（ICP）的测定，可直接测定硅、铁、铝、钛、锰、钙、镁等 18 种大量和微量元素[3]。

11.2 土壤矿物胶体样本的制备——虹吸法

为了进一步确定土壤中粘粒的硅铝率，硅铁率或硅铁铝率，首先要分离出土壤粘粒（<0.002 mm）。提取土壤粘粒的方法是以司笃克斯（stocks）定律为基础的，手续比较麻烦。有虹吸法和离心机法，两法都是国家标准方法（GB7872—87）。但通常采用虹吸法。虹吸法是将土壤悬液在沉降瓶中静置使土粒自然沉降，其提取粘粒纯度高、完全，但历时较长。离心机法利用离心力缩短了沉降时间，耗时短、操作简便，但由于离心机的启动和停止时间难以计算，特别是离心机的振动使粘粒的沉降规律偏离了司笃克斯定律，致使提取的粘粒的纯度偏低。

11.2.1 方法原理

风干土样除去有机质和碳酸盐以后，用分散剂使之成悬液，按斯笃克斯定律计算粘粒的沉降时间，用虹吸管反复吸取粘粒部分，经 105 ℃烘干即成；如果为鉴定粘土矿物类型，烘干温度宜在 50 ℃。

11.2.2 主要仪器

高型烧杯、沉降筒、真空泵、抽滤瓶、平底瓷漏斗、振荡机、小铜筛（孔径 0.25，0.149 mm）。

11.2.3 试剂

（1）60 g・L^{-1} H_2O_2 溶液。取过氧化氢［$\omega(H_2O_2)\approx 30\%$，化学纯］20 mL加水 80 mL。

（2）HCl（1∶9）溶液。1 份浓盐酸（HCl，$\rho\approx 1.19$ g・cm^{-1}，分析纯），

加 9 份水混合。

(3) 0.2 mol·L^{-1} HCl 溶液。取浓盐酸（化学纯）25 mL，用水稀释至 1.5 L。

(4) 0.05 mol·L^{-1} HCl 溶液。取浓盐酸（化学纯）6.25 mL，用水稀释至 1.5 L。

(5) 20 g·L^{-1}Na_2CO_3 溶液。称取无水碳酸钠（分析纯）20 g，溶于水稀释至 1 L。

(6) pH10 缓冲液。称取氯化铵（NH_4Cl，分析纯）33.75 g 溶于 150 mL 水中，加入浓氨水（NH_4OH，$\rho\approx0.88$ g·cm^{-3}，含 $NH_3$250 g·L^{-1}，分析纯）285 mL，用水稀释至 500 mL，贮于塑料瓶中，并注意防止吸收空气中的 CO_2。

(7) 铬黑 T 指示剂。溶解铬黑 T0.1 g 于甲醇 100 mL 中，贮于棕色瓶中备用，此液每月配制 1 次。

(8) HNO_3（1∶10）溶液。1 份浓硝酸（HNO_3，$\rho\approx1.42$ g·cm^{-3}，分析纯），加 10 份水，混合。

(9) 20 g·L^{-1} $AgNO_3$ 溶液。称取硝酸银（$AgNO_3$，分析纯）2.00 g 溶于水，定容至 100 mL。

11.2.4 操作步骤

(1) 去除有机质。称取过 2 mm 筛孔的风干土 30 g(注1) 放在 400 mL 高型烧杯中，加少量水润湿样品，加入过氧化氢溶液 50 mL，并小心用带橡皮头玻璃棒搅动，以加速氧化（如果氧化强烈，发生大量气泡，可滴加异戊醇以防止泡沫溢出烧杯）。如有机质含量多（>40 g·kg^{-1}）时，必须用过氧化氢溶液反复处理（每次约 20 mL），补加过氧化氢溶液前，应适当加热，一方面加速有机质氧化，另一方面使样液适当浓缩。待反应减弱时再滴加过氧化氢，直至样品中有机质氧化完全为止。有机质氧化完全的标志是补加过氧化氢后，烧杯中不再产生泡沫。过量的过氧化氢用加热煮沸法除去，并将体积浓缩至 30 mL 左右。

(2) 除去无机粘结物（尤其是 $CaCO_3$）。土壤中有许多无机盐，如 $CaCO_3$、$Ca(OH)_2$、$Mg(OH)_2$、$Fe(OH)_3$、$Al(OH)_3$ 等都有胶结作用，使土壤粘粒互相粘合在一起成为大于 0.002 mm 的颗粒。为了使小于 0.002 mm 的土粒分开成单粒，在除去有机粘结剂（有机质）后，还需用盐酸去除这类无机粘结物。方法是：分次向盛有已除去有机质的样品的烧杯中加入 0.2 mol·L^{-1} HCl 溶液 100 mL，搅动后静置，通过 9～11 cm 平瓷漏斗倾出上清液。为避免

烧杯中盐酸浓度降低，需不断倾去上清液，反复处理（一般2～3次），直至无CO_2气泡发生。此时土壤具备一定分散性，澄清较慢或不易澄清。经上述处理后样品移至平底瓷漏斗上，再继续用0.05 mL・L^{-1} HCl溶液处理，抽吸过滤，直至滤液中无Ca^{2+}为止。随后用水洗Cl^-，抽吸过滤，直至滤液中无Cl^-为止(注2)。

检查Ca^{2+}方法：用一白瓷比色板接收滤液数滴（3～4滴），加pH10缓冲液2～3滴，加铬黑T指示剂1滴，若显蓝色，表示无Ca^{2+}存在，否则应继续用0.05 mL・L^{-1} HCl溶液淋洗。

检查Cl^-方法：用试管收集约5 mL滤液，滴加HNO_3（1∶10）溶液5滴使之酸化，加20 g・L^{-1} $AgNO_3$溶液2滴，若无白色氯化银沉淀，表示无Cl^-存在，然后将土样继续抽干，直到能把土样成片脱下为止。

（3）悬液的制备。将已除去有机质和无机胶结物的样品(注3)移入500 mL锥形瓶中，加入水200 mL和碳酸钠溶液（分散剂）50 mL，在电热板上加热，并不断搅拌，沸腾15 min，使样品充分分散。冷却后将土液通过0.20 mm小铜筛，用水洗入1 L高型烧杯中，直至洗出液无浑浊，并弃去筛上粗粒。在烧杯外壁距杯底5 cm和15 cm处各划一条线，加水至15 cm处（图11-1），将烧杯放在室温比较恒定的地方。

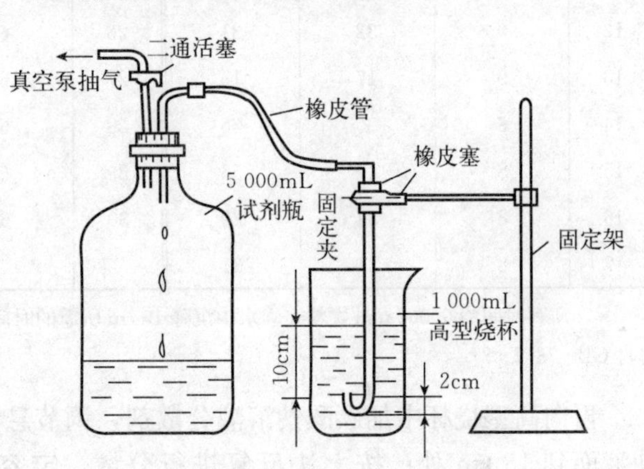

图11-1　粘粒提取装置图

（4）粘粒的提取。依照土壤颗粒在静水中沉降原理计算或查表。根据室温，在每次的沉降过程中，均需测记液温3次以上，取其平均值，确定小于0.002 mm颗粒沉降至10 cm处所需的时间（表11-1）。用带橡皮头玻璃棒搅拌1～2 min，使1 L高型烧杯中悬液均匀分布。在停止搅拌前再向反方向搅拌数次，以阻止悬液继续旋转。搅拌一停止，即为沉降开始时间，记录该时间并盖上表面皿。在规定吸取时间前30 s将吸管轻轻插入1 L高型烧杯中，使吸管嘴对齐距杯底5 cm的划线处，用真空泵抽气，将悬液吸入5L试剂瓶中或虹吸入另一烧杯中（图11-1）。

表 11-1　土壤粘粒（<0.002 mm）提取静置时间表*

温度	静置时间			温度	静置时间		
℃	时（h）	分（min）	秒（s）	℃	时（h）	分（min）	秒（s）
4	12	6	4	18	8	8	52
5	11	43	49	19	7	56	51
6	11	22	30	20	7	45	9
7	11	1	39	21	7	34	2
8	10	42	12	22	7	23	16
9	10	23	40	23	7	13	5
10	10	6	3	24	7	2	47
11	9	48	47	25	6	53	24
12	9	32	31	26	6	44	2
13	9	17	15	27	6	35	9
14	9	2	26	28	6	26	30
15	8	47	55	29	6	18	3
16	8	34	29	30	6	10	13
17	8	21	31				

* 所列时间为 0.002 mm 颗粒在静水中沉降 10 cm 所需的时间，颗粒密度均以 2.65 g·cm^{-3}计。引自 GB-7872-87。

再向高型烧杯中加碳酸钠溶液分散剂，调节悬液 pH 至 8～9(注4)，再加水使液面到 15 cm 处；按上法反复进行分散、定容、搅拌、沉降、吸取等步骤(注5)，直至在规定吸液时间，自液面下 10 cm 内的悬液几乎全部澄清为止(注6)。

向盛有吸出的胶体悬液的 5 L 试剂瓶中，滴加 HCl(1∶9) 溶液中和碳酸钠，边加边搅拌，直至分散的悬液出现凝絮为止，静置，将上清液倾去，把凝絮物移至 9～11 cm 的平底瓷漏斗中抽气过滤，并用水洗至无 Cl^-(注7)。然后继续抽干，使粘粒成片脱开。将粘粒泥片放在瓷蒸发皿中，在 50 ℃或 105 ℃烘箱中烘干，再在玛瑙研钵中研细，过 0.149 mm 筛或研磨成薄片状，装瓶备用。供土壤矿物性质和粘粒矿物元素测定用。

11.2.5 注释

注 1. 称样量应根据样品粘粒含量而定。土壤悬液的浓度一般应控制在 3%以下，以保证土粒自由沉降，符合司笃克斯定律。

注 2. 有些土壤，特别是粘重的土壤，在洗涤 Cl^- 过程中，其滤液常出现浑浊，这是因为电解质洗去后土壤趋于分散，此种情况表明土壤中含有 Cl^- 极少，应停止洗涤，以免胶粒损失。

注 3. 若为酸性土壤，且有机质含量又少，如红壤的 B、C 层，11.2.4 中（1）和（2）操作步骤可以省略，将土壤直接进行分散。

注 4. 样品分散时，悬液的 pH 值应控制在 8～9 范围内，pH 过低则分散不完全，过高又会影响胶体性质。

注 5. 沉降过程应在恒温或温度变化比较小的条件下进行，以避免紊流。

注 6. 在吸取悬液时，吸管放入应轻而平稳，切勿搅动下部土粒，防止>0.002 mm 的颗粒混入胶体一并吸出。

注 7. 土壤胶体在烘干前，应将电解质洗净。

11.3 样品的熔融与提取

11.3.1 碳酸钠熔融法

11.3.1.1 *方法原理*　土壤是多种矿物的混合物，如石英、长石、云母等都是难溶性硅酸盐。以无水碳酸钠熔融样品时，土壤中的 Fe、Al、Mn、Ti、K、Na、Ca、Mg、P 等矿质元素均成为可溶性盐类，Si 则成为可溶态的硅酸钠，再用盐酸提取，使各种矿质元素成为氯化物盐类，从而被提取到溶液中，作为系统分析的待测液用。例如正长石熔融时：

$$K_2Al_2Si_6O_{16} + 6Na_2CO_3 \xrightarrow{\text{高温}} 2KAlO_2 + 6CO_2\uparrow + 6NaSiO_3$$

碳酸钠与钙长石的作用：

$$CaAl_2SiO_2 + 2Na_2CO_3 \xrightarrow{\text{高温}} 2Na_2SiO_2 + Ca(AlO_2)_2 + 2CO_2\uparrow$$

熔融需在 900～920 ℃温度下于铂坩埚中进行，熔块的颜色一般是灰色或浅绿色；呈绿色是由于 Mn^{6+} 的存在。在碱性熔剂中熔融，通常均成为绿色的锰酸盐。反应如下：

$$2MnO_2 + 2Na_2CO_3 + O_2 \longrightarrow 2Na_2MnO_4\ (\text{绿色}) + CO_2\uparrow$$

11.3.1.2 *主要仪器*　高温电炉、铂坩埚、铂头坩埚钳、玛研钵。

11.3.1.3 *试剂*

（1）无水碳酸钠（Na_2CO_3，分析纯），用时烘干磨细过 1 mm 尼龙筛。

（2）HCl(1∶1) 溶液。浓盐酸〔$\rho(HCl) = 1.19\ g \cdot cm^{-3}$，质量 37%，分析纯〕与水等体积混合。

11.3.1.4 *操作步骤*　称取通过 0.149 mm 筛的烘干土壤（或矿物胶体）

样品 0.5～1 g（精确至 0.000 1 g），放在铺有磨细碳酸钠的铂坩埚中，另用粗天平称取无水碳酸钠 4～8 g[注2]（为样品质量的 8 倍，含 Fe、Al 多者应多加），置于黑色油光纸上。将碳酸钠的 7/8 分为数次加入铂坩埚中，每次加入后用短小圆头玻璃棒小心搅拌[注3]，使样品与熔剂混合均匀，然后将坩埚在台面上轻弹几下，使坩埚内混合物压实。再用留下的 1/8 的碳酸钠擦洗玻棒，并平铺在坩埚混合物表面。若油光纸上有散失的粉末，一起倒入坩埚内，盖上坩埚盖。

将坩埚放入高温电炉中，先在 500～600 ℃加热约 10 min，然后升温到 900～920 ℃熔融 30 min，取出趁热观察，如果内容物成凹形，表面均匀一致，中间无气泡和不溶物，表示熔融完全。若有白色原状碳酸钠粉末或其它颗粒存在，或熔融物凹凸不平或出现小孔时都说明未熔融完全，可继续熔融 15～20 min，直至完全熔融。

熔融好后趁热用坩埚钳夹住坩埚，转动，使熔物凝固在坩埚周围壁上，尽量减少熔物留在坩埚底部。但熔物不要超过坩埚壁高的 1/2，这样有利于坩埚内熔物的取出。然后将熔块倒入 250 mL 烧杯（或带把瓷蒸发皿中）[注4]，用少量热水和 HCl(1∶1) 溶液洗净坩埚[注5]，用带橡皮头玻璃棒擦洗坩埚壁，所有洗液应倒入原烧杯中，同时注意盖上表面皿，以防大量 CO_2 气体发生时使溶液溅出杯外。

向加盖烧杯中慢慢地加入 HCl(1∶1) 溶液[注6] 20 mL（如用碳酸钠 4 g，熔融时加 HCl(1∶1) 溶液 20 mL，碳酸钠用量增大时，盐酸用量也要相应增加），使熔块溶解，此时有大量 CO_2 气冒出，不可随便挪移表面皿，将烧杯置于通风橱内 4～8 h，使熔块完全溶解。此烧杯中的内容物即可用于矿质元素测定（待测液 A）。

如果遇到难于取出的熔块时，将坩埚放在烧杯中，加足量水把熔块淹没，加热使熔块松散分离。盖上表面皿，从烧杯嘴处缓缓分次加 HCl(1∶1) 溶液，等泡沫消失后再继续加 HCl(1∶1) 溶液，以防产生大量 CO_2 气泡爆破溅出或溢出烧杯。必要时加乙醇［$\omega(CH_3CH_2OH)=95\%$，分析纯］1 mL，用带橡皮头玻璃棒擦洗坩埚使熔块分离，加热使熔块溶解。取出坩埚，并用水冲洗，即得待测液 A。

如烧杯中还有未溶熔块，可将烧杯放在水浴上加热，盖上表面皿，直到熔块完全溶解为止。这时溶液应呈酸性，否则应再加 HCl(1∶1) 溶液直到酸性。此时，烧杯中液体因有 SiO_2 胶体絮状颗粒而呈混浊。

11.3.1.5 注释

注 1. 分析土壤胶体样品，一般只测定硅、铁、铝时，称样可少于 0.5 g。

注 2. 对黏性较重或强盐基性的土壤样品，碳酸钠的用量可略为增高。有机质和还原物质含量很高的土样，必须先在电炉上经 600～700 ℃开盖灼烧进行氧化，否则对铂坩埚有影响。

注 3. 用玻璃棒搅拌时，不能用力过猛，以免坩埚内粉末飞扬造成损失。搅拌时必须注意坩埚四周和中间要混匀，否则熔融不好，熔块不易取出。搅拌的玻璃棒必须圆滑，以免损伤铂坩埚。

注 4. 若熔块底部有黑色斑点时，则说明因搅拌不均匀而熔融不完全，应重新称样熔化。

注 5. 如果含 MnO_2 较高，熔块常会呈现绿色，在用水和稀 HCl 洗坩埚前应先加几滴 95%乙醇，以还原高价锰，防止盐酸被氧化成氯气损害铂坩埚。

注 6. 如加浓盐酸溶解熔块，往往在熔块表面形成一层 SiO_2 薄膜，它阻止熔块继续溶解，故通常加 HCl(1∶1) 或 (1∶2)。

11.3.2 偏硼酸锂熔融法[3,5]

11.3.2.1 *方法原理*　偏硼酸锂熔融法适于土壤、粘粒、矿物、岩石中全量 Si、Fe、Al 等元素的测定。土壤样品与偏硼酸锂在石墨坩埚中高温熔融，其作用与碳酸钠相似。熔块用盐酸溶解，制备成待测液。溶液中的硅、铁、铝等可分别用质量法测定硅，配合滴定法测定铝和比色法测定铁，也可以用原子吸收光谱法或等离子发射光谱法测定。

11.3.2.2 *主要仪器*　石墨坩埚 50 mL，其它同 11.3.1.2。

11.3.2.3 *试剂*

(1) 偏硼酸锂（$LiBO_2 \cdot 8H_2O$，分析纯）。使用前放在高温电炉中 200 ℃灼烧 2～3 h，除去结晶水，在玛瑙研钵中磨细过 0.149 mm 筛贮存备用。

(2) 石墨粉（分析纯）。

(3) 浓 HCl（$\rho \approx 1.19\ g \cdot cm^{-3}$，分析纯）。

11.3.2.4 *操作步骤*　称取过 0.149 mm 筛烘干土样 0.5 g（注1）（精确到 0.000 1 g），放在 9 cm 定量滤纸上，另称取偏硼酸锂 3.5 g 倾倒在上述土样中，用细头玻璃棒小心拌匀，然后将玻璃棒在滤纸上擦干净，将混合物包好。在石墨坩埚内放石墨粉，使其衬垫成凹形（注2），将上述包好的混合物放在准备好的坩埚中。

石墨坩埚先放在普通电炉上炭化，待黑烟冒尽，再将坩埚移入高温电炉中，开始在 500～600 ℃维持 10 min，再升到 900 ℃熔融 15～20 min；打开炉门稍冷，取出坩埚冷却。用两根细玻璃棒将熔块取出，放在 250 mL 硬质烧杯中（如熔块表面粘有石墨粉，用清洁毛笔刷净），熔块颜色一般呈半透明灰色或淡绿色。

在有熔块的烧杯中加热水 20 mL 和浓 HCl5 mL，用玻璃棒搅拌数分钟，直至熔块全部溶解为止(注3)，即得全量硅、铁、铝等分析待测液（待测液A）(注4)。

11.3.2.5 注释

注 1. 如果用原子吸收光谱法或等离子发射光谱法测定 Si、Fe、Al 等，称样量可减小至 100 mg，偏硼酸锂量也相应减少。

注 2. 熔融不彻底将导致结果偏低，熔融完全要求土样与 $LiBO_2$ 接触，避免与石墨坩埚接触，可事先在坩埚底部加入少量硼酸盐或用石墨粉垫成凹形。

注 3. 石墨坩埚在熔融期间将损失 10%重量，在溶解熔融样品后能发现典型的石墨碎片，这些石墨颗粒容易沉积在底部，对分析没有影响，坩埚也可以反复使用直到变得很薄（脆而易碎）。如果样品中硅含量很高，超过硅在酸中溶解度，会形成沉积物，通过增加酸量，即可消除其沉淀。

注 4. 待测液不能用于硼的分析，如果用于其它微量元素测定，也可能导致熔融剂中微量元素污染，分析者必须检查偏硼酸锂是否存在微量元素污染问题。

11.4 全量硅的测定

11.4.1 概述

土壤或胶体全量硅的测定可以采用质量法、容量法、比色法、原子吸收光谱法或等离子体发射光谱法等[3]。质量法是全硅测定的经典方法，为国家标准分析方法（GB7873—87），适合于碳酸钠或偏硼酸锂碱熔法制备的待测液测定。其优点是分析结果比较可靠，所用试剂较少，但需要比较昂贵的铂坩埚。容量法适于氢氧化钾熔融法制备的待测液分析，可用银坩埚或镍坩埚，不能用铂坩埚。在样品制备和测定过程中，若加入氟化物，必须用塑料器皿盛装试样。目前也是国家标准方法（GB7873—87）。

在硅的比色测定中[3,5]可以用硅钼黄比色法，也可以用硅钼蓝比色法，后者加还原剂将高价钼还原成低价钼。α-型硅钼蓝呈蓝绿色，而β-型硅钼蓝呈深蓝色。硅钼蓝比色法比硅钼黄比色法灵敏，但容易产生较大误差，比色法测定硅受铁、磷、砷等干扰，需要进行掩蔽和消除，适合于氢氧化钠熔融法和酸分解法制备的待测液的分析。

原子吸收光谱法在 $N_2O-C_2H_2$ 火焰引进以前，并不能有效地测定硅。用硅空心阴极灯，在 251.6 nm 波长下，用富燃 $N_2O-C_2H_2$ 火焰，能有效地测定土壤中的硅，但由高浓度溶解的固体产生的火焰连续发射背景和散射效应对测定有一定影响，必须细心操作，以减少基体的影响和电离作用的干扰。适合于四硼酸锂（$Li_2B_4O_7$）熔融和酸分解法处理的待测液测定[3]。

等离子体发射光谱法测定硅，方法简单，操作方便，是近年来国内外采用的测定方法。在波长 288.158 nm，来自其它元素的光谱干扰，由于土壤或胶体中硅的浓度较高可忽略不计。适合于用 $Li_2B_4O_7$ 熔融和酸分解法制备样品中硅的分析[3]。

11.4.2 质量法[5]

11.4.2.1 *方法原理*　样品经碳酸钠熔融、盐酸溶解熔块，将溶液蒸发至湿润状态的盐类，在浓盐酸介质中，加入动物胶凝聚硅酸，使硅酸脱水成二氧化硅沉淀，然后过滤使与其它元素分离。沉淀经 920 ℃灼烧，称量，即得二氧化硅含量。

动物胶是一种蛋白质，在酸性介质中呈如下反应：

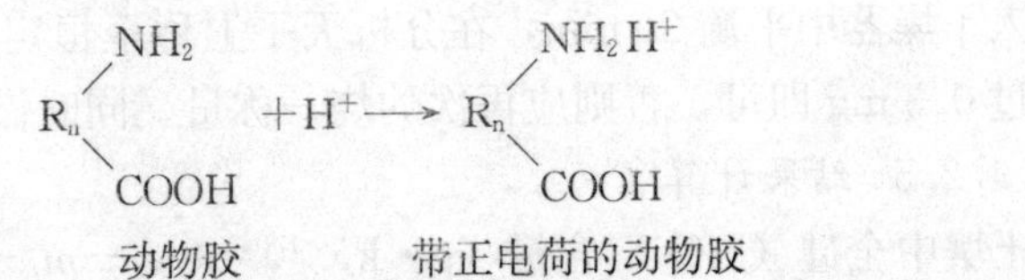

在酸性介质中，硅酸的质点是亲水性很强的胶体，带负电荷。动物胶在酸性介质中由于其质点吸附了氢离子而带正电荷。当温度在 70 ℃时，这两种胶体就互相吸引，且正负电性中和，使二氧化硅迅速凝聚沉淀。动物胶凝聚硅酸进行脱硅的条件与盐酸浓度、温度以及动物胶的用量有关。一般要求盐酸浓度在 8 mol·L^{-1}以上，温度控制在 70 ℃左右为宜，如低于 60 ℃或高于 80 ℃均不能使硅酸凝聚完全。

11.4.2.2 *主要仪器*　水浴锅、高温电炉、铂坩埚或瓷坩埚等。

11.4.2.3 *试剂*

（1）10 g·L^{-1}动物胶溶液。称取动物胶（明胶）1 g 溶于 70 ℃的 100 mL 水中（现配）。

（2）200 g·L^{-1} KCNS 溶液。20 g 硫氰酸钾（KCNS，化学纯）溶于水中，稀释至 100 mL。

（3）浓 HCl（$\rho\approx1.19$ g·cm^{-3}，分析纯）。

11.4.2.4 *操作步骤*　将 11.3.1.4（或 11.3.2.4）制备的待测液 A，用少许水冲洗表面皿及烧杯内四周，将烧杯的 1/2～1/3 浸入预先加热的沸水浴锅中，在通风柜内进行蒸发，一直蒸至湿盐糊状(注1)，加浓 HCl 20 mL，搅拌后放置过夜，或者在水浴上 80～90 ℃保温 20 min，即可进行下一步测定。

将现配制的新鲜动物胶溶液[注2]置于烧杯中，与待测液一起放入水浴锅中，并使溶液温度保持 70 ℃（用温度计插入动物胶溶液中测量），然后在每个待测液中沿烧杯壁加入动物胶溶液 10 mL，并搅拌数次，在 70 ℃温度下维持 10 min，以便使脱硅完全。

将烧杯取出，趁热用倾泻法以快速无灰滤纸过滤，再用热水或稀盐酸洗至无高铁离子反应为止（用硫氰酸钾溶液进行检查，如无红色则为无高铁）[注3]，滤液承接于 250 mL 容量瓶中，冷却后用水定容（即得待测液 B），作为铁、铝、钙、镁、钾、磷等系统分析的待测液。

将漏斗中的沉淀物连同滤纸包好，放入已称至恒重的铂坩埚（或瓷坩埚）内。然后放在通风橱中的电炉上由低温到高温进行灰化处理[注4]。开始温度不宜太高，赶去水分后待其冒烟，然后揭去盖子，使其充分氧化，赶去 CO_2，不冒黑烟后再升高温度，使黑色碳末全部转变成白色或灰白色。

将坩埚外部擦净，放入高温电炉中经 900～920 ℃灼烧 30 min[注5]，取出稍冷后放入干燥器中平衡 20 min，在分析天平上称至恒定质量[注6]，两次称量相差不超过 0.3 mg 即可，否则应再次灼烧、称量。同时做空白试验。

11.4.2.5 结果计算[注6]

$$\text{土壤中全硅}(SiO_2)\text{含量}(g \cdot kg^{-1}) = (m_2 - m_1 - m_0) \times 1\,000/m$$

式中：m_0——空白质量（g）；

m_1——空坩埚质量（g）；

m_2——灼烧后坩埚加二氧化硅质量（g）；

m——烘干土样品质量（g）。

11.4.2.6 注释

注 1. 在水浴中浓缩时只能蒸至湿盐（糊状），切勿蒸干，否则会形成不溶解的铁、铝、锰的碱性盐，使二氧化硅结果偏高。若发生这种情况，可以用王水处理。所谓湿盐是指烧杯里的盐类呈稀的浆糊状，用玻璃棒搅拌时能搅动，而绝无粉末出现。

注 2. 动物胶溶液必须在 70～75 ℃时新鲜配制，因动物胶在 70 ℃时活动力最强，高于 80 ℃和低于 60 ℃均会降低其活动能力。

注 3. 在沉淀 SiO_2 时，在烧杯壁或底及玻璃棒上均粘附有少量胶体是不可避免的，一般用 1/4～1/8 滤纸分次擦洗粘附处，并把滤纸归入沉淀上，空白也同样处理，这样可以减少 SiO_2 的损失（编者注）。

注 4. 灰化过程中不能抽风，以免碳粒飞失，低温灰化时温度不能太高，以免滤纸着火，致使二氧化硅被带出，造成损失。

注 5. 用铂坩埚灰化必须 1 次完成，不能放置时间过长，盖子有黑色碳粒必须烧尽，否则对铂坩埚有影响。

注 6. 灼烧后的二氧化硅吸湿性强，冷却后应立即称量。

注 7. 平行测定结果允许绝对相差≤2.0 g·kg^{-1}。

11.5 铁、铝氧化物总量测定——质量法[5,6]

11.5.1 概述

铁、铝氧化物的测定是在分离硅以后的溶液中加入沉淀剂，将铁、铝沉淀为氢氧化物，经灼烧为氧化物。由溶液中析出铁、铝氧化物的方法有氢氧化铵法、醋酸钠法、吡啶法。对含碳酸盐的土壤，氢氧化铵法比醋酸钠法优越，但必须用新鲜的氢氧化铵沉淀，且避免冗长的过滤时间，以免碳酸钙沉淀，沉淀至少需要反应进行 3 次。当溶液中有大量磷、铁和锰存在时，氢氧化铵就不适用，可用醋酸钠法。吡啶作为三价氧化物沉淀剂来说，其作用与氢氧化铵相似，它不仅可使铁、铝从二价一价的金属离子中完全分离出来，并且可自较大量的锰中分离出来，而且沉淀下来的三氧化物沉淀不会吸附其它离子，因此，通常 1 次沉淀即可。此外，吡啶不与 CO_2 作用形成碳酸盐，因此就没有使 Ca^{2+} 形成 $CaCO_3$ 从溶液中沉淀下来的危险。

11.5.2 氢氧化铵法

11.5.2.1 *方法原理* 在分离硅以后的溶液中加入氢氧化铵将铁、铝沉淀为氢氧化物，沉淀经灼烧成为氧化物，通常称三氧化物或倍半氧化物，用 R_2O_3 表示。因沉淀时溶液中的磷和钛一起沉淀，故必须从氧化物总量中减去 P_2O_5 和 TiO_2 得铁铝氧化物总量。

氢氧化铁、氢氧化铝的沉淀受溶液 pH 的控制，在适当酸度下，氢氧化铁和氢氧化铝沉淀的溶解度最小，前者为 4.5×10^{-10} g·L^{-1}，后者为 9.6×10^{-6} g·L^{-1}。

$$FeCl_3 + 3NH_4OH \longrightarrow Fe(OH)_3\downarrow + 3NH_4Cl$$

$$AlCl_3 + 3NH_4OH \longrightarrow Al(OH)\downarrow + 3NH_4Cl$$

pH 近于 2 时，氢氧化铁开始沉淀；pH5 时，氢氧化铁完全析出；pH 4.5 时，氢氧化铝开始沉淀，pH 6.5～7.5 时，则氢氧化铝沉淀完全析出。由于氢氧化铝为两性化合物，当 pH>7.5 时，氢氧化铝又开始溶解。所以在沉淀铁铝时选用弱碱氢氧化铵而不用氢氧化钠，以利于控制溶液的 pH。沉淀经灼烧后称量即得三氧化物的含量。

11.5.2.2 *主要仪器* 参考 11.3.1.2。

11.5.2.3 *试剂*

(1) 20 g·L^{-1}中性 NH_4NO_3 溶液。称取硝酸铵（NH_4NO_3，化学纯）20 g于水中，稀释至1 L，并用 HNO_3 或 NH_4OH 调至 pH7。

(2) 0.1 mol·L^{-1} $AgNO_3$ 溶液。称取硝酸银（$AgNO_3$，化学纯）1.7 g溶于水中，定容至100 mL，贮于棕色瓶中。

(3) NH_4OH(1∶1) 溶液。浓氨水（NH_4OH，$\rho \approx 0.88$ g·mL^{-1}，分析纯）和水等体积混合。

(4) HCl(1∶1) 溶液。同 11.3.1.3 (2)。

(5) 甲基红指示剂。溶解 0.1 g 甲基红于 100 mL 无水乙醇溶液中。

11.5.2.4 操作步骤 吸取分离 SiO_2（11.4.2.4）后的滤液（即待测液B）50 mL；移入 250 mL 烧杯中，将溶液加热至近沸，加甲基红指示剂 3～4 滴，滴加 NH_4OH(1∶1) 溶液，边加边搅拌，直到溶液红色褪去黄色出现为止[注1]。如沉淀过多不易辨别时，可等沉淀下沉后，再观察上部清液的颜色，或将烧杯上部游离的氨味吹去，再闻一下是否有氨味，若有氨味即表示沉淀完全。

将烧杯中的沉淀物加热至近沸 1～2 min[注2]，取下趁热用无灰快速滤纸过滤，在全部过滤期间，液体应始终保持在 70～80 ℃。滤液收集在 600 mL 烧杯中。用中性 NH_4NO_3 热溶液洗涤烧杯沉淀 1～2 次，把滤纸和沉淀一起移入原烧杯中，约加 HC(1∶1) 溶液 5 mL 溶解沉淀，并用玻璃棒捣碎滤纸，加热水约 50 mL，再在沸水浴中加热至近沸，如上法进行第二次沉淀过滤[注3]，滤液盛于上面的滤液杯中。两次过滤后的滤液可作为钙、镁的待测液用。

用中性硝酸铵热溶液洗沉淀物至无氯离子反应为止（用 0.1 mol·L^{-1} $AgNO_3$ 检查），取下滤纸和沉淀物，移入已恒重的铂坩埚（或瓷坩埚）中，在电炉上进行碳化、灰化，置于 950 ℃高温电炉中灼烧，称量，直至恒定质量[注4]。

11.5.2.5 结果计算

土壤中三氧化物（R_2O_3）的含量（g·kg^{-1}）$=(m_2-m_1)\times ts\times 1\,000/m$

式中：m_2——坩埚加 R_2O_3 质量（g）；

m_1——坩埚质量（g）；

ts——分取倍数，待测液（B）总体积（mL）/吸取待测液体积（mL）；

m——烘干样品质量（g）。

土壤中铁、铝氧化物含量（g·kg^{-1}）$=$ R_2O_3（g·kg^{-1}）$-$［P_2O_5（g·kg^{-1}）$+$ TiO_2（g·kg^{-1}）］

11.5.2.6 注释

注 1. 沉淀将完成时，氢氧化铵须慢慢逐滴加入，否则容易过量，使铝溶解，但如果加入氢氧化铵不足时，则铁、铝沉淀不完全。在过滤时如发现滤液中有白色或黄棕色絮状沉淀，表示沉淀不完全，必须重新沉淀。

注 2. 在沉淀氢氧化物以后的加热近沸时间不宜超过 2 min，因加热近沸的目的是增进胶体的凝聚容易过滤洗涤和赶去多余的氨，同时使铝酸铵水解形成 $Al(OH)_3$，从而使沉淀完全。加热时间过长，一方面将使沉淀变成粘性的稀泥状，难以过滤；另一方面将导致氯化铵的解离生成游离酸后，使 $Al(OH)_3$ 溶解，如发生溶液有回复形成酸性的现象（指示剂变红色）应立即补加氨水至碱性（溶液变黄色）。

注 3. 由于氢氧化物沉淀易引进镁等离子的共同沉淀，又由于供试溶液中有钙离子存在，在沉淀过程中容易吸收空气中的 CO_2 而产生碳酸钙增加了 R_2O_3 的重量，因此必须进行 2 次沉淀。一定量的氯化铵存在也会防止镁等离子的共同沉淀。石灰性土壤要尽量缩短过滤时间，所用的氢氧化铵也必须新鲜配制以防止形成碳酸钙沉淀。

注 4. 氧化铝具有强烈的吸水性，因此必须在硫酸干燥器中冷却，并迅速称量。

11.6　全量铁的测定

土壤全铁的测定，可以在分离硅以后的溶液中测定，也可以在灼烧过的 R_2O_3 沉淀用焦硫酸钾熔融，用盐酸溶解制备得到的溶液测定铁。当只需要测定铁时，采用氢氟酸（HF）分解法分解土壤样品后不必分离硅。铁的测定通常采用重铬酸钾容量法、邻啡罗啉比色法、原子吸收光谱法[6]或等离子体发射光谱法。其中重铬酸钾容量法适合于含铁量较多的样品测定，邻啡罗啉比色法可以分别测定溶液中的 Fe^{2+} 和 Fe^{3+}，不加还原剂时测定 Fe^{2+}，加还原剂时测定 $Fe^{2+}+Fe^{3+}$，即得土壤中全铁含量，又可通过差减法计算出 Fe^{3+} 含量。比色法和原子吸收光谱法均是国家标准方法（GB7873－87，3），适于微量铁的定量测定。

11.6.1　邻啡罗啉比色法

11.6.1.1 *方法原理*　以盐酸羟胺为还原剂，将三价铁还原为二价铁，在 pH 2～9 的范围内，二价铁与邻啡罗啉反应生成橙红色的配合物 $[Fe(C_{12}H_8N_2)_3]^{2+}$，借此进行比色测定。其反应如下：

$$4FeCl_3+2NH_2OH\cdot HCl \longrightarrow 4FeCl_2+N_2O+6HCl+H_2O$$

$$Fe^{2+}+3C_{12}H_8N_2 = [F_6(C_{12}H_8N_2)_3]^{2+} \text{（橙红色）}$$

这种反应对Fe^{2+}很灵敏，形成的颜色至少可以保持15天不变。当溶液中有大量钙和磷时，反应酸度应大些，以防$CaHPO_4 \cdot 2H_2O$沉淀的形成。用邻啡罗淋比色法测铁，几乎不受土壤中其它离子的干扰(注1)，但有高氯酸盐，会生成高氯酸邻位二氮杂菲（$C_{12}H_8N_2 \cdot HClO_4$）产生干扰。

在显色溶液中铁的含量在0.1～6 μg·mL^{-1}时符合Beer定律，波长530 nm。

11.6.1.2 主要仪器 分光光度计。

11.6.1.3 试剂

(1) 100 g·L^{-1}盐酸羟胺溶液。称10 g固体盐酸羟胺（$NH_2OH \cdot HCl$，化学纯）溶于水中，定容至100 mL。

(2) 邻啡罗啉显色剂。称固体邻啡罗啉0.1 g，溶于100 mL水中，若不溶可略加热。

(3) 100 g·L^{-1}乙酸钠溶液。称取乙酸钠（$CH_3COONa \cdot 3H_2O$，分析纯）固体10 g，溶于水中，定容至100 mL。

(4) 100 μg·mL^{-1}铁（Fe）标准溶液。准确称取纯金属铁粉或纯铁丝（先用盐酸洗去表面氧化物）0.100 0 g，溶于稀盐酸中，加热溶解，冷却后洗入1 L容量瓶中，定容。

11.6.1.4 操作步骤 吸取1～5 mL(注2)脱硅后的系统分析待测液（11.4.2.4，B溶液），移入50 mL容量瓶中。加少量水冲洗瓶颈，加入盐酸羟胺溶液(注3)1 mL，摇匀后加乙酸钠溶液8 mL，使溶液的pH为5，再加邻啡罗啉显色剂10 mL进行显色，定容，30 min后在分光光度计上选用530 nm波长，1 cm光径比色皿测定吸收值（A）。

工作曲线的绘制。准确吸取100 μg·mL^{-1}铁（Fe）标准溶液0、0.5、1、1.5、2、2.5 mL，分别置于6个50 mL容量瓶中[此液含铁量分别为0、1、2、3、4、5 μg·mL^{-1}(Fe)]，加少量水冲洗瓶颈，然后按待测液显色步骤进行显色，测定吸收值（A），以吸收值作为纵坐标，以铁（Fe）浓度作为横坐标，在方格纸上绘制铁的工作曲线，再以待测液中铁的吸收值在工作曲线上查得相应的μg·mL^{-1}值，或输入电子计算器求出一元线性回归方程，计算出μg·mL^{-1}值。

11.6.1.5 结果计算(注4)

土壤全铁（Fe_2O_3）的含量（g·kg^{-1}）$=\rho \times V \times ts \times 1.429\,7 \times 1\,000 \times 10^{-6}/m$

式中：ρ——从工作曲线中查得铁（Fe）的浓度（ρg·mL^{-1}）；

V——显色液体积（50 mL）；

ts——分取倍数，脱硅后系统分析待测液体积（mL）/测定时吸取待测液体积（mL）；

1.429 7——由铁换算成三氧化二铁的系数；

m——烘干土样品质量（g）；

10^{-6}——将 μg 换算成 g 的除数。

11.6.1.6 注释

注 1. 干扰物质的限制。五氧化二磷 20 μg·mL^{-1}，氟化物 500 μg·mL^{-1} 以下无干扰，少量氯化物和硫酸盐无干扰。如果高氯酸盐含量较高，则生成高氯酸邻位二氮啡，发生干扰。

注 2. 吸取待测液的量应根据含铁量而定，尤其是胶体样品不宜多取（可根据脱硅后的系统待测液的黄色深浅而定）。

注 3. 本法的关键是所加的试剂不能颠倒，必须是先加还原剂，后加缓冲液，最后加显色剂。另外所加的试剂量应随比色体积的增减而增减。

注 4. 平行测定结果允许绝对相差≤1.5 g·kg^{-1}。

11.6.2 原子吸收光谱法

11.6.2.1 *方法原理* 利用铁空心阴极灯发出的铁的特征谱线的辐射，通过含铁试样所产生的原子蒸汽时，被蒸汽中铁元素的基态原子所吸收，由辐射特征谱线光被减弱的程度来测定试样中铁元素的含量。对铁的最灵敏吸收线波长为 248.3 nm，测定下限可达 0.01 μg·mL^{-1}（Fe），最佳测定浓度范围为 2～20 μg·mL^{-1}（Fe）。可用脱硅后的系统分析待测液进行测定。由于原溶液中盐酸的浓度约为 0.75 mol·L^{-1}，钠离子浓度相当于氯化钠（NaCl）17.6～35.2 g·L^{-1}(注1)，在此情况下，对于一般土壤样品，仅铝、磷和高含量的钛对铁的测定有干扰，当加入 1 000 μg·mL^{-1} 的锶（以 $SrCl_2$ 形式加入）时，即能消除干扰。大量的钠离子存在对测定有一定影响，但通过稀释和在标准溶液中加入相应氯化钠和盐酸（在标准溶液中加入空白试液）时，即能消除其干扰。

11.6.2.2 *主要仪器* 原子吸收分光光度计。

11.6.2.3 *试剂*

（1）1 000 μg·mL^{-1} 铁（Fe）标准贮备溶液。称取金属铁（光谱纯）1.000 g 溶于 60 mL HCl(1∶1) 溶液中，加入少许硝酸氧化，用水准确地稀释到 1 L（此溶液 HCl 浓度为 0.3 mol·L^{-1}）。

（2）100 μg·mL^{-1} 铁（Fe）标准溶液。吸取 1 000 μg·mL^{-1} 铁（Fe）标准贮备液 10 mL 于 100 mL 容量瓶中，用水稀释至刻度。

（3）30 g·L^{-1} 氯化锶溶液。称取氯化锶（$SrCl_2 \cdot 6H_2O$，分析纯）30 g，加水溶解后，再用水稀释定容至 1 L，摇匀（此液含 Sr^{2+} 大约 10 000 μg·mL^{-1}）。

11.6.2.4 操作步骤

(1) 待测液准备。吸取脱硅后（11.4.2.4）待测液（即待测液 B）2～5 mL于 50 mL 容量瓶中(注2)，加入氯化锶溶液 5 mL，用水定容（使待测液中 Sr^{2+} 含量为 1 000 μ · mL^{-1}）。

(2) 系列标准溶液准备。分别吸取 100 μg · mL^{-1} 铁（Fe）标准溶液 0.0、2.5、5.0、10.0、15.0、20.0、25.0 mL 于一系列 100 mL 容量瓶中；同时分别加入空白溶液 2～5 mL 和氯化锶溶液 10 mL，以保持与待测液条件相一致，用水定容即成含铁（Fe）0.0、2.5、5.0、10.0、15.0、20.0、25.0 μg · mL^{-1} 系列标准溶液。

(3) 测定。根据原子吸收分光光度计仪器说明书选定条件(注3)，调节仪器各部分，开动仪器，预热 10～30 min，调节空气和乙炔流量后，立即点火，待火焰稳定 10 min 后，即可在 248.3 nm 波长处(注4)测定待测液和标准溶液中的铁，用试剂空白溶液调吸收值到零，先测定由低到高浓度的标准溶液系列的吸收值，然后测定样品待测液的吸收值(注5)。用方格纸绘制工作曲线。

11.6.2.5 结果计算(注6) 参照 11.6.1.5。

11.6.2.6 注释

注 1. 如果用碳酸钠 4 g 熔融，定容为 250 mL，相当于氯化钠 17.6 g · L^{-1}；碳酸钠 8 g 则相当于氯化钠 35.2 g · L^{-1}。

注 2. 根据铁的实际含量，吸取不同的毫升数分别稀释测定，但其中氯化钠、盐酸和氯化锶的加入量应尽量与标准溶液系列一致。

注 3. 测定条件由于仪器型号不同而略有不同。

注 4. 原子吸收光谱法测铁时，使用波长为 248.3 nm 的共振线作为分析线。由于附近还有 248.8 nm 和 249.1 nm 两条强谱线，所以应极小心地调节测定所需的波长。

注 5. 每当测定一个样品后，必须用水喷洗燃烧系统，以消除测定误差。测定过程若发生漂移应随时校正。

如果待测液元素浓度较高时，可以稍稍将燃烧器头偏转角度，以提高测定范围，标准溶液需在同样情况下测定。

注 6. 平行测定结果允许绝对相差≤1.5 g · kg^{-1}。

11.7 全量钛的测定

11.7.1 概述

钛以钛铁矿（$FeTiO_3$）存在于岩浆岩中，在花岗岩、片麻岩和变质石灰岩中以红金石（TiO_2）形态存在。在土壤中钛是与铁质红壤化作用有关，在热带土壤中含量较多。土壤中钛的含量很不一致，表层土壤中钛（Ti）的含量为1.5～15 g·kg^{-1}。由于土壤中含量较少，待测液中钛的测定一般采用分光光度法，如过氧化氢比色法[5]、变色酸比色法[5]和二安替比林甲烷分光光度法等[1]，也可以用ICP发射光谱法测定。二安替比林甲烷法测定钛有较高的选择性，适用于各类土壤中二氧化钛含量的测定。

11.7.2 二安替比林甲烷比色法

11.7.2.1 *方法原理*　在酸性介质中(注1)，二安替比林甲烷与钛离子生成黄色配合物，颜色稳定，最大吸收波长为390 nm。土壤或胶体样品中的钛经碱熔或酸分解进入溶液，即可进行测定。高浓度的铁对显色有干扰，可加抗坏血酸还原消除(注2)。

11.7.2.2 *主要仪器*　分光光度计、高温电炉。

11.7.2.3 *试剂*

（1）二安替比林甲烷溶液：称取二安替比林甲烷2.5 g溶于100 mL HCl（1∶5）溶液中（天冷可微热溶解）。

（2）抗坏血酸溶液。称抗坏血酸2.0 g溶于100 mL水中（现用现配）。

（3）HCl(1∶1）溶液。

（4）HCl(1∶5）溶液。

（5）1 000 μg·mL^{-1}钛（TiO_2）标准贮备溶液。称取预先经高温灼烧的TiO_2 0.500 0 g于铂坩埚或光滑的瓷坩埚中，加入焦硫酸钾8 g，于高温电炉中从低温逐渐升温至700 ℃熔融20 min后，取出稍冷，放于400 mL烧杯内，用HCl(1∶1）溶液40 mL加热溶解，以稀HCl(1∶5）溶液洗净坩埚，将烧杯置于电炉上，加热煮沸至清亮，移入500 mL容量瓶中，用HCl(1∶1）溶液定容。

（6）30 μg·mL^{-1}钛（TiO_2）标准溶液。将上述标准贮备溶液稀释成30 μg·mL^{-1}（TiO_2）标准溶液备用。

11.7.2.4 *操作步骤*　吸取脱硅（11.4.2.4）后的待测液（待测液B）5.00 mL于50 mL容量瓶中，加水至20 mL，加抗坏血酸溶液5 mL，摇匀，加盐酸（1∶1）溶液8 mL，摇匀，再加入二安替比林甲烷溶液10 mL，用水定容，1 h后用1 cm光径比色皿在波长390～450 nm处测量其吸光度(注3)。同时做空白试验。

工作曲线的绘制。分别吸取30 μg·mL^{-1}钛（TiO_2）标准溶液0.0、1.0、2.0、3.0、4.0、5.0 mL分别于6个50 mL容量瓶中，同样品分析手续进行显色，即 $\rho(TiO_2)$ 分别为 0.0、0.6、1.2、1.8、2.4、3.0 $\mu g \cdot mL^{-1}$ 标准系列溶液，与样品同样条件比色，读取吸光度值，绘制工作曲线。

11.7.2.5 结果计算（注4）

土壤全钛（TiO_2）的含量（$g \cdot kg^{-1}$）$=\rho \times V \times ts \times 1\,000 \times 10^{-6}/m$

式中：ρ——显色液中 TiO_2 质量浓度（$\mu g \cdot mL^{-1}$）；

V——显色液体积（50 mL）；

ts——分取倍数（250/5）；

m——样品烘干质量（g）；

10^{-6}——将微克换算成克。

11.7.2.6 注释

注 1. 显色可在盐酸或硫酸介质中进行，硝酸及高氯酸介质不适宜。酸的浓度范围在 0.5～4 $mol \cdot L^{-1}$，其吸光度无显著变化。在常温下黄色配合物显色 45 min 后，颜色达最大强度，数天内稳定不变。

注 2. 抗坏血酸能有效地掩蔽铁的干扰，在 50 mL 溶液中，10 $g \cdot L^{-1}$ 抗坏血酸溶液 1 mL 能掩蔽 10 mg 铁。铬、钒因本身有颜色而干扰测定，但加入抗坏血酸还原为低价后不发生干扰。

在此测定条件下，5 mg 铜和镍及大量的铝、钙、镁、锰、锌、锡、硼酸根、硫酸根均不干扰测定。

注 3. 显色温度如低于 10 ℃，须显色 2 h 后测定。

注 4. 平行测定结果允许绝对相差≤0.5 $g \cdot kg^{-1}$。

11.8 全量铝的测定

铝的测定通常采用的方法是从测得的铁、铝氧化物总量（R_2O_3）中减去 Fe_2O_3、TiO_2 和 P_2O_5 而得 Al_2O_3。因此，必须从质量法测得 R_2O_3 总量和其它三个分量才能求得（差减法）。由于测定 R_2O_3 总量的质量法繁锁费时，因此近年来多采用比色法、氟化钾取代 EDTA 容量法和 ICP 等离子发射光谱法测定，这样可省去 R_2O_3 总量的测定。

11.8.1 差减法

$$Al_2O_3(g \cdot kg^{-1}) = R_2O_3(g \cdot kg^{-1}) - [Fe_2O_3(g \cdot kg^{-1}) + TiO_2(g \cdot kg^{-1}) + P_2O_5(g \cdot kg^{-1})]$$

所得的 Al_2O_3 结果往往不太准确，因为上面三种成分的所有测定误差都集中在 Al_2O_3 质量中了。

11.8.2 氟化钾取代——EDTA容量法

11.8.2.1 *方法原理*　待测液中加入过量的EDTA，在pH6的条件下加热煮沸，EDTA即与铁、铝、钛等元素配合，用锌盐回滴过量的EDTA。再加入氟化钾进行煮沸，则氟化钾将与铝、钛配合的EDTA取代到溶液中来，再用标准锌盐滴定释放出来的EDTA。反应式如下：

加ADTA时：$Al + H_2Y^{2-} = AlY^- + 2H^+$

$Ti + H_2Y^{2-} = TiY + 2H^+$

加氟化钾时：$AlY^- + 6KF \longrightarrow K_3AlF_6 + 3K^+ + Y^{4-}$

$TiY + 6KF \longrightarrow K_2TiF_6 + 4K^+ + Y^{4-}$

用锌盐滴定时：$Y^{4-} + Zn^{2+} \longrightarrow ZnY^{2-}$

滴定达到终点时：$Zn + In \longrightarrow ZnIn$（橙红色）

式中：Y——代表EDTA；

In——代表二甲酚橙指示剂；

AlY^-（TiY）——代表EDTA与铝（钛）所形成的无色配合物。

由于在pH 6条件下氟化钾取代配合的选择性很强，只能将与铝、钛配合的EDTA取代出来，而不能将与铁、铜、铅、锌等金属配合的EDTA取代出来，故它们不干扰测定。因此所测得的结果是铝、钛含量，只需减去钛量即得铝量。

11.8.2.2 *主要仪器*　水浴锅、高温电炉、滴定管（50 mL）等。

11.8.2.3 试剂

（1）$20\ g \cdot L^{-1}$二甲酚橙指示剂。二甲酚橙2 g溶于100 mL水中。

（2）pH 6乙酸-乙酸铵缓冲溶液。乙酸铵60 g和冰乙酸2 mL溶于水后，定容到1 L。必要时可用稀乙酸和稀氨水调节pH（用酸度计调测）。

（3）$0.015\ 0\ mol \cdot L^{-1}$ EDTA标准溶液。称取EDTA二钠盐（$C_{10}H_{14}O_8N_2Na_2 \cdot 2H_2O$，分析纯）5.580 g，用无$CO_2$水溶解，定容到1 L，并用钙标准溶液标定，若精确称取可不必标定。

（4）$1\ 000\ \mu g \cdot mL^{-1}$铝（$Al_2O_3$）标准溶液。准确称取经700 ℃灼烧过的三氧化二铝（Al_2O_3）0.250 0 g，放入加有3 g无水碳酸钠的铂坩埚中，搅拌均匀，在高温电炉中经1 000 ℃熔融1 h[注1]，取出稍冷，小心捏动坩埚四壁，使熔块与坩埚分离。然后将熔块移入烧杯中，用少量水浸取熔块，加浓HCl 30 mL溶解熔块，待溶液清亮后移入250 mL容量瓶中定容。

（5）$0.015\ 0\ mol \cdot L^{-1}$乙酸锌标准溶液。称取乙酸锌［$Zn(CH_3COO)_2 \cdot 2H_2O$，分析纯］3.3 g，加冰乙酸1～2滴，定容到1 L（必要时过滤），用下

述方法进行标定。

吸取 0.015 0 mol·L^{-1} EDTA 标准溶液 10 mL，加 1 滴二甲酚橙指示剂，用氨水（1∶1）调到紫色，再用 1 mol·L^{-1} HCl 溶液调到黄色，加 pH 6 缓冲溶液 5 mL，用待标定的乙酸锌溶液滴定到微紫色，计算其浓度。

吸取 1 000 μg·mL^{-1}铝（Al_2O_3）标准溶液 10 mL 3 份分别于 3 个 250 mL 三角瓶中，按样品分析手续进行标定，计算出每毫升乙酸锌相当于 Al_2O_3 的克数（滴定度）(注2)。

（6）1 g·L^{-1}对硝基酚指示剂。0.1 g 对硝基酚溶于 100 mL 水中。

（7）200 g·L^{-1}氟化钾溶液。称取氟化钾（$KF\cdot 2H_2O$，分析纯）200 g 溶于水中，稀释至 1 L，贮于塑料瓶中。

（8）NH_4OH(1∶1) 溶液。同 11.5.2.3（3）。

（9）1 mol·L^{-1}HCl 溶液。同 11.3.1.3（2）。

11.8.2.4 操作步骤　吸取上述脱硅后的（11.4.2.4）待测液（待测液 B）20 mL 于 250 mL 三角瓶中，煮沸 1～2 min 以破坏动物胶。然后加 EDTA 标准溶液 25 mL，加水 70 mL，加热至 80～90 ℃，再加对硝基酚指示剂 3 滴，用 NH_4OH(1∶1) 调至黄色，再用 1 mol·L^{-1} HCl 溶液调到无色(注3)，加 pH6 缓冲溶液 12 mL，放入沸水浴中煮 10 min(注4)，冷却，再加二甲酚橙指示剂 6 滴，用乙酸锌标准溶液滴定到刚变红紫色（此次滴定不必记用量）。

用塑料量筒加入氟化钾溶液 10 mL，摇匀，再在沸水浴中加热煮 5 min，取出冷却至室温，补加二甲酚橙指示剂 6 滴，再用乙酸锌标准溶液滴定至刚变红紫色(注5)，记下乙酸锌溶液的用量毫升数（V）。

11.8.2.5 结果计算(注6)

$$\text{土壤全铝}(Al_2O_3)\text{的含量}(g\cdot kg^{-1}) = (c\times V\times ts\times 50.98\times 10^{-3}\times 10^3/m) - TiO_2(g\cdot kg^{-1})\times 0.638\,1$$

式中：c——乙酸锌标准溶液的浓度（mol·L^{-1}）；

V——滴定时消耗乙酸锌标准溶液的体积（mL）；

ts——分取倍数，脱硅后待测液总体积（mL）/吸取待测液体积（mL）；

m——样品烘干质量（g）；

50.98——（$1/2Al_2O_3$）的摩尔质量（g·mol^{-1}）；

TiO_2(g·kg^{-1})——土壤 TiO_2 的含量（g·kg^{-1}）；

10－3——将 mL 换算为 L；

0.638 1——将 TiO_2 换算为相当于 Al_2O_3 量的换算系数。

11.8.2.6　注释

注 1. 三氧化铝（Al_2O_3）试剂在酸溶液中不易溶解，必须用无水碳酸钠熔融，但在熔融时温度低了不易熔好。同时 R_2O_3 吸水性极强，故必须经烧去吸湿水后才能称量。

注 2. 用铝（Al_2O_3）标准溶液标定乙酸锌溶液的作用，在于校正系统分析中的误差，使分析结果更切合土壤中铝的实际含量。因此在结果计算中可以用乙酸锌标准溶液对 Al_2O_3 的滴定度（T，$g \cdot mL^{-1}$）代替乙酸锌溶液的浓度 $c(mol \cdot L^{-1})$。

注 3. 中和时如有沉淀析出，表明加入 EDTA 的量不够，应用盐酸溶解，补加 EDTA，重新调节 pH。

注 4. 被滴定的溶液不能在电炉上煮沸，否则容易喷溅。

注 5. 两次锌盐滴定终点的颜色应一致，否则影响结果的重现性。

注 6. 平行测定结果允许绝对相差≤$1.5\ g \cdot kg^{-1}$。

11.9　土壤有效硅的测定

11.9.1　概述

土壤有效硅又称活性硅，在土壤中以无机胶体形态存在，随土壤条件和气候条件的差异，它们在土壤中的含量有较大的变化。热带和亚热带地区土壤有效硅含量高于温带和寒带。在水稻土中含量高于旱作土壤。

土壤中有效硅的含量与土壤矿物种类、pH、倍半氧化物、矿物表面状态、有机酸和水分含量等有关。土壤有机酸如 ATP、藻朊、氨基酸等都能增加硅的溶解作用，而吸附在硅酸表面的阳离子如 Al^{3+}、Fe^{3+}、Ca^{2+}、Mg^{2+} 等因在硅酸表面形成难溶的胶膜而阻止硅酸溶解。在新破裂的石英表面常会含有大量的有效硅。

在倍半氧化物体系中，pH8～10 时硅被吸附的能力最强，其作用就像有效硅的“储库”，从而增加硅的有效作用。

有效硅的含量在地下水中一般为 $2.5 \sim 15\ mg \cdot L^{-1}$（Si），而土壤中为 $14 \sim 230\ mg \cdot kg^{-1}$（Si）。土壤湿度发生变化往往会影响有效硅的含量，因此最好在自然含水量条件下测定有效硅，但由于样品处理困难，不易称取代表性样品，故仍常用风干土测定。

作物能吸收利用的土壤有效硅，可模拟用弱酸或弱碱浸提出来。常用的浸提剂有乙酸-乙酸钠缓冲液（pH4.0）、柠檬酸、稀硫酸等。这些方法一般都能反映我国酸性、中性乃至微碱性水稻土的有效硅水平[7]，但它们各有其特点。

如 pH 4.0 乙酸缓冲液法是较早提出且运用较广的方法[8]，但因其难以溶解铁包膜，对砖红壤和红壤等铁质土、中性和石灰性土壤的有效硅浸提能力略有差异，因此性质不同的土壤应该有其不同的临界指标。而柠檬酸法对于酸性、中性及微碱性土壤具有较为一致的浸提能力，且浸出量接近于一季稻的吸硅量，因而得到广泛应用[4]。稀硫酸法是适于红壤区甘蔗田和水稻田同时测定硅和磷两种养分的较好方法，但土壤有效磷已选定其它较好的方法。浸出液中硅的定量多采用硅钼蓝比色法。

11.9.2 乙酸缓冲液浸提——硅钼蓝比色法

11.9.2.1 *方法原理* 用 pH 4.0 乙酸-乙酸钠缓冲液作浸提剂，浸出的硅酸在一定的酸度条件下与钼试剂反应生成硅钼酸[注1]，用草酸等掩蔽剂去除磷的干扰后，硅钼酸可被抗坏血酸等还原剂还原为硅钼蓝，在一定浓度范围内，蓝色深浅与硅含量成正比，可进行比色测定。

11.9.2.2 *主要仪器* 分光光度计、恒温干燥箱、塑料瓶（250 mL）。

11.9.2.3 *试剂*

（1）pH 4.0 乙酸-乙酸钠缓冲液。量取冰 HOAc（分析纯）49.2 mL，加 NaOAc（分析纯）14.0 g，加水溶解，稀释至 1 L。用 1 mol·L^{-1}、HOAc 及 1 mol·L^{-1} NaOH 调节 pH 至 4.0。

（2）0.6 mol·L^{-1}（$1/2H_2SO_4$）溶液。吸取浓 H_2SO_4（分析纯）16.6 mL，缓缓加入到 800 mL 水中，稀释至 1 L。

（3）6 mol·L^{-1}（$1/2H_2SO_4$）溶液。量取浓 H_2SO_4（分析纯）166 mL，缓缓加入到 800 mL 水中，稀释至 1 L。

（4）50 g·L^{-1} 钼酸铵溶液。称取钼酸铵［$(NH_4)_6Mo_7O_{24}\cdot 4H_2O$，分析纯］50.00 g，溶于水中，稀释至 1 L。

（5）50 g·L^{-1} 草酸溶液。称取草酸（$H_2C_2O_4\cdot 2H_2O$，分析纯）50.00 g，溶于水中，稀释至 1 L。

（6）15 g·L^{-1} 抗坏血酸溶液。称取抗坏血酸（左旋，$C_6H_8O_6$，分析纯）1.5 g，用 6 mol·L^{-1} $1/2H_2SO_4$ 溶解并稀释至 100 mL。此液需随用随配。

（7）50 μg·mL^{-1} 硅（Si）标准溶液。准确称取经 920 ℃灼烧过的二氧化硅（SiO_2，分析纯）0.534 7 g，放于铂坩埚中，加入碳酸钠 4 g 搅匀，在 920 ℃高温电炉中熔融 30 min，取出稍冷，熔块用热水溶解，洗入 500 mL 容量瓶中，定容后立即倒入塑料瓶中，即为 500 μg·mL^{-1} Si 标准贮备液[注2]。吸取此溶液 50 mL，定容至 500 mL，配制成硅标准溶液。

11.9.2.4 *操作步骤* 称取通过 2 mm 孔径筛风干土 10.00 g 于 250 mL 塑

料瓶中，加入乙酸-乙酸钠缓冲液 100 mL，塞好瓶塞，摇匀，置于预先调节至 40 ℃的恒温箱中保温 5 h(注3)，每隔 1 h 摇动 1 次，取出，干滤纸过滤于三角瓶中，弃去最初滤液。

吸取滤液 1 mL～5 mL［含硅（Si）10～125 μg］于 50 mL 容量瓶中，用水稀释至 15 mL 左右，依次加入 0.6 mol·L^{-1}(1/2H_2SO_4) 溶液 5 mL，在 30～35 ℃下放置 15 min，加钼酸铵溶液 5 mL，摇匀后放置 5 min(注4)，依次加入草酸溶液 5 mL 和抗坏血酸溶液 5 mL(注5)，用水定容，放置 20 min 后在分光光度计上 700 nm 波长处比色。同时做空白试验。

在样品测定同时，分别吸取 50 μg·mL^{-1} 硅（Si）0.00、0.25、0.50、1.00、1.50、2.00、2.50 mL 于 50 mL 容量瓶中，用水稀释至约 15 mL，按上述步骤显色和比色测定。即为 ρ(Si) 分别为 0.00、0.25、0.50、1.00、1.50、2.00、2.50 μg·mL^{-1}的标准系列浓度。建立回归方程，或以硅（Si）浓度为横坐标，吸收值为纵座标，绘制工作曲线。

11.9.2.5　结果计算(注6)

土壤有效硅（Si）的含量（mg·kg^{-1}）$=\rho \times V \times ts/(m \times k)$

式中：ρ——从标准曲线或回归方程硅的质量浓度（μg·mL^{-1}）；

V——测定时定容体积（mL）；

ts——分取倍数；

m——风干土质量（g）；

k——水分系数。

土壤有效硅（SiO_2）含量（mg·kg^{-1}）＝土壤有效硅（Si）的含量（mg·kg^{-1}）×2.14

11.9.2.6　注释

注 1. 酸度对硅钼黄和硅钼蓝的生成稳定时间有很大影响。当硫酸溶液在 0.06～0.35 mol·L^{-1}(1/2H_2SO_4) 浓度范围内，硅钼黄颜色比较稳定；在 0.6～9.0 mol·L^{-1}(1/2H_2SO_4) 浓度范围内，硅钼蓝颜色比较稳定。

注 2. 硅（Si）标准溶液必须以碱性溶液保存在塑料瓶中。若以中性溶液贮存，硅的浓度将会随时间的延长而逐渐降低。

注 3. 浸提温度和时间对浸出的硅酸量有很大影响。要求浸提温度稳定在 40 ℃±1 ℃，浸提时间为 5 h。

注 4. 生成的硅钼黄的稳定时间受温度影响很大。因此从加入钼酸铵溶液到加入草酸溶液之间的时间间距应视温度而定。一般温度在 20 ℃左右时，时间间距应为 10 min；15 ℃以下时，需放置 15～20 min；而在 30 ℃以上时，不应超过 5 min。本法中统一规定：在加入 0.6 mol·L^{-1}硫酸溶液后于 30～35 ℃保温 15 min，加入钼酸铵后摇匀放置 5 min，以保证结果重现性好。

注 5. 本法中用 Vc 代替硫酸亚铁铵作还原剂，使曲线直而稳定。

注 6. 平行测定结果允许相对相差≤10%。

11.9.3 柠檬酸浸提——硅钼蓝比色法

11.9.3.1 方法原理　除浸提剂用 0.025 mol·L^{-1} 柠檬酸和浸提温度为 30 ℃外，其余同 11.9.2.1。

11.9.3.2 主要仪器　同 11.9.2.2。

11.9.3.3 试剂

(1) 0.025 mol·L^{-1} 柠檬酸浸提剂。称取柠檬酸（$C_6H_8O_7 \cdot H_2O$，化学纯）5.25 g 溶于水中，稀释至 1 L。

(2) 其余试剂同 11.9.2.3。

11.9.3.4 操作步骤　称取通过 2 mm 孔径筛的风干土 10.00 g 于 250 mL 塑料瓶中，加柠檬酸浸提剂 100 mL，塞好瓶塞，摇匀，放于预先调节至 30 ℃的恒温箱中保温 5 h，每隔 1 h 摇动 1 次，取出后用干滤纸过滤。

吸取滤液 1～5 mL［含硅（Si）10～125 μg］于 50 mL 容量瓶中，以后的步骤同 11.9.2.4。

11.9.3.5 结果计算(注1)　同 11.9.2.5。

11.9.3.6 注释

注：不同浸提剂浸出土壤有效硅的差别较大。对于我国南方水稻土来说，用 pH4.0 乙酸缓冲液浸提，浸出量多为 14～140 mg·kg^{-1}(Si)；用 0.025 mol·L^{-1} 柠檬酸浸提一般可浸出 37～230 mg·kg^{-1}(Si)。因此，预示硅肥能否增产的临界指标也应不同。根据 50 余块田间试验结果[7]，用柠檬酸测出的土壤有效硅低于 56 mg·kg^{-1}(Si) 或 120 mg·kg^{-1}(SiO_2) 时，硅肥对水稻增产效果明显；而用乙酸缓冲液测得的有效硅小于 23 mg·kg^{-1} (Si) 或 50 mg·kg^{-1}(SiO_2)，增产效果比较显著。

11.10 土壤有效铁的测定

11.10.1 概述

土壤中有效铁的含量不一，在石灰性土壤中有效铁含量只有几个 mg·kg^{-1}，往往不能满足作物需要而出现缺铁症状。影响土壤中铁的可给性的因子很多也很复杂。由于土壤中有效铁的概念并不十分明确，因而有效铁的提取和测定结果的评价以及缺铁的临界含量等都存在许多问题。目前还难以肯定，也没有公认的统一方法。

土壤有效铁的提取剂很多[9]，但比较常用的有两种：①用 1 mol·L^{-1} 醋酸铵（pH 4.8）提取，提取的铁主要是代换态铁，所提取铁的含量<0.3 mg·kg^{-1} 时，作物有严重失绿现象；0.3～2.2 mg·kg^{-1} 时轻微失绿，2～32 mg·kg^{-1} 时生长正常。因此对缺铁敏感的土壤缺铁临界含量为 2 mg·kg^{-1}。此法适用于酸性土壤的测定，但酸性土壤中有效铁含量较高，因此酸性土壤有效铁的测定无实际意义。②用 DTPA 混合液（pH 7.3）提取，提取的铁主要为螯合态铁，提取铁的浓度一般在 5 mg·kg^{-1} 为临界值，适合于中性—石灰性土壤，其提取液可同时测定锌、铜和锰等微量元素，是我国最常用的有效铁的提取剂。提取液中的铁即可用原子吸收光谱法或比色法测定，两者均是国家标准方法（GB 7881—87）。

由于植物对铁的利用能力和要求相差较大，在同一土壤中有些植物表现缺铁，而另一些植物生长正常，甚至不同品种之间也有明显差异。因此关于有效铁的临界值比较复杂，需要在更广泛的基础上进行验证。

11.10.2 DTPA 溶液浸提——原子吸收光谱法测定

11.10.2.1 *方法原理*　中性或石灰性土壤有效铁常用 DTPA 溶液浸提，浸出液中的铁可以用原子吸收光谱法或比色法测定。

DTPA 是一种螯合剂，全名二乙基三胺五乙酸，它与土壤溶液中游离的金属离子起作用，形成可溶性配合物，于是溶液中游离金属离子活性降低，附着在土粒表面的养分离子释放出来。土壤溶液中累积的被螯合金属元素的数量，与金属离子的最初活性，以及从土壤中补充这些金属元素的能力呈函数关系。这样，螯合物可以模拟植物根对营养元素的吸收和根际对这些元素的补充，用螯合剂提取的微量元素养分，代表了能被植物吸收的那一部分。

浸提液中加入氯化钙（$CaCl_2$），可使浸提液和土壤中的钙达到平衡，降低在石灰性土壤中碳酸钙的溶解度，避免由于碳酸盐分解而释放出被碳酸盐封闭的那部分金属元素，而这部分在碳酸盐微粒表面上产生的金属元素沉淀是不易被植物利用的。浸提液中加入 TEA（三乙醇胺），是因为它的 pH 较高，可以抑制铁、锰的过量溶解。

用空气—乙炔火焰的原子吸收分光光度法直接测定浸提液中的铁是极满意的。无任何干扰，而且可以同时测定锌、铜和锰。对铁的最大吸收线波长是 248.3 nm，测定下限可达 0.01 mg·L^{-1} Fe，最佳测定范围为 2～20 mg·L^{-1} Fe。

11.10.2.2 *主要仪器*　往复振荡机、原子吸收分光光度计、塑料瓶或塑料离心管。

11.10.2.3 试剂

(1) DTPA 浸提剂（pH 7.30）。其成分为 0.005 mol・L^{-1} DTPA－0.01 mol・L^{-1} $CaCl_2$－0.1 mol・L^{-1} TEA。准确称取 DTPA［二乙基三胺五乙酸，$(HOCOCH_2)_2NCH_2 \cdot CH_2)_2NCH_2COOH$，分析纯］1.967 g 溶于 TEA［三乙醇胺，$(HOCH_2CH_2)_3 \cdot N$，分析纯］14.92 g(或 13.3 mL）和少量水中；再将氯化钙（$CaCl_2 \cdot 2H_2O$，分析纯）1.47 g（或无结晶水氯化钙 1.11 g）溶于水中，一并转入 1 L 容量瓶中，加水至约 950 mL，在 pH 计上用 6 mol・L^{-1} HCl 调节 pH 至 7.30（每升浸提剂约需加 6 mol・L^{-1} HCl 8.5 mL 或加入浓盐酸 4～5 mL)，最后用水定容，贮存于塑料瓶中，几个月内不会变质。

(2) 铁（Fe）标准溶液。同 11.6.2.3(2)。

11.10.2.4 操作步骤

(1) 土壤有效铁的浸提。称取通过 2 mm 尼龙筛的风干土 25.0 g[注1] 放入 150～180 mL 塑料瓶中（没有塑料瓶也可以用 150 mL 硬质玻璃三角瓶）加 DTPA 浸提剂 50.0 mL，在 20～25 ℃温度下振荡 2 h（每分钟往复振荡 180 次)[注2] 立即过滤，滤液即可在原子吸收分光光度计上测定铁[注3]，选用波长 248.3 nm[注4]。

(2) 工作曲线绘制。准确吸取 100 μg・mL^{-1}（Fe）标准溶液 0.0、1.25、2.5、5.0、7.5、10.0 mL 分别于 50 mL 容量瓶中，用水或 DTPA 浸提剂定容。此为含铁 ρ(Fe) 0.0、2.5、5.0、10.0、15.0、20.0 μg・mL^{-1} 的系列标准溶液，直接在原子吸收分光光度计上测定吸收值后绘制工作曲线。测定条件应与土壤测定时完全相同。

11.10.2.5 结果计算[注5]

$$\text{土壤有效铁（Fe）的含量（mg} \cdot \text{kg}^{-1}) = \rho \times 2$$

式中：ρ——测得的铁的质量浓度（μg・mL^{-1}）；

2——液土比，浸提时浸提剂用量（mL)/风干土质量（g）

11.10.2.6 注释

注 1. 试样的采集和处理过程中应注意避免污染，采样工具、包装、贮存、风干和过筛应尽量避免使用金属制品，试剂也应该检验和纯化。

注 2. 用 DTPA 溶液浸提石灰性土壤时，浸提条件必须标准化，即土样必须经过 2 mm 尼龙筛，盛在 150～180 mL 塑料瓶中，振荡频率 180 次/min，浸提温度 25 ℃左右，提取 2 h，浸提剂 pH 值应为 7.30。

注 3. DTPA 浸提的有效铁可用邻啡罗啉比色法测定（见 11.6.2)。

注 4. 同 11.6.3.6（4）。

注 5. 平行测定结果允许相对相差≤5%。

11.11 土壤活性铝含量测定

11.11.1 概述

酸性土壤中存在一定量的活性硅、铁、铝等，它们是无定形的或是游离氧化物。由于它们的比表面积很大，具有较活泼的理化性质，因此称为活性物质。活性铁、铝容易与磷酸根离子形成难溶性磷酸铁、铝而固定在土壤中，降低了磷肥肥效。另外土壤的酸度和活性铝的存在有重要关系。土壤中活性铝含量增加会导致土壤酸化加重，同时也会转化成大量 Al^{3+}，致使作物出现铝中毒现象。

酸性土壤中活性铝含量通常用酸性草酸—草酸铵溶液提取，氟化钾取代 EDTA 容量法测定。也可以用改进的 0.5 mol·L^{-1} NaOH 溶液浸提土壤或粘粒，铝试剂比色法测定。前者浸提液适于活性硅、铁、铝、锰的测定，后者仅适于活性硅、铝的测定。

11.11.2 酸性土壤中活性铝的测定——氟化钾取代 EDTA 容量法

11.11.2.1 *方法原理*　用酸性草酸—草酸铵溶液（pH 3.2）浸提土壤中的活性氧化物，能使氢氧化铁、氢氧化铝、二氧化硅（$SiO_2 \cdot nH_2O$）和氧化锰（$MnO_2 \cdot nH_2O$）凝胶进入浸出液，而并不损坏土壤矿质部分。浸提液中的铝用氟化钾取代 EDTA 容量法测定。

11.11.2.2 *主要仪器*　振荡机、塑料瓶、其它同 11.8.2.2

11.11.2.3 *试剂*

（1）草酸—草酸铵浸提剂。分别称取草酸（$H_2C_2O_4 \cdot 2H_2O$，分析纯）31.52 g 和草酸铵［$(NH_4)_2C_2O_4 \cdot H_2O$］62.1 g 溶于 2.5 L 水中，此液的 pH 为 3.2。

（2）其它试剂同 11.8.2.3。

11.11.2.4 *操作步骤*

（1）活性铝待测液的制备。称取通过 0.25 mm 筛风干土 1.00 g 于 250 mL 塑料瓶中，加酸性草酸—草酸铵浸提剂 50 mL，振荡 1 h，过滤；滤干后将滤纸和样品放回原塑料瓶中，再加浸提剂 50 mL，再振荡 1 h，过滤；两次滤液合并混匀，贮于塑料瓶中，即为测定活性铝的待测液(注1)。

（2）测定。吸取测活性铝的待测液 20～50 mL 于 100 mL 高型烧杯中，加入浓硝酸 2 mL，放在电热板上低温消化蒸干（近干时反应激烈，可适当降低温度，以免溶液溅出）。待干后将烧杯直接移至电炉上灼烧，用硝酸将草酸—

草酸铵充分氧化，再加浓硝酸 2 mL，如上法进行消化。如土壤有机质过多，棕黑色不易除去时，可加浓硫酸 0.5 mL 和高氯酸 [$\rho(HClO_4)=600\ g\cdot L^{-1}$] 2～3 滴进行消化，直至蒸干时呈灰白色为止。

加 1 mol·L^{-1} HCl 溶液溶解残渣（消化完毕后应立即溶解，以免氧化物老化而不易溶解），加水约 10 mL，加 1 g·L^{-1} 对硝基酚指示剂 3 滴，再用氨水（1∶1）和 1 mol·L^{-1} HCl 溶液调至无色。

加 0.015 0 mol·L^{-1} EDTA 标准溶液 25 mL，加水 70 mL，以下操作同 11.8.2.4。

11.11.2.5 结果计算

活性铝（Al_2O_3）的含量（mg·kg^{-1}）=($c\times V\times ts\times 50.98\times 10^{-3}\times 10^6/m$)－$TiO_2$（mg·$kg^{-1}$）×0.638 1

活性铝（Al）=活性铝（Al_2O_3）的含量（mg·kg^{-1}）×0.529 2

式中：c——乙酸锌标准溶液浓度（mol·L^{-1}）；

V——滴定时消耗乙酸锌标准溶液体积（mL）；

ts——分取倍数，浸提用浸提剂体积（mL）/测定时吸取过滤液体积（mL）；

m——样品质量（g）；

10^{-3}——将 mL 换算为 L；

10^6——将 g 换算为 mg 及换算为 kg 土；

50.98——（$1/2Al_2O_3$）的摩尔质量（g·mol^{-1}）；

0.638 1——将 TiO_2 换算为相当于 Al_2O_3 量的换算系数。

11.11.2.6 注释

注：此待测液可用于活性硅、铁、锰的测定。活性硅用硅钼蓝比色法测定；活性铁用邻啡罗啉比色法测定；活性锰用高锰酸铵比色法测定。其他同 11.8.2.6。

主要参考文献

[1] 农业部全国土肥总站编．土壤分析技术规范．北京：中国农业出版社．1993，135～139，97～100，104～106

[2] 全国土壤普查办公室编．中国土壤，北京：中国农业出版社．1998，95～414

[3] Sparks，D. L. et al（ed），1996. Methods of Soil Analysis，Part 3，Chemical Methods. 1996，49～55，518～522，627～636. SSSA，Inc. ASA，Inc Wisconsin，USA

[4] 刘光崧主编．中国生态系统研究网络观测与分析标准方法．土壤理化分析与剖面描述．北京：中国标准出版社．1996，225～228，218～220，42～43

[5] 南京农业大学主编．土壤农化分析（第二版）．北京：农业出版社．1986，153～154
[6] 劳家柽主编．土壤农化分析手册．北京：农业出版社．1988，407～415
[7] 张效朴，臧惠林．土壤有效硅测定方法研究．土壤．1982，14（5）：188～192
[8] 李酉开主编．土壤农业化学常规分析法，北京：科学出版社．1984，127～131
[9] 刘铮等编著．微量元素的农业化学，北京：农业出版社．1991，264～265

思考题

1. 在制备土壤矿物胶体样品（提取粘粒）时，为什么要除去有机质和碳酸钙？

2. 比较碳酸钠熔融法和偏硼酸锂熔融法的优缺点。

3. 用质量法测硅时，加入动物胶的作用机理及反应条件是什么？

4. 氢氧化铵法测定铁、铝氧化物总量时，沉淀氢氧化物为什么要进行 2 次？

5. 氢氧化铵法测定铁、铝氧化物总量，在沉淀氢氧化物以后的加热近沸的目的是什么？近沸时间能否超过 2 min？

6. 邻啡罗啉比色法测铁时，加入试剂的顺序为什么不能颠倒？

7. 原子吸收光谱法测定土壤中铁的含量时，如何消除待测液中铝、磷、钛、钠等离子干扰？

8. 二安替比林甲烷比色法测定土壤中钛的显色条件及干扰消除。

9. 氟化钾取代 EDTA 容量法测定土壤铝的原理及测定条件是什么？

10. 不同浸提剂对土壤有效硅测定结果有何影响？

11. 硅钼蓝比色法测硅时，酸度对硅钼蓝颜色生成和稳定有何影响？加入草酸和抗坏血酸的作用是什么？

12. DTPA 浸提法提取土壤有效铁所要求的条件是什么？

13. 在土壤样品采集和处理过程中应如何避免铁的污染？

14. 酸性土壤能否用 DTPA 浸提？

15. 草酸—草酸铵浸提酸性土壤活性铝的原理及浸提条件是什么？

第十二章

植物样品的采集、制备与水分测定

12.1 概　述[1]

植物分析按其目的可以分为两类。一类是营养诊断分析或作物组织分析。在作物不同生育期采取全株或其合适的组织部位进行分析，借以了解作物体内各种养分的积累和转化的动态，研究作物对各种养分元素的吸收利用和元素之间的颉颃和协调作用以及养分新陈代谢的规律，测定作物从土壤或肥料中吸收各种营养元养的量，判断作物体内养分的丰缺状况（反映土壤中有效养分的供应状况及其它因素的影响），找出作物营养状况的诊断指标，为确定肥料施用时期或施用量提供科学的参考依据，以求达到经济合理施肥的目的。此外，作物组织分析也可用于评价土壤、水、肥料、大气污染对作物生产的影响程度。另一类是品质鉴定分析或产品分析。定量分析农作物收获物的有关成分，借以评定食品或饲料营养价值或工业原料的品级；或者是为了查明气候、土壤、品种、水肥和耕作管理等因素对作物产品品质的影响，以求改良品种和提高栽培技术水平，或者是为了研究收获物在储藏过程中有关成分的变化，以求妥善保存，保证质量，减少损失，增加收益。

植物分析按照测试方式和所测成分形态的不同，又可以分两类。一类是全量分析，另一类是可溶性养分的组织速测，测定植物组织中尚未同化而仅存在于汁液中的营养成分。

样品的采集是分析质量控制中的第一道也是最重要、影响最大的一个环节。它对分析结果的可靠性起决定性作用。样本采集的一般原则为：①代表性：数量很小的分析样本必须能代表所研究的实物总体。要避免有边际效应或其它原因影响范围内的特殊个体作为样品，例如特大特小或奇异个体均不能作为样品采集。如果某一总体中明显存在几种类型的个体时，一般先划定各类个体的比例，然后按比例取样混合，或作为几个样本处理，如果必需用一个参数作为这个群体描述时，则应以各样点的加权平均值表达。②典型性：针对所要达到的目的，采集能充分说明这一目的的典型样品。这在植物的营养诊断和农产品品质分析中经常会遇到。例如在品质分析中检验产品在生产、运输和储存过程中应分别采集确实未被污染和已证明或被怀疑污染的产品进行分析比较。用均匀样品往往不能明确反映结果。③适时性：对新鲜植物样本的植物营养诊断或品质分析的采样及分析必须有一个时间概念。如植物体内的硝态氮、氨基态氮、可溶性磷、水溶性糖、维生素等均很容易起变化，必须用新鲜样品。④防止污染：要防止样品之间及包装容器对样品的污染，特别要注意影响分析成分的污染物质。

12.2 植物组织样品的采集、制备与保存[1]

植物组织样品的采集首先是选定有代表性的样株。如同土壤样本的采集方法，在田间按照一定路线多点采取组成平均样品。样株数目应视作物种类、株间变异程度、种植密度、株型大小或生育期以及所要求的准确度而定，一般为10～50株。从大田或试验区选择样株要注意群体密度、植株长相、长势、生育期的一致。过大、过小和遭受病虫害或机械损伤以及田边、路旁的植株都不应采集。如果为了某一特定目的，例如缺素诊断采样时，则应注意样株的典型性，并且要同时在附近地块另行选取有对比意义的正常典型样株，使分析结果能通过比较说明问题。用于营养诊断测定的样品采集还要特别注意植株的采集部位和组织器官及采样时间（详见第十四章)。

采集的植株如需要分不同器官（如：叶片、叶鞘、叶柄、茎、果实等部位）测定，需要立即将其剪开，以免养分运转。剪碎的样品太多时，可在混匀后用四分法缩分至所需要量。用于营养诊断分析的样品还应尽可能立即秤量鲜重。

采集的植株样品是否需要洗涤应视样品的清洁程度和分析要求而定。一般微量元素的分析和肉眼明显看得见或明知受到施肥、喷药污染的样品需要洗涤。植物样品应在刚采集的新鲜状态冲洗，否则一些易溶性养分（如可溶性糖、钾、硝酸根离子等）很容易从已死亡的组织中洗出。一般可以用湿棉布（必要时可沾一些很稀的，如1 $mg \cdot L^{-1}$的有机洗涤剂）擦净表面污染物，然后用蒸馏水或去离子水淋洗1～2次即可。

一般测定不容易起变化的组成分用干燥样品较方便。新鲜样品应该立即干燥，减少体内因呼吸作用和霉菌活动引起的生物和化学变化。植物样品的干燥通常分两部：先将鲜样在80～90 ℃烘箱中鼓风烘15～30 min（松软组织烘

15 min，致密坚实的组织烘 30 min），然后降温至 60～70 ℃，逐尽水分（详见 12.5 植物水分、干物质的测定）。

干燥样品可用研钵或带柄刀片（用于茎叶样品）或齿状（用于种子样品）的磨碎机粉碎，并过筛。分析样品的细度应视称量的多少而定，通常可用圆孔直径为 0.5～1 mm 筛，称量少于 1 g 的样品最好过 0.25 mm 甚至 0.1 mm 筛。样品过筛后须充分混匀，保存于磨口的广口瓶中，内外各贴放一样品标签。样品瓶应置于洁净、干燥处。若样品可能需要保存很长时间，样品应该先进行灭菌处理（如用 γ 射线），然后置于聚乙烯塑料瓶或袋中封口保存。

样品在粉碎和储藏过程中，又会吸收空气中的水分。所以，在精密分析称样前，还须将粉碎的样品在 65 ℃(12～24 h) 或 90 ℃(2 h) 再次烘干，一般常规分析则不必。称样时应充分混匀后多点采取，这在称样量少而样品相对较粗时更应该特别注意。

用于微量元素分析的样本采集与制备应该特别要防止可能引起的污染。例如在干燥箱中烘干时，应该防止金属粉末的污染。用于样品采集和粉碎样品的研磨设备应该采用不锈钢器具和塑料网筛。如要准确分析铁，最好在玛瑙研钵上研磨。

12.3 瓜果样品的采集、制备与保存[1]

所谓“瓜果”，此处泛指果实、浆果和块根、块茎等。瓜果的成熟期很长，一般主要在成熟期采样，必要时也可以在成熟过程中采 2～3 次样品。每次应该在试验区或地块中随机采取 10 株以上簇位相同、成熟度一致的瓜果组成平均样品。平均样品的果实数，较小的果实如青椒一类不少于 40 个，番茄、洋葱、马铃薯等不少于 20 个；黄瓜、茄子、小萝卜等不少于 15 个；较大的果实如西瓜、大白菜球等不少于 10 个。数量多时，则可以切取果实的 1/4 组成平均样品，总重以 1 kg 左右为宜。

果树的果实采样特别要注意选择品种特征典型的样株才能比较各品种的品质。样株要注意挑选树龄、株型、生长势、载果量一致的正常株，老、幼和旺盛生长的果实都缺乏代表性。在同一果园同一品种的果树中选 3～10 株作为代表株，从每株的全部收获物中选取大中小和向阳和背阴的果实共 10～15 个组成平均样品。一般总重不少于 1.5 kg。

采回的瓜果样品应该冲洗、擦干。瓜果蔬菜的分析一般都用新鲜样品。随分析目的要求不同，有的分析需要全部样品，有的只需分析可食部分。大的样品或样品数量多时，可均匀地切其中一部分，但所取部分中各种组织的比例应与全部样品的相当。样品经切碎后用高速组织粉碎机或研钵打碎成浆状。从混匀的浆液中取样。多汁的瓜果也可在切碎后用纱布或直接用手挤出大部分汁液，将残渣粉碎后再与汁液一起混匀、称样。

新鲜瓜果的短时间内保存可以采用冷藏或酒精浸泡处理，将已经称量的新鲜样品加入足够量的沸热中性 950 mL・L^{-1}乙醇，使其最后浓度约达 800 mL・L^{-1}，再在水浴上回馏 0.5 h。如欲制成干样则需要立即干燥，尽量使样品成分不发生变化。可以采用类似幼嫩或新鲜植株等含水较多试样的水分测定（见12.5.2），即先短时间 110～120 ℃高温，然后降至 60～70 ℃的二步烘干法的类似步骤快速干燥样品，但总的烘干时间不宜长，一般为 5～10 小时。最好用真空烘箱。

12.4　籽粒样品的采集、制备与保存[1]

籽粒样品一般也多用于品质分析。从个别植株上如谷类或豆类作物上采取种子样品时，应考虑栽培条件的一致性。种子脱粒后，去杂、混匀，按四分法缩分为平均样品，重量不少于 25 g。若从试验小区或大田采集可按照植株组织样品的采集方法，选定样株后脱粒、混匀，四分法缩分后取得约 250 g 样品。大粒种子如花生、大豆、棉籽、蓖麻等可取 500 g 左右。采样时应选择完全成熟的种子，因为不成熟的种子其化学成分有明显的差异。若从成批收获物中取样，则应在保证样品有代表性的原则下，在散装堆中设点随机取样，或从包装袋中随机扦取原始样品，再用四分法或分样器缩分至 500 g 左右。

将采取的籽粒样品风干，去杂和挑去不完整粒，用磨样机或研钵磨碎，使之全部通过 0.5～1 mm 筛，储于瓶或袋中，内外贴上和放置标签备用。油料作物中的大粒种子，如花生、向日葵、棉籽等，应去掉厚的果壳或种皮，只分析种仁。但棉籽种皮不容易剥掉，可先用水浸泡 4～6 h，再用锋利的小刀将种子切为两半，取出种仁。为了防止油料作物种子在磨碎过程中损失油分，可以从采取的样品中用四分法缩分出少量样品，在 70～80 ℃干燥箱内干燥 15～18 h，取出，在瓷研钵中用研棒击碎，不能研磨。大豆和其它含油相对较少的种子则可以直接用植物搅碎机。

12.5　植物水分、干物质的测定

水分含量是植物组织和农产品分析中最为基本的测定项目之一。种子、水果、蔬菜、饲料、茶叶、咖啡等的水分含量是鉴定品质和判断是否适于储藏的重要标准；植物体内的水分和干物质含量是植物生理状态和成熟度的重要指标。此外，由于鲜样或风干样品的水分含量易随空气的温度和湿度而改变，试样中干物质各组分的百分含量也常以全干样品为计算基础。

一个世纪前，水分定量被认为是单纯的，一般将样品在 101.325 kPa 下，100 ℃左右加热至恒重所失去的质量即为“水分”，这种定义是狭义的。植物组织或农产品中的游离水分容易分离，而结合水则不容易分离，如果不加限制的长时间烘烤，必然使其它成分发生变化，影响分析结果。此外，供测定的样品多种多样，其含水量可由百分之几到 98%，因此人们一直在多方面研究适合于各种试样性状的精确测定水分子“H_2O”含量的方法，同时研究实用上能满足不同要求的准确、快速测定方法。

按经常使用的情况，目前水分测定可分成以下几类[12]：

（1）加热干燥法。包括常压烘箱干燥法、真空（减压）烘箱干燥法、红外线干燥法、微波加热干燥法、添加干燥辅助剂法等。这些方法要求试样中水分的排除很完全，其它组分在加热过程中由于发生热分解或其它反应而引起的重量变化可以忽略不计。经典的烘箱干燥法因操作简单，应用范围广，在规定各种试样条件的不同测定温度条件下，现常被广泛用作一般标准方法，特别是真空烘箱干燥法的测定结果比较接近真正水分。但它们一般费时较长。利用钨丝灯辐射加热的红外线干燥法及利用电子射流的微波加热干燥法，虽然速度快、方便，但条件控制不好，易引起试样中其它组分的分解，精度不高。

（2）蒸馏法。该法特别适用于脂肪类产品和除水分外含有大量挥发物质的试样。上述两种方法用于检测水分较高（65%～95%）的新鲜样品时效果则更好。

（3）依赖水的化学反应的方法。包括卡尔—费歇尔（Karl-Fischer）方法、与电石（碳化钙）产生乙炔或与浓酸混合时产生热等为基础的方法。其中很多分析参考书中将 K-F 法测定水分定为农畜产品、食品、化工、肥料准确定量水分的一般标准方法[5,6,8,9,10,11,12]，但为防止水分进入滴定容器及试剂吸水，校准的程序颇为严格、费时。

（4）依赖测定随水分含量改变而改变的而又有规律变化的某些物理性质的方法。如电测法，即以电导率、电阻、电容和介电常数为基础的电化学方法、核磁共振法、近红外分光光度法及近红外吸收反射法和以蒸汽压和射率为基础的其它物理方法。由于它们不是直接测定水分，因此需要对照适当参考标准，即用其它标准方法测定样品的不同含水量来校准每种类型的试样检测结果，而且其中几乎没有一种能精确定量试样中大范围的水分（5%～95%）含量。但这些方法对经常测定大量的同种试样，特别是含有中等水分（5%～20%）样品的实验室来说是最有价值的[9]。

因此要精确定量水分并非易事。有许多公认的可用于特定样品水分测定方法，本章主要介绍常压直接烘干法、减压加热干燥法和共沸蒸馏法等。如能根据试样的特性，规定合适的操作条件，将这几种方法结合起来使用，将可相当广泛地测定绝大多数植物和农产品的水分含量。

12.5.1 风干植物等含水较少试样的水分测定

12.5.1.1 常压直接烘干法(注1)

12.5.1.1.1 方法原理 样品在 100～105 ℃情况下烘干一定时间至“恒重”，即失去的质量，被认为是水分质量，所以这是一种间接测定水分的方法。样品在高温烘烤时可能有部分易焦化、分解或挥发成分损失而至产生水分测定的正误差，也可能因水分未完全逐尽（特别是呈胶体和半胶体状态的试样，其结合水难以完全排除），或在样品冷却、称量时吸湿，或有部分油脂等被氧化增重（含双键、酚类等氧化性基团的试样）而造成的负误差。但在严格控制操作条件的情况下，对大多数试样而言，烘干法仍然是测定水分的简易标准法。

12.5.1.1.2 主要仪器

（1）电热恒温干燥箱。

（2）称量铝盒。

（3）干燥器。宜使用经 135 ℃干燥 2～3 h 的变色硅胶作干燥剂，对油脂类样品宜用吸湿力强的五氧化二磷等作干燥剂。

（4）分析天平（精确到 1 mg）。

12.5.1.1.3 操作步骤 取洁净铝盒，打开盒盖，放入 100～105 ℃烘箱中烘 30 min，取出，移至干燥器中平衡后称重，继续烘干至“恒重”。

将粉碎、混匀的风干样品(注2) 3～5.000 g 平铺在铝盒中盖好盖，尽快的称量铝盒和内容物质量。

将盖横放在盒旁，置于已预热至约 115 ℃的烘箱中，关门，调整至温度在 100～105 ℃之间，烘干 3～4 h(注3)，取出，盖好，移入干燥器中冷却后称重，如此重复，直至“恒重”(注4)。

12.5.1.1.4 结果计算(注5)

$$水分（\%）（风干基）=(m_1-m_2)\times 100/(m_1-m_0)$$

$$干物质（\%）（风干基）=(m_2-m_0)\times 100/(m_1-m_0)$$

式中：m_0——空铝盒的质量（g）；

m_1——（空铝盒＋样品）的质量（g）；

m_2——（空铝盒＋烘干样品）的质量（g）。

12.5.1.1.5 注释

注 1. 本法适用于风干植物、谷物种子类及其加工品、干茶叶、咖啡、坚果、蛋品、肉、海带等绝大部分含水较少的试样。

注 2. 应充分注意样品在采取、储藏和粉碎时水分的变化。一般情况下，粮食样品颗粒过分干燥不好，粉碎时可造成样品的水分变化。

注 3. 粮油种子类等谷物样品经粉碎后也可以采用 130±2 ℃烘干 20～60 min的快速烘干法，其结果与常规法相近（表 12－1）。但大豆、花生、油菜、向日葵等油料种子仍然以 105 ℃烘干 3 h 为宜，或采用 12.5.1.2、12.5.1.3 等所叙述的方法。

表 12－1 粮油种子在 130±2 ℃快速烘干时间参考表

作 物	向日葵	籼、粳稻、玉米	高粱	小麦	谷子	油菜	大豆
烘干时间（min）	20	60	50	40	70	50	60

注 4. 烘干法测水分时尤以大气湿度影响最大，因此实验室内相对湿度不应高于 70%，称烘干样品的速度尽量要快。“恒重”的标准是人为规定的，一般前后两次重量之差不应超过 2 mg。

注 5. 在植物样品或农产品分析中，为易于理解和接受，水分%的计算习惯上都是以分析样品（风干或鲜湿的样品）为基础的[1]。如某一含水分%（鲜湿基）为 85%的新鲜植物样品，如以干样计算，它的水分将为 566%(85/15×100%)，前者易于理解，后者则颇费解。

12.5.1.2 减压加热干燥法[5]

12.5.1.2.1 方法原理 在减压情况下，样品中的水分在较低温度时即易蒸发逐尽，样品在干燥前后质量之差即为水分的质量。压力一般控制在（25～100)×133.322 4 Pa。对热较为稳定的样品可以用 100～105 ℃加热，较常压烘干法所需时间短。对加热有变化的样品，如试样中含有较多的糖、有机酸和游离的氨基酸等，由于它们间的热反应而发生缩合，在 100 ℃以上时产生大致可以定量的“H_2O”，而造成正误差，一般采用 50～70 ℃加热。减压干燥法所需的温度与压力有关，但温度一般不宜过低，否则耗时太长，水分却不易逐尽。这种方法可以作为一般标准法使用，其准确度和烘干速度则取决于干燥箱内保持尽可能低的压力和干燥箱内的水蒸气能迅速地除去。但含有较多挥发性成分的样品仍然不适用于此法(注1)。

12.5.1.2.2 主要仪器

（1）减压干燥装置。由真空干燥箱、真空抽气机和吸湿装置三部分组成，温度：50～120 ℃±1 ℃，一般为自动电热式调节。使用前应先检查抽气装置能否抽至所需的低压。

(2) 其余同 12.5.1.1.2。

12.5.1.2.3 操作步骤　将铝盒（或蒸发皿等）和盖子洗净，打开盒盖，放入 100～105 ℃烘箱中烘 30 min 取出，移至干燥器中平衡后称重，继续烘干至"恒重"。

将粉碎或磨细并已充分混匀的样品约 1～5.000 g（视含水量多少而定）平铺在铝盒中，盖好盖，尽快的称量铝盒和内容物质量(注2)。将盖横在盒旁，置于真空干燥箱中。

真空干燥箱在未抽气前先行预热，使箱内温度上升到比要求的温度（如 60 ℃或 70 ℃等）略高 5 ℃左右，然后抽气至低压（如 25×133.322 4 Pa 或 100×133.322 4 Pa)，注意调节箱内的温度和压力，及时调整，一般需要烘2～5 h。

烘干之后，先使干燥空气缓缓进入干燥箱（进气不能过速，以免空气剧烈流动而吹散粉状样品)，直至达到 1.013 25×10^5 Pa，再打开箱门，盖上盖，转移至干燥器内，冷却平衡后移入干燥器中冷却后称重。为确保达到恒重，一般重复几次，直至"恒重"(注3)。最后计算样品的水分或干物质含量。

12.5.1.2.4 结果计算　同 12.5.1.1.4

12.5.1.2.5 注释

注 1. 本法除了风干植物、谷物种子类及其加工品、干茶叶、咖啡、坚果、蛋品、肉、海带等绝大部分含水较少的试样，也适用于幼嫩植物组织和新鲜植株及水分超过 20%的谷物种子、蔬菜、水果、鲜蛋、鲜乳类等含水较多的试样，但含水多的试样须事先风干至与大气湿度平衡的程度或按照 12.5.2.2 所叙述的预干燥步骤，计算风干或预干燥失去的水分质量，再真空干燥。

注 2. 对液态、粘稠状及加热易溶解、油水易分离的样品可以改用合成树脂袋作称量容器，并且最好添加硅砂等干燥辅助剂。

注 3. "恒重"一般以减量不超过 0.5 mg 时作为标准，有的试样减量总是在 0.5 mg 以上，多半是因为加热引起的热分解所至，可控制在减量不大于 2 mg。

12.5.2 幼嫩或新鲜植株等含水较多试样的水分测定[1,3,4,5,8,11,13,14]

12.5.2.1 共沸蒸馏法

12.5.2.1.1 方法原理　用一种与水不相溶的、能与水形成恒沸混合物(注1)，或沸点在 100 ℃以上的有机液体为载体，与含水的样品一起蒸馏，使待测样品中的水分的沸点下降，由此可以在较低温度下样品中的水分能迅速蒸馏出来。将馏出的水和载体的混合蒸汽冷凝，并收集在有刻度的接受器内，待水相和有机相（载体）分开后，即可以读出水分的体积，计算样品的水分%。

含有挥发性和干性油的样品，用蒸馏法测定水分的结果比用烘干法更为可靠。因为样品是在载体的化学惰性气雾下加热蒸馏的，并且挥发性物质和易氧化物质的质量改变时对本法也不会引起误差。

样品种类不同应考虑选用适宜的装置和加热条件，其常用的载体的物理条件和适用于水分测定的样品汇列于表 12－2，选择载体时应考虑到样品的热分解性、润滑性和比重，以及载体的化学惰性、易燃性和毒性。

该法测定效率高（速度快）、误差小，准确度可达 0.1%水分甚至更少，更适用于含水较多的试样。

表 12－2 蒸馏法测定水分所用的几种液体载体(注2)

载体			载体-水恒沸混合物		水在载体中的溶解度	载体在水中的溶解度	适用于下列样品的水分测定
化合物	沸点（℃）	比重（25℃）	沸点（℃）	H_2O（%）	（25℃时）$g \cdot kg^{-1}$	$g \cdot kg^{-1}$	
甲苯	110	0.866	84.1	19.6	0.05	0.06	植物组织、谷类及加工品、食品、油脂、糖类、果浆、土壤等
二甲苯	约 140	0.864	94.5	40.0	0.04	0.05	食品、油脂、肉类、糖类、糖浆、土壤等
苯	80.2	0.879	69.25	8.8	0.06	0.08	谷类、油脂、蛋白质、糖类、糖浆等
庚烷	98.5	0.683	80.0	12.9	0.015	0.01	油料种子、油脂等
四氯乙烯	120.8	1.627	88.5	17.2	0.03	0.01	水果、食品
石油馏份	不定	不定	—	—	不定	—	植物组织、谷类及加工品、食品油脂等

12.5.2.1.2 主要仪器、试剂

（1）迪恩—斯塔克（Dean－Stark）装置。如图 12－1(A)、(B) 所示（按 AOAC 标准法规定），分别适用于比重小于和大于水分的溶剂。接受器下部刻度量管容量为 5 mL，可以读到 0.01 mL，由于小水滴会沾附在仪器内壁，有机相与水相的界面不够清晰，测量水的体积不够精密，但作为一般常规分析，都选用这种简易装置。

（2）巴尔—亚伍得（Barr - Yarwood）蒸馏装置。如图 12 - 2 所示，它适用于精密分析用，并可加速蒸馏过程。因为①接受器左壁向上倾斜的流出管可以使小水滴流入接受器而不致像 Dean - Stark 装置回流入蒸馏瓶；②接受器右边的刻度量管是用外径 8 mm 玻璃管制作的，两壁各长 50 cm，内径约 4 mm，可以让小水滴在此集合并与水层结合起来；③仪器内壁用硅酮聚合物涂膜，可防小水滴的沾附。用此仪器测定水分的误差不超过 0.027 g，因此样品水分含水少至 0.5 g 时仍可可靠地测定。

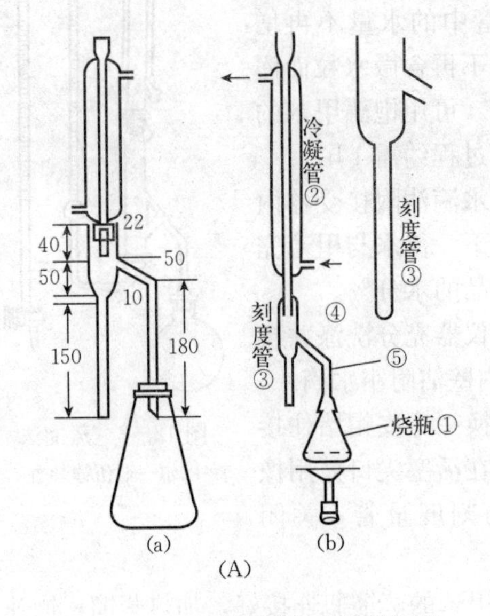

图 12 - 1(A)　简易蒸馏式水分测定迪恩—斯塔克装置
（使用比重小于水的溶剂，图中数字单位为 mm）
(a) AOAC 公定法，(b) 以 AOAC 公定法为基准制作的装置

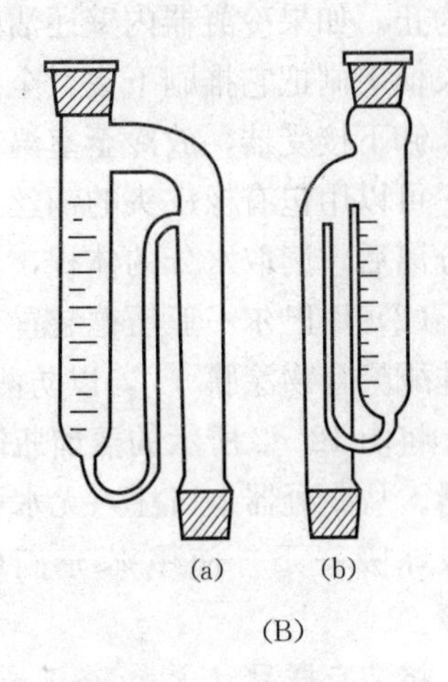

图 12 - 1(B)　蒸馏式水分测定迪恩—斯塔克装置
（使用比重小于水的溶剂，图中所示为刻度管部分）

（3）试剂。载体（甲苯或二甲苯）必须无水。可以将试剂经过无水 $CaCl_2$ 或 Na_2SO_4 吸水，过滤后重新蒸馏，弃去最初滤液，收集澄清透明的溶液即为无水有机载体。

12.5.2.1.3　操作步骤

（1）用迪恩—斯塔克装置。先将接受器和冷凝器用铬酸—硫酸洗液仔细洗涤，再用水充分淋洗，然后用乙醇洗涤，移入烘箱中烘干，以防测定时有水滴沾附内壁。

将准确称取的样品（估计含水为 2～4 mL）装入干燥的烧瓶中，加入甲苯约 75 mL 使样品全部淹没(注3)，按图 12－1(A)，将仪器各部分连接好。从冷凝器的上口注入甲苯，充满接受器。

加热蒸馏瓶(注4)。因水与甲苯的混合物沸点为 84.1 ℃，先需要缓缓蒸馏，调节蒸馏出的速度大约从冷凝器滴下的速度大约 2 滴每秒，至大部分水分蒸出后再增大蒸馏速度至大约 4 滴每秒。待水分近于全部蒸出时再由冷凝器上口注入少量甲苯，洗下内壁可能沾附的小水滴。继续蒸馏片刻，直至接受管中的水量不再增加，上层的甲苯液体已经澄清透明，不再含微水粒而浑浊为止。如果冷凝器内壁还沾附水滴，可用饱蘸甲苯的小长柄毛刷把它推刷下去，全部操作过程约需 1 h。

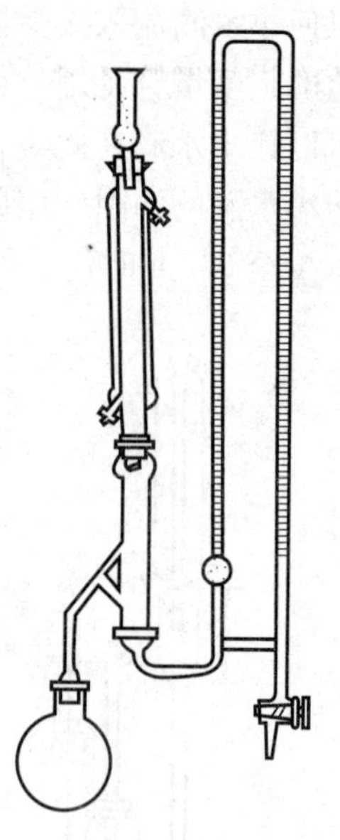

图 12－2　蒸馏法巴尔—亚伍德装置

卸下接受器，放冷至室温，如有水滴沾附接受器内壁。可以用包有橡皮头的铜丝把它推下。待水与甲苯完全分离后，读取水分的体积，计算样品的水分%。

(2) 用巴尔—亚伍德装置。新的仪器充分洗涤并且用硅酮聚合物涂膜(注5)，以防测定时内壁沾附小水滴。

将图 12－2 所示的蒸馏瓶卸下，换一橡皮帽堵住接受器。从冷凝器上口注入无水甲苯，在活塞尖口处用橡皮吸球吸一下，使甲苯充满虹吸的刻度量管，关闭活塞。

将装有样品（含水 1～3 mL）和甲苯的蒸馏瓶连接好，加热蒸馏，馏速约为 1 滴每秒。当水分不再蒸出时，稍稍拧开活塞，使水达到量管的基部圆球处为止，然后全部拧开活塞，把水引到量管向下开口的右壁为止，关闭活塞，读取水的体积，计算样品的水分%。

12.5.2.1.4　结果计算

$$样品水分,\%=V\times100/m$$

式中：V——刻度管内水分的体积（mL）；

m——称取的样品质量（g）。

12.5.2.1.5　注释

注 1. 恒沸混合物：在一定条件下蒸馏时，与液体处于平衡的蒸汽具有与液体混合物相同的组分，则该混合物有一与所含各组分不同的沸点，称为恒沸点；这种混合物称为“恒沸混合物”。其恒沸点比所含各组分的沸点都低的，称为“负恒沸混合物”。表 12－2 所列的几种载体与水组成的恒沸混合物均属此类。例如，用甲苯与含水的样品共同蒸馏时，初期，水和甲苯同时被馏出，此时沸点低于甲苯的沸点；其后水量逐渐减少，蒸汽中甲苯成分逐渐增加，沸点也随之上升，最后水分蒸完，沸点即达甲苯的沸点。

注 2. 这几种载体中以二甲苯为最好。因为用它蒸馏时所需的时间最短，水分的回收比率较高。但二甲苯价格高，特别是沸点高，因此对热不稳定性成分较多的试样，如含较多糖分、有机酸、味精类等样品，常常选用低沸点的溶剂，多用甲苯（110 ℃），它的价格也较低廉。苯的沸点虽低，但水在恒沸混合物中的%嫌低（8.8%），水在苯中的溶解度相对较高（0.06%），一般很少应用。四氯乙烯虽不着火，但有毒。

注 3. 样品为粉状、半流体时，或富含糖分或蛋白质的粘性试样，可以先将烧瓶底铺满干洁海砂，再加入样品及甲苯，以改善水分的馏出。试样不要沾附在烧瓶口上。

注 4. 加热过强则蒸汽上升至冷凝管的上部，水附着上部管壁，较难回收，且会导致刻度管过热。因此最好使用可调电炉加热，并且使用石棉网。如样品含较多糖分、游离氨基酸或其它有机酸，用油浴加热则更好。

注 5. 仪器的洗涤和涂膜方法。仪器内壁可用铬酸—硫酸洗液充分洗涤，用水淋洗，然后，用氢氧化钾的酒精溶液浸泡 1 h，再依次酒精、浓硝酸和蒸馏水洗涤，导入蒸汽蒸洗 3 h 最后吹入滤过的空气使之干燥。用含 2%～3%硅酮的四氯化碳溶液注满仪器，30 min 后排出，将仪器在 110 ℃烘干，再在 250～270 ℃烘干 2 h。为保证涂膜均匀，可以重复 1 次硅酮处理。仪器不用时，须充满含有少量硅酮树脂的无水甲苯。连续测定时，冷凝器只须用无水甲苯喷洗即可。

12.5.2.2　常压二步烘干法

12.5.2.2.1　方法原理　对于新鲜植株或高水分种子及新鲜果实、蔬菜、其它液态、糊状粘质状及加热易溶解、油水分离的样品，如直接在 100 ℃烘烤其外部组织可能形成干壳，反而阻碍内部水分向外扩散逸出，而且干燥后的样品常在称量容器底部形成一层不易脱落的焦状干壳，加上样品含水分多，要求蒸发时面积大。因此可以采用二步烘干法，即将鲜样置于口径较大的称量容器中，添加硅砂或硅藻土作为干燥辅助剂，先在低温（50～55 ℃）鼓风 3～4 h 至烘脆，或在沸水浴上加热 20～40 min 以除去大部分水分，大致干燥后再在 100～105 ℃烘至“恒重”。

12.5.2.2.2　主要仪器

（1）水浴锅。

（2）称量容器。ϕ50 mm×40 mm 带盖的大型铝制或玻璃称量瓶，质量 30～60 g。

（3）硅砂。40～60 目，新售硅砂应先用 1∶1 盐酸加热煮沸清洗，再用水洗成中性后经 135 ℃干燥，装于瓶中密封保存。

（4）其余同 12.5.1.1.2。

12.5.2.2.3 操作步骤 取一洁净称样瓶，加 15～25 g 干净硅砂，插入一根短玻棒，放入 100～105 ℃烘箱中烘 30 min，取出，移至干燥器中平衡后称重，继续烘至恒重。

向瓶中加入剪碎、混匀的多汁鲜样约 5 g，用玻棒将样品与硅砂充分混匀后再称重。将瓶和内容物先放在 50～55 ℃的烘箱中鼓风烘 3～4 h，每隔 0.5～1 h搅拌 1 次，样品烘烤后用玻棒轻轻压碎（或者将瓶和内容物先放在沸水浴上加热 20～40 min[注1]，每隔 3～5 min 搅拌 1 次，使物料大致干燥或变成足够稠厚）。

最后置于温度为 100 ℃烘箱中鼓风烘 1～2 h 至恒重[注2,3]。

12.5.2.2.4 结果计算

$$\text{水分 \%（鲜湿基）} = (m_1 - m_2) \times 100/(m_1 - m_0)$$

$$\text{干物质\%（鲜湿基）} = (m_2 - m_0) \times 100/(m_1 - m_0)$$

式中：m_0——（称样瓶＋硅砂＋短玻璃棒）的质量（g）；

m_1——（称样瓶＋硅砂＋短玻璃棒＋鲜样）的质量（g）；

m_2——（称样瓶＋硅砂＋短玻璃棒＋烘干样）的质量（g）。

12.5.2.2.5 注释

注 1. 铝制称量瓶放在铜水浴预干燥，可使其腐蚀，所以最好是放在玻璃称量瓶中加热预干燥。

注 2. 样品预干燥最好采用减压加热干燥法（同 12.5.1.2），压力<50×133.322 4 Pa，温度 60～70 ℃。

注 3. 烘干的硅砂和样品易吸湿，称量要快速。

12.5.2.3 减压加热干燥法 样品先同 12.5.2.2 预干燥，然后按 12.5.1.2 测定。

12.5.3 脱水果蔬、油料种子等富含可溶性糖或油脂试样的水分测定

12.5.3.1 共沸蒸馏法 同 12.5.2.1。

12.5.3.2 卡尔-费休（Karl - Fischer）法[3,4,5,8,9,11,12,14] 该法的测定原理是基于试样中的水经甲醇等有机溶剂萃取后，与 KF 试剂中的碘、二氧化硫、吡啶和甲醇组成的溶液反应：

$$H_2O + C_5H_5N \cdot I_2 + C_5H_5N \cdot SO_2 + C_5H_5N \longrightarrow 2C_5H_5N \cdot HI + C_5H_5N \cdot SO_3$$

$$C_5H_5N \cdot SO_3 + CH_3OH \longrightarrow C_5H_5N(H)SO_4CH_3$$

反应的终点可以用KF试剂本身的碘的颜色作为指示剂。试样中有水存在时呈淡黄色，近终点时呈琥珀色，当刚出现微弱的黄（红）棕色（游离的过量碘的颜色）时，即为滴定终点。这种确定终点的方法适合于含有1%或更多水分的样品，所产生的误差并不大[6]。

测定样品中微量水分或测定深色样品时，常采用“永定法”（也称“死停终点法”）来确定。其原理是浸入溶液中的两电极加上10～25 mV电压，当溶液中有碘化合物而无游离的单质碘时，电极间极化无电流通过，当溶液中存在游离单质碘时，体系变为去极化，则溶液导电，有电流通过，电表指针偏转至一定刻度并稳定不变，即为终点。

该法是一种迅速而准确的水分测定方法，特别适用于含水较少（<10%）、含挥发性成分或高温烘烤时易分解成较多的均匀样品进行准确定量。该法现在广泛被采用为各种样品水分测定的基准方法。但一般单位没有这种专门的仪器，成品KF试剂很少有售，自行制备又很麻烦，在测定要求不高时，较少采用该法。方法的详细的测定步骤可以参考有关资料[6]。

12.5.3.3 *减压加热干燥法* 按12.5.1.2测定。

主要参考文献

[1] 南京农业大学主编．土壤农化分析．北京：农业出版社．1988，200～211

[2] 中国土壤学会农业化学专业委员会编．土壤农业化学常规分析法．北京：科学出版社．1983，251～259

[3] 中国农科院科技情报所综合分析室译．农业分析方法国外标准译文集（二）．1985，1～12，182～194

[4] 翟永信主编．现代食品分析方法．北京：北京大学出版社．1988

[5] 无锡轻工学院，天津轻工学院合编．食品分析．北京：中国轻工业出版社．1983，74～79

[6] 李秀，赖滋汉编著．食品分析与检验（三版）．台湾精华出版社．1979，105～124

[7] 日本食品工业学会编．郑州粮食学院译，食品分析方法（上册）．成都四川科技出版社．1986，1～61，170～181

[8] 钱毅，赵国君编．食品分析法．上海：上海科学普及出版社．1990，30～48

[9] 刘福玲，戴行钧编著．食品物理与化学分析法．北京：轻工业出版社．1987，14～19

[10] 黄伟坤等编著．食品检验与分析．北京：轻工业出版社．1989，8～18

[11] 罗明泉编译．食品营养成分分析．北京：中国食品出版社．1987，11～35，80～85

[12] ［日］农林省农林水产技术会议事务局监修，作物分析法委员会编．邹帮基译．栽培植物营养诊断分析测定法（三版），北京：农业出版社．1984，72～86

[13] Sidrey Williams ed.，Official Methods of Analysis of the Association of Offficial Analytical Chemists，14th ed.，Published by AOAC Inc. 1984，10～11 & 152～153

[14] MAFF/ADAS ed.，the Analysis of Agri. Materials. Published by the Majesty's Station-

ary Office，Lodon. Chapet 4. 1986

思　考　题

1. 植物样品采集应符合哪些基本原则？这些原则是否也适合土壤样品的采集？

2. 为什么说精确定量植物水分是不容易的？怎样选择新鲜植物样品或农产品的水分测定方法？

3. 说明常压加热干燥法、减压加热干燥法、共沸蒸馏法的原理、优缺点。

4. 为什么样品的磨细程度与样品的称量多少、测定内容或所选择的测定方法有关？

第十三章
植物灰分和各种营养元素的测定

13.1 植物灰分的测定

在植物组织或农畜产品分析中，样品经高温灼烧，有机物中的碳、氢、氧等物质与氧结合成二氧化碳和水蒸气而碳化，残留物呈无色或灰白色的氧化物称为“总灰分”。它主要是各种金属元素的碳酸盐、硫酸盐、磷酸盐、硅酸盐、氯化物等。动物性原料的灰分含量由饲料的组分、动物品种及其它因素决定；植物性原料的灰分含量及其组分则由自然条件、成熟度等因素决定。此外，灼烧条件也会影响分析结果，而且残留物（灰分）与样品中原有的无机物并不完全相同。因此，用干灰化法测得的灰分只能是“粗灰分”。总灰分含量是品质分析中经常测定的项目之一。它是产品中无机营养物质的总和。测定植株各部分灰分含量可以了解各种作物在不同生育期和不同器官中灰分及其变动情况，如用于确定饲料作物收获期有重要参考价值。此外，样品在适当条件下灰化后，除了测定“总灰分”，必要时还可以在其中测定各组成分——灰分元素，如：氮、磷、钾、钙、镁、钠和多种微量元素，它们也是评价营养状况的参考指标之一。

现在常用的灰分测定方法有下列几种[1]：①一般灰化法；②灰化后的残灰用水浸湿后再次灰化；③灰化后的残灰用热水溶解过滤后再次灰化残渣；④添加醋酸镁或硝酸镁或碳酸钙等灰化；⑤添加硫酸灰化。前 3 种测定方法可以认为本质上相同，即均是“直接灰化法”，目前绝大多数农畜产品均采用此法。对含磷、硫、氯等酸性元素较多，即阴离子相对于阳离子过剩的样品，须在样品中加入一定量的灰化辅助剂，补充足够量的碱性金属元素，如镁盐或钙盐等，使酸性元素形成高熔点的盐类而固定起来，再行灰化。如目前国际上将添加醋酸镁作为肉和肉制品灰分测定的标准方法[5]。而相对于以钾、钙、钠、镁等为主的样品，其阳离子过剩，灰化后的残灰呈碱性碳酸盐的形式，如：大豆、薯类、萝卜、苹果、柑橘等，一般还是采用“直接灰化法”。也可以采用通过添加高沸点的硫酸，使阳离子全部以硫酸盐形式成为一定组分进行定量的方法，目前主要用于糖类制品的灰分测定[2]，此外通过测定食品中的电解质含量，即“电导法”，也可间接测定食品中的总灰分，但目前该法只应用于白砂糖的灰分测定。

灰化温度一般书籍中往往规定为 525～600 ℃，各种试样因灰分量与样品性质相差较大，实用时灰化温度不完全一致。实践证明大于 550 ℃会引起部分钾、钠的氯化物损失，超过 600 ℃，其磷酸盐也会有所损失，加热的速度也不可太快，以防急剧干馏时灼热物局部产生大量气体而至微粒飞失——爆燃，而且在高温时磷、硫等也可能被炭粒还原为氢化物而逸失。根据 AOAC 及 AACC 公定法，各种农畜产品的灰化均有一定的温度范围[1,2,3]。

灰分按溶解情况，测定内容可包括：总灰分（即粗灰分）、水溶性灰分、水不溶性灰分、酸溶性灰分和酸不溶性灰分。水溶性灰分大部分为钾、钠、钙等氧化物及可溶性盐类；水不溶性灰分除泥、砂外，还有铁、铝等金属氧化物和碱土金属等的碱性磷酸盐；酸不溶性灰分大部分为污泥掺入的泥沙，包括原来存在于样品组织中的二氧化硅等，如面粉中这部分灰分超过 0.25%即表示有砂石粉等混入。在本节中只介绍总灰分、水溶性灰分与水不溶性灰分及酸溶性与酸不溶性灰分的测定方法。应特别指出的是一些灰分元素在干灰化过程中，可能形成难溶的复杂硅酸盐，尤其是富含硅的禾本科作物的灰分，即使用盐酸长时间消煮也不溶解。例如锰、铜、锌等会有其总量的 1/4 以上形成这类难溶物[1]。这对粗（总）灰分测定虽无影响，但对个别灰分元素，特别是微量元素的测定必将带来严重误差。此时可以用干灰化法与湿灰化法相结合的方法来制备待测液。

13.1.1 粗灰分的测定

13.1.1.1 直接灰化法(注1)

13.1.1.1.1 方法原理　总灰分常用简单、快速、节约的干灰化法测定。即将样品小心加热炭化和灼烧，除尽有机质，剩下的无机矿物质冷却后称重，即可计算样品总灰分含量。由于燃烧时生成的炭粒不易完全烧尽，样品上可能沾附有少量的尘土或加工时混入的泥沙等，而且样品灼烧后无机盐组成有所改变，如：碳酸盐增加，氯化物和硝酸盐的挥发损失，有机磷、硫转变为磷酸盐和硫酸盐，质量均有改变。所以实际测定的总灰分只能是“粗灰分”。

13.1.1.1.2 主要仪器

(1) 灰化器皿。15～25 mL 的瓷或白金、石英坩埚(注2)。

（2）高温电炉。在525～600 ℃能自动控制恒温。

（3）干燥器。干燥剂一般使用135 ℃下烘几小时的变色硅胶。

（4）分析天平。

（5）水浴锅或调温鼓风烘箱。

13.1.1.1.3　试剂

（1）硝酸（1∶1）溶液。

（2）双氧水 [$\omega(H_2O_2)=30\%$]。

（3）100 g·L^{-1} NH_4NO_3 溶液。称硝酸铵（NH_4NO_3，分析纯）10.0 g溶于100 mL水中。

13.1.1.1.4　操作步骤　样品预处理(注3)可以采用测定水分或脂肪后的残留物作为样品：①需要预干燥的试样。含水较多的果汁，可以先在水浴上蒸干；含水较多的果蔬，可以先用烘箱干燥（先在60～70 ℃吹干，然后在105 ℃下烘），测得它们的水分损失量；富含脂肪的样品，可以先提取脂肪，然后分析其残留物。②谷物、豆类、种实等干燥试样一般先粉碎均匀，磨细过1 mm筛即可，不宜太细，以免燃烧时飞失。

灰分测定：将洗净的坩埚(注4)置于550 ℃高温电炉内灼烧15 min以上，取出，置于干燥器中平衡后称重，必要时再次灼烧，冷却后称重直至恒重为止。准确称取待测样品2～5 g（水分多的样品可以称取10 g左右），疏松地装于坩埚中。

碳化(注5)：将装有样品的坩埚置于可调电炉上，在通风橱里缓缓加热，烧至无烟。对于特别容易膨胀的试样（如蛋白、含糖和淀粉多的试样），可以添加几滴纯橄榄油再同上预碳化。

高温灰化：将坩埚移到已烧至暗红色的高温电炉门口，片刻后再放进高温电炉内膛深处，关闭炉门，加热至约525 ℃（坩埚呈暗红色），或其它规定的温度（表13-1），烧至灰分近于白色为止，大约1～2 h(注6)。如果灰化不彻底（黑色碳粒较多），可以取出放冷，滴加几滴蒸馏水或稀硝酸或双氧水或100 g·L^{-1} NH_4NO_3溶液等，使包裹的盐膜溶解，炭粒暴露，在水浴上蒸干，再移入高温电炉中，同上继续灰化。灰化完全后(注7)，待炉温降至约200 ℃时，再移入干燥器中，冷却至室温后称重。必要时再次灼烧，直至恒重。

13.1.1.1.5　结果计算(注8)

$$粗灰分(\%)=(m_2-m_1)/(m_3-m_1)\times100$$

式中：m_1——空坩锅重（g）；

m_2——灰化后（坩锅＋灰分）质量（g）；

m_3——（空坩锅＋样品）质量（g）。

13.1.1.1.6 注释（适宜测定的样品种类）

注 1. 该方法一般适用于大多数植物茎、叶、根、蔬菜、水果、饲料、茶叶、咖啡、坚果及其制品，牛乳、提取脂肪后的油脂类、糖及糖制品、鱼类及其制品、海带等试样。

注 2. 灰化容器一般使用瓷坩埚，如果测定灰分后还测定其它成分，可以根据测定目的使用白金、石英等坩锅。也可以用一般家用铝箔自制成适当大小的铝箔杯来代替，因其质地轻，能在 525～600 ℃的一般灰化温度范围内能稳定地使用，特别是用于灰分量少、试样采取量多、需要使用大的灰化容器的样品，如淀粉、砂糖、果蔬及其它们的制成品，效果会更好。

注 3. 各种试样因灰分量与样品性质相差较大，其灰分测定时称样量与灰化温度不完全一致，表 13－1 所列条件可供参考。

注 4. 新的瓷坩埚及盖可以用 $FeCl_3$ 和蓝黑墨水（也含 $FeCl_3 . 6H_2O$）的混合液编写号码，灼烧后即遗有不易脱落的红色 Fe_2O_3 痕迹的号码。

注 5. 由于灰化条件是将试样放入达到规定温度的电炉内，如不经炭化而直接将试样放入，因急剧灼烧，一部分残灰将飞散。特别是谷物、豆类、干燥食品等灰化时易膨胀飞散的试样，以及灰化时因膨胀可能逸出容器的食品，如蜂蜜、砂糖及含有大量淀粉、鱼类、贝类的样品一定要进行预炭化。

注 6. 对于一般样品并不规定灰化时间，要求灼烧至灰分呈全白色或浅灰色并达到恒重为止。也有例外，如对谷类饲料和茎秆饲料灰分测定，则有规定为 600 ℃灼烧 2 h。

注 7. 即使完全灼烧的残灰有时也不一定全部呈白色，内部仍然残留有炭块，所以应充分注意观察残灰。

注 8. 有时灰分量按占干物重的质量分数表示，如谷物、豆类极其制品的国际标准（ISO）及谷物产品的国际谷化协会（ICC）标准灰分测定均按此表示。

13.1.1.2 添加醋酸镁灰化法(注1)

13.1.1.2.1 方法原理　谷物及其制品中，磷酸根阴离子一般过剩于阳离子，高温时磷等酸性元素易逸失，且灰化过程中形成钾、钠等磷酸盐（如 KH_2PO_4），容易形成在较低温度下熔融的无机物，因而包裹未灰化的炭，造成供氧不足，延长灰化时间，且难以灰化完全。因此添加灰化辅助剂，如醋酸镁，过量的镁与过剩的磷酸结合，残灰不熔融，呈白色松散状态，避免了磷的损失，灰化时间也可大大缩短，并且不损坏灰化容器。但同时须做空白试验，校正加入的醋酸镁量（灼烧后变成氧化镁）。

13.1.1.2.2 主要仪器　同 13.1.1.1.2。

13.1.1.2.3 试剂

(1) 醋酸镁溶液。称取 MgOAc（分析纯）6 g 于烧杯中，加蒸馏水 50 mL，再加 1 mL 冰醋酸，边搅拌边在水浴上或电热板上加热溶解，然后加 450 mL 甲醇混合，装于细口的塑料瓶内，盖紧。

(2) 其余试剂同 13. 1. 1. 1. 3。

13. 1. 1. 2. 4　操作步骤　样品及灰化容器的预处理同 13. 1. 1. 1. 4。

将适量试样(注2) 2～5 g 疏松地装于灰化容器内，称重（精确到 0.1 mg），用移液管准确吸取醋酸镁溶液 5 mL，均匀地洒布于试样表面，使其全部湿润。放置 5～10 min，使过剩的甲醇完全蒸发。然后按 13. 1. 1. 1. 4 中炭化和高温灰化步骤操作(注3)。

空白测定：与灰化试样一样，吸取醋酸镁溶液 5 mL 加到已知衡重的灰化容器内，按与样品测定完全相同的步骤进行操作。

表 13－1　各种试样灰分测定条件*

试样名称	测定条件**	℃	试样量 (g)
谷物及其制品 （燕麦、大麦、小麦、玉米、荞麦、稻米、小麦粉及谷物粉类、谷物的副产品）	B (1) B (5)	约 550 700	3～5
谷物及其制品 （糙米、大米、大麦仁、裸麦、麦仁、小麦、小麦仁、麸皮、细麸皮、大豆粉、淀粉）	B (5) B (1)	600 600	5 3
风干植物茎叶等	(1)	525	2～3
新鲜或含水多植物茎叶等	A (1)	525	10～20
淀粉、淀粉制品、甜食等	B (1)	约 525	5～10
水果及其制品	AB (1)(2)(3)	≤525	25
蔬菜及其制品	AB (1)(2)(3)	约 525	5～10
咖啡及其炒豆、茶叶、坚果及其制品	B (1)(2)(3)	约 525	5～10
牛乳、奶油、浓缩乳	AB (1)	≤550	4～5
油脂	C (1)	550～600	50
糖蜜、砂糖及其制品	B (1)(2)(3)	525	3～5
蜂蜜	AB(1)	600	5～10
肉及肉制品、肉的提取物	B (1)(2)(3)	约 525	3～5
鱼类及其海产品	(1)(2)(3)	≤550	2
柠檬、橘子提取物和香精、香草提取物	AB (1)(2)(3)	约 525	10 mL
原糖、砂糖、粗糖蜜、白糖	B (4)	800	3～5

* 此表摘自日本食品工业学会编，郑州粮食学院译，《食品分析法》[1] 四川科技出版社，1986，稍有改动。

** (A) 作为前处理需要预干燥；(B) 作为前处理需要进行预炭化；(C) 作为前处理需要进行预灼烧。(1) 一般直接灰化法；(2) 灰化后的残渣用水浸湿后再次灰化；(3) 灰化后的残渣用热水溶解过滤，残渣再次灰化；(4) 硫酸灰化法[1]；(5) 添加醋酸镁灰化法。

13.1.1.2.5 结果计算

$$粗灰分(\%)=(m_2-m_1-B)/(m_3-m_1)\times100$$

式中：m_1——空坩锅质量（g）；

m_2——灰化后（坩锅+灰分）质量（g）；

m_3——（空坩锅+样品）质量（g）；

B——空白试验时残渣的质量（g）。

13.1.1.2.6 注释

注1. 含磷较高的种子样品等，可以先加入一定量的硝酸镁或醋酸镁的甲醇或乙醇溶液后再灰化，温度即使高达800 ℃也不至引起磷的损失。由于硝酸镁容易导致爆燃，所以通常一般用醋酸镁。同理，含硫、氯较高的样品，可以用碳酸钠或石灰溶液浸透后再灰化。

注2. 稻、麦、玉米、荞麦、蚕豆等谷物及其加工品等试样应该尽量采用此法。因为这些样品中磷等酸性元素含量相对较高。若采用直接灰化法，具体测定条件见表13-1。

注3. 添加镁灰化，即使高温也不熔融，故理论上最好采用高温，但是作为实用的灰化温度，采用600 ℃也能得到实质上与700 ℃灰化相同的测定值[1]。

13.1.2 水溶性和水不溶性灰分测定

将上述测定的粗灰分中加入蒸馏水25 mL，盖上表面皿，加热至沸，用无灰尘滤纸过滤，并以热水洗坩埚等容器、残渣和滤纸，至滤液总量约为60 mL。将滤纸和残渣再置于原坩埚中，再进行干燥、炭化、灼烧、冷却、称重。残留物重量即为水不溶性灰分。粗灰分与水不溶性灰分之差，就是水溶性灰分，再根据样品质量分别计算水溶性灰分与水不溶性灰分的百分含量。

结果计算：

$$水不溶性灰分(\%)=(m_2-m_0)/m\times100$$

$$水溶性灰分(\%)=粗灰分(\%)-水不溶性灰分(\%)$$

式中：m_0——灰化容器质量（g）；

m_2——灰化容器和粗灰分的质量（g）；

m——试样的质量（g）。

13.1.3 酸溶性和酸不溶性灰分的测定

取水不溶性灰分或测定粗灰分所得的残留物，加入100 g·L^{-1} HCl 25 mL，放在小火上轻微煮沸5 min。用无灰滤纸过滤后，再用热水洗涤至滤液无氯离子反应为止。将残留物连同滤纸置于原坩埚中进行同上干燥、灼烧，放冷并且称重。

结果计算：

$$酸不溶性灰分（\%）=(m_3-m_0)/m\times100$$

$$酸溶性灰分（\%）=粗灰分（\%）-水不溶性灰分（\%）$$

式中：m_0——灰化容器质量（g）；

m_3——灰化容器和酸不溶性灰分的总质量（g）；

m——试样的质量（g）。

13.2 植物常量元素的测定

植物的常量元素通常指氮、磷、钾、钙、镁和硫。它们是土壤农化分析的常规分析项目。确定土壤养分的供应状况、诊断作物的营养水平和施肥效应及肥料利用率等，一般都离不开测定其中一种或几种元素，特别是氮、磷和钾三要素的含量。在农产品收获物的品质鉴定工作中，食品和饲料中蛋白质的测定，实际是其有机氮的测定，而磷、钾、钙等则是营养价值很高的灰分元素。

植物体内的氮主要以蛋白质、氨基酸等有机氮的形式存在于植物组织中。一般植物体全氮含量在1.0%～5.0%之间，尤以苗期或结实器官中含量较高。苗期作物、刚刚施用过大量氮肥后的作物，尤其是它们的茎叶营养器官、叶菜类作物，往往会有含量相当高的硝态氮，如西葫芦0～16 627 mg·kg^{-1}，甜椒1～6 524 mg·kg^{-1}，土豆2 191～6 435 mg·kg^{-1}，甜瓜6～3 077 mg·kg^{-1}，茄子8～3 320 mg·kg^{-1}（Simonne等，1998）。植物体内的磷主要以磷脂、核酸、植素等有机态存在。植物种子内的磷50%～80%以上以植素（PHYTIN）形态存在。与氮和钾相比，植物含磷量相对较低，一般为0.2%～0.5%，而植物体内的钾几乎都以无机离子态存在。钙是植物体大分子物质的重要结构组分，部分钙以交换态存在于细胞壁和质膜外表面。钙在细胞液泡内占有很高比例，而细胞溶质中钙的浓度很低。一些钙生植物体内累积的钙达到10%以上而仍能正常生长（Marschner，1996）。植物体含镁量一般为0.25%～1.0%，大致与含磷量相近。叶片内60%～90%的镁可以被水提取，5%～10%的镁在细胞壁中与果胶呈紧密结合或在叶泡内呈易溶性的磷酸盐，有6%～25%的镁与叶绿素结合，这个比例取决与植物镁素的营养状况。正常生长的作物体内含硫量大多在0.1%～0.5%之间，基本以有机态硫的形态存在。一般十字花科作物含硫量高于豆科作物，豆科作物又高于禾本科作物。

鉴于不同植物和不同品种之间及同一作物不同生育期、不同部位间营养元素本身会有相当大的差异，而不同营养环境又能十分显著地影响这种变异，分析工作者应尽可能了解样品的特性，并在分析过程中采用相应的方法减少干扰，缩小分析误差，对最后的结果作出合理的评判。

13.2.1 植物全氮的测定

植物体内氮主要以蛋白质、氨基酸或酰胺等有机态存在，加上数量不等的硝态氮。有条件的实验室现在也常采用杜马氏（Dumas）方法的自动定氮仪。该法是将植物样品充分燃烧，植物所有形态的氮均转化为氮气（N_2），通过计量氮气的体积来计算样品中的全氮量（Bergerson，1980）。该法的主要缺点是仪器太贵，不能普及。植物全氮测定通常均用开氏法（Kjedahl）法，即用浓硫酸和混合加速剂或氧化剂消煮样品，将有机氮转化为铵态氮后用蒸馏滴定法测定。混合加速剂（K_2SO_4 或 Na_2SO_4—$CuSO_4$—Se）无疑能有助于快速分解植物样品。近年来氧化剂的使用，特别是 $HClO_4$，H_2O_2 又引起人们的重视。因为 H_2SO_4—$HClO_4$，H_2SO_4—H_2O_2 的消化液，均可同时测定 N、P、K 等多种元素，有利于自动化装置的使用。前者氧化剂的作用过于激烈，容易造成氮的损失，使测定结果不够稳定可靠；后者如果控制好 H_2O_2 用量、滴加的次数和滴加的速度，使氧化作用不要太强，达到氧化还原的平衡，可以防止氮的损失，此法的主要特点是一次消煮，可以同时测定 N、P、K 等多种元素。

对于含硝态氮较高的样品，全氮量通常是将硝态氮与开氏法单独测定的氮加在一起，其数值与杜马氏方法测定的结果并不一致，但两者可以有一定的比例（Simonne，1998）。若要使开氏法的测定结果包括硝态氮，一般需要将硝态氮还原成为铵态氮，然后再进行开氏定氮。其做法通常是在样品消化前，先用含有水杨酸的浓硫酸处理，使硝态氮在室温下与水杨酸生成硝基水杨酸，再用硫代硫酸钠或锌粉使硝基水杨酸还原为氨基水杨酸；此外，也有先用金属铬粒在酸性条件下还原硝态氮。然后进行 H_2SO_4—混合加速剂法消煮分解，将全部有机氮（包括氨基水杨酸）转化为铵盐。此处不能用 H_2SO_4—H_2O_2 法分解含有大量硫代硫酸钠或锌粉还原剂的样品。该法得到的待测溶液也不能用比色法测定氮和磷。因此在选择溶液中元素（包括氮）测定方法时应该考虑样品的分解方法，两者应该相互匹配。对蔬菜作物和其它可能含量高浓度硝态氮的样品，研究植物全氮含量时，应考虑测定方法的差异。

待测液铵态氮的测定，习惯上多采用半微量蒸馏法。该法较为快速、准确。若要进行大批样品的分析，最简单的方法是采用扩散法，所需设备简单，操作所费人力少，准确度也能符合常规分析的要求。此外也可以用氨气敏电极法测定，因消化液酸度很大，碱的加入量必须保证最后测定时，溶液 pH 大于

11。靛酚蓝比色法测定铵态氮的灵敏度很高，形成的显色液为真溶液，若最后显色液浓度过高，可以直接稀释后比色测定，用自动比色仪测定十分方便；其缺点是催化剂硝普钠有剧毒，使用时要十分小心。上述方法的测定原理、步骤、主要注意事项可参考土壤分析部分。植物样品消煮液中铵离子测定，也常常使用下面介绍的奈氏（Nessler）比色法。该法较简单、快速。需要强调的是植物全氮含量远高于土壤中的氮，除了因消煮方法不同要注意不同的干扰因子外，样品的稀释倍数、中和待测液酸度的碱量也不尽相同。另外，空气及测定环境中气态的氨很容易被强酸溶液吸收而导致空白值增大，氨的污染应引起我们足够的重视。因此实验室中测定氮的含量时，应注意环境的清洁，如实验过程中不能抽烟，不能使用氨水等能挥发出氨的试剂，注意实验室不宜离卫生间太近等。

13.2.1.1　植株全氮的测定（不包括硝态氮，$H_2SO_4-H_2O_2$ 消煮，奈氏比色法）[4]

13.2.1.1.1　方法原理　植物样品在浓 H_2SO_4 溶液中，历经脱水碳化、氧化等一系列作用，而氧化剂 H_2O_2 在热浓 H_2SO_4 溶液中分解出的新生态氧（$H_2O_2 \rightarrow H_2O_2+[O]$）具有强烈的氧化作用，分解 H_2SO_4 没有破坏的有机物和碳。使有机氮、磷等转化为无机铵盐和磷酸盐等，因此可以在同一消煮液中分别测定 N、P、K 等元素的联合测定。该消煮液除可用半微量蒸馏法定氮外，还可用奈氏比色法测定溶液中氮的含量。奈氏（Nessler）比色法的原理如下：

待测液中的铵在 pH＝11 的碱性条件下，与奈氏试剂作用生成橘黄色配合物，其反应式如下：

$$2KI+HgI_2 \xrightarrow{KOH} K_2HgI_4 \text{（奈氏试剂）}$$

$$K_2HgI_4+3KOH+NH_3 \longrightarrow Hg_2O(NH_4I)\text{（橘黄色）}+7KI+H_2O$$

上述显色过程受溶液 pH 的影响很大，溶液 pH＝4 时不显色，从 pH＝4～11 之间随 pH 升高而颜色加深，pH＝11 时显色完全，其橘黄色的深浅在显色液 NH_4^+—N 的浓度在 0.2～3 mg·L^{-1}时符合比耳定律。凡是在测定溶液中引起混浊的物质中 Ca^{2+}、Mg^{2+}、Fe^{3+}、S^{2-} 以及酮、醇等，在植物分析中主要是 Ca^{2+}、Mg^{2+} 离子的干扰，可加酒石酸钠配合掩蔽。

13.2.1.1.2　主要仪器　开氏瓶（100 mL）、控温消化炉、721 分光光度计。

13.2.1.1.3　试剂

（1）浓 H_2SO_4。

（2）300 g·L^{-1} H_2O_2。

（3）100 g·L^{-1}酒石酸钠溶液。

(4) 100 g·L^{-1} KOH 溶液。

(5) 奈氏试剂。溶解 HgI_2 45.0 g 和 KI 35.0 g 于少量水中，将此溶液洗入 1 000 mL 容量瓶，加入 KOH 112 g，加水至 800 mL，摇匀，冷却后定容。放置数日后，过滤或将上清液虹吸入棕色瓶中备用。

(6) 100 μg·mL^{-1} N(NH_4^+—N) 标准溶液。称取烘干 NH_4Cl（分析纯）0.381 7 g 溶于水中，定容为 1 000 mL，此为 100 μg·mL^{-1} N(NH_4^+—N) 贮备液。用时吸上述溶液 50 mL，稀释至 500 mL，即为 10 μg·mL^{-1} N(NH_4^+—N) 工作液。

13.2.1.1.4 操作步骤 称磨细烘干的植物样品（过 0.25～0.5 mm 筛）0.100 0～0.200 0 g，置于 100 mL 的开氏瓶或消化管中，先用水湿润样品，然后加浓 H_2SO_4 5 mL，轻轻摇匀（最好放置过夜），瓶口放一个弯颈漏斗，在消化炉上先低温缓缓加热，待浓硫酸分解冒白烟逐渐升高温度。当溶液全部呈棕黑色时，从消化炉上取下开氏瓶，稍冷，逐滴加入 300 g·L^{-1} H_2O_2 10 滴，并不断摇动开氏[注1]，以利反应充分进行。再加热至微沸 10～20 min，稍冷后再加入 H_2O_2 5～10 滴。如此反复 2～3 次，直至消煮液呈无色或清亮色后，再加热 5～10 min，以除尽过剩的双氧水[注2]。取出开氏瓶冷却，用少量水冲洗小漏斗，洗液洗入瓶中。将消煮液用水定容至 100 mL，取过滤液（或取放置澄清的上清液）供 N、P、K 等元素的测定。消煮时应同时做空白试验以校正试剂误差。

取上述待测液 1～5 mL[注3]，置于 50 mL 容量瓶中，加 100 g·L^{-1}酒石酸钠溶液 2 mL，充分摇匀[注4]，再加入 100 g·L^{-1} KOH 溶液中和溶液中的酸（KOH 的加入量可这样确定：另取一份待测溶液，以酚酞作指示剂，测定中和这份溶液所需 KOH 的 mL 数），加水至 40 mL，摇匀，加奈氏试剂 2.5 mL，用水定容后充分摇匀。30 min 后用分光光度计比色，波长为 420 nm。

在样品测定的同时需做空白试验，以校正试剂误差。

标准曲线的制作。分别吸取 10 μg·mL^{-1} N(NH_4^+—N) 标准液 0、2.50、5.00、7.50、10.00、12.50 mL 置于 6 个 50 mL 容量瓶中，显色步骤同上样品测定。此标准系列浓度分别为 0、0.5、1.0、1.5、2.0、2.5 μg·mL^{-1} N(NH_4^+—N)，在 420 nm 波长处比色。以空白消煮液显色后，调节仪器零点。

13.2.1.1.5 结果计算

$$N(\%)=\rho \cdot V \cdot ts \times 10^{-4}/m$$

式中：ρ——从标准曲线查得显色液 N(NH_4^+—N) 的质量浓度（μg·mL^{-1}）；

V——显色液体积（mL）；

ts——分取倍数，消煮液定容体积（mL）/吸取消煮液体积（mL）；

m——干样品质量（g）。

13.2.1.1.6　注释

注1. H_2O_2 滴加时应直接滴入瓶底溶液中，若滴在瓶壁上，H_2O_2 会很快分解，失去氧化效果。

注2. 溶液中残余的 H_2O_2 需要加热分解除去，否则会影响N、P的比色测定。

注3. 如果待测液中氮含量太高，可将消煮液先稀释后，再吸取稀释液进行测定。

注4. 奈氏比色法测定氮，常受钙、镁离子的干扰，又因在碱性溶液中显色，显色后又非真溶液，故每加入一种试剂，必须充分摇匀，勿使局部浓度太高而产生混浊。当氨浓度太高时，也会产生混浊，此时必须减少待测液用量，或经稀释后，用稀释液进行显色。

13.2.1.2　包括硝态氮的样品的全氮测定（水杨酸—锌粉还原法）[4]

13.2.1.2.1　方法原理　样品中的硝态氮在室温下与硫酸介质中的水杨酸作用，生成硝基水杨酸，再用硫代硫酸钠或锌粉使硝基水杨酸还原为氨基水杨酸。然后进行 H_2SO_4—混合加速剂法消煮分解(注1)，将全部有机氮（包括硝态氮）转化为铵盐。铵态氮的定量可用半微量蒸馏法进行。

13.2.1.2.2　主要仪器　同4.1.2.2.2。

13.2.1.2.3　试剂

(1) 固体 $Na_2S_2O_3$。

(2) 还原锌粉。

(3) 水杨酸—硫酸。

(4) 其它试剂同4.1.2.2.3。

13.2.1.2.4　操作步骤　称磨细烘干的植物样品（过0.25～0.5 mm筛）0.1～0.2000 g，置于100 mL的开氏瓶或消化管中，先用水湿润瓶内样品，然后加含水杨酸或苯酚的浓硫酸10 mL，摇匀后室温放置30 min，加入 $Na_2S_2O_3$ 约1.5 g，锌粉0.4 g和水10 mL，放置10 min，待还原反应完成后，然后加混合加速剂(注1)按土壤全氮的开氏方法［4.1.2.2.4，(2)①］消煮分解。取出开氏瓶冷却，用少量水冲洗小漏斗，洗液洗入瓶中。将消煮液用水定容至100 mL，取一定量溶液用半微量蒸馏法定氮(注2)［见4.1.2.2.4，(3)］。消煮时应同时做空白试验以校正试剂误差。

13.2.1.2.5　结果计算

$$植株中N(\%)=(V_1-V_0)\times c\times 14\times ts\times 10^{-3}\times 100/m$$

式中：V_1——样品测定所消耗标准酸的mL数；

V_0——空白试验所耗去标准酸的 mL 数；

c——标准酸（H^+）的浓度（$mol \cdot L^{-1}$）；

14——氮原子的摩尔质量（$g \cdot mol^{-1}$）；

10^{-3}——mL 换算为 L；

ts——分取倍数，消化液定容体积（mL）/蒸馏时吸取待测液的体积（mL）；

m——干样品质量（g）。

13.2.1.2.6 注释

注 1. 此处不能用 H_2SO_4—H_2O_2 法分解含有大量 $Na_2S_2O_3$ 或 Zn 粉还原剂的样品。

注 2. 此法得到的待测液不能用于 N、P 的比色法测定。

13.2.2 植株中磷的测定[4]

植物体内磷主要以有机磷如核酸、磷脂、植素等的形态存在于植物组织中，有机磷须经干灰化或湿灰化分解转变为无机正磷酸盐。溶液中磷一般用比色法测定。

湿灰化应用不同比例的 HNO_3、H_2SO_4、$HClO_4$ 的方法较为普遍。湿灰化法的消煮温度不会超过混合酸的沸点，灰分元素不会形成难溶的硅酸盐，而且当用 H_2SO_4 或 $HClO_4$ 消煮时，可使 SiO_2 充分脱水且使其吸附作用降至最低限度，不致造成灰分元素测定产生显著的负误差。但是由于试剂用量大，会带来污染的危险，试剂空白值大。当然加有 HNO_3 的湿灰化法，则不能在消煮液中同时测定氮。

在干灰化法中，所用的温度有所不同。一般建议灰化温度不超过 500 ℃，时间为 2～8 h。近年来，改进的干灰法中，添加一些"助灰化剂"，在灰化时通 O_2，添加 $KHSO_4$ 等，帮助灰化。干灰化添加试剂量少，污染的可能性比湿灰化小，而且简便易行。对于植物全磷的测定用 H_2SO_4—H_2O_2 消煮法，同时测定氮、磷和钾较为方便。总之，方法的选择应根据测定元素的类别、具体条件来决定。溶液中磷的测定，最常用的钼蓝比色法和钒钼黄比色法。当磷的含量高时，选用钒钼黄法为佳，反之则可用钼蓝法。

13.2.2.1 植株中磷的测定（H_2SO_4—H_2O_2 消煮，钒钼黄比色法）

13.2.2.1.1 方法原理 植物样品经 H_2SO_4—H_2O_2 消煮分解制备待测液（同 13.2.1.1.4）。

待测液中正磷酸能与偏磷酸盐和钼酸盐在酸性条件下作用，形成黄色的杂聚化合物钒钼酸盐，其组成还不能十分肯定，有人认为是 $P_2O_5 \cdot V_2O_5 \cdot$

$22MoO_3 \cdot nH_2O$。溶液的黄色很稳定，其深浅与磷含量成正比，可用比色法测定磷的含量。比色时可根据溶液中磷的浓度选择比色波长 400～490 nm，磷的浓度高时选择较长的波长，较低时选用较短的波长。钒钼黄法要求比色液中酸的浓度（即终浓度）很宽，极限是 0.04～1.6 mol·L^{-1}（H^+）；酸度太高时显色不完全或不显色，太低时则可能生成沉淀或其它物质的颜色。钒酸盐的终浓度范围是 8.0×10^{-5}～2.2×10^{-3} mol·L^{-1}，通常用后一种浓度。钼酸盐的终浓度范围是 1.6×10^{-3}～5.7×10^{-3} mol·L^{-1}。在正常的室温变化范围内对黄色强度无影响。黄色发生很快，在最初 15 min 内会降低约 1.3%，以后至少 2 h 内很稳定，在 24 h 内也无显著变化。

本法操作简便快速，准确度和重复性较好，相对误差为 1%～3%；灵敏度较钼蓝法低，适测范围为 1～20 mg·L^{-1}；对酸的浓度要求不严格，容易控制，在 HNO_3、HCl、H_2SO_4、$HClO_4$ 等介质中都可适用；干扰离子少，特别是 Fe^{3+} 的允许量远高于钼蓝法。因此，该法广泛用于植物和有机肥料样品中磷的测定。

13.2.2.1.2　主要仪器　消煮管（瓶）、控温消煮炉、分光光度计。

13.2.2.1.3　试剂

（1）钒钼酸铵试剂。称 $(NH_4)_6MoO_{24}\cdot 4H_2O$ 12.5 g 溶于 200 mL 水中。另将偏钒酸铵（NH_4VO_3）0.625 g 溶于沸水 150 mL 中，冷却后，加入浓 HNO_3 125 mL，再冷却至室温。将钼酸铵溶液缓慢地注入钒酸铵溶液中，随时搅拌，用水稀释至 500 mL。

（2）6 mol·L^{-1} NaOH 溶液。称 NaOH 24 g 溶于水，稀释至 100 mL。

（3）2，6-二硝基酚指示剂。2，6-二硝基酚 0.25 g 溶于 100 mL 水中。其变色范围是 pH2.4（无色）～4.0（黄色）。变色点是 pH3.1。

（4）50 μg·mL^{-1} P 标准溶液。准确称取经 105 ℃烘干的 KH_2PO_4 0.219 5 g，溶于水，移入 1 000 mL 容量瓶，加水至约 400 mL，加浓硫酸 5 mL，用水定容。装入塑料瓶中低温保存备用。

（6）其它试剂同 13.2.1.1.3。

13.2.2.1.4　操作步骤　吸取 13.2.1.1.4 消煮好经过滤的待测液 20～25 mL（含 P 0.25～1.0 mg），置于 50 mL 容量瓶中，加 2，6-二硝基酚指示剂 2 滴，用 6 mol·L^{-1} NaOH 溶液中和至刚呈黄色，加入钒钼酸铵试剂 10.00 mL，用水定容。放置 15 min 后用波长 450 nm，在分光光度计上比色，以空白液调节仪器零点。

标准曲线制作。分别吸取 50 μg·mL^{-1} P 标准溶液 0、1.0、2.5、7.5、10.0、15.0 于 50 mL 容量瓶中，同上述操作步骤显色和测定，该标准系列 P

的浓度分别为0、1.0、2.5、5.0、7.5、10.0、15.0 $\mu g \cdot mL^{-1}$。

13.2.2.1.5 结果计算

$$全 P(\%)=\rho \cdot V \times 分取倍数 \times 10^{-4}/m$$

式中：ρ——从标准曲线查得显色液P的质量浓度（$\mu g \cdot mL^{-1}$）；

V——显色液体积（mL）；

分取倍数——消煮液定容体积（mL）/吸取消煮液体积（mL）；

m——干样品质量（g）。

13.2.2.2 植株中磷的测定（H_2SO_4—H_2O_2 消煮，钼锑抗比色法）[4]

13.2.2.2.1 方法原理 植物样品经 H_2SO_4—H_2O_2 分解（原理同13.2.1.1.1）。溶液中的磷用钼锑抗比色法测定。

13.2.2.2.2 主要仪器 同13.2.2.1.2。

13.2.2.2.3 试剂

（1）浓 H_2SO_4。

（2）300 $g \cdot L^{-1}$ H_2O_2。

（3）50 $\mu g \cdot mL^{-1}$ 标准溶液同13.2.2.1.3（4）。

（4）其它试剂同5.2.2.3。

13.2.2.2.4 操作步骤 吸取13.2.1.1.4消煮好经过滤的待测液2～5 mL（含P 5～25 μg）置于50 mL容量瓶中，按照5.2.2.4（2）调节溶液酸度和显色步骤进行比色测定。

标准曲线制作同5.2.2.4（3）。

13.2.2.2.5 结果计算 参照13.2.2.1.5。

13.2.2.2.6 注释 参照5.2.2.6。

13.2.3 植物全钾的测定（H_2SO_4—H_2O_2 消煮，火焰光度计法）[4]

13.2.3.1 方法原理 植物体内的钾素几乎全部以离子状态存在于植物组织中，所以植物中全钾除了可以用上述干灰法或湿灰化法（H_2SO_4—H_2O_2）以外，如果单独测定钾，还可以用1 $mol \cdot L^{-1}$ NH_4OAC 浸提法，或1 $mol \cdot L^{-1}$ HCl浸提法，同时测定Ca、Mg、Cu、Zn等元素。

待测液中的钾可直接用火焰光度计法测定，方法快速方便，结果可靠准确。

由于植物样品中铁、铝等的干扰比土壤分析中的较小，所以干灰化法或湿灰化法制得的待测液，也可以用火焰光度计法快速测定全钾。其工作原理见6.2.2.1。

13.2.3.2 主要仪器 火焰光度计、其它同13.2.2.1.2。

13.2.3.3 试剂

(1) 浓 H_2SO_4；

(2) 300 g·L^{-1} H_2O_2；

(3) K 标准溶液同 6.2.2.3 (5)。

13.2.3.4 操作步骤 吸取 13.2.1.1.4 消煮好的待测过滤液 5 mL 置于 50 mL容量瓶中，用水定容(注1)，用分光光度计测定 K。

标准曲线制作同 6.2.2.4 (3)，但必须加入与待测液中相同量的其它离子成分（即加空白消煮液 5 mL)(注2)。

13.2.3.5 结果计算

$$全K(\%)=\rho \cdot V \cdot ts \times 10^{-4}/m$$

式中：ρ——从标准曲线查得 K 的质量浓度（μg·mL^{-1}）；

V——测定液体积（mL）；

ts——分取倍数，消煮液定容体积（mL）/吸取消煮液体积（mL）；

m——干样品质量（g）。

13.2.3.6 注释

注 1. 溶液中的酸度对测定结果有影响（酸的存在将大大降低钠光的强度）。酸浓度在 0.2 mol·L^{-1}时对 K、Na 的测定几乎无影响；一般不得超过 0.25 mol·L^{-1}。

注 2. 标准液和待测液组成要基本相同，溶液组成（包括酸碱和阳、阴离子的浓度）的改变对测定结果都有影响，因此应力求标准溶液与待测溶液一致。

13.2.4 植物全钙、镁的测定[4]

植物全量钙、镁测定样品的分解，可用干灰化法和湿灰化法。湿灰化法，如果采用 HNO_3—$HClO_4$—H_2SO_4 三酸消煮法，并且同时测定磷、钾时要注意镁和钙转化为难溶的 $CaSO_4$，而且 SO_4^{2-} 浓度太高时，对 EDTA 配合滴定或原子吸收分光光度法测定钙都会带来影响。因此，钙、镁的测定，以采用干灰化法为好。也可采用 1 mol·L^{-1} HCl 浸提法测定钙、镁和微量元素。

溶液中钙、镁的测定，目前都用 EDTA 配合滴定法或原子吸收分光光度法。

植物样品中含磷量比较高，特别是种子中含磷很高而钙、镁较少，因此，在测定全钙、镁时必须考虑解决磷的干扰问题。而用原子吸收分光光度法测定钙、镁是一个快速而准确的方法，应用得比较普遍。

13.2.4.1 EDTA 配合滴定法

13.2.4.1.1 方法原理 植物样品经干灰化后用稀盐酸煮沸，溶解灰分中的钙和镁。待测溶液中 Ca^{2+} 和 Mg^{2+} 用 EDTA 直接滴定法测定。方法原理同13.1.1.1.1。对含磷较高的植物种子样品则须用 EDTA 反滴定法，以免在碱性溶液中生成磷酸钙而造成负误差。

13.2.4.1.2 主要仪器 马福炉、瓷坩锅（30 mL)、半微量滴定管。

13.2.4.1.3 试剂

(1) 三乙醇胺（1∶1）溶液。

(2) 4 mol·L^{-1} NaOH 溶液。称氢氧化钠（化学纯）16.0 g 溶于 100 mL 水中。

(3) 0.01 mol·L^{-1} EDTA 标准溶液。取 EDTA 二钠盐 3.720 g 溶于无二氧化碳水中，微热溶解，冷却后定容为 1 L。用标准 Ca^{2+} 溶液标定，方法同测定 Ca^{2+}。溶液贮于塑料瓶中。

(4) 标准 Ca^{2+} 溶液。准确称取在 105 ℃下烘干 4～6 h 的 $CaCO_3$（分析纯）0.500 4 g 溶于 0.5 mol·L^{-1}盐酸溶液 25 mL 中，煮沸除去二氧化碳，瓶用无二氧化碳水洗入 500 mL 容量瓶中，定容。该溶液的浓度为 0.01 mol·L^{-1}（Ca^{2+}）。

(5) 氨缓冲溶液（pH=10)。取 NH_4Cl 溶于 200 mL 水中加入浓氨水（化学纯）570 mL，用水稀释至 1 L，贮于塑料瓶中，并注意防止吸收空气中的二氧化碳。

(6) K-B 指示剂。先取 K_2SO_4（无水）研细，再分别取酸性铬黑 K[2-(2-羟基-5-磺酸钠-偶氮苯)-1，8-二羟基-3，6 萘二磺酸钠盐]0.5 g 和 1 g 萘酚绿 B 研细，将三者混匀，贮于塑料瓶中，不用时放在干燥器中保存。

13.2.4.1.4 操作步骤 按 13.1.1.1.4 进行灰化。冷却后用少量水湿润灰分，然后小心滴加 HCl 约 20 mL，慎防灰分飞溅损失，加热至沸以溶解残渣。用热水将其无损地洗入 100 mL 容量瓶中，冷却后定容过滤，滤液备用。

(1) 直接滴定法（适用于一般茎叶样品）。

钙的测定：吸收上述待测液 10 mL（含钙 1～5 mg)，放入 150 mL 三角瓶中，用水稀释至 50 mL，加入 1∶1 三乙醇胺 2 mL，摇匀，再加 4 mol·L^{-1} NaOH 2 mL，摇匀放置 2 min 待 $Mg(OH)_2$ 沉淀后立即加入 K-B 指示剂 0.1～0.2 g，用 0.01 mol·L^{-1} EDTA 标准溶液滴定至紫红色突变为蓝绿色为终点。

钙+镁总量的测定：另取上述待测液 10 mL（含钙 1～5 mg)，放入 150 mL三角瓶中，用水稀释至 50 mL，加入 1∶1 三乙醇胺 2 mL，摇匀，再加氨缓冲液 5 mL，摇匀。加入 K-B 指示剂 0.1～0.2 g，用 0.01 mol·L^{-1} EDTA 标准溶液滴定至紫红色突变为蓝绿色为终点。

13.2.4.1.5　结果计算Ⅰ

$$全Ca(\%)=c\times V_1\times 10^{-3}\times 40.08\times ts\times 100/m$$

$$全Mg(\%)=c(V_2-V_1)\times 10^{-3}\times 24.31\times ts\times 100/m$$

式中：　c——EDTA的浓度（$mol\cdot L^{-1}$）；

V_1——滴定钙时消耗EDTA的体积（mL）；

V_2——滴定钙+镁时消耗EDTA的体积（mL）；

10^{-3}——将mL换算为L；

40.08和24.31——分别为钙、镁原子的摩尔质量（$g\cdot mol^{-1}$）；

ts——分取倍数，待测液定容体积（mL）/吸取待测液体积（mL）；

m——干样品质量（g）。

（2）反滴定法（适用于一般种子样品）

钙的测定：吸收上述待测液10 mL（含钙1～5 mg），放入150 mL三角瓶中，用水稀释至50 mL，加入1∶1三乙醇胺2 mL，摇匀，再加4 $mol\cdot L^{-1}$ NaOH 2 mL，摇匀放置2 min待$Mg(OH)_2$沉淀后立即加入K—B指示剂0.1～0.2 g，加入0.01 $mol\cdot L^{-1}$ EDTA标准溶液10 mL，此时溶液呈蓝色，然后用0.01 $mol\cdot L^{-1}$ Ca标准溶液反滴定过剩的EDTA，终点为蓝绿色突变为紫红色。

同时做钙空白标定：吸取空白液10 mL（即1.2 $mol\cdot L^{-1}$ HCl约20 mL的稀释液）同上步骤进行滴定。

钙+镁总量的测定：另取上述待测液10 mL（约含钙1～5 mg），放入150 mL三角瓶中，用水稀释至50 mL，加入1∶1三乙醇胺2 mL，摇匀，再加氨缓冲液5 mL，摇匀。加入K-B指示剂0.1～0.2 g，加入0.01 $mol\cdot L^{-1}$ EDTA标准溶液10 mL，此时溶液呈蓝色，然后用0.01 $mol\cdot L^{-1}$ Ca标准溶液反滴定过剩的EDTA，终点为蓝绿色突变为紫红色。

同时做钙+镁空白标定：吸取空白液10 mL（即1.2 $mol\cdot L^{-1}$ HCl约20 mL的稀释液）同上步骤进行滴定。

13.2.4.1.5　结果计算Ⅱ

$$全Ca(\%)=c\times(V_0-V_1)\times 10^{-3}\times 40.08\times ts\times 100/m$$

$$全Mg(\%)=c[(V_0'-V_2)-(V_0-V_1)]\times 10^{-3}\times 24.31\times ts\times 100/m$$

式中：　c——EDTA的浓度（$mol\cdot L^{-1}$）；

V_1——反滴定钙时消耗的0.01 $mol\cdot L^{-1}$ Ca标准溶液体积（mL）；

V_0——反滴定钙时空白试验消耗的0.01 $mol\cdot L^{-1}$ Ca标准溶液

体积（mL）；

V_2——反滴定钙＋镁时消耗的 0.01 mol・L^{-1} Ga 标准溶液体积（mL）；

V'_0——反滴定钙＋镁时空白试验消耗的 0.01 mol・L^{-1}Ca 标准溶液体积（mL）；

40.08 和 24.31——分别为钙、镁原子的摩尔质量（g・mol^{-1}）；

10^{-3}——将 mL 换算为 L；

ts——分取倍数，待测液定容体积（mL）/吸取待测液体积（mL）；

m——干样品质量（g）。

13.2.4.2 *原子吸收分光光度法（AAS 法）*[4]

13.2.4.2.1 方法原理　钙镁是原子吸收经常测定的元素。可用 AAS 测定。

13.2.4.2.2 主要仪器　原子吸收分光光度计，其它同 13.2.3.2。

13.2.4.2.3 试剂

(1) 100 μg・mL^{-1}钙标准溶液。

(2) 10 μg・mL^{-1}镁标准溶液。

(3) 50 g・L^{-1}氯化锶或氯化镧溶液。

13.2.4.2.4 操作步骤　吸取 13.2.4.1.4 中经过滤待测液 2～10 mL（含钙 0.1～0.5 mg，镁 0.01～0.05 mg）于 50 mL 容量瓶中，加入 50 g・L^{-1}氯化锶或氯化镧溶液 1 mL(注1)。水定容后用原子吸收分光光度计分别测定钙和镁的含量。其测定条件请查阅仪器说明书。

标准曲线制作。分别吸取 100 μg・L^{-1}钙标准溶液和 10 μg・mL^{-1}镁标准溶液 0、1、2、3、4、5 mL，分别将其至于 6 个 50 mL 三角瓶中，然后吸取待测溶液相同体积的空白酸液（即 1.2 mol・L^{-1} HCl 约 20 mL 的稀释液）(注2)，再各加入 50 g・L^{-1} 氯化锶或氯化镧溶液 1 mL，水定容，即得 0、2、4、6、8、10 μg・mL^{-1}Ca 和 0、0.2、0.4、0.6、0.8、1.0 μg・mL^{-1} Mg 混合标准系列溶液。用原子吸收分光光度计测定。绘制钙和镁的标准曲线。

13.2.4.2.5 结果计算

$$\text{Ca 或 Mg}(g \cdot kg^{-1}) = \rho V \times ts \times 10^{-4} / m$$

式中：ρ——标准曲线查得的 Ca 或 Mg 的质量浓度（μg・mL^{-1}）；

V——测定时定容体积（mL）；

ts——分取倍数，待测液定容体积（mL）/吸取待测液体积（mL）；

m——干样品质量（g）。

13.2.4.2.6 注释

注 1. 空气/乙炔火焰中测定钙，它是受多种化学干扰的典型。其中的主要干扰物质为硅酸盐、铝酸盐、磷酸盐和硫酸盐，它们都会降低钙的灵敏度。在样品溶液和标准溶液中加入 50 $\mu g \cdot L^{-1}$的 La（镧）或 Sr（锶），其最终浓度为 1 000 $\mu g \cdot mL^{-1}$，就能控制高达 500 $\mu g \cdot mL^{-1}$硅和 1 000 $\mu g \cdot mL^{-1}$铝或磷酸盐的影响。镁一般受其它元素的干扰，仅有硅和铝降低镁的吸收，加入 1～10 $g \cdot L^{-1}$La，一般就可以消除这此干扰。

注 2. 溶解时用酸量对钙和镁的测定也有影响，应尽量保持标准溶液和样品溶液的酸浓度和离子组成一致。

13.3 植物微量元素分析

13.3.1 概述[5]

硼、锰、锌、铜和钼是植物生长必需的微量元素。它们与常量元素不同，其含量很低，且在植物体内变化很大。因此，微量元素有两方面的问题。当土壤供应不足时，植物常发生缺素症，影响植物的生长发育从而影响农作物的产量和品质；当土壤供应过多时，植物吸收过多而影响生长发育，甚至中毒，这不仅影响作物的产量和品质，而且还进一步影响人和动物的健康。有些元素如钼、硒等，植物吸收过多虽不影响植物的生长，却通过食物链进入动物体内，常会引起动物中毒。因此，微量元素的研究，植物分析是必不可少的。植物微量元素的营养诊断，一般包括外形诊断、土壤测试、植物分析和田间试验，特别是土壤测试和植物分析可以相互验证，互为补充，使诊断更为可靠。

植物微量元素的分析应该包括植物样品的采集制备、实验室分析和评价分析结果。植物样品的采集和制备与实验室分析同等重要。采样前必须确定采集某一生育时期特定的植物部位，才能有效地反映某种营养物质的供应状况，它的重要性是不言而喻的。在文献中可以查找到许多关于植物生长周期的特定时期采集特定部位的资料，可参考本书附表 9。

植物微量元素的分析方法，一般包括样品的化学前处理和元素的定量测定两个方面。样品的化学前处理，通常采用湿灰化法或干灰化法。关于湿灰化法和干灰化法的争议，尚待进一步讨论。但据许多资料逐渐得到证明：即试验比较时所得到的那些差异，主要由于湿灰化法或干灰化法后面的分析方法引起的。当然两法之间由于各自的缺点，也会引起某种程度的差异。例如，湿灰化法，由于试剂的用量过多，常因扣除空白值引入难以避免的误差；干灰化法，由于挥发损失，或形成硅酸盐难以再溶解等缺点引起的负误差。

植物微量元素分析样品的湿灰化法可用不同的硫酸、硝酸和高氯酸配比的几种步骤来完成。各种干灰化法步骤的差异，在于灰化温度和时间的长短，其详细步骤可参考本章第一节。

随着现代仪器分析技术的发展和分析仪器的普及，各个元素的分析已逐渐趋向于用仪器分析方法（如 AAS 法、ICP—AES 法和极谱法等）进行测定，这大大提高了分析的速度，为大范围开展植物的营养诊断和进行营养品质的鉴定提供了可靠的技术保证。尽管如此，有些元素的分析由于某些因素的制约，仍然使用经典的比色法进行测定。

13.3.2 植物硼的测定[5]

各种植物硼的含量因种类而异。其范围较宽，一般是 20～100 mg·kg^{-1}之间。十字花科、豆科以及耐盐植物含硼较多，谷类作物较少。如豆科植物为 20～50 mg·kg^{-1}，根用甜菜达 20～100 mg·kg^{-1}，禾谷类作物仅 2～10 mg·kg^{-1}，双子叶作物含硼量高于单子叶作物。缺硼植物中含硼量也因作物种类、部位变异很大。因硼在植物体内是不易移动的，所以采样时应特别注意系统采集各部位试样进行分析。据 Brandenburg 材料指出，甜菜硼的诊断：极度缺硼（B，<18 mg·kg^{-1}）供应中等（B，18～30 mg·kg^{-1}）、供应充足（B，>30 mg·kg^{-1}）。

据原浙江农业大学对甘蓝型油菜的上部叶片为采样部位，指出油菜叶片含硼量和缺硼症状之间有明显相关性。初步认为 10 mg·kg^{-1}可作为判断油菜是否缺硼的临界浓度。甘蓝型油菜的硼诊断：严重缺硼（B，<5 mg·kg^{-1}）、明显缺硼（B，5～8 mg·kg^{-1}）、不缺硼（B，>10 mg·kg^{-1}）。

13.3.2.1 *姜黄素法*[5]

13.3.2.1.1 方法原理　植物样品用干灰化法灰化，稀盐酸溶解灰分，溶液中硼以姜黄素比色法测定。由于在酸性条件下，硼容易挥发损失，植物样品测定硼时不宜用湿灰化法，一般植物组织中会有丰富的盐基可防止硼在干灰化过程中挥发损失，而种子，尤其是油料作物的种子（即含酸性成分较多的样品），应加少量氢氧化钙饱和溶液湿润样品以后灰化。

13.3.2.1.2 主要仪器　高温电炉、石英（瓷）坩埚、分光光度计。

13.3.2.1.3 试剂

（1）0.1 mol·L^{-1} HCl 溶液。

（2）氢氧化钙［$Ca(OH)_2$，分析纯］饱和溶液。

（3）其它试剂同 7.1.2.2.3。

13.3.2.1.4 操作步骤　称取过 0.5 mm 筛孔的烘干植物样品 0.5～1.000 0 g，置于石英坩埚中（种子样品加少许饱和氢氧化钙溶液以防硼的损失)，在电炉上加热炭化，再移入高温电炉中 500 ℃ 2～3 h(注1)，灰化后冷却(详细步骤见 13.1.1.1.4)。准确加入 0.1 mol·L^{-1} HCl 溶液 10～20 mL 溶解灰分。移入 100 mL 容量瓶，定容，过滤或静置澄清后吸取 1.00 mL（含 B 不超过 1 μg）按 7.1.2.2.4 操作步骤测定 B。

标准曲线的制作：同 7.1.2.2.4。

13.3.2.1.5 结果计算

$$硼\ (B)(mg \cdot kg^{-1}) = \rho \cdot ts/m$$

式中：ρ——从标准曲线查得 B 的质量浓度（μg·mL^{-1}）；

ts——分取倍数，灰化溶解后定容体积（mL）/测定时吸取待测液体积（mL）；

m——干样品质量（g）。

13.3.2.1.6 注释

注 1. 植物样品在灰化过程中，必须十分注意防止硼的污染和挥发损失，灰化用的高温电炉壁必须保持清洁，坩埚要加盖，灰化温度不宜超过 500 ℃，灰化的时间不宜过长。

13.3.2.2 甲亚胺（Azomethine－H）法[5]

13.3.2.2.1 方法原理　植物样品用干灰化法灰化，稀盐酸溶解灰分，溶液中铁、铝、钙、镁、硅等加饱和碳酸钡分离除去后，滤液中硼用甲亚胺比色法测定（原理参见 7.1.2.1.1）。

13.3.2.2.2 主要仪器　同 13.3.2.1.2。

13.3.2.2.3 试剂

（1）饱和碳酸钡（$BaCO_3$，分析纯）溶液；

（2）其它试剂同 7.1.2.1.3。

13.3.2.2.4 操作步骤　按 13.3.2.1.4 步骤进行灰化。灰化后加入 0.1 mol·L^{-1} HCl 溶液 10～20 mL 溶解灰分，小心加饱和碳酸钡溶液至沉淀产生，再多加 1～2 滴，移入 50 mL 容量瓶中，用水定容。用干滤纸过滤，滤液收集在干塑料瓶内。

吸取滤液 10.00 mL，置于 50 mL 塑料瓶（或 25 mL 容量瓶中），以下操作同 7.1.2.1.4（2）步骤。

13.3.2.2.5 结果计算

$$B(mg \cdot kg^{-1}) = \rho \cdot V \cdot ts/m$$

式中：ρ——从标准曲线查得 B 的质量浓度（μg·mL^{-1}）；

V——显色液体积（mL）；

ts——分取倍数，灰化溶解后定容体积（mL）/测定时吸取待测液

体积（mL）；

m——干样品质量（g）。

13.3.3 植物锰的测定[5]

一般植物含锰量为10～150 mg·kg^{-1}，酸性土壤上含锰量200～500 mg·kg^{-1}，有的可以高达2 400 mg·kg^{-1}，而盐渍土和钙质土上的植物含锰量都不超过100 mg·kg^{-1}。

作物中燕麦对锰的需要最为敏感。燕麦缺锰即发生灰斑病。燕麦、小麦、大豆中含锰量分级如下：

作物	缺锰（mg·kg^{-1}）	中等缺锰（mg·kg^{-1}）	不缺锰（mg·kg^{-1}）
燕麦	15～20	20～30	30～40
小麦	15～20	20～30	30～40
大豆	<20	20～40	>40

各种作物含锰临界值不同。燕麦、小麦为15 mg·kg^{-1}，大豆为20 mg·kg^{-1}，大麦为15 mg·kg^{-1}，亚麻、胡萝卜、苜蓿为15 mg·kg^{-1}，甜菜为10 mg·kg^{-1}，豌豆为8 mg·kg^{-1}。

植物在不同发育时期以及不同部位的含锰量都有很大的差异。因此，还应该以植物同一器官含锰量作为指数，才能进行比较。Fink提出，以植物叶片的干物质含锰量作为指标最好。

13.3.3.1 高锰酸钾比色法

13.3.3.1.1 方法原理　植物样品经干灰化法灰化后，用稀盐酸溶解灰分，溶液中的锰用高碘酸钾氧化，使Mn^{2+}成为MnO_4^-后进行比色测定。

13.3.3.1.2 主要仪器　高温电炉、石英（或瓷）坩埚、分光光度计。

13.3.3.1.3 试剂　同7.3.2.1.3。

13.3.3.1.4 操作步骤　按13.3.2.1.4步骤进行灰化。灰化后准确加入1∶1硝酸溶液5 mL溶解灰分，溶解后无损地移入50 mL容量瓶中，用水定容。用干滤纸过滤，滤液收集在干塑料瓶内。

吸取滤液10.00～25.00 mL，置于100 mL烧杯中（如滤液不足25 mL，可加水补足25 mL），以下显色、测定步骤同7.3.2.1.4，（2）和（3）。

13.3.3.1.5 结果计算

$$Mn(mg \cdot kg^{-1})=\rho \cdot V \cdot ts/m$$

式中：ρ——从标准曲线查得Mn的质量浓度（μg·mL^{-1}）；

V——显色液体积（mL）；

ts——分取倍数，灰化溶解后定容体积（mL）/测定时吸取待测液

体积（mL）；

m——干样品质量（g）。

13.3.3.2 原子吸收分光光度法（AAS 法）

13.3.3.2.1 方法原理 植物样品经干灰化法灰化后，用稀盐酸或硝酸溶解灰分，溶液中的锰可直接用 AAS 法测定。测定的原理、仪器操作参数同 7.3.2.2.1 及见仪器说明书。

13.3.3.2.2 主要仪器 高温电炉、石英（或瓷）坩埚、原子吸收分光光度计。

13.3.3.2.3 试剂 同 7.3.2.2.3。

13.3.3.2.4 操作步骤 按 13.3.2.1.4 步骤进行灰化。灰化后准确加入 1∶1硝酸溶液 5 mL 溶解灰分，溶解后无损地移入 50 mL 容量瓶中，用水定容。用干滤纸过滤，滤液收集在干塑料瓶内。滤液可直接用原子吸收分光光度计进行测定。

标准曲线的制作。吸取 10 $\mu g \cdot mL^{-1}$ Mn 标准溶液 0、2.50、5.00、10.00、15.00、20.00、25.00 mL 分别置于 50 mL 容量瓶中，加入与待测溶液相同量的硝酸，用水定容，即得 0、0.5、1.0、2.0、3.0、4.0、5.0 $\mu g \cdot mL^{-1}$ Mn 标准系列溶液，在样品测定的同时，在完全相同的条件下，测定其吸收值，制作标准曲线。

13.3.3.2.5 结果计算

$$Mn(mg \cdot kg^{-1}) = \rho \cdot V/m$$

式中：ρ——从标准曲线查得 Mn 的质量浓度（$\mu g \cdot mL^{-1}$）；

V——显色液体积（mL）；

m——干样品质量（g）。

13.3.4 植物中铜、锌的测定——AAS 法[5]

植物中锌含量很低，在 5～80 $mg \cdot kg^{-1}$ 之间，常见的作物含锌量，大麦为 18 $mg \cdot kg^{-1}$，小麦为 16 $mg \cdot kg^{-1}$，水稻为 2.5 $mg \cdot kg^{-1}$，马铃薯为 4 $mg \cdot kg^{-1}$，胡萝卜为 1.1～4.9 $mg \cdot kg^{-1}$。

缺锌植物的含锌量变化很大。如缺锌的油桐树叶中含锌少于 10 $mg \cdot kg^{-1}$，轻度缺锌的油桐树叶片含锌 26 $mg \cdot kg^{-1}$，缺锌苹果叶中含锌 3～10 $mg \cdot kg^{-1}$，健叶为 6～40 $mg \cdot kg^{-1}$；柑橘叶含锌在 15～200 $mg \cdot kg^{-1}$ 之间。少于 15 $mg \cdot kg^{-1}$，即可能发生缺锌现象，而少于 24 $mg \cdot kg^{-1}$ 可能对锌肥有良好反应。目前国内还缺少足够的数据来确定植物的缺锌临界值。只有从正常与缺锌植株含锌量的对比中进行诊断。一般作物含锌少于 15 $mg \cdot kg^{-1}$ 时，可能对锌肥有良好反应。

一般植株的正常含铜量为5～30 mg·kg^{-1}，低于5 mg·kg^{-1}则明显不足，高于30 mg·kg^{-1}则过量或可能出现中毒。但不同作物，其临界浓度并不完全相同。如柑橘叶片含铜少于4 mg·kg^{-1}时，可能出现缺乏症状；少于6 mg·kg^{-1}时，可能对铜肥有良好反应。梨、苹果叶片含铜的临界浓度为5 mg·kg^{-1}；桃为7 mg·kg^{-1}。苜蓿全株含铜的临界浓度为10 mg·kg^{-1}；大豆上部新成熟叶片为10 mg·kg^{-1}；棉花上部新成熟叶片为8 mg·kg^{-1}；玉米开始吐絮时的耳叶为5 mg·kg^{-1}；大、小麦叶片为6 mg·kg^{-1}；水稻稻草的含铜浓度为6 mg·kg^{-1}等等，可供参考。

13.3.4.1 方法原理　植物样品经干灰化法灰化后，用稀盐酸或硝酸溶解灰分，溶液中的铜和锌可直接用AAS法测定。

13.3.4.2 主要仪器　高温电炉、石英（或瓷）坩埚、原子吸收分光光度计。

13.3.4.3 试剂

(1) 1∶1硝酸（或盐酸，分析纯）溶液。

(2) 其它试剂同7.2.2.3.3。

13.3.4.4 操作步骤[注1]　按13.3.2.1.4步骤进行灰化。灰化后准确加入1∶1硝酸溶液5 mL溶解灰分，溶解后无损地移入50或100 mL容量瓶中，用水定容。用干滤纸过滤，滤液收集在干塑料瓶内。可直接用原子吸收分光光度计进行测定。铜、锌测定时的操作参数见7.2.2.3.4中表7-2或仪器说明书。

标准曲线的制作：参照7.2.2.3.3中铜、锌的标准系列配制标准曲线系列溶液，加入与待测溶液相同量的硝酸或盐酸，用水定容。在样品测定的同时，在完全相同的条件下，测定其吸收值，制作标准曲线。

13.3.4.5 结果计算

$$\text{Cu 或 Zn}(\text{mg}\cdot\text{kg}^{-1})=\rho\cdot V/m$$

式中：ρ——从标准曲线查得Cu（或Zn）的质量浓度（μg·mL^{-1}）；

V——灰化溶解后定容液体积（mL）；

m——干样品质量（g）。

13.3.4.6 注释

注：有人提出用1 mol·L^{-1} HCl浸提等方法，其操作过程是：称取过0.5 mm筛的烘干样品1.000 g放入50 mL塑料试管或塑料广口瓶中，加1 mol·L^{-1} HCl溶液25 mL，塞紧后激烈摇动，使样品完全浸泡在溶液中，放置24 h，用干定量滤纸过滤，滤液收集于干塑料瓶中，直接用AAS法测定，同时作空白试验。

也有人提出用1 g样品，$1\ mol \cdot L^{-1}$ HCl溶液50 mL，置于振荡机上振荡1.5 h，过滤后，滤液直接用AAS法测定。

13.3.5 植物中钼的测定（催化极谱仪法）[5]

植株中钼的含量可作为钼是否丰缺的一个指标。植物含钼（Mo）量一般在$0.1 \sim 0.5\ mg \cdot kg^{-1}$之间。当植物成熟叶片中含钼量低于$0.1\ mg \cdot kg^{-1}$，就有可能缺钼。但因植物种类不同，临界值可相差很大。例如三叶草顶部含钼量如高于$0.5\ mg \cdot kg^{-1}$，一般不缺钼，其它植物叶片含钼量大致为：苜蓿$0.28\ mg \cdot kg^{-1}$，甜菜$0.05\ mg \cdot kg^{-1}$，大、小麦为$0.03\ mg \cdot kg^{-1}$，甜玉米$0.09\ mg \cdot kg^{-1}$，棉花$0.5\ mg \cdot kg^{-1}$，烟草$0.13\ mg \cdot kg^{-1}$等。植株含钼的致毒量，有的高达几百$mg \cdot kg^{-1}$也不一定表现中毒，但超过$15\ mg \cdot kg^{-1}$，作饲料可使牲畜中毒。

13.3.5.1 *方法原理* 植物样品用干灰化法制备得的待测液，蒸干后，无需分离干扰物，可直接用催化极谱法测定溶液中钼的含量（见7.4.2.1.1）。

13.3.5.2 *主要仪器* 高温电炉、石英（或瓷）坩埚、极谱仪。

13.3.5.3 *试剂* 同7.4.2.1.3。

13.3.5.4 *操作步骤* 按13.3.2.1.4步骤进行灰化。加$2.5\ mol \cdot L^{-1}$硫酸溶液2.50 mL和$0.4\ mol \cdot L^{-1}$苯羟乙酸2.50 mL溶解灰分，待完全溶解后，加入$500\ g \cdot L^{-1}$ $NaClO_3$溶液5.0 mL，混匀后移入电解杯中，在极谱仪上从−0.1 V开始记录钼的极谱波，测量峰后波的波高。依据标准曲线计算样品钼的含量。

标准曲线的制作。分别吸取含0、0.02、0.04、0.08、0.16、0.24 μg Mo标准溶液于50 mL硬质烧杯中，加1∶1HCl溶液1 mL，在电炉上低温蒸干，按上步骤加入硫酸、苯羟乙酸和氯酸钠溶液，在与待测液相同条件下，于极谱仪上测定钼的极谱波，测量峰后波的波高，作钼的质量—峰后波高度的标准曲线。

13.3.5.5 *结果计算*

$$\text{植物全钼含量}\ (mg \cdot kg^{-1}) = M/m$$

式中：M——标准曲线查得钼的质量（μg）；

m——植物干样质量（g）。

13.3.6 硫氰酸铵比色法

13.3.6.1 *方法原理* 植物样品经干灰化法灰化，用盐酸溶解灰化，溶液中的钼可用硫氰酸铵比色法测定（详见7.4.2.2.1）。

13.3.6.2 主要仪器　同 7.4.2.2.2。

13.3.6.3 试剂　同 7.4.2.2.3。

13.3.6.4 操作步骤　称 5～10.000 g 样品按 13.3.2.1.4 步骤进行灰化。加 6 mol·L^{-1}盐酸溶液 30 mL，加热煮沸使其溶解。用定量滤纸过滤，滤液收集在 100 mL 容量瓶中，用热水洗涤滤纸及残渣，洗至近刻度，用水定容。

吸取待测液 50 mL，置于 125 mL 分液漏斗中，按 7.4.2.2.4（2）步骤进行显色萃取和比色。

标准曲线制作：同 7.4.2.2.4（3）。

13.3.6.5 结果计算

$$植物全\ Mo(mg \cdot kg^{-1}) = \rho \cdot V \cdot ts/m$$

式中：ρ——标准曲线查得 Mo 的质量浓度（$\mu g \cdot mL^{-1}$）；

V——显色液体积（10 mL）；

ts——分取倍数，残渣溶解后定容体积（mL）/测定时吸取待测液的体积（mL）；

m——植物干样质量（g）。

主要参考文献

[1] 日本食品工业学会编．郑州粮食学院译．食品分析方法．成都：四川科技出版社．1986，1～181

[2] 中国土壤学会农业化学专业委员会编．土壤农化常规分析法．北京：科学出版社．1983，251～259

[3] 粮食部谷物油脂化学研究所译．美国谷化协会审批方法［AACC］．第 8 版．北京：全国粮油贮藏科技情报中心出版．1985，36～44、297～313

[4] 翟永信主编．现代食品分析手册．北京：北京大学出版社．1988

[5] 南京农业大学主编．土壤农化分析（二版）．北京：中国农业出版社．1996，200～229

思　考　题

1. 灰分的测定方法有哪些？灰分测定时应注意什么问题？

2. 主要作物中氮、磷、钾、钙、镁、硼、锰、锌、铜和钼的一般含量是多少？测定的样品前处理是如何进行的？试比较这些元素测定的方法和土壤样品的测定方法有什么不同？

第十四章

农产品中蛋白质和氨基酸的分析

14.1 概　　述[1,2]

农产品包括农作物及果蔬收获物中的各个部分，如籽粒、果实、茎叶、秸秆等。它们无论作为食物、饲料或是农产品加工的原料，都要求确知这些产品中各组分的含量。这些组分有蛋白质、氨基酸、脂肪、淀粉、糖分、水分、纤维素、有机酸类以及一些特殊的成分如维生素、单宁、大量和微量元素等等，它们含量的多少是鉴定其品质好坏的重要标志。当前要求大力开发利用农产品资源，以满足愈来愈高的社会需求。因此，对农产品进行品质分析无疑是十分需要的。

蛋白质是植物的重要组成成分，也是农产品品质中最重要的成分。它的含量依作物种类、部位、生育时期、品种特性而有变化。植物各部位器官中蛋白质含量也不同（表 14-1），其中以籽粒中最多，如豆类可达 45%～55%，其次是花、叶、茎和根。作物在不同的生育阶段根部位吸收的氮，不断向新生组织输送，在接近成熟时期，茎叶中的氮向贮存器官输送，合成的蛋白质集中于种子中。

表 14-1　各种农产品中蛋白质的含量水平（%）

作物	蛋白质（干基）	作物	蛋白质（干基）	作物	蛋白质（湿基）	作物	蛋白质（湿基）
菜豆	15.0～30.5	大麦	10.6～20.4	马铃薯	0.7～2.7	茄	0.6～1.2
洋扁豆	24.6～34.1	燕麦	8.0～17.3	冬油菜	1.0～1.5	辣椒	0.7～1.1
豌豆	22.0～34.0	稻米	7.8～14.5	甜菜	0.7～1.4	南瓜	0.4～1.0
蚕豆	27.0～35.0	玉米	9.0～13.2	萝卜	0.6～1.2	黄瓜	0.5～0.9
大豆	29.4～50.4	小米（仁）	10.2～21.5	胡萝卜	0.6～1.9	甘蓝	1.2～2.6
亚麻	2.0～30.8	高粱	9.5～15.3	洋葱	1.9～2.8	花椰菜	2.4
向日葵（仁）	21.1～30.2	荞麦（仁）	12.8～19.0	大蒜	6.7	浆果	0.3～1.9

（续）

作物	蛋白质（干基）	作物	蛋白质（干基）	作物	蛋白质（湿基）	作物	蛋白质（湿基）
棉籽（仁）	28.6～42.0			菠菜	2.3	核桃	16.1～28.9
小麦	19.3～30.0			芹菜	1.3～3.6	高粱叶	12.4～17.5
黑麦	14.4～24.1			番茄	0.3～0.8	高粱茎	4.0～7.5

* 耶尔马可夫著《植物生理化学研究法》。

蛋白质是生命的物质基础，它的含量是衡量农、畜、水产品品质和营养价值的重要指标。测定植物各部分中蛋白质的含量，对其品质鉴定、品种选育、改善作物生育条件和调节作物体内新陈代谢，以提高蛋白质含量等有重要意义。也对产品加工方式及其产品质量有影响。在育种、食品和饲料等工作中常常需要测定蛋白质的含量。

氨基酸是组成蛋白质的基本单位，也是蛋白质的分解产物。全氨基酸和个别氨基酸的分析测定是研究蛋白质、酶的化学组成及性质的重要手段。生物学及农业科学的许多领域都需要分析氨基酸。在评价谷物的蛋白质营养价值时需要测定游离氨基酸及蛋白质的氨基酸组成。动植物产品中的氨基酸以多种形式存在，大致可分为构成蛋白质的氨基酸和游离的氨基酸两种。另外，还有微量的由肽键连接的几个氨基酸，以及与糖或脂结合在一起的。在人类和动物营养学上，各种氨基酸含量的高低是很重要的，特别是有几个限制性氨基酸，如称为“第一、第二限制氨基酸”的赖氨酸和色氨酸，是一种必需氨基酸，即必须从食物中直接吸收，而不能由人与动物利用食物中的其它成分自身合成，却又对人与动物的生长发育起着重要作用的氨基酸。若缺乏这些氨基酸，人与动物不仅不能正常发育，还会引起某些疾病，而这些氨基酸在贮存和加工的过程中极易损失破坏，因此它们的实际含量已成为衡量谷物、饲料蛋白质的重要标准之一。

14.2 蛋白质的测定[1,2]

蛋白质的分析方法很多。可分为两类：一是利用蛋白质的共性，即含氮量、肽键和折射率测定蛋白质含量；另一类是利用蛋白质中特定氨基酸残基、酸、碱性基团和芳香基团测定蛋白质含量[3]。最常用的方法是开氏法，因其中尚有氨基酸、酰氨等非蛋白质氮，故称“粗蛋白质”，如果蛋白质用重金属盐等沉淀分离以后，进行全氮测定，由氮换算而成的蛋白质的含量，则称为“纯蛋白质”。

开氏法是测定全氮量的经典方法。这个方法是丹麦人开道尔（J. Kjeldahl）于1883年用来研究蛋白质变化的，后来被用于测定各种形态的有机氮。由于设备简单易得，结果可靠，为一般实验室所采用。至今尚无别的方法能与其比拟或将其取代。因此国际谷物化学协会（ICC）[7]和美国分析化学家协会(AOAC)[8]以及我国等一些国家都把开氏法作为标准的分析方法。但开氏法也有缺点，主要是操作手续较繁，分析的速度较慢，试剂费用较高。近年已出现几种以开氏法原理为基础的全自动或半自动的开氏定氮仪，如瑞典的 Tecator 公司生产的开氏 1030 分析仪（Kjeltec Auto 1030 Analyzer）、日本生产的 kjel-Auto 自动氮和蛋白质分析仪和丹麦 FOSS 公司生产的 Kjel-FOSS 自动蛋白质分析仪等。这些仪器虽然自动化程度较高，但较昂贵，目前尚不能普及。

在生产和科研工作中，为了完成大批样品的分析，需要采用快速、简易的分析方法，例如染料结合法、双缩脲法、水合茚三酮法、荧光法、红外光谱法以及测定开氏消煮液中铵的靛酚蓝法和纳氏比色法。根据一般实验室的条件，在此侧重介绍开氏法、双缩脲法和染料结合法。

14.2.1　籽粒中粗蛋白质的测定——H_2SO_4—K_2SO_4—$CuSO_4$—Se 消煮法[2,5,6]

14.2.1.1　*方法原理*　氮素是蛋白质中的主要成分，同类植物籽粒中蛋白质的含氮量基本上是固定不变的。因此，可用开氏法消煮定氮，再将测得的含氮值乘以蛋白质换算系数，即得粗蛋白质含量。氮含量换算成蛋白质的系数，一般采用 6.25，这是由蛋白质平均含氮 16%为根据导出的值，但不同植物籽粒中蛋白质的含氮量有差异，故由氮换算为蛋白质的系数也稍有不同。详见表 14-2。以定量蛋白质为目的的总氮量测定中，开氏法分解时，硝态氮的部分氨化是不可避免的，因此蔬菜类特别是可能含有硝态氮的化合物的样品，需要用水杨酸固定硝态氮化合物，用开氏分解测定总氮量，同时用离子电极法测定硝态氮的含量，再从总氮量减去硝态氮量后乘以蛋白质换算系数即得蛋白质含量。

14.2.1.2　*仪器设备*　消煮炉或电炉、消煮管（或开氏瓶）100 mL 或 50 mL、半微量定氮装置、半微量滴定管。

14.2.1.3　*试剂*　除以下试剂均同第四章（土壤全氮的测定）。

(1) 20 g·L^{-1} H_3BO_3—指示剂溶液。称取 H_3BO_3（分析纯）20 g 溶于1 L 水中。每升 H_3BO_3 溶液加甲基红-溴甲酚绿混合指示剂 20 mL，并用稀酸或稀碱调节至紫红色（pH=4.5）。

(2) 0.010 0 mol·L^{-1}($1/2H_2SO_4$) 或 0.020 0 mol·L^{-1} HCl 标准溶液。

14.2.1.4　*操作步骤*

(1) 样品的消煮(注1)。称取烘干样品（过 0.25 mm 筛子）0.300 0～0.500 0 g(注2)置于 50 mL 或 100 mL 开氏瓶或消煮管中，加入混合催化剂1.8 g，加几滴水湿润后，加 5 mL 浓 H_2SO_4，小心轻摇后（最好加塞放置过夜），盖上小漏斗，将消煮管放置在消煮炉或电炉上，开始时用小火加热(注3)，当消煮液呈棕色时，可提高温度，消煮至溶液呈清亮带浅蓝色时，再加热约 10 min，取下冷却至温热时，将消煮液无损地转入 100 mL 容量瓶中，冷却至室温后定容并放置澄清。

（2）氮的测定。用移液管吸取澄清待测液 5.00 或 10.00 mL 放入半微量定氮仪中进行定氮（见第四章土壤全氮的测定）。同时作空白试验和核对试验(注4)。

表 14-2　氮-蛋白质换算系数[6]

类别	产品名称	系数	类别	产品名称	系数
（动物性产品）			豆类	小豆	6.25
	蛋品	6.25	豆类	蓖麻	5.30
	肉类	6.25	豆类	大豆	5.71
	牛乳	6.38	豆类	Velver	5.46
（农产品）			豆类	刀豆、菜豆、绿豆、豌豆	6.25
谷类	稻米	5.95	坚果	杏仁	5.13
谷类	大麦、黑麦、谷子、燕麦	5.83	坚果	巴西果	5.46
谷类	玉米	6.25	坚果	灰胡桃、贾如果（鸡腰果）	5.30
谷类	荞麦**	6.25	坚果	椰子仁、山核桃	
谷类—小麦	整粒	5.83	坚果	美洲山核桃、核桃	
谷类—小麦	糠	6.31	种籽	甜瓜子（Canralop）	
谷类—小麦	胚芽	5.83	种籽	棉籽、亚麻仁、麻子、南瓜籽	5.30
谷类—小麦	胚乳	5.70	种籽	芝麻、向日葵	

14.2.1.5　结果计算

$$粗蛋白质（干基,\%）=(V-V_0)\times c\times 14\times 10^{-3}\times ts\times K\times 100/m$$

式中：V——样品测定所消耗去 HCl 或 $1/2H_2SO_4$ 的体积（mL）；

V_0——空白试验所耗去 HCl 或 $1/2H_2SO_4$ 的体积（mL）；

c——标准 HCl 或 $1/2H_2SO_4$ 的浓度；

14——氮原子的摩尔质量（$g\cdot mol^{-1}$）；

10^{-3}——mL 将换算为 L；

ts——分取倍数，本操作步骤中 100/5 或 100/10；

m——样品质量（g，干基）

K——氮换算成蛋白质的系数（详见表 14-2）。

14.2.1.6　注释

注 1. 本法测定的结果为粗蛋白质的含量。如要测定纯蛋白质的含量，则样品应先用蛋白质沉淀剂如碱性硫酸铜、碱性醋酸铅、200～250 g·L^{-1}单宁或100～120 g·L^{-1}三氯乙酸等处理，将蛋白质从水溶液中沉淀出来，再测定此沉淀的全氮量，乘以蛋白质的换算系数即可得“纯蛋白质”量。其具体步骤是：称取风干磨细样品0.500 0～2.200 0 g，放于150 mL烧杯中，加50 mL沸水，加热至沸，5 min后取下，放置30 min（如含淀粉多的样品，则勿加热至沸，而是加入50 mL沸水，再放入40～50 ℃水浴中保温10 min即可，然后趁热加入$CuSO_4$及NaOH溶液。然后缓缓注入60 g·L^{-1} $CuSO_4$溶液25 mL，用玻棒搅拌，同时加入12.5 g·L^{-1} NaOH溶液25 mL，放置0.5～1 h使沉淀完全（也可放置过夜），用倾洗法过滤，然后用沸水洗沉淀，至滤液遇50 g·L^{-1} $BaCl_2$溶液不产生白色$BaSO_4$沉淀为止，间接指示非蛋白质含氮物已经洗净。将已洗净的沉淀及滤器一起放入60 ℃烘箱中烘至稍干即可。将已烘干的沉淀连带滤纸，无损地转入开氏瓶中，以下操作步骤同14.2.1.4。

注2. 称样量的大小取决于样品的含氮量。若含氮为1.0%～5.0%，称样量为0.30 g，可根据含氮量的水平适当增减称样量。

注3. 在消煮过程中须经常转动开氏瓶，使喷溅在瓶壁上的样品及早回流至硫酸溶液中，特别是开始消煮后不久，会有大量气泡向上逸，不宜升温过快，以防溢出。

注4. 核对试验是将已知量的NH_4^+－N标准溶液（如100 mg·L^{-1} NH_4^+－N标准溶液10 mL，其中含N1 mg）放入半微量定氮蒸馏装置中，按样品测定同样操作步骤进行蒸馏、滴定，用以检验蒸馏过程中的误差大小。

14.2.2 同类种子中蛋白质的测定（染料结合-DBC法）[2]

14.2.2.1 *方法原理*　蛋白质中的碱性氨基酸（赖氨酸、精氨酸和组氨酸）的-NH_2、咪唑基和胍基以及蛋白质末端自由氨基在pH=2～3的酸性缓冲液体系中呈阳离子状态存在，可以和偶氮磺酸染料类物质如橘黄G、酸性橙12#等的阴离子结合，形成不溶于水的蛋白质—染料络合物而沉淀下来，通过测定一定量样品与一定量体积的已知浓度染料溶液反应前后溶液中染料浓度的变化，可计算出样品的染料结合量，即每克样品所结合的染料的毫克数。染料结合量的大小反映出样品中碱性氨基酸的多少。在小麦、大麦、水稻、大豆、花生等种子中蛋白质的含量与碱性氨基酸的含量之间有很好的相关性。因此，可以用染料结合量来评比同种作物种子大量原始材料之间蛋白质含量的高低。

如果要从染料结合量来计算样品的粗蛋白质的含量，则需用开氏法测定同类种子的一批样品的粗蛋白质的质量分数，同时也用染料结合法测定其染料结合量，然后求出粗蛋白质含量（%）对染料结合量的回归方程或绘出回归曲线。这样，测定未知样品的染料结合量，就可以从回归方程计算或查回归线得到粗蛋白质（%）含量。若只需比较蛋白质含量的高低，如在筛选同种作物种子的大批样品时，不必知道蛋白质的绝对含量，只要测定样品的染料结合量即可进行比较。

该法是间接测定种子中蛋白质的方法。方法简单、快速，与开氏法的相关性较好，但准确性较差，适用于大批样品的筛选工作。美国谷物化学协会将该法列为分析小麦蛋白质含量的正式方法（AACC11－2－72）。现已有据此方法原理而设计的蛋白质分析仪。这里必须指出该法对随意混合物的样品不适用。

14.2.2.2 主要仪器 万分之一天平、水平振荡器、离心机、GXD－201型蛋白质分析仪或721型分光光度计。

14.2.2.3 试剂 染料溶液[注1]。称取柠檬酸（$C_6H_8O_7 \cdot H_2O$，分析纯）20.70 g和 $Na_2HPO_4 \cdot 12H_2O$（分析纯）1.44 g溶于300～400 mL水，全部转入1 000 mL容量瓶中。另外准确称取橘黄G（$C_{16}H_{10}O_7N_2S_2Na_2$，分子量452.38）1.000 g，加少量水在80 ℃水浴上溶解，无损地转入上述容量瓶中，再加入100 g·L^{-1}百里酚酒精溶液3～5滴以防腐，定容。此溶液为1.000 g·L^{-1}染料溶液。

14.2.2.4 操作步骤

（1）标准曲线制作。与样品测定的同时，取1.000 g·L^{-1}的染料溶液10、30、50、60、70、80 mL放入100 mL容量瓶中，用水定容，即得浓度系列为0.1、0.3、0.5、0.6、0.7、0.8 g·L^{-1}的染料标准溶液，用GXD－201型蛋白质分析仪测透光率（T），并用半对数坐标纸上绘制浓度—透光率（T）值的标准曲线。如无该型号的蛋白质分析仪，也可以把残余的染料溶液用水稀释50倍后，用0.5 cm比色杯和482 nm的波长，在721分光光度上测定吸收值（A）绘制标准曲线。

（2）样品的测定。称取通过0.25 mm筛子的谷物样品[注2]200～700 mg，放入30 mL试管中，加入1 mg·mL^{-1}染料溶液20 mL，盖紧试管口，在水平振荡器上振荡60 min，使样品和染料溶液充分反应[注3]，取反应后的浑浊液（8～10 mL）注入离心管中，以3 000 r/min的速度离心8～12 min，至上部溶液澄清为止，以下操作步骤同标准曲线。

（3）回归方程。选取粗蛋白质含量从低到高（如小麦种子粗蛋白质含量可以从7.0%～17.0%）的同一类谷物样品35个左右，用开氏法测其粗蛋白质含量（%），并用上述方法测定各样品的染料结合量。根据所得的结果，计算出染料结合量（mg·g^{-1}）与蛋白质含量（%）之间的回归方程。

14.2.2.5 结果计算 样品的染料结合量计算公式如下：

$$B=V(\rho_0-\rho)/m$$

式中：B——每克样品所结合的染料的毫克数（$mg \cdot g^{-1}$）；

V——加入染料溶液的总体积（mL）；

ρ_0——染料溶液的初始浓度（$mg \cdot mL^{-1}$）；

ρ——染料结合反应后残余溶液中的染料浓度（$mg \cdot mL^{-1}$）；

m——样品的质量（g）。

样品的蛋白质含量（%）。将样品的 DBC 值（即"B"值）代入回归方程，计算样品蛋白质的含量。

14.2.2.6 注释

注 1. 在偶氮磺酸染料中，除橘黄 G 外，也可以使用酸性 12#（Acid Orange 12#，缩写 AO_{12}，$C_{16}H_{11}O_4N_2SNa$，分子量 305.37），它的分子结构与橘黄 G 基本相同，也含有一个偶氮发色基团，但只有一个磺酸基，即一个结合碱基的位置（橘黄 G 二个），后者每个碱基结合点引起的颜色变化约是橘黄 G 的 2 倍。故其更适合于在染料结合法中应用，它们在 482 nm 左右有一个较宽的吸收峰，便于比色测定。

注 2. 样品称样量按蛋白质含量的高低而定。水稻、小麦、大麦等可称取 500 mg，玉米称取 700 mg，大豆称取 200 mg，花生及鱼粉等可少一些。

注 3. 染料结合反应的条件，如染料的 pH、样品的粒度、振荡反应的时间和温度等影响到测定的结果，故应力求每次测定的反应条件一致，特别是测定样品与测定回归方程的样品时的反应条件一致。

14.2.3 同类种子中蛋白质的测定（双缩脲法[2]）

14.2.3.1 方法原理 蛋白质的肽键（$-NH-\underset{|}{\overset{R}{C}}H-CO-NH-\overset{R}{\underset{|}{C}}H-CO-$）结构，具有类似于双缩脲的反应基团。在碱性条件下能与 Cu^{2+} 生成紫红色可溶性络合物，蛋白质含肽键多时反应呈紫色，反之肽键少时，反应呈红色。这种颜色反应称为双缩脲反应（或称缩二脲反应）。实验证明，蛋白质溶液浓度在 1～15 mg 之间，其呈色溶液的吸收值与蛋白质含量成正比关系。故可用此反应进行蛋白质的测定。

本法须用开氏法作标准回归方程。经试验其与开氏法的相关性较好，适用样品广泛，如小麦、大麦、水稻、玉米和高粱等蛋白质的测定，皆能获得良好的效果，且方法快速，使用仪器设备简单，尤适用于大批品种选择用(注1)。

14.2.3.2 主要仪器 恒温水浴锅、离心机、721 型分光光度计。

14.2.3.3 试剂 双缩脲试剂。在 500 mL 容量瓶中依次加入下列溶液，

40 g · L^{-1} $CuSO_4$ 30 mL，25 g · L^{-1}酒石酸钾钠 100 mL，再缓慢加入 5 mol · L^{-1} KOH30 mL，用去离子水定容。使用时将此溶液与等体积透明的异丙醇混合。若溶液中出现浑浊或沉淀，则不宜使用(注2)。

14.2.3.4 操作步骤

(1) 样品的测定。准确称取过 60 目筛的样品 0.050～0.100 g（含蛋白质在 1～15 g · L^{-1}范围内），放入干燥试管中，再用移液管加入 10 mL 双缩脲试剂，充分搅拌，于 40 ℃水浴放置 15 min(注3)，并经常搅拌。然后过滤或用 4 000 r · min^{-1}离心 10 min(注4)，取清液用 550 nm 波长比色，从标准回归方程查得蛋白质含量。

(2) 标准回归方程的测定。分别称取 0.050 0～0.120 0 g 待测定谷物样品 20～30 个（也可用蛋白质含量差异大的样品 30 个左右），先用开氏法测出其蛋白质的含量，然后按上法显色并测定吸收值 A，作出标准回归方程。

14.2.3.5 结果计算

蛋白质（%）＝回归方程计算得蛋白质含量（g）×100/样品质量（g）

14.2.3.6 注释

注 1. 该法为美国谷物化学协会（AACC）测定谷物蛋白质的正式方法，且已有据此法原理为基础的快速测定蛋白质的自动分析仪。

注 2. 一般的生化分析中采用的双缩脲试剂是碱性硫酸铜水溶液，不适用于种子蛋白质的分析，因为它不稳定，而且会浸出有色物质、脂肪及一些淀粉物质，干扰比色测定。而异丙醇双缩脲试剂，可以减少这些物质的溶解，排除干扰。对一些颜色较深的种子测定，则应先以四氯化碳处理已称好的样品，并用10 g · L^{-1} H_2O_2降解有色物质，然后再加入双缩脲试剂，以消除对测定结果的影响。

注 3. 本法对温度及时间的要求严格，否则再现性不高。采用室温 20～25 ℃，须于 120～190 min 内比色；40 ℃为 15～70 min 显色稳定；而在 60 ℃连续振荡条件下显色，则反应时间缩短为 5 min。

注 4. 离心须用 6 000 r · min^{-1}，10 min 可得澄清液，小于 4 000 r · min^{-1}的效果不佳。

14.3 氨基酸的测定[2,3,4]

氨基酸分析方法包括测定氨基酸的总含量及测定全氨基酸中每种氨基酸的含量两个方面。测定氨基酸总量的方法与蛋白质分析有密切的关系。许多测定蛋白质全氮含量的方法如开氏定氮法及各种比色法均可用于测定氨基酸的总含量。此外，测定氨基酸总含量的方法还有氨基氮的甲醛滴定法、测定氨基氮的范司克莱法及茚三酮比色法。后一方法简单，快速，广泛应用于实际工作中。

近代发展起来的各种色谱法是分析全氨基酸的有力工具。薄层层析是60年代发展起来的分析方法，它操作简便、设备简单、层析速度快、灵敏度高，广泛应用于分离和测定氨基酸。近20年来应用气相色谱法分析氨基酸已进行了大量的工作。气相色谱法具有分析速度快、灵敏度高的特点，仪器的成本也比氨基酸自动分析仪低。尤其是在分析氨基酸的对映异构物及超微量（ng）样品中气相色谱有特殊的作用。

氨基酸自动分析仪是应用最广泛的分析氨基酸的专用仪器。该仪器的基本原理仍然是Moore和Stein所建立和发展的离子交换柱层析进行分析。

总之，分析氨基酸的方法及仪器种类很多，我们只能有选择地介绍几种分析方法。

14.3.1　全氨基酸和动植物游离氨基酸的分析（氨基酸分析仪法）[2,5]

14.3.1.1　*方法原理*　氨基酸分析仪的中心是离子交换层析柱，当流动相（缓冲溶液）推动氨基酸流经装有阳离子交换树脂的色谱柱时（日立835-50为磺酸型Na^+柱），氨基酸与树脂中的交换基团进行离子交换，当用不同的pH值的缓冲溶液进行洗脱时，因交换能力的不同而将氨基酸混合物分开，流出色谱柱的氨基酸再与茚三酮在100℃下反应生成紫色物质茚二酮炔-茚二酮胺（DYDA），显色后的氨基酸由光度计检测；大多数氨基酸与茚三酮均有此反应，所形成的DYDA在570 nm处有最大的吸收峰。但脯氨酸、羟脯氨酸与茚三酮生成黄色物质，在440 nm处有一吸收峰，通过光度计对这两个波段的检测，由记录器给出层析图谱，附有数据处理机的氨基酸自动分析仪可直接给出50 μg样品中含有各种氨基酸的纳克（ng）数。

14.3.1.2　*主要仪器*

（1）835型高速氨基酸分析仪。

（2）真空装置。用油旋转泵及真空管（图14-1）。

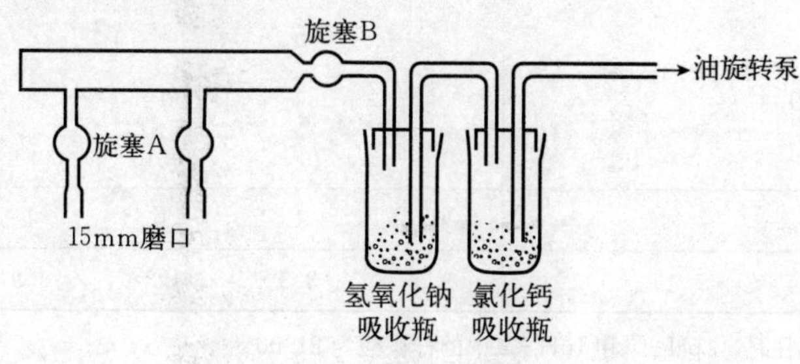

图14-1　真空装置

（3）煤气喷灯。使用硬质玻璃水解管时，使用氧气。

（4）恒温器。110℃，最好用铝合金制的热处理槽。

（5）旋转蒸发器。

（6）水解用玻璃试管。最好用硬质玻璃制成（图 14-2）。

（7）均化器（旋转式混合器）。

14.3.1.3 试剂

（1）6 mo L·L^{-1} HCl。

（2）880 mL·L^{-1} 甲酸。

（3）300 g·L^{-1} H_2O_2。

（4）β-巯基乙醇。

（5）750 mL·L^{-1} 乙醇。

（6）柠檬酸盐缓冲溶液和水合茚三酮溶液的配制方法见表 14-3 和表 14-4。

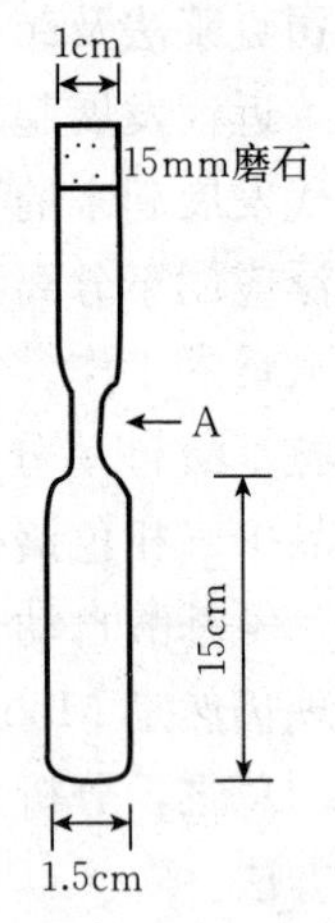

图 14-2 水解管 A 处熔封

表 14-3 蛋白质水解物分析用缓冲溶液

缓冲液	1pH-1*	1pH-2	1pH-3	1pH-4	1pH-RG
用途	洗提液				柱再生
	1	2	3	4	
Na^+浓度 mol·L^{-1}	0.2	0.2	0.2	1.2	0.2
1. 蒸馏水（mL）	700	700	700	700	700
2. 柠檬酸钠（$Na_3C_6H_5O_7·2H_2O$）(g)	7.74	7.74	14.71	26.67	—
3. 氯化钠（g）	7.07	7.07	2.92	54.35	—
4. 柠檬酸（$H_3C_6H_5C_7·2H_2O$）(g)	20.00	20.00	10.52	6.10	—
5. 氢氧化钠（g）	—	—	—	—	8.0
6. 乙醇（mL）	130	20	—	—	—
7. 苯甲醇（mL）	—	—	—	5	—
8. 硫二醇（mL）	5	5	5	—	—
9. BRIJ-35**（g）	4	4	4	4	4
10. 辛酸（mL）	0.1	0.1	0.1	0.1	0.1
11. 总体积（L）	1	1	1	1	1
12. 标准 pH	3.3	3.3	4.3	4.9	—

* 装有去氨柱时，1pH-1 和 1pH-2 中的柠檬酸为 21.00 g。

** BRIJ-35（25 g 溶于 100 mL 水，加热至 50℃。）为表面活性剂商品名，作为一般试剂出售。

表 14-4 水合茚三酮配制表

组成	搅拌时间 (min)	溶液 1	溶液 2
1. 蒸馏水 (mL)		150	600
2. 乙酸钠 (NaOAc) (g)		82	328
3. 冰乙酸 (CH_3COOH) (mL)		25	100
4. 缓冲液总体积 (mL)		250	1 000
5. pH		5.5	5.5
6. 乙二醛甲醚 (mL)	20*	750	3 000
7. 茚三酮 (g)	15	20	80
8. $TiCl_2$ 溶液 (mL)	10	1.7	6.8
9. 总体积 (mL)		1 000	4 000

* 为通 N_2 搅拌时间。

14.3.1.4 操作步骤

(1) 全氨基酸试样的制备。

① 取样。按常法粉碎的试样，精确称取含蛋白质约 10 mg 的量，置于水解管中，加 6 mol·L^{-1} HCl 10 mL。如果是液体试样，加入与试样等量的浓盐酸。

② 脱气。如图 14-4 所示，在真空装置上安装水解管，用真空泵脱气。将旋塞（图 14-2 的 A）开启数次进行脱气。脱气完后，在水解管的 A 处用煤气喷灯溶化，使其密封。

③ 水解。用 110 ℃恒温器水解 22 h。

④ 去除盐酸。水解完后，把水解管开封，用旋转蒸发器去除盐酸。干涸后，用蒸馏水溶解，再次干涸（在 50 ℃以下干燥）。

⑤ 试样溶液的制备。去除盐酸的试样，溶于 10 mL 的柠檬酸钠缓（pH-2）冲溶液中。

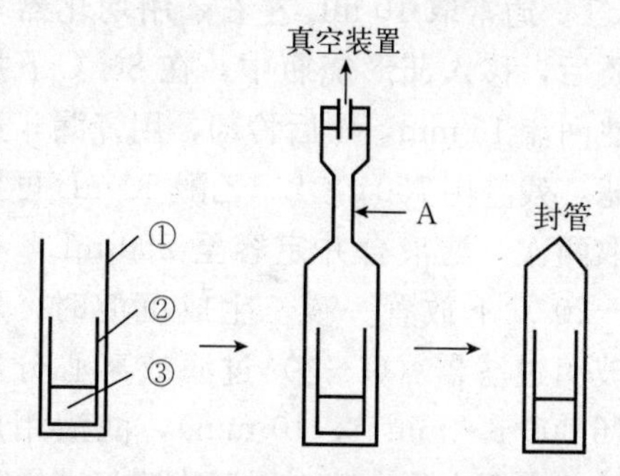

图 14-3 测定色氨酸用水解管和程序
① 玻璃管 ② 聚乙烯管 ③ 试样
A. 在这里熔封

(2) 胱氨酸及色氨酸的水解。由于胱氨酸及色氨酸在用盐酸水解时被破坏，所以必须另行分解。

① 胱氨酸。胱氨酸被过甲酸氧化成半胱酸后，用盐酸水解。将含有胱氨酸 0.25～1.00 μmol 的试样溶于 880 mL·L^{-1} 的甲酸 10 mL 中，取此试样溶液 0.5 mL 置于具塞试管中，加入过甲酸溶液（300 mL·L^{-1} 过氧化氢水和 880 mL·L^{-1} 甲酸按溶积 1：9 的比例混合，室温下放置 1 h 后使用）2 mL，

在 0 ℃下放置 4 h，氧化终了后，用旋转蒸发器去除过甲酸，然后用含 0.2～0.4 mL·L^{-1} β-巯基乙醇的 6 mol·L^{-1} HCl 溶液按[14.3.1.4,(1)]步骤水解。

② 色氨酸。色氨酸试样要加碱水解。取含有色氨酸 1～2 mg 的试样，置于聚乙烯管中，将此管封在玻璃管中（图 14-3）。加入 4.2 mol·L^{-1}氢氧化钠溶液 100 mL 和硫代二甘醇 0.3 mL，脱气后，封管，在 110 ℃下水解 24 h。分解物用 6 mol·L^{-1} HCl7 mL 中和，再用 pH4.2 的柠檬酸缓冲溶液调整 pH 为 4.5，定容至一定量。

（3）植物性产品中游离氨基酸试样的制备。

把试样细切或粉碎，取 20～50 g 置于乙醇中，使乙醇最终浓度为 750 mL·L^{-1}。通常取 10 mL 左右，用均化器均质后，移入茄形烧瓶中，在 80 ℃下加热回流 15 min，然后冷却，用瓷漏斗过滤，残渣用 750 g·L^{-1}乙醇 50 mL 再提取两次，滤液合并定容至 250 mL，在 −20 ℃下放置一夜。生成沉淀时，用玻璃过滤器（G-3）过滤或离心分离（6 000 r·min^{-1}，10 min），滤液用旋转蒸发器去除水分，干涸物溶于试样稀释用的缓冲溶液中。

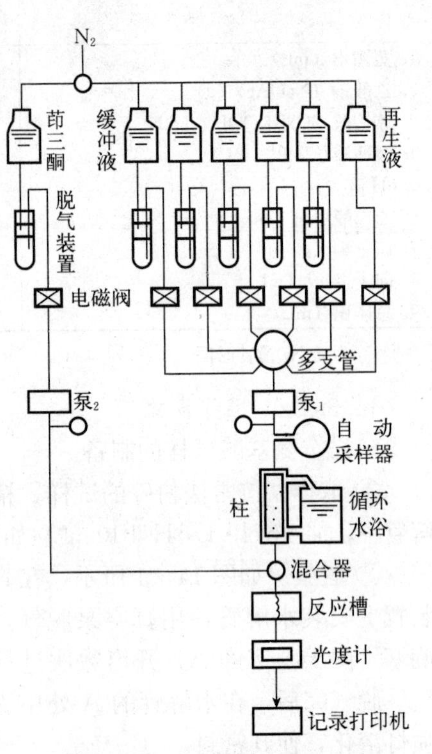

图 14-4　835 型高速氨基酸分析仪的流路系统图

（4）上机测定。具体的测定操作步骤，应根据各种不同型号的氨基酸测定仪详细说明来进行。一般需经下列几个步骤。①样品的水解。②试样中氨基酸浓度的估量，以日立 835-50 型高速氨基酸分析仪为例，上机分析的各种氨基酸浓度应在 1～10 nmol/50μL 为宜。③分析前的仪器检查，一般有水浴及反应槽的温度，泵的流速，缓冲液，茚三酮试剂以及 N_2 气压力等仪器的各种性能检查。④分析程序的设定，须按仪器说明书推荐使用的分析程序操作。⑤混合氨基酸标准样的分析。样品分析前的混合标准样的分析，以打印出混合氨基酸标准样层析图谱的各种参数。⑥试样的分析。最后仪器分析试样，打印出全氨基酸的色谱图，以绘出各氨基酸组分的纳克数。然后将按试样的质量，稀释倍数及试样水分系数等，计算其结果。

14.3.2 谷物和饲料中赖氨酸的测定（染料结合赖氨酸法—DBL法）[1,2,4]

赖氨酸是一种必须的氨基酸。缺乏赖氨酸，人与动物不仅不能正常发育，还会引起某些疾病。在绝大多数谷物中，赖氨酸是最缺乏的氨基酸，被称为"第一限制氨基酸"。它在谷物贮存、加工过程中，又很不稳定，易于脱去氨基、被氧化或是发生变质而损失破坏，或变成营养上的"无效"。因此赖氨酸的实际含量已成为衡量谷物、饲料蛋白质的重要指标。

测定赖氨酸的方法很多，属于化学的方法有2，4，6-三硝基苯磺酸（TNBS法）、1-氟-2，4-二硝基苯法（FDNB法）[3]、2-氯-3，5-二硝基吡啶法（CNPY法）等。这些方法共同缺点是操作手续繁长费时，还需要某些特殊的试剂，不适用于成批样品的分析。离子交换色谱法（氨基酸自动分析仪法）仍被认为是标准法，但仪器昂贵不能普及。现介绍在国内外应用较广泛的、简便易行的赖氨酸测定法。

14.3.2.1 *方法原理* 染料结合法可用于测定样品中蛋白质的碱性氨基酸，包括赖氨酸、精氨酸和组氨酸。如果先将样品用丙酸酐处理，丙酸酐便将赖氨酸的-NH_2的酰化掩蔽，使其失去了和染料结合的能力。其反应如下：

$$\text{赖氨酸的 } \varepsilon\text{—}NH_2 + CH_3\text{—}CH_2\text{—}\overset{\overset{\displaystyle O}{\|}}{C}\text{—}O\text{—}\overset{\overset{\displaystyle O}{\|}}{C}\text{—}CH_2\text{—}CH_3 \rightarrow$$

丙酸肝

$$\varepsilon\text{—}HN\text{—}\overset{\overset{\displaystyle O}{\|}}{C}\text{—}CH_2\text{—}CH_3 + CH_3\text{—}CH_2\text{—}COOH$$

丙酰　　　　　　　　丙酸

然后分别测定酰化前后的DBC值。酰化前的测定值为赖氨酸＋组氨酸＋精氨酸。而酰化后只是组氨酸＋精氨酸，以上两项测定结果的差值，就可计算出赖氨酸的含量。

14.3.2.2 *主要仪器* 同14.2.2.2。

14.3.2.3 *试剂*

（1）磷酸盐缓冲溶液。称取KH_2PO_4（分析纯）3.40 g，$H_2C_2O_4 \cdot 2H_2O$（分析纯）20.0 g，分别溶于水中，定量地转入1 000 mL容量瓶中。然后再加入H_3PO_4（850 g·L^{-1}，分析纯）1.7 mL，冰醋酸60 mL和丙酸（分析纯）1 mL，用水定容。

（2）染料溶液。称取酸性橙12#1.363 g，用磷酸盐缓冲液溶解并稀释至1 000 mL。此溶液的浓度为3.89 mmol·L^{-1}，染料的来源和纯度不同，须对染料的浓度进行校正。

（3）半饱和醋酸钠溶液。取一定量的无水 NaOAc 或 NaOAc · $3H_2O$（分析纯），先配成饱和溶液，再用等体积水稀释为半饱和溶液。

（4）丙酸酐（化学纯）。

14.3.2.4 操作步骤

（1）绘制标准曲线。在样品分析的同时，分别吸取 3.89 mmol · L^{-1}染料溶液 28.3、30.9、33.4、36.0、14.6、41.1、43.7、46.3、48.9 mL 置于 100 mL容量瓶中，用磷酸盐缓冲液或水定容，即得浓度为 1.1、1.2、1.3、1.4、1.5、1.6、1.7、1.8、1.9 mmol · L^{-1}的染料工作溶液。吸取各工作液 20.00 mL 分别加入半饱和 NaOAc 溶液 2.00 mL 及磷酸盐缓冲液 0.20 mL，充分混匀，在 GXD－201 型蛋白质分析仪上测定透光率 T 值。在半对数坐标纸上，以透光率为纵坐标，染料浓度为横坐标，绘制工作曲线（也可以用磷酸盐溶液稀释 50 倍后，用 0.5 cm 比色杯和 482 nm 波长，以 721 型分光光度计测吸收值 A，用普通直线坐标纸绘制工作曲线）。

（2）样品的测定。按表 14－5 称取已粉碎过 60 目筛酰化和不酰化样品各两份(注1)，准确至 0.4 mg。分别加入 30～35 mL 具塞玻璃的或聚四氟乙烯的试管中，标明为 A、B 管（酰化样品）和 C、D 管（不酰化样品）。同时应另称样品测定水分含量。

表 14－5　谷物、油料籽粒的称样量

样品种类	称　样　量（mg）	
	酰化样品	不酰化样品
水　稻	700 或 800	500 或 600
麦　类	500	400
普通玉米	800	600
高赖氨酸玉米	700 或 500	400 或 500
高　粱	1 000	700
谷　子	900	700
大　豆	180	100
其它豆类	275	175
花生仁	300	200
向日葵子	200	150
棉　子	125	90

丙酰化反应。各管分别加入 160 g · L^{-1} 乙酸钠溶液 2.00 mL（籼稻加 80 g · L^{-1}乙酸钠溶液），然后加丙酸酐 0.20 mL 于 A、B 管中，加缓冲溶液 0.20 mL 于 C、D 管中。盖紧塞子，置于往复振荡机上振荡 10 min。

染料结合反应。向 A、B、C、D 管中各加入 3.89 mmol · L^{-1}染料溶液

20.00 mL，盖紧塞子，放置振荡机上振荡 1 h（籼稻、豆类 2 h，油料种子 2 h 或更长），使染料结合反应达到平衡。

离心。将以上反应液在 3 000～4 000r·min^{-1}下离心 10 min。

测定。在 GXD-201 型蛋白质分析仪上测透光率 T 值或 721 型分光光度计上测吸收值 A 值［同上操作步骤（1)］。

14.3.2.5 结果计算 由测得透光率 T 或吸收值 A，在标准曲线上查得或由回归线计算得到的剩余染料溶液的浓度（mmol·L^{-1})，样品中的赖氨酸的浓度按下公式计算：

$$赖氨酸(\%)=\{[3.89-(1.11\times c_{C\cdot D})]/m_{C\cdot D}-[3.89-(1.11\times c_{A\cdot B})]/m_{A\cdot B}\}V\times 10^{-3}\times 146.2\times 100$$

式中：$c_{A\cdot B}$、$c_{C\cdot D}$——各为酰化与不酰化样品的剩余染料溶液浓度（mmol·L^{-1})；

$m_{A\cdot B}$、$m_{C\cdot D}$——各为酰化与不酰化样品质量（mg)；

V——为加入染料溶液量（mL)；

10^{-3}——将 mL 换算为 L；

1.11——为（20+2+0.2）与 20 之体积比；

3.89——酸性橙红染料溶液初始浓度（mmol·L^{-1})；

146.2——赖氨酸的摩尔质量（g·mol^{-1})。

14.3.2.6 注释

注：残余染料浓度的大小对测定结果有影响。在染料结合反应中，当染料溶液的浓度和体积一定时，反应后残余染料的浓度决定于样品中碱性氨基酸的含量及样品称样量。因此要调节称样量，使染料结合反应后残余染料的浓度在 1.2～1.8 mmol·L^{-1}的范围内。而且为了获得可比较的结果，消除各种影响因素的干扰，加入丙酸酐（样品 A、B）及未加入丙酸酐（样品 C、D）的两份样品的残余染料浓度应彼此接近。因此，应称取两份不等量的样品。根据样品中碱性氨基酸含量的不同，加入丙酸酐的样品与未加入丙酸酐的样品的称样量比约为 1.4∶1。根据一些单位研究结果，推荐的称量列于表 14-5 中。

14.3.3 色氨酸的测定——乙醛酸法[1,2,4]

色氨酸也是重要的必需氨基酸之一。它在人与动物的新陈代谢中起着重要的作用，某些代谢产物对人类的大脑功能及生长发育影响很大。已经发现人类缺乏色氨酸会患癞皮病。然而色氨酸在绝大多数谷物中含量很低，且易被氧化和光解。它已被公认为“第二限制性氨基酸”。因此，不管从育种还是从营养的观点出发，色氨酸的测定都是十分重要的。然而，色氨酸在酸性的介质中很不稳定，长期以来，人们一直在探索一种能适用于多种材料而又简单易行的测定方法。目前提出的方法很多，归结起来有三类：一是找出一种理想的水解方法，使色氨酸和其它的氨基酸一样，且用离子交换色层进行测定；二是暴露具有反应活性的吲哚环，然后与某些试剂反应生成带色化合物，进行比色测定；三是利用色氨酸天然特有的近紫外吸收峰，对色氨酸进行分光光度或荧光测定。其中简单快速的乙醛酸法(注1)尤适用于大量样品筛选。

14.3.3.1 方法原理　谷物中蛋白质经木瓜蛋白酶作用水解出色氨酸，然后在浓硫酸存在的情况下，Fe^{3+}可将乙酸氧化为乙醛酸，2 mol 色氨酸能与1 mol乙醛酸缩合，产生 Hopkins - cole 反应，生成红紫色的化合物，反应式如下：

$$2\,\text{(吲哚基)}-CH_2CH(NH_2)COOH + HC(=O)\cdot COOH \xrightarrow[\text{脱水}]{\text{浓}H_2SO_4} [\text{(吲哚基)}-CH_2CH(NH_2)COOH]_2-CHCOOH + H_2O$$

色氨酸　　乙醛酸（$CH_3COOH \xrightarrow{Fe^{3+}}$ 氧化之）　　红紫色化合物

其红紫色的强度与色氨酸的含量在一定范围内成正比，其最大的吸收峰在545 nm，可进行比色测定。

14.3.3.2 主要仪器　培养箱、分光光度计。

14.3.3.3 试剂

(1) 混合显色剂。①称取 $FeCl_3.6H_2O$ 270 mg，用水 0.5 mL 溶解后，再用冰醋酸溶解稀释至1 L(注2)。②15 mol·L^{-1} H_2SO_4。使用前1～2 h将试剂①和②等体积混合，混合时防止发热，可在冰水中进行。

(2) 0.1 mol·L^{-1}醋酸钠缓冲溶液。称取醋酸钠 16.406 g 于 2 L 容量瓶中，用水溶解并稀释至刻度，并用醋调节 pH 至 7.0。

(3) 木瓜蛋白酶溶液。称取木瓜蛋白酶 400 mg 溶于 100 mL0.1 mol·L^{-1}醋酸钠缓冲溶液中。

(4) 色氨酸标准溶液。

① 贮备液。准确称取经 105 ℃干燥 2 h 的 L—色氨酸 20 mg，加少量温水溶解后，洗入 200 mL 棕色容量瓶中，用醋酸钠缓冲溶液稀释至刻度，浓度为100 μg·mL^{-1}。

② 工作液。分别吸取 0、5、7.5、10、15、20 mL 贮备液于 50 mL 容量瓶中，用醋酸钠缓冲溶液稀释至刻度，此浓度为 0、10、15、20、30、40 μg·mL^{-1}系列色氨酸标准溶液。

14.3.3.4 操作步骤　称取风干磨碎过 60 目筛的脱脂谷物样品 100 mg 于

具塞试管中，加木瓜酶液 5 mL，混匀后放入 65 ℃培养箱 16 h，另用木瓜酶液 5 mL 作空白，在培养的第一个小时内，每隔 30 min 摇 1 次。16 h 后取出水解液，摇匀，冷却至室温，在 3 000 r・min^{-1}离心 10 min。吸上清液 1 mL 于试管中，加混合显色剂 4 mL，摇匀，置 65 ℃培养箱中显色 15 min。取出冷却至室温，在最大吸收峰 545 nm 波长比色得吸收值（A）。

标准曲线绘制。分别吸取浓度为 0、10、15、20、30、40 μg・mL^{-1}系列色氨酸标准溶液各 1 mL，于具塞试管中，各加入混合显色剂 4 mL，同样品相同条件下显色后比色，并绘制色氨酸质量浓度（μg・mL^{-1}） 吸收值（A）标准曲线。

14.3.3.5　结果计算

色氨酸含量（%）＝比色查得色氨酸（μg・mL^{-1}）$\times 5 \times 10^{-3} \times 100/m$

式中：　m——样品质量（mg）；

10^{-3}——μg 换算 mg 的系数；

5——培养液总体积（mL）/测定时吸取待测液的体积（mL）。

14.3.3.6　注释

注 1. 本方法简便、快速，有一定的准确度和精密度，适用于大量样品的筛选测定。

注 2. 因冰醋酸中一般含有低量的乙醛和高含量的乙醛酸，否则不显颜色，为此可在试剂（1），①中加入的 80 mL・L^{-1}乙酸酐，可解决显色问题。

主要参考文献

[1] 南京农业大学主编．土壤农化分析．北京：中国农业出版社．1996，231～244

[2] 鲍士旦主编．农畜水产品品质化学分析．北京：中国农业出版社．1996，30～84

[3] 黄伟坤等编．食品检验与分析．北京：中国轻工业出版社．1997，48～71

[4] 中国土土壤学会农业化学专业委员会编．土壤农化常规分析法．北京：科学出版社，1983，324～337

[5] 牛森等编．作物品质分析．北京：农业出版社．1992，67～93

[6] 日本食品工业学会《食品分析法》编委会编．郑州粮食学院翻译组译．食品分析法．成都：四川科学技术出版社．1985，344～355

[7] International Association for Cereal Chemistrye，Method for the determination of protein in cereal and cereal products. ICC standard. 1960，105

[8] Sidney Willams（ed.），Official methods of analysis of the Association of Official Analytical Chemists 14th edition. 1984，153～264

思　考　题

1. 什么是粗蛋白质？如何测得纯蛋白质的含量？

2. 主要农作物的蛋白质换算系数是多少？为什么不同作物的籽粒其蛋白质换算系数会有差异？

3. 含硝态氮高的样品，如何测定其蛋白质含量？

4. 蛋白质的沉淀剂有哪些？它们各有什么优缺点？

5. 为什么染料结合法、双缩脲法能用于测定蛋白质含量？其方法原理，适用范围是什么？为什么它们都不能直接测得蛋白质的含量？

6. 氨基酸分析仪法测定氨基酸含量时有哪些主要步骤？

第十五章

农产品中碳水化合物的分析

15.1 概　述

碳水化合物是多羟醛、多羟酮及其缩聚物和某些衍生物的总称。它是自然界中最丰富的有机化合物，主要存在于植物体，占植物干重的50%～80%；在动物体中含量较少，仅占动物干重的2%以下。在农产品中，谷类食物、水果、蔬菜及牧草的主要成分是碳水化合物，棉、麻、竹、木等几乎全是纤维素组成。粮食（各类）含有丰富的淀粉；甘蔗、甜菜含大量的蔗糖；鲜果含有较多的果糖、果胶。碳水化合物通常包括葡萄糖、果糖、麦芽糖、乳糖、蔗糖、淀粉、纤维素、果胶等。

碳水化合物是绿色植物光合作用的主要产物，又是人类和动物体能量的主要来源，它在新陈代谢中起着重要的作用。由此可见，在整个生命活动中碳水化合物是仅次于蛋白质、氨基酸的另一类重要物质，在农产品评价利用中，无一不与碳水化合物密切相关。

世界上以谷类作物为主食的国家和地区较多，有些国家和地区人民膳食中谷类食物较少，动物性食品多，蛋白质、油脂和食糖都很高。

现代营养研究工作者指出，合理的膳食组成中，碳水化合物应占热能的50%～70%，但不大于70%，其中食糖的热能不能超过15%。

在人类食物或饲料成分中，碳水化合物量通常以总碳水化合物或无氮抽出物来表示，二者都以差减法计算：

总碳水化合物（%）＝100－(水分＋粗蛋白质＋粗灰分＋粗脂肪)(%)

无氮抽出物（%）＝100－(水分＋粗蛋白质＋粗灰分＋粗脂肪＋粗纤维)(%)

现代营养工作者将总碳水化合物分为两类，即有效碳水化合物和无效碳水化合物，后者称为膳食纤维。

总的碳水化合物{单糖、低聚糖、糊精、淀粉、糖原——有效碳水化合物
果胶、半纤维素、纤维素、木质素——无效碳水化合物(膳食纤维)

食物或饲料中总碳水化合物量，虽然可用（上式）减差法算出，但分别测定食物或饲料中各种碳水化合物的含量，已日益为人们所重视。

碳水化合物主要包括水溶性糖、淀粉、纤维素等。农产品中主要糖分有单糖（葡萄糖和果糖）及双糖（蔗糖），它们都溶于水也溶于酒精，统称水溶性糖或可溶性糖。其分析意义，可分为三类：①为了研究植物不同生长期体内CN代谢，常须分析水溶性糖。②水果、蔬菜中糖分分析，以评价其品质及其在贮运过程中含糖量的变化。③糖用甜菜、甘蔗等糖料作物中糖的分析以及动物饲料中糖的分析等，由于样品中糖分的组成和含量不同，要求也不同，应选择不同方法进行分析。因此，可溶性糖的测定，对于鉴定果蔬、糖用作物等品质，以及对改进栽培技术和选择合适的贮藏方法都有重要意义。

淀粉作为植物的贮藏物质，大量地存在于禾本科种子和薯类作物块根、块茎中，例如禾本科种子中淀粉含量可达干重的50%～80%，块根、块茎中可达鲜重的20%～30%（表15-1）。

表15-1 各种作物食用部分的淀粉含量（干重%）

作 物	淀 粉	作 物	淀 粉
水 稻	75～80	玉 米	58.2～68.3
小 麦	48.6～70.2	大 豆	2～9
大 麦	43.6～68.3	豌 豆	20.0～48.0
黑 麦	55.2～62.1	马铃薯	10.0～23.0（鲜重）
燕 麦	31.5～61.6		

淀粉是人们食品及家畜、家禽饲料的主要成分，也是食品加工工业及轻工业的重要原料之一，对它们的分析，无疑是十分重要的。

纤维素是植物细胞壁的主要成分，它常和半纤维素及木质素在一起，是碳水化合物中较难分解的成分。现代医学上认为，它们在人们食物消化中有助于肠的蠕动作用，因而对人类健康大有脾益，主张多食用富含纤维素的果蔬类；而饲料中纤维素含量又和粗、精饲料的配合有关，所以纤维素的分析在食用及饲料应用上皆有其价值和意义。

15.2 水溶性糖的测定

农产品中水溶性糖包括单糖（葡萄糖、果糖）、双糖（蔗糖）。单糖是指用水解方法不能加以分解的碳水化合物。单糖含有α羟基酮（>C=O）或α羟基醛（—CHO），具有还原的特性，称为还原糖；蔗糖不具有还原性，称非还原糖。但蔗糖（双糖）经水解为单糖后，就又具有还原性。糖的还原性质与测定方法密切相关。

水溶性糖的测定首先须用80℃水浸提出来；也可以用酒精浸提。后者是在样品含淀粉和菊糖高时采用。双糖须经水解转化为还原糖后再测定。还原糖的测定方法很多，有质量法、容量法、比色法及旋光法等。质量法是以还原糖将费林试剂还原产生 Cu_2O 称量为基础的经典法。容量法按所用氧化剂不同可分为铜还原法和铁还原法两类。前者常用费林试剂为氧化剂，后者用铁氰化盐的碱性溶液为氧化剂。还原糖与氧化剂的反应很复杂，常随反应条件如加热温度和时间、试剂的浓度和碱度以及糖的浓度等条件而改变，不能按单一的反应式来定量计算。因此，所有的测定方法都是通过实验所得的经验式或查经验表来计算结果的。所以测定时必须极严格地遵照操作规程进行，否则将产生相当大的误差。为了克服操作上与经验表条件的差异而产生的误差，也有采用系列标准糖液与试剂滴定量绘制成工作时的标准曲线的方法。铜还原法中有铜还原——直接滴定法即 Lane—Eynon's method[1,2]；铜还原法——高锰酸钾容量法，即 Munson—Walker method[2]；夏费—索姆吉法（Shaffer—Somogyi's method）、半微量法[1,2]以及铁氰化钾还原碘量法[1]等。糖的比色法多适于含糖较少的样品测定，如常用的蒽酮法[2]及3，5—二硝基水杨酸比色法（DNS试剂显色）、砷钼蓝比色法（Somogyi 比色法）和钼蓝比色法等。钼蓝法及砷钼蓝法仍是利用斐林试剂与还原糖产生 Cu_2O，Cu_2O 再将钼还原产生的蓝色比色测定的。本节介绍容量法有铜还原——直接滴定法，铜还原——高锰酸钾容量法和铁还原——碘量法，以适于含糖量高的样品的测定。铜还原直接测定法是以标准糖滴定试剂为基准，与绘制标准曲线类似，准确性较高。铁氰化盐碘量法是最常用的测糖方法，条件易掌握，准确性也高。另外介绍铜还原——碘量法（Somogyi 法），以适于牧草、蔬菜及谷物籽粒含糖量较低的样品的测定。另外，水溶性糖总量（包括还原糖和非还原糖），可以在浸提后经稀 HCl 转化测定水溶性糖总量，蔗糖可以从水溶性糖总量减去水解前还原糖含量乘以0.95系数求得蔗糖的含量。糖用作物（甘蔗、甜菜）中蔗糖的含量多采用旋光法测定。

15.2.1 水溶性糖的提取与澄清[8]

水溶性糖的测定首先须用水在80℃浸提出来，也可以用酒精浸提。

水果、蔬菜等通常都用水作提取剂。这些样品中含若干有机酸，为了防止蔗糖等低聚糖在加热时（80 ℃）被部分水解，其提取液应控制中性，为防止糖类被酶水解，应加入氯化汞（$HgCl_2$）。水提取液中，除糖类外还可能含有不少干扰物质，它的存在将拖延下一步测定的过滤时间，或影响到分析结果。干扰物质有蛋白质、氨基酸、多糖及色素等。

乙醇水溶液也是常见的糖类提取剂。糖类在乙醇水溶液中具有一定溶解度，当提取液中乙醇浓度在750～850 mL·L^{-1}时，蛋白质及大多数多糖都不能溶解，若样品中含水量较高，混合液的最终浓度应调整到上述范围内。这种提取剂可避免糖类被酶水解。

澄清剂的作用是沉淀一些干扰物质。因为这些干扰物质将影响糖类的测定。澄清剂应能完全除去干扰物质，但不会吸附糖类，也不改变糖类的比旋光度等理化性质。

（1）中性醋酸铅。这是糖分析中最常用的一种澄清剂。它能除去蛋白质、丹宁、有机酸、果胶，还能凝聚其他胶体。它的作用较可靠，不会使还原糖从溶液中沉淀出来，在室温下也不会形成可溶性的铅糖。但它脱色力差，不能用于深色糖液的澄清。它适用于植物性样品、浅色糖及糖浆制品、果蔬等。

（2）碱性醋酸铅。这种澄清剂能除去蛋白质、色素、有机酸，又能凝聚胶体。但它可生成体积较大的沉淀，可带走还原糖，特别是果糖。过量的碱性醋酸铅可因其碱度及铅糖的形成而改变糖类的旋光度。此澄清剂用以处理深色的蔗糖溶液，以供旋光仪测定之用。

（3）醋酸锌溶液和亚铁氰化钾溶液。它的澄清效果良好，生成的亚铁氰化锌沉淀，〔$2Zn(OAc)_2+K_4Fe(CN)_6 \longrightarrow Zn_2[Fe(CN)_6]\downarrow +4KOAc$〕，可以挟走蛋白质，发生共沉淀作用，适用于色泽较浅、富含蛋白质的提取液，如乳制品。

澄清剂的种类很多，性能也各不相同。应根据提取液的性质、干扰物质的种类、含量以及所采用的糖的测定方法，加以适当的抉择。

通常避免使用过量澄清剂。若用铅盐澄清法（或加铅澄清法），过量试剂会使分析结果失真。甚至中性醋酸铅之类安全的澄清剂，用量也不能过大。当试液在测定过程中进行加热时，铅将与糖类反应，生成铅糖，产生误差。要使这些误差为最小，应使用最少量的澄清剂。也可加入除铅剂来避免铅糖的产生。常见的除铅剂有草酸钾、草酸钠、硫酸钠、磷酸氢二钠等，其用量亦不宜过多。

15.2.2 单糖（还原糖）的测定

15.2.2.1 铜还原——直接滴定法（Lane-Eynon's method）[1,2]。

15.2.2.1.1 方法原理 样品中的水溶性糖可以用 80 ℃温水浸提，但对含淀粉和菊糖高的样品则须用 800～850 mL·L^{-1}酒精浸提，其中还原糖可使费林（Fehling）试剂还原生成 Cu_2O 沉淀，而本身被氧化和降解成糖酸。费林试剂是由 $CuSO_4$ 溶液、NaOH 和 $KNaC_4H_4O_6$ 溶液组成。在碱性溶液中，酒石酸盐可与铜盐形成配离子而不致生成氢氧化铜沉淀。其反应如下：

$$Cu^{2+} + 2OH^- + 2(C_4H_4O_6)^{2-} \longrightarrow [Cu(C_4H_3O_6)_2]^{4-} + 2H_2O$$

在煮沸条件下，用还原糖待测液滴定一定量的费林试剂时，铜的酒石酸配离子被还原糖还原，产生红色 Cu_2O 沉淀，还原糖则被氧化和降解，其反应示意式如下：

$$6[Cu(C_4H_3O_6)_2]^{4-} + \begin{matrix} CHO \\ | \\ (CHOH)_2 \\ | \\ CH_2OH \end{matrix} + 2OH^- + 4H_2O \longrightarrow$$

$$3CuO_2\downarrow + \begin{matrix} COOH \\ | \\ (CHOH)_2 \\ | \\ CH_2OH \end{matrix} + CO_3^{2-} + 12(C_4H_4O_6)^{2-}$$

上述反应是铜还原法测糖的基本原理。

滴定时是以亚甲基蓝为氧化还原指示剂，稍过量的还原糖可使蓝色的氧化型亚甲基蓝还原为无色的还原型亚甲基蓝，即达滴定终点。

(CH₃)₂N—[吩噻嗪环, S⁺ Cl⁻, N]=N(CH₃)₂ ⇌ (2[H] / [O])

蓝色的氧化型亚甲基蓝

(CH₃)₂N—[吩噻嗪环, S, NH]—N(CH₃)₂·HCl

无色的还原型亚甲基蓝

还原糖与费林试剂反应的完全程度与滴定时条件（如加热强度、温度、时间等）有密切关系，故必须严格按照操作规程测定。指示剂也消耗一定量还原糖，所以每次滴定时须按规定加入相同数量的亚甲基蓝。本法适宜于含糖量高的样品（15～50 mL 糖液中含糖 50 mg）。

15.2.2.1.2 主要仪器 高速组织捣碎机、电热恒温水浴锅、玻塞滴定管

(附弯形尖管，图 15－1)。

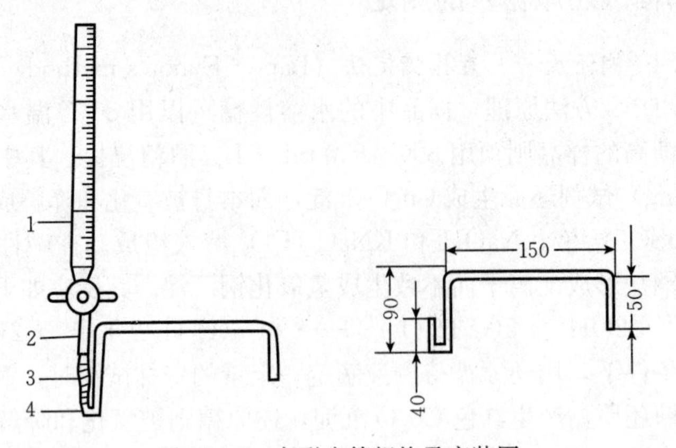

图 15－1 弯形尖管规格及安装图

1. 玻塞滴定管 2. 橡皮圈 3. 橡皮管 4. 弯形尖管（管径为 5 mm）

15.2.2.1.3 试剂

(1) Soxhlet 修正的费林（Fehling）溶液。应用前立刻配制，通过下列费林试剂 A 和 B 溶液等体积混合而制得。

① 费林试剂 A：溶解 $CuSO_4 \cdot 5H_2O$ 34.639 g 于水中，移入 500 mL 容量瓶中，用水定容。

② 费林试剂 B：溶解酒石酸钾钠（$KNaC_4H_4O_6 \cdot 4H_2O$）173 g 和 NaOH50 g 于少量水中，洗入 500 mL 容量瓶中，用水定容。

(2) 100 g · L^{-1} 中性醋酸铅溶液。称 100 g 醋酸铅［$Pb(CH_3COO)_2 \cdot 3H_2O$］（化学纯）溶于水中，过滤后稀释至 1 L。

(3) $Ba(OH)_2$ 饱和溶液。在 100 mL 无 CO_2 水中，加入固体 $Ba(OH)_2 \cdot 8H_2O$（化学纯）约 6 g，用玻棒搅拌，将烧杯盖好过夜，次日滤去未溶物，溶液装在细口瓶中备用。为了防止与空气中 CO_2 接触，应装设碱石灰管及虹吸管。

(4) Na_2SO_4 饱和溶液。称 $Na_2SO_4 \cdot 10H_2O$（化学纯）165 g，溶于 1 L 水中。

(5) 50 g · L^{-1} 硫酸锌溶液。称取 $ZnSO_4 \cdot 7H_2O$（化学纯）50 g，加水溶解，并用水稀释至 1 L。

(6) 850 mL · L^{-1} 及 800 mL · L^{-1} 乙醇（C_2H_5OH）溶液。取 950 mL · L^{-1} 乙醇（分析纯）85 mL，加水稀释至 95 mL，即为 850 mL · L^{-1} 乙醇溶液。取 950 mL · L^{-1} 乙醇 80 mL，加水稀释至 95 mL，即为 800 mL · L^{-1} 乙醇溶液。

(7) 固体草酸钠（$Na_2C_2O_4$）试剂（分析纯）。

(8) 10 g·L^{-1}亚甲基蓝水溶液。称亚甲基蓝 1.00 g 溶于水中，加水稀释至 100 mL。

(9) 2 mg·mL^{-1}葡萄糖标准溶液。称取干燥的葡萄糖（优级纯）0.200 0 g 用少量水溶解后，洗入 100 mL 容量瓶中用水定容。

15.2.2.1.4　操作步骤

(1) 待测液制备。

① 水提取法：清除新鲜水果、蔬菜样品外来污染的杂质，尽可能快地磨细或切碎，混匀，称取样品 25.00～50.00 g（含糖约 2.5 g），置高速组织捣碎机中，加适量水后捣碎（或置研钵中加少量纯石英砂共同研磨），然后小心移入 250 mL 容量瓶中，加水至约 150 mL；或风干已磨细的样品则可称取 0.500～5.00 g，洗入 250 mL 容量瓶中，亦加水至约 150 mL。然后加入粉状 $CaCO_3$ 0.5～1.5 g 中和样品中的酸度（防止浸提过程中蔗糖水解），摇动 1 min，置于 80 ℃水浴中保温浸提 0.5 h，其间摇动数次以利糖分浸提完全。冷却，滴加 100 g·L^{-1}中性醋酸铅溶液至产生白色絮状沉淀，充分摇动混合，静置 15 min，再滴加几滴中性醋酸铅溶液于上部清液中检查是否沉淀完全。如果还有沉淀形成，再摇动，静置，直至不产生白色絮状沉淀为止（2～5 mL），用水稀释定容。用干滤纸过滤。加入足量草酸钠固体到滤液中，使铅沉淀完全，再用干滤纸过滤，再用固体草酸钠少许加到滤液中，检查铅是否沉淀完全。无铅的滤液待用。

② 乙醇提取法：称取剪碎、混匀的新鲜植株样品（含大量淀粉或菊糖的样品）25.00 g 或是干样称 0.500～5.00 g，放入 400 mL 烧杯中，加入 850 mL·L^{-1}乙醇 150 mL 浸泡过夜（另测样品水分）。倒入高速组织捣碎机的杯中捣碎，再倒回原烧杯中，用 800 mL·L^{-1}乙醇将杯壁上的样品洗净，一同倒入烧杯中，过滤入 250 mL 容量瓶中，再用 800 mL·L^{-1}乙醇少量多次洗涤残渣，直至滤液无糖反应为止[注1]。最后以 800 mL·L^{-1}乙醇定容。吸取乙醇浸出液 25.00～50.00 mL（吸取量视含糖量与方法而定），放入瓷蒸发皿中，如溶液呈酸性，用固体 $CaCO_3$ 中和，在 60～80 ℃水浴上蒸干乙醇，后加入少量无 CO_2 水，用橡皮头玻棒将干物质洗下，边搅边加入 $Ba(OH)_2$ 饱和溶液 2～10 mL，至溶液呈淡黄色（碱性），此时絮状蛋白质沉淀物浮在液面。加入酚酞指示剂 1 滴，在不断搅动下加入 50 g·L^{-1} ZnSO4 溶液以沉淀过量的 Ba^{2+}，直到溶液呈微红色时为止。过滤入 50 mL 容量瓶中，用少量水洗涤沉淀后定容，待测。

(2) 还原糖测定。试液呈中性或接近于中性，其滴定步骤如下：

① 约测：准确吸取未混的费林试剂 A 和 B 各 5 mL 或 12.5 mL（或吸取混

合费林试剂 10 mL 或 25 mL)，放入 250 mL 三角瓶中，由滴定管加入待测糖液约 15 mL，置石棉网上加热煮沸，趁沸继续滴加糖液(注2)，滴加速度为 10～15 s之内加入 1 mL，直至溶液蓝色即将消失，加入 10 g・L^{-1}亚甲基蓝指示剂 3 滴，继续滴加糖液，直至蓝色褪尽为止(注3)，记下待测糖液的用量（mL)。

② 精密滴定：准确吸取未混的费林试剂 A 和 B 各 5 mL 或 12.5 mL（或吸取混合费林试剂 10 mL 或 25 mL)，放入 250 mL 三角瓶中，加入待测糖液，其用量比上述滴定量少 0.5～1.0 mL，置石棉网上加热，使之 2 min 内沸腾，维持沸腾 2 min 后，加入亚甲基蓝指示剂 3 滴，再逐滴地加入待测糖液，直至蓝色褪尽。前后总沸时间为 3 min。准确记下待测糖液的消耗量（V_1)，须在 15～50 mL范围内（含糖量近 50 mg)，否则应增减称样量，重新制备待测液。

(3) 费林试剂的标定。同上 15.2.2.1.4（2)，①，②操作条件，葡萄糖标准溶液也分“约测”及“准确测定”二步进行。准确记下消耗标准糖液用量为 V_0（测定 3 次取平均值)。

15.2.2.1.5 结果计算

$$还原糖（\%）=\frac{标准糖溶液浓度（2\ mg\cdot mL^{-1}）\times V_0\times V}{m\times V_1}\times 100$$

式中：V_0——滴定 10 mL 费林试剂所消耗标准葡萄糖液的量（mL)；

V_1——滴定 10 mL 费林试剂所消耗待测糖液的量（mL)；

V——待测糖液的总体积（mL)；

m——样品质量（mg)；

15.2.2.1.6 注释

注 1. 检验糖方法。于白色点滴板的孔穴中加 1%α-萘酚乙醇溶液 2 滴和浓 $H_2SO_4$10 滴，混匀，加入待检的淋洗液 1 滴，1 min 后如无红圈出现，证明糖已洗净。

注 2. 还原糖与碱性酒石酸铜试剂反应速度较慢，必须在加热至沸的情况下进行滴定。为了防止烧伤及便于滴定操作，可于滴定管尖部加接一弯形尖管，弯形尖管规格及安装如图 15-1 所示。并戴上隔热手套操作。

注 3. 无色的还原型亚甲基蓝极易被大气中的 O_2 所氧化，恢复原来的蓝色，故整个滴定过程中三角瓶不能离开电炉，使瓶中的溶液始终保持沸腾状态，液面覆盖水蒸气，不与空气接触。

15.2.2.2 姆松——华尔格法（Munson-Walker 法)[2]（高锰酸钾容量法)

15.2.2.2.1 方法原理 将样品试液与过量的费林氏试剂反应，过滤取得生成物 Cu_2O 后，用直接称量法测知 Cu_2O 的质量；或用容量法测知生成物中铜的质量。然后从表 15-2（哈蒙德，Hammond）表查得与铜量相当的糖量，再计算样品的含糖量。由于这种方法所得结果准确，重现性好，但花费时间较多。美国 AOAC 分析方法 1985 年版介绍此法测定糖和糖浆中的转化糖。

高锰酸钾容量法，其反应为：

$$Cu_2O + Fe_2(SO_4)_3 + H_2SO_4 \longrightarrow 2CuSO_4 + 2FeSO_4 + H_2O$$

$$10FeSO_4 + 2KMnO_4 + 8H_2SO_4 \longrightarrow 5Fe_2(SO_4)_3 + 2MnSO_4 + K_2SO_4 + 8H_2O$$

由反应式可知，10 mol 铜相当于 2 mol 的高锰酸钾，则每毫升 $\frac{1}{5}$ mol・L^{-1} $KMnO_4$ 溶液相当 Cu 量。

$$x \text{为 } 158 : 63.57 \times 5 = \frac{158}{5} : x, \quad x = 63.6 \text{ mg。}$$

所以，已知高锰酸钾滴定量，就可计算成铜的质量，由表 15 - 2 计算样品的含糖量。

15.2.2.2.2　试剂

（1）高锰酸钾标准溶液（约为 0.031 52 mol・L^{-1}）。称取 $KMnO_4$ 4.98 g 溶于水中，煮沸过滤，放冷，稀释至 1 L，此液 1 mL 相当于 10 mg Cu。

（2）硫酸高铁溶液。溶解硫酸高铁（无水）$Fe_2(SO_4)_3$ 55 g 或硫酸铁铵 $FeNH_4(SO_4)_2 \cdot 12H_2O$ 135 g 于水中，稀释 1 000 mL。

（3）Soxhle 修正的费林溶液。同 15.2.2.1.3(1)

（4）邻菲啰啉亚铁指示剂。溶解邻菲啰啉水合物 0.742 5 g 于 0.25 mol・L^{-1} $FeSO_4$ 溶液（$FeSO_4 \cdot 7H_2O$ 6.95 g・L^{-1}）25 mL 中。

15.2.2.2.3　操作步骤　试液应呈中性或弱碱性，应除去还原性干扰成分，并脱去铅。

吸取费林溶液 A，B 各 25 mL，置于 400 mL 玻璃烧杯中，加入样品试液 50 mL，若样品试液容积较少，则可加水将溶液总容积调整到 100 mL。将烧杯置于电炉石棉网上加热，盖上表面玻璃，使之在 4 min 内沸腾，并继续保持沸腾 2 min（此操作必须严格遵守）。立即趁热利用抽滤法通过事先已做好石棉垫的古氏坩埚或玻璃滤器（3、4 号）过滤，用 60 ℃热水沏底洗涤 Cu_2O 沉淀和烧杯，直至不呈碱性为止。并将坩埚或玻璃滤器外壁洗净，然后把古氏坩埚或玻璃滤器移入原烧杯中，加入 $Fe_2(SO_4)_3$ 溶液 50 mL，剧烈搅拌至 Cu_2O 完全溶解。加 2 mol・L^{-1} H_2SO_4 20 mL，用玻棒不断搅拌坩埚，用标准 $KMnO_4$ 溶液滴定。当近终点时，加邻菲啰啉亚铁指示剂 1 滴，达到终点时由棕色溶液变为绿色。由高锰酸钾标准溶液滴定量换算成铜，再查表 15 - 2，计算相当的还原糖质量（mg）。

15.2.2.2.4 结果计算

$$还原糖（\%）=\frac{查表得还原糖 mg 数\times 分取倍数}{样品质量（mg）}\times 100$$

$$式中：分取倍数=\frac{样品试液的总体积}{测定时吸取试液的体积}$$

注：这里还原糖是指葡萄糖或果糖。

表 15-2 哈蒙德（Hammond）表——计算单一的及与蔗糖共存的葡萄糖、果糖、转化糖和乳糖*（麦芽糖值系引自姆松-华尔格表）**

（单位：mg）

铜***	葡萄糖	果糖	转化糖	转化糖和蔗糖			水合乳糖 ($C_{12}H_{22}O_{11}\cdot H_2O$)	水合乳糖 ($C_{11}H_{22}O_{11}\cdot H_2O$) 与蔗糖共存		氧化亚铜****	水合麦芽糖 ($C_{11}H_{22}O_{11}\cdot H_2O$)
				总糖 0.3 g	总糖 0.4 g	总糖 2.0 g		1 分乳糖 4 分蔗糖	1 分乳糖 12 分蔗糖		
10	4.6	5.1	5.2	3.2	2.9	—	7.7	7.7	6.6	10	6.2
20	9.4	10.4	10.2	8.3	7.9	1.9	15.4	15.2	13.6	20	14.6
30	14.3	15.8	15.3	13.4	13.0	7.0	23.6	22.6	20.7	30	22.9
40	19.2	21.1	20.4	18.6	18.2	12.1	30.6	30.1	27.8	40	31.3
50	24.1	26.5	25.5	23.8	23.3	17.3	38.3	37.6	35.0	50	39.6
60	29.0	31.9	30.6	28.9	28.5	22.5	46.0	45.1	42.1	60	48.0
70	34.0	37.4	35.8	34.2	33.7	27.7	53.6	52.5	49.3	70	56.3
80	39.0	42.8	41.0	39.4	38.9	32.9	61.3	60.0	56.5	80	64.6
90	44.0	48.3	46.2	44.7	44.2	38.2	69.0	67.6	63.7	90	73.0
100	49.0	53.8	51.5	50.0	49.5	43.5	76.7	75.1	70.9	100	81.3
110	54.1	59.3	56.7	55.3	54.8	48.8	84.4	82.6	78.1	110	89.7
120	59.2	64.9	62.0	60.6	60.1	54.1	92.1	90.2	85.4	120	98.0
130	64.3	70.4	67.4	66.0	65.5	59.5	99.8	97.7	92.7	130	106.4
140	69.5	76.0	72.7	71.4	70.9	64.9	107.5	105.3	100.0	140	114.7
150	74.7	81.6	78.1	76.8	76.3	70.4	115.2	112.8	107.3	150	123.0
160	79.9	87.3	83.5	82.2	81.7	75.9	122.9	120.4	114.6	160	131.4
170	85.2	92.9	88.9	87.7	87.2	81.4	130.7	128.0	122.0	170	139.7
180	90.4	98.6	94.4	93.2	92.7	86.9	138.4	135.6	129.4	180	148.0
190	95.7	104.3	99.9	98.7	98.2	92.4	146.2	143.3	136.8	190	156.4
200	101.1	110.0	105.4	104.3	103.8	98.0	153.9	150.9	144.2	200	164.7
210	106.5	115.7	110.9	109.9	109.4	103.7	161.7	158.5	151.6	210	173.0
220	111.9	121.5	116.5	115.5	115.0	109.3	169.5	166.2	159.1	220	181.4
230	117.3	127.3	122.1	121.1	120.7	115.0	177.3	173.8	166.5	230	189.7
240	122.7	133.1	127.8	126.8	126.3	120.7	185.1	181.5	174.0	240	198.0
250	128.2	138.9	133.4	132.5	132.0	126.5	192.9	189.2	181.6	250	206.3
260	133.8	144.8	139.1	138.2	137.8	132.3	200.7	196.9	189.1	260	214.7
270	139.3	150.6	144.8	144.0	143.5	138.1	208.5	204.6	196.7	270	223.0
280	144.9	156.5	150.6	149.7	149.3	143.9	216.3	212.3	204.2	280	231.3

（续）

铜***	葡萄糖	果糖	转化糖	转化糖和蔗糖			水合乳糖 ($C_{12}H_{22}O_{11}\cdot H_2O$)	水合乳糖 ($C_{11}H_{22}O_{11}\cdot H_2O$) 与蔗糖共存		氧化亚铜****	水合麦芽糖 ($C_{11}H_{22}O_{11}\cdot H_2O$)
				总糖 0.3 g	总糖 0.4 g	总糖 2.0 g		1 分乳糖 4 分蔗糖	1 分乳糖 12 分蔗糖		
290	150.5	162.5	156.4	155.5	155.2	149.8	224.1	220.0	211.8	290	239.6
300	156.2	168.4	162.2	161.4	161.0	155.7	232.0	227.7	219.5	300	247.9
310	161.9	174.4	168.0	167.2	166.9	161.7	239.8	235.5	227.1	310	256.3
320	167.6	180.4	173.9	173.1	172.8	167.7	247.7	243.2	234.8	320	264.6
330	173.4	186.4	179.8	179.1	178.8	173.7	255.5	251.0	242.4	330	272.9
340	179.2	192.5	185.8	185.0	184.8	179.8	263.4	258.8	250.2	340	281.2
350	185.0	198.5	191.8	191.0	190.8	185.9	271.3	266.6	257.9	350	289.5
360	190.9	204.7	197.8	197.1	196.9	192.0	278.2	274.4	265.7	360	297.8
370	196.8	210.8	203.8	203.1	203.0	198.2	287.1	282.2	273.5	370	306.1
380	202.7	217.0	209.9	209.2	209.1	204.4	295.0	290.1	281.3	380	314.5
390	208.7	223.2	216.0	215.4	215.3	210.6	303.0	298.0	289.2	390	322.8
400	214.7	229.4	222.2	221.5	221.5	217.0	311.0	305.9	297.1	400	331.1
410	220.8	235.8	228.5	227.8	227.8	223.3	319.1	313.9	305.1	410	339.4
420	227.0	242.2	234.8	234.2	334.2	229.8	327.4	322.0	313.4	420	347.7
430	233.3	249.2	241.5	240.9	241.0	236.5	336.3	330.6	322.3	430	356.6

*本表摘自 Official Methods of Analysis of the Association of Official Analytical Chemists，12ed.（1975）：P1015－1023.

**43.012，Official Methods of Analysis，10ed.（$Cu_2O = Cu \times 1.1259$）。

***应用于除麦芽糖外的所有糖类。

*****仅适用于麦芽糖。

15.2.2.3　常量法——氰化盐碘量法

15.2.2.3.1　方法原理　还原糖与已知过量的铁氰化钾碱性溶液作用，生成亚铁氰化钾和糖酸：

$$6[Fe(CN)_6]^{3-} + \begin{matrix} CHO \\ | \\ (CHOH)_4 \\ | \\ CH_2OH \end{matrix} + 8OH^- \longrightarrow 6[Fe(CN)_6]^{3-} + \begin{matrix} CHO \\ | \\ (CHOH)_3 \\ | \\ CH_2OH \end{matrix} + CO_3^{2-} + 5H_2O$$

而过量的铁氰化钾在 HOAc 存在下与 KI 作用，生成游离的 I_2：

$$2[Fe(CN)_6]^{3-} + 2I^- \xrightarrow{HOAc} I_2 + 2[Fe(CN)_6]^{4-}$$

为方便此反应完全，加入 $ZnSO_4$ 溶液以沉淀除去反应产物 $6[Fe(CN)_6]^{4-}$：

$$2Zn^{2+} + [Fe(CN)_6]^{4-} \longrightarrow \underset{\text{白色沉淀}}{Zn[Fe(CN)_6]\downarrow}$$

最后用标准 $Na_2S_2O_3$ 溶液滴定生成的 I_2，以淀粉为指示剂：$I_2+2S_2O_3^{2-}=S_4O_6^{2-}+2I^-$

根据空白滴定和样品滴定所消耗铁氰化钾结果的差值，进一步换算成样品消耗的准确的 0.050 0 mol·L^{-1} $K_3Fe(CN)_6$ 的毫升数，再从后面表 15-3 查出相应的葡萄糖毫克数。由于所查的表是由实验得来的，所以测定皆须按照操作规程进行，否则测得结果会产生较大偏差。

15.2.2.3.2　试剂

(1) 0.050 0 mol·L^{-1}铁氰化钾。准确称取 105 ℃烘干 $K_3Fe(CN)_6$（优级纯）15.470 0 g 和无水 Na_2CO_3（分析纯）70 g 溶于水后洗入 1 L 容量瓶中，定容，保存于棕色瓶中。

(2) 0.05 mol·L^{-1}硫代硫酸钠。称取 $Na_2S_2O_3\cdot 5H_2O$（优级纯）12.5 g 溶于刚煮沸冷却的水中，加入 Na_2CO_3 约 0.1 g，稀释至 1 L，保存于棕色瓶中，一天后进行标定。准确称取重铬酸钾（优级纯）0.100 0 g 于 250 mL 三角瓶中，加水 30 mL 使之溶解，加入 KI 1.5 g 和 6 mol·L^{-1} HCl 5 mL，放置暗处 5 min 后，再加入 50 mL，用 $Na_2S_2O_3$ 溶液滴定。当溶液由棕红色变浅黄色时，加入淀粉指示剂 1 mL，继续滴定至溶液由蓝色突变为亮绿色（Cr^{3+} 的颜色）为终点。按下式计算出 $c(Na_2S_2O_3)$ 标准溶液的浓度（mol·L^{-1}）。

$$c(Na_2S_2O_3)=\frac{K_2Cr_2O_7\ (g)}{\frac{294.19}{6\,000}\times V_{Na_2S_2O_3}}$$

(3) 10 g·L^{-1}淀粉指示剂。可溶性淀粉 1 g 和碘化汞（HgI_2，作防腐用）5 mg，用少量水调匀后，缓缓倾入 100 mL 沸水中，继续煮沸至溶液变透明止。

(4) $ZnSO_4$—KI 混合液。称取 $ZnSO_4\cdot 7H_2O$ 31.25 g 溶于水，稀释至 500 mL，称取 KI 12.5 g 溶于水，稀释至 100 mL，贮于暗处。临用前按 4 体积的 $ZnSO_4$ 与 1 体积 KI 比例混合，当天使用。

(5) 90 g·L^{-1}醋酸。量取 37%HOAc 260 mL 稀释至 1 L。

(6) 饱和 Na_2CO_3 溶液。

(7) 100 g·L^{-1}中性醋酸铅溶液。

(8) 饱和硫酸钠溶液。

15.2.2.3.3　操作步骤　将果蔬样品擦洗干净切成小块，均匀混合后称取 5.00～10.00 g，置捣碎机或研钵中捣碎，糊状物洗入 250 mL 广口容量瓶中，使体积约为 150 mL，加粉状 $CaCO_3$ 0.5～1.5 g 以中和酸度，振荡后，滴加 100 g·L^{-1}中性醋酸铅溶液至不产生白色絮状沉淀为止，然后放入 80 ℃水浴中保温 30 min，间歇摇动几次。冷却，过量的醋酸铅可加饱和 Na_2SO_4 除去。

用水定容后过滤备用。

吸取上清滤液 5～20 mL 于 125 mL 三角瓶中，加水至 20 mL，准确加入 0.05 mol·L^{-1} $K_3Fe(CN)_6$ 溶液 10 mL。另取 1 个 125 mL 三角瓶加水 20 mL、$K_3Fe(CN)_6$ 溶液 10 mL，两个三角瓶盖以小漏斗，同时置于沸水浴中 20 min，立即冷即，加 $ZnSO_4$—KI 混合液 10 mL，加 90 g·L^{-1} HOAc10 mL，放置 5 min后用 $Na_2S_2O_3$ 标准液滴定至呈淡黄色时(注)，加淀粉指示剂 10 滴，继续滴定至蓝色消失为终点。记录样本及空白滴定消耗 $Na_2S_2O_3$ 毫升数（V_1，V_0）。本法测定的糖液浓度应为 1～15 mg（5～20 mL）即 0.05～3 mg·mL^{-1} 范围内。

15.2.2.3.4 结果计算

（1）将与待测液中还原糖作用的 $Na_2S_2O_3$ 毫升数（V_0-V_1），换算成 0.050 0 mol·L^{-1} $K_3Fe(CN)_6$ 毫升数：

与糖作用的 0.050 0 mol·L^{-1} $K_3Fe(CN)_6$ 毫升数$=c(Na_2S_2O_3)\times(V_0-V_1)/0.050\,0$ mol·L^{-1}

（2）根据所得 0.050 0 mol·L^{-1} $K_3Fe(CN)_6$ mL 数查表 15-3 得相当的葡萄糖毫克数。

表 15-3 氰化盐——碘量法测定糖

〔0.050 0 mol·L^{-1} $K_3Fe(CN)_6$ 的毫升数和其相当的葡萄糖的毫克数〕

mL	1/10 mL 数									
	0.0	0.1	0.2	0.3	0.4	0.5	0.6	0.7	0.8	0.9
0	—	—	—	—	—	0.725	0.87	1.015	1.18	1.34
1	1.51	1.67	1.83	2.00	2.16	2.31	2.47	2.62	2.78	2.94
2	3.10	3.26	3.42	3.58	3.74	3.90	4.06	4.22	4.38	4.54
3	4.72	4.88	5.04	5.20	5.36	5.53	5.70	5.86	6.03	6.20
4	6.37	6.54	6.71	6.88	7.05	7.22	7.39	7.55	7.72	7.89
5	8.06	3.22	8.39	8.56	8.72	8.89	9.06	9.22	9.39	9.55
6	9.72	9.89	10.06	10.23	10.41	10.58	10.75	10.92	11.10	11.28
7	11.46	11.64	11.82	12.00	12.18	12.36	12.54	12.73	12.91	13.10
8	13.28	13.46	13.63	13.80	13.97	14.14	14.31	14.49	14.66	14.83
9	14.99	—	—	—	—	—	—	—	—	—

15.2.2.3.5 计算还原糖含量

$$还原糖（\%）=\frac{查得葡萄糖毫克}{样品重（mg）}\times分取倍数\times100$$

$$此式中分取倍数——\frac{250}{5\to20}$$

15.2.2.3.6 注释

注：溶液滴定至极微量 I_2 时，即淡黄色时才可加入淀粉指示剂。因过早

加入将使吸附在淀粉分子上的 I_2 不易释放出来，蓝色不易消褪，使滴定产生误差。

15.2.2.4 夏费—索姆吉法（Shaffer - Somogyi's method）——半微量法[1,2]。

15.2.2.4.1 方法原理 夏费—索姆吉试剂（与费林试剂相似）与还原糖作用生成 Cu_2O 沉淀，其原理与铜还原法相同。用 H_2SO_4 酸化时，Cu_2O 即溶解成 Cu^+ 离子。试剂中的 KIO_3 与 KI 在酸化同时发生，如下反应：

$$KIO_3 + 5KI + 3H_2SO_4 = 3K_2SO_4 + 3H_2O + 3I_2$$

试剂中的 KIO_3 是定量加入的，所以生成的 I_2 也是一定量的。生成的 I_2 与 Cu^+ 离子发生氧化还原反应，消耗一部分 I_2。

$$2Cu^+ + I_2 \longrightarrow 2Cu^{2+} + 2I^-$$

溶液中剩余的 I_2 以淀粉为指示剂，用 $Na_2S_2O_3$ 标准溶液滴定。

$$I_2 + 2S_2O_3^{2-} \longrightarrow S_2O_6^{2-} + 2I^-$$

在测定同时做空白标定，以水代替糖试液。由空白标定消耗的 $Na_2S_2O_3$ 毫升数减去实测糖液消耗的 $Na_2S_2O_3$ 毫升数，查表 15-4 即得所测糖液中还原糖的毫克数。本方法适用于含糖少的植株样品，如蔬菜、牧草等。

15.2.2.4.2 主要仪器 电热水浴锅。

15.2.2.4.3 试剂

（1）1 mol·L^{-1} H_2SO_4 溶液。

（2）$CaCO_3$（化学纯）。

（3）5 g·L^{-1} 酚酞指示剂。称取酚酞指示剂 0.5 g，溶于 100 mL 的 900 mL·L^{-1} 乙醇溶液中。

（4）夏费—索姆吉试剂。称取无水 Na_2CO_3（分析纯）25.0 g 和酒石酸钾钠（$KNaC_4H_4O_6 \cdot 4H_2O$，分析纯）25.0 g 放入 2L 烧杯中，加水约 500 mL 使其溶解。将一漏斗的颈端插入液面以下，在不断搅拌下，通过漏斗加 100 g·L^{-1} $CuSO_4 \cdot 5H_2O$ 溶液 75 mL。再加入 $NaHCO_3$（分析纯）20 g，溶解后再加入 KI（化学纯）5 g，转入 1 L 容量瓶中，加入 0.016 7 mol·L^{-1} KIO_3 溶液（KIO_3，3.568 g·L^{-1}）250 mL，用水定容。用砂芯坩锅过滤，放置过夜备用。

（5）KI—草酸盐溶液。称取 KI（化学纯）2.5 g 和 $K_2C_2O_4$（化学纯）2.5 g溶于水中，并稀释至 100 mL，现用现配。

（6）0.005 mol·L^{-1} $Na_2S_2O_3$ 标准溶液。先配制 0.1 mol·L^{-1} $Na_2S_2O_3$ 溶液，称取 $Na_2S_2O_3 \cdot 5H_2O$（分析纯）25.0 g 溶于 1 L 煮沸后已冷却的水中，加入 Na_2CO_3 0.1 g，盛于棕色瓶中，贮放在低温暗处。此为 0.1 mol·L^{-1} $Na_2S_2O_3$ 贮备液，一天后进行标定。0.005 mol·L^{-1} $Na_2S_2O_3$ 标准溶液不稳

定，须在使用当天用煮沸的冷水准确稀释贮备液至恰为0.005 mol·L^{-1}。

0.1 mol·L^{-1} $Na_2S_2O_3$ 溶液的标定。称取已在100 ℃烘干2 h $K_2Cr_2O_7$（分析纯）0.200 0 g，放在250 mL三角瓶中，溶于含有KI 2 g的80 mL水中，边搅边加入1 mol·L^{-1} HCl 20 mL，放置暗处5 min后，用0.1 mol·L^{-1} $Na_2S_2O_3$ 溶液滴定。当溶液由橙红色变为浅黄绿色时，加入淀粉指示剂10滴，继续滴定至溶液由蓝色变为亮绿色（Cr^{3+} 的颜色）为止。计算 $Na_2S_2O_3$ 贮备溶液的准确浓度。

（7）10 g·L^{-1}淀粉指示剂。称取可溶性淀粉1.0 g和 HgI_2（防腐剂）5 mg，用少量水调研，溶于100 mL沸水，冷却后使用。其它试剂用15.2.2.3.2中（4）、（5）、（6）。

15.2.2.4.4 操作步骤

（1）糖溶液的提取。水提取法［见15.2.2.1.4（1）①］；或②乙醇浸提法［见15.2.2.1.4（1）②］。

（2）还原糖的测定。吸取5 mL0.5～2.5 mg还原糖的待测液放入25 mm×200 mm试管中，加索姆吉试剂5 mL，摇动混匀。同时作空白试验。试管口盖以玻璃球或漏斗，在沸水浴中加热15 min，小心将试管平稳地置于流动冷水浴中4 min；去盖，沿管壁加入KI—$K_2C_2O_4$ 2 mL（溶液为碱性时不要摇动）及1 mol·L^{-1} H_2SO_4 3 mL，充分摇动混匀，使 Cu_2O 完全溶解；再于冷水浴中放5 min，并摇动2次。然后用0.005 mol·$L^{-1}$$Na_2S_2O_3$ 溶液滴定，至浅黄色时，加入淀粉为指示剂5～10滴，继续滴定至蓝色消失为终点。

另取蒸馏水5 mL（代替的待测液）按同样的操作进行空白标定。由空白标定与样品测定所用0.005 mol·L^{-1} $Na_2S_2O_3$ 毫升数之差，从表15-4查得相当的还原糖毫克数。用已知量的标准糖溶液同样进行测定，可以校验表的数值。

表15-4 索姆吉法还原糖-$Na_2S_2O_3$ 相当量表*

0.005 mol·L^{-1} $Na_2S_2O_3$（mL）	0.005 mol·$L^{-1}$$Na_2S_2O_3$ 1/10 mL数									
	0	0.1	0.2	0.3	0.4	0.5	0.6	0.7	0.8	0.9
	5 mL糖液中还原糖的mg数									
3	0.378	0.389	0.400	0.411	0.422	0.433	0.444	0.455	0.466	0.477
4	0.483	0.499	0.510	0.521	0.532	0.543	0.554	0.565	0.576	0.587
5	0.589	0.608	0.619	0.630	0.641	0.652	0.663	0.674	0.685	0.696
6	0.707	0.718	0.729	0.740	0.751	0.762	0.773	0.784	0.795	0.806
7	0.817	0.828	0.839	0.850	0.861	0.872	0.883	0.894	0.905	0.916
8	0.927	0.938	0.949	0.960	0.971	0.982	0.993	1.004	1.015	1.026

（续）

0.005 mol·L^{-1} $Na_2S_2O_3$（mL）	0.005 mol·$L^{-1}$$Na_2S_2O_3$ 1/10 mL 数									
	0	0.1	0.2	0.3	0.4	0.5	0.6	0.7	0.8	0.9
	5 mL 糖液中还原糖的 mg 数									
9	1.037	1.048	1.059	1.070	1.081	1.092	1.013	1.114	1.125	1.136
10	1.147	1.158	1.169	1.180	1.191	1.202	1.213	1.224	1.235	1.246
11	1.257	1.268	1.279	1.290	1.301	1.312	1.323	1.334	1.345	1.356
12	1.367	1.378	1.389	1.400	1.411	1.422	1.433	1.444	1.455	1.466
13	1.477	1.488	1.499	1.510	1.521	1.532	1.543	1.554	1.565	1.576
14	1.587	1.596	1.609	1.620	1.631	1.642	1.653	1.664	1.675	1.686
15	1.697	1.707	1.718	1.729	1.740	1.751	1.762	1.773	1.784	1.795
16	1.806	1.817	1.828	1.839	1.850	1.861	1.872	1.883	1.894	1.905
17	1.916	1.927	1.938	1.949	1.960	1.971	1.982	1.993	2.004	2.015
18	2.026	2.037	2.048	2.059	2.070	2.081	2.092	2.103	2.114	2.125
19	2.136	2.147	2.158	2.169	2.180	2.191	2.202	2.213	2.224	2.235
20	2.246	2.257	2.268	2.279	2.290	2.301	2.312	2.323	2.334	2.345
21	2.356	2.367	2.378	2.389	2.400	2.411	2.422	2.433	2.444	2.455
22	2.466	2.477	2.488	2.499	2.510	2.521	2.532	2.543	2.554	2.565

* 本法测定糖液浓度要求为 0.1～0.5 mg·mL^{-1}。

15.2.2.4.5 结果计算

$$\text{还原糖（\%）}=\frac{\text{查表 15-4 得还原糖毫克数}}{\text{吸取待测液中相当的样品毫克数}}\times 100$$

两次平行测定结果允许相对偏差为 5%。

15.2.3 水溶性糖总量的测定

15.2.3.1 酸水解铜还原直接滴定法（HCl 转化）。

15.2.3.1.1 方法原理 植物水溶性糖浸出液中包括葡萄糖、果糖和蔗糖。蔗糖须经稀 HCl 水解生成转化糖（等量的葡萄糖和果糖）后与原有的还原糖一起测定，即为水溶性总糖。其测定原理同 15.2.2.1.1。

15.2.3.1.2 主要仪器 恒温水电浴锅。

15.2.3.1.3 试剂

（1）6 mol·L^{-1} HCl 溶液。

（2）6 mol·L^{-1} NaOH 溶液。

（3）其余同 15.2.2.1.3。

15.2.3.1.4 操作步骤 吸取水溶性糖浸出液［见 15.2.2.1.4（1）①或②］50 mL，于 100 mL 容量瓶中，逐滴加入 6 mol·L^{-1} HCl 5 mL，置 90 ℃

水浴锅中加热 10 min。冷却后，加酚酞指示剂 2～3 滴，以 6 mol・L^{-1} NaOH 溶液中和至刚现浅红色，加水定容。此时蔗糖等双糖已水解为还原糖：

$$\underset{\text{蔗糖}}{C_{12}H_{22}O_{11}} + H_2O \longrightarrow \underset{\text{葡萄糖、果糖}}{2C_6H_{12}O_6}$$

将转化后的待测液装入滴定管中，滴定煮沸的费林试剂，操作可见 15.2.2.1.4（2）（3）。

15.2.3.1.5　结果计算

$$\text{水溶性总糖（\%）} = \frac{G \times \text{分取倍数}}{V \times \text{样品质量}} \times 100$$

式中：G——与 10 mL 费林试剂相当的还原糖（mg）；

V——滴定时所用待测液体积（mL）；

分取倍数——本操作为 $250 \times \frac{100}{50} = 500$

15.2.3.2　酸水解—夏费—索姆吉法

15.2.3.2.1　方法原理　同 15.2.2.4.1。

15.2.3.2.2　主要仪器　同 15.2.2.4.2

15.2.3.2.3　试剂

（1）6 mol・L^{-1}HCl 溶液。

（2）6 mol・L^{-1}NaOH 溶液。

（3）其余试剂同 15.2.2.4.3。

15.2.3.2.4　操作步骤　吸取水溶性糖待测液［见 15.2.2.1.4（1）①或②］50 mL，放入 100 mL 容量瓶中，加 6 mol・L^{-1} HCl 5 mL，放入 90 ℃水浴中保温 10 min，冷却后加甲基红 2～3 滴，用 6 mol・L^{-1} NaOH 溶液中和，加水定容。

吸取转化后糖待测液 5 mL（含糖 0.5～2.5 mg）放入 25 mm×200 mm 试管中，加 5 mL 索姆吉试剂，其余同 15.2.2.4.4（2）操作步骤测定还原糖。

15.2.3.2.5　结果计算

$$\text{水溶性糖总量（\%）} = \frac{\text{查表 15-4 得还原糖 mg 数}}{\text{吸取待测液中相当的样品质量（mg）}} \times 100$$

15.2.4　蔗糖的测定

可以通过上述水溶性糖总量和水解前的还原糖含量的测定，计算得样品中蔗糖的含量。

$$\text{蔗糖（\%）} = [(\text{水溶性糖总量，\%}) - (\text{还原糖，\%})] \times 0.95$$

式中：0.95 为还原糖转化为蔗糖的因数。

15.2.4.1 糖料作物中蔗糖的测定——旋光法[1,2] 糖料作物主要指甘蔗和糖用甜菜。前者可直接压汁测定蔗糖含量，后者则须用水浸提后测定。糖液中蔗糖的定量用旋光法，折光法和容量法等，其中广泛采用的是旋光法，其特点是简单、快速，比较准确，但需用旋光计或检糖计。比重法和折光法不够准确。

无检糖（旋光）计设备时，可以选用适于常量测定的化学方法，例如蔗糖经 HCl 转化后用铜还原——直接滴定法测定还原糖再计算蔗糖的含量。本节主要介绍旋光法。

15.2.4.1.1 方法原理 甘蔗和甜菜等作物所含的糖几乎全是蔗糖。

旋光法测糖的原理是基于糖类分子具有不对称碳原子，可使通过的光的偏振面旋转。当光的波长、温度和液层厚度一定时，溶液中蔗糖的浓度与偏振光面旋转角度成正比。因此，可用旋光计或检糖计测定蔗糖的含量。各种糖类都有其特定的比旋，例如蔗糖水溶液的比旋 $[\alpha]_D^{20}$ 是指＋66.5，葡萄糖是＋52.8，果糖是－92.8，麦芽糖是＋118 等。

比旋光度 $[\alpha]_D^{20}$ 是指 100 mL 溶液中含有 100 g 旋光物质，通过液层厚度（即管长）1 dm（分米），在温度 20 ℃时，钠光源（D＝589.3 nm）偏振面所旋转的角度，

$$[\alpha]_D^{20}=\frac{\alpha \cdot V}{l \cdot W}$$

式中：α——旋光仪测定的旋转角度；

l——管长（dm）；

V——溶液体积（mL）；

W——旋光性物质（糖）质量（g）。

W/V 为糖的浓度，用 g/100 mL 表示时，则旋光角度 $\alpha=[\alpha]_D^{20}\times l\frac{g}{100}$。

当管长一定时，$g=\frac{100\times\alpha}{[\alpha]_D^{20}\times l}=k\alpha$，式中 k 为常数，随旋光物质的比旋和管长而改变。蔗糖的比旋 $[\alpha]_D^{20}$ 为＋66.5，如将管长固定为 2 dm，则 $k=\frac{100}{66.5\times 2}=0.75$

$\therefore g=0.75\times\alpha$。

$$蔗糖（\%）=\frac{0.75\times\alpha}{与\ 100\ mL\ 溶液相当的样品质量（g）}\times 100$$

国际上为统一蔗糖旋光法测定的标准，检糖计的标度采用国际度（°S）表示，即指 26 g 纯蔗糖在 20 ℃时溶成 100 mL 水溶液（比重为 1.100），通过

2 dm旋光管的旋光角度规定为100°S，直接刻有°S值的旋光计称为检糖（旋光）计。26 g称为糖品的1“规定量”。检糖计的1°S相当于100 mL溶液中含有0.26 g蔗糖，读数为x°S，表示100 mL被测液中含有0.26xg蔗糖。若样品称重为26 g，制成糖溶液的体积为100 mL时，则每1°S即表明样品含蔗糖1%，用此测读非常方便。蔗糖（%）$=\frac{0.26x°S}{26}\times100=°S$

旋光仪的读尺刻度（360°）与验糖仪的读尺刻度（100°S）之间具有下述关系：

在20 ℃，国际糖标尺的标准石英板＝100°S＝34.620°±0.002°（D＝589.3 nm）

$$\alpha=[\alpha]_D^{20}\times1\times\frac{g}{100}=+66.5\times2\times\frac{26}{100}=34.620°=100°S$$

$$1°\Leftrightarrow2.888\,5°S \qquad 1°S\Leftrightarrow0.346\,2°$$。

由于1°S＝0.26 g蔗糖/100 mL溶液，故

$$1°\Leftrightarrow2.888\,5°S\times0.26=0.75\text{ g 蔗糖/100 mL 溶液}$$

$$\text{所以样品中蔗糖（\%）}=\frac{\alpha\times0.75}{26}\times100$$

式中α是一般旋光仪上读得的角度数。

（编者注：原作者（Sidney Williams（ed），1984）[5]的数据1°⇔2.888 5°S 1°S⇔0.346 2°。

但按计算应该为1°⇔2.891 8°S　1°S＝0.345 8°，因对结果无影响，故这里没有加以修正。）

15.2.4.1.2　仪器　旋光仪检糖计、电动植物捣碎机。

15.2.4.1.3　试剂

（1）碱性醋酸铅溶液。称取$Pb(OAc)_2\cdot3H_2O$（化学纯）60 g和PbO（化学纯）20 g加水10 mL研磨，放入蒸发皿中，盖上表面皿，在沸水浴上加热至原黄色变白或紫白色，然后边搅边加水190 mL，冷却后澄清，过滤后密封保存。

（2）饱和Na_2SO_4溶液。

（3）10 g·L^{-1}酚酞指示剂。

15.2.4.1.4　操作步骤

（1）待测液制备。选择代表性样品，按纵横剖面均匀切细，放入电动捣碎机的杯中与等质量水捣成糊状物。称取52 g糊状物（即26 g样品），用热水将其洗入100 mL容量瓶中，总体积约为90 mL，放入80 ℃恒温水浴中加热

30 min，其间摇动几次，使糖分浸出。稍冷后滴加 1～5 mL 碱式醋酸铅溶液，以沉淀蛋白质。过量的醋酸铅可滴加饱和 Na_2SO_4 溶液除掉。冷却后用水定容。如液面有泡沫可滴加乙醚消除。过滤，弃去初滤液 20 mL 左右，取澄清液待测。

（2）测定。先用清亮的待测液洗旋光管 2～3 次，然后将溶液装满管中，使管口液体呈一凸起，将活动的圆玻璃片与旋光管垂直方向插入盖上，如此可避免留有气泡。将管盖旋紧，检查管中是否有气泡。然后测读旋光仪上的旋光度或检糖计上的°S，取 3 次测读的平均数。

15.2.4.1.5 结果计算

$$蔗糖（\%）=\frac{\alpha\times0.75}{26}\times100 \quad 或蔗糖（\%）=\frac{0.26\cdot{}^{\circ}S}{26}\times100={}^{\circ}S$$

式中：α——旋光仪上读得的角度；

检糖计读得°S 即为样品的蔗糖（%）。

15.2.4.1.6 用于糖旋光的温度校正[5]

（a）精糖——如果试验≥99°S 的糖的旋光不是在 20 ℃温度下测定时，可用下列公式折算成 20 ℃的旋光：

$$P_{20}=P_t[1+0.0003(t-20)]$$

式中：P_t——测定温度 t 的旋光读数（可以应用于旋光≥96°S 的甜菜糖和粗蔗糖，不致有明显的误差）。

（b）粗糖——当测定温度不在 20 ℃时，如果粗蔗糖的旋光＜96°S，可以用下列公式计算到 20 ℃的旋光：

$$P_{20}=P_t+0.0015(P_t-80)(t-20)$$

式中：P_t 和 t 同（a）中一样。

如果已知糖中果糖的%（假如蜂蜜和蔗糖制品＝约 1/2 还原糖），用下列公式：

$$P_{20}=P_t+0.00035(P_t-20)-0.00812F(t-20)$$

式中：P_t 和 t 同（a）中一样；

F＝果糖（%）。

如果糖的组分是平均的正常组分，则这些公式得出的结果与旋光计在 20 ℃时获得的结果十分一致。

15.3 淀粉的测定

淀粉可直接被酸水解生成葡萄糖，或被酶水解生成麦芽糖和糊精，再经酸水解生成葡萄糖，这是淀粉经酶或酸水解后测定还原糖计算淀粉含量的理论基础。另外，淀粉经分散和酸解后具有一定的旋光性，则是旋光法测定淀粉含量的基础。

这里要指出的酸水解法不仅是淀粉水解，而且也能分解半纤维素，结果产生了具有还原力的木糖、阿拉伯糖等单糖，使淀粉测定所得的结果较实际含量偏高。

有人曾以麸皮、小米壳、玉米及甘薯等试样用糖化酶法及直接酸水解法测定淀粉含量，结果糖化酶法均较直接水解法为低。因为直接水解法中淀粉与半纤维素均被水解为还原糖，而糖化酶法仅能糖化淀粉，半纤维素则不起作用。因此，半纤维素留于滤渣中，将糖化后的滤液与滤渣分别水解后滴定糖，二者结果之和与直接水解法滴定糖的结果相接近。

从表 15-5 结果可以看出，用直接酸水解法测定淀粉，易将半纤维素误作淀粉，以至得出错误的结果。

本节除介绍经典的酶水解法外，还推荐谷物种子粗淀粉测定的国家标准法——旋光法。

表 15-5　糖化酶法和酸水解法测定淀粉结果的比较

试　样	糖　化　酶　法			直接酸水解法以淀粉计（%）
	滤液（淀粉%）	滤渣（半纤维素）以淀粉计（%）	滤液+液渣以淀粉计（%）	
麸　皮	21.06	29.07	50.13	50.12
小米壳	12.32	10.97	23.29	23.08
玉　米	74.10	5.81	79.91	80.45
甘　薯	78.21	1.95	80.16	79.90

15.3.1　谷物种子中粗淀粉的测定

15.3.1.1　$CaCl_2$—HOAc *浸提——旋光法*[3]

15.3.1.1.1　方法原理　淀粉是多糖聚合物，可用 $CaCl_2$—HOAc（ρ=1.3，pH2.3）为分散和液化剂，在一定的酸度和加热条件下，使淀粉溶解和部分酸解，生成一定的水解产物，具有一定的旋光性，可用旋光计测定。用此法时，各种淀粉的水解产物的比旋指定为 203。全国谷物淀粉分析方法标准化研究协作组认为，本法结果的重复性好，操作也简便、快速。

15.3.1.1.2　主要仪器　旋光计、电热恒温甘油浴（±1℃）。

15.3.1.1.3　试剂

(1) $CaCl_2$—HOAc 溶液。溶解 5 份重的 $CaCl_2 \cdot 2H_2O$（分析纯）于 6 份水中，调节其相对密度（20 ℃时）为 1.30。此溶液约含 330 g·L^{-1} $CaCl_2$。再

向此溶液中加入冰 HOAc（每 1 000 mL 约加 1.3 mL 冰 HOAc），用 pH 计测试调节至 pH2.3[注1]，过滤至清澈为止。

（2）300 g·L^{-1}硫酸锌溶液。称取 $ZnSO_4 \cdot 7H_2O$ 30 g 溶于 100 mL 水中。

（3）150 g·L^{-1}亚铁氰化钾溶液。称亚铁氰化钾 $K_4Fe(CN)_6 \cdot 3H_2O$ 15 g，（分析纯）溶于 100 mL 水中。

15.3.1.1.4 操作步骤

（1）待测液制备。称取磨细谷物样品 2.500 g[注2]，放入 250 mL 三角瓶中（同时测定水分），加入 $CaCl_2$—HOAc 溶液 10 mL 和 6～8 个小玻璃球或大粒石英砂，轻轻摇匀，不要让样品粘在瓶底[注3]。再用 $CaCl_2$—HOAc 溶液 50 mL 沿瓶壁淋洗附着在瓶壁上的样品。三角瓶口加盖小漏斗，放在 118±1 ℃恒温油浴中，使之在 5 min 内达到恒温，继续恒温加热 25 min。在加热过程中不要搅拌[注4]，使其自然分散水解（可用玻棒将瓶壁附着物推至液面以下）。煮毕立即取出，置于流水冷却槽中充分冷却（约 15 min）。然后用 30 mL 左右水分次无损地冲洗全部内容物转入 100 mL 容量瓶中，加入 300 g·L^{-1} $ZnSO_4$ 溶液 1 mL，充分摇匀后再加入亚铁氰化钾溶液 1 mL，再摇匀，如有泡沫，可加几滴乙醇消除之，用水定容，用中速滤纸过滤，弃去初滤液（15～20 mL）。取澄清液待测。

（2）测定。按照 15.2.4.1.4（2）步骤进行测定。

15.3.1.1.5 结果计算

$$淀粉（\%）=\frac{\alpha \times 100}{m \times l \times 203} \times 100$$

式中：α——旋光角度的读数；

l——旋光管长（dm）；

m——样品质量（g）；

203——淀粉的比旋。

15.3.1.1.6 注释

注 1. $CaCl_2$—HOAc 溶液的酸度必须调节至 pH2.3（用酸度计调试），若 pH>2.5，易使分散液粘稠，难于过滤；若 pH<2.5，易引起淀粉进一步水解而降低比旋。

注 2. 样品中含有水溶性糖类，须先用 80%乙醇洗糖。但绝大多数谷物种子中水溶性糖含量甚微，一般可忽视不计，不必进行脱糖手续。

注 3. $CaCl_2$—HOAc 溶液应在放入甘油浴前约 5 min 时，才加入，以防样品粘附在瓶底，影响分散效果。

注 4. 试验证明，在加热初期搅拌，淀粉易结块。但在放入甘油浴前必须轻轻摇动，使样品均匀分散和在 $CaCl_2$—HOAc 介质中，勿使样品粘在瓶底，必要时可用铲形玻棒将其搅开，加热后使其自然水解，测定结果的重复性较好。

15.3.2 麸皮、小米壳、玉米、甘薯、草本植物（牧草等）的茎、叶中淀粉的测定

15.3.2.1 淀粉糖化酶—酸水解法[1,2]

15.3.2.1.1 方法原理　上述用酸水解过程中半纤维素也被水解，使淀粉的测定结果产生正误差，这对于淀粉含量较少而半纤维素含量较多的样品影响更大。所以，若需取得精确结果，最好采用酶水解法。用淀粉酶水解淀粉可得准确的结果。因为淀粉酶有严格的选择性，它只水解淀粉而不水解其他成分。酶将淀粉水解成麦芽糖及糊精，再经酸水解最后也都水解成葡萄糖。测定所得到的葡萄糖量，就可计算淀粉含量。

15.3.2.1.2 主要仪器　恒温箱。

15.3.2.1.3 试剂

（1）200 g・L^{-1} NaOH 溶液。

（2）甲苯。

（3）淀粉酶（Diastasum）。能使淀粉水解为麦芽糖，具有专一性，市售品可按说明书使用（通常糖化能力为 1∶25 或 1∶50），当使用温度超过 85 ℃或有酸碱存在下将失去活性。长期贮存后活性将要降低。经配制以后的酶溶液活性降低更快，应临用时配制，贮存于冰箱保存，在使用前应对其糖化能力进行测定，以确定酶的用量。即用已知量可溶性淀粉，加不同量的淀粉酶溶液，置 55～60 ℃水浴中保温 1 h 后，用碘液检查是否存在淀粉，以确定酶的活力，及水解样品时所需加入的酶量。

如无市售淀粉酶，可制取麦芽法代替。

制法：取大麦粒 200 g，在水中浸泡 12 h，平铺于搪瓷盘中 1 cm 厚，保持一定湿度，令其发芽数日至幼芽长约 1 cm，然后在 25～35 ℃将麦芽及麦粒干燥并磨成粉，每 100 g 粉末加入 200 g・L^{-1} 乙醇溶液 200 mL 浸泡 24 h，然后用细布压榨过滤，滤液中加双倍滤液量的乙醇进行沉淀，沉淀经布氏漏斗抽滤后，再置乳钵中与乙醇一起研磨，再抽滤，沉淀用乙醇和乙醚洗涤，最后在硫酸干燥器中干燥后备用。用时按淀粉酶相同方法，测定其糖化力。

（4）6 mol・L^{-1} HCl。取浓 HCl 500 mL 加水至 1 L。

（5）磷酸盐缓冲溶液。称取 $Na_2HPO_4 \cdot 2H_2O$ 11.876 g 溶于 1 L 水中。另称取 KH_2PO_4 9.079 g 溶于另 1 L 水中。然后取 Na_2HPO_4 溶液 300 mL 与 KH_2PO_4 700 mL 混合即可。

(6) 6 mol·L^{-1}NaOH。称取 NaOH（三级）200 g 溶解于水中，冷却后，稀释至 1 L。

其他试剂同 15.2.2.1.3。

15.3.2.1.4 操作步骤 称取风干磨细并通过 60 目筛样品 2.000～5.000 g 置于放有折叠滤纸的漏斗内，先用乙醚 50 mL 分 5 次洗除脂肪（样品脂肪较少时，可不洗除），再用约 850 mL·L^{-1}乙醇 100 mL 洗去可溶性糖类[注1]，将残留物移入 250 mL 三角瓶中，加少量冷水使样品湿润，迅速加入约 100 mL 热水，并置于沸水浴中加热 1 h，使淀粉完全胶化。胶化时淀粉粒的外膜破裂，水能透入淀粉粒的内部，这时淀粉溶解，淀胶膨胀，形成浆状溶液。

1 h 后取出三角瓶，冷却至 50～55 ℃，加入淀粉酶 0.03～0.05 g。此淀粉酶须事先加水 3～5 mL 用玻棒研磨，然后再加入，使它容易与溶液混合，否则淀粉酶干粉可能粘于三角瓶的内壁，或在液面上形成小块，从而减弱了淀粉酶的作用。加入淀粉酶以后，立即加入磷酸盐缓冲溶液 10 mL，甲苯 5 滴，用软木塞塞紧，然后三角瓶置于 45～55 ℃恒温箱中保温两昼夜或更长。

保温二昼夜后，取出少量试液，放在载玻片上，加 2 滴 I_2—KI 溶液，用显微镜检查是否还有淀粉粒[注2]。若淀粉尚未完全糖化，应将溶液重新煮沸，冷却至 50～55 ℃，再加入淀粉酶及甲苯，加塞后继续在恒温箱中水解。

糖化结束后，将溶液冷却，洗入 250 mL 容量瓶中，滴加中性 $Pb(OAc)_2$ 3～7 mL以沉淀蛋白质，放置稍澄清后，再试加 $Pb(OAc)_2$ 至无絮状沉淀为止。加水定容，混匀后过滤。

取滤液 100 mL 于 250 mL 三角瓶中，加 6 mol·L^{-1} HCl 10.0 mL 放入沸水浴中 3 h，塞以带有空气冷凝管的塞子，使淀粉经酶水解生成的糊精和麦芽糖再经酸水解为葡萄糖。

3 h 后将内容物冷却，用 5 mol·L^{-1} NaOH 中和至红色并使试纸变为蓝色为止（约须 NaOH 10 mL）。将已中和糖液洗入 250 mL 容量瓶中，加饱和 Na_2SO_4 去除多余的 Pb，加水定容，过滤得澄清待测液。

还原糖的测定：按 15.2.2.1.4（2）（3）操作步骤进行。

15.3.2.1.5 结果计算

还原糖的计算，同 15.2.2.1.5（此处糖液总体积为 625 mL）。

$$淀粉（\%）=还原糖\%\times 0.9$$

式中：0.9——淀粉单元式量为 162.1 葡萄糖分子量为 180.1，两者之比为 0.9。

15.3.2.1.6 注释

注 1. 立即将原样品中单糖、双糖等可溶性糖类物质除去，以保留淀粉及其他食物残渣。

注 2. 淀粉在酸或酶中水解程序与碘的呈色反应如下：

水解程序：淀粉→蓝糊精→红糊精→无色糊精→麦芽糖→葡萄糖。

与碘的呈色反应：蓝色 蓝色 红色 无色 无色 无色

15.4 粗纤维的测定——酸性洗涤剂法（ADF）[1,2]

长期以来，测定粗纤维常用方法是先将样品用沸热的 12.5 g·L^{-1} H_2SO_4 溶液处理 30 min，过滤，洗尽酸后再用沸热的 12.5 g·L^{-1} NaOH 溶液处理 30 min，从烘干残渣灼烧失重计算样品的粗纤维含量%。此法操作手续冗长，测定条件不易控制，而且样品经沸热 NaOH 溶液处理时，木质素有不等比例的溶解，使粗纤维的测得值偏低，从而使"无氮浸出物"含量偏高。

范苏士特[6,7]的酸洗涤剂法（ADF）操作较简便，是一个快速的方法。测得的"酸-洗涤剂纤维"较前法为高。酸-洗涤剂法对纤维素的回收率以及它的结果与样品的消化率之间相关系数都高于前法。采用酸-洗涤剂法，必要时还可以随后分离测定酸不溶性木质素%。此法现已得到美、英等国的公认。下面介绍酸性洗涤剂法。

15.4.1 原理

季铵盐，例如十六烷基三甲基溴化铵（Cetyltrimethly ammonium bromide，简称 CTAB），是一种表面活性剂，在 0.50 mol·L^{-1} H_2SO_4 溶液中能有效地使动物饲料、植物样品中蛋白质、多糖、核酸等组分水解、湿润、乳化、分散，而纤维素及木质素则很少变化。酸一洗涤剂法就是利用这个原理，将样品用 20 g·L^{-1}CTAB 的 0.50 mol·L^{-1} H_2SO_4 溶液（酸-洗涤剂）煮沸 1 h，过滤，洗净酸液后烘干，由残渣重计算酸性洗涤剂纤维（%）。

本法适用于谷物及其加工品、饲料、牧草、果蔬等植物茎、秆、叶、果实以及测定粗脂肪后的任何样品中粗纤维的测定。

15.4.2 主要仪器

回流装置。250 mL 玻璃三角瓶上附橡皮塞及冷凝玻璃管。1 号玻璃滤器（40～50 mL），或古氏坩埚。真空泵抽滤装置。

15.4.3 试剂

（1）酸性洗涤剂溶液。称取十六烷基三甲基溴化铵（化学纯）20 g 加到已标定好的 0.50 mol·L^{-1} H_2SO_4 溶液 1 000 mL 中，摇动，使之溶解。

（2）酸洗石棉。

15.4.4 操作步骤

称取通过 1 mm 筛子风干样品 1.000 g 或相当量的鲜样，放入 250 mL 三角瓶中，在室温下加入酸－洗涤剂溶液 100 mL。加热，使之在 5～10 min 内煮沸。刚开始沸腾时计算时间，装上冷凝管回流 60 min。注意调节加热温度，使整个回流过程始终维持缓沸状态。

取下三角瓶，转动内容物，用已知质量（m_1）的玻璃坩埚式滤器或古氏坩埚减压抽滤。过滤时，先用倾泻法过滤，将原酸-洗涤剂溶液滤干后，用玻棒将残渣搅散，加入 90～100 ℃的热水倾洗 3～4 次，减压抽滤，洗净酸液后将残渣转移入滤器中，重复水洗，仔细冲洗滤器的内壁，至酸-洗涤剂洗尽为止。用丙酮同样洗涤滤器两三次，直到滤出液呈无色为止。抽干滤渣中的丙酮，放入 100 ℃鼓风式干燥箱中干燥 3 h，冷却后称重（m_2）。

15.4.5 结果计算

$$\text{粗纤维（酸性洗涤纤维）(\%)} = \frac{m_2 - m_1}{\text{烘干样品质量}} \times 100$$

两次平行测定结果允许差

样品中酸性洗涤纤维（%）	允许差（%）
<5	0.5
5～25	1
>25	2

15.5 果胶物质的测定[8]

果胶物质（Pectic Substances）是一种植物胶，可作为食品生产中的胶冻材料和增稠剂。果胶在医药上可以作为治疗胃肠道及胃溃疡等疾病的良好药剂。果胶，特别是低甲氧基果胶，因为它能与铅、汞等有害金属形成人体不能吸收的不溶解物，因而可用作金属中毒的一种良好解毒剂和预防剂。可见，果胶的生产和应用，将会得到很快的发展。

关于果胶物质的构造尚未完全清楚。它是一群复杂的胶态的碳水化合物衍生物。有人认为果胶物质是一种均多糖。但多数人认为果胶物质是半乳糖醛酸与鼠李糖所组成的杂多糖。另外，许多植物的果胶物质中尚含有阿拉伯树胶

(arabinan)、聚半乳糖和阿拉伯聚半乳糖。

简单说，果胶物质的最大特征就是含有聚半乳糖醛酸。这些半乳糖醛酸的羧基可能有一部分被甲基酯化，一部分或全部被大碱所中和。

为了求得名词的统一，根据它的结构和某些性质，美国化学协会等组织给各种不同果胶物质定义如下：

(1) 原果胶（Protopectin）。植物在未成熟前，果胶物质相互间，或它与半纤维素及钙盐之间，以机械方式或化学方式相结合，形成了不溶于水的物质。原果胶可以成为一种不溶于水的、亲水能力很大的结合剂，这时原果胶具有增稠作用。

在酶的作用下，草莓等成熟的果实和胡萝卜等蔬菜中的原果胶，能逐渐变为果胶酯酸。于是，一部分果胶物质呈溶解状态而存在细胞液中。原果胶在水或酸性溶液中加热，也同样可转变为果胶酯酸。

(2) 果胶酯酸（Pectinic acid）。它的基本结构是多聚半乳糖醛酸，呈胶态。其中甲基酯的含量是可变的。酯化程度100%的完全甲基化的果胶酯酸，甲氧基（CH_3O—）含量为16.32%。按甲氧基含量的不同，果胶酯酸分为两类。甲氧基含量大于7%的，叫作高甲氧基果胶（又称果胶，Pectin）；甲氧基含量小于7%的，叫作低甲氧基果胶（又称低酯果胶）。果胶酯酸与糖和酸在适当条件下能形成凝胶。甚至，不用加糖，只要有多价正离子存在，低酯果胶也可形成凝胶。果胶酯酸的游离羧基与金属离子可形成正盐或酸式盐。

(3) 果胶酸（Pectic acid）。它的基本结构是聚半乳糖醛酸，呈胶态。它同果胶酯酸的差别是其中的羧基是游离的，不以甲基酯的形式存在，但实际很难得到无甲酯的果胶物质。通常，把甲氧基含量为1%的，叫作果胶酸。天然的果蔬，仅含有少量果胶酸。而在酶的作用下，水溶性的果胶物质可以转变为果胶酸。果胶酸的游离羧基与金属离子也形成正盐或酸式盐。

关于果胶物质的测定，通常采用的方法有重量法、果胶酸钙滴定法（即用乙二胺四乙酸二钠标准溶液滴定果胶酸钙中的钙量）和咔唑反应比色法等。上述测定方法中，果胶酸钙滴定法较适于纯果胶的测定。当样品有色时，不易确定滴定终点。且由不同试样得到的果胶酸钙，其组成各不相同，分析果胶酸钙中的钙量不能用来计算果胶的实际含量。因此，应用范围受到一定限制。测定方法有重量法、比色法等。

15.5.1 质量法

15.5.1.1 *方法原理*　将果胶物质从样品中提取出来，加入氯化钙生成不溶于水的果胶酸钙，测其果胶酸钙质量或换算成果胶酸的质量。

15.5.1.2 试剂

(1) 0.1 mol·L^{-1}NaOH 溶液。称取化学纯 NaOH 4 g 加水溶解，然后稀释至 1 000 mL。

(2) 1 mol·L^{-1}醋酸溶液。取化学纯冰乙酸 58.3 mL，加水稀释至 1 000 mL。

(3) 0.1 mol·$L^{-1}$$CaCl_2$ 溶液。称取分析纯无水氯化钙 5.5 g，加水溶解后，稀释至 500 mL。

(4) 2 mol·$L^{-1}$$CaCl_2$ 溶液。称取分析纯无水氯化钙 110 g，加水溶解后，稀释至 500 mL。

15.5.1.3 操作步骤

(1) 样品处理。样品中存在果胶酶时，为了钝化酶的活性，可以加入热的 950 mL·L^{-1}乙醇，使样品溶液的乙醇最终浓度调整到 700 mL·L^{-1}以上。然后加热煮沸 1.5 h，过滤后，以 950 mL·L^{-1}乙醇洗涤多次，再以乙醚处理。这样，可除去全部糖类、脂类及色素，乙醚则挥发除去。干燥的样品需要磨细，细度为 60 目。

(2) 提取。

① 总果胶物质：

新鲜样品：称取磨碎的样品 50 g。置于 1 000 mL 烧杯中，加入 0.05 mol·L^{-1} HCl 400 mL，在 80～90 ℃加热 2 h。加热时随时补充蒸发损失的水分。冷却后，移入 500 mL 容量瓶，加水稀释定容，过滤。

干燥样品：称取样品 5 g，置于 250 mL 三角瓶中，加入加热至沸的 0.05 mol·L^{-1}HCl150 mL，连接冷凝器，加热煮沸 1 h，冷却至室温，用水定容至 200 mL，摇匀，过滤。

② 水溶性果胶物质。将样品研碎。新鲜样品准确称取 30～50 g；干燥样品准确称取 5～10 g。以 150 mL 水将样品移入 250 mL 烧杯中。加热至沸，保持沸腾 1 h。加热时随时补足蒸发所损失的水分。把杯内物质全部移入 250 mL 容量瓶内，加水定容。过滤。

(3) 测定。吸取一定量滤液，其量相当于能生成果胶钙约 25 mg。将提取液放入 1 000 mL 烧杯中，中和后，加水至 300 mL，加入 0.1 mol·L^{-1}NaOH 溶液 100 mL，充分搅拌，放置过夜，以皂化之（脱去甲氧基，使生成果胶酸钠）。加入 1 mol·L^{-1}HOAc 溶液 50 mL。5 min 后，加入 0.1 mol·$L^{-1}$$CaCl_2$ 溶液 25 mL，然后，一边滴加 2 mol·$L^{-1}$$CaCl_2$ 溶液 25 mL 一边充分搅拌。放置 1 h 后，加热 5 min，趁热以直径 11 cm 的折叠滤纸过滤，用热水洗涤至不含有氯化物，然后，用热水把滤纸上的沉淀无损地洗入原先的烧杯中，加热煮沸数分钟，用已知重量的玻璃砂蕊漏斗（1G2）过滤，在 105 ℃烘 1.5 h 后称重，再放入烘箱继续干燥至恒重为止。

15.5.1.4　结果计算　计算方式有两种，一种用果胶酸钙表示，另一种用果胶酸表示。

$$果胶酸钙（\%）=\frac{(m_1-m_2)\times V}{V_1\times m}\times 100$$

$$果胶酸（\%）=\frac{0.9233(m_1-m_2)\times V}{V_1\times m}\times 100$$

式中：　m_1——果胶酸钙质量和玻璃砂蕊漏斗质量（g）；

m_2——玻璃砂芯漏斗质量（g）；

V_1——用去提取液毫升数；

V——提取液定容体积（mL）；

m——样品质量（g）；

0.923 3——由果胶酸钙换算成果胶酸的系数，果胶酸钙的实验式定为 $C_{17}H_{22}O_{16}Ca$，其中钙含量约为 7.67%，果胶酸约为 92.33%。

15.5.2　比色法（注1）

15.5.2.1　方法原理　方法基于果胶物质水解，生成半乳糖醛酸在强酸中与咔唑的缩合反应。然后，对其紫红色呈色溶液进行比色定量。

15.5.2.2　试剂

（1）乙醇（化学纯）。无水乙醇和 950 $mL\cdot L^{-1}$ 乙醇。

（2）精制乙醇。取无水乙醇（化学纯）或 950 $mL\cdot L^{-1}$ 乙醇 1 000 mL，加入 Zn 粉 4 g 和硫酸（1∶1）4 mL，置恒温水浴中回流 10 h 后，用全玻璃仪器蒸馏。馏出液每 1 000 mL 加入 Zn 粉和 KOH 各 4 g，进行重蒸馏。

（3）1.5 $g\cdot L^{-1}$ 咔唑乙醇溶液。称取化学纯咔唑 0.150 g，溶解于精制乙醇，并定容至 100 mL。

（4）标准半乳糖醛酸。以医药公司上海化学试剂采购供应站分装的 L. Light 出品 a－D 水解半乳糖醛酸作为标准半乳糖醛酸。

（5）浓硫酸（优级纯）（注2）。

（6）0.05 $mol\cdot L^{-1}$ HCl 溶液。

15.5.2.3　操作步骤

（1）半乳糖醛酸标准曲线的制作。准确称取 α－D－水解半乳糖醛酸 100 mg，溶解于蒸馏水，并定容至 100 mL，混合后得 1 $mg\cdot mL^{-1}$ 的半乳糖醛酸原液。移取上述原液 1.0、2.0、3.0、4.0、5.0、6.0、7.0 mL，分别注入 100 mL 容量瓶中，稀释至刻度，即得一系列浓度为 10、20、30、40、50、

60、70 μg・mL^{-1}的半乳糖醛酸标准溶液。

取30 mm×200 mm的硬质大试管7支，用吸管注入浓H_2SO_4各12 mL。置冰水浴中冷却，边冷却边分别沿壁徐徐加入上述不同浓度的半乳糖醛酸标准溶液各2 mL，充分混合后，再置冰水浴中冷却。然后，在沸水浴中加热10 min，冷却至室温后，加入1.5 g・L^{-1}咔唑溶液各1 mL，充分混和。另以蒸馏水代替半乳糖醛酸标准溶液，依上法同样处理，作为试剂空白对照。室温下放置30 min后，用721型分光光度计，在波长530 nm下，分别测定其吸光度（A），以测得的吸光度（A）为纵坐标，每毫升标准溶液中半乳糖醛酸的含量为横坐标，制作标准曲线。

（2）样品中果胶物质的提取和测定。称取番茄原浆和番茄汁20 g，注入250 mL烧瓶中，加入无水乙醇100 mL，充分搅拌混和后盖以表玻璃。在85～90 ℃恒温水浴上加热20 min，冷却，并静置1 h后，用1G3玻璃滤器，在轻微抽气下过滤，弃去含糖的乙醇滤液。沉淀用乙醇分次洗涤，除去糖分，直至滤液无色，用穆立虚反应法(注3)检验至无糖或接近无糖的反应为止(注4)。然后，将沉淀移入250 mL三角烧瓶，并用150 mL加热至沸的0.05 mol・L^{-1} HCl溶液将滤器上残留的沉淀无损地洗入同一烧瓶中，摇匀，接上回流冷凝管，在沸水浴上抽提1 h，冷却至室温，用蒸馏水定容至200 mL。混合，先经脱脂棉粗滤，再用滤纸过滤。移取上述澄清的提取液10 mL，注入100 mL容量瓶中，加水定容。然后，移取稀释液2 mL按半乳糖醛酸标准曲线的制作法操作，测定其吸光度(注5、6)，由标准曲线查出稀释液中半乳糖醛酸的浓度（μg・mL^{-1}）。

15.5.2.4 **结果计算** 样品中的果胶物质总量以半乳糖醛酸表示。

$$果胶物质总量（\%）=\frac{半乳糖醛酸（\mu g\cdot mL^{-1}）\times 100}{样品质量\times\frac{10}{200}\times 1\,000\,000}$$

15.5.2.5 **注释**

注1. 本试验方法较果胶酸钙重量法操作简易，快速，每份样品需6～8 h。半乳糖醛酸标准加料的平均回收率达98.4%～102.7%。样品的重现性较好，同一试样5次测定结果的标准偏差为±1.03%～3.71%，标准误差为±0.46～1.51。

注2. 硫酸的浓度对半乳糖醛酸溶液的呈色有较大的影响。半乳糖醛酸在低浓度的硫酸中与咔唑试剂的呈色度极低，甚至不起呈色反应；而仅在浓H_2SO_4中，才可使其充分显色。此外，硫酸的纯度，对其呈色反应也有一定影响，测定样品时必须选用与标准曲线的制作相同规格和批次的硫酸，以消除其误差。

注3. 糖分的穆立虚反应法检检。取待测检测0.5 mL，注入小试管中，加入50 g・L^{-1}萘酚的乙醇溶液2～3滴，充分混合，此时溶液稍有白色混浊。然

后，使试管稍稍倾斜，用吸管沿管壁徐徐加入浓硫酸 1 mL（注意水层与浓硫酸不可混和）。将试管稍予静置后，若在两液层的界面产生紫红色色环，则证明检液含有糖分。

注 4. 应用咔唑反应比色法测定果胶物质时，其试样的提取液必须是不含糖分的溶液。糖分的存在，对硫酸-半乳糖醛酸混合液的咔唑呈色引起较大的干扰，而使测定结果偏高。因此，从样品中提取果胶物质之前，用乙醇使果胶物质与其他多糖一起沉淀，并尽量洗涤除去糖分是十分重要的。

注 5. 试验结果证明，半乳糖醛酸溶液（或果胶物质提取液）与咔唑色反应所必须的中间化合物，在加热 10 min 以后已经形成。加热 30 min 或更长，该化合物依然稳定不变。

注 6. 当每一支试管中，添加 1.5 $g \cdot L^{-1}$ 咔唑溶液 1 mL 时，其呈色度在 30 min 内达到最高值且约 20 min 内保持不变，然后，色泽较快消失。上述测定呈色迅速且具有适当的稳定性，能满足测定要求。

主要参考文献

[1] 南京农业大学主编．土壤农化分析（二版）．北京：农业出版社．1986，246～267

[2] 鲍士旦主编．农畜水产品品质化学分析．北京：中国农业出版社．1996，159～226

[3] 中国土壤学会农业化学专业委员会编．土壤农业化学常规分析法．北京：科学出版社．1983，300～323，267～277

[4] Horwitz，W.（ed），AOAC official Methods of Analysis，12th ed. 1975，7.061～7.079

[5] Sidney williams（ed），AOAC official Methods of Analysis，14th ed. 1984，7.066～7.087，31.020～029，31.034～0.38，31.053～054

[6] Van Soest，P. J. Use of detergents in the Analysis of tibrous feeds. Ⅱ. A rapid methods for the ditermination of fiber and lignin. J. A. O. A. C. 1963，46：829

[7] Van Soest，P. J.，1973 collaborative study of acid - detergent fiber and lignin J. A. O. A. C. 1973，56：781

[8] 无锡轻工业学院，天津轻工业学院合编．食品分析．北京：轻工业出版社．1983，199～206

思　考　题

1. 试述植物中可溶性糖、淀粉、纤维素测定的意义。
2. 比较几种可溶性糖的测定方法的原理、优缺点及适测范围。
3. 植物中可溶性糖测定前样品处理的要点。
4. 比较酸水解及酶水解测定淀粉的优缺点。
5. 酸性洗涤剂法（ADF）测定粗纤维的基本原理。
6. 果胶物质的性质及其应用前景。

第十六章

籽粒中油脂和脂肪酸的测定

16.1 油脂的测定

16.1.1 概述

动、植物组织中含有油脂和类脂两大类物质，总称为脂类。油脂是油和脂肪的总称。通常把常温下的液体叫做油，如菜油、桐油；把常温下是固定的叫做脂肪，如猪油、羊油。油脂不论来自动物或植物体，不论在常温下是液态或固态，它们的水解产物均有高级脂肪酸和甘油。因此，油脂都是高级脂肪酸和甘油所形成的脂类化合物。

脂类在植物细胞和组织中存在形态可分为两类：一类为游离态，另一类为结合态。游离态油脂常常大量堆积于植物的贮藏器官中，以小滴形状而存在。所以当破坏细胞而施用压力可以将个别的小滴联成大滴，而有足够的大滴时就得到了液体油。这是榨油工业的基础。

另一类是与其他成分相结合的脂类，例如存在于谷物等淀粉颗粒中以及植物营养组织中结合态的脂类。

不同植物油中所含的脂肪酸根不同，所以它们理化性质也不一样。但是，它们都不溶于水，而溶于有机溶剂，如乙醚、三氯甲烷、苯、二硫化碳、四氯化碳等。因此，可以将油脂溶解出来与其他成分分离，然后赶去溶剂即为油脂，可求得油脂含量。溶剂最普遍应用的为乙醚，因其有较低沸点和容易提取等优点；但有易着火爆炸等缺点。所以，在测定过程中要注意通风和严禁明火[1]。

结合态脂类用乙醚提取法不能完全提取出来。因此，将试样与盐酸溶液一同加热，淀粉、蛋白质等加水分解，使脂类呈游离状态，因而容易用溶剂提取。但是，在盐酸溶液中加热，磷脂几乎完全分解为脂肪酸和碱。所以，酸分解法用于含有大量磷脂的产品时，测定值偏低。AOAC 公定法采用酸水解法测定谷物、面粉[2]中脂类含量。脂类中含有较多的磷脂，不宜采用酸分解法[3]，如大豆脂类含量相当高，其中含有较多的磷脂及结合脂类。为了有效地提取并定量全部脂类，采用氯仿—甲醇（CM）混合溶液提取法[3]，比较适合。

在生物化学领域里对于脂类的研究，历来用氯仿—甲醇作为提取全部脂类的溶剂。

在农业利用上作为提取油的原料来评价谷类和油料作物种子的品质时，测定游离态油脂具有重要意义。作物种子中游离态的油脂测定法有油重法（直接法）和残余法（间接法）。乙醚提取——直接测定油重法[4,5]，结果准确、稳定，广为国内外所采用。我国国家标准中将油重法作为仲裁法，但此法所用仪器每次只能测定一个样品，不适宜于大批样品的测定。间接测定残余法适合于大批样品的分析，分析效率较高，测定结果与油重法较为一致。在有精密析光仪的条件下，大批同种油料作物种子样品含油量的测定，采用简单快速而准确的折光法[2]，最为方便。本节着重介绍油重法、残余法和折光法。

16.1.2 油料作物和谷类作物籽粒中油脂的测定

16.1.2.1 油重法（索氏提取法）[5]。

16.1.2.1.1 方法原理 油脂不溶于水，但能溶于乙醚（沸点 35 ℃）、石油醚（沸程 30～60 ℃）、二硫化碳（沸点 46.3 ℃）、丙酮（沸点 56.5 ℃）、四氯化碳（沸点 70 ℃）、三氯甲烷（沸点 61 ℃）、苯（沸点 80 ℃）等有机溶剂。因此，可以用这些溶剂将植物样品中油脂浸提出来，然后加热赶去溶剂即可求得油脂%。常用来测定脂肪的溶剂为无水乙醚及石油醚，因其有低沸点的优点，便于提取；但又有易着火爆炸等缺点，测定时务须严防着火爆炸。这些溶剂除提取出游离态脂肪外，也能提出“类脂肪”，亦即溶于上述溶剂中的其它脂溶性物质，如磷脂、高级醇、色素、蜡以及脂肪酸等，故称之为“粗脂肪”。

16.1.2.1.2 主要仪器 电热恒温水浴、电热恒温烘箱、索氏脂肪提取器（图 16－1）、粉碎机或研钵、圆筒滤纸（直径 22 mm×100 mm）或脱脂大滤纸。

16.1.2.1.3 试剂

（1）无水乙醚（化学纯）(注1)，或将工业用乙醚放在分液漏斗中，加水洗3～4次，洗去丙酮及乙醇等杂质。再将乙醚放入干燥的试剂瓶中加入固体颗粒状或经 750 ℃灼烧过的 $CaCl_2$，直至吸水固体不再流散为止。这一作用要进行几天。最后将乙醚倒入瓶中蒸馏，得到无水乙醚，或再将乙醚放入另一试剂瓶中，加入几小片擦净的金属钠，放置至不再放出氢气为止。这些操作必须在通风、低温无明火条件下进行。

(2) 石油醚（化学纯，沸程 30～60 ℃）。

(3) 浓碱乙醇洗液。浓 NaOH 溶液（450 g·L⁻¹）与工业乙醇按 3∶1 体积比例混合。

16.1.2.1.4 操作步骤

(1) 试样制备[4]。选取有代表性的种子，去除杂质，按四分法缩减取样。小粒种子，如芝麻、油菜籽等取样量不得少于 25 g。大粒种子，如大豆、花生仁等取样量不得少于 30 g。将样品预先在 80 ℃烘箱中干燥约 2 h。谷类、大豆等经粉碎后通过 40 目筛。

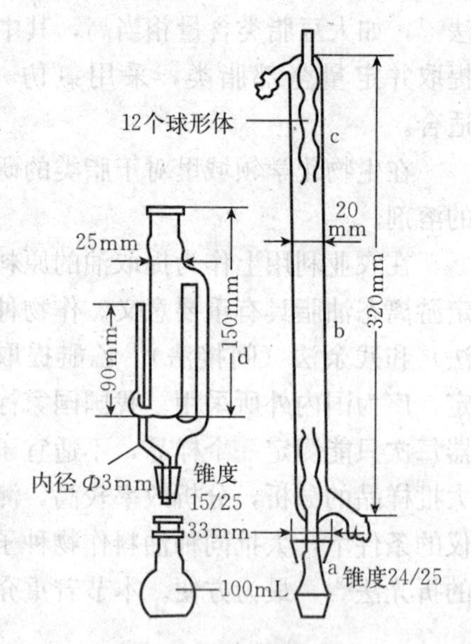

图 16-1 索氏脂肪浸提器

a. 烧瓶 b. 浸提器 c. 冷凝器 d. 回流环

带壳油料种子如花生果、蓖麻籽、向日葵籽等。取样量不得少于 50 g，通过剥壳，分别称重，计算出仁率。再用切片机或小刀片切成 0.5 mm 以下薄片，籽仁粉碎至均匀粉状。

芝麻、油菜子用粉碎机或研钵细心研碎，注意不要留有整粒。样品处理完毕，立即混匀，装入磨口瓶中备用。

(2) 测定。称取经 105±2 ℃烘干 1 h 后粉碎试样 2～5 g（精确至 0.001 g）两份，全部移入干燥滤纸筒内，试样上面用脱脂棉塞住(注2)，以防试样漂浮，然后移入浸提筒内（如无滤纸筒时也可使用滤纸包）(注3)。事先将洁净的接受器烧瓶在 100～105 ℃烘箱内干燥 0.5～1 h，烘至恒重（m_1），加入约瓶体 2/3 的无水乙醚，如图 16-1 把索氏提取器各部分连接起来，打开冷凝水流，在水浴上进行抽提。调节水浴温度（夏天约 65 ℃，冬天约 80 ℃。切忌明火，注意室内通风），使冷凝下滴的乙醚速度为 120～180 滴/min，使乙醚不断回流提取，一般浸提时间 8～10 h(注4)。提取结束后，取下浸提筒，用镊子取出圆筒滤纸，连接好浸提筒，在水浴中加热蒸馏回收接受器烧瓶中的乙醚，用纱布擦净烧瓶外部，取下烧瓶，在沸水浴上蒸去全部残余的醚(注5)。将盛有脂肪的烧瓶放入 105±2 ℃烘箱中，烘干 1 h 移入干燥器中冷却至室温（45～60 min）后称重，精确至 0.001 g。再烘 30 min，冷却，称重，直至恒重（m_2）(注6) g。

16.1.2.1.5 结果计算

$$粗脂肪（\%）（干基）=\frac{m_2-m_1}{m_3}\times 100$$

式中：m_1——接受烧瓶的质量（g）；

m_2——接受烧瓶和脂肪的质量（g）；

m_3——样品的质量（g）。

带壳油料种子粗脂肪（%）=籽仁粗脂肪（%）×出仁率（%）

平行测定的结果用算术平均值表示，保留小数后两位。平行测定结果的相对相差，大豆不得大于2%，油料作物种子不得大于1%。

16.1.2.1.6 注释

注1. 乙醚能与乙醇混溶，也能溶解相当量的水，含水和乙醇的乙醚必须提纯，回收的乙醚也须脱水后再用，否则样品中水溶性和醇溶性物质也将被浸提出来，测定游离态脂肪时的样品、乙醚及仪器均必须干燥，防止水溶物质浸出产生的误差。

注2. 使用符合医药部门规定的脱脂棉。

注3. 见图16-3残余法滤纸包折叠方法来代替滤纸筒，包的大小，以能平整地放入浸提器内为度（宽度不大于浸提器的内径，长度不超过浸提器的虹吸管），否则将影响浸提完全。

注4. 样品浸提时间随样品种类（含油量不同）和浸提条件而定。

样品种类	浸提时间（h）	
	浸泡过夜后	未浸泡过夜者
植物茎叶及谷物、大豆、油沙豆的种子	6	8
油菜、红花、芝麻、花生、向日葵、蓖麻的种子	8	10

注5. 乙醚稍有残留，放入烘箱时也有发生燃烧爆炸的危险。

注6. 反复加热会因脂类氧化而增重，质量增加时，以增重前的质量作为恒重。

16.1.2.2 残余法

16.1.2.2.1 方法原理 见16.1.2.1.1

本方法样品在YG-2型脂肪浸提器中，用能与脂肪溶混的有机溶剂除去脂肪，从样品质量和残渣质量之差计算粗脂肪的含量。

16.1.2.2.2 主要仪器 YG-2型脂肪浸提器（图16-2）、切片机、刀片，其他仪器同16.1.2.1.2。

16.1.2.2.3 操作步骤

（1）样品制备。同16.1.2.1.4，（1）。

（2）测定。浸提前，先将脂肪浸提器的三个部分——接受烧瓶、浸提筒和冷凝管，洗净、烘干。将滤纸剪成7 cm×7 cm（或其他适当规格），并叠成一边不封口的纸包（图16-3中8所示）用铅笔编上序号，放入同一编号的称量瓶中(注1)。将称量瓶及滤纸包移入105±2 ℃干燥箱中干燥2 h。取出，放入干燥器中冷却至室温（约30 min），准确称滤纸包和称量瓶的质量（m_1），称量时室内相对湿度不得高于7%。

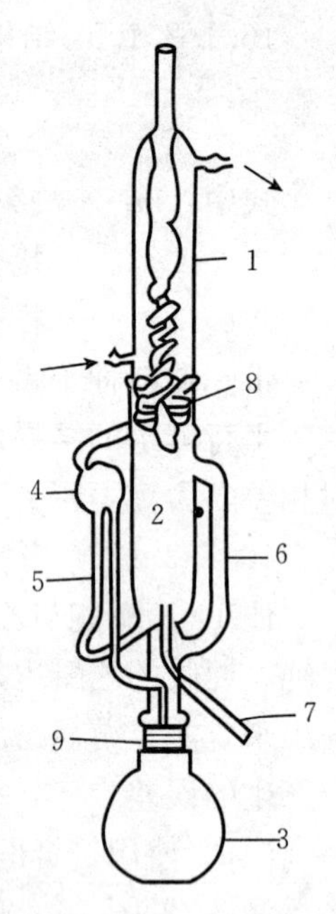

图16-2　YG-2型脂肪抽提器

1. 冷凝管　2. 浸提筒　3. 浸提瓶　4. 液面控制球　5. 泄液管　6. 边管　7. 回收嘴　8. 磨口接头　9. 磨口接头

用骨匙将已制备好的样品（谷物1～2 g，油料种子1 g左右，不必准确称量）装入滤纸包中封上包口（图16-3），盛于原称量瓶中，放入105±2 ℃干燥箱中，干燥3 h以除去样品中水分，冷至室温后准确称重（m_2），（m_2-m_1）即为样品质量（g）。

将样包（已称重）装入浸提筒中(注2)，注入乙醚，使之刚好超过样包高度。连接好浸提器的各部分，浸泡一夜。将浸泡后的无水乙醚，流入浸提烧瓶（浸提瓶中加有几粒玻璃珠或浮石）。然后在浸提筒中重新注入无水乙醚，使其完全浸泡样包。连接好浸提器的各部分，接通冷凝水流，在水浴（或灯炮）上进行浸提，并调节温度45 ℃左右。室内切忌明火存在，以防止溶剂蒸汽着火燃烧。

抽提时，烧瓶的乙醚加热沸腾后，溶剂的蒸汽由大的侧管进入冷凝管凝为液体滴入抽提器中，浸提样本并将油脂溶解，当溶剂超过抽提器内虹吸管高度时，溶有脂肪的溶剂就流入烧瓶中，如此反复。将脂肪留于烧瓶内，样本中的油脂不断地被抽提出来。调节水温，使其冷凝下滴之乙醚呈连球状（回

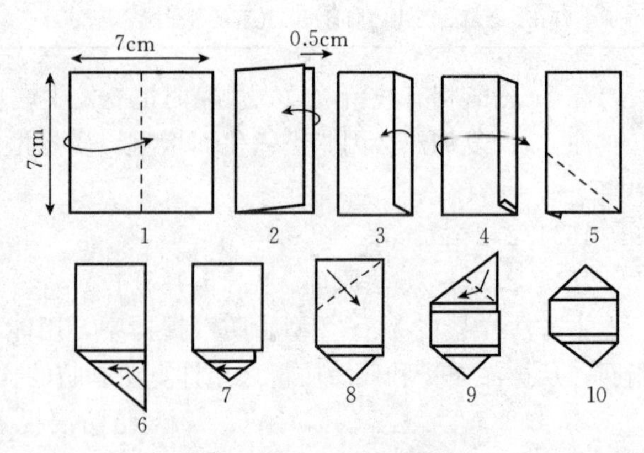

图16-3　残余法滤纸包折叠方法

流量>20 mL·min^{-1})，这时水浴温度大约在 70～80 ℃，一般须抽提 8～10 h（依样品含油量而异），抽提完毕，取出样包，先在通风处晾干除去乙醚，而后放在 105±2 ℃下烘 2 h，稍冷却后，放入干燥器中冷却至室温，再将各包放入原称量瓶中称量（m_3)。(m_2-m_3）即为粗脂肪质量，多余的乙醚，可用水浴加热蒸发加以回收，参照［16.1.2.1.3，(1)］进行精制备用。

16.1.2.2.4 结果计算

$$粗脂肪（\%）(干基)=\frac{m_2-m_3}{m_2-m_1}\times 100$$

式中：m_1——称量瓶及滤纸的质量（g)；

m_2——称量瓶、滤纸及烘干样品质量（g)；

m_3——称量瓶和浸提后的滤纸及残渣质量（g)。

平行测定的结果用算术平均值表示，保留小数点后两位数字。两次平行测定结果的允许相对相差，谷物不得高于 5%，大豆不得高于 2%，油料不得高于 1.5%。

16.1.2.2.5 注释

注 1. 如试样为高油脂含量的小粒油料作物种子，须与滤纸包一起，放入一小块滤纸在称量瓶中，以备研样和称样时擦净研钵及角匙上的样粒及油迹之用。

注 2. 试样包均捆在一粗玻棒上（防止样品包上浮)，放入浸提筒内，使样品包顶部低于泄液管虹吸高度。

附：关于使用乙醚的注意事项

(1) 乙醚中过氧化物的检查。用碘化钾法试验乙醚中过氧化物，可将 10 mL乙醚装入具塞的无色玻璃量筒中，加 1 mL 新配制的 100 g·L^{-1}KI 溶液，在无直射阳光下，对着白色背景从横断方向观察，两液层均应无色。

另取 9 mL 乙醚加入 1 mL 饱和 KI 溶液，振摇，如醚层出现黄色，则其中含有 0.000 5%的过氧化物，则应经处理才能使用。

(2) 乙醚中过氧化物的阻化、抑制与除去。贮存乙醚时，可加入阻化剂以阻其氧化，如使乙醚与活性碳或活性氧化铝保持接触，可以防止贮存中的乙醚发生爆炸，或在 100 mL 乙醚中加 0.000 1 g 苯三酚[1]，可阻止过氧化物的形成达两年之久。

除去过氧化物可将 500 mL 乙醚放入 1 L 分液漏斗中，加入 200 g·L^{-1}硫酸亚铁铵溶液 15 mL，1∶1 硫酸 5 mL，蒸馏水 8 mL，振动数分钟，分层后弃去水相，同法再洗1～2次，直至过氧化物除尽为止，最后用蒸馏水每次100 mL洗涤两次，将洗好的乙醚放至带磨口塞的棕色瓶中，加无水氯化钙过夜，次日蒸馏收集馏出液。

除去乙醚中过氧化物试剂，常用的还有硫酸亚铁、亚硫酸钠、亚硫酸氢钠、氯化亚锡、锌与酸、钠与醇、铜与锌、高锰酸钾、氢氧化银和二氧化铅等。

16.1.2.3 折光法

16.1.2.3.1 方法原理 本法是利用种子中的油的折光率与溶剂的折光率具有显著差异这一特性来进行样品含油量的测定。

用折光率高的非挥发性有机溶剂浸提样品。由于油的折光率较低，所以，溶剂溶解样品中的油后，溶液的折光率即低于溶剂，降低的值与溶解的油量成正比。因此，可由折光率的下降程度来测量样品的含油量。此法不如索氏提取法准确，但由于分析速度快，适宜于育种工作中大量样品筛选，提高作物品质具有重要意义。

16.1.2.3.2 主要仪器 精密折光仪（准确至0.000 02。例如上海光学仪器修理厂生产的V棱镜折射仪，WYV，WZV－1，精密5×10^{-5}）、恒温水浴（控温±0.1 ℃）、玻璃或瓷研钵、温度计（准确至0.1 ℃）。

16.1.2.3.3 试剂 标准溶剂：用74份（质量计）α-氯萘（比重1.193 8，$n^{20}=1.633\ 21$），与26份α-溴萘（液体或柱状固体，$n^{20}=1.658\ 50$）混合，添加任一溶剂，配制成$n^{25}=1.639\ 40$的标准溶剂，贮于棕色瓶中，大约每星期校正其折光率1次[注1]。

16.1.2.3.4 操作步骤 称取2.0～2.5 g平均粉样（通过0.5 mm筛），放入预热至约60 ℃的8 cm瓷钵中，加纯石英砂约1.5 g，再加5.0 mL标准溶剂[注2]，用力研磨3 min，用干的无脂肪的5 cm滤纸过滤。取1～2滴清液测定折光率，准确至0.000 02。测定同时读记温度，准确至0.1 ℃[注3]，计算样品的含油量。

16.1.2.3.5 结果计算[注4]

$$种子含油量（\%）=\frac{V_A d_0 (n_A - n_c)}{m_s (n_c - n_0)}\times100$$

式中：V_A——标准溶剂的体积（mL）；

d_0——油的比重[注5]，如大豆油比重为0.924 0；

n_A——标准溶剂的折光率；

n_0——油的折光率[注6]（以实测为准），如大豆油折光率为1.473 02；

n_c——测得油与溶剂混合物的折光率；

m_s——样品的质量（g）。

16.1.2.3.6　注释

注 1. 校正折光率时温度必须准确至 0.10 ℃。此溶剂折光率的温度校正系数为 0.000 45/℃。比 25 ℃每高 1 ℃，测定值应加 0.000 45；每低 1 ℃，减 0.000 45。

注 2. 标准溶剂比重较大，所以必须准确地量取它的体积，最好用校准过的、流液时间不少于 15 s 的 5 mL 移液管。

注 3. 溶液折光率的温度校正系数：大豆油溶液，0.000 43/℃；亚麻油溶液，0.000 42/℃。

注 4. 含油量计算式的推导。设油质量为 m_x（g）；样品质量为 m_s（g）；油比重为 d_0；n_A 为溶剂的折光率；n_0 为油的折光率；n_c 油与溶剂混合物的折光率；V_A 为溶剂的体积（mL）；V_0 为油的体积（mL）。

$$m_x = V_0 \cdot d_0 \quad V_0 = ?$$

$$n_c = n_A \cdot \frac{V_A}{V_A + V_0} + n_0 \cdot \frac{V_0}{V_A + V_0}$$

$$n_c = \frac{n_A V_A + n_0 V_0}{V_A + V_0}; \; n_c(V_A + V_0) = n_A \cdot V_A + n_0 V_0$$

$$n_c V_A + n_c V_0 = n_A V_A + n_0 V_0$$

$$V_0(n_c - n_0) = V_A(n_A - n_c)$$

$$V_0 = \frac{V_A(n_A - n_c)}{n_c - n_0}$$

$$含油量（\%）= \frac{V_0 d_0}{m_s} \times 100 = \frac{V_A d_0}{m_s} \cdot \frac{n_A - n_c}{n_c - n_0} \times 100$$

注 5. 油的比重的测定。将比重瓶洗净至无油脂，装入刚沸过而冷却至约 20 ℃水，放在 25 ℃恒水浴中，30 min 后，调节比重瓶内的水面到标线，加塞。从水浴中取出，用洁净布拭干，称重。再将比重瓶的水倒空，烘干、称重。这两次质量之差即为 25 ℃时瓶内所装的水质量（m_w）。再在此干燥的比重瓶中装满温度约为 20 ℃的油样，放入 25 ℃恒温水浴中 30 min，调节油液面到标线，加塞。由水浴中取出，拭干，称重。计算瓶内所盛油的质量（m_0）。m_0/m_w 即为 25 ℃时油的比重。同一种类种子的油的比重可当作定值，品系间的差别可略而不计。

注 6. 纯油的折光率的测定。取约 5 g 种子粉样，用大约 25ml 乙醚（或石油醚）浸提并淋洗，过滤，除尽溶剂后即得纯油，测其折光率。同一种类种子的油的折光率可当作定值，品系间的差别可略而不计。

16.2 脂肪酸的测定

16.2.1 概述

在评价动、植物脂类品质时往往还需要鉴定其脂肪酸组成及其有关理化特性。

在植物油脂中，脂肪酸的种类很多，有的种子和果实中所含的脂肪以饱和脂肪酸为主，有的则以不饱和脂肪酸为主。

饱和脂肪酸，其结构式中不含双键，一般分子式为 $C_nH_{2n+1}COOH$ 或 $C_nH_{2n}O_2$，如表16-1中软脂酸（$C_{16:0}$）、硬脂酸（$C_{18:0}$）。饱和脂肪酸营养价值较高，因其所含的热能较高。

表16-1　几种重要的高级脂肪酸

名称		系统命名	结构式
饱和脂肪酸	软脂酸	十六（烷）酸	$CH_3(CH_2)_{14}COOH$
	硬脂酸	十八（烷）酸	$CH_3(CH_2)_{16}COOH$
不饱和脂肪酸	油酸	十八（碳）烯-9-酸	$CH_3(CH_2)_7CH=CH(CH_2)_7COOH$
	亚油酸	十八（碳）二烯-9、12-酸	$CH_3(CH_2)_4CH=CHCH_2CH=CH(CH_2)_7COOH$
	桐油酸	十八（碳）三烯-9、11、13-酸	$CH_3(CH_2)_3(CH=CH)_3(CH_2)_7COOH$
	亚麻油酸	十八（碳）三烯-9、12、15-酸	$CH_3(CH_2CH=CH)_3(CH_2)_7COOH$
	芥酸	二十二（碳）烯-13-酸	$CH_3(CH_2)_7CH=CH(CH_2)_{11}COOH$
	蓖麻油酸	12-羟基-十八（碳）烯-9-酸	$CH_3(CH_2)_5CHOHCH_2CH=CH(CH_2)_7COOH$
	花生油酸	二十（碳）四烯-5、8、11、14-酸	$CH_3(CH_2)_3(CH_2CH=CH)_4(CH_2)_3COOH$

摘自有机化学（高等农业院校试用教材）广西人民出版社 1983，p210。

不饱和脂肪酸在空气中容易被氧化而变干，愈不饱和的脂肪酸，愈容易氧化，它们这种性质有极大的工业上应用价值。

动、植物油脂的营养价值取决于脂肪酸的组成和含量。脂肪酸不具有吸光能力，也无适当的呈色试剂。所以，不宜用液相色谱法分析。相反，脂肪酸分子中碳原子含量多，故气相色谱法检出灵敏度高。由于这些理由，脂肪酸就成为气相色谱法最初的分析对象。

脂肪酸因其本身具有挥发性，所以能够直接作为气相色谱法的试样。但一般是使之成为挥发性更强的衍生物，通常要转变成甲酯，而后进行分析。

16.2.2 动、植物油脂中脂肪酸的测定——气相色谱法

16.2.2.1 三氟化硼法制备脂肪酸甲酯

16.2.2.1.1 方法原理

将甘油酯和磷酯皂化，释放出脂肪酸并在 BF_3 催化剂存在下酯化，再以红外光谱（IR）法或气相色谱（GC）法进行分析。

本法适合分析常见动植物油脂和脂肪酸。不可皂化的物质除不去，而且如果它们大量存在，可能会对以后分析产生干扰。

脂肪酸若含大量环氧基、过氧基、醛基、酮基、环丙基和丙烯基，及共轭多不饱和酸和炔属化合物的甲酯，用本法处理不适宜，因为上述基团会部分或全部破坏。

16.2.2.1.2 主要仪器　反应烧瓶——50 mL 和 125 mL 烧瓶，带磨口外接头。冷凝器——水冷回流式，有 20～30 cm 保护套和带磨口的内接头。

16.2.2.1.3 试剂

（1）三氟化硼试剂。称 BF_3 125 g 溶于 1 L 甲醇中。常用市售产品或用下面方法制备：在 2 L 的烧瓶内加 1 L 甲醇，称重。放在冰水浴上冷却，然后通过玻璃管，使钢瓶中 BF_3 鼓泡加入甲醇中直至 BF_3 125 g 全被吸收为止。在操作完结前，玻璃管中必须仍有 BF_3 通过，把玻璃管脱离甲醇液面，再关钢瓶阀门，以防甲醇倒流入气体阀门内。BF_3 气体流速不能太快，以至于来不及吸收从而烧瓶中冒出白烟。本试剂在 2 年内是稳定的（注意：操作必须在通风柜中进行，以防 BF_3 的白烟逸出，避免与皮肤、眼睛和呼吸器官接触）。

（2）0.5 mol·L^{-1}氢氧化钠甲醇溶液。溶解 NaOH 2 g 在含水量≤5%的甲醇 100 mL 中，长期放置所生成的 Na_2CO_3 沉淀可忽略不计。

（3）庚烷。其纯度应在用气相色谱测定后无杂峰。如果样品中不含≥20 个碳原子的脂肪酸则可用己烷来代替。

（4）甲基红溶液。用 600 mL·L^{-1}的乙醇配制 1 g·L^{-1}甲基红溶液。

（5）氮气。其含氧量<5 mg·kg^{-1}。

对于新批号的试剂务必进行检验，特别是对于 BF_3，检验的方法是用其与纯油酸甲酯处理和进行色谱分析，如果在色谱图上 C_{20} 与 C_{22} 脂肪酸甲酯之间出现额外的峰。就应该不用这批 BF_3 试剂。

16.2.2.1.4 样品制备　酯化操作需在通风橱内操作。所有玻璃器皿用

后马上清洗。如脂肪酸所含双键数多于2个，则通几分钟氮气，以赶去甲醇和烧瓶中的空气。应尽快分析甲酯，如果不能立即分析，脂肪酸甲酯的庚烷溶液样品在氮气保护下存放在冰箱中。为了延长保存时间，可密封在安瓿中，并保存在冰箱内，或加0.005%2，6-二叔丁基-4-甲基酚（BHT）。进行红外分析时，必须尽可能除去溶剂；进行气相色谱分析时，5%～10%溶液是合适的。

精确称取某一样品重量是不必要的。称取样品量的大小仅是为了决定采用多大的酯化瓶和试剂用量。这可按照下表所列相应量进行制备操作（油脂样品用量约350 mg是较为适宜的）。

样品量（mg）	酯化瓶容量（mL）	0.5 mol·L^{-1}NaOH（mL）	BF_3甲醇液（mL）
100～250	50	4	5
250～500	50	6	7
500～750	100	8	9
750～1 000	100	10	12

（1）脂肪和油脂样品。将样品加到烧瓶中，然后加入NaOH甲醇溶液和数粒沸石，接上冷凝管进行加热回流至脂肪球消失为止（一般需5～10 min）。用洗耳球由移液管或自动吸液器吸入BF_3溶液，经冷凝管加入酯化瓶。继续沸腾2 min，又通过冷凝管加庚烷2～5ml，再煮1 min，移去热源，然后冷却，并加入饱和盐水溶液几毫升，慢慢旋转酯化瓶数次，再加饱和盐水溶液数毫升，以促使脂肪酸甲酯庚烷溶液上升至瓶颈口，吸出1 mL此庚烷提取液至气相色谱样品小瓶中，并加入稍许无水硫酸钠，以除去少量的水分。如果浓度过大，可加以稀释至浓度为5%～10%供气相色谱测定用。

（2）脂肪酸样品。加入脂肪酸样品于烧瓶中，然后加BF_3溶液，按上述（1）回流煮沸2 min。

16.2.2.2 气相色谱法测定脂肪酸甲酯（AOAC-IUPAC法）

16.2.2.2.1 方法原理 气相色谱法可应用于动植物油脂中含有八至二十四个碳原子的脂肪酸甲酯分离和测定。但此法不适用于含有环氧化基团、氧化了的、聚合的脂肪酸样品的测定。

16.2.2.2.2 主要仪器 配备有氢火焰离子化鉴定器的气相色谱仪一台。操作使用条件如下：

（1）气相色谱仪。气化室部分应具有最小的死体积，其温度应高于柱温20～50 ℃。色谱柱箱的温度至少在220 ℃下，其温度变动范围应在±1 ℃。在采用程序升温时，推荐使用双柱技术。

（2）色谱柱。柱长 1～3m×2～4 mm（内径）的玻璃或不锈钢柱。当样品中含有多于三个双键的不饱和脂肪酸组成时，不宜使用不锈钢柱；当样品中含有多于 20 个碳原子数的长键脂肪酸时，使用短柱为宜。

（3）色谱柱的配制。所用担体是经酸洗硅烷化的硅藻土。其颗粒大小为 125～250 μm（60～70 筛目）。所选用的担体平均颗粒大小与色谱柱的内径成反比，与柱长成正比。在担体上涂有 5%～20%聚酯类型的极性液体，如丁二酸二乙二醇聚酯（DEGS）、丁二酸丁二醇［1，4］聚酯（BDS），已二酸乙二醇聚酯（EGA）等。

色谱柱老化时，将其与鉴定器连接端脱开。在柱温 185 ℃，载气流速20～60 mL·min^{-1}，老化 16 h 后再升高柱温至 195 ℃，老化 2 h。老化温度可随着所选用的固定液面改变。

（4）微量注射器。最大体积为 10 μL，最小刻度为 0.1 μL。

（5）记录器。其满刻度为 0～2.5 mV 或 5.0 mV，时间响应速率小于 1.5s（指当瞬间输入 100%信号时，记录笔从零到满刻度的 90%所需的时间）。记录纸宽度 25 cm，纸速 25～100 cm·h^{-1}。记录器需配有衰减调节开关。如果使用数字积分仪，其必须有足够的灵敏度，线性的响应范围和满意的基线校正性能。

16.2.2.2.3　试剂

（1）载气。干燥的氮、氩气均可，其氧含量应<10 mg·kg^{-1}。

（2）其他气体。氢气其纯度应达到 99.9%，不含其它有机不纯物。空气或氧气，其中碳氢化合物含量折算成甲烷应<2 mg·kg^{-1}。

（3）对照标准样品。即确知数量的脂肪酸甲酯组分的混合样或已知脂肪酸甲酯组分的油样品。这类标准样品的组成最好与待测样品的组分相似。

16.2.2.2.4　操作条件　选择最佳气相色谱操作条件必须考虑以下几个因素：色谱柱的柱长及其内径大小、柱温、载气流速、峰间分辨率、样品量、分析时间、检测器和静电计对样品量的大小必须具有相应的线性特性。在一般情况下，要求硬脂酸甲酯在 15 min 内洗脱出来，色谱柱的理论塔板数大于或等于 2 000。

色谱柱内径（mm）	载气流速（mL·min^{-1}）	固定液含量（%）	柱温（℃）
2	15～25	5	175
3	20～40	10	180
4	40～60	15	185
		20	185

如果仪器性能允许，气化室温度应维持约 200 ℃，检测器温度应高于柱温。氢气流入检测器的速度应为载气流速的一半。当氮气作载气时，色谱的内径为 2 mm 时，氢气的流速可相等于载气的流速。氧气的流速约为氢气流速的 5～10 倍。

16.2.2.2.5 色谱柱的性能指标 配制混有同量的硬脂酸甲酯和油酸甲酯的测试样品，或用黄油的脂肪酸甲酯组成为测试样品。调节进样量、柱温和载气流速，使硬脂酸甲酯在溶剂峰后约 15 min 内洗提出来。其峰高应约为记录纸满刻度的 3/4。分别在硬脂酸和油酸两峰的拐点作切线与基线相交，由各自的交点处量出其相应的峰底宽 W_1 和 W_2（mm），又量出溶剂峰与硬脂酸峰顶间的距离（S），以及硬脂酸和油酸两峰顶间的距离 Y（mm）。由此可计算出有效理论塔板数 n 和分辨率 R。其计算公式如下：

$$n=16\left(\frac{S}{W_1}\right)^2$$

$$R=2Y/(W_1+W_2)$$

选择的气相色谱操作条件必须保证色谱柱的理论塔板数大于或等于 2 000。硬脂酸甲酯和油酸甲酯两峰的分辨率大于或等于 1.25。另外还要求亚麻酸甲酯（18∶3）与花生酸甲酯（20∶0），及花生一烯酸甲酯（20：1）分开。由于使用一定期限后，分辨率会渐渐变小。当其小于或等于 1.25 时，必须更换色谱柱。

16.2.2.2.6 测定 当仪器的基线稳定后，注入 5%～10%脂肪酸甲酯的庚烷溶液 0.1～2 μL。如果要求测定痕迹脂肪酸组成，则可将样品浓度增至 10 倍。注入样品时针头一旦穿过注射口的硅橡胶隔板就应迅速注入样品，并立即拔出针头，在记录纸上作出标记。还必须注意由于溶剂中杂质或针头的空气都会出现小峰。如果必须保证峰在记录纸上标记出来就需要调节衰减档。为了使样品中大多数组分不被衰减掉尽可能的取小的衰减档。

为了测定低于 12 碳数的脂肪酸组成，采用较低的柱温是合适的。如果测定高于 20 碳数的脂肪酸组成，适宜于采用高柱温或采用程序升温的方法。如测定低于 12 碳数脂肪酸甲酯时，在柱温 100 ℃时注入，然后按每分钟升高4～8 ℃的加热速率升至最适宜温度或程序升温至某固定点，继续维持这温度至一定的时间，使所有的组成被洗脱出来。如果仪器无程序升温装置，可调节在 100 ℃和 195 ℃两个固定温度点进行测定。

16.2.2.2.7 结果计算

（1）归一化法。在使用归一化法作为定量计算法时，即色谱图上所有的组分的峰面积之和为100%。如果仪器带有积分仪装置，就可使用其显示的数值。如果没有的话可使用三角形面积计算法，在每一峰的两边作切线与基线相交，量出半峰宽并乘以峰高，再乘以衰减倍数。对于自动衰减峰，其峰为满图纸跨度。在这种情况下，必须在峰高的2/3处在峰的外边作切线与底边相交，峰面积即以峰高（按衰减倍数加以校正）乘以1/2峰底宽。

如果样品中含有小于12个碳原子数的组成含量并不明显存在，则可用质量百分数的计算方法计算，计算单个脂肪酸甲酯百分含量，表达式如下：

$$C_i = G_i \times 100/\Sigma G_i$$

式中：G_i——某脂肪酸甲酯的峰面积；

ΣG_i——色谱图上所有峰面积总和。

（2）内标法。当只要测定试样中某几个组分，而且试样中所有组分不能全部出峰时，可采用此法。

所谓内标法是将一定量的纯物质作为内标物，加入到准确称取的试样中，根据被测物和内标物的质量及其在色谱图上相应的峰面积比，求出某组分的含量。例如要测定试样中的组分i（质量为m_i）的百分含量c_i%，可于试样中加入质量为m_s的内标物，试样质量为m，则

$$m_i = f_i A_i$$

$$m_s = f_s A_s$$

$$\frac{m_i}{m_s} = A_i f_i / A_s f_s$$

$$m_i = \frac{A_i f_i}{A_s f_s} \times m_s$$

$$c_i\% = \frac{m_i}{m} \times 100 = \frac{A_i f_i}{A_s f_s} \times \frac{m_s}{m} \times 100 = \frac{A_i}{A_s} \times f' \times \frac{m_s}{m} \times 100$$

一般常以内标物为基准，则$f_s=1$，此时计算可简化为：

$$c_i\% = \frac{A_i}{A_s} \times \frac{m_s}{m} \times f_i \times 100$$

式中：f_i——待测物绝对质量校正因子；

f_s——内标物绝对质量校正因子；

$f' = \frac{f_i}{f_s}$为质量校正因子。

16.2.3　油菜籽中脂肪酸的测定

菜籽油主要含有棕榈酸、硬脂酸、油酸、亚油酸、亚麻酸、芥酸等脂肪酸。菜油中芥酸凝固点高，4℃便可硬化，不易被消化吸收，直接影响了营养

价值。亚麻酸由于不饱和脂肪酸的含量高，容易发生氧化作用，油味变劣，不适于食品工业、烹饪用。而亚油酸对人类食用是有益的，菜籽油的理想的脂肪酸组成应该是降低亚麻酸和芥酸，提高亚油酸以适于人类食用和工业生产的需要。

国际市场要求食油芥酸含量低于5%，而我国一般菜籽油中芥酸含量达40%以上，为了提高菜籽油的营养价值，增加出口创汇，培育低芥酸、低硫苷的品种是当务之急。我国已培育了一批低芥酸品种，开展了油菜脂肪酸组成的分析，这一工作是建立在气相色谱实验技术基础上进行的。

20世纪60年代初期加拿大等国开始使用气相色谱法测定菜籽油的脂肪酸的组成，后来为了适应大量杂种后代的筛选，又采用纸层析法测定芥酸、亚油酸、亚麻酸的含量，以满足单项脂肪酸的选育需要，同时还建立了纸带层析法、芥酸冰冻法等半定量速测法与全定量气液色谱法配合使用。

16.2.3.1 气相色谱法

16.2.3.1.1 方法原理 将样品中脂肪酸转化成甲酯再用气相色谱法测定。

16.2.3.1.2 主要仪器 气相色谱仪（岛津GC-9A）、带有氢离子化检测器（量程10^3，衰减1）或其他型号气相色谱仪。

16.2.3.1.3 试剂

（1）乙醚（化学纯）。

（2）石油醚（沸程30～60 ℃）重蒸馏后使用。

（3）无水甲醇。重蒸馏后使用。

（4）0.4 mol·L^{-1}KOH-甲醇溶液。称取KOH22.4 g溶于1 000 mL无水甲醇中。

（5）饱和NaCl溶液。

（6）脂肪酸甲酯标准液的配制。棕榈酸甲酯（Palmitic Acid Methyl Ester），$CH_3(CH_2)_{14}-COOCH_3$标准液。

（7）油酸甲酯（Oleic Acid Methyl Ester），$CH_3(CH_2)_7CH=CH(CH_2)_7COOCH_3$标准液。

（8）亚油酸甲酯（Linoleic Acid Methyl Ester），$CH_3(CH_2)_4CH=CHCH_2CH=CH(CH_2)_7COOCH_3$标准液。

（9）亚麻酸甲酯（Linolenic Acid Methyl Ester），$CH_3(CH_2CH=CH)_3(CH_2)_7COOCH_3$标准液。

（10）花生一烯酸甲酯$CH_3(CH_2)_7CH=CH(CH_2)_9COOCH_3$标准液。

（11）芥酸甲酯（Erucic Acid Methyl Ester），$CH_3(CH_2)_7CH=CH$

$(CH_2)_{11}COOCH_3$ 标准液。

以上各种脂肪酸甲酯标准液的浓度均配制成为 2 mg・mL^{-1} 的正己烷溶液。例如配制芥酸甲酯标准液：称取芥酸甲酯 100 mg 溶解于正己烷溶液，转移至 50 mL 容量瓶中，用正己烷定容。

16.2.3.1.4　色谱条件

（1）色谱柱[注1]。1.5 m×3 mm（内径）的玻璃柱。

（2）担体。克洛姆沙伯（Chromosorb W）80～100 目。

（3）固定液。15%丁二酸二乙二醇聚酯（DEGS)。

（4）柱温。195 ℃，检测室温度 250 ℃，气化室温度 250 ℃。

（5）载气。N_2 60 mL・min^{-1}。

（6）燃气。H_2 50 mL・min^{-1}。

（7）空气。Air 500 mL/min。

16.2.3.1.5　操作步骤

（1）制作脂肪酸甲酯标准样出峰保留时间。吸取上述各种脂肪酸甲酯标准液各 1 mL 分别于 10 mL 容量瓶中，用正己烷稀释定容。此浓度均为0.2 μg/μL。

吸取各 0.2 μg・μL^{-1} 的标准液 2 μL 注入色谱仪，求出出峰的保留时间：$C_{16:0}$为 2.2′；$C_{18:1}$为 4.4′；$C_{18:2}$为 5.2′；$C_{18:3}$为 6.2′；$C_{20:1}$为 16.7′。

（2）样品制备和测定。称取油菜籽样品 0.300 0 g 左右（100 ℃烘干，磨碎，过 40 目）。置于 10 mL 磨口刻度试管中，加入 2∶1（石油醚∶乙醚）混合液浸泡 18 h，连同残渣在原试管内，加入 0.4 mol・L^{-1} KOH－甲醇溶液 2 mL，摇匀，静置 10 min 使其酯化。然后加入饱和 NaCl 溶液使油层上升至试管上部，取上层清液 1 mL 至气相色谱样品小瓶中，加入 2∶1（石油醚：乙醚）混合液 3 mL 混匀，供色谱进样用。吸取 2 μL 注入色谱仪，与测定标样液相同条件下得出色谱图（图 16－4）。

16.2.3.1.6　结果计算　按峰面积归一化法计算，不考虑校正因子，

$$C_i,\% = \frac{G_i}{\Sigma G} \times 100$$

式中：C_i——某脂肪酸的组分含量；

G_i——某脂肪酸的峰面积；

ΣG——各种脂肪酸峰面积的总和。

16.2.3.1.7　注释

注：色谱柱的制备：

① 色谱柱的清洗：对于玻璃柱可注入洗液浸泡洗涤 2 次，然后用自来水冲

洗至呈中性，清洁的玻璃柱内壁不应挂有水珠，烘干后即可使用。对于不锈钢柱，则应用 50 g～100 g·L^{-1} 的热碱（NaOH）水溶液，抽洗 4～5 次，以除去管内壁的油腻和污物，然后用水冲洗至呈中性，烘干后备用。

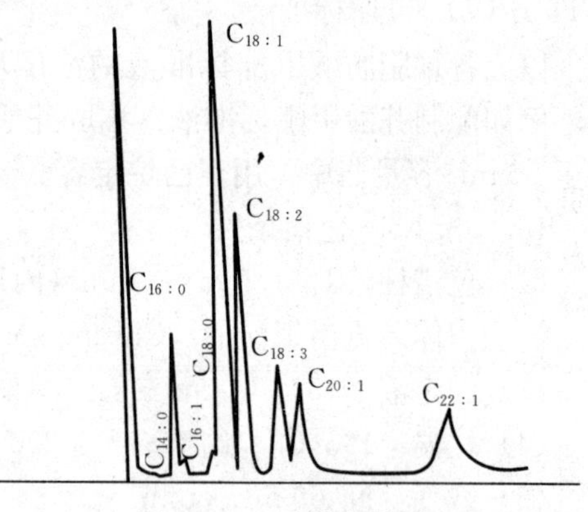

图 16-4 油样色谱图

② 固定液的涂渍：根据分析要求，选择合适的固定液和担体，确定固定液与担体的质量比，一般选择在5∶100～30∶100 之间。本实验液担比为 15∶100。涂渍的一般方法是取一定量的固定液溶解到适当的有机溶剂中（丁二酸二乙二醇聚酯可溶于乙醚、丙酮、苯等溶剂中），溶剂量刚好浸没所取担体。待完全溶解后，将一定量的经预处理和筛分过的担体倒入溶液中，使溶剂慢慢地均匀地挥发，在担体表面形成一层薄而均匀的液膜，然后在通风橱中或红外灯下除去溶剂，待溶剂完全挥发后即涂渍完毕。

固定液量的确定应先量出色谱柱内容积并称出该容积时担体的质量（实际应取稍大于此量）由此计算出在选定液担比下的固定液质量。

市售担体有的已经处理，过筛后即可使用。涂渍前把担体放在 100 ℃烘箱中烘 4～6 h，除去吸附在表面的水蒸气。

③ 固定相的填充：将已洗净烘干的色谱柱的一端塞上玻璃棉，包以纱布，接于真空泵上，在不断抽气下，在色谱柱的另一端通过小漏斗加入已涂渍好的固定相。在装填同时，不断轻轻敲振管壁，使固定相均匀而紧密地填入，直至固定相填满不再进柱为止（图 16-5）。

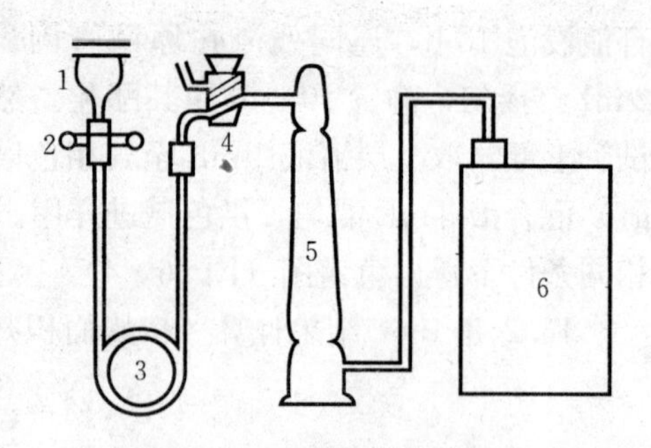

图 16-5 泵抽装柱装置图

1. 小漏斗 2. 螺旋夹 3. 色谱柱管 4. 三通活塞 5. 干燥塔 6. 真空泵

④ 色谱柱老化：填充好的色谱柱经老化后才能使用。通过老化彻底除去固定相中残剩的溶剂及其他易挥发杂质，并促进固定液均匀地、牢固地分布在担体表面。

老化的方法是将色谱柱直接接入气路，载气应与装柱时气流同向，但不要接检测器，以免检测器沾污。通入载气的流量一般为 5～10 mL·min^{-1}。在稍高于操作时的柱温 5～10 ℃，但又不能超过固定液最高使用温度的条件下，加热 4～8 h。然后，接上检测器，如基线平直，即可用于测定。

16.2.3.2 薄层色谱法分离种子中主要不饱和脂肪酸[4]

目前定量脂肪酸大都采用气相色谱仪或者薄层扫描仪配合进行。由于仪器昂贵，难以推广。国内研究采用硅藻土 G 薄层板，选择合适的展开剂、显色剂及层析条件，可将种子中亚麻酸、亚油酸、油酸、花生烯酸、芥酸等 5 种不饱和脂肪酸的甲酯很好地分离开。此法简易、快速、斑点清晰，不用紫外检测仪，在室内光线下，凭肉眼就可以检测色斑，并可初步进行定量。

16.2.3.2.1 方法原理　根据不饱和脂肪酸碳原子数不同，极性不同，双键数目不同，极性也不相同及反相色谱原理，在适宜的薄层上和展开剂中将主要的几种不饱和脂肪酸分离开。薄层板上喷荧光素溶液后与溴作用转变成不显荧光的曙红。若薄层上的斑点中有含乙烯基的化合物时，则溴与它作用，而不与荧光素作用，在长波长下显示荧光。不饱和脂肪酸是含乙烯基的化合物，所以当薄层上的斑点中有不饱和脂肪酸时可在粉红色背景上出现黄绿色荧光斑点，而饱和脂肪酸没有相当于乙烯基的双键，就没有这种反应。

16.2.3.2.2 主要仪器　涂布台、涂布器、10 cm×20 cm 玻璃板、玻璃研钵（直径为 7～8 cm）、量筒；点样台、微量进样器、吹风机、有盖玻璃层析缸、玻璃喷雾器、玻璃干燥器（直径为 22 cm）。

16.2.3.2.3 试剂

（1）苯—石油醚（沸程 30～60 ℃或 60～90 ℃均可使用）（1∶1V/V）溶液。

（2）0.4 mol・L^{-1}KOH—甲醇溶液。

（3）硅藻土 G。

（4）1∶10 液体石蜡—石油醚（沸程 30～60 ℃）溶液。

（5）展开剂。液体石蜡饱和的乙腈溶剂(注1)。

（6）显色剂，荧光素乙醇溶液。取荧光素 0.06 g 溶于 3.6 mL 0.1 mol・L^{-1} KOH 溶液和 180 mL 乙醇中。

（7）150 g・L^{-1}溴的四氯化碳溶液或者溴水均可。

16.2.3.2.4 操作步骤

（1）硅藻土 G 薄层板制备。取硅藻土 G 加适量水搅匀，再均匀涂在 10 cm×20 cm 的玻璃板上（厚 0.2 mm 左右），风干 2 d，经 10%液体石蜡—石油醚溶液中浸渍，再风干。

（2）样品中脂肪酸提取与甲酯化：称取粉碎的样品 0.5～1.000 g，加入苯-石油醚溶液 2ml 浸泡 6 h 以上或者放置过夜提取脂肪酸，并加入 0.4 mol・L^{-1}

KOH—甲醇溶液 2 mL，混匀，放置 20 min，再加入少量蒸馏水，待分层。

（3）点样、层析、显色。用微量进样器吸取甲酯化的样品液 5～20 μL，在制备好的玻璃薄板上点样，放在液体石蜡饱和的乙腈溶剂中上行法展开 10 cm后（一般为 16～22 min）[注2]，取出并将薄层板放在通风橱中约 4 min 即可将溶液挥发掉。用荧光素乙醇溶液喷雾，在溴蒸气上熏片刻，斑点清晰可见，放置 10 min 左右就可以达到最大的显色强度。与标准的不饱和脂肪酸相比，可确定出亚麻酸、亚油酸、花生烯酸（花生油酸）、芥酸的位置和大致含量。

16.2.3.2.5 注释

注 1. 由于乙腈有毒，此工作应在通风橱中进行。

注 2. 同注 1。

16.2.4 粮油籽粒中游离脂肪酸的快速测定

在粮油籽粒中，绝大部分的脂肪是作为复合脂类的基本结构成分而存在的。以游离形式存在的脂肪酸含量很少，它的存在及其含量多少是脂肪品质下降的重要标志之一。

16.2.4.1 方法原理 用苯提取种子中脂肪酸，以一定浓度的 NaOH 溶液滴定即可计算出样品中游离脂肪酸含量。

16.2.4.2 主要仪器 研磨机；振荡器；碱式滴定管 50 mL 或 25 mL。

16.2.4.3 试剂

（1）0.4 g·L^{-1}酚酞乙醇溶液：称取酚酞 0.04 g，溶于 950 mL·L^{-1}乙醇 100 mL 中。

（2）0.02 mol·L^{-1}KOH 溶液（需用苯二甲酸氢钾标定，酚酞作指示剂）。

（3）苯。

16.2.4.4 操作步骤 称取经烘干粉碎的样品 5～10.00 g，放入带塞三角瓶中，加入苯 25 mL，盖上塞子，置于振荡器振荡 40 min，取下静置 2～3 min，尽量迅速将液体倾注到放有折叠滤纸的玻璃漏斗上过滤，用表面皿盖上漏斗，使之蒸发减少到最小限度。用吸液管吸取滤液 10 mL，加入酚酞乙醇溶液 10 mL，混匀，以标定过的 KOH 溶液滴定至粉红色。如果滴定过程中发生混浊，可用加入等体积的苯与乙醇混合液稀释。另取苯 10 mL 和酚酞乙醇溶液 10 mL 进行空白滴定。

16.2.4.5 结果计算

$$\text{游离脂肪酸}\ (\%)=\frac{(V-V_0)c\times M\times 25}{m\times 10\times 1\,000}\times 100$$

式中：V——滴定样品液耗去的 KOH 体积（mL）；

V_0——滴定空白液耗去的 KOH 体积（mL）；

c——KOH 标准溶液的浓度（$mol \cdot L^{-1}$）；

M——游离脂肪酸一般以油酸的百分数表示，它的摩尔质量为 282（g）；

m——样品质量（g）；

10——滴定液体积（mL）；

25——样品提取液总体积（mL）；

1 000——换算毫摩尔为摩尔；

100——换算为百分含量。

主要参考文献

[1] 南京农业大学主编．土壤农化分析．北京：农业出版社．1988，268～274

[2] AOAC official Methods. 13th ed. 1980，213

[3] 日本食品工业学会食品分析法编委会编．郑州粮食学院译．食品分析方法．成都四川科学技术出版社，1985，87～118，381～386

[4] 何照范编著．1983，粮油籽粒品质及其分析技术．北京：农业出版社．1983，167～180

[5] 中国预防医学科学院标准处编．1987，食品卫生国家标准汇编．北京：中国标准出版社．1987，352，612～614

[6] AOAC official Methods. 14th ed. 1984，28. 056～28. 068

思　考　题

1. 脂肪测定有几种方法？其原理依据是什么？

2. 水分如何影响脂肪测定的结果？样品中水分如何去掉？

3. 什么叫“粗脂肪”？包括哪些成分？

4. 作为测定脂肪的溶剂乙醚，在使用过程中根据它的化学特性应如何防止易着火、爆炸等？

5. 测定动植物油脂中脂肪酸的组成和含量，对评定其营养价值和工业上应用价值有何意义？

第十七章

有机酸和维生素分析

17.1 有机酸分析[1,2,3]

17.1.1 概述

有机酸广泛存在于植物体中，如在果蔬中主要含有苹果酸、柠檬酸、酒石酸、琥珀酸、乙酸和草酸等。它们属于弱酸类，常以游离态及钾、钠、钙盐的形式存在于植物体内。其成分及含量与植物品种、栽培条件及生长状况密切相关。有机酸作为酸味成分，一定的酸度含量可增加果蔬的风味，但过量时又显示出不良的品质。因此，测定果蔬的酸度及其与糖含量的比值，能判断果蔬的成熟度和品质。而且有机酸在食品的加工、贮存、品质管理、评价以及生物化学等领域，被认为是重要的成分，要求对农产品中的总酸量、特定的有机酸进行定量，以及分析全部有机酸的组成。

酸度的测定包括总酸度（可滴定酸度）、有效酸度（氢离子活度、pH 值）和挥发性酸。总酸度是所有酸性成分的总量，通常用标准碱来测定，并以样品中所含主要酸的质量分数（%）表示，但有的农产品由于缓冲作用和色素的影响，往往难以判断滴定终点，在这种情况下，可以使用电位滴定法。但是人们在味觉中的酸度，主要不取决于酸的总量，而是取决于离子状态的那一部分酸（游离酸），一般以氢离子浓度（pH 值）来表示，称为有效酸度[8]。测定 pH 值的方法很多，其中以 pH 计较为准确、简便。各种有机酸的分离和定量，通常用柱层析法、纸层析法、气相色谱法和羧酸分析仪法。

17.1.2 总酸度的测定

17.1.2.1 *方法原理*　样品中的有机酸用碱滴定时，被中和生成盐类。反应式如下：

$$RCOOH + NaOH \rightarrow RCOONa + H_2O$$

用酚酞作指示剂，它在 pH 约 8.2 时达到终点。根据 NaOH 的消耗量来计算有机酸的含量。

17.1.2.2　仪器　实验室常用仪器。

17.1.2.3　试剂　0.1 mol・L^{-1} NaOH 标准溶液、10 g・L^{-1} 酚酞乙醇溶液。

17.1.2.4　操作步骤　在小烧杯中称取捣碎均匀样品 10～20 g，用约 150 mL水(注1)将其移入 250 mL 容量瓶中，充分摇匀后稀释定容。用干滤纸过滤，取滤液 50 mL(注2)，加入酚酞指示剂 3～4 滴，用 0.1 mol・L^{-1}NaOH 标准溶液滴定至微红色，1 min 内不褪色为终点。

17.1.2.5　结果计算

$$\text{酸度}\ (\%) = cVK \times (250/50) \times 100/m$$

式中：c——标准溶液 NaOH 的量的浓度（mol・L^{-1}）；

V——NaOH 标准溶液的用量（mL）；

K——换算为适当酸的系数(注3)：苹果酸 0.067，柠檬酸 0.064，含 1 分子水的柠檬酸 0.070，乙酸 0.060，酒石酸 0.075，乳酸 0.090；

m——样品的质量（g）。

17.1.2.6　注释

注 1. 本试验所用蒸馏水应经煮沸除去二氧化碳。

注 2. 若颜色过深，可先加入等量蒸馏水稀释后再滴定。终点不易辨认时，可用原样作对比，判明终点，也可改用电位或电导滴定法。

注 3. 一般葡萄的总酸度用酒石酸表示；柑橘以柠檬酸表示；核仁、核果及浆果类按苹果酸表示；牛乳以乳酸表示。

17.1.3　挥发性酸的测定[2,3,7,8]

挥发性酸主要是指醋酸、蚁酸、丁酸和痕量的甲酸等。霉烂的果蔬、籽粒，未成熟的种子和果实，常含有较多的挥发性酸，它的含量是农产品品质好坏的一个重要指标。挥发性酸包括游离态和结合态两部分。前者在蒸馏时较易挥发，后者比较困难。测定挥发性酸的方法有直接法和间接法。直接法是用碱液滴定由蒸馏或其它方法所得的挥发性酸；间接法是将挥发性酸蒸发除去后，滴定残渣的不挥发酸的酸度，再由总酸度减去此残渣酸度即得挥发酸含量。一般用直接法较为方便。

17.1.3.1　方法原理　挥发酸可用水蒸气使之分离，加入磷酸可以使结合的挥发性酸离析。挥发性酸经冷凝收集后，再用标准碱滴定。

17.1.3.2 主要仪器　水蒸气蒸馏装置（图 17-1）。

17.1.3.3 试剂

（1）1∶9 磷酸［$\rho(H_3PO_4)$ = 1.70 g·mL^{-1}］溶液；

（2）其它试剂同 17.1.2.3。

17.1.3.4 操作步骤　准确称取 2～3.00 g 均匀样品（挥发酸少的可酌量增加），用无二氧化碳蒸馏水 50 mL 洗入 250 mL 烧瓶中，加入 1∶9 磷酸溶液 1 mL。接水蒸气蒸馏装置，加热蒸馏至馏出液 300 mL 止。在严格相同的条件下做一空白试验（蒸汽发生瓶内的水必须预先煮沸 10 min，以除去二氧化碳）。

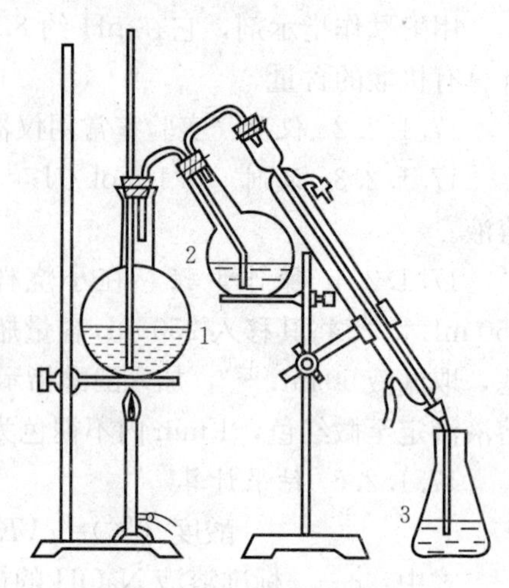

图 17-1　水蒸气蒸馏装置图

1. 蒸汽发生瓶　2. 样品瓶　3. 接收瓶

馏出液加热至 60～65 ℃，加入酚酞指示剂 3～4 滴，用 0.1 mol·L^{-1} NaOH 标准溶液滴至红色 1 min 不褪色为终点。

17.1.3.5 结果计算

$$挥发酸（以乙酸计）(\%)=c(V_1-V_2)\times 0.06\times 100/m$$

式中：c——标准溶液 NaOH 的量的浓度（mol·L^{-1}）；

V_1——样液滴定时 NaOH 标准溶液的用量（mL）；

V_2——空白滴定时 NaOH 标准溶液的用量（mL）；

0.06——乙酸的换算系数；

m——样品的质量（g）。

17.1.4 有效酸度（pH）的测定[3]

果蔬食品的 pH 值的变动不仅取决于原料品种和成熟度，而且取决于加工方法。其 pH 值与总酸度之间没有严格的比例关系，pH 值的大小不仅仅取决于酸的数量和性质（种类），而且受其中的酸、果胶、某些盐类和蛋白质缓冲能力的影响。

pH 值测定的方法应用最广泛的有：pH 试纸法、标准色管比色法和 pH 计测定法。其中以 pH 计法最准确，操作也简便。pH 计的型号很多，使用时参照说明书即可。

pH 标准溶液可以用国家计量管理机关提供的标准物质按规定配制；或按一般专业书籍上的配方配制。

17.1.5 水果、蔬菜等有机酸组分的测定（高效液相色谱法）[2]

有机酸是果、蔬的主要组成分之一。果、蔬中有机酸的种类和含量变化很大。这些变化决定于品种、成熟度、气候条件及其它因素。常用气相色谱法、薄层色谱法、高效液相色谱法来测定有机酸。果蔬中苹果酸和柠檬酸的一般含量范围见表 17-1。

17.1.5.1 *方法原理*　样品经处理后，直接将样品液注入反相化学键合相色谱体系，用 $5\,g \cdot L^{-1}$ $(NH_4)_2HPO_4$ 为流动相，有机酸在两相中分配分离，按照其碳原子数由少到多的顺序从色谱柱中洗脱下来。用紫外检测器（214 nm）或示差折光检测器检测并与标准样品比较定量。

17.1.5.2 *主要仪器*　高效液相色谱仪配 C_{18} 色谱柱及紫外检测器、微量注射器。

17.1.5.3 *试剂*

（1）酒石酸、苹果酸、柠檬酸、琥珀酸等所需测定的有机酸标准样品；

（2）Sep-PAKC_{18} 净化柱。

（3）$5\,g \cdot L^{-1}$ $(NH_4)_2HPO_4$，用 H_3PO_4 调至 pH=2.5，经 0.45 μm 微孔滤膜过滤，离心脱气后使用。

（4）$0.01\,mol \cdot L^{-1}$ NaOH 溶液。

表 17-1　果蔬中苹果酸和柠檬酸含量（%）*

水果名称	苹果酸	柠檬酸	果蔬名称	苹果酸	柠檬酸
苹果	0.27～1.02	0.03	芦笋	0.10	0.11
杏	0.33	1.06	甜菜	—	0.11
香蕉	0.50	0.15	白菜	0.24	0.14
樱桃	1.45	—	胡萝卜	0.24	0.09
橙	0.18	0.92	芹菜	0.17	0.01
梨	0.16	0.42	黄瓜	0.24	0.01
桃	0.69	0.05	菠菜	0.09	0.08
菠萝	0.12	0.77	番茄	0.05	0.47
红莓	0.49	1.59	茄子	0.17	—
柚子	0.08	1.33	莴苣	0.17	0.02
葡萄	0.31	0.02	洋葱	0.17	0.22
柠檬	0.29	6.08	豌豆	0.08	0.11
李	0.92	0.03	马铃薯	—	0.15
梅	1.44	—	南瓜	0.32	0.04
草莓	0.16	1.08	白萝卜	0.23	—

* Maynard A. Jostyn, Methods in Food Analysis, Physical, Chemical, and Instrumental Methods of Analysis, 1970, 408～409.

17.1.5.4 操作步骤

(1) 有机酸标准溶液的制备。分别取适量有机酸单个标准样，如酒石酸、苹果酸、柠檬酸、琥珀酸等于25 mL容量瓶中，用0.01 mol·L^{-1} NaOH溶液溶解后定容，参照表17-1的含量范围配制标准浓度系列。

(2) 样品溶液的制备。对于液体样品需经合适倍数稀释，用Sep-PAKC$_{18}$净化柱处理，收集馏出液，经0.45 μm微孔滤膜过滤后备用。对于固体或半固体样品，要将其捣碎，均质后，加入一定量的0.01 mol·L^{-1} Na0H溶液提取。经离心分离或过滤后收集提取液，用Sep-PAKC$_{18}$净化柱处理，收集馏出液，经0.45 μm微孔滤膜过滤后备用。

(3) 色谱条件。

固定相：C_{18}键合相。

流动相：5 g·L^{-1} $(NH_4)_2HPO_4$，pH=2.5。

流速：2 mL·min^{-1}。

进样量：10 μL。

检测器：紫外检测器，214 nm，0.1AUFS。

17.1.5.5 测定和计算

(1) 将待测样10 μL注入色谱仪，根据其峰高或峰面积设定有关最佳参数如最小峰面积。

(2) 注入有机酸标准系列溶液10 μL，进行色谱分析。

(3) 以各标准溶液的保留时间定性。

(4) 根据有机酸标准系列溶液各响应值（峰高或峰面积）作一响应值与浓度的标准曲线。

(5) 分别注入待测样品10 μL，进行色谱分析。

(6) 根据各待测样品的响应值，在标准曲线上查出其相应的含量。

若高效液相色谱仪配有微处理机，则不必配制系列标准溶液，只要选择与待测分析样品浓度相近的（+10%以内）标准溶液注入色谱仪，仍以保留时间定性，根据标准样品的响应值由计算机计算出校正因子，再由计算机用比例计算法作定量计算。

17.1.6 有机酸组分的测定（气相色谱法）[3]

17.1.6.1 方法原理 在硫酸的催化下，使有机酸成为丁酯的衍生物，用气相色谱法分别定量。可定量的有机酸有：甲酸、乙酸、丙酸、异丁酸、正丁酸、乳酸、异戊酸、异乙酸、正已酸、乙酰丙酸、草酸、丙二酸、琥珀酸、反丁烯二酸、苹果酸、酒石酸、反丙烯三羧酸以及柠檬酸等。

17.1.6.2　主要仪器

（1）气相色谱仪。装有氢火焰离子检测器、程序升温装置和自动记录器。

（2）柱。填充 100 g·kg^{-1} Silicone DC560、DiasolidL（60～80 目）的 ϕ3 mm×2m 玻璃柱或不锈钢柱。

（3）电热板。功率 50 W。

（4）试样前处理用柱。ϕ10 mm×70 mm 玻璃柱 2 根。

（5）具塞试管。ϕ25 mm×100 mm。

（6）旋转式蒸发器。

（7）滑线变压器。

（8）玻璃器皿。20 mL 容量瓶、滴定管、移液管、冷凝管。

17.1.6.3　试剂

（1）离子交换树脂。使用 Amberlite（一种人工合成的酚甲醛离子交换树脂）CG120、Amberlite CG4B（或 Amberlite IRA410）。

（2）将上述有机酸分别配成已知浓度的标准有机酸，分析时需要的酸的最小含量，因酸的种类不同而异：甲酸、乙酸等低分子酸为 1 mg 左右；苹果酸、柠檬酸等为几毫克；酒石酸如少于 10 mg 便不能获得高精度的分析结果。

17.1.6.4　操作步骤

（1）试样准备。

蔬菜：把样品切成 3 mm 见方，称取 25.0 g 加温水（80 ℃，部分蔬菜可用 800 mL·L^{-1}乙醇代替[注1]研磨，提取 2 次，合并提取液，加酚酞指示剂，用 0.1 mol·L^{-1}NaOH 溶液滴定，求总酸量，同时使有机酸成为钠盐。中和后的溶液，在 40 ℃下用旋转蒸发器浓缩至约 15 mL，浓缩液移入 25 mL 容量瓶并定容。必要时可过滤除去不溶物。

吸取此提取液 10 mL[注2]用 Amberlite CG120、Amberlite CG4B[注3]，得到有机酸组分，将其酯化[注4]，供气相色谱分析用（图 17－2）。

水果：从新鲜水果样品中称取 20.0 g，加 3 倍量的 800 mL·L^{-1}乙醇研磨[注5]，以离心分离后，收集上清液，残渣再反复提取 2 次，合并提取液，加酚酞指示剂，用 0.1 mol·L^{-1}NaOH 溶液中和。中和后在 80 ℃恒温水槽中加热 10 min 后，定容至 200 mL，使用前保存于冰箱中。

取此提取液 10～50 mL[注6]，用旋转蒸发器浓缩至无醇后，依次通过 Amberite CG120、CG4B 及 CG120 柱，得到有机酸组分，加入酚酞指示剂并滴定，求出总酸含量。然后保存于约 40 ℃下，用旋转蒸发器[注7]浓缩，干涸后进行丁酯化处理。

(2) 酯化。用上述方法制备的有机酸中，加丁醇 2 mL，无水硫酸钠 2 g，浓硫酸 0.2 mL，连接冷凝管，在电热板上平稳沸腾(注8) 约 30 min（加热时要不断搅拌），使有机酸成为丁酯。

(3) 酯的提取。酯化终了，加水和己烷各 5 mL，充分混合，使酯转溶于己烷中，每次用己烷 5 mL 提取 3 次。用移液管移入 20 mL 容量瓶中，容量瓶中事先已装有 $5\ g\cdot L^{-1}$ 十九烷（内标）的己烷溶液 1 mL，用己烷定容。再加无水硫酸钠 0.5 g，去除混入的微量硫酸。取 5 μL 进行气相色谱分析。

(4) 分析。柱子在 60 ℃下保持 6 min 后，以每分钟升温 5 ℃速度升至250 ℃。氮气、氢气、空气的流量分别为 60、50、900 mL/min，注入口及检测器的温度为 260 ℃。Sensitivity 为 10M Ω，Range 为 0.01 V。

(5) 工作曲线的制备。将已知浓度的标准有机酸用上述方法制成丁酯后，用气相色谱仪分析，制成标准曲线。

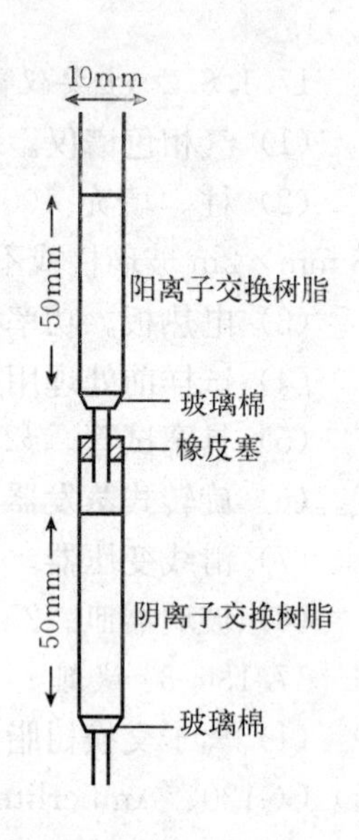

图 17-2　试样前处理用离子交换树脂柱

阳离子交换树脂：Amberlite CG120

阴离子交换树脂：Amberlite CG4B 或 Amberlite IRA410

17.1.6.5　注释

注 1. 蔬菜中的有机酸，50%～90%以结合酸的形式存在，用 $800\ mL\cdot L^{-1}$ 乙醇提取比用温水的提取率低。

注 2. 其中所含总有机酸换算成柠檬酸要在 100 mg 以下。分析蔬菜时以 10～20 mL 为宜。

注 3. 薯类的温水提取试样，用离子交换树脂处理需要较长的时间，所以用 $800\ mL\cdot L^{-1}$ 乙醇提取试样，馏去乙醇后，进行离子交换树脂处理。

注 4. 大部分蔬菜试样有时混入一些丁醇不溶物或酯化反应液呈浅褐色，对测定值无影响。

注 5. 对于含结合酸多的水果，用温水提取的提取率高。但果胶等混入，粘度将增大，往往会使以后的处理费事，故乙醇的浓度应选择适当。

注 6. 其中所含的总有机酸换算成柠檬酸要在 100 mg 以下，水果以相当于新鲜物重 1～10 g 的试样为宜。

注 7. 浓缩使用旋转蒸发器即可，如能进行冷冻干燥则更好。

注 8. 使用油浴也可，使用电热板从试管底部加热方便。沸腾激烈时用滑线变压器调节。

17.2 维生素的测定

17.2.1 概述[2,3]

维生素广泛存在于各种生物体中，其种类繁多，化学结构与生理功能各异。因此无法按照结构或功能分类。按其溶解性可分为脂溶性（V_A、V_D、V_E、V_K）和水溶性（V_{B1}、V_{B2}、V_{B6}、V_{B12}、V_P、V_{PP}、V_C）两大类。维生素是人体生命活动不可缺少的营养物质，它们一般在动物和人体内不能合成或合成数量少，满足不了动物和人体的需要，必须依靠从食物中摄取。在食物中缺乏了任何一种维生素，人和动物都会发生特有的缺乏症状，如缺乏维生素A、B和C时，可分别引起夜盲症、脚气和坏血病等，严重时足以致命。某些维生素含量的高低，是评价农产品品质的重要指标之一。

维生素的分析是一项比较复杂的工作。其样品分析的一般程序是：①用酸、碱或酶分解样品，使其中的维生素游离出来；②用溶剂进行提取；③分离干扰物质，对样液进行分离提纯；④用适当的方法进行定量等。维生素的测定方法，有微生物学测定法、生物学测定法等。仪器分析的方法有分光光度法、荧光分析法、薄层层析法、高效液相色谱法等。维生素的分析方法很多，选用方法时应根据样品的品种、类型、待测维生素的性质、含量以及干扰物质多少等因素来决定。下面重点介绍维生素C、维生素B_1和B_2以及作为维生素A原的β-胡萝卜素的测定。

17.2.2 还原型维生素C的测定[3,4,8,9]

维生素C又称抗坏血酸，其纯品为白色无臭结晶，熔点为190～192 ℃，溶于水或乙醇中，不溶于油剂。在水溶液中易被氧化，在碱性条件下易分解，在弱酸条件下较稳定。还原型（L-抗坏血酸）可被氧化为氧化型（L-脱氢抗坏血酸），还有一定的生理作用，如果进一步水解则生成2，3-二酮古乐糖酸，失去生理作用。总抗坏血酸包括还原型、氧化型抗坏血酸和2，3-二酮古乐糖酸。

根据它具有的还原性质可以测定V_C的含量。常用的测定方法有2，6-二氯靛酚法、2，4-二硝基苯肼法、铅-硫化氢法、碘酸法以及荧光分光光度法。2，6-二氯靛酚法用于测定还原型V_C，其它方法多用于测定总V_C的含量。

17.2.2.1 *方法原理* 抗坏血酸（V_C）结构中有烯二醇结构存在，因此具有还原性，能将蓝色染料2，6-二氯靛酚还原为无色的化合物，V_C则被氧化为脱氢V_C，反应式如下：

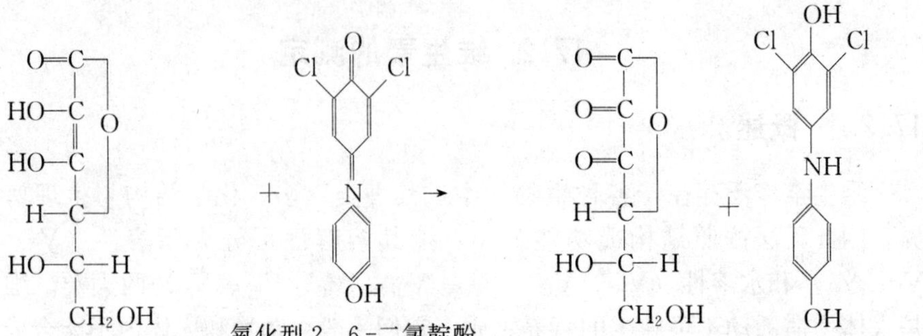

还原型 V_C + 氧化型 2，6-二氯靛酚（碱液中深蓝色，酸液中浅红色）→ 脱氢 V_C + 还原型 2，6-二氯靛酚（无色）

2，6-二氯靛酚具有酸碱指示及氧化还原指示的两种特性。在碱性介质中呈深蓝色，而在酸性介质中呈浅红色（变色范围 pH4～5），其氧化态时呈深蓝色（碱介质中）或浅红色（酸性介质），还原态时为无色。根据这个特性，用碱性蓝色染料的标准溶液滴定植物样品酸性浸出液中 V_C 到刚变浅红色为终点，由染料的用量即可计算 V_C 的含量。滴定终点的红色是刚过量的未被还原的（氧化型）染料溶液在酸性介质中的颜色。

通常测定 V_C 浸提和测定都是在 20 g·L^{-1} 的草酸溶液中进行的，目的是保持反应时一定的酸度，避免 V_C 在 pH 高时易被空气氧化(注1)。此染料不致氧化待测液中非 V_C 的还原性物质，所以对 V_C 的测定有一定的选择性。

本法适用于测定一般水果、蔬菜样品的还原型 V_C，不包括脱氢 V_C。如样品中含有 Fe^{2+}、Sn^{2+}、Cu^{2+}、SO_3^{2-}、$S_2O_3^{2-}$、SO_2 等还原性杂质，则有干扰。

17.2.2.2 **主要仪器** 高速组织捣碎机（8 000～12 000 r·min^{-1}）、电动离心机（4 000 r·min^{-1}）、半微量滴定管。

17.2.2.3 试剂

(1) 20 g·L^{-1}草酸溶液。称取草酸（化学纯）20 g 溶于水中，稀释至 1 L，贮于避光处(注2)。

(2) 60 g·L^{-1}KI 溶液。

(3) 10 g·L^{-1}淀粉指示剂。

(4) 0.100 0 mol·L^{-1}（1/6 KIO_3）标准液。称取在 105 ℃烘过 2 h 的碘酸钾（KIO_3，优级纯）1.784 g 溶于水，定容至 500 mL。此为 0.100 0 mol·L^{-1}（1/6KIO_3）贮备液。使用时将此贮备液用煮沸并冷却的水稀释 100 倍，即成 0.001 0 mol·L^{-1}（1/6KIO_3）标准溶液。大约每星期应稀释配制 1 次。

(5) V_C 标准溶液。称取维生素 C($C_5H_8O_5$，分析纯) 20.0 mg 溶于 20 g·L^{-1}草酸溶液，并用 20 g·L^{-1}草酸稀释至 100 mL，此液约含 V_C 0.2 mg·mL^{-1}，

置于冰箱中保存。临用前当天进行标定。

V_C 的标定：吸取 V_C 液 5.00 mL 于 50 mL 三角瓶中，加入 20 g·L^{-1} 草酸溶液 10 mL，60 g·L^{-1} KI 溶液 0.5 mL，10 g·L^{-1} 淀粉溶液 5 滴，用 0.100 0 mol·L^{-1}（1/6 KIO_3）标准液滴定至溶液突变为浅蓝色为止（约需滴定 11 mL），计算 V_C 的准确浓度。

$$V_C \text{溶液浓度}（mg \cdot mL^{-1}）= cV_1 \times 88/V_2$$

式中：c——所用（1/6KIO_3）标准溶液浓度（mol·L^{-1}）；

V_1——所用（1/6KIO_3）标准溶液的体积（mL）；

V_2——所用 V_C 溶液的量（mL）；

88——维生素 C(1/2 $C_5H_8O_5$）的摩尔质量[注3]（g·mol^{-1}）。

（6）2，6-二氯靛酚溶液。称取 2，6-二氯靛酚（分析纯）50 mg 溶于约 200 mL 含有 $NaHCO_3$（分析纯）52 mg 的温水中（<40 ℃），冷却后用水稀释至 250 mL。用玻璃滤器或折叠滤纸滤于棕色瓶中，保存在冰箱中。使用前，待溶液恢复至室温后，用 V_C 标准溶液标定其准确浓度。在冰箱中保存时，每周标定 1 次[注4]。

标定方法：吸取已标定的 V_C 标准溶液 5.00 mL（含 V_C 约 1 mg）于 50 mL 三角瓶中，加入 20 g·L^{-1} 草酸溶液 10 mL，摇匀，用 2，6-二氯靛酚溶液滴定至溶液呈浅红色，约在 15 s 不褪色为止（应用染料溶液约 10 mL）。计算每毫升染料溶液相当于 V_C 的 mg 数，即滴定度 T（应约为 0.1 mg·mL^{-1} V_C）。

$$T = c \times V_1/V_2$$

式中：c——所用 V_C 标准液的浓度（mg·mL^{-1}）；

V_1——所用 V_C 标准液的体积（mL）；

V_2——所用染料溶液的体积（mL）。

17.2.2.4 操作步骤

（1）样品处理。

① 新鲜果蔬样品：称取鲜样 50.0～100.0 g，放入组织捣碎机的杯中，加入等重量的 20 g·L^1 草酸浸提剂，快速捣碎 1 min，将样品打成浆状。样品处理的整个过程应在 10 min 中内完成，以免 V_C 被空气氧化。用小烧杯称取浆状物 10～30.0 g（含还原型 V_C1～5 mg），放入 100 mL 容量瓶中，用 20 g·L^{-1} 草酸溶液定容，若有泡沫可加 2 滴辛醇除去。过滤，若滤液色深，影响滴定终点的判定时，可加 1～2 勺白陶土脱色[注5]，不易过滤，可用离心机分离。

② 多汁果蔬样品：可用纱布压汁后脱脂棉花快速过滤，量取 10～20 mL 汁液，立即用 20 g·L^{-1} 草酸溶液定容至 100 mL。

③ 干样品：称取 1～4.000 g（含还原型 V_C1～5 mg）放入研钵中，加入

20 g·L^{-1}草酸溶液研磨成浆状液，洗入100 mL容量瓶中，用20 g·L^{-1}草酸定容。

④ 含有还原性物质的样品：含有较多Fe^{2+}的样品可用80 mL·L^{-1}醋酸代替20 g·L^{-1}草酸作为浸提剂。亚硫化脱水样品，可于稀释至一定容量之前加入20 mL丙酮，以除去SO_2的干扰。

（2）样品的测定。吸取以上制得的无色滤液5.00～10.00 mL（使含V_C约0.2～1 mg）放入50 mL三角瓶中，用棕色半微量滴定管中装的2，6-二氯靛酚标准溶液滴定至浅红色，约在15 s内不褪色为终点(注6)。同时以浸提剂做空白试验（空白值0.08～0.10 mL）。

17.2.2.5 结果计算

$$还原型V_C含量（mg·kg^{-1}）=(V-V_0)\times 1\,000\times T/m$$

式中：V——滴定样品液所用染料溶液量（mL）；

V_0——滴定空白所用去染料溶液量（mL）；

T——染料溶液的滴定度；

m——滴定时样品溶液中样品的质量（g）。

两次测定结果允许误差：

样品还原型V_C含量（mg·kg^{-1}）	允许误差（mg·kg^{-1}）
<100	5.0
100～1 000	10.0

17.2.2.6 注释

注1. 偏磷酸是V_C的最佳稳定剂，且具有沉淀蛋白质的作用。但其价格较贵，在室温下放置易转化为正磷酸，降低对V_C的稳定性。草酸廉价易得，有与磷酸相近的稳定性。而醋酸适于浸提含有Fe^{2+}的样品。

注2. 草酸不应置于日光下，以免产生过氧化物。当有催化剂（如Cu^{2+}）存在时，过氧化物能破坏V_C。

注3. KIO_3与还原V_C的主要反应如下：

$$IO_3^- + 5I^- + 6H^+ = 3I_2 + 3H_2O$$

$$I_2 + C_6H_8O_8 = C_6H_6O_8 + 2I^- + 2H^+$$

从上述反应式可知1 mol（1/6 KIO_3）与1 mol（1/2$C_6H_8O_8$）完全反应，故1/2$C_6H_8O_8$的摩尔质量为88 g·mol^{-1}。

注4. 2，6-二氯靛酚固体试剂有时含有分解产物，染料溶液长久贮存时也会生成分解主物，从而使滴定终点不敏锐，因此应在使用前检查。检查方法：取15 mL染料溶液加入过量的V_C溶液，若还原后的溶液带有颜色，表示此溶液已不能使用。

注 5. 使用白陶土时，要对每批新的白陶土测定对 V_C 的回收率。

注 6. 样品中可能有其它还原性物质也可使染料还原。但其还原染料的速度较慢，故滴定终点以浅红色在 15 s 不褪色为准。

17.2.3 维生素 C 总量的测定（2，4-二硝基苯肼比色法）

17.2.3.1 *方法原理*　维生素 C 总量包括还原型 V_C、脱氢型 V_C 和二酮古乐糖酸，将样品中的还原型抗坏血酸氧化为脱氢抗坏血酸，进一步水解为二酮古乐糖酸。二酮古乐糖酸与 2，4-二硝基苯肼耦联生成红色的脎。其呈色的强度与二酮古乐糖酸浓度成正比，可以比色定量。

17.2.3.2 *主要试剂*

（1）10 g・L^{-1}草酸，20 g・L^{-1}草酸。

（2）酸处理活性炭。取活性炭 200 g，加入 1：9 HCl 1 000 mL，煮沸后，抽气过滤，再用沸水 1 000 mL 煮沸，过滤，重复用水洗至溶液中无 Fe^{2+} 离子（用 10 g・L^{-1}KSCN 溶液试验无红色），用 100～120 ℃烘干。

（3）20 g・L^{-1}2，4-二硝基苯肼溶液。称取 2，4-二硝基苯肼（分析纯）2.00 g 溶解于 100 mL 4.5 mol・L^{-1} H_2SO_4 中。

（4）4.5 mol・L^{-1} H_2SO_4 溶液。量取浓 H_2SO_4（分析纯）250 mL，慢慢倒入 750 mL 水中，边加边搅拌。

（5）100 g・L^{-1}硫脲溶液。用 500 mL・L^{-1}酒精溶液溶解 5.00 g 硫脲（分析纯），使其最终体积为 50 mL。

（6）H_2SO_4（9：1）溶液。量取浓硫酸 90 mL，慢慢倒入 10 mL 水中。

（7）标准 V_C 溶液。称取维生素 C($C_6H_8O_5$，分析纯) 20 mg 溶解于 10 g・L^{-1}草酸溶液中，移入 100 mL 容量瓶中，并用 10 g・L^{-1}草酸溶液定容。吸取此溶液 50 mL，加入活性炭 0.1 g，摇 1 min，过滤。吸取此溶液 5 mL 于 100 mL 容量瓶中，用 10 g・L^{-1}草酸溶液稀释定容。此 V_C 工作液为 10 μg・mL^{-1}。

17.2.3.3 *操作步骤*

（1）样品处理。称取适量样品（*m*）加等重量的 20 g・L^{-1}草酸溶液，在组织捣碎机中打成浆状。取浆状物 20 g 用 10 g・L^{-1}草酸溶液移入 100 mL 容量瓶中，定容过滤。

（2）样品中总 V_C 的测定。取滤渡 10 mL，加入 10 g・L^{-1}草酸 10 mL（总 V_C 约 1～10 μg・mL^{-1}），加一勺活性炭。摇 1 min，静置过滤。

各取滤液 2 mL 于样品管和样品空白管中，各管加入 1 滴硫脲溶液(注1)。于样品管中加入 2，4-二硝基苯肼 0.5 mL，两管都加上盖子，置于 37 ℃保温箱中保温 3 h。然后取出样品管放入冰水中（终止反应）。样品空白管取出后冷却至室温，然后加入2，4-二硝基苯肼0.5 mL。然后在样品管和样品空白管皆置于冰浴中，从滴定管中滴加9∶1硫酸溶液2 mL于各管中，边滴边摇试管（防止溶液温度上升，溶液中糖炭化而转黑色）。

将各管从冰浴中取出，在室温下放置30 min后（注2），立即在分光光度计540 nm波长比色，读取吸收值，根据吸收值从标准曲线查出相应含量。

（3）标准曲线的绘制。吸取V_C标准工作液10、20、30、40、50 mL稀释至50 mL，即此系列含有2、4、6、8、10 $\mu g \cdot mL^{-1}$的V_C标准溶液。各取2 mL于各标准管中，以下操作步骤同上样品测定。以上述V_C浓度系列为横坐标，以吸收值（A）为纵坐标作标准曲线。

17.2.3.4 结果计算

$$V_C\text{总量}(mg \cdot kg^{-1}) = \rho \times 20 \times 1\,000/1\,000 = \rho \times 20$$

式中：ρ——从标准曲线查得的总V_C的质量浓度（$\mu g \cdot mL^{-1}$）；

20——样品稀释倍数[$(2m/m) \times (100/20) \times (20/10) = 20$]；

1 000——分别代表1 000 g样品中总V_C的含量和将μg换算成mg。

17.2.3.5 注释

注1. 硫脲可防止V_C被氧化，且可帮助脎的形成，最终溶液中硫脲的浓度应一致，否则影响色度。

注2. 加入H_2SO_4（9∶1）溶液后试管从冰水中取出，溶液颜色会继续变深，所以必须准确加入H_2SO_4后30 min内比色。

17.2.4 维生素B_1和维生素B_2的测定（液相色谱法）[8]

维生素B_1又名硫胺素，作为抗脚气病因素和抗神经炎因素，早已为人们所知[4]。它常以游离态或作为焦磷酸盐存在于自然界中。它是熔点为246～250 ℃的白色结晶，易溶于水，微溶于乙醇，不溶于乙醚和氯仿。硫胺素遇氧化剂或还原剂很不稳定，在干燥时较耐热，在酸性条件下（pH3.5）不易分解，在碱性条件下易分解。维生素B_1在酵母、米糠、麦胚、花生、黄豆、绿色蔬菜和牛乳、蛋黄、肝脏、猪肉中比较丰富，动物组织不如植物组织丰富。一般天然物中的维生素B_1不但有游离型的，而且也有结合型的。在农产品中它常与淀粉、蛋白质结合在一起，要进行各种相应的前处理，使其成为游离型后，才可以进行测定。维生素B_1可用灵敏度较高的硫色素荧光法[2,3,4,5,8,9]、紫外分光光度法、偶氮染料比色法和荧光目测法[8]等进行测定。

维生素B_2又名核黄素、乳黄素，作用名为促进生长因素。它是橙黄色针状结晶，熔点为282 ℃的，耐热，对空气、氧气稳定，微溶于水。其水溶液呈黄绿色荧光，在强酸性和碱性溶液中则充分溶解。在酸性溶液中即使加热也很稳定，而在碱性溶液中则不稳定，特别是具有遇光易分解的性质。维生素 B_2 在自然界中较多地存在于酵母、肝脏、蛋、牛乳、肉类中，在天然物中维生素 B_2 不仅有游离型，还有与核酸结合在一起的。测定时要经适当的前处理，使其分离后进行测定。维生素 B_2 的测定方法有分光光度法[8]、核黄素荧光法和光黄素荧光法[2,3,4,5,8,9]等。

随着仪器分析技术的发展，液相色谱法也应用于同时测定维生素 B_1 和维生素 B_2，下面就此方法进行介绍。

17.2.4.1 *方法原理* 样品在稀盐酸溶液中经消化，用淀粉酶和木瓜酶分解样液中的淀粉和蛋白质后，即得到维生素 B_2 的测定样液。此溶液在碱性铁氰化钾溶液中氧化后用异丁醇提取所得维生素 B_2 测定样液。然后用 YWG-C_{18}柱乙腈-磷酸盐缓冲溶液作流动相，以荧光检测器进行液相色谱法测定，求出样品中维生素 B_1 和维生素 B_2 的含量。

17.2.4.2 仪器

(1) 液相色谱仪。具有：①荧光分光检测器和记录仪；②色谱柱：不锈钢柱长为 250 mm，内径 3.8 mm。淤浆法填装 YWG-$C_{18}H_{37}$ 10μ 固定。

(2) 微量注射器。5 μL 和 10 μL。

17.2.4.3 试剂

(1) 乙腈和异丙醇（分析纯）。重蒸。

(2) 0.025 mol·L^{-1}磷酸盐缓冲液（pH=7.4）。

(3) 流动相。流动相 A，以磷酸盐缓冲液 80 份和乙腈 20 份相混而成；流动相 B，以磷酸盐缓冲液 82 份和乙腈 18 份混合而成。

(4) 碱性铁氰化钾溶液。吸取 150 g·L^{-1}氢氧化钠溶液 97 mL 加入 10 g·L^{-1}铁氰化钾 3 mL 混合而成。

(5) 混合酶溶液。取淀粉酶和木瓜酶各 3 g，用 2 mol·L^{-1}醋酸钠溶液稀释至 100 mL。

(6) 维生素 B_1 标准溶液。用 0.01 mol·L^{-1}盐酸溶液将符合药典的盐酸硫胺素配制成 100 mg·L^{-1}的标准溶液。

(7) 维生素 B_2 标准溶液。用 0.01 mol·L^{-1}盐酸溶液将符合药典的核黄素配制成 25 mg·L^{-1}的标准溶液。

(8) 维生素 B_1 和维生素 B_2 混合工作液。取上述维生素 B_1 和维生素 B_2 标准溶液用 0.01 mol·L^{-1} 盐酸溶液稀释至含维生素 B_1 和维生素 B_2 各 2 mg·L^{-1}的标准溶液。

17.2.4.4 操作步骤

(1) 样品处理。固体样品粉碎过 20 目筛，果蔬、肉类及水产品经捣碎备用。

称取试样 1.00 g（维生素 B_1 和 B_2 含量不低于 0.5 μg）于 50 mL 棕色容量瓶中，加入 0.1 mol·L^{-1} 盐酸溶液 35 mL，在超声波浴中超声 3 min 或转动摇匀，在高压灭菌锅内 121 ℃保持 20～30 min 或置于沸水浴中加热 30 min，然后轻摇数次，取出，冷却至 40 ℃以下，分别加混合酶液各 2.5 mL，摇匀，置于 37 ℃下过夜或 42～43 ℃加热 4 h，冷却，用水定容。样液经每分钟 3 000 转速度离心过滤，取约 10 mL 滤液备用。然后取滤液直接进行维生素 B_2 测定（注1）。

取上述滤液 5 mL 于 60 mL 分液漏斗中，沿分液漏斗壁加碱性铁氰化钾溶液 3 mL（边摇边加），继续振摇 10 s，立即加入异丁醇 8 mL，并猛烈振摇 45 s，静置分层后弃去水层。有机相通过无水硫酸钠小柱，其收集液为维生素 B_1 待测液。

（2）标准溶液制备。准确吸取 2 mg·L^{-1} 维生素 B_1 和维生素 B_2 混合工作液 0、0.25、0.50、1.00、2.00、4.00 mL 于 50 mL 棕色容量中，再加入与样品等量的 0.1 mol·L^{-1} 盐酸，以下操作同样品处理，得到维生素 B_2 标准系列水溶液和维生素 B_1 标准系列异丁醇溶液。

（3）样品测定。

维生素 B_1 的测定：首先调整液相色谱仪中激发波长为 435 nm，狭缝为 10 nm，发射波长为 375 nm，狭缝为 12.5 nm，灵敏度为 10。使用流动相 A，流速 1 mL·min^{-1}。然后用微量注射器吸取标准系列溶液和样液为 4 μL 或 8 μL（注2），注入液相色谱仪中，得到其出峰保留时间和峰高。

维生素 B_2 的测定：首先调整液相色谱仪中激发波长为 440 nm，发射波长为 565 nm，狭缝与维生素 B_1 相同，灵敏度为 3。使用流动相 B，流速 1 mL·min^{-1}。然后用微量注射器吸取标准系列溶液和样液为 5 μL，注入液相色谱仪中，得到其出峰保留时间和峰高。

由于采用等容量进样，以标准系列的峰高为纵坐标，标准系列的维生素 B_1 或 B_2 含量（μg）为横坐标作标准曲线。

17.2.4.5 结果计算

$$维生素\ B_1\ 或\ B_2\ (mg \cdot kg^{-1}) = m_1/m$$

式中：m_1——由标准曲线查得相当于标准维生素 B_1 或 B_2 的质量（μg）；

m——进入色谱内相当样品质量（g）。

17.2.4.6 注释

注 1. 维生素 B_2 测定用消化后的滤液直接进样，处理后的标准和样品都有杂质峰，但能分离维生素 B_2，不影响测定。

注 2. 由于维生素 B_1 被碱性铁氰化钾氧化并不是定量产生硫色素，但在恒定条件下是一个恒量。用异丁醇萃取的维生素 B_1 也是如此。因此本法采取等体积进样。

17.2.5 β-胡萝卜素的测定[2,3,5]

胡萝卜素是具有类似维生素 A 的生物活性和效力的物质，称维生素 A 原。胡萝卜素常有 α、β、γ 几种异构体，其中以 β-胡萝卜素的生理效能最大。在动物的小肠内、肝脏中转化为维生素 A。结构式如下：

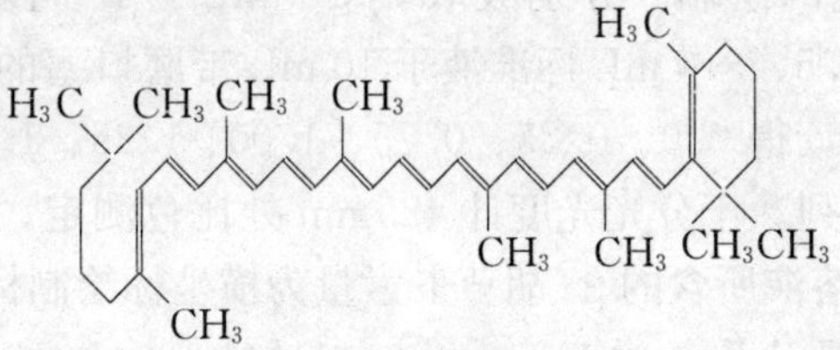

β-胡萝卜素

由此可见，一分子的胡萝卜素可分为二分子的维生素 A，在实际效能上，一分子的胡萝卜素只相当于一分子的维生素 A。胡萝卜素是脂溶性物质，易氧化，对热、酸不稳定。在紫外光照射下分解。但是在惰性气体中加入适当的抗氧化剂（如维生素 E），则可提高稳定性。

β-胡萝卜素是植物色素，存在于谷物、蔬菜、水果等食物中。以每百克可食部分计，小米 0.12 mg、玉米 0.34 mg、玉米面 0.13 mg、黄豆 0.40 mg、黄豆粉 0.48 mg、绿豆 0.22 mg、毛豆 023 mg。

因 β-胡萝卜素是有色色素，可采用直接比色法定量分析。

17.2.5.1 *主要仪器*　分光光度计、带塞烧瓶、分液漏斗、容量瓶。

17.2.5.2 *试剂*

（1）水饱和正丁酮。5 份正丁酮与 1～2 份水在分液漏斗中用力地进行摇动，静置分层，取上清液备用。

（2）乙醚。

（3）β-胡萝卜素标准溶液。称取 0.025 0 g 粉末状的 β-胡萝卜素置于已加入乙醚的带磨口瓶塞的 100 mL 容量瓶中，使之溶解并稀释至刻度。取出 20 mL置于装有水饱和正丁酮的 250 mL 容量瓶中，定容摇匀。再从中取出 25 mL用水饱和正丁酮稀释至 100 mL，即得 5 $\mu g \cdot mL^{-1}$ 的 β-胡萝卜素标准溶液。

17.2.5.3 *方法原理*　用水饱和的正丁酮萃取样品中的胡萝卜素，通过比色，求出样品中胡萝卜素含量（以 β-胡萝卜素计）。

17.2.5.4 操作步骤

(1) 样品的制备和测定。取10.00 g研磨过的样品悬浮于装有50 mL澄清的水饱和正丁酮的200 mL三角瓶中（使无块状物存在），加塞，用力振荡1 min。在室温条件下暗处放置一夜。次日晨，对沉淀物再进行充分摇匀。然后在遮光条件下通过细孔折叠滤纸漏斗过滤入另一个200 mL三角瓶中。过滤时，为了避免蒸发损失，漏斗颈部下端要贴紧三角瓶瓶壁，并用表玻璃盖住漏斗。吸取黄色滤液于分光光度计425 nm处比色测定[注1]，并在标准曲线中查出相应的β-胡萝卜素值（A）。

(2) 标准曲线的绘制。分别吸取Sμg·mL^{-1} β-胡萝卜素标准溶液0、0.5、1.5、2.0、2.5、3.0 mL标准液于10 mL带磨口塞的容量瓶中，用水饱和正丁酮定容摇匀，得0.0、0.25、0.75、1.00、1.25、1.50 μg·mL^{-1}β-胡萝卜素标准溶液系列。于分光光度计425 nm处比色测定。然后以吸光值为纵坐标，以每1 mL溶液所含的β-胡萝卜素量为横坐标绘制标准曲线。

17.2.5.5 结果计算

胡萝卜素含量[注2]（以β-胡萝卜素计，mg·kg^{-1}）$=\rho \cdot V/m$

式中：ρ——从标准曲线查得β-胡萝卜素的质量浓度（μg·mL^{-1}）；

V——浸提液的体积（mL）；

m——样品的质量（g）。

17.2.5.6 注释

注1. 若有其他色素干扰测定，可参考鲍士旦主编.《农畜水产品品质分析》. 北京：中国农业出版社，1996，438～442。

注2. 胡萝卜素与维生素A的换算关系为：每3 mg维生素A（醇型）或3.44 mg维生素A（酯型）=10 000 I.U.（国际单位），即11.U. 维生素A = 0.6 μg β-胡萝卜素=0.3 μg维生素A（醇型）。

主要参考文献

[1] 翟永信主编. 现代食品分析手册. 北京：北京大学出版社. 1988，298～299

[2] 牛森等编. 作物品质分析. 北京：农业出版社. 1992，94～130

[3] 鲍士旦主编. 农畜水产品品质化学分析. 北京：中国农业出版社. 1996，228～442

[4] 日本食品工业学会《食品分析》编辑委员会编，郑州粮食学院《食品分析方法》翻译组译. 食品分析方法. 成都：四川科学技术出版社. 1985，193～344

[5] 刘福岭，戴行钧编著. 食品物理与化学分析方法. 北京：轻工业出版社. 1987，75～124

[6] 中国土壤学会农业化学专业委员会编. 土壤农化常规分析方法. 北京：科学出版社. 1983，338～343

[7] 南京农业大学主编. 土壤农化分析. 北京：中国农业出版社（二版）. 1996，275～284

[8] 黄伟坤等编．食品检验与分析．北京：中国轻工业出版社．1997，19～138

[9] Sidney Williams（ed.），Official Methods of Analysis of AOAC，14th ed. 1984，830～886

思　考　题

1. 有机酸的总酸度、有效酸度和挥发性酸度测定的意义和方法原理是什么？

2. 液相色谱法和气相色谱法测定有机酸的方法原理有什么不同？这两种方法的主要操作步骤和方法要点有哪些？

3. 维生素有哪些种类？为什么它们的分析测定是一项比较复杂的工作？

4. 2，6-二氯靛酚测定还原型 V_C 的原理是什么？浸提和测定为什么要在酸性的介质中进行？有哪些物质会干扰测定？

5. V_C 的总量包括哪些物质？你认为用 2，4-二硝基苯肼比色法测定 V_C 总量要注意些什么问题？

6. 液相色谱法测定维生素 B_1 和 B_2 为什么会有一个酶水解的过程？待测液是如何制备得到的？

7. 对杂质颜色较深的样品应如何处理才能用比色法测定β-胡萝卜素量的含量？

第十八章 无机污染（有害）物质的分析

无机污染物质主要有锌、铜、铅、镉、镍、铬、汞、砷、氟等重金属和非金属元素。它们大多来源于工业三废（废气、废水、废渣）排放、施用肥料及农药等农业生产活动。这些无机元素进入水体和土壤以后通过植物吸收积累在植物的根、茎、叶、果等可食部分，或通过叶面直接进入植物体，从而对植物和动物产生毒害作用。因此，测定土壤、植物及农产品中无机污染物质的含量已日益重要。

无机污染物质的分析可以采用常规比色法、原子吸收分光光度法和等离子体发射光谱法等。比色分析法有较高的灵敏度与准确度，能满足一般分析要求。但操作手续繁杂，测定干扰因素多，对分析人员要求技术条件高，在无原子吸收等仪器条件时可以使用。原子吸收分光光度法（AAS）包括火焰原子化法、石墨炉原子化法（无火焰原子吸收法）和氢化物发生原子吸收法，对无机污染物质分析灵敏度高、准确、干扰因素少、操作方便，已广泛应用于重金属元素的测定。等离子发射光谱法（ICP）虽然有许多优点，如能同时或顺序扫描测定多种元素，快速高效，灵敏度高，稳定性好，背景值小，动态线性范围宽，一次进样能测定多种常量和微量元素等，但由于仪器昂贵，很难普遍使用。

无机污染物质的分析多采用全量分析，包括土壤、肥料、植物分析，用以评价土壤污染程度和农产品质量。有些情况下需要测定土壤中有效重金属元素含量，以评价土壤污染和植物吸收情况。但目前尚无统一的评价标准。

18.1 铅、镉、镍的分析

18.1.1 概述

铅、镉、镍（P. H. Brown et al，1987，发现镍是高等植物必需的微量营养元素）不是植物和动物的必需元素。但不同来源的铅、镉和镍污染了土壤、植物、水体以及食品后，通过食物链引起人和动物中毒[1]。铅的污染主要来自于交通、有色金属冶炼燃烧、汽油燃烧等排出的含铅废气和工业废水灌溉等。大气中的铅可以直接进入人体或由于雨水淋洗、微尘散落而污染农作物、水体和表土，再由动植物进入人体。罐头食品由于镀锡薄板焊锡部分溶出或食品加工过程中可能造成铅污染。引起人体铅中毒的症状主要是神经系统疾病，中毒性多发性神经炎和中毒性脑病等。

镉与锌是共存的金属。镉和镍的污染主要来源于冶炼、电镀、颜料、印刷和磷肥工业中的废水、废气和废碴。长期利用含镉、镍污水灌溉农田会使土壤被镉或镍污染。镉的毒性很强，镉慢性中毒主要造成肝、肾和骨组织损害，表现为疲劳、嗅觉失灵和血红蛋白降低，中毒严重者患骨痛病。

铅、镉、镍的污染对植物生长发育会产生不良影响。高浓度的铅除在作物可食部分产生残毒外，还表现为幼苗萎缩、生长缓慢、产量下降。土壤铅（Pb）含量大于 50 $mg \cdot kg^{-1}$，作物根系已受到可观察到的影响；污灌区蔬菜可能产生过量的铅积累。土壤铅大于 100 $mg \cdot kg^{-1}$，铅在谷物中的累积量可能超过食品卫生标准（特别是常年污灌区），作物产量可减产 10%以上。

在土壤中镉含量较高或镉污染区，水稻生长常年受阻，此时植物组织中镉（Cd）的临界浓度约为 10 $mg \cdot kg^{-1}$。大麦组织中镉的临界浓度为 15 $mg \cdot kg^{-1}$。谷类作物镉的毒害症状一般类似于缺铁的萎黄病、枯斑病、萎蔫，叶片产生红棕色斑块和茎生长受阻。

植物对过量镍远较动物敏感。通常，植物组织中镍（Ni）的浓度超过 50 $mg \cdot kg^{-1}$时（干物重）出现中毒症状，与缺铁失绿相似，叶片发黄，坏死。水稻植株表现为"褪绿病"，根茎生长受阻；马铃薯和番茄则表现出类似缺锰时的症状。

铅、镉、镍在自然界中分布广泛。非污染表土铅（Pb）含量一般 3～189 $mg \cdot kg^{-1}$，多数在 10～67 $mg \cdot kg^{-1}$。表土含镉（Cd）0.07～1.1 $mg \cdot kg^{-1}$，土壤背景值一般不超过 0.5 $mg \cdot kg^{-1}$，若土壤中 Cd＞1 $mg \cdot kg^{-1}$为土壤镉污染临界值。表土中镍（Ni）的含量一般为 1～100 $mg \cdot kg^{-1}$。几乎所有农、畜、水产品都含有微量的铅、镉、镍。一般食品中铅（Pb）的允许含量在 0.5～2 $mg \cdot kg^{-1}$，其中玉米 0.16 $mg \cdot kg^{-1}$，大米 0.06 $mg \cdot kg^{-1}$，蔬菜 0.3 $mg \cdot kg^{-1}$。食品中镉（Cd）的允许含量一般在 0.05～0.2 $mg \cdot kg^{-1}$，其中，玉米、蔬菜 0.05 $mg \cdot kg^{-1}$，大米 0.2 $mg \cdot kg^{-1}$[2]。

土壤和农产品中铅、镉的测定通常采用双硫腙比色法和原子吸收分光光度法，两者均为国家标准方法。前法测定铅、镉的灵敏度较高，分别为

0.003 0 μg·mL^{-1} 1%Pb 和 0.001 6 μg·mL^{-1} 1%Cd。不需要特殊仪器，但是分析过程很长，其它一些金属离子均可与双硫腙作用生成有色化合物而干扰测定，显色时需要一系列的分离和萃取，测定手续比较繁琐。原子吸收分光光度法测定铅、镉干扰因素少，操作简便、准确，测量精度也比较高，已逐渐取代了双硫腙比色法。火焰原子吸收法测定铅、镉，其灵敏度比较低，分别为0.7 μg·mL^{-1}1%Pb 和 0.04 μg·mL^{-1} 1%Cd。由于农产品中铅、镉的含量较低，有时不能满足测定要求，须采用溶剂萃取法加以浓缩，提高灵敏度进行测定。采用溶剂萃取法，可以测定几微克，并不受其它元素的干扰。测定铅的有机溶剂萃取法有 APDC - MIBK（吡咯烷二硫代氨基甲酸铵—甲基异丁酮）、DDTC（二乙基二硫氨基甲酸盐）—MIBK 和碘化钾—MIBK 萃取法。测定镉的萃取方法除了上面三种以外，还有双硫腙—乙酸丁脂法。由于碘化物）—MIBK 提取法可以在相同条件下同时提取并测定铅、镉、铜三种元素，操作简便，可以最有效地用于铅、镉的测定，该法被列为国家标准方法(GB5009.15.85)。

土壤待测液中铅、镉含量较高时，可不用萃取直接在空气—乙炔火焰中测定，含量较低时用碘化钾—MIBK 萃取富集后，用火焰原子吸收法测定，或不经过萃取富集，用石墨炉（无焰）原子吸收法测定。方法选择性好，可以排除背景和基体效应的干扰。但不具备双光束或背景扣除的仪器，土壤待测液最好经萃取分离后用火焰原子吸收光谱法测定铅、镉的含量。因为火焰分析时土壤中的硅干扰镉的测定，铝、铍等干扰铅的测定。

土壤和农产品中镍的测定，可采用丁二肟（DG）比色法[3]和原子吸收分光光度法[3,4]。丁二肟比色法测定镍的灵敏度较高，达到 0.003 7 μg·mL^{-1} 1%Ni，但显色比较麻烦，易受锰等金属离子干扰，需要经过分离和萃取才能进行显色，已逐渐被原子吸收法所替代。用原子吸收分光光度法测定镍是国家标准方法，灵敏度 0.15 μg·mL^{-1} 1%Ni，检出下限是 0.002 μg·mL^{-1}。由于土壤中镍的含量较高，能够满足测定的要求，镍的测定受共存元素的干扰很少，可以不计。含镍量低时最好用 APDC 或丁二肟萃取浓缩后用火焰原子吸收光谱法测定[3]。

土壤全量铅、镉、镍样品的分解通常用酸溶法。碱熔法虽然样品分解完全，但是增添了大量可溶性盐，有时会妨碍火焰原子吸收法的测定或引起样品污染。此外铅、镉是易挥发元素，也不适宜用碱熔法分解。酸溶法用的最多的是氢氟酸与其它酸结合进行消化，氢氟酸—高氯酸—硝酸消煮—原子吸收光谱法用于土壤铅、镍、铬、钴的测定[4,5]，用氢氟酸消煮需要铂坩埚或聚四氟乙烯坩埚，有时不很方便。采用王水—高氯酸消煮手续设备简单，分解试样量大，特别在有关无机污染元素分析时，多被用来代替全量分析法，待测液适于铅、镉、镍等元素的比色法和原子吸收光谱法测定[5]。

土壤有效态铅通常用乙酸提取—无焰（石墨炉）原子吸收光谱法测定[5,6]。中性和石灰性土壤有效镉用DTPA提取，酸性土壤用盐酸提取分别用无焰（石墨炉）原子吸收法测定[5,6]。土壤有效镍多用DTPA或盐酸提取—原子吸收光谱法测定[5,6]。

关于植物及农产品试样的前处理，因须称取较大量的试样分解，测定铅、镉用干灰化法，测定镍用湿灰法比较好。或采用干湿灰化结合的方法，即在干灰化法的基础上，再用少量的强酸或氧化剂处理残渣，使样品完全分解。

18.1.2 土壤铅、镉、镍的测定——王水—高氯酸消煮—原子吸收光谱法[5,6]

18.1.2.1 *方法原理* 土壤样品经王水—高氯酸消化处理使矿物和有机质分解，土壤中的铅、镉、镍等以离子形态存在于消解液中，镍元素用火焰原子吸收光谱法直接测定；铅、镉因含量较低，以碘化钾—甲基异丁酮萃取富集后，原子吸收光谱法测定。该法适用于各类型土壤中铅、镉、镍的测定。铅的最灵敏吸收线波长为283.3 nm，最低检出限为0.01 $\mu g \cdot mL^{-1}$，镉的最灵敏吸收线波长为228.8 nm，最低检出限为0.001 $\mu g \cdot mL^{-1}$；镍的最灵敏吸收线波长为232.0 nm，土壤消解液最低检出限0.04 $\mu g \cdot mL^{-1}$。

18.1.2.2 *主要仪器* 原子吸收光谱仪、分液漏斗（250 mL）、具塞试管。

18.1.2.3 *试剂*

(1) 王水。浓硝酸［$\rho(HNO_3) \approx 1.42\ g \cdot cm^{-3}$，优级纯］与浓盐酸［$\rho(HCl) \approx 1.19\ g \cdot cm^{-3}$，质量37%，优级纯］以1∶3体积比混合，现用现配。

(2) 高氯酸［$\rho(HClO_4) \approx 1.60\ g \cdot cm^{-3}$，质量70%，优级纯］。

(3) 2 $mol \cdot L^{-1}$碘化钾溶液。称取碘化钾（KI，优级纯）333.4 g溶于水中，稀释至1 L，贮于棕色瓶中。

(4) 抗坏血酸溶液。称取抗坏血酸5.00 g溶于水中，稀释至100 mL，现用现配。

(5) 甲基异丁酮（MIBK，优级纯）。

(6) 0.1 $mol \cdot L^{-1}$ HCl溶液。吸取浓盐酸［$\rho(HCl) \approx 1.19\ g \cdot cm^{-3}$，质量37%，优级纯］8.3 mL于水中，稀释至1 L。

(7) 0.1 $mol \cdot L^{-1}$ HNO_3 溶液。吸取浓硝酸（优级纯）6.3 mL于水中，稀释至1 L。

(8) 1 000 μg·mL^{-1}铅(Pb)标准贮备溶液。称取经105~110 ℃烘干的硝酸铅(光谱纯)1.598 0 g溶于0.1 mol·L^{-1} HNO_3溶液中,转入1 L容量瓶中,用硝酸溶液定容,存于塑料瓶中。

(9) 1 000 μg·mL^{-1}镉(Cd)标准贮备溶液。称取高纯金属镉1.000 g溶于20 mLHCl(1∶1)溶液中,转入1 L容量瓶中,以0.1 mol·L^{-1} HCl溶液定容。存于塑料瓶中。

(10) 1 000 μg·mL^{-1}镍(Ni)标准贮备溶液。称取高纯金属镍1.000 g溶于20 mLHCl(1∶1)溶液中,转入1 L容量瓶中,用0.1 mol·L^{-1} HCl溶液定容,存于塑料瓶中。

(11) 10 μg·mL^{-1}铅(Pb)、1 μg·mL^{-1}镉(Cd)混合标准溶液。分别吸取铅、镉标准贮备液10 mL、1 mL于1 L容量瓶中,用0.1 mol·L^{-1} HCl溶液定容。贮存于塑料瓶中。

18.1.2.4 操作步骤

(1) 样品处理。称取通过0.149 mm孔径尼龙筛的风干土5.000 g[注1],置于150 mL三角瓶中,用少量水湿润样品,加王水20 mL,轻轻摇匀,盖上小漏斗,置于电热板或电砂浴上,在通风橱中低温加热至微沸(140~160 ℃)[注2],待棕色氮氧化物基本赶完后,取下冷却。沿壁加入高氯酸10~20 mL(视样品中有机质的含量而定),继续加热消化产生浓白烟挥发大部分高氯酸,三角瓶中样品呈灰白色糊状[注3],取下冷却。用水约20 mL洗涤容器内壁,摇匀,以中速定量滤纸过滤到100 mL容量瓶中,再用热水洗涤残渣3~4次,冷却后用水定容。同时作空白试验。

(2) 镍的测定。设定原子吸收光谱仪测定镍的条件后,用镍空心阴极灯在232.0 nm波长,可将待测液直接喷入空气—乙炔火焰测定镍的吸收值或浓度值。一般不用稀释,也不必萃取。如果待测液镍浓度高,超出仪器测定范围时,可用水稀释后重新测定,但应有相应的空白溶液。用氘灯扣除背景吸收或在非吸收线236.2 nm处扣除背景吸收。

(3) 铅、镉测定。吸取50 mL滤液于预先加入0.1 mol·L^{-1} HCl溶液100 mL的250 mL分液漏斗中,经萃取分离后上机测定。萃取方法为:向漏斗中加入2 mol·L^{-1}碘化钾溶液10 mL,摇匀;加抗坏血酸溶液5 mL,摇匀。准确加入甲基异丁酮溶液10.0 mL,加塞,用力振摇1 min,静止分层,弃去水相,把有机相放入小试管中,加塞。用甲基异丁酮调节仪器零点,按原子吸收光谱仪测定条件,用铅、镉空心阴极灯分别在283.3 nm和228.8 nm,把有机相喷入空气—乙炔火焰,读取浓度值或吸收值。

(4) 工作曲线绘制。

① 镍工作曲线绘制：吸取 1 000 $\mu g \cdot mL^{-1}$镍（Ni）标准贮存液 20 mL 于 1 000 mL 容量瓶中，用 0.1 $mol \cdot L^{-1}$ HCl 溶液定容，即为 20 $\mu g \cdot mL^{-1}$镍（Ni）标准溶液。存于塑料瓶中。再吸取此标准溶液 0.00、1.00、3.00、5.00、7.00、9.00 mL 分别置于 6 个 100 mL 容量瓶中，加王水 0.5 mL、高氯酸 1.5 mL，用 0.1 $mol \cdot L^{-1}$ HCl 溶液定容，即为 0.0、0.2、0.6、1.0、1.4、1.8 $\mu g \cdot mL^{-1}$镍（Ni）的标准系列溶液。与样品同样条件上机测定，读取吸收值，绘制工作曲线。

② 铅、镉工作曲线绘制：吸取 18.1.2.3（11）铅、镉混合标准溶液 0.00、2.50、5.00、7.50、10.00、12.50 mL 于 50 mL 容量瓶中，用 0.1 $mol \cdot L^{-1}$ HCl 溶液或 0.1 $mol \cdot L^{-1}$ HNO_3 溶液定容，即为 ρ(Pb) 0.0、0.5、1.0、1.5、2.0、2.5 $\mu g \cdot mL^{-1}$铅标准系列溶液和 ρ(Cd) 分别为 0.0、0.05、0.10、0.15、0.20、0.25 $\mu g \cdot mL^{-1}$镉标准系列溶液。

将上述定容后的标准系列溶液转入预先盛有 0.1 $mol \cdot L^{-1}$ HCl 溶液 50 mL的 6 个 250 mL 分液漏斗中，按 18.1.2.4，(3) 步骤进行萃取。以甲基异丁酮试剂调节仪器零点，与样品同样条件上机测定，读取吸收值，绘制工作曲线。

18.1.2.5　结果计算(注4)

$$\text{土壤全量铅 (Pb) 或镉 (Cd)、镍 (Ni) 含量 } (mg \cdot kg^{-1}) = \rho \times V \times ts/(m \times k)$$

式中：ρ——分别为测定液中铅、镉、镍的质量浓度（$\mu g \cdot mL^{-1}$）；

V——测定液体积，本试验中镍为 100，铅、镉为 10(mL)；

ts——分取倍数，本试验中镍为 1，铅、镉为 100/50=2；

m——样品质量（g）；

k——水分系数。

18.1.2.6　注释

注 1. 含有机物过多的土壤，应增加王水量，使大部分有机物消化完全，再加高氯酸，否则加高氯酸会发生强烈反应，致使瓶中内容物溅出，甚至发生爆炸，分析时务必小心。

注 2. 样品消煮时温度不能太高，温度超过 250 ℃时，高氯酸会大量冒烟，使样品中铅、镉损失。

注 3. 样品经高氯酸消化并蒸至近干后，土粒若为深灰色，说明有机物质尚未消化完全，应再加高氯酸重新消解至土样呈灰白色。

注 4. 铅、镉、镍平行测定结果允许相对相差≤10%。

18.1.3　土壤铅、镉的测定——王水—过氧化氢消煮—无焰原子吸收光谱法（石墨炉）[5,6]

18.1.3.1　*方法原理*　对于铅、镉含量较低的土壤样品，经王水—过氧化氢消煮，消煮液用无焰原子吸收光谱法（石墨炉）测定。由于样品消煮液基体干扰对测定有较大影响，采用加入磷酸作抑制剂，既可提高石墨炉原子化温度避免铅、镉的损失，又可消除基体干扰。

18.1.3.2 主要仪器 原子吸收分光光度计及石墨炉装置

18.1.3.3 试剂

（1）王水 同18.1.2.3（1）

（2）浓 HNO_3 [$\rho(HNO_3)\approx1.42\ g\cdot cm^{-3}$，优级纯]。

（3）磷酸 [$\omega(H_3PO_4)\approx85\%$，优级纯]。

（4）10 mL·L^{-1} H_3PO_4 溶液。吸取1 mL浓磷酸稀释至100 mL。

（5）过氧化氢 [$\omega(H_2O_2)\approx30\%$，分析纯]。

（6）10 mL·L^{-1} HNO_3 溶液。吸取1 mL浓硝酸稀释至100 mL。

（7）1 μg·mL^{-1}铅（Pb）、0.05 μg·mL^{-1}镉（Cd）混合标准溶液。分别吸取10.00 mL铅标准贮备液［18.1.2.3，（8）］和0.50 mL镉标准贮备液［18.1.2.3，（9）］于1 L容量瓶中，用硝酸溶液［18.1.2.3，（7）］定容，即为10 μg·mL^{-1}铅和0.5 μg·mL^{-1}镉混合标准溶液。吸取此标准溶液10 mL于100 mL容量瓶中，用盐酸溶液［18.1.2.3，（6）］定容，即为1 μg·mL^{-1}铅和0.05 μg·mL^{-1}镉混合标准溶液。

18.1.3.4 操作步骤

（1）样品预处理。称取过0.149 mm孔径尼龙筛风干土1.000 0 g于三角瓶中，用水稍加湿润，加王水15 mL，放置过夜。次日在电热板上加热，先低温（150～180 ℃）溶解1 h，取下冷却，约加过氧化氢溶液［$\omega(H_2O_2)\approx30\%$］20滴，消解煮沸，视样品溶解程度再重复2～3次，最后再滴加浓硝酸3 mL，加热蒸发近干（重复2次），加入10 mL·L^{-1} HNO_3 溶液15 mL，加热溶解盐类，过滤于50 mL容量瓶中，再以热的10 mL·L^{-1} HNO_3 溶液洗涤残渣，加10 mL·L^{-1} H_3PO_4 溶液5 mL，用10 mL·L^{-1} HNO_4 溶液定容。同时进行空白试验。

（2）测定。镉元素按仪器测定条件直接上机测定，镉的分析谱线为228.8 nm；铅元素则需取5 mL试液于25 mL容量瓶中，加10 mL·L^{-1} H_3PO_4 溶液2 mL，用10 mL·L^{-1} HNO_3 溶液定容后在无焰原子吸收分光计上进行测定[注1]，铅的分析线波长为283.3 nm。由铅、镉的测定吸收值查相对应工作曲线，减去空白，代入公式进行结果计算。

（3）工作曲线的绘制。分别吸取1 μg·mL^{-1} Pb和0.05 μg·mL^{-1} Cd混合标准溶液0.00、0.50、1.00、1.50、2.00、3.00 mL于6个50 mL容量瓶中，加10 mL·L^{-1} H_3PO_4 溶液5 mL，用10 mL·L^{-1} HNO_3 定容，制备成

ρ(Pb)分别为 0.00、0.01、0.02、0.03、0.04、0.06 $\mu g \cdot mL^{-1}$和 ρ（Cd）分别为 0.00、0.0005、0.0010、0.0015、0.0020、0.0030 $\mu g \cdot mL^{-1}$的混合标准系列溶液，按仪器测定条件上机测定，读取吸收值或浓度值。

18.1.3.5　结果计算

土壤全量铅（Pb）或镉（Cd）含量（$mg \cdot kg^{-1}$）$=\rho \times V \times ts/(m \times k)$

式中：ρ——分别为测定液中铅、镉的质量浓度（$\mu g \cdot mL^{-1}$）；

V——测定液体积，本试验中镉为 50，铅为 25（mL）；

ts——分取倍数，本试验中镉为 1，铅为 50/5=10；

m——样品质量（g）；

k——水分系数。

18.1.3.6　注释

注：加磷酸作抑制剂的目的是为了提高石墨炉原子化温度，以消除基体干扰的影响。因为加入磷酸能使低熔点的铅、镉与之形成难溶的磷酸盐，具有高熔点、难挥发、难解离的特点。当提高石墨炉灰化温度，即可阻止铅、镉的损失，又能消除基体干扰，从而达到分析质量的目的。

18.1.4　农产品中铅的测定——双硫腙比色法[7]

18.1.4.1　方法原理　样品经干灰化后，在 pH8.5～9.0 时，Pb^{2+}与双硫腙生成红色配合物，其反应如下：

$$2S=C\begin{matrix} NH-NH-C_6H_5 \\ N=N-C_6H_5 \end{matrix} + Pb^{2+} \longrightarrow S=C\begin{matrix} NH-N(C_6H_5) \\ N=N(C_6H_5) \end{matrix}\!\!>Pb<\!\!\begin{matrix} (C_6H_5)N-NH \\ (C_6H_5)N=N \end{matrix}C=S + 2H^+$$

该配合物溶于氯仿（或四氯化碳）中。在 pH8.5～9.0 范围内可以被氯仿（或四氯化碳）完全萃取。其红色深浅与铅离子浓度在 0.08～3.2 $\mu g \cdot mL^{-1}$内符合 Beer 定律，可用比色法测定。在氯仿中的红色配合物吸收峰在 510 nm 处，摩尔消光系数为 $\varepsilon_{510}=6.36\times10^4$。溶液中的可能存在的铁、铜、锌、镉等离子的干扰，可加氰化钾、盐酸羟胺和柠檬酸铵等掩蔽克服。

18.1.4.2　主要仪器　分光光度计、分液漏斗。

18.1.4.3　试剂

（1）混合酸。取优级纯浓 HNO_3 和浓 $HClO_4$ 按 3∶1 体积混合。

（2）1 $mol \cdot L^{-1}$ HCl 溶液。取 1 份浓 HCl（优级纯）和 11 体积水相混合。

(3) HNO_3 (1∶100)。取一份浓硝酸［$\rho(HNO_3)\approx1.42\ g\cdot cm^{-3}$，优级纯］与100份水混合。

(4) 氨水 (1∶1)。浓氨水 (NH_4OH，$\rho\approx0.88\ g\cdot cm^{-3}$，分析纯) 与水等体积混合。

(5) HCl (1∶1)。浓盐酸［$\rho(HCl)\approx1.19\ g\cdot cm^{-3}$，优级纯］与水等体积混合。

(6) 酚红指示剂。称取0.1 g酚红（分析纯）溶于100 mL无水乙醇（分析纯）中。

(7) 200 $g\cdot L^{-1}$柠檬酸铵溶液。称取柠檬酸铵［$(NH_4)_3C_6H_5O_7$，分析纯］50 g溶于100 mL水中，将溶液倾入250 mL分液漏斗中，加酚红指示剂2滴，滴加氨水（1∶1）至溶液呈微红色，加稀双硫腙—氯仿溶液10 mL，摇动后，分出氯仿层，弃去氯仿液，重复此项操作至双硫腙—氯仿层绿色不变为止；再用氯仿（每次5 mL）萃取残存在水相中的双硫腙，直至最后1次加氯仿不变色为止。加水至250 mL。

(8) 100 $g\cdot L^{-1}$氰化钾溶液。称取10 g氰化钾（KCN，分析纯）溶于水中，稀释至100 mL。此试剂有剧毒，使用、配制过程中要特别小心，须严加管理。

(9) 氯仿（$CHCl_3$，优级纯）。应不含氧化物[注1]。

(10) 200 $g\cdot L^{-1}$盐酸羟胺溶液。称取盐酸羟胺（$NH_2OH\cdot HCl$，分析纯）20 g溶于50 mL水中，加2滴酚红指示剂，滴加氨水（1∶1）使溶液由黄变红色，再多加2滴，用双硫腙—氯仿溶液提取至氯仿层绿色不变为止，再用氯仿洗两次，弃去氯仿层，水层加HCl（1∶1）使溶液呈酸性，加水至100 mL。

(11) 双硫腙—氯仿贮备溶液。准确称取50 mg已提纯过的双硫腙（$C_{13}H_{12}N_4S$，分析纯）溶解于100 mL氯仿中，贮存在棕色瓶中，冰箱中保存。必要时双硫腙用下述方法纯化。

称取研细的双硫腙0.5 g，溶于50 mL氯仿中，如不全溶，可用滤纸过滤于250 mL分液漏斗中，用氨水（1∶100）提取3次，每次100 mL，将提取液用棉花过滤至500 mL分液漏斗中，用HCl（1∶1）调至酸性，将沉淀出的双硫腙用氯仿提取2～3次，每次20 mL，合并氯仿层，用等量水洗涤2次，弃去洗涤液，在50 ℃水浴上蒸去氯仿。精制的双硫腙置于H_2SO_4干燥器中，干燥备用。

(12) 双硫腙—氯仿工作液。吸取双硫腙—氯仿贮备液1.0 mL，加氯仿至10 mL，混匀。用1 cm比色杯，以氯仿调节仪器零点，于510 nm波长处测定吸收值（A）。用下式算出配 100 mL 双硫腙—氯仿工作液（其透光度为 70%），所需双硫腙—氯仿贮备液的 mL 数（V）。

$$V=10\times(2-\lg70)/A=1.55/A$$

（13）10 μg · mL^{-1} 铅（Pb）标准溶液。准确称取经 105 ℃～110 ℃烘干的硝酸铅 0.159 8 g，加稀 HNO_3(1∶100)10 mL，溶解后，移入 100 mL 容量瓶中用水定容，此溶液 ρ(Pb) 为 1 000 μg · mL^{-1}。吸取此溶液 5.00 mL，置于 500 mL 容量瓶中，加水定容。

18.1.4.4　操作步骤

（1）样品处理(注2)。称取过 0.5 mm 筛均匀样品 5～25 g(注3)（精确至 0.01 g）置于 50 mL 瓷坩埚中，在普通电炉上低温炭化，至不冒烟为止，然后移入高温电炉中 500 ℃灰化 16 h 左右(注4)。切断电源，放冷到约 400 ℃时取出坩埚，冷却至室温后，加硝酸—高氯酸混合酸（3∶1)5～10 mL，用玻璃棒将残存的碳捣碎，用盖覆盖，在电热板上加热，不使干涸(注5)，必要时再加少量混合酸，如此反复处理，直至残渣成白色灰（无碳粒）。待坩埚冷却后，加 1 mol · L^{-1} HCl 溶液 10～20 mL，用坩埚盖覆盖，在 80～90 ℃加热 5 min 溶解残渣，并移入 50 mL 容量瓶中，用水定容，备用。同时按同样操作方法作空白试验（唯不加样品，其它完全相同）得空白溶液。

（2）测定。吸取上述灰化后定容溶液 10 mL，置于 125 mL 分液漏斗中，加稀 HNO_3（1∶100）溶液至总体积为 20 mL，柠檬酸铵溶液 2 mL(注6)，盐酸羟胺溶液 1 mL(注7) 和 2 滴酚红指示剂，用氨水（1∶1）调节溶液呈红色，再加氰化钾溶液 2 mL(注8)，混均。加双硫腙—氯仿工作液 10 mL，剧烈振荡 1 min，静止分层后，氯仿层经脱脂棉滤入 1 cm 光径比色皿中。以氯仿液调节仪器零点，在 510 nm 波长处测量吸收值（A）。同时按相同步骤做空白试验。

（3）工作曲线绘制。准确吸取 10 μg · mL^{-1} 铅（Pb）标准溶液 10.00 mL 于 100 mL 容量瓶中，用水定容，此溶液为 1 μg · mL^{-1} 铅（Pb）标准溶液，准确吸取该溶液 0.00、1.00、2.00、3.00、4.00、5.00 mL 分别置于 125 mL 分液漏斗中［最后在 10 mL 氯仿溶液中 ρ(Pb) 分别为 0.00、0.10、0.20、0.30、0.40、0.50 μg · mL^{-1} 的标准系列溶液］，以下步骤同待测液处理相同，绘制成铅 ρ(Pb) 浓度与吸收值（A）工作曲线。

18.1.4.5　结果计算

$$\text{农产品中铅（Pb）的含量（mg · kg}^{-1}\text{）}=(\rho-\rho_0)\times V\times ts/m$$

式中：ρ——样品溶液中铅的质量浓度（μg · mL^{-1}）；

ρ_0——空白溶液中铅的质量浓度（μg · mL^{-1}）；

V—双硫腙-氯仿显色液体积（10 mL）；

ts——分取倍数，待测液的总定容体积（mL）/测定时吸取待测液体积（mL）；

m——样品质量（g）。

18.1.4.6 注释

注 1. 氯仿极不稳定，在光和氧（空气中 O_2）作用下生成光气，光气进一步氧化生成氯气，氯气能氧化双硫腙，所以在应用前应检查是否含有氧化物，然后进行处理。

注 2. 铅的测定，试样消化，亦可采用 $HNO_3-H_2SO_4$ 湿灰化法，可参照总砷的测定方法。

注 3. 取样量根据待测元素的含量和种类而定。

注 4. 灰化的时间应根据试样种类和数量以及电炉等条件而不同。一般加热十几小时以上仍然存在着残余碳。当达到 500 ℃以后，每 3～5 h 观察 1 次灰化的状态，如灰化成白色灰，则不必继续加热。

注 5. 高氯酸冒出白烟后，逐渐会析出结晶，在电热板上加热过猛，结晶会飞散，所以要以微热小心地把高氯酸清除。

注 6. 加柠檬酸铵的目的。样品溶液中的钙、镁离子在碱性条件下生成氢氧化钙、氢氧化镁沉淀，这些沉淀能吸附 Pb^{2+} 或包藏 Pb^{2+} 使测定结果偏低，加入柠檬酸铵可消除钙、镁影响。

注 7. 加盐酸羟胺的目的。样品溶液中含有少量的 Fe^{3+}、Mn^{2+} 时，当加入氰化钾后则生成二氧化锰（$nMnO_2$）和铁氰化钾［$K_3Fe(CN)_6$］，两者均有较强的氧化力，可氧化双硫腙，从而使测定结果偏高。加入盐酸羟胺后，由于羟胺具有 $H_2N—O—H$ 结构比双硫腙结构中—NH—NH—更易氧化，从而保护了双硫腙，测定结果不再偏高。

注 8. 加氰化钾的目的。CN^- 是很强的配位体，而与 H_2D_Z 配合的金属都是较强的接受体，这些金属中除 Ti、Bi、Pb 以外的金属与 H_2D_Z 形成配合物的稳定常数均小于与 CN^- 形成配合物的稳定常数，所以测铅时加入 KCN 可以掩蔽大量的其它金属，例如 Cu^{2+}，Hg^{2+}，Zn^{2+}，Fe^{3+} 等。但 CN^- 也可以干扰双硫腙对铅的提取，因此不要任意增加其用量和浓度。氰化钾剧毒，使用时一定要戴防护手套，必须在溶液已调到碱性时加入；废氰化钾液应加氢氧化钠和硫酸亚铁使之变成铁氰化钾，然后倒掉，以免中毒。

18.1.5 农产品中铅、镉的测定——碘化钾—MIBK 萃取—原子吸收光谱法[7]

18.1.5.1 方法原理 样品经消化后，在酸性溶液中铅、镉、铜离子与碘离子形成铅、镉、铜的碘化物（配合物），以 MIBK 将铅、镉的碘化物萃取后，MIBK 溶液喷入空气—乙炔火焰中原子化，铅的基态原子对 283.3 nm 共振线吸收，镉以 228.8 nm 共振线吸收，其吸收值分别与铅、镉含量成正比，与标准系列比较，求出溶液中铅、镉的含量。

本法可同时测定铅、镉、铜的含量[注1]。适合于各种农、畜、水产品中铅、镉的测定。试液中含铅量最好在 2～50 μg[注2]。

18.1.5.2　主要仪器　原子吸收分光光度计、150 mL 分液漏斗、10 mL 具塞试管。

18.1.5.3　试剂

（1）碘化钾（KI，优级纯）饱和溶液。

（2）1 mol·L^{-1} HCl 溶液。加浓 HCl（优级纯）83 mL 于水中，稀释至 1 L。

（3）磷酸 [$\omega(H_3PO_4)\approx 85\%$，优级纯]。

（4）甲基异丁酮（MIBK，优级纯）。

（5）1 000 μg·mL^{-1} 铅（Pb）标准贮备溶液。同 18.1.2.3，(8)。

（6）1 000 μg·mL^{-1} 镉（Cd）标准贮备溶液。同 18.1.2.3，(9)。

（7）10 μg·mL^{-1} 铅（Pb）、1 μg·mL^{-1} 镉（Cd）混合标准溶液。同 18.1.2.3，(11)。

18.1.5.4　操作步骤

（1）样品处理。同 18.1.4.4，(1)。

（2）萃取分离。吸取待测液和相同体积空白试验液 10 mL[注3] 分别置于分液漏斗中，加水至 35 mL[注4]，用量筒加磷酸 16 mL，冷却至室温后，加饱和碘化钾溶液 5 mL[注5]，混合，放置约 5 min 后，加 MIBK 试剂 10.0 mL，摇动 3～5 min，萃取碘化物，静止分层后，分离出 MIBK 溶液于具塞试管中。

（3）测定。使用铅空心阴极灯，测定波长为 283.3 nm，燃烧器用空气—乙炔火焰，按照铅的仪器测定条件设定灯电流、狭缝、气体流量、燃烧器高度等参数，用 MIBK 喷雾，调节仪器零点。将萃取分离到 MIBK 层中的标准系列溶液、待测液和空白试验溶液进行直接喷雾，测定它们的吸收值或浓度值。以上测定均须在完全相同的条件下进行。

将铅空心阴极灯换成镉灯，测定波长改为 228.8 nm，调节好测定镉的各项参数，按上述方法进行测定，得到镉的吸收值或浓度值。

（4）铅、镉工作曲线绘制。分别吸取铅（10 μg·mL^{-1}）、镉（1 μg·mL^{-1}）混合标准溶液 0.00、5.00、10.00、15.00、20.00、30.00、40.00 mL 于 100 mL容量瓶中，用盐酸溶液稀释定容，配制成 ρ(Pb) 分别为 0.00、0.50、1.00、1.50、2.00、3.00、4.00 μg·mL^{-1} 和 ρ（Cd）分别为 0.0、0.05、

0.1、0.2、0.3、0.4 μg·mL⁻¹的混合标准系列溶液。

吸取上述系列溶液各 10.0 mL，分别置于 150 mL 分液漏斗中，以下按 18.1.5.4（2）萃取分离操作步骤进行，分离出 MIBK 溶液，按上述测定铅、镉的条件，用火焰原子吸收光谱法分别测定铅和镉的标准系列的吸收值（A），与上述 ρ（Pb）或 ρ（Cd）相应的系列浓度分别绘制成铅和镉的工作曲线。

18.1.5.5　结果计算

农产品中铅（Pb）或镉（Cd）含量（$mg \cdot kg^{-1}$）$=(\rho-\rho_0)\times V\times ts/m$

式中：ρ——测定液中铅或镉的质量浓度（$\mu g \cdot mL^{-1}$）；

ρ_0——空白试验溶液中铅或镉的质量浓度（$\mu g \cdot mL^{-1}$）；

V——MIBK 溶液体积（mL）；

ts——分取倍数，待测液总定容体积（mL）/测定时吸取待测液体积（mL）；

m——样品质量（g）。

18.1.5.6　注释

注 1. 对农、畜、水产品中同时需要测定铅、镉、铜时，使用 1 $mol \cdot L^{-1}$ HCl 溶液溶解灰分后制成的试样溶液，磷酸（H_3PO_4）浓度为 4～5 $mol \cdot L^{-1}$，或将湿法分解的硫酸试样溶液，把硫酸浓度调整到约 2.5 $mol \cdot L^{-1}$后，加碘化钾溶液，使其浓度为 0.14～0.7 $mol \cdot L^{-1}$，用 MIBK 萃取碘化物；这时 Fe^{3+}、Zn^{2+}、Mn^{2+}（各 10 mg），Cu^{2+}、Pb^{2+}、Cd^{2+}（各 5 mg），Ca^{2+}（200 mg）在磷酸中无干扰；在硫酸中铅的回收率降低，Mg^{2+}（100 mg）以上各种离子单独存在，Fe^{3+}、Cu^{2+}、Mn^{2+}和 Zn^{2+}（各 5 mg 放在一起）共存也无干扰。Pb、Cu（1～30 μg）、Cd（0.2～0.6 μg）可以完全萃取出来。因此，本法适于农、畜、水产品中铅、镉、铜的测定。

注 2. 由于农、畜、水产品中铅的含量一般较低，铅的火焰原子吸收光谱法测定的灵敏度低，吸取最多量 35 mL 试样溶液，铅的含量也不会在 50 μg 以上。50 μg 的吸收值也只有 0.2 左右，测定的上限可达 100 μg。

注 3. 吸样量依铅、镉含量而定，要求待测液中铅含量在 1～30 μg，镉含量在 0.2～6.0 μg。吸取待测液体积和空白液体积应相同。

注 4. 提取液最终体积最好是 55± 1 mL。如果提取液量从 55 mL 增加到 77.5 mL 时，因加入的 10 mL MIBK 溶于水的量也相应增加，故分取时的体积由 9.45 mL（10 mLMIBK 溶于 55 mL 水相后的体积）降至 9.15 mL，使表面上测定值升高约 3%。提取液量相差 22.5 mL，测定值相差 3%。

注 5. 提取液中碘化钾（KI）浓度为 0.69 $mol \cdot L^{-1}$。碘化钾浓度在 0.14～0.83 $mol \cdot L^{-1}$之间，铅、镉、铜的提取率基本稳定。碘化钾浓度高时，影响铅的提取率。

18.2 汞的分析

18.2.1 概述

汞是对生物体有毒性的污染元素之一。环境中汞主要来源于氯碱工业、塑料工业、皮毛加工、制药等三废排放和含汞有机杀菌剂的施用等。含汞污水大量倾入江河时，造成土壤和水体中含汞量增加，植物及水产类动物由于生活在被污染的土壤或水体中而不断地富集汞，在生物体内能从无机汞转化为有机汞（即甲基汞），而且以有机汞的形式存在于生物体内。金属汞在人体内被氧化成离子后才能产生毒性。急性汞中毒能引起呕吐和腹泻等。慢性汞中毒能引起神经衰弱等症状。而甲基汞毒性比无机汞大得多，它是一种亲脂性高毒物，能引起中枢神经系统疾病，为不可逆的中毒反应。

一般非污染土表土含汞（Hg）不超过 0.4 mg・kg^{-1}，背景值小于 0.1 mg・kg^{-1}[1]。我国规定粮食中汞（Hg）允许量≤0.02 mg・kg^{-1}，蔬菜、水果≤0.01 mg・kg^{-1}，水产品≤0.3 mg・kg^{-1}。FAO/WHO 规定粮食中汞的允许量在 0.02～0.05 mg・kg^{-1}。

汞的分析方法一般土壤和农产品只测定总汞含量，水产品除测定总汞外，还常对甲基汞进行定量[9]。

总汞的测定一般采用双硫腙比色法和冷原子吸收光谱法。两种方法均是我国食品卫生检验国家标准方法。冷原子吸收光谱法灵敏度高，干扰少，可应用简单的测汞仪等优点，目前应用广泛，尤其当试样溶液中汞（Hg）的含量小于 0.1 μg 以下时，多用此法[5,6,7]。双硫腙比色法是多种金属测定的通用方法，需要分离干扰离子，灵敏度低，操作繁杂，但严格操作也能得到满意的结果。当试样中汞的含量在 1 mg・kg^{-1}以上时，多用此法[5,9]。

18.2.2 土壤汞的测定——硫酸—五氧化二钒消煮—冷原子吸收法[4,5]

18.2.2.1 *方法原理* 土壤样品经硫酸—五氧化二钒消解，各种形态的汞都变成了汞离子，在酸性条件下（一般为硫酸）再用氯化亚锡将汞离子还原成汞蒸气（Hg_2）。以氮气或干燥清洁的空气作为载气，将汞吹出进行冷原子吸收测定。因为汞在常温下即可挥发和原子化，不用电和明火加热，故称为冷原子吸收法。有时为了提高原子化效率，只需用白炽灯烤汞池即可。汞蒸气对谱线 253.7 nm 的紫外光有强烈的吸收作用，在一定浓度范围内，汞浓度与吸收值成正比。

18.2.2.2 主要仪器 冷原子吸收测汞仪或原子吸收分光光度（带测汞装置）、砂浴。

18.2.2.3 试剂

(1) 硝酸-重铬酸钾溶液。称取重铬酸钾（$K_2Cr_2O_7$，分析纯）0.50 g，用水溶解，加入浓 HNO_3（优级纯）50 mL，用水稀释到 1 L；

(2) 五氧化二钒（V_2O_5，优级纯）。

(3) 浓 HNO_3[$\rho(HNO_3)\approx 1.42\ g\cdot cm^{-3}$，优级纯]。

(4) 浓 H_2SO_4[$\rho(H_2SO_4)\approx 1.84\ g\cdot cm^{-3}$，优级纯]。

(5) $1\ mol\cdot L^{-1}$（1/2 H_2SO_4）溶液。吸取浓硫酸 10 mL[$\rho(H_2SO_4)\approx 1.84\ g\cdot cm^{-3}$，优级纯] 28 mL 缓缓倒入 1 L 水中，倒入时不断搅拌。

(6) $300\ g\cdot L^{-1}$氯化亚锡溶液。称取氯化亚锡（$SnCl_2\cdot H_2O$，优级纯）30 g，溶于 100 mL $1\ mol\cdot L^{-1}$(1/2 H_2SO_4）溶液中（或加浓 HCl 10 mL），加热溶解后，用水稀到 1 L，通氮气或放置半天后使用。

(7) $100\ \mu g\cdot mL^{-1}$汞（Hg）标准贮备溶液。称取氯化汞（$HgCl_2$，优级纯）0.135 4 g 盛于 250 mL 烧杯中，用硝酸—重铬酸钾溶液溶解，转移到 1 L 容量瓶中，再用硝酸—重铬酸钾溶液定容。

18.2.2.4 操作步骤

(1) 样品处理(注1)。称取通过 0.149 mm 孔径尼龙筛的风干土样 0.500～2.000 g 放入 100 mL 三角瓶中(注2)，加入五氧化二钒约 50 mg，加入 10 mL 浓 HNO_3，瓶口插一小漏斗，摇匀，置电热砂浴上（约 140 ℃）加热保持微沸 5 min(注3)，冷却。加入浓 H_2SO_4 10 mL，继续在砂浴上加热 15 min（约 180 ℃），直至二氧化硫冒白烟，并赶尽大量棕色二氧化氮气体(注4)，试样呈灰白色（溶液为黄色）。冷却后，用 $1\ mol\cdot L^{-1}$ H_2SO_4 溶液 10 mL 冲洗小漏斗及瓶内壁，试液呈蓝绿色。去掉漏斗，加热煮沸 10 min，赶尽氮氧化物。冷却后将消解液及残渣全部转入 100 mL 容量瓶中，用水洗涤三角瓶 3 次，洗涤液均进入容量瓶中，用水定容，备用。同时做空白试验(注5)。

(2) 测定。准确吸取待测消化液和空白溶液各 10 mL（视汞含量而定）分别于汞反应瓶中，用 $1\ mol\cdot L^{-1}$ H_2SO_4 溶液稀释至 25 mL（V），加入 $300\ g\cdot L^{-1}$ 氯化亚锡溶液 2 mL，立即盖上瓶盖，按测汞仪操作步骤进行测定，记下电流表上的最大峰值。

(3) 工作曲线。先将汞标准贮备液用硝酸—重铬酸钾溶液稀释成 $0.1\ \mu g\cdot mL^{-1}$ 汞（Hg）标准溶液(注6)。再分别吸取此标准溶液 0.00、1.00、2.00、4.00、6.00、8.00、10.00 mL 于 7 个反应瓶中，用 $1\ mol\cdot L^{-1}$ H_2SO_4 溶液稀释至 25 mL（V），配制成标准系列分为 0.00、4.0、8.0、16.0、32.0、

40.0 ng·mL^{-1} Hg（标准系列浓度根据所用的测汞仪而定），以下按18.2.2.4，（2）测定中自“加入氯化亚锡溶液 2 mL”起依本法操作，以峰值为纵坐标，Hg 的浓度（ng·mL^{-1}）为横坐标，绘制工作曲线。

18.2.2.5　结果计算

土壤全量汞（Hg）的含量（mg·kg^{-1}）$=(\rho-\rho_0)\times V\times ts\times 10^{-3}/(m\times k)$

式中：ρ——查得测定液中汞的质量浓度（ng·mL^{-1}）；

ρ_0——查得空白液中汞的质量浓度（ng·mL^{-1}）；

V——测定液体积，本试验中为 25 mL；

ts——分取倍数；待测消化液定容体积（mL）/测定时吸取待测消化液体积（mL）；

m——样品质量（g）；

k——水分系数；

10^{-3}——由 ng·mL^{-1} 换算成 μg·mL^{-1}。

18.2.2.6　注释

注 1. 土壤处理方法还可以用硝酸—硫酸—高锰酸钾消化法、硝酸—硫酸消化法，可参考农产品中汞的测定。

注 2. 玻璃对汞有吸附作用，所有的玻璃器皿用完后都需在硝酸溶液［$\phi(HNO_3)=10\%$］中浸泡一夜，随后用水洗净后备用。

注 3. 土壤有机物质含量较多时，可在加入五氧化二钒和硝酸后，放置一夜再进行消解，并可在消解过程中适当添加硝酸 3～5 mL（分次加入）。

注 4. 应尽量除尽消解液中的氮氧化物，否则致测定结果偏低。增加氯化亚锡用量可使氮氧化物迅速还原，排除干扰。为排除残留氮氧化物的影响，可在消解液中滴加高锰酸钾溶液至数分钟，颜色不褪，然后加入 1 滴盐酸羟胺溶液［$\rho(NH_2OH\cdot HCl)=100$ g·L^{-1}］，使高锰酸钾红色褪去，再稀释定容，测定。

注 5. 每批样品需同时作空白试验，以检查所用试剂是否纯净，引起空白值过高的试剂不能使用，应提纯或更换，样本消解方法还适于蔬菜、水果、水产品中总汞的测定。

注 6. 玻璃对汞的吸附性较强，因此在配制稀汞标准溶液时，最好先在容量瓶中加进部分硝酸—重铬酸钾溶液，再加入汞标准贮备液。

18.2.3　农产品中汞的测定——硫酸—硝酸消化—冷原子吸收法[6]

18.2.3.1　方法原理　同 18.2.2.1

18.2.3.2　主要仪器　同 18.2.2.2

18.2.3.3 试剂　同18.2.2.3。

18.2.3.4 操作步骤

(1) 样品处理。称取过0.4 mm筛均匀样品10.000 g(注1)于150 mL三角瓶中，加3粒玻璃珠，加浓HNO_3 30～40 mL，浓H_2SO_4 5～10 mL(注2)，转动三角瓶防止局部炭化。装上冷凝管后，置电热砂溶上小火加热，待开始发泡时即停止加热，发泡停止后，加热回流2 h，如加热过程中溶液变棕色，再加浓HNO_3 5 mL，继续加热回流2 h。冷却后从冷凝管上端小心加水20 mL，继续加热回流10 min，将消化液经玻璃棉过滤于100 mL容量瓶中，用少量水洗涤三角瓶和滤器，洗液并入容量瓶内，加水定容。同时做空白试验。

(2) 测定。同18.2.2.4，(2)。

(3) 工作曲线。同18.2.2.4，(3)。

18.2.3.5 结果计算　同18.2.2.5。

18.2.3.6 注释

注1. 谷物样品烘干磨细称取均匀样品10.0 g；蔬菜、水果用水洗净，取可食部分切碎或捣成匀浆，称取20.0 g。

注2. 其他同18.2.2.6注2、注4、注5。

18.3 砷的分析

18.3.1 概述

砷是有毒环境污染元素。环境中砷的污染主要来自开采、焙烧、冶炼含砷矿石以及施用含砷农药等。在农药（砷制剂）、硫酸、氮肥、玻璃、制革等工厂排出的废水中均含有砷的化合物。大量资料表明，被砷污染的土壤可能使农作物大量减产，同时砷有剧毒，长期食用砷污染的粮食、蔬菜、水果以及水产品等能引起砷慢性中毒。砷在体内积累，引起多发性神经炎、皮肤感觉触觉减退等症状。长期吸入含砷农药粉尘可引起诱发性肺癌和呼吸道肿瘤。

砷以不同形态存在于自然界[1]，其中元素砷不溶于水，无毒；三价砷毒性大于五价砷，大于有机砷。五价砷只有被吸入体内还原三价砷时才有毒性作用。非污染土壤砷（As）含量为1～95 $mg \cdot kg^{-1}$，可溶性砷（1 $mol \cdot L^{-1}$ HCl提取）[11]，大于10～15 $mg \cdot kg^{-1}$认为污染。农产品砷（As）含量范围一般是谷类0～2.4 $mg \cdot kg^{-1}$，水果0～0.17 $mg \cdot kg^{-1}$，蔬菜0～1.3 $mg \cdot kg^{-1}$。我国规定食品中砷的允许含量为粮食（以原粮计）≤0.7 $mg \cdot kg^{-1}$，蔬菜、水果≤0.5 $mg \cdot kg^{-1}$[8]。土壤和农产品中砷的常用定量方法有古蔡氏法（砷斑法，参见GB/T 5009.11—1996）、乙二基二硫代氨基甲酸银法（银盐法）、硼氢化物还原比色法和氢化物发生原子吸收光谱法等。

古蔡氏法[7]。灵敏度高，操作简便，尤其对砷的含量低于 0.5 μg 样品测定，可以得到满意的结果。但其方法精密度较差，是半定量方法。

二乙基二硫代氨基甲酸银法[4,6]法。灵敏度好，精密度高，能够定量分析，最低检出量为 0.5 μg 砷，但吸收液往往有毒性。

氢化物发生原子吸收光谱法是一种较新的测砷方法。操作简便，灵敏度高，最低检出限量 0.02 μg。是土壤和农产品中总砷测定较好的方法之一[5,6,12]。

18.3.2 土壤砷的测定——氢化物发生原子吸收光谱法[4,5]

18.3.2.1 *方法原理*　土壤经硝酸—硫酸消煮，消煮液中的砷在酸性溶液中与硼氢化钠反应，生成砷化三氢（或称胂，AsH_3），以氩气或氮气为载气，将砷化三氢气体导入原子吸收分光光度计的可加热石英管中原子化，加热石英管使砷化三氢转化为原子砷。然后在光路中测定砷原子对砷空心阴极灯发射的 193.7 nm 特征谱线的吸收，计算出样品中砷的含量。

18.3.2.2 *主要仪器*　原子吸收分光光度计（附氢化物发生器）、砷空心阴极灯、可加热石英管及架、聚四氟乙烯坩埚或 100 mL 三角瓶。

18.3.2.3 *试剂*

(1) 浓 HNO_3 [$\rho(HNO_3) \approx 1.42\ g \cdot cm^{-3}$，优级纯]。

(2) 浓 H_2SO_4 [$\rho(H_2SO_4) \approx 1.84\ g \cdot cm^{-3}$，优级纯]。

(3) $0.01\ mol \cdot L^{-1}$ H_2SO_4 溶液。吸取 0.5 mL 浓 H_2SO_4（优级纯）用水稀释至 1 L。

(4) 硼氢化钠溶液。称取 10 g 硼氢化钠（$NaBH_4$，分析纯）和 1 g 氢氧化钠溶于水，稀释至 1 L（现用现配）(注1)。

(5) $100\ \mu g \cdot mL^{-1}$ 砷（As）标准贮备溶液。称取三氧化二砷（As_2O_3，分析纯，在硫酸干燥器中干燥至恒重）0.132 0 g，温热溶于氢氧化钠溶液 [$\rho(NaOH) = 100\ g \cdot L^{-1}$] 1.2 mL 中，移入 1 L 容量瓶中，用水定容。用水稀释为 $10\ \mu g \cdot mL^{-1}$ 砷（As）溶液使用。

(6) HCl（1∶19）溶液。取浓盐酸 [$\rho(HCl) \approx 1.19\ g \cdot cm^{-3}$，优级纯] 50 mL 用水稀释至 1 L。

18.3.2.4 *操作步骤*

(1) 样本处理(注2)。称取通过 0.149 mm 尼龙筛风干土样 0.500 0 g，放入聚四氟乙烯埚（或 100 mL 三角瓶）中，加水 2～3 滴湿润土壤样品。加浓 HNO_3 10 mL 和浓 H_2SO_4 2 mL，摇匀，先低温（约 100 ℃）消煮近 1 h，然后逐步提高温度约 250 ℃(注3)（调压变压器控制），消煮至土壤样品为灰白色。若土壤样品没有完全变为灰白色，则再补加浓 HNO_3 5 mL，继续消煮，待作用完全硫酸冒烟后，再蒸至近干，移下坩埚稍冷却。加水 20 mL 煮沸至干，继续加热至生成白烟为止，除去残余的硝酸(注4)。如此处理两次。将坩埚中内容物洗入 100 mL 容量瓶中，用 0.01 mol · L^{-1} H_2SO_4 溶液定容，放置澄清或过滤(注5)。同时做空白对照。

(2) 测定。按原子吸收分光光度计测定砷的条件安装砷空心阴极灯，预热，在 193.7 nm 吸收线波长下调节灯电流、光谱通带，燃烧器高度，在空气乙炔燃烧器上安装可加热的石英管及石英管架，连接各连接线及管路，通入载气。点燃火焰或用电加热石英管使之达到砷原子化温度（约 850 ℃）。

准确吸取一定量消煮液及空白液（体积为“V”）于氢化物发生器反应瓶中，加入 HCl（1∶19）溶液 20 mL(注6)，硼氢化钠溶液 20～30 mL。反应生成的氢化物（AsH_3）即由氩气或氮气输送到石英管中原子化(注7)。读取吸收值（有的仪器以上过程均自动进行）。

(3) 工作曲线。取 10 μg · mL^{-1} 砷（As）标准溶液用 0.01 mol · L^{-1} H_2SO_4 溶液稀释成 ρ(As) 分别为 0.00、10.00、20.00、40.00、80.00 ng · mL^{-1} As 的标准系列溶液，分别吸取体积为“V”的该系列标准溶液于氢化物发生器反应瓶中，按待测液同样条件测定。以吸收值（A）为纵坐标，以 As（ng · mL^{-1}）为横坐标，绘制工作曲线(注8)。

18.3.2.5 结果计算

$$\text{土壤全量砷（As）的含量（mg·kg}^{-1}\text{）}=(\rho-\rho_0)\times V\times ts\times 10^{-3}/(m\times k)$$

式中：ρ——查得测定液中砷的质量浓度（ng · mL^{-1}）；

ρ_0——查得空白液中砷的质量浓度（ng · mL^{-1}）；

V——测定时吸取待测液体积（mL）；

ts——分取倍数；

m——样品质量（g）；

k——水分系数；

10^{-3}——由 ng · mL^{-1} 换算成 μg · mL^{-1}。

18.3.2.6 注释

注 1. 硼氢化钠溶液应按半日用量配制，因该溶液仅在数小时内可用。若将其迅速过滤，以除去不溶物，可延长硼氢化钠的稳定时间。

注 2. 土样处理还可以用硝酸—高氯酸—硫酸分解法，参见农产品中砷的测定。

注 3. 消煮试样时要严格控制消煮时的温度，过度加热会使砷损失。

注 4. 待测液中硝酸浓度达到 0.5 mol·L^{-1}时，影响硼氢化钠的还原作用，应除尽。

注 5. 消煮液应是透明无色，如溶液呈棕色或黄色，说明有机质分解不完全或硝酸分解不彻底，致使试样待测液进入反应圈时，反应池内产生大量气泡，向原子化器的吸收池内倒灌而产生误差。

注 6. 控制待测液酸度不宜过高，以免造成反应过于激烈而引起发生器内的溶液向原子化器导管吸收池内倒灌现象。

注 7. 砷化三氢有毒，测试过程中实验室要保持通风。

注 8. 砷浓度在 0.00～0.05 μg·mL^{-1}范围内呈一微微弯曲的标准曲线。

18.3.3　农产品中砷的测定——二乙基二硫代氨基甲酸银法[7]（银盐法）(注1)

18.3.3.1　*方法原理*　样品经硝化后全部转变成五价砷：

$$2As+3H_2SO_4 \rightarrow As_2O_3+3SO_2+3H_2O$$

$$3As+5HNO_3+2H_2O \rightarrow 3H_3AsO_4\ (\text{砷酸})+5NO$$

$$3As_2O_3+4HNO_3+7H_2O \rightarrow 4NO+6H_3AsO_4$$

在酸性条件下五价砷经碘化钾与氯化亚锡作用被还原为三价砷，硫酸与锌粒作用产生新生态氢，将三价砷还原为砷化三氢气体，通过乙酸铅棉花除去硫化氢后，与含有二乙基二硫代氨基甲酸银（Ag-DDTC）作用，生成深红色螯合物，其最大吸收在 540 nm，用分光光度计测其含量，颜色深浅与砷（As）含量成正比。本法在 1～20 μgAs 之间生成颜色符合比尔定律。其反应为：

$$H_3AsO_4+2KI+H_2SO_4 \rightarrow H_3AsO_3+I_2+K_2SO_4+H_2O$$

$$H_3AsO_4+SnCl_2+H_2SO_4 \rightarrow H_3AsO_3+Sn(SO_4)_2+H_2O$$

$$H_3AsO_3+Zn+3H_2SO_4 \rightarrow AsH_3\uparrow+3ZnSO_4+3H_2O$$

$$AsH_3+6Ag-DDTC \rightarrow 6Ag+3HDDTC+As(DDTC)$$

18.3.3.2　*主要仪器*　砷化氢发生器、分光光度计。

18.3.3.3　*试剂*

(1) 浓 HNO_3[$\rho(HNO_3)\approx1.42$ g·cm^{-3}，质量 70%，优级纯]。

(2) 浓 H_2SO_4[$\rho(H_2SO_4)\approx1.84$ g·cm^{-3}，质量 96%，优级纯]。

(3) 浓高氯酸 [$\rho(HClO_4)\approx1.60$ g·cm^{-3}，质量 70%，优级纯]。

(4) H_2SO_4 溶液。浓 H_2SO_4 [$\rho(H_2SO_4)\approx1.84$ g·cm^{-3}，优级纯] 与水等体积混合。

(5) 200 g·L^{-1}碘化钾溶液。称取碘化钾（KI，优级纯）20.0 g，溶于水中稀释至 100 mL，贮于棕色瓶中，或临用时现配。

（6）400 g・L^{-1}氯化亚锡溶液。称取氯化亚锡（$SnCl_2 \cdot 2H_2O$，分析纯）40.0 g，溶于 40 mL 浓 HCl 中，用水稀释至 100 mL，加入 3～5 粒金属锡粒，贮于棕色瓶中。

（7）乙酸铅棉花。将脱脂棉浸入 100 g・L^{-1} PbOAc 溶液中，2 h 后取出，待其自然干燥，贮存于密封的容器中。

（8）无砷锌粒。含砷在 0.1 ng・kg^{-1}以下，3 粒不重于 1 g。

（9）二乙基二硫代氨基甲酸银-三乙醇胺-氯仿溶液。称取二乙基二硫代氨基甲酸银［$(C_2H_5)_2NCS_2Ag$，简称 Ag-DDTC］0.25 g，研碎后用少量氯仿（$CHCl_3$）溶解，加入三乙醇胺［$N(CH_2CH_2OH)_3$，简称 TEA］1.0 mL，再用氯仿稀释至 100 mL，静置，过滤至棕色瓶内，贮于冰箱中。

（10）砷标准贮备液。同 18.3.2.3，（5）。

18.3.3.4 操作步骤

（1）样品处理。准确称取过 0.5 mm 风干或烘干样品 5.00～10.00 g（蔬菜、水果鲜样 25～50 g，风干植物茎叶 2～3 g），置于 250 mL 开氏瓶中，先加少量水湿润样品，加数粒玻璃珠，加硝酸-高氯酸（4：1）混合酸 10～15 mL[注2]，放置片刻[注3]，小火缓缓加热，待作用缓和后，冷却。沿瓶壁加入浓 H_2SO_4 5 mL～10 mL[注4]，继续加热，至瓶中溶液开始变成棕色时，不断沿壁滴加硝酸-高氯酸（4：1）混合酸至有机质完全分解。加大火力至产生白烟，溶液应澄清或略带黄色，冷却，操作过程中应注意防止爆炸。加 20 mL 水煮沸，除去残余硝酸至产生白烟为止，如此处理两次。冷却，将溶液移入 50 mL 容量瓶中，用水洗开氏瓶，洗液并入容量瓶中，用水稀释至刻度。取与消化样品相同量的硝酸-高氯酸（4：1）混合液和浓 H_2SO_4，按同一方法做试剂空白。

（2）测定。吸取一定量的样品溶液[注5]和同量的试剂空白，分别置于砷化氢发生瓶中，加水至 40 mL，再加 H_2SO_4（1：1）溶液 15 mL，碘化钾溶液 5 mL，氯化亚锡溶液 2 mL，摇匀，放置 15 min。向吸收管中分别加二乙基二硫代氨基甲酸银-三乙醇胺-氯仿溶液 5.0 mL，插入塞有乙酸铅棉花的导气管[注6]，迅速向发生瓶中倾入预先称好无砷锌粒 5 g[注7]，立即塞紧瓶塞，勿使漏气[注8]。在室温下（25 ℃左右）反应 1 h。最后用氯仿将吸收液体积补到 5.0 mL，在 1 h 内于 540 nm[注9]波长处，用 1 cm 比色皿，以试剂空白为参比，测定吸光度。

（3）工作曲线。取砷（As）标准贮备溶液［18.3.2.3，（5）］1 mL 于 100 mL容量瓶中，用水稀释至刻度，此为 $\rho(As)=1\ \mu g \cdot mL^{-1}$标准溶液（现用现配）。吸取 1 $\mu g \cdot mL^{-1}$ 砷标准溶液 0.00、1.00、2.00、3.00、4.00、

5.00 mL 分别置于砷发生瓶中，按上述测定步骤操作，此标准系列溶液 ρ (As)分别为 0.00、0.20、0.40、0.60、0.80、1.00 $\mu g \cdot mL^{-1}$。绘制工作曲线。

18.3.3.5 结果计算

农产品中砷（As）的含量（$mg \cdot kg^{-1}$）$=(\rho-\rho_0)\times V\times ts/(m\times k)$；

式中：ρ——测定液中砷的质量浓度（$\mu g \cdot mL^{-1}$）；

ρ_0——空白液中砷的质量浓度（$\mu g \cdot mL^{-1}$）；

V——有机相（氯仿）体积（5 mL）；

ts——分取倍数，样品消煮液定容体积（mL）/测定时吸取试样体积（mL）；

m——样品质量（g）；

k——水分系数。

18.3.3.6 注释

注 1. 本法也适用于土壤砷的测定。

注 2. 以硝酸代替硝酸-高氯酸混合酸进行操作，也可以得到同样的结果，此法为硝酸-硫酸消化法。参见 18.3.2.4（1）。

注 3. 放置片刻目的是使酸与样品预作用，避免在加热时作用过于激烈，产生大量气泡，甚至飞溅。根据有机质含量可延长放置时间，必要时可放置过夜。

注 4. 硝酸-高氯酸-硫酸消化法（或硝酸-硫酸消化法），注意不要先加硫酸，因加硫酸后，样品即脱水碳化，使破坏处理困难。

注 5. 根据样品含砷量而定，一般要求含砷（As）量在 1～5 μg 之间。可以吸取部分或全部消化液。

注 6. 在导气以前，每加一种试剂均需摇匀。

注 7. 无砷锌粒不可用锌粉代替，否则反应太快，吸收不完全，使结果偏低。

注 8. 同 18.3.2.6，（7）。

注 9. 吸收液吸收砷化氢后，在 1 h 内是稳定的。比色波长还可以选择 515 nm，520 nm（国标法用该波长）。

18.4 铬的分析

18.4.1 概述

铬是人体必需的微量营养元素，但铬的缺乏或过量将对人体和动物产生严重危害[1]。在自然界，铬通常以三价、二价、六价形态存在。一般认为，二价铬是无毒的，三价铬是动物体必需的活性元素，六价铬是主要环境污染物之一。铬的污染主要来自于冶炼合金钢、电镀、油漆、制革、塑料、医药、化工、纺织等工业的废水、废气、废渣排放和化肥的施用，使土壤、农作物及蔬菜等受铬污染，造成对人类及动物的危害。高浓度的铬能引起呼吸道疾病、肠道病和皮肤损伤等。

表土一般含铬（Cr）平均约 65 $mg \cdot kg^{-1}$，某些发育于蛇纹岩上的土壤可高达 2 000～4 000 $mg \cdot kg^{-1}$。可溶态铬（1 $mol \cdot L^{-1}$ HOAc - NH_4OAc 浸提）一般小于 1 $mg \cdot kg^{-1}$。铬的毒害主要表现在植物根部，地上部出现缺铁失绿现象。农、畜、水产品中一般铬含量很低，谷类 0～0.52 $mg \cdot kg^{-1}$，水果 0～0.2 $mg \cdot kg^{-1}$，蔬菜 0～0.36 $mg \cdot kg^{-1}$，肉类 0.02～0.56 $mg \cdot kg^{-1}$，海产品 0.17 $mg \cdot kg^{-1}$。农产品中铬的允许量目前尚无规定，但成人每日允许摄入铬为 3 mg。

土壤和农产品铬的测定通常采用二苯基碳酰二肼比色法和原子吸收光谱法。比色法测定铬的灵敏度比较高，可以在水溶液中比色，也可以用有机溶剂（MIBK - 丙酮）萃取分离后比色，在波长 540 nm 时，灵敏度均达到 0.001 5 $\mu g \cdot mL^{-1}$，测定下限为 0.038 $\mu g \cdot mL^{-1}$。能够满足土壤和农产品中铬的测定[3,13]。但对于农产品，特别是籽粒部分，由于铬的含量甚微，因此，对这类样品的消解方法和显色前的化学处理，则是影响分析结果的主要问题。一般采用干灰化法，或干灰化与湿灰化相结合，以增大样品量，或用有机溶剂（8 - 羟基喹啉，甲基异丁酮等）萃取分离后测定[7]。

火焰原子吸收光谱法测定铬灵敏度为 0.1 $\mu g \cdot mL^{-1}$ 1%吸收，测定下限为 0.025 $\mu g \cdot mL^{-1}$。待测液含铬较多时可直接在空气－乙炔火焰中测定，样本含量低时可用 MIBK 萃取后测定，或用石墨炉原子吸收光谱法测定，灵敏度比火焰原子吸收法高 100 倍以上。测定时干扰较少，操作方便，已广泛应用于土壤和农产品中铬的分析[5,6,7]。

18.4.2 土壤铬的测定——氢氟酸—高氯酸—硝酸消煮—原子吸收光谱法[4,5]

18.4.2.1 *方法原理* 土壤经氢氟酸—高氯酸—硝酸消煮，消煮液中的铬用原子吸收光谱法测定，铬的最灵敏吸收线波长为 357.9 nm。样品待测液中铬含量较高时，可用焦硫酸钾作抑制剂，直接用火焰原子吸收光谱法测定；铬含量低时可用石墨炉原子吸收光谱法测定。

18.4.2.2 *主要仪器* 原子吸收分光光度计、聚四氟乙烯坩埚（30 mL）。

18.4.2.3 试剂

（1）氢氟酸 [ω(HF)≈40%，优级纯]。

(2) 高氯酸［$\rho(HClO_4)\approx1.60\ g\cdot cm^{-3}$，优级纯］。

(3) 浓 HNO_3［$\rho(HNO_3)\approx1.42\ g\cdot cm^{-3}$，优级纯］。

(4) HNO_3 (1∶1) 溶液。浓 HNO_3 与等体积水混合。

(5) $100\ g\cdot L^{-1}$焦硫酸钾溶液。称取焦硫酸钾（优级纯）100 g 溶于水中，并稀释至 1 L。

(6) $100\ \mu g\cdot mL^{-1}$铬（Cr）标准溶液。准确称取经 110～120 ℃烘过 2 h 的重铬酸钾（$K_2Cr_2O_7$ 优级纯）0.282 9 g 溶于水中后，转移到 1 L 容量瓶中，用水定容。

18.4.2.4　操作步骤

(1) 样品预处理(注1)。称取过 0.149 mm 尼龙筛的风干土 0.500 0 g，放入聚四氟乙烯坩埚内，加 2～3 滴水湿润样品，加氢氟酸 10 mL、浓硝酸 8 mL和高氯酸 1 mL，先低温（100 ℃）加热近 1 h，接着提高温度至坩埚内消煮液大量冒烟（调压变压器控制温度低于 250 ℃），待坩埚内容物蒸至糊状时，取下冷却，沿坩埚壁转动加入浓硝酸 2 mL，继续加热再蒸至糊状，接着加 HNO_3 (1∶1) 溶液 2 mL，稍加热溶解坩埚内残留物。将内容物用水洗入 25 mL 容量瓶中(注2)，定容至刻度，放置澄清或过滤(注3)。同时做空白对照。

(2) 测定。吸取消煮好的待测液 2.00～5.00 mL（含铬 25～500 μg）于 50 mL容量瓶中，加 10 mL 焦硫酸钾溶液(注4)，加水定容，用原子吸收光分光光度计（火焰或石墨炉法）测定吸光度或浓度值(注5)。铬的分析谱线为 357.9 nm。

(3) 工作曲线。分别吸取 $100\ \mu g\cdot mL^{-1}$ 铬（Cr）标准溶液 0.00、0.25、0.50、1.00、2.00、3.00、4.00 mL 分别置于 7 个 50 mL 容量瓶中，加焦硫酸钾溶液 10 mL，用 $0.1\ mol\cdot L^{-1}$ HNO_3 溶液定容，即 $\rho(Cr)$ 分别为 0.00、0.50、1.00、2.00、4.00、6.00、8.00 $\mu g\cdot mL^{-1}$标准系列溶液。按待测液相同方法在原子吸收分光光度计上测定吸光度，绘制工作曲线。

18.4.2.5　结果计算

$$土壤中铬（Cr）的含量（mg\cdot kg^{-1}）=\rho\times V\times ts/(m\times k)$$

式中：ρ——测定液中铬的质量浓度（$\mu g\cdot mL^{-1}$）；

V——测定液体积（mL）；

ts——分取倍数，消煮液定容体积（mL）/测定时吸取消煮液体积（mL）；

m——样品质量（g）；

k——水分系数。

18.4.2.6 注释

注 1. 原子吸收光谱法测定土壤全量铬，样品处理还可以用高氯酸分解法和硝酸-过氧化氢分解法[5,11]。前者在分解样品时应加少量的硫酸，抑制氯化铬的挥发，即高氯酸-硝酸-硫酸消化法。后者适合铬的萃取分离测定。因为消煮液中有盐酸不能萃取分离铬。比色法测铬时，土壤样品通常用硫酸-硝酸-磷酸消化[6,13]。

注 2. 所使用的玻璃器皿应避免使用重铬酸钾－硫酸溶液洗涤，以防止铬的污染。

注 3. 此待测液还可用于铁、钴、镍、铅等元素的原子吸收光谱法测定。

注 4. 加焦硫酸钾溶液作抑制剂可消除钼、铅、钴、铝、铁、钒、镍和镁等离子对铬测定的干扰。

注 5. 用空气-乙炔火焰分析铬时，对燃气、助燃气比例变化极其敏感，应注意保持燃气、助燃气比的恒定。燃烧器高度对铬的测定影响也很大，应注意调整好。

注 6. 如用石墨炉分析法，标准系列溶液浓度应稀释 10～20 倍。

例如原 100 $\mu g \cdot mL^{-1}$ 铬（Cr）标准溶液。

现要将铬标准溶液浓度稀释 10～20 倍。

吸取 $\rho(Cr)$100 $\mu g \cdot mL^{-1}$ 标准溶液 5 mL、10 mL 分别放入 10 mL 容量瓶，用水稀释定容。即得 5 $\mu g \cdot mL^{-1}$，10 $\mu g \cdot mL^{-1}$ 铬的标准溶液（这样就稀释 10～20 倍）不需要用百分率表示。

18.4.3 农产品中铬的测定——二苯基碳酰二肼比色法[7]

18.4.3.1 *方法原理* 样品经干灰化处理后，使其中的铬全部氧化为六价铬，在 0.2 $mol \cdot L^{-1}$ 的酸度内(注1)，与二苯基碳酰二肼作用，生成紫红色配合物，在 540 nm 波长处进行比色测定，溶液中的铬在一定范围内符合比尔定律。反应如下：

$$10Cr^{3+} + 6MnO_4^- + 11H_2O = O5Cr_2O_7^{2-} + 6Mn^{2+} + 22H^+$$

$$2CrO_4^{2-} + 2H^+ = 2HCrO_4^- = Cr_2O_7^{2-} + H_2O$$

$$CO(NH \cdot NHC_6H_5)_2 + CrO_4^{2-} + 4H^+ + 2H_2O \longrightarrow CN_4O(C_6H_5)_2Cr(H_2O)_6$$

（二苯基碳酰二肼）　　　　　　　　　　（紫红色配合物）

钼、铁和钒与二苯基碳酰二肼反应生成有色配合物，干扰铬的测定。由于钼与试剂的反应灵敏度低，其含量低于 5 $mg \cdot mL^{-1}$ 不干扰铬的测定；铁的干扰是主要的，生成棕色配合物，加入磷酸和 EDTA 后消除干扰；钒与二苯基碳酰二肼生成棕色配合物不太稳定，在有磷酸和 EDTA 存在下，放置 15 min 后不干扰测定。

18.4.3.2 主要仪器 分光光度计、高温电炉。

18.4.3.3 试剂

（1）二苯基碳酰二肼溶液。称取二苯基碳酰二肼［又名二苯卡巴脲，$CO(NH \cdot NHC_6H_5)_2$，分析纯］0.1 g，溶于 50 mL 乙醇［$\omega(C_2H_5OH)=95\%$］溶液中，然后加入已放冷的 H_2SO_4（1∶9）溶液定容至 250 mL，贮于冰箱中。此试剂为无色透明液体，变色后不能使用，应重新配制。

（2）$4\ g \cdot L^{-1}$高锰酸钾溶液。称取高锰酸钾（$KMnO_4$，分析纯）4.0 g 溶于水，并稀释至 1 L。

（3）$1\ mol \cdot L^{-1}$ NaOH 溶液。称取氢氧化钠（NaOH，分析纯）4.0 g 溶于水中，用水稀释至 100 mL。

（4）H_2SO_4 溶液。浓硫酸［$\rho(H_2SO_4) \approx 1.84\ g \cdot cm^{-3}$，优级纯］与水等体积混合。

（5）$12.6\ g \cdot L^{-1}$ Na_2SO_4 溶液。称取硫酸钠（Na_2SO_4，分析纯）1.26 g 溶于水，并稀释至 100 mL。

（6）$5\ g \cdot L^{-1}$叠氮化钠溶液。称取叠氮化钠（NaN_2，分析纯）0.5 g 溶于水，并稀释至 100 mL。

（7）$100\ \mu g \cdot mL^{-1}$铬（Cr）标准溶液。同 18.4.2.3，（6）。

（8）$1\ \mu g \cdot mL^{-1}$铬（Cr）标准溶液。吸取 $100\ \mu g \cdot mL^{-1}$铬标准贮备溶液 10.0 mL 于 1 L 容量瓶中，加水定容。此稀溶液临用时现配（注2）。

18.4.3.4 操作步骤

（1）样品预处理。称取混匀或磨细的样品 10.00 g 于 50 mL 瓷坩埚中，加高锰酸钾溶液 1～5 mL 和氢氧化钠溶液 1～5 mL（注3），均匀湿润样品，在电炉上小心炭化至无烟，放入高温电炉于 450 ℃灰化 3 h，取出冷却，如灰化不完全时，可再进一步灼烧灰化。

将灰分转入 100 mL 三角瓶中（防止飞扬损失），用 H_2SO_4（1∶1）溶液 5 mL和 $12.6\ g \cdot L^{-1}$ Na_2SO_4 溶液 1 mL 洗涤瓷坩埚后，倒入三角瓶中，瓶口放一小漏斗，煮沸 10 min，在电热板上蒸发至冒白烟，冷至室温，加水 10 mL 溶解之，滴加高锰酸钾溶液至红色，再多加 1～2 滴，保持煮沸 10 min 不褪，在继续沸腾情况下，滴加叠氮化钠溶液（注4），使高锰酸钾颜色褪去，冷却，转移到 25 mL 容量瓶中，用水稀释至 20 mL 左右，摇匀。

（2）测定。向样品稀释液中加二苯基碳酰二肼溶液 2.5 mL，用水定容至 25 mL，在 5～25 min 内，于波长 540 nm 处进行比色（注5），以试剂空白调零，读取吸光度。

（3）工作曲线。吸取 $1\ \mu g \cdot mL^{-1}$铬（Cr）标准溶液 0.00、0.25、0.50、

1.00、1.50、2.00 mL 分别于 6 个 25 mL 容量瓶中，加水至约 20 mL 左右，加二苯基碳酰二肼溶液 2.5 mL，用水定容，配成 ρ(Cr) 分别为 0.00、0.01、0.02、0.04、0.06、0.08 $\mu g \cdot mL^{-1}$ 的标准系列溶液，于 540 nm 处测定吸光度，绘制工作曲线。

18.4.3.5 结果计算

$$农产品中铬（Cr）的含量（mg \cdot kg^{-1}）= \rho \times V/(m \times k)$$

式中：ρ——测定液中铬的质量浓度（$\mu g \cdot mL^{-1}$）；

V——测定液体积（25 mL）；

m——样品质量（g）；

k——水分系数。

18.4.3.6 注释

注 1. 六价铬与二苯基碳酰二肼作用形成的紫红色配合物在 0.2 $mol \cdot L^{-1}$ H_2SO_4 中稳定。酸度小则显色慢，酸度大则有色配合物易分解，亚汞、汞和铁离子也有干扰。

注 2. 用水稀释配制的标准铬溶液浓度低于 1 $\mu g \cdot mL^{-1}$时，由于微量铬在玻璃容器壁上吸附，其浓度逐渐下降，易产生分析误差。为防止此类吸附现象，容器使用前用 1 $\mu g \cdot mL^{-1}$ HCl 浸泡 24 h，或用稀酸（0.1 $mol \cdot L^{-1}$）稀释溶液。

注 3. 在样品处理中，先加高锰酸钾和氢氧化钠，防止三价铬损失，使所有三价铬氧化成六价铬。

注 4. 加入叠氮化钠的目的是除去过量的高锰酸钾。叠氮化钠为强还原剂，如在沸腾情况下加入应注意暴溅，加入时应尽量减少接触空气，以免叠氮化钠溶液失效。亦可用尿素-亚硝酸钠代替叠氮化钠。

注 5. 如最后仍有颜色，溶液不能比色，可用白陶土脱色，但不能用活性炭脱色，因其有还原性，可使六价铬还原为三价铬，而影响结果。

18.4.4 农产品中铬的测定——火焰原子吸收光谱法[7]

18.4.4.1 方法原理　样品中的铬经湿消化成离子状态，用高锰酸钾氧化成六价铬离子（Cr^{6+}），再用 DDTC-MIBK 萃取，使六价铬全部富集到有机溶液中，以 MIBK 调零，在 357.9 nm 吸收波长，用火焰原子吸收分光光度计测定有机相中铬的浓度或吸收值，测定样品中铬的含量。

18.4.4.2 主要仪器　原子吸收分光光度计。

18.4.4.3 试剂

(1) 浓 H_2SO_4[$\rho(H_2SO_4) \approx 1.84\ g \cdot cm^{-3}$，优级纯]。

(2) 过氧化氢 [$\omega(H_2O_2) \approx 30\%$，分析纯]。

（3）高锰酸钾溶液。同 18.4.3.3，（2）。

（4）1 mol·L^{-1}乙酸钠溶液。称取无水乙酸钠（NaOAc，分析纯）41.0 g，溶于 400 mL 水中，加冰乙酸调节 pH=5，用水稀至 500 mL。

（5）10 g·L^{-1}二乙基二硫代氨基甲酸钠溶液。称取二乙基二硫代氨基甲酸钠（DDTC-Na，分析纯）1.00 g 溶于水中，稀释至 100 mL。

（6）甲基异丁酮。将甲基异丁酮（MIBK，分析纯）倒入分液漏斗中，加适量水，激烈振摇数分钟，使其被水饱和，弃去水层，有机相贮于原瓶中保存。

（7）1 μg·mL^{-1}铬（Cr）标准溶液。同 18.4.3.3，（8）。

18.4.4.4　操作步骤

（1）称取均匀风干或烘干样品 2.00～5.00 g（新鲜蔬菜水果 10.00 g），置于 250 mL 开氏瓶中，加玻璃珠数粒，加浓 H_2SO_4 10 mL，摇匀，立即加过氧化氢 3 mL，混匀，待反应稍停后，置电炉上加热煮沸，并逐滴加入过氧化氢，直至样品消化完全，溶液透明无色或微黄绿色为止，同时做空白试验。

将上述消化液全部移至 100 mL 烧杯中，加适量氨水中和大部分残留酸后，置电炉上，边加热边滴高锰酸钾溶液直至紫红色，煮沸 5 min 不褪色为止。

（2）萃取。在上述消化液中加入乙酸钠溶液 5 mL，用稀氨水和硫酸调节 pH4.8～5.0，然后全部移至 100 mL 容量瓶中，加 DDTC-Na 溶液 2.5 mL，再加 60 mL 水，混匀，准确加入 MIBK 溶液 5 mL，激烈振摇 2 min，静止分层后，加水使有机相顶至颈部。

（3）测定。按火焰原子吸收光谱法测定铬的仪器条件，选择吸收波长 357.9 nm，调节灯电流、光谱通带、燃烧器高度等，点燃，调节空气-乙炔流量，用空白萃取液调零，测定样品萃取液的吸收值。

（4）工作曲线。在 6 个 100 mL 烧杯中，各加适量水和浓 H_2SO_4 5 mL，分别加入 1 μg·mL^{-1} 铬（Cr）标准溶液 0.00、0.25、0.50、1.00、1.50、2.00 mL，按样品萃取步骤进行萃取，使六价铬进入 5 mLMIBK 有机相，配制成分别含 0.00、0.05、0.10、0.20、0.30、0.40 μg·mL^{-1}（Cr）标准系列溶液。按上测定条件将有机相喷入火焰原子吸收仪，测定标准系列的吸收值，绘制标准曲线。

18.4.4.5　结果计算

农产品中铬（Cr）的含量（mg·kg^{-1}）$=(\rho-\rho_0)\times V/(m\times k)$

式中：ρ——查得测定液（有机相）铬的质量浓度（μg·mL^{-1}）；

ρ_0——查得空白液（有机相）铬的质量浓度（μg·mL^{-1}）；

V——测定液（有机相）体积（mL）；

m——样品质量（g）；

k——水分系数。

18.5 氟的分析

18.5.1 概述

氟是人体必需的营养元素，又是有毒性的污染元素。自然界中的氟主要存在于萤石和磷灰石等天然矿物中。氟的污染主要来自于工业采矿、化工、冶金、陶瓷、水泥、石油、钢铁、磷肥等生产过程大量排放的含氟气体、液体和废渣，以及磷肥的施用和含氟农药如氟化钠、氟硅酸钠等的施用。氟进入土壤-植物系统，再通过食物链进入动物系统。人体长期摄入过量的氟化物会引起氟中毒，轻则造成斑釉牙，重则造成氟骨症。

我国土壤中氟（F）含量平均为453 $mg \cdot kg^{-1}$，范围值为191～1 012 $mg \cdot kg^{-1}$[1]。农产品中一般有微量的氟，粮食中含氟量一般低于1 $mg \cdot kg^{-1}$，蔬菜、水果中氟含量一般低于0.5 $mg \cdot kg^{-1}$[8]，鱼贝类5～10 $mg \cdot kg^{-1}$[9]。茶叶的氟含量比一般植物高，叶片含氟量一般在10～200 $mg \cdot kg^{-1}$。土壤含氟量高或被氟污染农田、水稻、玉米、小麦等籽实含氟量平均高达10～200 $mg \cdot kg^{-1}$。土壤含氟量高或被氟污染农田、水稻、玉米、小麦等籽实含氟量平均高达10 $mg \cdot kg^{-1}$以上。我国农产品中氟允许限量为粮、豆及蔬菜≤1 $mg \cdot kg^{-1}$，水果≤0.5 $mg \cdot kg^{-1}$，鱼、肉类≤2.0 $mg \cdot kg^{-1}$。

土壤和农产品中氟的测定方法常用氟试剂比色法和离子选择极法。氟试剂比色法又根据样品预处理方法不同，分为扩散氟试剂比色法和蒸馏氟试剂比色法。蒸馏氟试剂比色法，样品经酸作用或灰化处理后，通过水汽蒸馏分离氟，经氢氧化钠吸收，与氟试剂，硝酸镧生成蓝色三元配合物，进行比色测定。此法适合各种土壤[5]和农产品中氟的测定，最低检出限为0.57 $\mu g \cdot mL^{-1}$。但样品中氟含量<0.5 $\mu g \cdot mL^{-1}$时，精密度差。扩散氟试剂法又分单色法和复色法。都是基于样品经酸化后，产生的氟化氢气体，经扩散吸收于氢氧化钠溶液中，与氟试剂、硝酸镧产生三元配合物，直接比色测定为复色法，若用含有胺类有机溶剂萃取后比色测定为单色法。单色法灵敏度高，最低检出限为0.1 $\mu g \cdot mL^{-1}$，是测定低含量样品的准确方法。

离子选择电极法，是根据氟化镧单晶对氟离子有选择性对数响应的电化学分析方法，加入离子强度缓冲剂后，几乎无离子干扰，操作简便，最低检出限0.05 $\mu g \cdot mL^{-1}$。但此法不适用于测脂肪含量高而又未经灰化的农产品样品。

土壤中氟的测定一般分为水溶性氟、速效性氟和总氟[5]。水溶性氟通常用水浸提 30 min，离子选择电极法测定[5,6]。速效性氟用 0.5 mol・L^{-1}NaOH 或 0.1 mol・L^{-1}EDTA－0.5 mol・L^{-1}NaOH 在 90 ℃搅拌浸提 1 h，取上清液测定。总氟量可用碱熔融后经热水浸提，中和后用离子电极法测定[5,6]，或用硫酸-磷酸直接蒸馏，用氢氧化钠吸收，氟试剂比色法测定[6]。

农产品中氟可用干灰化或酸作用法处理。由于氟容易挥发损失，含硅多的试样用干灰化可能使结果偏低，因此在干灰化时应加入氢氧化钙、氧化镁、氢氧化钠、硝酸镁等作为固定剂。酸作用法处理样品比较简单，用硫酸银-硫酸处理可用于扩散-氟试剂比色法，用盐酸浸提则用于离子选择电极法[7]。

18.5.2 土壤水溶性氟测定——氟离子选择电极法[5,6]

18.5.2.1 *方法原理*　土壤水溶态氟以纯水提取后，将氟离子选择电极及参比电极插入浸提液中，组成测量电池，电位差可随溶液中氟离子活度的变化而改变，电位变化规律符合能斯特（Nernst）方程，在稀溶液中，氟离子的活度近似等于浓度(注1)。通过离子计读出电位值，从工作曲线上查出待测液中氟离子浓度，求出待测样品中含氟量。

待测液中部分离子对测定产生干扰，酸度也对氟电极的响应值产生影响，故加入总离子强度缓冲剂以消除上述干扰。

18.5.2.2 *主要仪器*　离子计（0.1 mv）、氟离子选择电极(注2)、饱和甘汞电极、磁力搅拌器。

18.5.2.3 *试剂*

（1）6 mol・L^{-1}NaOH 溶液。称取氢氧化钠（优级纯）240 g 溶于水中，稀释至 1 L。

（2）总离子强度缓冲剂（TISAB）。取冰乙酸（HOAc，分析纯）58 mL 和柠檬酸钠（$Na_3C_6H_5O_7 \cdot 2H_2O$，分析纯）12 g 于 300 mL 水中，搅拌溶解后，用 6 mol・L^{-1}NaOH 溶液调节 pH 至 5.2，冷却后稀释至 1 L。

（3）1 000 μg・mL^{-1}氟（F）标准贮备溶液。准确称氟化钠（NaF，优级纯，经 110 ℃烘干 2 h 后，在干燥器中放冷）2.210 0 g 溶于水，定容至 1 L，贮于聚乙烯塑料瓶中备用（置于冰箱中保存）。

18.5.2.4 *操作步骤*

（1）工作曲线绘制。取 1 000 μg・mL^{-1}氟（F）标准贮备液 10.00 mL 于 100 mL 容量瓶中，以水定容，即为 ρ（F）＝100 μg・mL^{-1}氟标准溶液。取 5 个 100 mL 容量瓶，分别加入 100 μg・mL^{-1} 氟标准溶液 0.10、0.20、0.50、1.00、2.00 mL，加水定容，配制成 ρ(F) 分别为 0.1、0.2、0.5、1.0、

2.0 μg·mL^{-1}氟标准系列溶液，依次由稀至浓分别吸取标准系列溶液各10.00 mL于50 mL塑料烧杯中，加入总离子强度缓冲剂10.00 mL，置于磁力搅拌器上，在25 ℃恒温条件下，插入氟离子选择电极(注3)和饱和甘汞电极（电极约插入液面1～2 cm处），在电磁搅拌下，观察电位值，待离子计电位值读数稳定后(注4)，在继续搅拌下读取电位值E（mV），以电位值（mV）为纵坐标，氟离子浓度（$-\log\rho$）为横坐标，绘制工作曲线(注5)。

（2）样品分析。称取通过2 mm孔径筛的风干土5.00 g于250 mL塑料瓶中，加50 mL水，在室温25 ℃左右振荡30 min或摇动后放置过夜。吸取上清液（或过滤液）10.00 mL于50 mL塑料烧杯中，加入总离子强度缓冲剂10.00 mL，以下同工作曲线绘制的操作步骤(注6)。读取电位值（mV），以工作曲线上查得氟含量。

18.5.2.5 结果计算

$$土壤水溶态氟（F）含量（mg\cdot kg^{-1}）=\rho\times V/(m\times k)$$

式中：ρ——测定液中氟的质量浓度（μg·mL^{-1}）；

V——浸提用纯水体积（50 mL）；

m——土壤样品质量（g）；

k——水分系数。

18.5.2.6 注释

注1. 当浓度≤10^{-4} mol·L^{-1}时，溶液中活度与浓度近似相等，不需要校正；当浓度≥10^{-3} mol·L^{-1}时，必须进行活度系数校正。

注2. 根据Nernst方程公式可知，当浓度改变10倍，电位只改变59.16mv（25 ℃），也即理论斜率为59.16，据此可知氟电极的性能好坏。一般在实际中，电极工作曲线斜率≥57mv时，即可认为电极性能良好，否则需要查明原因。

注3. 氟电极在使用前，应在水中浸泡（活化）数小时，不要在含氟较高的溶液中浸泡。电极长期使用后，会发生迟钝现象，可用金相纸擦或牙膏擦，以将表面活化。应保证氟电极膜表面的清洁，如被污染，可用乙醇轻轻擦洗，再放入纯水中洗净。

注4. 浓度低于10^{-6} mol·L^{-1}时，电位平衡较慢，需数十分钟才能达到平衡，浓度高于10^{-6} mol·L^{-1}时，仅需几分钟即可达到平衡。

注5. 绘制工作曲线时，氟浓度由稀至浓，每次测定后，电极不必洗至空白值，但测定样品时，每次均应将电极洗至空白，再测定下一个样品。

注6. 要保证标准溶液和样液的测定温度一致，否则会因温度差异造成测定值差异。

18.5.3 农产品中氟的测定[7]

18.5.3.1 方法原理　样品中的氟化物与酸作用，产生氟化氢气体，经扩散被氢氧化钠吸收，生成氟化钠。氟化钠与硝酸镧、氟试剂生成蓝色三元配合物，用含有胺类的有机溶剂萃取之后，在波长 580 nm 处测定其吸收值（A），与标准系列比较定量。

氯离子干扰氟离子的测定，加入硫酸银后可消除氯离子的干扰。

18.5.3.2 主要仪器　恒温箱、分光光度计、塑料扩散盒（内径 4.5 cm，深 2 cm，盖内壁顶部光滑，并带有凸起的圈以盛放吸收液用，盖紧之后不漏气）。

18.5.3.3 试剂(注1)

（1）20 g·L^{-1} Ag_2SO_4 溶液。称取硫酸银（Ag_2SO_4，分析纯）2.00 g 溶于 100 mLH_2SO_4（3∶1）溶液中。

（2）0.5 mol·L^{-1}NaOH 溶液。称取氢氧化钠（NaOH，优级纯）2.00 g 溶于 100 mL 无水乙醇中。

（3）1 mol·L^{-1}乙酸溶液。取冰乙酸（HOAc，分析纯）3 mL，加水稀释至 50 mL。

（4）氟试剂。称取茜素氨羧配合剂（$C_{19}H_{15}NO_3$，分析纯）0.192 5 g，加水 50 mL 和 0.5 mol·L^{-1}NaOH 溶液 1 mL 使之溶解，再加乙酸钠（NaOAc，分析纯）0.125 g，用 1 mol·L^{-1}乙酸溶液调节至红色（pH 为 5.0），用水稀释至 500 mL，放置冰箱中备用。

（5）硝酸镧溶液。称取硝酸镧［$La(NO_3)\cdot 6H_2O$，分析纯］0.216 5 g，用少量 1 mol·L^{-1}乙酸溶液溶解，加水至 450 mL，用 250 g·L^{-1}乙酸钠溶液调节 pH 为 5.0，然后用水稀至 500 mL，摇匀，放置冰箱中备用。

（6）缓冲液（pH4.7）。称取乙酸钠（NaOAc，分析纯）30.0 g，溶于水 400 mL 中，加冰乙酸 22 mL，再缓缓加入冰乙酸调节 pH 为 4.7，用水稀释至 500 mL。

（7）二乙基苯胺-异戊醇溶液。吸取二乙基苯胺（分析纯）25 mL 溶于异戊醇（分析纯）500 mL 中。

（8）丙酮（分析纯）。

（9）1 000 μg·mL^{-1}氟（F）标准贮备溶液。同 18.5.2.3，（3）。

（10）5 μg·mL^{-1}氟（F）标准溶液。吸取 1 000 μg·mL^{-1}氟标准贮备液 1.0 mL，用水稀释至 200 mL。

18.5.3.4 操作步骤

(1) 样品提取。取塑料盒若干个，分别于盒盖中央加氢氧化钠-乙醇溶液 0.2 mL，在圈内均匀涂布，于 55 ℃恒温箱中烘干，形成一层薄膜，取出备用。

称取样品 1.000 g 于处理好的塑料盒中(注2)，加水 4 mL，使样品均匀分散不结块，加硫酸银-硫酸溶液 4 mL，立即盖紧，轻轻摇匀（切莫将酸溅在盖上），将盒置于 55±1 ℃恒温箱中，保温 20 h。

同时分别于处理好的塑料盒内加 5 $\mu g \cdot mL^{-1}$ 氟标准溶液 0.00、0.40、0.80、1.20、1.60、2.00 mL，以下操作同样品提取。

(2) 测定。将盒取出，取下盒盖，分别用 20 mL 水少量多次将盒盖内氢氧化钠薄膜溶解，用滴管小心完全移置 100 mL 分液漏斗中。

分别向分液漏斗中加氟试剂 3.0 mL，缓冲液 3.0 mL，丙酮 8 mL(注3)，硝酸镧溶液 3.0 mL 和水 13 mL，混匀，放置 20 min(注4)，各加入二乙基苯胺-异戊醇溶液 10.0 mL，振摇 2 min，待分层后，弃去水相，分出有机相，并用滤纸过滤于 10 mL 带塞容量瓶中。此时蓝色三元配合物全部进入 10 mL 有机相，在 10 mL 有机相中氟标准系列浓度 ρ(F) 分别为 0.00、0.20、0.40、0.60、0.80、1.00 $\mu g \cdot mL^{-1}$。

用 1 cm 光径比色杯于 580 nm 波长处，以零管调节零点，分别测定标准系列和样品吸收值（A），绘制工作曲线，从工作曲线上查出样品待测液中氟的浓度（$\mu g \cdot mL^{-1}$）。

18.5.3.5 结果计算

$$农产品中氟（F）含量（mg \cdot kg^{-1}）=\rho \times V/(m \times k)$$

式中：ρ——测得氟的质量浓度（$\mu g \cdot mL^{-1}$）；

V——测定时萃取剂体积（10 mL）；

m——样品质量（g）；

k——水分系数。

18.5.3.6 注释

注 1. 全部试剂的配制用无氟去离子水，并贮于聚乙烯瓶中。

注 2. 样品扩散前首先应检查所用的扩散盒是否漏气，气密性不好的扩散盒不宜使用。

注 3. 显色时加入丙酮，可使蓝色加深，提高比色灵敏度。

注 4. 放置后，不加二乙基苯胺－异戊醇萃取，而直接测定，就是复色法，往往也能得到较理想的结果。

主要参考文献

[1] 王云，魏复盛等编著．土壤环境元素化学．北京：中国环境科学出版社．1995，180～

215，42～2，91～100，129～155

[2] 中华人民共和国国家标准（GB500912－85，GB5009015－85）与注释。

[3] 中国科学院南京土壤研究所微量元素组编著．土壤和农产品中微量元素分析法．北京：科学出版社．1979，195～200，207～214，407～409，412～413

[4] 刘光崧主编．中国生态系统研究网络观测与分析标准，土壤理化分析与剖面描述．北京：中国标准出版社．1996，79～85

[5] Sparks，D. L. et al（ed），Methods of Soil Analysis，Part 3，Chemical Methods，739～788，811～827，686～697，846～863. SSSA，Inc. ASA，Inc. Wisconsin，USA. 1996

[6] 全国土壤肥料总站编．1993，土壤分析技术规范．北京：农业出版社．1996，162～168，144～148，150～160

[7] 鲍士旦主编．农畜水产品品质化学分析．北京：中国农业出版社．1996，378～384，388～289，342～345，358～362，364～367，370～373，391～397

[8] 郑鹏然，周树南主编．1985，食品卫生工作手册，北京：人民卫生出版社．1985，374，393～398

[9] 日本食品工业学会《食品分析方法》编辑委员会，郑州粮食学院翻译组．食品分析方法．成都：四川科学技术出版社．1985，235～229

[10] 南京农业大学主编．土壤农化分析（第二版）．农业出版社．1986，288～290

[11] [日] 土壤标准分析测定法委员会编，秦荣大，郑永章译．土壤分析标准方法．分析化学译丛第三集．北京大学出版社．1988，150～152

[12] 方肇伦主编．仪器分析在土壤学和生物学中的应用．北京：科学出版社．1983，25～27.

[13] 殷义高．二苯碳酰肼分光光度法测定土壤中的铬．土壤通报．1998，29（6）：284

思 考 题

1. 用王水—高氯酸分解土壤样品应注意什么问题？

2. 在用火焰原子吸收光谱法测定土壤铅、镉含量时，含量低时用碘化钾-甲基异丁酮萃取后测定，而不用蒸发浓缩的办法？

3. 用碘化钾-甲基异丁酮萃取待测液中铅、铝的条件有哪些要求？在进行萃取时有机相分层后要立即测定，否则容易引起什么后果？超出工作曲线范围时能否用水稀释样本？

4. 用王水-过氧化氢消煮土壤样品时，加入磷酸的作用是什么？

5. 用双硫腙比色法测铅时，如何消除其它离子的干扰？

6. 如要同时测定农产品中铅、镉、铜时，干灰化或湿灰化的待测液应如何进行萃取？

7. 用冷原子吸收法测定土壤和农产品中总汞含量时，为什么要除尽消解液中的氮氧化物？如何去除？

8. 测定农产品中总汞和全砷含量能否用于灰化法处理样品？

9. 氢化物发生-原子吸收光谱法测定砷的原理是什么？加入硼氢化钠反应是否需要先将 As^{5+} 还原为 As^{3+}？

10. 用氢化物发生-原子吸收光谱法和银盐法测定土壤和农产品中砷的含量，为什么要除尽待测液中的硝酸？

11. 能否用石墨炉原子吸收光谱法测定土壤和农产品中的砷？

12. 用火焰原子吸收光谱法测定土壤中的铬，待测液中加入焦硫酸钾的作用是什么？

13. 在农产品中铬的测定中，样品干灰化前先加入少量高锰酸钾和氢氧化钠的作用是什么？

14. 在用比色法测定土壤和农产品中铬含量时，如何消除其它离子的干扰？

15. 比较各种氟测定方法的优缺点及适应范围。

16. 用氟电极法测定时应注意什么问题？

17. 用干灰化法处理农产品样品时，对含硅较多的样品测定氟可能存在什么问题？怎样克服？

18. 用扩散-氟试剂比色法测定氟含量时，加入硫酸银的作用是什么？

第十九章

无机肥料分析

19.1 概　　述

随着我国化学肥料工业的迅速发展，化学肥料施用无论在数量或品种方面都在日益增加。而无论我国生产或是国外进口的化学肥料，其氮、磷、钾的含量均有国家或企业规定的标准（附表14）。因此，化学肥料在一般情况下不再需要分析其养分含量。但是，在运输和贮存时可能因标签失落或混淆；有些化肥在贮存中亦可能变质；在一些小厂因其原料来源和技术条件所限制，化肥特别是复混肥料的成分和含量亦可能变动较大，对合理施肥和科学试验特别是在农业化学中的肥料试验会带来一定的困难。另外，在磷肥中，亦有用磷矿粉作肥料直接施用的，而其全磷及有效成分则因产地变化不一（附表13）。这样根据化学肥料中存在的具体问题和需要情况，首先鉴别化肥的成分，确定分析项目后分析化肥的各养分含量，供施肥和试验作依据是需要的。

化学肥料组成简单，定量分析时干扰因素较土壤、植物少，因此，应用于土壤、植物等的分析方法在化肥分析中一般都可以采用。但是，化学肥料的主要养分元素其含量是大量的，比土壤或植物含量可能超出十几倍或几百倍。因此，在分析时应避免因样品称量过少或因稀释倍数过大而影响分析的准确性。如在氮素化肥分析中选用微量蒸馏或康维皿扩散法、在磷素化肥的全磷比色分析中选用钼蓝法都是不适宜的。

化肥的分析鉴定应严格按国家标准或行业标准所规定的标准方法进行化肥质量的评定。对于尚无国家标准或行业标准的项目，也应严格按照其所执行的地方标准和企业标准进行。一些小化肥厂在实际工作中所使用的简易、快速分析方法，不能作为鉴定化肥质量的仲裁方法，其测定结果也不能作为化肥质量评定的依据。

无机肥料的水分是指外来水分，例如游离水和吸湿水，一般不包括化肥本身的结构水和结晶水。商品肥料对水分含量有严格的质量标准，除了对养分元素含量作具体规定外，对水分、粒度和抗压强度等也有严格的要求。但肥料在运输贮存中可能由于保管不当，水分变化较大，在分析养分含量时，为了使分析结果互相比较需要测定其水分含量以计算样品养分含量。

测定无机化肥的水分含量，一般可采用105 ℃烘干法。由于无机肥料比较复杂，各种肥料对热稳定性不同，水分组成不同，因此有些肥料需要加热外，还要降低气压，例如60 ℃或常温减压恒重法；而有些肥料只能采用特殊的方法（表19－1），例如卡尔·费休法或电石法等。因此必须根据无机肥料的性能选择不同的测定方法。

表19－1　不同化肥水分测定方法*

测定方法	化肥的性能	化肥的种类	备注
100～105 ℃烘干法	性能稳定	硫酸钾、氯化钾、硝酸钾、硫酸铵、氯化铵、硝酸钠、过磷酸钙、钢渣磷肥、钙镁磷肥、磷矿粉等	
卡尔·费休法	加热易分解，含结晶水，易吸潮	尿素、硝酸铵、复混肥、硝酸磷肥等	
25～60 ℃真空干燥法	加热易分解，含结晶水，易吸潮	碳酸氢铵*、硝酸铵、硝酸铵钙、硝硫酸铵、尿素、磷酸铵、硝酸磷肥、氨化过磷酸钙、复混肥	*可用电石法

＊　根据GB/T2444—91，GB2947—82，GB4097.3—83，GB8575—88，GB8576—88，GB8577—88，GB10210—88，GB10513—89，GB10514—89，HG2222—91，ZGB20003—87，GB4097.1～4097.9—83，GB3559—92，HG2557—94等所规定的水分测定方法总结。

19.2　无机肥料样品的采集和制备[1]

正确的采样方法是整个分析工作的前提。

化学肥料的品种很多，状态各有不同。有固体的、有液体的、有均匀性好的，有些则较差，如何在大批量的肥料中选取有代表性的，能反映一批样品中情况的分析样品是一件细致而艰巨的工作。因此在采样时必须根据化肥的运输、包装、批号等情况决定取样的方法和数量。

按国家或部颁的各种化肥分析中，均有规定的相应方法，下面仅就一般的采样方法简述如下。

19.2.1　样品的采集

19.2.1.1　包装化学肥料　同批号袋装化肥小于10袋时，可用采样器在每袋垂直（或最长对角线）插入3/4处取少量样品混合，按四分法分成0.25～0.5 kg平均样品，保存于清洁的磨口玻璃瓶中，贴上标签，注明生产厂名、产品名称、等级、批号和采样日期、采样人。在大批量化肥中，可按表19－2确定取样袋数，然后按上述方法取样处理。

表19－2　袋装化肥取样袋数*

每批袋数（*n*）	取样袋数	每批袋数（*n*）	取样袋数
1～10	全部袋数	182～216	18
11～49	11	217～254	19
50～64	12	255～296	20
65～81	13	297～343	21
82～101	14	344～394	22
102～125	15	395～450	23
126～151	16	451～512	24
152～181	17	≥512	$3\times n^{-3}$

*　见GB15063—94，HG2095—91，GB2945—89等

19.2.1.2　散装化学肥料　散装化学肥料取样点数须视化肥多少而定。一般都按车船载重量或堆垛面积大小，确定若干均匀分布的取样点，从各个不同部位采集（见GB/T6679）。为了保证样品的代表性，取样点应不小于10个，取样量和样品按上述方法处理。

19.2.1.3　液体肥料　这类肥料大多是均匀的水溶液，对于大件容器贮存的化学肥料，可以在任意部位抽取所需要的量，一些不均匀的液体肥料，可在上中下各部位抽取，所取平均样品不少于500 mL。平均样品应装于密封的玻璃瓶中，同上处理保存（液体无水氨按GB8570.1—88进行）。

对于用罐、瓶、桶贮运的肥料，每批按总件数的5%件数取样，但取样量不得小于3件，平均样品不少于500 mL。

19.2.2　样品的制备

化学肥料因其种类和分析的要求不同，在制样时有所不同。

（1）小粒状（或粉状）均匀性较好的化肥如硫酸铵、氯化铵、尿素、氯化钾、硫酸钾等可充分混合均匀后直接称样分析。

（2）块状肥料如未经磨碎的钢渣磷肥、熔成磷肥、钙镁磷肥、脱氟磷肥以及结块的过磷酸钙和重过磷酸钙则在分析之前逐步击碎缩分至20 g左右，研磨全部通过100目筛子，贮存作有效磷分析样品。复混肥则磨碎过0.5～1 mm

筛（见 GB8571－88 和 GB15063－94）。

(3) 以矿石形态存在的磷矿石、钾长石的磷钾含量分析，将矿石逐步击碎缩分至 20 g 左右，研磨至全部通过 120～170 目筛，混合均匀，贮存备用。

19.3 氮素化肥的测定

无机氮肥包括含氮的单质肥料或含氮的复合肥料。其主要形态以铵态、硝酸态、酰胺、氰氨等形式存在。在测定其含氮量时，可以通过一定的化学处理，把各种形态的氮素转化为铵态氮进行测定。一般来说，以铵态氮存在的氮都可以用甲醛法、蒸馏法测定其含氮量。甲醛法有操作简单、快速的优点，但必须严格控制操作条件，否则可能产生较大的误差。蒸馏法结果准确可靠，应用最广泛，是测定氮的标准方法，国家标准定为仲裁法，但操作较麻烦，耗时较长。氨水、碳酸氢铵和碳铵母液还可以采用简便的酸量法测定[1,2,3]，酸量法也有快速的特点，但只能应用在氨水和碳酸铵一类化肥含氮量的测定，若样品纯度较差时往往使分析结果偏低。硝酸态氮肥的测定可用锌粉－硫酸亚铁还原蒸馏法[1,3]、铁粉还原法和铬粉-盐酸还原蒸馏法[3]、定氮合金法[3]和氮试剂重量法[2,3]，这些方法中只有后者被列入国家标准方法。氰氨态氮肥的测定可用硝酸银重量法和蒸馏法[3]。因各方法的准确度不同，所得结果往往有差别。因此，应根据氮肥的性质、实验室的条件和分析目的选择分析方法，严格按国家或部颁标准的要求进行。

19.3.1 尿素和铵态氮肥总氮含量的测定(注1,2)

19.3.1.1 *蒸馏后滴定法*（见 GB/T 2441—91）[2]

19.3.1.1.1 方法原理　在硫酸铜存在下，在浓硫酸中加热使试样中酰胺态氮转化氨态氮，蒸馏并吸收在过量的硫酸标准溶液中，在指示剂存在下，用氢氧化钠标准溶液反滴定。

19.3.1.1.2 仪器设备

(1) 蒸馏仪器。最好带标准磨口的成套仪器或能保证定量蒸馏和吸收的任何仪器。蒸馏仪器的各部件用橡皮塞或橡皮管连接，或是采用球型磨砂玻璃接头，为保证系统密封，球形玻璃接头应用弹簧夹子夹紧。推荐使用的仪器如图 19－1 所示（也可用 GB3593 的仪器，但分析步骤必须按 GB3593 进行）。

(2) 圆底烧瓶。容积为 1 L。

(3) 单球防溅球管和顶端开口、容积约 50 mL 与防溅球进出品平行的圆筒形滴液漏斗。

（4）直形冷凝管。有效长度约 400 mm。

（5）接受器。容积 500 mL 的锥形瓶，瓶侧连接双连球。

（6）梨形玻璃漏斗。

19.3.1.1.3　试剂　分析中，除非另有说明，限用分析纯试剂、蒸馏水或纯度相同的水（在本章中，均按此要求）。

（1）硫酸铜（$CuSO_4 \cdot 5H_2O$，GB665）。

（2）硫酸（GB625）。

（3）450 g·L^{-1} NaOH 溶液。称 45 g 氢氧化钠（GB629），溶于水中，稀释至 100 mL。

（4）混合指示液，甲基红-亚甲基蓝指示剂乙醇溶液。在约 50 mL 乙醇［$\varphi(CH_3CH_2OH)=950$ mL·L^{-1}］中加入甲基红（HG3－958）0.10 g、亚甲基蓝（HGB3394）0.05 g，溶解后，用相同规格的乙醇溶液稀释至 100 mL，混匀。

（5）0.5 mol·L^{-1}（1/2 H_2SO_4）标准溶液。按 GB601 配制与标定。

（6）0.5 mol·L^{-1} NaOH 标准滴定液。按 GB 601 配制与标定。

（7）硅脂。

19.3.1.1.4　操作步骤

（1）待测液制备。称 5.000 g 尿素样品，移入 500 mL 锥形瓶中，加水 25 mL，浓硫酸 50 mL 和硫酸铜 0.5 g，插上梨形玻璃漏斗，在通风橱中缓缓加热，使 CO_2 逸尽，然后逐步提高加热温度，直至冒白烟，再继续加热 20 min，取下冷却后，小心加入水 300 mL，冷却。把锥形瓶中的溶液，无损地移入 500 mL 容量瓶中，稀释至刻度，摇匀备用。

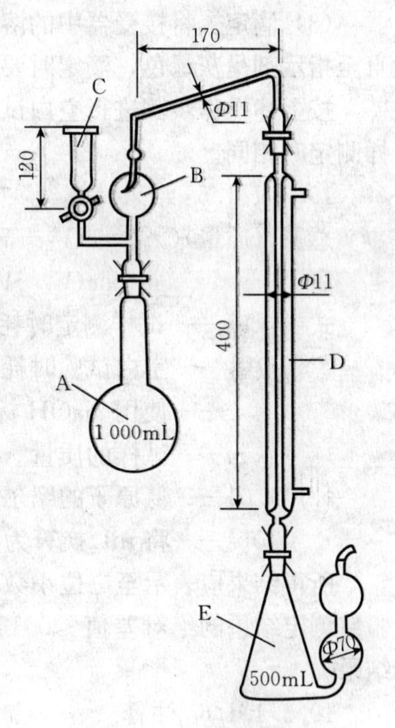

图 19－1　蒸馏装置图
A. 蒸馏瓶　B. 防溅球管
C. 滴液漏斗　D. 冷凝管
E. 带双连球锥形瓶

（2）蒸馏定氮。从上述容量瓶中移取 50 mL 溶液于蒸馏瓶中，加入水约 300 mL，混合指示剂几滴和少许防爆沸石或多孔瓷片。用滴定管或移液管移取 H_2SO_4 标准溶液 40.00 mL 于接收瓶（E）中，加水使溶液量能淹没接收瓶的双连球瓶颈，加混合指示剂 4～5 滴。用硅脂涂抹仪器接口，按图 19－1 装好蒸馏仪器，并保证仪器所有连接部分密封[注3]。

通过滴液漏斗往蒸馏瓶中加入足够量的450 g・L^{-1} NaOH溶液，以中和H_2SO_4溶液并过量25 mL。应当注意，滴液漏斗中至少保持几毫升溶液（以利密封）。

加热蒸馏(注4)，直至接受器中收集液量达到250～300 mL为止，停止加热，拆下防溅球管，用水洗涤冷凝管，洗涤液收集在接受器中。

（3）滴定。将接受器中的溶液混匀，用NaOH标准溶液反滴定过量的酸，直至指示剂呈灰绿色，滴定时要仔细搅拌，以保证溶液混匀。

按上述操作步骤进行空白试验，除不加样品外，操作手续和使用试剂与试样测定时相同。

19.3.1.1.5 结果计算

$$总氮（质量）(\%)=c(V_2-V_1)\times 14.01\times 10^{-3}\times 100\times (500/50)/m$$
$$=c(V_2-V_1)\times 1\,401/m$$

式中：V_1——试样测定时耗去NaOH标准溶液的体积（mL）；

V_2——空白试验时耗去NaOH标准溶液的体积（mL）；

c——使用NaOH标准滴定溶液的浓度（mol・L^{-1}）；

m——试样的质量（g）(注5)；

14.01——氮原子的摩尔质量（g・mol^{-1}）；

10^{-3}——将mL换算为L。

所得结果应表示至二位小数，平行测定结果的绝对差值≤0.10%；不同实验室测定结果的绝对差值≤0.15%；取平行测定结果的算术平均值作为测定结果。

19.3.1.1.6 注释

注1. 测定方法的仪器设备、试剂溶液、操作步骤、结果计算等基本完全按照尿素总氮含量的测定（GB/T 2441－91），编者对溶液浓度表示方法、语顺等略有修改，在本章的测定方法中，如无特殊说明，基本按国家标准方法编写。

注2. 本方法和氨态氮肥料中氨态氮含量的测定［（蒸馏后滴定法(GB3595－83)］[2]相似，后者因样品中的氮以NH_4^+－N形态存在，可直接用水400 mL或1∶1盐酸（GB 622－77）20 mL（静置除去CO_2后）加水400 mL（可能保留有氨的水不溶物的样品），振荡30 min，定容为500 mL，取含NH_4^+－N75～100 mg的一份滤液按本法进行蒸馏定氮（编者）。

注3. 各接口处应用弹簧或橡皮筋固紧。

注4. 热源所供出的热，应能在7～7.5 min使溶液剧烈沸腾。

注5. 在原标准中（GB/T2441－91）养分的含量是以干基进行计算的，这

样的计算对生产厂家有利，因为水分不合格的样品，其养分含量可能仍然合格。故在本章收录的方法中，若原方法中使用干基进行计算的方法均改为按称样量进行计算，使用这些方法时请注意核对。

19.3.1.2 铵态氮肥总氮含量的测定（甲醛法—见 GB4097.2-91）(注1)

19.3.1.2.1 方法原理[1,2,3] 硫酸铵（氯化铵、硝酸铵）这些强酸性铵盐溶解于水溶液中，在中性的水溶液中，NH_4^+ 与甲醛反应生成六亚基四胺和等摩尔的酸，反应式如下：

$$4NH_4^+ + 6HCHO = (CH_2)_6N_4 + 4H^+ + 6H_2O$$

反应生成的酸，用标准 NaOH 溶液滴定，间接计算出试样中的总氮含量。由于反应生成的 $(CH_2)_6N_4$ 是弱碱（$K_6 = 1.4\times10^{-9}$），因此滴定时应选用酚酞为指示剂。此外，甲醛中常含有少量的因被空气氧化而生成的甲酸，因此使用前，必须先以酚酞为指示剂，用 NaOH 中和，否则产生误差。

19.3.1.2.2 仪器设备 常规实验室仪器。

19.3.1.2.3 试剂

（1）0.1 mol·L^{-1}和 0.5 mol·L^{-1} NaOH 标准溶液。按 GB601 配制与标定。

（2）10 g·L^{-1}酚酞（HGB3039—59）乙醇溶液。

（3）10 g·L^{-1}甲基红（HG3—958—76）乙醇溶液。

（4）氨水（GB631—77）。

（5）250 g·L^{-1}甲醛溶液。

① 用多聚甲醛配制：称取 280 g 多聚甲醛，加约 700 mL 水和 35 mL 氨水（GB631—77），加热溶解后趁热过滤或静置两天后取上清液，按下述规定的试验方法测定甲醛含量，再配制成约 250 g·L^{-1}的甲醛溶液。

② 用甲醛配制：将甲醛（GB685—79）置于蒸馏瓶中，缓缓加热至 96 ℃左右，蒸馏至甲醛中的甲醇含量约 1%后（蒸馏至体积约 1/2），停止加热，将剩余溶液按下述规定的试验方法测定甲醛含量后，加水稀释至 250 g·L^{-1}的甲醛溶液。

甲醛含量的测定按以下步骤进行：取 1 mol·L^{-1}亚硫酸钠溶液 50 mL（称取 126.0 g 无水亚硫酸钠溶于水中，稀释至 1 000 mL）于 250 mL 锥形瓶中，加 2 滴酚酞指示剂溶液，用 1 mol·L^{-1} 硫酸（$1/2H_2SO_4$）标准溶液（按 GB601-77 配制与标定），中和至浅红色。用移液管加入 3.0 mL 上述甲醛溶液，用 1 mol·L^{-1}硫酸（$1/2H_2SO_4$）标准溶液滴定至浅红色，经 2 min 不消失为终点。

$$甲醛含量（g\cdot L^{-1}）= 30.03cV/V_1$$

式中： c——硫酸（$1/2H_2SO_4$）标准溶液的浓度（mol·L^{-1}）；

V——滴定时消耗硫酸（$1/2H_2SO_4$）标准溶液的体积（mL）；

V_1——甲醛溶液体积（mL）；

30.03——甲醛的摩尔质量（$g \cdot mol^{-1}$）。

根据测定的甲醛的含量，再精确地配成 250 $g \cdot L^{-1}$的甲醛溶液，使用时以酚酞为指示剂，用 0.5 $mol \cdot L^{-1}$氢氧化钠中和至浅红色。

19.3.1.2.4 操作步骤

（1）待测液制备。称取 1 g 试样，称准至 0.000 2 g，置于 250 mL 锥形瓶中，用水 100～120 mL 溶解，加入甲基红指示剂 1 滴，用 0.1 $mol \cdot L^{-1}$ NaOH 标准溶液调节至溶液为橙色（不记录读数）。

（2）滴定。上述溶液加入 250 $g \cdot L^{-1}$甲醛溶液 15 mL，再加入酚酞指示剂 3～4 滴，摇匀，静置 5 min，在不低于 20 ℃条件下，用 0.5 $mol \cdot L^{-1}$ NaOH 标准溶液滴定至浅红色（或滴定至 pH=8.5），经 1 min 不褪色为终点。

按上述手续进行空白试验，除不加试样外操作手续和应用的试剂均与试样测定时相同。

19.3.1.2.5 结果计算

$$\text{总 N\%}^{(注2)} = c(V_1 - V_2) \times 14.01 \times 10^{-3} \times 100/m$$
$$= c(V_1 - V_2) \times 140.1/m$$

式中：c——NaOH 标准溶液的浓度（$mol \cdot L^{-1}$）；

V_1——滴定试样耗用 NaOH 标准溶液体积（mL）；

V_2——空白试验耗用 NaOH 标准溶液体积（mL）；

14.01——氮原子的摩尔质量（$g \cdot mol^{-1}$）；

10^{-3}——将 mL 换算为 L；

m——称样的质量（g）；原标准按干基进行计算。

取平行测定结果的算术平均值作为测定结果；平行测定的绝对差值≤0.06%；不同实验室测定结果的绝对差值≤0.12%；

19.3.1.2.6 注释

注 1. 本法参见硫酸铵氮含量的测定（甲醛法 GB4097.2—83）[2]。氯化铵、硝酸铵这些强酸性氮肥总氮含量的测定也可用本法进行，碳酸氢铵或氨水类氮肥不宜用本法。

注 2. 硫酸铵、硝酸铵的总氮含量可用本式计算，硝酸铵用本法计算时，所得的结果乘以 2 即得硝酸铵总氮含量。

19.3.2 尿素中缩二脲的测定[1,2,3]（见 GB/T2444—91）

缩二脲是尿素生产过程中，在高温下由尿素缩合而成的对作物有害的成分。缩二脲含量高的尿素不能作为苗肥，也不能用于叶面喷施。因此在尿素品质鉴定中是一个重要的项目[5]。

19.3.2.1 方法原理　缩二脲（$C_2H_5O_2N_3$）在硫酸铜、酒石酸钾钠的碱性溶液中生成紫红色络合物，在波长 550 nm 处用分光光度计测定其吸光度。反应式如下：

$$\begin{matrix} CO-NH_2 \\ | \\ NH \\ | \\ CO-NH_2 \end{matrix} + CuSO_4 + 4NaOH \longrightarrow \begin{matrix} CO-NH \\ | \\ NH \\ | \\ C=NH \\ | \\ ONa \end{matrix} \; Cu \; \begin{matrix} HN-CO \\ | \\ NH \\ | \\ HN=C \\ | \\ ONa \end{matrix} + 4H_2O + Na_2SO_4$$

红紫色缩二脲铜络合物

19.3.2.2 仪器设备　一般实验室仪器和水浴、分光光度计。

19.3.2.3 试剂

（1）15 g·L^{-1}硫酸铜溶液。称量 $CuSO_4 \cdot 5H_2O$（GB665）15 g 溶解于水中，稀释至 1 000 mL。

（2）50 g·L^{-1}酒石酸钾钠溶液。称取酒石酸钾钠（$NaKC_4H_4O_6 \cdot 4H_2O$，GB1288）50 g 溶解于水中，加入 40 gNaOH，稀释至 1 000 mL。

（3）0.1 mol·L^{-1}硫酸（GB625）溶液。按 GB601 配制。

（4）0.1 mol·L^{-1}氢氧化钠（GB629）溶液。按 GB601 配制。

（5）100 g·L^{-1}氨水溶液。量取氨水（GB631）220 mL，用水稀释至 500 mL。

（6）丙酮（GB686）。

（7）2.00 g·L^{-1}缩二脲标准溶液。①缩二脲提纯：先用氨水洗涤缩二脲，然后用水洗涤，再用丙酮洗涤以除去水，最后于 105 ℃干燥箱中干燥。②称取缩二脲 1.000 g，溶于 450 mL 水中，用 H_2SO_4 或 NaOH 溶液调节至 pH ＝ 7，定量移入 500 mL 容量瓶中，定容摇匀。此溶液浓度为 2.00 g·L^{-1}。

19.3.2.4 操作步骤　称取试样 50.00 g，置于 250 mL 烧杯中，加水 100 mL，溶解。用 0.1 mol·L^{-1} NaOH 溶液或 0.1 mol·L^{-1}（$1/2H_2SO_4$）溶液调节至 pH ＝ 7。将溶液定量移入 250 mL 容量瓶中，稀释至刻度，摇匀。

分取含有 25～50 mg 缩二脲的上述试液于 100 mL 容量瓶中，然后依次加入碱性酒石酸钾钠溶液 20.0 mL 和硫酸铜溶液 20 mL，摇匀，稀释至刻度，摇匀。把容量瓶浸入 30±5 ℃的水浴中约 20 min，摇动。在 30 min 内，用 550 nm波长在 3 cm 光径的比色杯中比色。同时做空白试验[注1,2]。

标准系列溶液的制备和曲线绘制：各取 2.00 g·L^{-1}缩二脲标准溶液 0.0、2.5、5.0、10.0、15.0、20.0、25.0、30.0 于 8 个 100 mL 容量瓶中，每个容

量瓶内加水补足 50 mL，此系列浓度依次为每 100 mL 含缩二脲为 0、5、10、20、30、40、50、60 mg。同上述试样测定显色步骤显色，在相同条件下比色。以 100 mL 标准比色液中所含缩二脲的毫克数（mg）为横坐标，吸光度为纵坐标作标准曲线。

19.3.2.5 结果计算

$$缩二脲\% = (m_1 - m_0) \times 分取倍数 \times 100/m$$

式中：m_1——试液测得缩二脲质量（mg）；

m_2——空白试验测得缩二脲质量（mg）；

分取倍数——待测液定容体积（mL）/显色时所取待液体积（mL）；

m——试样的质量（g）。

所得结果应表示至二位小数，平行测定结果的绝对差值≤0.05%；不同实验室测定结果的绝对差值≤0.08%；取平行测定结果的算术平均值作为测定结果。

19.3.2.6 注释

注 1. 如果试液有色或混浊，除按上述步骤进行比色外，还应另取 2 只 100 mL 容量瓶，各加入碱性酒石酸钾钠溶液 20.0 mL，其中一只加与显色时相同体积的试液，将溶液稀释至刻度，摇匀。以不含试液的溶液作为参比溶液，用测定时的同样条件测定另一份溶液的吸光度，在计算时扣除之。

注 2. 如果试液只是混浊，则在调节 pH 之前，在试液中加入 1 mol・L^{-1} 盐酸溶液 2 mL，剧烈摇动，用中速滤纸过滤，用少量水洗涤，将滤液和洗涤液定量地收集在烧杯中，然后按试液的制备步骤调节 pH 和稀释。

19.3.3 肥料中硝态氮含量的测定（氮试剂重量法）[2,3]

硝态氮肥包括硝酸铵、硝酸钠、硝酸钾和硝酸钙等化学肥料。这类肥料的总氮含量的测定可在碱性介质中用 Zn - $FeSO_4$ 还原剂进行还原蒸馏定氮[1,3]。其中的硝态氮的含量的测定可用氮试剂重量法。

19.3.3.1 *方法原理* 在酸性溶液中，硝酸根离子与氮试剂作用，生成复合物而沉淀，将沉淀过滤、干燥和称重。其反应如下：

$$C_2HN_4(C_6H_5)_3（氮试剂）+ HNO_3 \longrightarrow C_2HN_4(C_6H_5)_3 \cdot HNO_3 \downarrow$$

该法适于作为一个参照方法，并能用于所有的肥料。

19.3.3.2 仪器设备

（1）玻璃过滤坩埚，孔径 4～16 μm（或 4 号玻璃过滤坩埚）。

（2）500 mL 容量瓶、5～50 mL 移液管。

（3）干燥箱，能保持 110±2 ℃。

（4）能保持 0～0.5 ℃温度的冰浴。

19.3.3.3　试剂

(1) 285 mL・L^{-1}冰乙酸。取冰乙酸（GB676—78）285 mL 溶解于水中，用水稀释至 1 L。

(2) 1∶3 硫酸（GB625—77）溶液。

(3) 100 g・L^{-1}氮试剂（硝酸灵）溶液。溶解 10 g 氮试剂于 95 mL 水和 5 mL冰乙酸的混合液中，过滤，贮于棕色瓶内，须用新配制的试剂，以免空白试验结果偏高。

19.3.3.4　操作步骤　称取 2～5 g 试样(注1)，精确至 0.001 g，置于 500 mL容量瓶中。若可溶于水的试样，则加入 20 ℃的水约 400 mL；若含有可能保留有硝酸盐的水不溶物的试样，则加入水 50 mL 和乙酸溶液 50 mL，摇匀，静置至停止释放出二氧化碳为止，加入 20 ℃的水约 400 mL。将容量瓶放在烧瓶机械振动器上连续振动 30 min，用水稀释至刻度，混匀。过滤，弃去最初 50 mL 滤液，滤液置于清洁干燥的锥形瓶中备用。

用移液管吸取含 11～23 mg 硝态氮的滤液，置于 250 mL 烧杯中，加水稀释至 100 mL，加入 1∶3 硫酸溶液 10～12 滴，使溶液的 pH 为 1～1.5，迅速加热至沸点，但不许溶液沸腾(注2)，立即从热源移开，检查有否硫酸钙沉淀，若有时，可加几滴硫酸溶液溶解之，一次加氮试剂溶液 10～12 mL，置烧杯于冰浴中，搅拌内容物 2 min，在冰浴中放置 2 h，经常添加足够的冰块至冰浴中，以保证内容物的温度保持 0～0.5 ℃(注3)。

用抽滤法定量地收集沉淀于已恒重（精确至 0.001 g）的玻璃过滤坩埚，坩埚应预先在冰浴中冷却，用滤液将残留的微量沉淀从烧杯转移至坩埚中，最后用 0～0.5 ℃的水洗 10～12 mL 洗涤沉淀，将坩埚连同沉淀置于 110±2 ℃的干燥箱中，干燥 1 h。移于干燥器中冷却，称量，重复干燥、冷却和称量，直至连续 2 次称量差别不大于 0.001 g 为止。

空白试验：取 100 mL 水，如用乙酸溶解试样时，则应吸取与测定时吸取试液所含相同量的乙酸溶液，用水稀释至 100 mL，按上述操作步骤进行操作。所得沉淀的质量不应超过 1 mg，如果超过，须用新试剂，重复空白试验，已知陈旧的试剂会使空白试验结果偏高。

19.3.3.5　结果计算

$$\text{硝态氮}\ (NO_3^-\text{—}N)\% = m_1 \times (500/V) \times (14.01/375.3) \times 100/m_0 = 1\,886 \times m_1/(m_0 \times V)$$

式中：m_1——沉淀的质量（g）；

m_0——试样的质量（g）；

V——测定时吸取待测液的体积（mL）；

14.01——氮原子的摩尔质量（$g \cdot mol^{-1}$）；

375.3——氮试剂硝酸盐［$C_2HN_4(C_6H_5)_3 \cdot HNO_3$］复合物的摩尔质量（$g \cdot mol^{-1}$）。

平行测定结果不大于数据平均值的0.4%，不同实验室的测定结果不大于数据平均值的1.8%。

19.3.3.6 注释

注1. 当有9倍于氮含量的氯化物存在时，结果将偏高0.4%。

注2. 尿素和尿醛的缩聚物在沸酸中会分解。

注3. 温度低于0.5℃，将导致结果偏高，而温度高于0.5℃，则导致结果偏低。

19.4 磷素肥料的测定[1,2,3]

矿质磷肥中磷的存在形态比较复杂，一种磷肥往往含有多种磷的化合物。按其在不同溶剂的溶解度情况可分为水溶性磷、枸溶性磷和难溶性磷。

在有效磷的测定中，不同性质的磷肥其浸提剂的性质和浸提方法均有规定，必须严格按照规定的溶剂、规格和操作规程进行，不然对最后测定结果会造成很大的差别。例如过磷酸钙和重过磷酸钙的有效磷的提取，是先用水浸提后，再用微碱性的柠檬酸铵溶液浸提并测定其有效磷；沉淀过磷酸钙以中性的柠檬酸铵浸提后测定有效磷。钢渣磷肥、碱溶磷肥、钙镁磷肥、脱氟磷肥等是碱性热制磷肥，用20 $g \cdot L^{-1}$柠檬酸在一定条件下（如样品与20 $g \cdot L^{-1}$柠檬酸浸提剂比例，浸提时间和溶液温度等）浸提。有些磷矿粉有效磷的含量较高，可直接作为农田磷肥施用，一般须测定其全磷及有效磷含量，以计算枸溶率，枸溶率是评价磷矿粉有效成分高低的重要指标。

商品过磷酸钙一般含3.5%～5.5%的游离酸（以P_2O_5计），易吸潮结块并有腐蚀性，若含量过高则可能对作物的生长不利[5]。因此游离酸含量的测定也是过磷酸钙肥料的一个重要测定项目。用含有三氯乙醛的废酸制造过磷酸钙，过高的三氯乙醛（或酸，大于200 $mg \cdot kg^{-1}$）将严重影响小麦、花生、玉米、水稻秧苗的生长[3]，这应引起足够的注意。三氯乙醛（酸）的测定用吡啶-碱目视比色法或吡啶-碱-联苯胺-甲酸分光光度法[3]。

肥料全磷测定样品的分解，用强酸如盐酸、王水或硝酸处理，使难分解的磷进入溶液，以测定其全磷的含量。

溶液中磷的测定可根据设备条件选用磷钼喹啉重量法、磷钼喹啉容量法和钒钼黄比色法等进行测定。

测定的结果通常以 P_2O_5% 表示，但近年来，由于肥料品种趋向高浓度和多养分化，不少国家提出了用元素磷（P）表示的建议。如需用 P% 表示，则它们之间的互换关系为：

$$P_2O_5\% \times 0.436\,4 = P\%;\ P\% \times 2.291 = P_2O_5\%$$

19.4.1　过磷酸钙有效磷含量的测定（磷钼喹啉重量法）[2,3](注,2)

19.4.1.1　*方法原理*　用水和碱性柠檬酸铵溶液提取有效磷，提取液中的正磷酸根离子，在酸性介质和丙酮存在下与喹钼柠酮试剂生成黄色磷钼酸喹啉沉淀，其反应式如下：

$$H_3PO_4 + 3C_9H_7N + 12\ Na_2MoO_4 + 24HNO_3 \longrightarrow$$
$$(C_9H_7N)_3H_3[P(Mo_3O_{10})_4]\cdot H_2O\downarrow + 11H_2O + 24NaNO_3$$

沉淀经过滤、洗涤、干燥后称量。

19.4.1.2　*仪器设备*　玻璃过滤坩埚 4 号（孔径 4～16 μm，30 mL 容积）、恒温干燥箱（180±2 ℃）、恒温水浴锅（65±2 ℃）。

19.4.1.3　*试剂*　分析中，除非另有说明外，限用分析纯试剂和蒸馏水。

（1）硝酸（GB626—78）。1∶1 溶液。

（2）钼酸钠（HG3—1087—77）。

（3）柠檬酸（HG3—1108—81）。

（4）丙酮（GB686—77）。

（5）氨水（GB634—77）。2∶3 溶液。

（6）2 g·L^{-1} 甲基红溶液。称取 0.2 g 甲基（HG3—958—76）红溶解于 600 mL·L^{-1} 乙醇 100 mL 中。

（7）0.10 mol·L^{-1} 硫酸（$1/2H_2SO_4$）标准溶液。按 GB601—77 配制与标定。

（8）喹钼柠酮试剂的配制。

溶液Ⅰ，溶解钼酸钠（$Na_2MoO_4\cdot 2H_2O$）70 g 于 150 mL 水中。

溶液Ⅱ，溶解 60 g 柠檬酸（$C_6H_8O_6\cdot H_2O$）于硝酸（GB626—78）85 mL 和水 150 mL 的混合液中，冷却。

溶液Ⅲ，在不断搅拌下将溶液Ⅰ缓缓加入溶液Ⅱ中，混匀。

溶液Ⅳ，将硝酸（GB626—78）35 mL 和水 100 mL 于 400 mL 烧杯中混和，加入喹啉（C_9H_7N）5 mL。

溶液Ⅴ，将溶液Ⅳ加入溶液Ⅲ中，混合后放置 24 h，过滤，滤液加入丙酮（GB686—77）280 mL，用水稀释至 1 000 mL，混匀，贮于聚乙烯瓶中。

（9）碱性柠檬酸铵溶液。1 L 溶液中应含有 173 g 未风化的结晶柠檬酸和 42 g 以氨形式存在的氮，相当于 51 g 氨，其配制手续如下：

用移液管吸取氨水 10 mL，移入预先装有 400～450 mL 水的 500 mL 容量瓶中，用水稀释至刻度，混匀。从 500 mL 容量瓶中用移液管吸出两份各 25 mL的溶液，分别移入预先装有 25 mL 水的 250 mL 三角瓶中，加 2 滴甲基红指示剂，用 0.10 mol・L^{-1}（$1/2H_2SO_4$）标准溶液滴定至红色。1 L 氨水内含氮的克数（m）按下式计算：

$$m=cV\times14\times(500/25)\times1\,000/(1\,000\times10)=28cV$$

式中：c——硫酸（$1/2H_2SO_4$）标准溶液浓度（mol・L^{-1}）；

V——滴定消耗硫酸标准溶液的体积（mL）；

14——氮原子的摩尔质量（g・mol^{-1}）。

配制 V_1 升碱性柠檬酸铵溶液所需氨水的升数（V_2）按下式计算：

$$V_2=42\times V_1/m=42\times V_1/(28cV)=1.5\times V_1/(cV)$$

按上式计算的体积（V_2），量取氨水（试剂 5），将其注入具有标线的试剂瓶中（图 19－2，瓶中刻划的标线表示欲配制碱性柠檬酸铵的体积）。

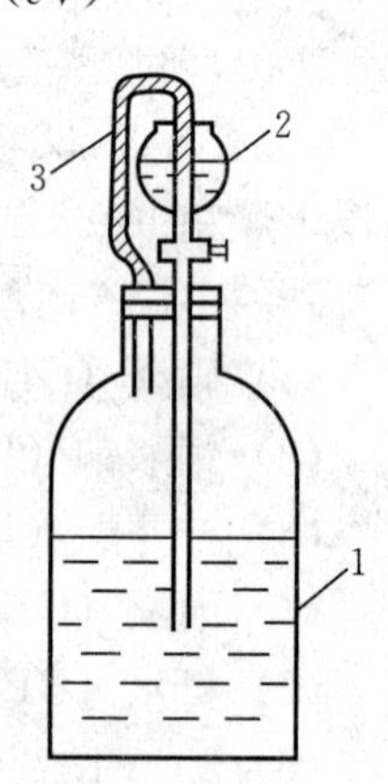

图 19－2

1. 瓶　2. 分液漏斗

3. 将氨气通至漏斗中的管子

根据配制每升碱性柠檬酸铵溶液需要 173 g 未风化的结晶柠檬酸，称取所需柠檬酸用量。并按每 173 g 结晶柠檬酸需用 200～250 mL 水溶解的比例，配制成柠檬酸溶液。经分液漏斗将溶液慢慢注入装有氨水的试剂瓶中，同时瓶外用大量水冷却，然后加水到标线，混匀，静置 2 昼夜后使用。

19.4.1.4　操作步骤

(1) 待测液的制备。称取试样 2.500 g 置于 75 mL，瓷蒸发皿中，用玻棒将试样磨碎，加入水重新研磨，将清液倾注过滤于预先加有 1∶1 硝酸 5 mL 的 250 mL 容量瓶中，继续处理沉淀 3 次，每次用水 25 mL，然后将沉淀全部冲在滤纸上，并用水洗涤沉淀到容量瓶达 200 mL 左右滤液为止，用水定容摇匀，即为试液Ⅰ。

将带沉淀的滤纸移入另一只 250 mL 容量瓶中，加入碱性柠檬酸铵溶液 100 mL，紧塞瓶口，剧烈振摇容量瓶使滤纸碎成纤维状态为止，置容量瓶于 60±1 ℃的水浴中保温 1 h，开始时每隔 5 min 振摇 1 次，振荡 3 次后每隔 15 min振摇 1 次，取出冷却至室温，用水定容摇匀。用干燥滤纸和器皿过滤，弃去最初滤液，所得滤液为试液Ⅱ。

(2) 溶液中磷含量的测定。用移液管分别吸取 10～20 mL 试液Ⅰ和Ⅱ（约含 $P_2O_5<20$ mg），一并放入 300 mL 烧杯中，加入 1∶1 硝酸溶液 10 mL，

用水稀释至约100 mL，预热近沸，加入35 mL 喹钼柠酮试剂，盖上表面皿，加热煮沸30 s（以利得到较粗的沉淀颗粒）。取下冷却至室温，用预先干燥至恒重的4号玻璃过滤坩埚抽滤，先将上清液滤完，然后用倾泻法洗涤沉淀1～2次，每次用水25 mL，将沉淀移于滤器上，再用水洗涤，所用水共125～150 mL，将坩埚和沉淀一起置于180±2 ℃烘箱中干燥45 min，移入干燥器中冷却，称重。

按照上述步骤进行空白试验(注3)。

19.4.1.5　结果计算

$$P_2O_5\ (\%) = (m_1 - m_2) \times 0.03207 \times (500/V) \times 100/m_0$$

式中：m_1——测定所得磷钼酸喹啉沉淀质量（g）；

m_2——空白试验所得磷钙酸喹啉质量（g）；

m_0——试样的质量（g）；原标准按干基进行计算；

0.032 07——磷钼酸喹啉换算为 P_2O_5 的系数；

V——吸取试液的总体积（mL）。

取平行测定结果的算术平均值作为测定结果；平行测定结果的绝对差值≤0.20%；不同实验室测定结果的绝对差值≤0.30%。

19.4.1.6　注释

注1. 本法见过磷酸钙有效五氧化二磷测定，磷钼喹啉重量法（仲裁法）—ZB G21003—87[2]。

注2. 磷酸一铵、磷酸二铵中有效磷含量测定和本法相似，所不同的是这两种肥料用中性柠檬酸铵溶液在65±1 ℃的温度下提取有效磷（见GB10207—88）[2]，重过磷酸钙中有效磷的测定也是如此（见HG2201—91）[2]。钙镁磷钾肥用柠檬酸溶液浸提，然后用重量法测定（见HG1—1384—87）[2]。——编者。

注3. 用过的玻璃过滤坩埚内残存的沉淀可用1∶1氨水和稀碱浸泡到黄色消失，用水洗净烘干备用[1]。

19.4.2　过磷酸钙中游离酸含量的测定[2](注1)

19.4.2.1　方法原理　用NaOH标准溶液滴定过磷酸钙水浸提液中的游离酸，根据酸度计电极电位随溶液pH变化指示的滴定终点，由消耗NaOH的用量求出游离酸的含量。

19.4.2.2　仪器设备　35～40 $r \cdot min^{-1}$ 振荡器、5或10 mL微量滴定管、酸度计、磁力搅拌器。

19.4.2.3　试剂

(1) 0.1 $mol \cdot L^{-1}$ 氢氧化钠（GB 629—80）标准溶液。按GB601—77配

制与标定。

(2) 950 mL・L^{-1}乙醇(GB679—78)。

(3) 溴甲酚绿指示剂溶液。称取溴甲酚绿(HG3—1220—79)0.2 g 溶解于氢氧化钠溶液(试剂 1)6 mL 和乙醇(试剂 2)5 mL 中,用水稀释至 100 mL。

19.4.2.4 操作步骤

称取 5.00 g 试样,移入 250 mL 容量瓶中,加水约 100 mL,在振荡器上振荡 15 min,定容摇匀,干过滤。

取 50.0 mL 滤液于 250 mL 烧杯中,用水稀释至 150 mL。①电极法:置烧杯于磁力搅拌器上,将已定位的酸度计上的电极浸入溶液中,放入搅拌子,边搅拌边用 0.1 mol・L^{-1}NaOH 标准溶液滴定至酸度计上读数为 4.5。②指示剂法:加入溴甲酚绿指示剂 0.5 mL,用 0.1 mol・L^{-1}NaOH 标准溶液滴定至溶液呈纯绿色为终点。

19.4.2.5 结果计算

$$游离酸(P_2O_5 计)(\%)=cV\times10^{-3}\times71\times(250/50)\times100/m$$

式中:c——NaOH 标准液浓度(mol・L^{-1});

V——滴定耗去 NaOH 标准液体积(mL);

10^{-3}——将 mL 换算为 L;

m——试样的质量(g);

71——1/2 P_2O_5 的摩尔质量(g・mol^{-1})。

取平行测定结果的算术平均值作为测定结果。平行测定结果的绝对差值≤0.15%。不同实验室测定结果的绝对差值≤0.30%。

19.5 钾素肥料的测定[1,2,3]

KCl、K_2SO_4 和 KNO_3 都是常用的中性水溶性钾肥,可直接制成溶液测定。窑灰钾肥是水泥工业的副产品,含钾量因其原料的成分、配料比和锻烧时钾的挥发率而异,一般含 K_2O 在 10%~20%。钾的存在形态除水溶性和弱酸溶性钾(KCl、K_2SO_4、K_2CO_3 及铝酸钾、硅酸钾)之外,还含有未经转化的矿石原料如钾长石、黑云母等。这种样品全钾量的测定,样品一般须以碱熔融或 HF 消化后制成待测液。这样处理,不但手续麻烦且需要一定的设备条件。窑灰钾肥的有效钾占全钾 90%以上。因此在一般的例行分析中,可用 HCl,HNO_3 或它们的混合溶液溶解样品以测定有效钾含量。

测定钾的方法有氯铂酸法、高氯酸法、亚硝酸钴钠法、四苯硼钠等多种重量法、容量法，还有比浊法、火焰光度法、原子吸收分光光度法等。后三种为仪器分析方法，有快速、简便的优点，但因化肥中钾的含量较高，稀释误差大，一般不宜用作化肥中钾的测定。其中四苯硼钾重量法和四苯硼季胺盐容量法被列为国家标准方法。

19.5.1 硫酸钾、氯化钾、硝酸钾中钾含量的测定[1,2,3]（四苯硼钾重量法）(注1)

19.5.1.1 方法原理[1] 溶液中钾离子和四苯硼离子作用生成四苯硼钾白色沉淀，反应式如下：

$$K^+ + [B(C_6H_5)_4]^- \longrightarrow K[B(C_6H_5)_4]\downarrow$$

此沉淀的溶解度很小（水中溶解度为 1.8×10^{-5} mol·L^{-1}），分子量大，热稳定性高（265 ℃分解）。沉淀可在酸性和碱性介质中进行，沉淀经过滤、洗净、烘干和称其质量，通过沉淀的质量求出钾的含量。

19.5.1.2 仪器设备 同19.4.1.2。

19.5.1.3 试剂

(1) 1∶1 HCl（比重1.19）溶液。

(2) 200 g·L^{-1} NaOH 溶液。溶解不含钾的氢氧化钠 20 g 于 100 mL 水中。

(3) 100 g·L^{-1} EDTA 溶液。溶解 EDTA 10 g 于 100 mL 水中。

(4) 氢氧化铝，分析纯。

(5) 酚酞指示剂（5 g·L^{-1}）。称取酚酞指示剂 0.5 g，溶解于 100 mL 乙醇（950 g·L^{-1}）中。

(6) 370 g·L^{-1}甲醛，分析纯。

(7) 25 g·L^{-1}四苯硼钠溶液。称取 6.25 g 四苯硼钠于 400 mL 烧杯中，加水约 200 mL 使之溶解，加入 5 g$Al(OH)_3$ 摇匀，搅拌 10 min 后用慢速滤纸过滤，若滤液混浊必须反复过滤至澄清为止。全部滤液收集于 250 mL 容量瓶中，加入 200 g·L^{-1}NaOH 1 mL，然后稀释至刻度。必要时使用前重新过滤。

(8) 1 g·L^{-1}四苯硼钠洗涤液。取上述 25 g·L^{-1} 四苯硼钠溶液 40 mL，加水稀释至 1 L。

19.5.1.4 操作步骤

(1) 待测液制备。氯化钾、硫酸钾称样品 2 g、硝酸钾复合肥等称样品 5 g（准确至 0.000 1 g），将样品置于 400 mL 烧杯中，加入约 200 mL 水和 10 mL 盐酸，煮沸 15 min。冷却，无损地移入 500 mL 容量瓶中，干过滤。

(2) 测定。吸取滤液 10.00～20.00 mL（不超过 30 mgK_2O）于 100 mL

烧杯中，加入 EDTA 溶液 10 mL，酚酞指示 2 剂滴，摇匀。逐滴加入 200 g·L^{-1}NaOH 溶液，直到溶液的颜色变红为止，然后再过量 1 mL。加入甲醛溶液 5 mL，摇匀（此时溶液的体积约 40 mL 为宜）。在剧烈搅拌下，逐滴加入比理论需要量（10 mgK_2O 需 3 mL 四苯硼钠溶液）多 4 mL 的四苯硼钠溶液，静置 30 min。用预先在 120 ℃烘干至恒重的 4 号玻璃坩埚滤器抽滤沉淀，将沉淀用四苯硼钠洗涤液全部移入滤器中，再用该洗液洗沉淀 5 次，每次用 5 mL，最后用水洗涤沉淀 2 次，每次用水 2 mL。抽干后，把滤器和沉淀放在烘箱中于 120 ℃，烘干 1 h，取出放入干燥器中冷却至室温，称量，直至恒重。

按上述步骤做空白试验。

19.5.1.5 结果计算

$$K_2O\% = (m_1 - m_0) \times 0.1314 \times (500/V) \times 100/m$$

式中：m_0——空白试验时，所得四苯硼钾沉淀质量（g）；

m_1——测定时，所得四苯硼钾沉淀质量（g）；

m——称取样品的质量（g）；

0.131 4——四苯硼钾质量换算为 K_2O 的系数（K 为 0.109 1）；

V——吸取待测液的体积（mL）。

两次平行测定结果的绝对差值≤0.20%。

19.5.1.6 注释

注：本法见（ZBG20006－87）[2]。适用于氯化钾、硝酸钾、硫酸钾和复合肥。

19.6 复混肥料中氮、磷、钾含量的测定

复合肥的生产和使用，已有近百年的历史。复合肥料是多营养元素肥料，通常是指肥料中同时含有氮、磷、钾三要素中的两种或三种元素的化学肥料。有时人们也广义地将同时含氮、磷、钾以及其它营养元素的多元素复混肥称为复合肥。复合肥和单元素肥料相比，有很多优点，如物理性能好、养分含量较高且营养元素有效组分集中、贮运和施用方便等[5]。因此，在当今的农业生产中，复合肥的使用十分普遍。但是，目前我国生产复合肥品种很多，由于生产工艺的差异、贮运保管不当，或因农业生产的需要而调整各营养元素的含量比例等，都会使复合肥中各营养元素的含量发生改变，这就要求我们加强对复合肥生产的监督和检测工作，在实际工作中也经常需要对复合肥进行仲裁分析。因此，复合肥的分析一般都严格按国家标准方法进行。本节主要介绍复合肥的氮、磷、钾的国家标准方法。

19.6.1 复混肥料中氮含量的测定[2]（蒸馏后滴定法）(注1)

19.6.1.1 *方法原理*　在酸性介质中还原硝酸盐成铵盐，在催化剂存在下，用浓硫酸消化，将有机态氮或尿素氮和氰氨基态氮转化为硫酸铵。从碱性溶液中蒸馏，并吸收在过量硫酸标准溶液中，在甲基红或甲基红-亚甲基蓝指示剂存在下，用氢氧化钠标准溶液返滴定。

19.6.1.2 仪器(注2)　同19.3.1.1.2。

19.6.1.3 试剂

(1) 铬粉。细度小于0.25 mm。

(2) 氧化铝或沸石。条状，经熔融。

(3) 防泡剂。如熔点小于100 ℃的石蜡或硅脂。

(4) 催化剂。将 K_2SO_4（HG3—920—76）1 000 g 和 $CuSO_4 \cdot 5H_2O$（GB665—78）50 g混合并磨细。

(5) 400 g・L^{-1}氢氧化钠溶液。400 g 氢氧化钠（GB629—81）溶于水，冷却后稀释1 L。

(6) 0.10 mol・L^{-1}氢氧化钠标准溶液。按GB601配制与标定。

(7) 0.50、0.20、0.10 mol・L^{-1}（$1/2H_2SO_4$）硫酸标准溶液。按GB601配制与标定。

(8) 甲基红-亚甲基蓝指示剂溶液。2 g・L^{-1}甲基红（HG3—958—76）的乙醇（GB679—80）溶液50 mL与1 g・L^{-1}亚甲基蓝（HGB3394—60）的乙醇溶液50 mL混合。

(9) 2 g・L^{-1}甲基红溶液。溶解甲基红（HG3—958—76）0.1 g于50 mL乙醇中。

(10) 广泛pH试纸。

(11) 盐酸（GB622—77）。

(12) 硫酸（GB625—77）。

19.6.1.4 操作步骤　按GB8571－88规定制备实验室样品(3)。

称样：称取总氮含量≤235 mg、硝态氮含量≤60 mg的过0.5 cm筛的试样0.5～2.000 0 g于基耶达烧瓶或1 000 mL圆底烧瓶中，加水至总体积约为35 mL，静置10 min，时而缓慢摇动，以保证所有硝酸盐溶解。

还原（试样含硝态氮时必须经此步骤）。加铬粉1.2 g和HCl 7 mL于烧瓶中，在室温下至少静置5～10 min，但不超过10 min，置烧瓶于通风橱内已预先调节至能在7～7.5 min内使250 mL水从25 ℃加热至激烈沸腾的加热装置上，加热4.5 min，冷却。

水解（试样只含尿素和氰氨基化物形式的氮时，此步骤可代替下述“消化”步骤）：将烧瓶置于通风橱内，加氧化铝 1.5 g（一般情况可省略），小心加入浓硫酸 25 mL，瓶口插入梨形空心玻璃塞，加热到冒浓的硫酸白烟，至少保持 15 min，冷却，小心加入水 250 mL，冷却。

消化（试样除氮完全以尿素和氰氨基化物形式存在外，若试样含有机态氮或是测定未知组分肥料时，必须采用此步骤）：将烧瓶置于通风橱内，加催化剂 22 g 和氧化铝 1.5 g（一般情况可省略），小心加入浓硫酸 30 mL，并加防泡剂 0.5 g 以减少泡沫（一般情况可省略），瓶口插入梨形空心玻璃塞，加热到冒浓的硫酸白烟，缓慢转动烧瓶，继续加热 60 min 或直到溶液透明，冷却，小心加入 250 mL 水，冷却。

蒸馏：放几粒防爆沸颗粒于烧瓶中，根据预计的含氮量，取表 19-3 中一种硫酸溶液的合适体积放于接受器，加入 3～5 滴指示剂溶液，若溶液体积太少，可加适量的水。

表 19-3　接受器取硫酸标准溶液的量

试样中预含氮量（mg）	$1/2H_2SO_4$ 标准溶液浓度（$mol \cdot L^{-1}$）	$1/2H_2SO_4$ 标准溶液体积（mL）
0～30	0.10	25
30～50		40
50～65		50
65～80	0.20	35
80～100		40
100～125		50
125～170	0.50	25
170～200		30
200～235		35

至少注入 400 g・L^{-1} 氢氧化钠溶液 120 mL 至滴液漏斗（“C”处，参见图 19-1），若试样既未经水解，又未经消化处理时，只需注入 400 g・L^{-1} 氢氧化钠溶液 20 mL，小心地将其注入到蒸馏烧瓶中，当滴液漏斗中余下约 2 mL 溶液时，关闭活塞，加热使内容物沸腾，逐渐增加加热强度，使内容物达到激烈沸腾，在蒸馏期间烧瓶内容物应保持碱性。

至少收集 150 mL 馏出液，将接受器取下，用 pH 试纸检查尔后蒸出的馏出液，确保氨全部蒸出，移去热源。拆下冷凝管，用水冲洗冷凝管的内部，收集洗液于接受器中。

滴定：用0.10 mol·L^{-1}氢氧化钠标准溶液返滴定过量的硫酸，终点的颜色为灰绿色（甲基红—亚甲基蓝）或橙黄色（甲基红）。

空白试验：根据表19-3选用0.10 mol·L^{-1}（$1/2H_2SO_4$）标准溶液的相应体积装于接受器中，除不加试样外，同上述操作步骤进行测定。

核对试验：使用新鲜配制的含100 mg的硝酸铵，定期核对仪器的效率和方法的准确度。核对试验和测定试样及空白试验相同的条件，并使用同一指示剂。

19.6.1.5 结果计算

$$总氮（质量）(\%)=[c_1V_1-c_2V_2-(c_3V_3-c_2V_4)]\times 14.01\times 10^{-3}\times 100/m$$

式中：c_1——测定时，使用$1/2H_2SO_4$标准溶液的浓度（mol·L^{-1}）；

c_2——测定及空白试验时，使用NaOH标准溶液的浓度（mol·L^{-1}）；

c_3——空白试验时，使用$1/2H_2SO_4$标准溶液的浓度（mol·L^{-1}）；

V_1——测定时，使用$1/2H_2SO_4$标准溶液的体积（mL）；

V_2——测定时，使用NaOH标准溶液的体积（mL）；

V_3——空白试验时，使用$1/2H_2SO_4$标准溶液的体积（mL）；

V_4——空白试验时，使用NaOH标准溶液的体积（mL）；

14.01——氮原子的摩尔质量（g·mol^{-1}）；

10^{-3}——将mL换算为L；

m——试样的质量（g）。

取平行测定结果的算术平均值作为测定结果；平行测定的绝对差值≤0.30%；不同实验室测定结果的绝对差值≤0.50%；

19.6.1.6 注释

注1. 本法见GB8572—88，不适合于含有机物（除尿素、氰氨基化物外）大于7%的肥料。

注2. GB8572—88中规定，可以使用GB2441—81《尿素总氮含量的测定方法》（蒸馏法）的蒸馏仪器，根据国家标准的有关规定，可认为能使用GB2441-91所规定使用的蒸馏仪器。

注3. 该规定要求样品磨细过0.5 mm筛（干湿肥过1 mm筛）。

19.6.2 复混肥料中有效磷含量的测定[2,3](注1)

以水溶性磷为主的磷肥用水和中性柠檬酸铵溶液提取；枸溶性磷肥用20 g·L^{-1}柠檬酸提取，提取液（若有必要，先进行水解）中正磷酸离子在酸性介质中与喹钼柠酮试剂生成黄色磷钼酸喹啉沉淀，或与钒钼酸铵试剂生成黄色络合物，分别用磷钼酸喹啉重量法、磷钼酸喹啉容量法或分光光度计法(注2)测定磷的含量。

19.6.2.1 磷钼酸喹啉重量法

19.6.2.1.1 方法原理 同19.4.1.1。

19.6.2.1.2 仪器设备 同19.4.1.2；35～40 r·min^{-1}上下旋转式振荡器或其它相同效果的水平往复式振荡器。

19.6.2.1.3 试剂

(1) 20 g·L^{-1}柠檬酸溶液。pH约为2.1，准确称取柠檬酸（HG3—1108—81）20 g溶于水并稀释至1 L。

(2) 氢氧化铵（GB631—71）。

(3) 氢氧化铵（GB631—71）。1∶7溶液。

(4) 中性柠檬酸铵溶液。pH=7.0，在20 ℃时比重为1.09。

溶解370 g柠檬酸（HG3—1108—81）于1 500 mL水中，加345 mL氢氧化铵（GB631—77）使溶液接近中性，冷却，用酸度计测定溶液的pH值，以1∶7氢氧化铵或柠檬酸溶液调节溶液pH=7.0，加水稀释，使其在20 ℃的比重为1.09。溶液贮于密闭容器，使用前核验和校正pH=7。

(5) 其它试剂同19.4.1.3。

19.6.2.1.4 操作步骤

(1) 待测溶液的制备。

① 若试样含P_2O_5大于10%，称取试样1 g（称准至0.000 2 g）；若试样含P_2O_5小于10%，称取试样2 g（称准至0.000 2 g）。

② 含磷酸铵、重过磷酸钙、过磷酸钙或氨化过磷酸钙的复混肥料样品：将试样置于75 mL瓷蒸发皿中，加入水25 mL研磨，将清液倾注于过滤到预先加有1∶1硝酸5 mL的250 mL容量瓶中，继续处理沉淀3次，每次用水25 mL，然后将沉淀全部转移到滤纸上，并用水洗涤沉淀到容量瓶达200 mL左右滤液为止，用水定容，摇匀，即为试液A，供测定水溶性磷用。

转移含有水不溶性残渣的滤纸至另一只干燥的250 mL容量瓶中，加入预先加热到65 ℃的中性柠檬酸铵溶液100 mL，紧塞瓶口，剧烈振摇容量瓶，使滤纸碎成纤维状态为止，置容量瓶于65±1 ℃的水浴中，保温提取1 h，每隔10 min振摇1次容量瓶，取出冷却至室温，用水定容，摇匀。用干燥滤纸和器皿过滤，弃去最初滤液，所得滤液为试液B，供测定枸溶性磷用。

③ 含钙镁磷肥的复混肥料样品：将试样置于干燥的250 mL容量瓶中，加入预先加热到28～30 ℃的20 g·L^{-1}柠檬酸溶液150 mL，紧塞瓶口。保持溶液温度在28～30 ℃之间，在振荡器上振荡1 h，取出容量瓶，用水定容并摇

匀，干过滤，弃去最初滤液，所得滤液为试液 C，供测定枸溶性磷用。

④ 含少量钙镁磷肥或含少量骨粉、鱼粉的过磷酸钙样品：先按 19.6.2.1.4（1）②中水溶性磷提取方法操作，得溶液 D。

用细玻棒戳破含有水不溶性残渣的滤纸，用预先加热到 65 ℃的中性柠檬酸铵溶液 100 mL 仔细冲洗残渣到干燥的 250 mL 容量瓶中，塞上瓶塞，容量瓶置于 65±1 ℃的水浴中，保温提取 1 h，每隔 10 min 振摇 1 次容量瓶，从水浴中取出容量瓶，提取液过滤到另一只 250 mL 容量瓶中，用水洗涤残渣数次，洗涤液合瓶到滤液中，用水稀释至刻度，混匀即得溶液 E。

滤纸和残渣转移到原 250 mL 容量瓶内，加入预先加热到 28～30 ℃的 20 g·L^{-1}柠檬酸溶液 150 mL，紧塞瓶口。保持溶液温度在 28～30 ℃之间，在振荡器上振荡 1 h，取出容量瓶，用水定容并摇匀，干过滤，弃去最初滤液，所得滤液为试液 F。

（2）溶液中磷的测定。

① 含磷酸铵、重过磷酸钙、过磷酸钙、或氨化过磷酸钙的复混肥料样品水溶性磷的测定：

用移液管吸取“*V*”体积的试液 A（含 10～20 mgP_2O_5），放入 500 mL 烧杯中，加入 1∶1 硝酸溶液 10 mL，用水稀释至约 100 mL，预热近沸（如需水解，在电炉上煮沸几分钟，加入 35 mL 喹钼柠酮试剂，盖上表面皿，在电热板上微沸 1 min 或于近沸水浴中保温至沉淀分层。取下冷却至室温，冷却过程中转动烧杯 3～4 次。

用预先干燥至恒重的 4 号玻璃坩埚抽滤，先将上清液滤完，然后用倾泻法洗涤沉淀 1～2 次，每次用水 25 mL，将沉淀移于滤器中，再用水洗涤，所用水共 125～150 mL，将坩埚和沉淀一起置于 180±2 ℃烘箱中干燥 45 min，移入干燥器中冷却，称重。

② 含磷酸铵、重过磷酸钙、过磷酸钙或氨化过磷酸钙的复混肥料样品有效磷（水溶性磷＋枸溶性磷）的测定：用移液管分别吸取“*V*”体积的试液 A 和 B（共含 10～20 mgP_2O_5），一并放入 500 mL 烧杯中，其余步骤同 19.6.2.1.4，（2）①。

③ 含钙镁磷肥的复混肥料样品有效磷的测定：用移液管吸取“*V*”体积的试液 C（约含 10～20 mgP_2O_5），其余步骤同 19.6.2.1.4，（2）①。

④ 含少量钙镁磷肥或含少量骨粉、鱼粉的过磷酸钙样品水溶性磷的测定：用移液管吸取“*V*”体积的试液 D（含 10～20 mgP_2O_5），其余步骤同 19.6.2.1.4，（2）①。

⑤ 含少量钙镁磷肥或含少量骨粉、鱼粉的过磷酸钙样品有效磷的测定：

用移液管分别吸取“V”体积的试液 D、试液 E 和试液 F（共含 10～20 mg P_2O_5），一并放入 500 mL 烧杯中，其余步骤同 19.6.2.1.4，(2) ①。

对每个系列的测定，应按照上述相对应的步骤进行空白试验。

19.6.2.1.5 结果计算

$$P_2O_5(\%)=(m_1-m_2)\times 0.032\,07\times(250/V)\times 100/m_0$$

式中：m_1——测定所得磷钼酸喹啉沉淀质量（g）；

m_2——空白试验所得磷钙酸喹啉质量（g）；

m_0——试样的质量（g）；

0.032 07——磷钼酸喹啉换算为 P_2O_5 的系数；

V——吸取试液的体积（mL），即操作步骤中吸取待测液的体积数“V”。

取平行测定结果的算术平均值作为测定结果；平行测定结果的绝对差值≤0.20%；不同实验室测定结果的绝对差值≤0.30%。

19.6.2.1.6 注释

注 1. 本法见 GB8573－88[2]。适用于磷酸铵、重过磷酸钙、过磷酸钙、氨化过磷酸钙等以水溶性磷为主的磷肥或钙镁磷肥、骨粉、鱼粉等枸溶性磷肥与氮肥、钾肥为基础组成的复混肥料中水溶性磷和枸溶性磷的提取与测定。

注 2. 在 GB8573－88[2]中规定可用磷钼喹林容量法、钒钼黄比色法测定复合肥中有效磷的含量，本书未收录（编者）。

19.6.3 复混肥料中钾含量的测定（四苯硼钾质量法）

19.6.3.1 方法原理 同 19.5.1.1.1。

19.6.3.2 仪器设备 同 19.5.1.1.2。

19.6.3.3 试剂

(1) 400 g·L^{-1} NaOH 溶液。溶解不含钾的氢氧化钠 40 g 于 100 mL 水中。

(2) 40 g·L^{-1} EDTA 溶液。溶解 EDTA 4 g 于 100 mL 水中。

(3) 15 g·L^{-1}四苯硼钠溶液。称取 15 g 四苯硼钠溶解于约 960 mL 水中，加氢氧化钠溶液 4 mL 和 100 g·L^{-1}六水氯化镁溶液 20 mL，搅拌 15 min，静置后过滤。贮于棕色瓶或塑料瓶中，一般不超过 1 个月。如发现混浊，使用前过滤。

(4) 四苯硼钠洗涤液。用 10 体积的水稀释 1 体积的上述四苯硼钠溶液。

(5) 溴水溶液。约 50 g·L^{-1}。

(6) 活性炭。应不吸附或不释放钾离子。

其它试剂同 19.5.1.1.3。

19.6.3.4 操作步骤

(1) 待测液的制备。称取 2～5 g（精确至 0.000 2 g，含约 400 mg K_2O）置于 250 mL 锥形瓶中，加水约 150 mL，加热煮沸 30 min，冷却，定量移入 250 mL 容量瓶中，用水定容并摇匀，干过滤，弃去最初 50 mL 滤液。

(2) 除去干扰物。

① 不含氰氨基化物或有机物的试样：取 19.6.3.4（1）滤液 25 mL 于 200 mL烧杯中，加 EDTA 溶液 20 mL（含阳离子较多时 40 mL），加 2～3 滴酚酞溶液，滴加氢氧化钠溶液至红色出现时，再过量 1 mL，加甲醛溶液（按 1 mg 氮加约 60 mg 甲醛，即加 370 g・L^{-1} 甲醛溶液 0.15 mL），若红色消失，用氢氧化钠溶液调至红色，在通风橱中加热煮沸 15 min，冷却，若红色消失，再用氢氧化钠溶液调至红色。

② 含氰氨基化物或有机物的试样：取 19.6.3.4（1）滤液 25 mL 于 200 mL烧杯中，加入溴水溶液 5 mL，将溶液煮沸直至所有溴水脱色为止。若含有其它颜色，将溶液体积蒸发至小于 100 mL，待溶液冷却后，加 0.5 g 活性碳，充分搅拌使之吸附，然后过滤，瓶洗涤 3～5 次，每次用水约 5 mL，收集全部滤液，以下同上述 19.6.3.4（1）的步骤"加 EDTA 溶液 20 mL（含阳离子较多时 40 mL）……再用氢氧化钠溶液调至红色。"

③ 测定：在不断搅拌下逐滴加入 15 g・L^{-1} 四苯硼钠溶液 10～20 mL（每 1 mgK 应加 0.5 mL），并过量 7 mL。继续搅拌 1 min，静置 15 min 以上，用预先在 120 ℃烘干至恒重的 4 号玻璃坩埚滤器抽滤沉淀。将沉淀用四苯硼钠洗涤液全部移入滤器中，再用该洗液洗沉淀 5～7 次，每次用 5 mL，最后用水洗涤沉淀 2 次，每次用水 5 mL。抽干后，把滤器和沉淀放在烘箱中于 120±5 ℃，烘干 1.5 h，取出放入干燥器中冷却至室温，称量，直至恒重。

按上述步骤做空白试验。

19.6.3.5 结果计算

$$K_2O\ (\%)=(m_1-m_0)\times 0.1314\times(250/V)\times 100/m$$

式中：m_0——空白试验时，所得四苯硼钾沉淀质量（g）；

m_1——测定时，所得四苯硼钾沉淀质量（g）；

m——称取样品的质量（g）；

0.131 4——四苯硼钾质量换算为 K_2O 质量的系数（K 为 0.109 1）；

V——吸取待测液的体积（mL）。

取平行测定结果的算术平均值为测定结果，平行测定结果的绝对差值为：

钾含量（K_2O%）	两次平行测定结果的绝对差值（%）	不同实验室测定结果的绝对差值（%）
<10	0.12	0.24
10～20	0.30	0.60
>20	0.39	0.73

主要参考文献

[1] 南京农业大学主编．土壤农化分析（二版）．北京：中国农业出版社．1996，294～317

[2] 中国标准出版社编．化学工业标准汇编（化肥）．北京：中国标准出版社．1995，3～404

[3] 农业部全国土壤肥料总站肥料处编．肥料检测实用手册．北京：农业出版社．1990，140～286

[4] 楼书聪编．化学试剂配制手册．南京：江苏科学技术出版社．1993，416～473

[5] 何念祖编．肥料制造与加工．上海：上海科学技术出版社．1998，43～239

思考题

1. 化学肥料的各个理化指标的测定为什么须严格按国家标准方法进行？

2. 化学肥料水分测定与土壤样品或植物样品水分测定有什么异同点？为什么要根据肥料的性质选择不同的测定方法？

3. 甲醛法测定氮的原理是什么？为什么要预先中和待测液和甲醛中的游离酸？

4. 碳酸氢铵、氨水和尿素为什么不能直接用甲醛法测定？根据所学知识拟定这三种肥料用甲醛法测定氮含量的操作过程。

5. 氮试剂重量法测定肥料中硝态氮含量的方法原理是什么？其方法的要点有哪些？

6. 为什么磷钼喹啉重量法、容量法和四苯硼钠重量法、容量法能用于肥料中磷、钾的测定？方法的要点是什么？有哪些干扰？如何克服？

7. 复合肥的测定中，为什么要根据肥料的形态选择不同的待测液的制备方法？试比较它们的测定方法和单体肥料的测定方法有何异同？

8. 今有 500 t 袋装复合肥，请你拟定其样品的采集与制备的方法。

第二十章 有机肥料的分析

20.1 概　　述

有机肥料有粪肥、厩肥、堆肥、绿肥以及其它许多杂肥。这些肥料主要是动物粪尿和植物残体等积制而成，成分比较复杂，含有植物所需的各种营养元素和丰富的有机质。有机肥不仅能改善土壤结构，增进土壤微生物的活动，促进作物生长，而且对减少环境污染也具有不可低估的作用。因此，在大量发展无机化肥的同时，必须大力发展和使用有机肥料，对有机肥的积制方法和有机、无机肥料配合使用进行深入的研究。测定有机肥料的含氮量，不仅可以计算肥料的用量，而且能说明有机肥料在积制的过程中养分的变化。若不注意管理，可能引起有机肥料肥分的损失。

有机肥料的分析包括全量氮、磷、钾和速效性氮、磷、钾及微量元素含量等。速效性氮、磷、钾的高低是衡量有机肥料品质优劣的标志，同时也是有机肥和无机肥配合施用的依据。

有机肥料中养分含量差异很大，须视肥料种类，材料来源，积制和保藏方法等因素而定。几种常见有机肥含量范围（附表15），可供分析时决定称样量参考。

鉴于目前尚无有机肥料测定的国家标准，中华人民共和国行业标准（有机肥料）也只是正在制定和送审中，因此我们推荐使用以下几种方法来测定有机肥料氮、磷、钾的含量，以作为判断有机肥料优劣的指标和与无机肥配合施用的依据。

有机肥料全氮的测定，一般采用开氏消煮法，消煮液可用常量蒸馏或半微量蒸馏、滴定，也可采用扩散法和比色法，以及用氨气敏电极法来测定其中全氮的含量。

有机肥料中全磷的测定，可采用干灰化法和湿灰化法。湿灰化法较快速，简单易行。灰化后用磷钼酸喹啉容量法、磷钼酸铵容量法、钼黄比色法来确定其中磷的含量。

有机肥料中全钾的测定，可用火焰光度法、原子吸收光谱法，也可用四苯硼钠容量法或重量法来测定其中钾的含量。

有机肥料中速效钾的测定，一般采用 0.05 mol·L^{-1}（$1/2H_2SO_4$）溶液或 1 mol·L^{-1}NaCl 溶液将铵态氮和硝态氮提取出来，提取液中的硝态氮用还原剂，使其还原为铵态氮，然后进行蒸馏、滴定，以确定其中氮的含量。

20.2 有机肥料样品的采集和制备[1]

20.2.1 有机肥料样品的采集

有机肥料种类多，成分复杂，均匀性差，给采样带来很大困难。充分认识这些复杂因素，采用正确的采样方法才能得到一个有代表性的分析样品。有机肥样品的采集，应根据肥料种类、性质、研究的要求（如各种绿肥的样品采集期和部位）的不同，采用不同的采样方法。

20.2.1.1 堆肥、厩肥、草塘泥、沤肥等样品的采集　它们一般在室外呈堆积状态，必须多点采样，点的分布应考虑到堆的上中下部位和堆的内外层，或者在翻堆时采样，点的多少视堆的大小而定。一般一个肥料堆可取 20～30 点，每个点取样 0.5 kg，置于塑料布上，将大块肥料捣碎，充分混匀后，以四分法取约 5 kg，装入塑料袋中并编号。

准确称取 1～2 kg，摊放在塑料布上，令其风干。风干后再称重，计算其水分含量，以作为计算肥料中养分含量的换算系数。

20.2.1.2 人畜粪尿及沼气肥料采样　将肥料搅匀，用铁制或竹制的圆筒，分层分点采样，混匀后送样品室处理。

20.2.1.3 新鲜绿肥样品的采集　在绿肥生长比较均匀的田块中，视田块地形状大小，按“S”形随机布点，共取 10 个点，每点采取均匀一致的植株 5～10株，送回室内处理。

采集的样品往往数量大，随放置时间的延长其成分会有变化，必须及时制备。测定其成分含量时，除 NH_4^+—N 和 NO_3^-—N 或有特定要求需采用新鲜样品外，一般采用干样品。

20.2.2 有机肥料样品的制备

除测定有机肥料中的铵态氮或硝态氮时需用新鲜样品以外，其它测定项目均可采用风干样品。

20.2.2.1　堆肥、厩肥、草塘泥、沤肥等样品的制备　首先将样品送到风干室，进行风干处理，然后把长的植物纤维剪细，肥块捣碎混匀，用四分法缩分至 250 g，再进一步磨细全部通过 40 目筛，混匀，置于广口瓶内备用。

20.2.2.2　人畜粪尿及沼气肥料的制备　先将样品搅匀，取一部分过 3 mm筛子，使固体和液体分离。固体部分称其重量后，按（20.2.2.1）处理并计算干物质的含量；液体部分根据分析目的要求进行处理。并计算固体和液体部分之间的比例，以便计算肥料的总养分含量。

20.2.2.3　新鲜绿肥样品的制备　（同 12.2 植物组织样品的采集、制备与保存）。

在测定有机肥料的全氮和速效性氮时，必须注意样品采集后，应尽快进行测定，否则会因水分的蒸发和微生物的活动引起养分的损失，特别是高温季节，尤为重要，最多不超过 24 h，否则必须进行冷冻或固定的处理。有机肥料的全磷、钾的测定，可以用风干样品。

有机肥料样品水分的测定，应视肥料的种类、含水量等情况选择合适的烘干方法，一般可用 105 ℃烘干至恒重。

20.3　有机肥料中氮的测定

有机肥料含硝态氮较多，测定全氮时必须包括硝态氮，否则全氮分析结果可能偏低（沤肥不含硝态氮，其全氮测定与土壤相同）。

在全氮测定中包括硝态氮时，一般先用水杨酸固定硝态氮，再用还原剂将被固定的硝态氮还原成氨基或在碱性介质中用铬粒还原硝态氮，然后按开氏法继续消煮。

20.3.1　有机肥料全氮的测定（硫酸—水杨酸—催化剂消化法[注1]）[1,7]

20.3.1.1　方法原理　样品中 NO_3^-—N 在 H_2SO_4 存在下与水杨酸反应生成硝基水杨酸：

$$C_6H_4(OH)COOH + HNO_3 \xrightarrow{H_2SO_4} C_6H_4(OH)NO_2 + CO_2 + H_2O$$

加硫代硫酸钠或锌粉还原剂，使硝基水杨酸还原为氨基水杨酸：

$$C_6H_4(OH)NO_2 + 3Na_2S_2O_3 + H_2O \longrightarrow C_6H_4(OH)NH_2 + 3Na_2SO_4 + 3S$$

或

$$Zn + H_2SO_4 \longrightarrow H_2 + ZnSO_4$$

$$C_6H_4(OH)NO_2 + 3H_2 \longrightarrow C_6H_4(OH)NH_2 + 2H_2O$$

经还原处理后，再加入混合盐催化剂消化，把有机氮转化为无机

$(NH_4)_2SO_4$，加碱蒸馏定氮。

$$2C_6H_4(OH)NH_2+H_2SO_4+13O_2 \longrightarrow (NH_4)_2SO_4+12CO_2+4H_2O$$

20.3.1.2 仪器设备 同4.1.2.2.2。

20.3.1.3 试剂

(1) 含水杨酸的浓 H_2SO_4。30 g 水杨酸（不含氮）溶于1 000 mL 浓 H_2SO_4 中，或40 g 苯酚溶于1 000 mL 浓 H_2SO_4 中。

(2) 硫代硫酸钠。磨细的 $Na_2S_2O_3 \cdot 5H_2O$。

(3) 锌粉。极细的粉末状，分析纯。

(4) 0.1 mol·L^{-1} ($1/2H_2SO_4$) 标准溶液。

(5) 其余试剂同4.1.2.2.3。

20.3.1.4 操作步骤 称取过1 mm 筛的风干样 0.5～1.100 g，放入100 mL开氏瓶或消煮管中，加入含水杨酸的硫酸10 mL，放置30 min 后(注2)，加入硫代硫酸钠1.5 g 及水10 mL，微热5 min(注3)，冷却。加入3.5 g 混合催化剂，充分混合内容物，低温加热，至泡沫停止后，瓶口加一小漏斗，升高温度至颜色变白。继续消煮30 min，冷却后将消煮液定量地移至100 mL 容量瓶，冷却后定容。吸取 25 mL 消煮液进行蒸馏、滴定。其余步骤同4.1.2.2.4。

在样品测定的同时做空白试验。

20.3.1.5 结果计算

$$全氮(N\%)=c(V-V_0)\times 14\times 10^{-3}\times 分取倍数\times 100/m$$

式中：c ——标准酸 ($1/2H_2SO_4$) 的浓度 (mol·L^{-1})；

V——样品滴定时消耗标准酸 ($1/2H_2SO_4$) 的体积 (mL)；

V_0——空白试验时消耗标准酸 ($1/2H_2SO_4$) 的体积 (mL)；

14——氮原子的摩尔质量 (g·mol^{-1})；

分取倍数——消化后定容体积 (mL) /测定时吸取待测液体积 (mL)；

m——干样品的质量 (g)。

20.3.1.6 注释

注1. 该法是习用多年的一种测氮方法，此法回收60%左右的硝态氮。若不考虑硝态氮这一部分，又要同时测定肥料中磷和钾，可采用硫酸—高氯酸法或硫酸—过氧化氢法消煮[7]。

注2. 让水杨酸和硝酸根充分反应，在此过程中防止发热或加热，否则会引起硝酸根挥发损失。

注3. 这时泡沫很多，小心加热防止样品冲至瓶颈。

20.3.2 有机肥料全氮的测定（硫酸—铬粒—混合催化剂消煮法）[2,7]

20.3.2.1 方法原理　铬粒在稀酸介质中，先将样品中的无机硝态氮还原为铵态氮后，继续加入浓硫酸和混合催化剂消化有机氮为硫酸铵，然后加碱蒸馏、滴定。

20.3.2.2 仪器设备　同4.1.2.2.2。

20.3.2.3 试剂

(1) 2 mol・L^{-1}盐酸。

(2) 铬粒。

(3) 其他试剂同4.1.2.2.3。

20.3.2.4 操作步骤　称取过1 mm筛的风干样0.5～1.100 g，放入250 mL开氏瓶或消煮管中，加入铬粒0.6 g和2 mol・L^{-1}盐酸20 mL，摇匀。放在电炉上低温加热5 min，使铬粒完全溶解(注1)，继续加热沸腾至大部分水分蒸发(注2)，冷却至室温，加入浓硫酸10 mL和加速剂3.5 g，充分混匀，瓶口加一小漏斗，在电炉上消化到溶液变清，沉淀物成白色(注3)，继续消煮30 min，冷却后将消煮液定量地移至100 mL容量瓶，冷却后定容。吸取25 mL消煮液进行蒸馏、滴定。操作步骤见4.1.2.2.4. 全氮的测定。

在样品测定的同时做空白试验。

20.3.2.5 结果计算　同20.3.1.5

20.3.2.6 注释

注1. 铬粒和盐酸反应产生大量氢气，在有机肥料样品易产生泡沫冲上瓶颈或不注意溢出瓶外造成损失。

注2. 还原后留下大量水分，把大部分水分除去以加快消煮过程。

注3. 溶液中由于有Cr^{3+}离子影响，不易判断是否变清，沉淀亦因Cr^{3+}的影响不完全是白色，应注意掌握消煮的完全程度。

20.3.3 有机肥料中速效氮的测定（1 mol・L^{-1} NaCl浸提—Zn—$FeSO_4$还原蒸馏法）[1,7]

20.3.3.1 方法原理　1 mol・L^{-1} NaCl溶液浸提，使吸附态、交换态的NH_4^+—N和NO_3^-—N溶解在溶液中，在强碱性介质中，用Zn—$FeSO_4$粉还原NO_3^-—N为NH_4^+—N，同时进行蒸馏定氮。

20.3.3.2 仪器设备　振荡机、半微量蒸馏定氮装置。

20.3.3.3 试剂

(1) 400 g・L^{-1} NaOH溶液。

（2）0.02 mol·L^{-1}（$1/2H_2SO_4$）标准溶液。

（3）1 mol·L^{-1}NaCl 溶液。NaCl（分析纯）58.5 g 溶于 1 000 mL 水中。

（4）Zn－$FeSO_4$ 还原粉剂。锌粉 10 g 和 $FeSO_4·7H_2O$ 50 g 在瓷研钵中研磨过 60 目筛，贮于棕色瓶中，一星期内有效。

20.3.3.4 操作步骤 称取经压碎混匀的新鲜样品(注1) 10.0 g 于 250 mL 三角瓶中，加 1 mol·L^{-1}NaCl 溶液 50 mL，在振荡机上振荡 15 min，用干滤纸过滤。

吸取 25.0 mL 滤液于半微量定氮蒸馏装置中，加 Zn—$FeSO_4$ 还原粉剂 1.2 g(注2)，用少量水冲洗漏斗，加入 400 g·L^{-1}NaOH 溶液 5 mL，进行蒸馏和滴定（操作步骤见 4.1.2.2.4）。

20.3.3.5 结果计算 同 20.3.1.5。

23.3.3.6 注释

注 1. 随放置时间的延长，NH_4^+—N 和 NO_3^-—N 有变化，必须用新鲜样品。

注 2. 不含硝态氮的沤制肥料如草塘泥、沤肥和沼气池泥等可不加还原剂。

20.4 有机肥料中全磷、钾的测定

有机肥料中磷、钾含量随原料来源不同而有很大的变化。以动植物废料为主要原料的有机肥料测定其全量磷、钾含量对评价有机肥质量及指导施肥很有意义。然而对于那些以杂泥为主要原料的土杂肥料，分析其全磷、钾意义不大。对这类土杂肥料测定其磷、钾的有效含量，以评价肥料质量或指导施肥会有更大的意义。

测定有机肥料全磷、钾，首先要把样品中有机态的磷以及矿物态的磷、钾经消化转化成相应的磷酸和可溶性的钾盐才能进行测定。消化方法有干灰化法和湿灰化法。干灰化法是把样品经高温灰化之后，残渣用稀盐酸溶解制成供磷、钾测定的溶液。干灰化法必须控制温度不超过 500 ℃，否则可能会引起磷、钾的损失。湿灰化法常用 HNO_3—H_2SO_4—$HClO_4$ 或 H_2SO_4—HNO_3，而植物性肥料如各种绿肥或秸秆堆沤的可用 H_2SO_4—H_2O_2 消煮亦可取得同样的效果。

溶液中磷的定量可采用磷钼喹啉重量法或容量法和钒钼黄比色法，而钾可采用四苯硼钠重量法或容量法(注1)和火焰光度法。

20.4.1 有机肥料全磷的测定（H_2SO_4—HNO_3 消煮—钒钼黄比色法）[2,7,8]

20.4.1.1 方法原理　同第十三章植物中全磷的测定（13.2.1.1.1）。

20.4.1.2 仪器设备　721 型分光光度计。

20.4.1.3 试剂

（1）H_2SO_4—HNO_3 混合液：浓 H_2SO_4 和浓 HNO_3 等体积混合。

（2）其它试剂同第十三章植物中全磷的测定（13.2.1.1.3）。

20.4.1.4 操作步骤　称取过 1 mm 试样 1.000 g 于 100 mL 开氏瓶中，加入 H_2SO_4—HNO_3 混合液 13 mL，先在低温加热至棕色烟消失，然后再高温继续消煮(注2)至出现白烟后再消煮 5～10 min。如消煮液未全部变白，稍冷后再加 3～5 mL 浓 HNO_3 继续消煮至残渣全部变清为止。冷却，小心沿瓶壁加入 50 mL 蒸馏水，加热，微沸 1 h 后(注3)，冷却，将溶液转入 100 mL 容量瓶中，用水定容。放置澄清或用干滤纸过滤于干的三角瓶中供磷、钾测定。

吸取清滤液 5～10 mL（含 P 0.05～1.0 mg），加入 50 mL 容量瓶中，以下操作同第十三章植物中全磷的测定（13.2.1.1.4）。

20.4.1.5 结果计算　同第十三章植物中全磷的测定（13.2.1.1.5）。

20.4.1.6 注释

注 1. 磷钼喹啉重量法、容量法和钒钼黄比色法可参考选用 GB8573-88，钾测定的四苯硼钠重量法、容量法可参考选用 GB8574-88 或 ZBG20006—87[8]。

注 2. HNO_3 沸点较低，为充分发挥其对有机物的氧化作用，必须控制低温，不然 HNO_3 在高温下很快分解。棕色烟（NO_2）说明已分解完毕。

注 3. 把焦磷酸和偏磷酸转化为正磷酸。

20.4.2 有机肥料全钾的测定（H_2SO_4—HNO_3 消煮—火焰光度法）[2,7]

20.4.2.1 方法原理　有机肥料样品用硫酸和硝酸消煮后，溶液中的钾可用火焰光度法测定。

20.4.2.2 仪器设备　火焰光度计。

20.4.2.3 试剂

（1）2 mol·L^{-1} 氨水溶液。1 份浓氨水与 6 份水混合。

（2）其它试剂同第六章土壤钾的测定。

20.4.2.4 操作步骤　吸取 20.4.1.4 待测液 5～10 mL 于 50 mL 容量瓶

中，加水 20 mL，摇匀，加入 2 mol·L^{-1}氨水溶液 5～10 mL，用水定容至刻度。以下操作同第六章土壤钾的测定。

在制备标准系列时，每个标准需加入 2 mol·L^{-1}氨水溶液 5～10 mL。

20.4.2.5 结果计算　同第六章土壤钾的测定。

20.5 腐殖酸类肥料的测定[1]

腐殖酸类肥料，是属于矿层有机肥，我国贮量比较丰富的腐殖酸类肥料有泥炭、褐煤和风化煤等。它们对土壤改良、作物的生长和有机肥料一样，有着相似的效果，其不同之处是，腐殖酸类肥料来源于矿层，所含的腐殖酸量远比一般有机肥高。

腐殖酸是高分子复合有机胶体，在其各单元结构上带有一个或多个活性基团，其主要的活性基团是羧基、酚羟基和醌基。它们被植物吸收后，可促进植物体内多酚氧化酶的活性，从而促进作物的新陈代谢和醣类及干物质的积累。对谷物和薯类作物喷洒腐殖酸钠后，能显著降低空壳率，提高作物的产量。腐殖酸活性基团还有改善土壤物理性质的作用。

我国各地泥炭、褐煤、风化煤的腐殖酸的含量变化很大。一般泥炭10%～50%，褐煤 30%～60%，风化煤 10%～50%。

目前广为应用的腐殖酸类肥料，主要是泥炭、褐煤、风化煤等综合利用而发展起来的一种新型的有机无机复合肥料。因此，测定这些原材料和制成品中的腐殖质组成及含量，对于鉴定腐殖酸肥料的品质、广开肥源和指导农业生产有重要意义。分析腐殖酸原材料时，以测定总腐殖酸和游离腐殖酸为主。一般是先将其提取分离出来，然后再用重铬酸钾容量法或比色法测定，其含量是腐殖酸类肥料制造的重要依据。分析腐肥产品时则以腐殖酸铵为主，它是鉴定腐肥品质的依据。

20.5.1 腐殖酸类肥料的采集和制备[1]

20.5.1.1 风化煤、褐煤样品　样品的采集必须注意其代表性，采样点应选择在煤层厚度变化小的地方，先平整清理风化煤露头，再挖到顶板及底板界线清楚，煤层稳定为止。然后平整煤层表面，清理采样点后，沿煤层层理相垂直的方向，由顶至底线划两条相距 15 cm 的垂直线，在整个层面沿两线之间规则地取厚薄一致整层样品。采取的样品先收集在塑料布上，捣碎混匀后用四分法取适量置于塑料袋或布袋里，写好标签，送至风干室。样品风干后，磨碎全部过 80 目筛，置于样品瓶内备用。

20.5.1.2 泥炭样品 先选择代表性的点，在采样点挖一个深 1 m 左右的剖面，样品的采集同“土壤剖面样品的采集”，根据需要“段取”或整层采集一个混合样品。捏碎混匀后用四分法缩分到所需的数量（0.5～1 kg），写好标签，送至风干室。样品风干后，磨碎全部过 80 目筛，置于样品瓶内备用。

20.5.2 腐殖酸总量的测定[1,3,4,5,6,7]

20.5.2.1 方法原理 根据腐殖酸能溶解于碱溶液的特性，在测定总腐殖酸含量时，用焦磷酸钠碱性溶液作提取剂，它能和腐殖酸钙、镁盐中的 Ca^{2+}、Mg^{2+} 络合，形成焦磷酸钙、镁沉淀，难溶的腐殖酸钙、镁盐转化为可溶的腐殖酸钠盐被提取出来。反应式如下：

$$R(COO)_4Ca_2+Na_4P_2O_7 \longrightarrow R(COONa)_4+Ca_2P_2O_7\downarrow$$

$$R(COOH)_4+4NaOH \longrightarrow R(COONa)_4+4H_2O$$

浸提出的腐殖酸，在强酸性溶液中能被重铬酸钾氧化，根据重铬酸钾的消耗量，计算出腐殖酸的含量（原理同土壤有机质的测定中重铬酸钾容量法）。

20.5.2.2 主要仪器 水浴锅。

20.5.2.3 试剂

（1）碱性焦磷酸钠溶液。用表面皿称取焦磷酸钠 15 g，氢氧化钠 7 g 于烧杯中，加水 200 mL，搅拌使其溶解，定容为 1 000 mL，贮于带橡皮塞的玻璃瓶中。

（2）0.8 mol·L^{-1}（$1/6K_2Cr_2O_7$）溶液。称重铬酸钾 40 g 溶于 1 000 mL 水中。

（3）其它试剂同同土壤有机质的测定中重铬酸钾容量法。

20.5.2.4 操作步骤 称取样品约 0.200 0 g 放入 250 mL 三角瓶中，加碱性焦磷酸钠溶液 70 mL，摇匀，放在沸水浴中 30 min（中间振荡几次），取下冷却至室温。将提取液通过小漏斗洗入 100 mL 容量瓶中，再用水洗涤三角瓶数次，洗液全部倾入容量瓶内，定容。过滤于干三角瓶中，弃去最初滤液。

分别准确吸取滤液 5.00 mL 和 0.8 mol·L^{-1}（$1/6K_2Cr_2O_7$）溶液 5.00 mL放入 250 mL 三角瓶中，加入浓硫酸 15 mL，迅速摇匀，放在沸水浴中加热 30 min。冷却至室温，然后加入 80 mL 水，加 3 滴邻啡罗啉指示剂，用硫酸亚铁溶液滴定至溶液由黄绿色突变为砖红色为终点，记录硫酸亚铁的用量。同时做空白试验。

20.5.2.5 结果计算

$$\text{总腐殖酸}(\%)=(V_0-V)\times c\times 3\times 10^{-3}\times \text{分取倍数}\times 100/(m\cdot f)$$

式中：V_0，V——分别为空白测定和样品测定所消耗的硫酸亚铁的体积（mL）；

c——硫酸亚铁的浓度（$mol \cdot L^{-1}$）；

分取倍数——样品提取液的总体积（mL）/测定时所用提取液的体积（mL）；

3——（1/4C）原子的摩尔质量（$g \cdot mol^{-1}$）；

m——称取干样品的质量（g）；

f——腐殖酸的含碳量系数（泥炭 0.58，褐煤 0.64，风化煤 0.67）。

两次平行测定结果的允许差[7]：

总腐殖酸含量（%）	允许差（%）
<20	2
≥20	3

20.5.3 游离腐殖酸含量的测定

游离腐殖酸的测定，方法原理均与测定腐殖酸总量相同，其不同之处，仅仅是将碱性焦磷酸钠溶液，换为 10 $g \cdot L^{-1}$的氢氧化钠溶液，提取液中腐殖酸的测定和计算均与测定腐殖酸总量相同。

两次平行测定结果的允许差[7]：

总腐殖酸含量（%）	允许差（%）
<20	1
≥20	2

主要参考文献

[1] 南京农学院主编．土壤农化分析（一版）．北京：农业出版社．1980，310～321

[2] 南京农业大学主编．土壤农化分析（二版）．北京：农业出版社．1986，318～324

[3] 北京市腐殖酸分析协作组．腐殖酸总量的测定．化学通报．1975（4），20

[4] 华中农学院农学系农业分析室．腐殖酸类肥料的原料及成品的分析鉴定．湖北农业科学．1975（11），37～41

[5] 华中农学院农学系农业分析室．腐殖酸类肥料原料及成品的分析鉴定．湖北农业科学．1975（12），35～37

[6] 罗颖都．对腐植酸测定的容量法的新建议．化学通报．1979（2），28～32

[7] 农业部全国土壤肥料总站肥料处编．肥料检测实用手册．北京：农业出版社．1990，322～351

[8] 中国标准出版社编．化学工业标准汇编（化肥）．北京：中国标准出版社．1995，3～280

思　考　题

1. 如何采集和制备有机肥料样品？你知道了哪些种类的有机肥的全氮、磷、钾的含量范围？

2. 试比较有机肥料样品与植物样品的全氮、磷、钾的分析方法有何不同。

3. 查阅有关资料，腐殖酸类肥料有哪些种类，对作物能起到什么样的作用。

4. 运用所学的知识或查阅有关文献，拟定测定腐殖酸类肥料的有机质，全量或有效态氮磷钾以及微量元素（Fe、Mn、Cu、Zn、B等）的分析测定方法。

第二十一章 分析质量的控制和数据处理

21.1 概　　述

分析质量控制基本上是以统计学的应用为基础的，用现代科学管理和数理统计方法来控制分析数据的质量，使误差限制在允许的范围内，从而使分析数据准确可靠。质量控制是提高精度、减少偏差必不可少的方法和操作系统，没有质量控制的分析化学是推测。应用重复分析、加强样本（Spiked）、标准物质、标准参考物质和质量控制检查样本进行分析质量控制是建立在保证质量、预先控制、实事求是和根据数据下结论的基础上。凡是获得国际、国家、部门或地区认可的实验室、所检测的结果，具有仲裁性和权威性，必须开展实验室质量控制；其它实验室，为了对科研、教学和生产应用负责，也需要开展质量控制。

开展质量控制应具备一定的条件。首先要建立必要的实验室管理制度；其次应具备与所承担任务相适应的仪器设备，分析人员数量及素质；第三，应有质量保证体系和与检测业务相适应的各项技术规范。对于分析项目的分析方法，凡有国家标准的一律用国家标准方法，在条件不具备需要更改分析方法者，必须在有资格、有经验的分析人员指导下选择合适的分析方法，并经国家标准方法或经典方法校验，符合一定误差范围者方可应用。实验室总体布局要合理，计量器具及分析试剂必须符合规定标准。

分析质量控制包括采样误差及其控制、分析误差及其控制和实验室质量控制等。实验室质量控制又分为实验室内部质量控制和实验室间质量控制两个部分。实验室内部质量控制是把分析误差控制在一定的允许范围内，获得准确可靠的分析结果；实验室间质量控制是检查各实验室之间是否存在着系统误差，使实验室之间的分析结果具有可比性。所有操作环节都应遵循减少误差的原则，应用统计分析方法对数据进行评估，并按严格的标准取舍数据。建立实验室分析质量控制保证体系，对实验室内和实验室间分析质量进行定期检查，以保证分析结果的准确性、可靠性和重现性。分析质量控制是提高技术人员业务水平，保证工作质量和加强科学管理的有效途径，已在农学、医学、分析化学、卫生检验及环境监测等方面得到广泛应用。

21.2 采样误差及其控制[1,2,3]

21.2.1 采样误差

采样误差来源于样品的采集、保存及制备各个环节所引起的误差。样品的代表性差是引起采样误差的主要原因。此外，由于采样不规范、样品制备和保存不当，造成样品污染和成分改变也是采样误差的直接来源。在分析质量控制中，样品的采集、保存及制备既是第一道“关卡”，也是最重要和影响最大的一个环节，它对分析结果的可靠性起决定性作用。如果采样误差大，对以后的分析无实际意义。

采样误差属于偶然误差的范畴。偶然误差的产生符合数学上的概率规律，是按着正态分布曲线分布的，是可以用数学统计方法测定的。由于样品的不均匀性，要完全克服采样过程中的偶然误差是困难的。但是，根据分析的目的，采取各种有效措施，正确进行样品的采集，是可以将采样的偶然误差降低到最低限度。至于在样品采集、保存及制备过程中由于被污染所引起的误差，只要遵循一定的技术规范进行操作是完全可以避免的。

21.2.2 采样误差的控制

究竟如何控制采样误差，才能使所采集的样品具有较大的代表性，从理论上讲，每个混合样品的采样点愈多，即每个样品所包含的个体数愈多，则对该总体来说，样品的代表性就愈大。在一般情况下，采样点的多少，取决于所研究范围的大小、研究对象的复杂程度和试验研究所要求的精密度等因素。研究的范围愈大，对象愈复杂，采样点数必将增加。在理想情况下，应该使采样点和量最少，而样品的代表性又是最大，使有限的人力和物力，得到最高的工作效率。

究竟最少需要多少个样点组成一个混合样品才符合要求，从理论上讲，第一要保证足够多的样点，使之有较大的代表性；第二要使采样误差控制到与室内分析所允许的误差比较接近。根据这两个要求，一个混合样品应当包括的采样点数，可以根据各采样点的变异系数和试验所要求的精密度计算出来。其计算公式如下：

$$n=(CV/m)^2$$

式中：CV——变异系数，用百分数表示，根据标准差和平均值计算而得（见 21.3.1.2）；

m——试验所允许的最大误差（要求的精密度），单位为百分率（%）；

n——混合样品应有的采样点数。

利用这个公式，可以作为提供采样数目或采样点数的参考。但是，对于那些没有任何资料的地区的采样工作仍然无法应用，除非能对总体的变异程度有所估计。在分析人员具有一定操作技术的情况下，为了有效地控制采样误差，宁可适当增加样点数目而减少称样重复，样品待测液的重复测定更不必要，这样可以更好地控制采样误差。对于土壤、植物和肥料样品的采集、保存与制备都有规定的标准方法和技术规范，只要按采样标准和技术规范进行操作，就可以使采样误差降低到最小程度。有关样品的采集、保存及制备的具体方法可参考本书有关章节。为了有效地控制采样误差，在采集样品时应该遵循如下原则。

21.2.2.1 代表性 分析所用的样品数量很小，但它必须对所研究的实物总体有一定的代表性才能使分析结果能反映总体的某些性状。因此，要选择一定数量的能够符合大多数情况的土壤、植株或肥料为样品，避免选择有边际效应，如田埂、地边及其它特殊个体作为样品。

21.2.2.2 典型性 采样时采样点和采样部位要能反映所要了解的情况，要针对所要达到的目的，采集能充分说明这一目的典型样品。

凡作为整体评价者应按不同质量、部位的样品制成混合样品进行分析，各部位成分不均匀者可根据分析目的分部位采取典型样品进行分析，不能将不同部位样品随意混合。对于植株样品，如要用于营养诊断，一般采集典型叶片或部位、器官：幼苗期采集整个植株，其它时期采集地上部成熟叶片。

21.2.2.3 对应性 土壤和植株营养诊断及毒害诊断的采样要有对应性，即在发生缺素症或中毒症的植株附近采集土壤和植株样品，同时还要选择在正常生长的植株附近采集土壤和植株样品，这样才能根据分析结果作出正确结论。在同一地块里，发生症状的植株分布不均匀，一般不能采集混合样，而是有针对性地把有病植株和对应土壤分别采集混合。

21.2.2.4 适时性 测土推荐施肥采样一定要在施肥前进行，一般选择春季或秋季采样；植物营养诊断一般在植物生长期根据不同生长发育情况定期采样；对于某些农产品品质分析，特别是那些随时间推移会发生明显变化的成分，采样和分析必须适时进行。例如蔬菜、水果中维生素 C 测定等。

21.2.2.5 防止污染　采样过程中要防止样品之间及包装容器对样品的污染，特别是要注意影响分析成分的污染物质。

21.3 分析误差及其控制[1,2,4]

21.3.1 分析误差的来源及表示方法

21.3.1.1 分析误差的来源　在分析过程中产生的各种误差统称为分析误差。分析误差包括系统误差、偶然（随机）误差和差错（粗差）。

系统误差是由分析过程中某些固定原因引起的。例如方法本身的缺陷、计量仪器不准确、试剂不纯、环境因素的影响以及分析人员恒定的个人误差等。它的变异是同一方向的，即导致结果偏高的误差总是偏高，偏低的总是偏低，只要分析条件不变，在重复测定时会重复出现，所以较易找出产生误差原因和采取各种方法测定它的大小而予以校正，因此又称为可测误差或易定误差。

偶然误差又称随机误差，是指某些偶然因素，例如气温、气压、湿度的改变，仪器的偶然缺陷或偏离，操作的偶然丢失或沾污等外因引起的误差。它的变异方向不定，或正或负，难以测定。偶然误差是服从正态分布的，即95%的测定值应落在均值$\overline{X}\pm1.96S_x$（标准误）范围内，称为95%置信限；99%的测定值应落在均值$\overline{X}\pm2.58S_x$范围内，称为99%置信限。

差错亦称粗差，是由于分析过程中的粗心大意，或未遵守操作规程、或读数、记录、计算错误，或加错试剂等造成测定值偏离真值的异常值，应将它舍弃。差错无规律可循，小的错误，可增大试验误差，降低分析的可靠性，大的错误可导致分析失败。因此，在分析过程中必须严格要求，细心操作，避免各种错误的发生。

上述三种误差除偶然误差外，其它两种都可以避免。控制偶然误差的方法一般采用“多次平行测定，取其平均值”的重复测定法。因为平均值的偶然误差比单次测定值的偶然误差小，误差的大小与测量次数的平方根成反比（$S_x=S/\sqrt{n}$）。一般为评价某一测定方法，采用10次左右重复即可，若为标定某标准溶液的浓度，只要进行3～4次，一般分析只需重复1～3次。

21.3.1.2 分析误差表示方法

（1）绝对误差和相对误差。用于表示分析结果的准确度。测定值与真值之差为绝对误差，有正负之分；相对误差指绝对误差与真值之比，常用百分数表示。实际应用上多以相对误差来说明分析结果的准确度。

$$绝对误差=测定值（X）-真值（\mu）$$

$$相对误差=\frac{测定值（X）-真值（\mu）}{真值（\mu）}\times 100\%$$

（2）绝对偏差与相对偏差。偏差是测定值偏离算术平均值（$\overline{X}$）的程度，用于表示分析结果的精密度。

① 绝对偏差=测定值（X_i）－平均值（X）

② $相对偏差=\frac{测定值（X_i）-平均值（X）}{平均值（X）}\times 100\%$

③ 标准偏差（标准差）表示群体的离散程度，用以说明分析结果的精密度大小。

单次测定的标准差为：

$$S=\sqrt{\frac{1}{n-1}\sum_{i=1}^{n}(X_i-\overline{X})^2}=\sqrt{\frac{\sum X_i^2-(\sum X_i)^2/n}{n-1}}$$

S 值小，说明单次测定结果之间的偏差小，精密度高，平均值的代表性高。一般用 $X\pm S_x$ 表示。

平均值标准差（标准误）：一组多次平行测定结果用平均值表示时，一般用平均值标准差 $S_{\bar{x}}$ 表示平均值精密度的大小。$X_{\bar{x}}$ 的大小与测定次数 n 有关。

$$S_{\bar{x}}=\frac{S}{\sqrt{n}}$$

平均值标准差是重要的偏差指标，用 $\overline{X}\pm S_{\bar{x}}$ 表示。

④ 相对标准差（变异系数）：标准差占测定值的平均值的百分率称为变异系数（$CV\%$）：

$$CV\%=\frac{S}{\overline{X}}\times 100\%$$

$CV\%$ 小，说明平均值的波动小，亦即精密度高，代表性好。

误差和偏差虽有不同的含义，但两者又是难以区分的。因为“真值”很难测定，$\overline{X}$ 实际上是实测的“平均值”，因此不必严格区分误差和偏差。在一般分析工作中通常只做两次平行测定。为简单计，可以用两个数值的“相差”（绝对相差或相对相差，不计正负号）来说明分析结果的符合程度。

分析结果的准确度主要由系统误差决定的。准确度高，表示测定结果很好。精密度则是由偶然误差决定的。精密度高，说明测定方法稳定，重现性好。精密度高的不一定准确度高，如果没有较高的精密度，则很少能获得较高的准确度。理想的测定既要有很高的准确度，也要有很高的精密度。

21.3.2 分析误差的控制

21.3.2.1 *粗差及系统误差的控制* 误差是客观存在的，虽然不能被消除为“零”，但是可以被控制在最小范围。粗差是完全可以避免的，关键在于加强分析检测人员的责任心，建立健全规章制度，训练技术人员使之具备应有的科学态度和工作作风，杜绝过失所致的错误。系统误差应从仪器、量具的校正，试剂质量选择，分析方法选用以及对照试验，空白试验等方面加以考虑。

（1）仪器、量具的校正。必要时可对仪器、量器进行校正，如天平、比色计、容量瓶、移液管、滴定管等，以减免仪器误差。仪器校正方法可参阅有关定量分析参考书。使用仪器或量具应按具体规定进行。

（2）试剂质量控制。应按分析要求选择适合的试剂质量，包括水及化学试剂。同时还应注意试剂的配制、使用和贮存方法，必要时应提纯试剂。有关水及试剂标准分级可参见第一章。

（3）空白试验。除了不加样品以外，完全按着样品测定的同样操作步骤和条件进行测定，所得结果称为空白试验值，用以校正样品的测定值，减少试剂、仪器误差和滴定终点等所造成的误差。

（4）对照试验。用标准物质（或参比样品）进行对照试验，或用标准方法（或参比方法）进行对照，或由本单位不同人员或不同单位进行分析对比，都可以检验和校正分析结果的误差。详见21.4.2.2。

（5）分析方法的选用（详见21.4.1.1）。

21.3.2.2 偶然误差的控制　大量的生产实践和科学实验说明，当对一个样品进行重复多次的测量，然后把测定的结果进行统计，就可以得到偶然误差符合正态分布曲线。以 X 作为 μ 的估计值，以 S 作为 σ 的估计值，用正态曲线下面积的分布规律来估计其频数分布的情况（图21-1）。

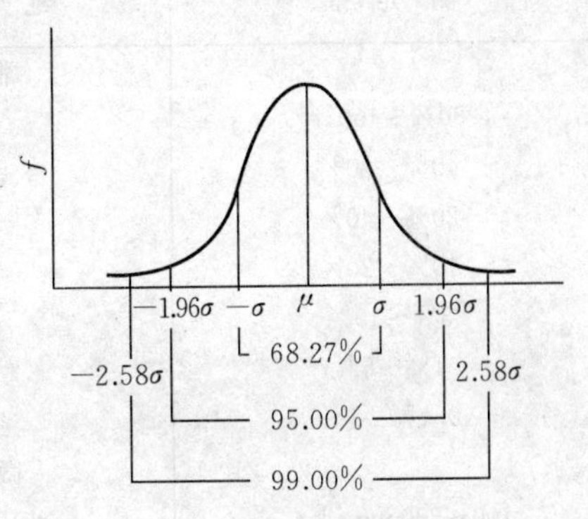

图21-1　正态曲线下的面积分布

图中横坐标为测定值，纵坐标为获得相同数值的测定次数（即频率）。μ 为总体的平均值，σ 为总体的标准差，如以曲线下所覆盖总面积为100%，则在一个标准差范围内（$\mu\pm\sigma$），68.3%的数据出现；在正负两个标准差内（$\mu\pm2\sigma$），95%的数据出现；最后在正负三个标准差内（$\mu\pm3\sigma$），99.7%的数据出现。这是建立控制限度的依据，相当于加减三个标准差。

偶然误差符合正态分布这一理论的确立，奠定了偶然误差控制的质控图制作的理论依据。因为正态曲线是一条左右对称的钟形曲线，从峰顶作一垂线与横坐标的相交点即为该总体的平均值（μ），凡实测值偏离 μ 愈小即偏差愈小，这种测定值出现的概率愈大；反之，若实测值偏离 μ 愈大，这种实测值出现的概率愈小。如果有一个错误的测定值，它必须偏离 μ 很远，当偏离 $\mu \pm 2.0\sigma$ 时，其出现的概率只有 5%；如果偏离达到了 $\mu \pm 3.0\sigma$ 后，这种可能性只有 0.27%，也就是说，如果我们将偏离 μ 这样大的测定值认为是这一总体中的一个样品的可能性只有 0.27%，换句话说，它不是这个总体的可能性则有 99.73%，因此有足够大的信心判定这个实测值有较大的误差，应当去掉。

从数理统计的理论出发，用平均值比用单一测定值较准确、可靠，如果重复的次数愈多，其平均值愈接近真值。分析结果的允许偏差（相差）范围是总结实际分析情况后确定的，两次平行测定结果的相差超过允许值，必须重做。

确定允许偏差范围的大小，要综合考虑：①生产和科研工作的要求；②分析方法可能达到的准确度和精密度；③样品成分的复杂程度；④样品中待测成分的高低等因素。从表 21-1 可以看出，样品中待测成分含量愈大，允许绝对偏差也愈大，而相对偏差则愈小。微量元素的允许偏差则用绝对偏差表示更好。

表 21-1　分析结果允许的误差范围

测定值	绝对偏差	相对偏差
	常量分析*	
80%～100%	0.30%	0.4%～0.3%
40%～80%	0.25%	0.6%～0.3%
20%～40%	0.20%	1.0%～0.5%
10%～20%	0.12%	1.2%～0.6%
5%～10%	0.08%	1.6%～0.8%
1%～5%	0.05%	5.0%～1.0%
0.1%～1%	0.03%	0.3%～3.0%
	微量分析**	
100～300 $mg \cdot kg^{-1}$	<15 $mg \cdot kg^{-1}$	5%～9%
50～100 $mg \cdot kg^{-1}$	<8 $mg \cdot kg^{-1}$	9%～11%
10～50 $mg \cdot kg^{-1}$	<5 $mg \cdot kg^{-1}$	11%～13%
<10 $mg \cdot kg^{-1}$	<1.5 $mg \cdot kg^{-1}$	13%～20%

*　摘自南京农业大学主编《土壤农化分析》第二版，第 9 页。农业出版社，1986。

**　摘自 GB—7877—87 森林土壤微量元素分析结果允许偏差。

21.3.3　分析数据的统计处理

21.3.3.1　可疑数据的取舍　为了使分析结果更符合客观实际，必须剔除明显歪曲试验结果的测定数据。正常数据总是有一定的分散性，如果人为删去未经检验断定其离群数据（Outliers）的测定值（即可疑数据），由此得到精密度很高的测定结果并不符合客观实际。因此对可疑数据的取舍必须遵循一定原则。

（1）取舍原则。

① 测量中发现明显的系统误差和过失错误，由此而产生的分析数据应随时剔除。

② 可疑数据的取舍应采用统计学方法判别，即离群数据的统计检验。

③ 大样本离群数据的取舍（三倍标准差法）。根据正态分布密度函数，设测定值为 X_i，可表示为 $X_i+3S\geqslant\mu\geqslant X_i-3S$。若 X_i 在 $X_i\pm3S$ 范围内，此数据可用；若在 $X_i\pm3S$ 范围外，此数据不可用，须舍弃（亦称莱特准则）。该判断的置信度在 99.7%以上，但测定次数增多时，出现可疑值机会就随之增加，应将取舍标准改变如下。

先计算多次测定结果的平均值 $\overline{X}$ 和标准差 S，再计算 Z 值：

$$\overline{X}=\frac{X_1+X_2+\cdots+X_n}{n}$$（n 为包括可疑值在内的测定次数）

$$S=\sqrt{\frac{\sum X^2-\frac{(\sum X)^2}{n}}{n-1}}$$

$$Z=\frac{X-\overline{X}}{S}$$（X 为可疑值）

然后查正态分布表，得对应于 Z 值的 a 值。如 $na<0.1$，则舍弃，>0.1，则不舍弃。

例如：土壤全氮的 5 次平行测定结果（$g\cdot kg^{-1}$）为 1.52，1.48，1.65，1.85，1.45。其中 1.85 为可疑值，需判断取舍。计算平均值 $\overline{X}=1.59$；$S=\pm0.164$；$Z=(1.85-1.59)/0.164=1.585$。查正态分布表 $a=0.056\,5$，$na=5\times0.056\,5=0.282\,5$，因 $na>0.1$，可疑值 1.85 $g\cdot kg^{-1}$ 不予舍弃。

（2）小样本离群数据取舍（n 为有限数）。有几个统计检验方法来估测可疑数据，包括 Dixon，Grubbs，Cochran 和 Youden 检验法。可以对一个样品，一批样品，一台仪器或一组数据中可疑数据的检验。现介绍最常用的两种方法。

① 狄克逊（Dixon）检验法：此法适用于一组测量值的一致性检验和剔除离群值，本法中对最小可疑值和最大可疑值进行检验的公式因样本的容量 n 的不同而异，检验方法如下。

将一组测量数据从小到大顺序排列为 X_1、$X_2\cdots X_3$，X_1 和 X_n 分别为最小可疑值和最大可疑值，按表 21－2 计算公式求 Q 值。

根据表 21－3 中给定的显著性水平 α 和样本容量 n 查得临界值 Q_α。

若 $Q \leqslant Q_{0.05}$，则检验的可疑值为正常值；

若 $Q_{0.05} < Q \leqslant Q_{0.01}$，则可疑值为偏离值；若 $Q > Q_{0.01}$，则可疑值为离群值，应舍去。

表 21－2　Dixon 检验统计量 Q 计算公式

n 值范围	可疑值为最小值 X_1 时	可疑值为最大值 X_n 时
3～7	$Q=(X_2-X_1)/(X_n-X_1)$	$Q=(X_n-X_{n-1})/(X_n-X_1)$
8～10	$Q=(X_2-X_1)/(X_{n-1}-X_1)$	$Q=(X_n-X_{n-1})/(X_n-X_2)$
11～13	$Q=(X_3-X_1)/(X_{n-1}-X_1)$	$Q=(X_n-X_{n-2})/(X_n-X_2)$
14～25	$Q=(X_3-X_1)/(X_{n-2}-X_1)$	$Q=(X_n-X_{n-2})/(X_n-X_3)$

表 21－3　Dixon 检验临界值表*

显著性水平	n								
	3	4	5	6	7	8	9	10	11
$Q_{0.05}$	0.941	0.765	0.642	0.560	0.507	0.554	0.512	0.477	0.576
$Q_{0.01}$	0.988	0.889	0.780	0.698	0.637	0.683	0.635	0.597	0.679
显著性水平	12	13	14	15	16	17	18	19	20
$Q_{0.05}$	0.546	0.521	0.546	0.525	0.507	0.490	0.475	0.462	0.450
$Q_{0.01}$	0.642	0.615	0.641	0.616	0.595	0.577	0.561	0.547	0.535

* 摘自鲍士旦主编．《农畜水产品品质化学分析》．北京：中国农业出版社，1996，544

表 21－4　Grubbs 检验临界值表*

显著性水平	n								
	3	4	5	6	7	8	9	10	11
$T_{0.05}$	1.153	1.463	1.672	1.822	1.938	2.032	2.110	2.176	2.234
$T_{0.01}$	1.155	1.492	1.749	1.944	2.097	2.221	2.323	2.410	2.485
显著性水平	12	13	14	15	16	17	18	19	20
$T_{0.05}$	2.285	2.331	2.371	2.409	2.443	2.475	2.504	2.532	2.557
$T_{0.01}$	2.550	2.607	2.659	2.705	2.747	2.785	2.821	2.854	2.884

* 摘自鲍士旦主编．《农畜水产品品质化学分析》．中国农业出版社，1996，544

② 格鲁勃斯（Grubbs）检验法：此法适用于检验多组测量值的均值的一致性和剔除多组测量值中的离群均值，也可以用于检验一组测量值一致性和剔除一组测量值中离群值。方法如下：

在一组测量值中，依从小到大顺序排列为 X_1，X_2，X_3，…，X_n，若对最小值 X_1 或最大值 X_n 可疑时，进行下列计算：

$$T=(\overline{X}-X_1)/S$$

$$T=(X_n-\overline{X})/S$$

式中 X_1 为最小值，X_n 为最大值，$\overline{X}$为平均值，S 为标准差。

若根据测定次数（n）和给定的显著性水平 α，从表 21－4 得 T_α 临界值。

若 $T \leqslant T_{0.05}$，则可疑值为正常值；

若 $T_{0.05} < T \leqslant T_{0.01}$，则可疑值为偏离值；

若 $T > T_{0.01}$，则可疑值为离群值，应舍去。

舍去离群值后，再计算$\overline{X}$和 S，再对第二个极值进行检验。

21.3.3.2　有效数字修约规则　有效数字修约按国家标准 GB1.1－81 附录 C“数字修约规则”的规定进行，具体如下：

(1) 拟舍弃数字的最左一位数字小于 5 时，则舍去，即拟保留的末位数字不变。例如，将 12.149 8 修约到一位小数得 12.1；修约成两位有效位数得 12。

(2) 拟舍弃数字的最左一位数大于（或等于）5，而其右边的数字并非全部为 0 时，则进一，即所拟保留的末位数字加一。例如，10.61 和 10.502 修约成两位有效数字均得 11。

(3) 拟舍弃的数字的最左一位数为 5，而其右边的数字皆为 0 时，若拟保留的末位数字为奇数则进一，为偶数（包括“0”）则舍弃。例如，1.050 和 0.350 修约到一位小数时，分别得 1.0 和 0.4。

(4) 所拟舍弃的数字，若为两位以上数字时不得连续多次修约，应按上述规定一次修约出结果。例如，将 15.454 6 修约成两位有效数字，应得 15，而不能 15.454 6→15.455→15.46→15.5→16。

取舍原则可简记为：“四舍六入五留双”或“四舍五入，奇进偶舍”。

21.3.3.3　有效数字的运算规则

(1) 加法和减法运算规则。先将全部数字进行运算，而后对和或差修约，其小数点后有效数字的位数应与各数字中的小数点后的位数最少者相同。例如，4.007－2.002 5－1.05＝0.954 5→0.95。

(2) 乘法和除法运算规则。先用全部数字进行运算，而后对积或商修约，其有效数字的位数应和参加运算的数中有效数字位数最小者相同。例如，$7.78 \times 3.486 = 27.121\,08 \rightarrow 27.1$。

(3) 对数运算规则。进行对数运算时，对数值的有效数字位数只由尾数部分的位数决定，首数部分为 10 的幂数，与有效数字位数无关。例如 $\log 1234 = 3.091\,3$。

(4) 乘方和开方运算规则。计算结果有效数字的位数和原数相同。例如，

$$\sqrt{1.4 \times 10^2} = 11.832\,159\,57 \rightarrow 12$$

必须注意，有效数字进行加、减、乘、除运算时，一般不得在运算首先把多余位数进行舍入修约。

21.4 实验室内部质量控制

实验室内的质量控制旨在保证分析结果具有一定精密度和准确度，使分析数据在规定的置信限内。

实验室内部质量控制主要对使用的分析方法（包括标准分析方法），自行配制标准物和选用质控样品进行方法精密度和准确度的测定，应用实验室控制样品、质量控制检查样品、标准物添加样品（增强样品）和质量控制图等对实验室内部质量进行控制。

21.4.1 实验室内自控中对所用分析方法特征参数的测定[2,4,5]

21.4.1.1 *分析方法选择与评价* 分析方法决定了分析结果应有的准确度、精密度、检出限和对样品的适应性。在统一分析方法时也存在着对分析方法的选择和评价。随着科学技术发展，新仪器的问世，方法也要不断地改进和更新。

分析方法首先应选择国际分析法或国家标准方法，对尚未制订统一标准者应首先选择经典方法，并经过加标准物质回收试验证实在本实验室条件下已达到分析标准后方能使用。但经典方法往往都比较繁琐，或需用某些高精密度仪器，如果实验室条件不具备，可以选用某种方法作为常规方法，此常规方法必须有足够的精密度、准确度和适宜的分析范围，并与经典方法进行比较，符合上述条件后，通过分析专家或实验室技术负责人签字批准后方可应用。评价一种方法是否合适，须作一系列评价试验，包括重复性试验、干扰试验、对照试验、空白试验、回收试验以及与标准方法的比较试验等，以考核方法误差大小，并与确定的“允许误差”比较。允许误差一般以“变异指数”作为指标较为合理，凡变异指数小于 2 的，此方法的偶然误差才算符合要求。

$$变异指数=CV_d/CV_s$$

式中：CV_d——拟用方法变异系数；

CV_s——标准方法变异系数。

比较慎重决定分析方法时，应采用 F -测验法，根据两种方法的自由度，查 F 表，凡 F 值小于 F 表上数值时，表明两种方法差异很小，可以使用拟用方法。

21.4.1.2 准确度测定　用增强样品作标准回收率试验来评价分析方法的准确度。增强样品是常规样品，其中加入了已知含量的标准物质。样品作为本底，而本底测量时所显示的误差反映的是偶然（随机）误差；添加的标准物质作为真值，其测定误差反映了系统误差，所以回收率是两种误差的综合指标，能决定方法的可靠性。

取两份相同的样品，一份加入已知量的标准物，在同一条件下测定其含量，计算加入已知量的回收率，可作为准确度指标。

$$回收率（\%）=\frac{测得总量-样品含量}{标准加入量}\times 100$$

回收率愈接近100%，说明结果愈准确，如果要求允许差为±2%，则回收率应在98%～102%之间，一般回收率在80%～120%，则该分析方法可能适合有关样品分析。如果回收率落在设定的控制限内，则测定过程在统计控制内。但由于下面的原因，回收率不必用于校正常规数据：①增强样品可能比自然样品的有关分析更容易回收；②增强样品可能被消耗掉或被常规样“固定”；③增强样品可能在其它方面受样品或溶液基质的影响。由于标准物质加入后可能会受到上述干扰而影响回收率，所以在测定线性范围内应观察不同加入量的回收率。一般要求低、中、高三个剂量。

标准添加物质的加入量应根据本底样品中有效成分含量，一般标准添加物中有效成分的含量为待测液的0.5～5倍，如果被测样品（本底）中有效成分未知，应先测得其含量。标准物可以直接加到样品分解或提取溶液中。

21.4.1.3 精密度测定　精密度通常用标准差（S）和变异系数（CV）表示。当测定次数较少时也可以用相对偏差表示。在完全相同条件下（指同时、同人、同一实验室及仪器设备、同一个均匀样品）同时获得测定结果之间的符合程度，称为平行性；凡人、时间或设备中有一项不同时，其独立测定结果之间的符合程度，称为重复性。室内精密度用平行性和重复性表示，可以反映人和时间两个主要因素的影响，用来观察测定系统的偶然误差。

精密度随待测样品浓度不同而不同。因此，在浓度不确定情况下，选择分析重复是必要的。用变异系数（相对标准差）对室内分析和仪器重复作基本评价，由于 CV 是根据平均分析浓度，CV 对于低浓度的重复可能是非常高的值，对于分析和测定重复，变异系数在 5%～10%。一般规定 mg 级 CV 为 5%，μg 级 CV 为 10%，ng 级 CV 为 50%左右。

21.4.1.4 灵敏度测定 分析方法灵敏度是指单位浓度或单位量的被测物质所产生的响应值变化程度。实际工作中以标准曲线斜率度量方法灵敏度。

标准曲线是以响应值为纵坐标，以标准物质量或浓度为横坐标，其直线方程为：

$$\hat{y}=a+bx$$

$$b=(\hat{y}-a)/x$$

式中：$\hat{y}$——仪器响应值；

x——物质的质量或浓度；

a——回归截距；

b——方法灵敏度（即回归斜率）。

灵敏度在实验条件不变时具有相对稳定性，使用标准曲线时，从灵敏度变化考查实验条件是否有变化。如有变化，应核实标准曲线条件，使其达到原有灵敏度。

21.4.1.5 全程序空白值测定 全程序空白值是指用一方法测定某物质时，除样品中不含该测定成分外，整个分析过程的全部因素引起的测定信号值或相应浓度值。空白值的大小和离散程度，对分析结果的精密度和方法检出限都有直接影响，特别是样品在痕量状态下影响更显著。空白值的重复性可全面地反映实验室和分析人员水平。每次测定两个平行样，连测 5d，计算 10 次所测结果的总标准偏差 S_b。

$$S_b=\sqrt{\frac{\sum_{i=1}^{n}X_i^2-1/n\left(\sum_{i=1}^{n}X_i\right)^2}{\mathrm{d}(n-1)}}$$

式中：n——每天测定平行样个数；

d——测定的天数（重复测定次数）。

21.4.1.6 检出限测定 在分析方法所规定的条件下，方法所能测出的最低浓度或最低量，称为检出限。根据空白测定的总标准偏差（S_b）按下列公式计算出检出限（95%置信限）。

（1）若试样一次测定值与零浓度试样测定值有显著性差异时，最低检出浓度按下式计算：

$$L=2\sqrt{2}t_{f(0.05)}S_b$$

式中：L——方法最低检出浓度；

$t_{f(0.05)}$——双侧显著性水平为5%，批内自由度 $f=m(n-1)$ 时 t 分布临界值；

S_b——测定次数为 n 次的空白值标准差。

(2) 在原子吸收光谱法中用下式计算最低检出限浓度：$L=3S_b$

(3) 根据仪器灵敏度和空白测定值确定检出限。

一般情况下用光电仪器测定浓度时，以信/噪≥2为检出限；对于吸光光度法则规定当扣除空白值后吸光度为0.01者对应的浓度作为检出限。

国际理论与应用化学联合会（IUPAC）对检出限作如下规定：

$$L=(X_L-\overline{X}_b)/m=KS_b/m$$

式中：X_L——最小分析响应值；

X_b——多次测定空白的平均值；

S_b——多次测定空白的标准差；

K——根据一定置信限确定的系数，当置信限为90%时，$K=3$（$n<20$）；置信限为95%时，$K=4.65$（$n>20$）；

m——方法灵敏度。

当检出限大于标准方法规定的最低检出限浓度值时，表明空白试验不合格，必须寻找原因降低空白值，重新测定空白计算直至合格，才能进行该项目的分析测定。

21.4.1.7　校正曲线测定　校正曲线通常包括工作曲线和标准曲线。前者绘制时与样品分析步骤完全相同，后者则省略样品前处理，用标准溶液直接获得响应值。但工作曲线和标准曲线都是用于描述待测物质的浓度或量与相应的仪器响应之间的定量关系的曲线。

校正曲线可提供如下参数：

(1) 线性范围。当采用直接型时，线性范围只用呈直线的一部分；当采用曲线回归时（其方程为 $y=a+bx+cx^2$）也应剔除测点不在曲线上或远离曲线的两端。

(2) 检测上限。直线范围的最高点所对应的物质的量或浓度称检测上限。采用抛物线等曲线回归时，检测上限指在曲线上有实用意义的最高浓度或物质的量。

(3) 方法适用范围和最佳测定范围。适用范围指从检出限到上限之间的浓度范围；最佳范围一般指线性最好的那个范围，一般位于曲线的中部，实测点全部落在直线上或离直线很近。精密度要求愈高，最佳可测范围愈小。但即使精度要求不高，也不允许样品测定值超出校正曲线实测点的范围以外。

21.4.2 实验室内部质量控制方法

21.4.2.1 实验室控制样品的应用[7] 实验室控制样品（Laboratory Control Samples）是可重复测定的增强的试剂、水或其它空白物质，用以检查仪器系统校正控制状态。实验室控制样品还被称为连续标定检验（CCV）样品，对实验室控制样品分析精度的估测可归因于校正曲线的浓度水平。应用实验室控制样品，在浓度接近校正范围的中点附近选择这些样品用于仪器分析，尤其怀疑仪器漂移时。

实验室控制样品是在一定的间隔时间内分析的。例如每10次测定一次，以检测仪器的校准。其结果与对照比较。如果这个结果是合适的，分析继续；如果其结果不能被接受，仪器重新校正，由过去控制的所有样品必须重新分析。来自实验室控制样品数据的标准差是对仪器测定系统精密度的一种测定。

21.4.2.2 质量控制检查样品的应用[7] 质量控制检查样品（Quality Control Check Samples）是与常规样品相同的制备和分析方法获得的已知参考值的物质。它可以是标准物质、标准参考物质或机构内部标准样品。重要的参数在质量控制检查样品中必须是稳定的，质量控制检查样品与常规样品应该是类似的基质。标准物质（样品）通常由国家技术监督局组织鉴定或审批，其制作要求极其严格，因而具有较高的准确度，一般用于检验考核实验室和分析人员的技术水平，也常用于分析仪器的检验和分析方法评价等。有时也用作基准物质的代用品。因为它除了成分已知外，还含有与待测样品相似的其它组分，在某种情况下，比用纯化学试剂作为基准物质更好。标准参考物质（样品）较标准物质为低，可采集一定数量的土壤、植物或其它样品，经风（烘）干、剔除杂物、制样，充分混匀后，分发至几个条件比较好的实验室（一般不少于5个），用统一方法进行成分分析，经整理统计后，其平均值和标准差可作为实验室日常分析的参考。如果机构内部标准是一种溶液，它的来源和校正标准是有区别的。标准溶液如有国家标准者应尽量选用国标，以提高可比性，没有国标或部门标准者，可由中心实验室统一配制后发放使用，经过一段时间后应复查标准溶液的稳定性。

质量控制检查样品含有“已知”的有关成分的量，对于标准物质、标准参考物质其平均值和标准差列在分析说明中；对于机构内部标准，平均分析浓度和标准差来自于重复分析，通常与标准物质或标准参考物质比较。对于所有的分析，在每一批分析操作至少有一个质量控制检查样品。质量控制检查样品必须与常规样品相同的分析制备方法。如果质量控制检查样品分析结果落在2个平均数标准差以内，质量控制样品是在控制中。换句话说，分析制备和仪器测定系统被认为是以合适的精密度进行。如果质量控制检查样品是失控的，被怀疑是各种各样问题，包括仪器失灵或分析污染或损失等。在经过适当的校正以后，例如重新校正仪器、重新制备一批样品进行分析。

21.4.2.3 “双盲”试样应用[7]　由实验室管理人员或质量保证人在某一时期内向实验室提供盲目重复试样，相同的样品分析者并不知道，不给分析者提供任何有关的分析浓度，这些样品被称为“双盲”。每次分析至少要分析7对盲目重复试样，提出者把获得的数据与原来的常规数据比较进行检查，根据对实验室内部精度要求的期望值对分析结果进行评估。当任何分析数据不能和分析标准一致时，在这一范围内可能有错误，例如计算、称重、稀释以及校正等过程的错误，需要检查。如果不能确定其误差原因，需要重新分析或提交另外的“双盲”试样。这是一个鉴定部分分析过程的有效方法。

21.4.2.4 质量控制图的绘制及使用[2,5,7]　根据误差为正态分布的原理，在统计学上 $X \pm 1S$ 占正态曲线下面积的 68.26%，以此作为上辅助限和下辅助限；$X \pm 2S$ 占总面积的 95.45%，以此作为上警戒限和下警戒限；$X \pm 3S$ 占总面积的 99.73%，以此作为控制图的上控制限和下控制限（图 21-2）；超过 3 倍 S 的概率总共只占 0.27%，以乃属于小概率事件，亦即同一总体中出现如此大偏差的概率极小，可以认为它不是这个总体中的一个随机样品，这个结论具有 99.73%的把握是正确的。既然不能作为同一总体中的一个随机组成者，而在分析测试中是用同一分析方法，在相同条件下所测得的同一个样品（例如空白试验）的检测值，则必然发生了某种影响较大因素的作用，从而有根据否定这一测定值。

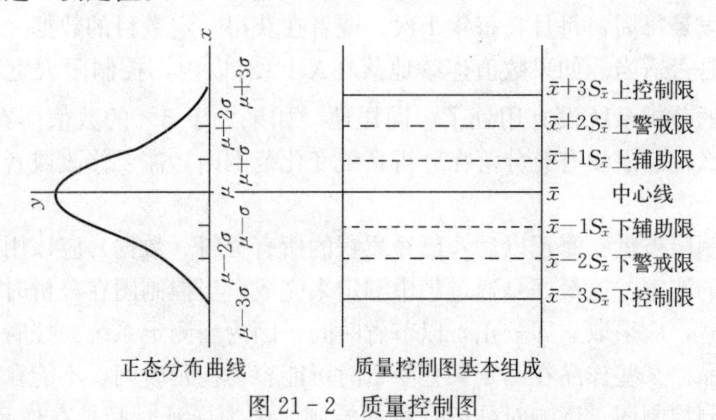

图 21-2　质量控制图

图 21-2 中质量控制图的形式与正态曲线形式完全相同，即将正态曲线向逆时针方向旋转了 90°，以正态曲线的中心 μ 被 $\overline{X}$ 所代替，作为理想的预期测定值；将 68.26%概率保证的置信区间作为目标值（即上、下辅助限之间的区

域）；以 95.45%概率保证的置信区间作为可接受范围（即上、下警戒限之间的区域）；将上、下警戒限至上、下控制限的区间作为可能存在“失控”倾向，应进行检查并采取相应的校正措施；在上、下控制限以外，则表示测定过程已失去控制，应立即停止检测，待查明原因加以纠正后对该批样品全部重新测定。

对于质量控制检查样品和实验室控制样品的控制图，是把算术平均值作为中心值统计。最初控制限制是用平均值的百分数表示，通常系列测定算术平均值±10%。然而，最少进行 7 个测定值后才能建立统计控制限度。警戒限度设在来自平均数（X）$\pm 2S_{\bar{x}}$（标准误，来自质量控制样品的 95%）；控制限度设在离平均数（X）$\pm 3S_{\bar{x}}$应包含质量控制样品的 99.7%）。

质量控制样品数据的 5%将落在警戒限外面，如果两个连续测定值落在警戒限外面被认为是“失控”状态（Taylor，1987）。由于 99.7%的数据应该落在$\overline{X}\pm 3S_{\bar{x}}$以内，控制限外面的点是最可能失控的，矫正活动是有根据的。例如，如果失控值是标准参考物质或其它质量控制样品，即这一批完整的分析样应重新测定。这可能需要对新的校正标准再分析，或要求通过完整的制备方法采取新的测定部分。然而，如果失控结果是对连续标定检验（CCV），那么前面在控的实验室控制样品需要重测。通常这种状态是由于仪器漂移或其它决定时间特征的因素引起的。

在质量控制中一个系统的趋势也代表一个失控状态。这种趋势可以通过发生在平均值上下 7 个系列值或出现在数据的方式表现出来。这可能与变量有关。例如室温、一天内时间的变化或分析者等。

警戒和控制限度需要根据周期进行重新修改。根据产生数字的量，这个修订日期可以是每周，每月，每年 1 次，或者在获得一定数目的数据之后，以检查控制限是否适当。如果数值连续地落在$\overline{X}\pm 1S_{\bar{x}}$以内，控制限太宽了，以致于在控制的分析系统没有用处了。同样地，如果大于 5%的数值落在$\overline{X}\pm 2S_{\bar{x}}$外面，那么控制限没有充分落在分析系统变化范围内，需要修改或者该系统严重失控。

当控制限被重新修正以后，已经累积的所有资料（数据）应该用于平均数和标准差的测定。这最好是通过集中测定来完成。当控制图在分析时间上被保持和评估时，应采取立即校正，以节省时间。因为当测定系统失控时，不能测定常规样品。某些样品在测定某些参数时可能容易拖延时间，不能在有效分析时间内绘制控制图，影响对分析过程的控制。因为拖延时间是在样品失效前，因此必须在真正分析时间内测定质量控制检查样品并绘制控制图。

由于控制图的制作是以正态分布假设为基础的，所以制作一个控制图应对一份控制样品至少作 15～20 组的重复测定，低于 15 组的控制图是不可靠的。

这20组数据应由20天的分析测出，或20批分析测出，不能一天进行数组或一批样进行数组测定。控制样品的测定条件应与样品的测定条件完全一致。

21.4.2.5　精密度控制图的应用　在精密度控制图中常用的有均值控制图（即X质控图），均值——极差质控图（即$\overline{X}$-R值控图）和临界限R_c值控制精密度。

（1）均值质控图[2,3]　对控制样品进行多次重复测定（一般重复测定20次），由所得结果计算出控制样的X及S，就可以绘制精密度控制图（图21-3）。纵坐标为测定值，横坐标为获得数据的顺序。将均值X作成与横坐标平行的中心线CL，$\overline{X}\pm 3S_{\bar{x}}$为上、下控制限UCL及LCL，$\overline{X}\pm 2S_{\bar{x}}$为上、下警戒限UWL及LWL。在进行试样例行分析时，每批带入控制样，其测定数据在控制图上打点，如果打在上、下警戒限范围内，则测定结果合格；如果点落在控制限之外（如第5批），叫“超控”，该批结果全部为错误结果，必须立即找出原因，采取适当措施，等“回控”后再重新测定。如果控制样品的结果落在控制限和警戒限之间（如第10批），说明精密度已不理想，应引起注意。

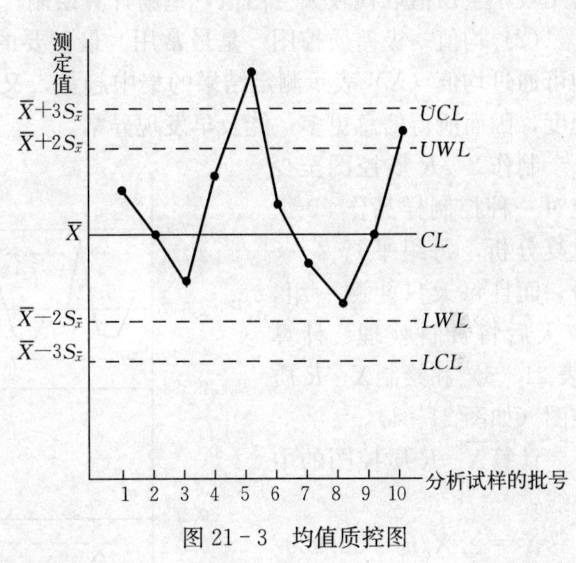

图21-3　均值质控图

均值质控图制作比较简单，是化学分析中常用的一种质控图。这种图是以一种浓度的控制样绘制的，并以控制样与样品处在相同条件下分析为依据，从而根据控制样品的受控与否来肯定或否定这批分析样品的，只能看出批间的变异，故所得信息较少。

在例行分析中经常用实验室控制样品做空白试验的均值质控图，每次作两份空白样品，以首次合格值考查其稳定性，如符合要求者，取其平均值，并积累20次以上的数值，计算出平均空白值X_b和空白值标准差S_b。

$\overline{X}_b+3S_b$ 上控制限；

$\overline{X}_b+2S_b$ 上警戒限；

$\overline{X}_b+S_b$ 上辅助限；

$\overline{X}_b$ 控制基线。

图中没有控制下限，因空白值愈小愈好，但绘图时应保留$<\overline{X}_b$ 的部分，当实测空白值低于控制基线且逐渐稳步下降时，说明实验水平有所提高，可酌情用较小空白值取代较大空白值，重新计算绘制。

(2) 均值一极差质控图[2]是最常用、最重要的控制图。在这种控制图中，即可通过均值（X）表示测定结果的集中趋势，又可通过极差（R）表示离散程度，因而所得信息更多，能及早发现异常。

制作$\overline{X}$—R 质控图至少应对一种控制样品作 20 组重复分析，每组平行 2～5 份，而且每天只能测一组，20 天后将资料整理、计算（表 21-5）和绘制$\overline{X}$—R 质控图（如图 21-4）。

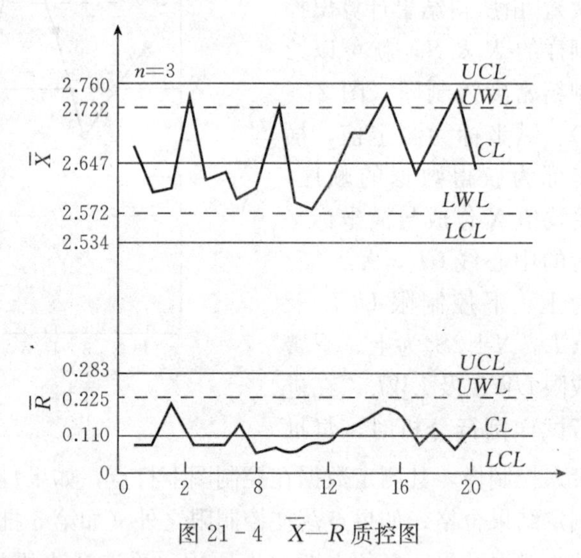

图 21-4 $\overline{X}$—R 质控图

计算$\overline{X}$—R 质控图的中心线：

$X=\sum X/n=52.939/20=2.647$

$\overline{R}=\sum R/n=2.21/20=0.110$

计算$\overline{X}$—R 质控图的上、下控制限和上、下警戒限，计算式中所用的计算因子 A_2、D_3、D_4 列于表 22-6。

对 X 图：

上控制限$=\overline{\overline{X}}+A_2\overline{R}=2.647+1.023\times0.110=2.760$

下控制限$=\overline{\overline{X}}-A_2\overline{R}=2.647-1.023\times0.110=2.534$

表 21-5 $\overline{X}$—R 质控图数据

实验室：　　检验测定项目：P_b　　浓度：$\mu g\cdot mL^{-1}$　　方法：双硫腙比色法

组 号	月 日	测定结果			平均值	全距
		X_1	X_2	X_3	$\overline{X}$	R
1	3.30	2.66	2.66	2.70	2.657	0.09
2	3.31	2.57	2.57	2.66	2.600	0.09
3	4.1	2.55	2.53	2.73	2.603	0.20
4	4.3	2.66	2.77	2.75	2.727	0.09

（续）

组　号	月　日	测定结果			平均值	全距
		X_1	X_2	X_3	$\overline{X}$	R
5	4.5	2.66	2.62	2.57	2.617	0.09
6	4.6	2.66	2.66	2.57	2.630	0.09
7	4.7	2.53	2.66	2.57	2.587	0.13
8	4.8	2.57	2.62	2.62	2.603	0.05
9	4.9	2.73	2.75	2.66	2.713	0.09
10	4.12	2.62	2.57	2.57	2.587	0.05
11	4.13	2.53	2.62	2.56	2.570	0.09
12	4.14	2.57	2.66	2.62	2.617	0.09
13	4.15	2.66	2.75	2.62	2.677	0.13
14	4.16	2.61	2.66	2.76	2.677	0.15
15	4.17	2.83	2.75	2.64	2.740	0.19
16	4.19	2.74	2.57	2.66	2.657	0.17
17	4.20	2.62	2.66	2.57	2.617	0.09
18	4.21	2.75	2.70	2.62	2.690	0.13
19	4.22	2.70	2.75	2.77	2.740	0.07
20	4.24	2.62	2.57	2.70	2.630	0.13
		Σ			52.939	2.21

表 21-6　$\overline{X}$-R 质控图计算因子

平均份数 n	因子 A_2	因子 D_3	因子 D_4
2	1.880	0	3.267
3	1.023	0	2.575
4	0.729	0	2.282
5	0.577	0	2.115
6	0.483	0	2.004
7	0.419	0.076	1.924
8	0.373	0.136	1.864

上警戒限$=\overline{\overline{X}}+(2/3)A_2\ \ \overline{R}=2.647+(2/3)\times1.023\times0.110=2.722$

下警戒限$=\overline{\overline{X}}+(2/3)A_2\ \ \overline{R}=2.647-(2/3)\times1.023\times0.110=2.572$

对 R 图：

上控制限$=D_4\ \ \overline{R}=2.575\times0.110=0.283$

下控制限$=D_3\ \ \overline{R}=0\times0.110=0$

上警戒限$=\overline{R}+(2/3)\times(D_4\ \overline{R}-\overline{R})=0.110+(2/3)\times(2.575\times0.110-0.110)=0.225$

下警戒限$=\overline{R}+(2/3)\times(D_3\ \overline{R}-\overline{R})=0.110+(2/3)\times(0-0.110)=0.037$

计算式中：

A_2——利用$\overline{R}$求$\overline{X}$分布的警戒限、控制限的系数，其数值取决于每组平行测定的份数 n；

D_3、D_4——利用$\overline{R}$求 R 分布的系数，也取决于 n。

对于 R 图来说，重要的是分析结果是否超过上警戒限，所以下警戒限不必计算。

① $\overline{X}$—R 质控图的绘制：将上述计算值用方格计算纸作图，两图之间应有 30 mm 左右的间距。

② $\overline{X}$—R 质控图的应用：在进行样品分析时，将控制样（质量控制检查样）插入样品组内，在相同条件下共同分析，并将控制样的$\overline{X}$及 R 点于图中，极差愈小愈好，故极差控制图部分（R 图）没有下警戒限，但仍有下控制限。在使用 R 控制图的过程中，如 R 值稳步下降逐次变小，以至于 $R \approx D_3 \overline{R}$，即接近于下控制限，则表明测定的精密度已有所提高，原质量控制图已失去作用。此时应使用新的测定值重新计算$\overline{X}$、$\overline{R}$和各相应的统计量，重新绘制$\overline{X}$—R质控图。如果均值和极差中有任意点超出控制限，即为失控，应停止分析，待查明原因恢复控制后再继续测定。在有些情况下，虽然所有的点都在控制范围之内，但有 7 点连续在中心线相应的一侧，亦为异常情况。异常判断的依据是调查测定结果是否接近控制限。一般测定结果超出警戒限的概率为 5%，所以判断异常的基准是：

A. 连续 3 点中有 2 点超出警戒限；

B. 连续 7 点中有 3 点超出警戒限；

C. 连续 10 点中有 4 点超出警戒限。

如果出现上述异常现象，亦应立即停止分析，查明原因，使测定过程回到控制之中。

在均值—极差质控图中的极差部分，由于实际监测样品的浓度不是固定不变的，而统计量 R 值类似均值控制图中的$\overline{X}$值，会随样品浓度的变动而改变，在重复测定单一浓度的质量控制检查样品所得 R 值的代表意义有一定局限性，而绘制一系列不同浓度水平的 R 图又太繁琐。因为在使用 R 图中主要是观察 R 值是否超出上控制限，故可对每个监测项目绘制一系列各种浓度范围的上控制限表格，并把高浓度范围内的上控制限按照“数字修约规则”修约到最接近的整数单位；把低浓度范围的上控制限也同样处理到最近的整数单位。这一系列的 R 值称为“临界限”（R_c），用它来作为不同浓度水平的极差控制是很方便实用的。

③ 用临界限 R_c 值来控制精密度[2]：R 值的控制是检查重复分析的减差值（R）是否超出上控制限（$D_4 \overline{R}$）。更实际的方法是在日常工作中积累各种浓度

范围的 R 值，在达到一定数量时计算出各种浓度范围的 R 值的均值，把相似 R 值的浓度范围分组并求出加数均值，按公式 UCL（上控制限）$=D_4\overline{R}$ 计算出临界 R_c 值。表 21-7 为三种测定指标的上控制限计算实例，其中 $R=|X_1-X_2|/(X_1+X_2)/2$，即重复样的差（绝对值）除以重复样结果的均值。在计算出 UCL 值后，应检查所有数据，弃去其中超出 UCL 的值，并将弃去极端值后的数据重新计算，UCL 值作为临界控制限。

表 21-7 中 R 均值的计算：如样品中锌的浓度范围在 1～25 mg·kg^{-1} 间，样品总数为 21+30=51，其中 1 mg·kg^{-1}～<10 mg·kg^{-1} 间的 R 为 0.177 6；10 mg·kg^{-1}～<25 mg·kg^{-1} 为 0.110 4。

R 的均值（$\overline{R}$）$=0.177\,6\times(21/51)+0.110\,4\times(30/51)=0.073\,12+0.064\,94=0.138\,1$

上控制限 $UCL=D_4\overline{R}=3.267\times0.138\,1=0.451\,5=0.452$ 为临界控制限。如果重复样品间的 R 值小于 R_c 值，说明实验分析的精密度在控制中。否则失去控制，应查出原因予以纠正。

例如：铜的分析，一对重复样测定结果为 31.2 mg·kg^{-1} 和 33.7 mg·kg^{-1}，系统精密度检查方法如下：

$$R=\frac{|31.2-33.7|}{(31.2+33.7)/2}=\frac{|-2.5|}{64.9/2}=0.077\,0$$

在表 21-7 中查得该相同浓度范围的 UCL 值为 0.109，R 值<R_c 值，于是判断该分析结果的精密度在控制之内。

表 21-7　三种测定指标不同浓度范围 R 值的控制限 R_c

项　目	浓度范围	重复样品的组数	浓度的平均值	$\overline{R}$	$\overline{R}$的均值	R_c 上控制限 UCL（$D_4\overline{R}$）
锌 (mg·kg^{-1})	1～	21	5.85	0.177 6	0.138 1	0.452
	10～	30	17.6	0.110 4		
	25～	27	36.1	0.092 4	0.065 2	0.213
	50～	29	102	0.063 8		
	150～	17	197	0.056 4		
	300～	12	520	0.023 2		
	>1 000	3	3 341	0.052 8		
铜 (mg·kg^{-1})	5～	32	6.15	0.061 2	0.061 2	0.200
	10～	15	16.7	0.034 0	0.033 4	0.109
	25～	16	36.2	0.031 0		
	50～	15	85.1	0.044 6		
	150～	8	240	0.021 8		
	>500	5	3 171	0.024 0		

21.4.2.6 准确度控制图的应用[2] 准确度用加标回收率表示，控制图以加标回收率均值绘制，在控制样品中（常规样品）加入一定已知含量的标准溶液或标准物质，标准参考物质进行分析（一般最大加入量约为试样含该物质浓度的2倍），进行15～20次回收率试验，每次双样平行，求出各次回收率P，再计算出平均回收率$\overline{P}$和回收率的标准差S_p。以$\overline{P}$为中心线；$\overline{P}\pm 3S_p$为上、下控制限；$\overline{P}\pm 2S_p$为上、下警戒限；$\overline{P}\pm S_p$为上、下辅助限绘制成图（从略）。

如果回收率落在设定的控制限以内，测定过程在统计控制以内。当回收率变化或没有落在设立的控制限以内，必须进行校正。如果有任一点回收率超出控制限，或连续7点在中心线相同的一侧，表示测定过程失控，应停止分析，查找失控原因，采取必要措施，使测定回到控制之中。

单一加标回收率控制图的适用性常因样品浓度悬殊而受到限制。在中、高浓度时，加标回收率受样品浓度波动的影响非常小；但低浓度样品的浓度波动对加标回收率的影响较大。因此对低浓度样品通常分别绘制不同浓度范围的加标回收率控制图。

如果不考虑监测样品中的基体、干扰等因素对准确度的影响，可先对质量控制样品中某种组分进行20次以上的测定，取所测浓度的均值作为中心线，再于距离中心线上、下各一个标准差绘出上、下辅助限，并以此限控制单纯分析过程的准确度。将上述质量控制样品中该组分的已知浓度值点在图上，如果此点超出上述控制范围，即应怀疑该分析过程的准确度有问题，而应对分析方法、仪器、试剂、实验用水、玻璃器皿、操作技术等进行检查，找出原因并予以纠正。

21.5 实验室间质量控制

实验室间质量控制的目的是检查各实验室是否存在系统误差，找出误差来源，研究并克服系统误差的措施，以提高各实验室之间分析结果的可比性。通常由上级权威单位或中心实验室对下级实验室定期进行质量检查。

实验室内部质量控制的方法同样适用于实验室间质量控制。要做好实验室间质量控制，必须对各实验室进行质量考核，定期发给各实验室一定量的已知某成分的均分样品或其它控制样品，控制各实验室的误差以及使用统一可靠的标准物质等对实验室质量进行检查与评估。

21.5.1 实验室质量考核[2]

在各参加实验室做好内部质量控制基础上，由上级主管部门或中心实验室给各参加实验室每年发放一至二次标准样品（浓度在一定阶段内保密），由各实验室报告分析结果，再由中心实验室进行统计分析，并将统计结果送发各实验室，从而发现某些系统误差（例如标准品、试剂、仪器性能及蒸馏水等引起的误差），评价分析方法以及所报数据的质量。

21.5.1.1　*考核方案的制订与实施*　由上级主管部门或中心实验室制订考核项目、分析方法等，最后进行考核结果评定。综合各实验室数据进行统计处理后作出评价并予公布。各实验室可从中发现所存在问题，以便及时校正。

21.5.1.2　*实验室考核及评价方法*　由上级主管部门或中心实验室发给已知浓度的标准溶液，各考核实验室与各自配制的标准溶液进行比较，校正存在的系统误差。

标准溶液比较试验是为了使各实验室之间的数据具有可比性而设计的，要求各实验室所使用的标准溶液与中心实验室分发的标准溶液之间的相对误差$<5\%$。上级主管部门或中心实验室根据各实验室上报的标准溶液测定值进行统计分析，最后公布各实验室的考核结果。考核结果的评价方法有两种：

（1）95%置信限考核法。因为各实验室所测定的样品是相同的，因而其测定值应符合正态分布，可用正态分布来确定各实验室检测值的可靠性。

首先对各实验室的分析值与中心实验室的“真值”以及各实验室分析值相互之间进行比较，用 Dixon 函数法或 Grubbs 检验法（21.3.3.1）去除可疑的测定值。因为这些被舍弃的可疑值很可能因某种特殊原因而偏离了标准溶液这一总体而成了离群值，如果仍将它看作总体中的一份，则必然使标准差扩大，增大了原来可以控制的偏差范围。

剔除离群值以后，应把剩下的这些实验室分析值，看作是标准溶液浓度中的具有一定检测误差的测定值，将这些分析值进行平均数（$\overline{X}$）、标准误（$S_{\bar{x}}$）及 95%置信限的计算。

95%置信限为：$\overline{X} \pm 1.96 S_{\bar{x}}$

凡落在这一范围内的分析值，说明这些实验室自配的标准溶液的准确度与中心实验室分发的标准溶液之间的误差不大，可以应用。

（2）分析系数评判法。分析系数以符号 *CA* 表示，是最近介绍的一种统计方法，由于它计算简单，并与数理统计方法中的一些参数相关联，因而在质量控制中用来评价各实验室测定结果的精密度和准确度比较适合。

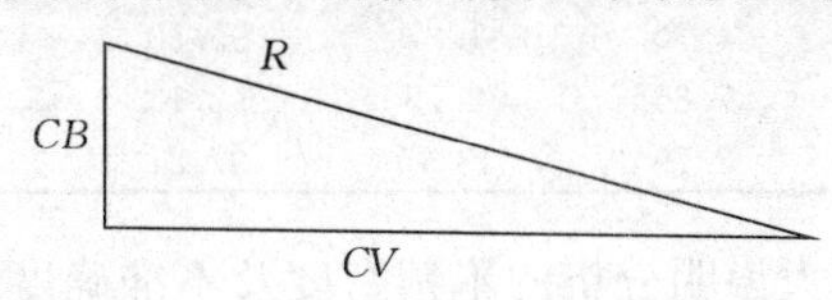

分析系数（CA）与变异系数（CV）和偏差系数（CB）之间存在如下直角关系。

R 代表不精确及不准确有关的符号。因为 CV 和 CB 都是百分数相对值，所以 R 也是百分数，$100-R$ 即表示考虑了 CV 和 CB 后的准确程度。

$$R=\sqrt{(CV)^2+(CB)^2}$$

$$\left(CB\text{ 为相对误差，即}\frac{|\text{真值}|-|\text{均值}|}{\text{真值}}\times 100\%\right)$$

所以　分析系数　　$CA=100-R$

精密度系数　　$CP=100-CV$

准确度系数　　$CAc=100-CB$

例如：将钾标准控制样（浓度为 4.73 cmol・L^{-1}）分发给 7 个实验室，每个实验室作 5 份平行测定，数据汇总见表 21－8 和表 21－9。

表 21－8　控样钾测定结果（cmol・L^{-1}）

实验室	测定结果				
	X_1	X_2	X_3	X_4	X_5
A	5.16	5.24	5.29	5.09	5.18
B	5.56	5.48	5.56	5.50	5.75
C	5.12	4.80	4.80	5.00	5.06
D	4.70	4.48	4.68	4.42	4.75
E	5.00	4.47	4.68	5.00	4.80
F	4.87	4.67	4.04	4.84	4.94
G	5.24	5.53	5.55	5.33	5.25

注：总平方和$=\sum X^2-(\sum X)^2/n=(5.16^2+5.56^2+\cdots+5.25^2)-(5.16+5.56+\cdots+5.25)^2/35$
$=888.45-(175.83)^2/35=5.13$

实验室间平方和$=1/5(25.96^2+27.85^2+24.78^2+3.03^2+23.95^2+23.36^2+26.9^2)-(175.83)^2/35=4.06$

表 21－9　控样钾测定结果统计分析

实验室	$\overline{X}$	CV	CB	CP	CAc	CA
A	5.19	1.48	9.73	98.52	90.27	90.16
B	5.57	1.92	17.76	98.08	82.24	82.14
C	4.86	3.00	4.86	97.00	95.14	94.29
D	4.57	3.17	3.38	96.83	96.62	95.37
E	4.79	4.70	1.27	95.30	98.73	95.13
F	4.86	7.85	2.75	92.15	97.25	91.68
G	5.38	2.79	13.74	97.21	86.26	85.98

结果评价：CA 越大说明分析的不精密度及不准确度越低。对于实验室及

分析者而言，CA 越大，说明分析的精密度和准确度越高。本例 D 室 $CA=95.37$ 为最好。但是不能根据 CA 的大小、顺序排列作为实验室考核后的名次。因为 CA 虽然综合了精密度与准确度两个因素，但各实验室最后上报的考核测定值为各实验室的平均值（$\overline{X}$），所以还要考虑各平均数之间有没有明显的差异，即每两个平均数之间差异显著性测定。为了简化每两个平均数分别进行一次 t 测验的麻烦，可采用方差分析法，将 35 个测定值作为一个整体处理，计算其总标准差，分离其相应的自由度等，最后将各实验室的平均数进行互比，以决定它们之间是否有明显的差异（表 21－10）。

表 21－10　控样钾测定方差分析

变异原因	平方和（$S.S$）	自由度（$d.f$）	均方（$M.S$）	F 值	$F_{0.05}$
实验室间	4.06	7－1＝6	0.68	17.89*	2.42
实验室内	（5.13－4.06）＝1.07	34－6＝28	0.038		
总	5.13	35－1＝34			

根据方差分析结果，F 值（17.89）明显大于 $F_{0.0s}$（2.42），表明各实验室间存在着明显的差异，需要找出哪几个实验室与较好实验室之间有明显差异，从而否定其考核结果。

各实验室平均值之间差异用 t 测验，为简化 t 值计算采用最小显著差数法（LSD）。

$$5\%\text{LSD}=S_{\overline{X}_1-\overline{X}_2}\times t_{0.05}$$

式中：$S_{(\overline{X}_1-\overline{X}_2)}=S\sqrt{(1/n_1+1/n_2)}=\sqrt{0.038}\times\sqrt{1/5+1/5}=0.12$

当误差自由度＝28 时，$t_{0.05}=2.04$

所以 $5\%\text{LSD}=0.12\times2.04=0.25$

若两个实验室测钾的平均值相差大于 0.25 $\text{cmol}\cdot\text{L}^{-1}$ 者，可判为 95％概率保证下存在明显差异，各实验室平均值多重比较，列表 21－11。

表 21－11　控样钾测定平均值多重比较

平均值	A（5.19）	B（5.57）	C（4.96）	D（4.57）	E（4.79）	F（4.86）
B（5.57）	－0.38*					
C（4.96）	0.23	0.61*				
D（4.57）	0.62*	1.00*	0.39*			
E（4.79）	0.40*	0.87*	0.17	－0.22		
F（4.86）	0.33*	0.71*	0.10	－0.29*	－0.07	
G（5.38）	－0.19	0.19	－0.42*	－0.81*	－0.59*	－0.52*

* 达到 5％差异显著水平（即差值>0.25）。

在前面分析系数（CA）统计时已作出了D实验室从精密度和准确度综合评判为最优实验室，其它实验室平均值与D相比，凡无明显差异者（无*号）都应视为与D具有相当水平的实验室。表中只有E实验室与D没有明显的差异而与D同时被肯定，其它实验室则无论在测定值准确度及精密度方面，均有不足之处，在本次考核未能通过。

21.5.2 实验室间质量控制方法

实验室间质量控制主要是对实验室间分析的精密度和准确度进行评估，控制实验室的偶然误差和系统误差，使各实验室对同一项目不同样品的分析值具有可比性。通过均分试样或其它控制样品，不定期地对各实验室进行误差测验，对实验室定期进行质量检查，如果发现问题，应及时采取措施对已测样品进行可能的校正，如果无法校正应追回已报出的分析单进行重测或慎重使用这些数据。

21.5.2.1 *均分样品的应用*[7] 实验室间分析的精密度和准确度（偏差）可以用平分样品（Split Samples）的方法来估测。均分样品可以是常规样品。用一个稳定的单一的样品均分，让每个实验室分析，如果实验室之间的偏差忽略不计（即分析平均数之间差异不明显），而且实验室间的精密度没有明显差异，其数据是可比的。如果分析平均值之间差异明显，但实验室内精密度差异不明显，则来自均分样品的统计数据可用于获得校正数据，以便在进一步评估前使常规数据标准化。如果从均分样品获得的数据与同一时间从实验室中测得的标准参考物质数据相关，除了实验室偏差外，整个实验室分析准确度都可以被测定。

均分样品对生产性实验室可以联合一个参比实验室操作。当用参比实验室时，原来的实验室为这个参比实验室提供一个均分样品，这个参比实验室必须用获得原来常规数据相同的分析方法，根据实验室间精密度目标来估测来自原来的和参比实验室的数据。不能满足两个实验室标准的数据归因于误差。如果一组生产性实验室用的是同一个参比实验室，就可以解释有关实验室之间的偏差或生产性实验室之间数据的可比性。即使实验室间的偏差不能精确地测定出来，也能观察到数据的走向。

如果用一个熟练的测定项目来检查实验室间偏差，向不同实验室分发同一物质的均分样品，除非项目要求用同一方法分析，所有参比实验室，可能用不同的方法分析。报告的数据在一定时间内送给鉴定人，然后由鉴定人对这些数据进行统计、分析。用统一的统计学方法对实验室水平进行评估。如果提出的数据用图表示，可说明有关实验室间的偏差。

21.5.2.2 *方差分析法*[5] 定期发给各实验室一定量的已知某成分含量的控制样品（均分样品），要求每个实验室上报同次数的测定数据，收齐后进行方差分析。

（1）方差分析的步骤。

① 设被检查的实验室数为 k。

② 设每个实验室的测试数据数为 n。

③ 计算每个实验室测定值的总和 $=T$。

④ 计算全部测定值的总和 $=G$。

⑤ 计算校正因子 $CF=G^2/kn$。

⑥ 计算总平方和 $Q=\sum x^2-CF$。

⑦ 计算实验室间平方和 $Q_1=1/n\sum T^2-CF$。

⑧ 计算实验室内平方和 $Q_2=Q-Q_1$。

⑨ 实验室间平均平方 $MS_1=Q/(k-1)$。

⑩ 实验内（误差）平均平方 $MS_2=Q_2/k\ (n-1)$。

$$F=MS_1/MS_2$$

查 F 表，当 $F>F_\alpha$，说明总体差异显著或极显著。凡与控制样品已知值相差大的，应找出原因，予以纠正。

（2）应用举例。土壤控制样品某成分含量，经 3 个实验室测定，其结果列于表 21-12。为简化运算过程，令 $x=(x-0.15)\times100$，结果变成表 21-13。

表 21-12　控制样品某成分含量的测定值

实验室内 \ 实验室	A	B	C
1	0.16	0.12	0.19
2	0.15	0.14	0.18
3	0.15	0.16	0.20
4	0.17	0.13	0.21
5	0.17	0.10	0.19
6	0.18	0.12	0.18

表 21-13　控制样品某成分含量测定值转换数据

实验室内 \ 实验室	A	B	C
1	1	−3	4
2	0	−1	3
3	0	1	5
4	2	2	6
5	2	−5	4
6	3	−3	3
T	8	−13	25

用上表数据计算：

$G=8-13+25=20$

$CF=(20)^2/18=21.22$

$Q=(1^2+0^2+\cdots+4^2+3^2)-CF=155.78$

$Q_1=1/6\ [8^2+(-13)^2+25^2]\ -CF=120.78$

$Q_2=155.78-120.78=35.00$

$MS_1=120.78/2=60.39$

$MS_2=35.00/(3\times5)=2.33$

$F=60.39/2.33=25.9$

查 F 表，$F_{0.01}$（2，15）=6.36，$F>F_{0.01}$，说明实验室间差异极显著。

21.5.2.3 t 检验法[5] 用同一个控制样品（均分样品），在两个相近的时间内分发给各实验室测定，分别以平均值上报，组成配对比较数据，进行 t 检验。

（1）t 检验的步骤。

① 设被检查的实验室数为 n，两次测定数据为 x_1 和 x_2。

② 各自的方差：

$$S_1^2=\ [\sum x_1^2-\ (1/n)(\sum x_1)^2]/(n-1)$$

$$S_2^2=\ [\sum x_2^2-\ (1/n)(\sum x_2)^2]/(n-1)$$

③ $F=S_2^2/S_2^2$/或 S_2^2/S_2^2（大者为分子）

④ 查 F 表，当 $F<F_\alpha$ 时确定为 t 检验有效；

⑤ 求配对平均值差数的标准误差 S_d：

$$S_{\bar{d}}=\sqrt{\sum(d-\bar{d})^2/(n-1)}=\sqrt{[\sum d^2-\ (\sum d)^2/n]/[n(n-1)]}$$

式中：d——每对样品分析值之差；

$\bar{d}$——差数的平均值。

⑥ $t=\ (\bar{x}_1-\bar{x}_2)/S_{\bar{d}}$

⑦ 查 t 表比较，当 $t>t_\alpha$，说明两次测定差异显著或极显著，必须进一步检验结果不稳定的原因。

（2）应用举例。一个控制样品，两次分发给不同实验室，某成分含量测定值见表 21-14。

计算 F：

$S_1=\ [\ (14.6^2+12.1^2+13.4^2+14.0^2+11.5^2+14.4^2)-(14.6+12.1+13.4+14.0+11.5+14.4)^2/6]\ /\ (6-1)=1.615$

$S_2=[(13.8^2+12.5^2+11.6^2+12.0^2+10.8^2+13.6^2)-(13.8+12.5+$

11.6＋12.0＋10.8＋13.6)²/6]/(6－1)＝1.354

$F=1.354/1.615=0.838$

表 21－14　控制样品某成分含量成对比较数据

实验室号	测定次数		差值 d	d^2
	1	2		
1	14.6	13.8	0.8	0.64
2	12.1	12.5	－0.4	0.16
3	13.4	11.6	1.8	3.24
4	14.0	12.0	2.0	4.00
5	11.5	10.8	0.7	0.49
6	14.4	13.6	0.8	0.64

查 F 表，当自由度 $d_{f1}=d_{f2}=6-1=5$ 时，$F_{0.05}=5.05$，$F<F_{0.05}$，确定 t 检验有效。

计算 $S_{\bar{d}}$ 和 t 值：

$$S_{\bar{d}}=\sqrt{\frac{9.19-(5.7)^2/6}{6\times(6-1)}}=0.354$$

$$t=0.95/0.354=2.68$$

查 t 表得 $t_{0.05}$（df＝5）＝2.57，$t>t_{0.05}$，断定两次测定存在实质差异，应对照控制样品的标准值，找出差异大的数据，查明原因，采取措施，予以校正。

上两种方法（21.5.2.2 和 21.5.2.3）可用 SAS 统计软件的方差分析程序一次完成（程序文件名：E2－3－2.SAS*/）[6]，简单易行。

21.5.2.4　双样图测验法[2,5]　将两个浓度不相同（但相差只有 5%左右）组分相同的样品分发给各实验室，由同一人同等条件分别对其进行同一项目的单次测定，在规定时间内上报分析结果（x_i、y_i）。以相同的刻度用横坐标及纵坐标分别表示 x_i 和 y_i 测定成分的含量，每个实验室提供两项测定数据（x_i、y_i）作为一个点。计算各实验室 x_i 和 y_i 的平均值 $\bar{x}$、$\bar{y}$，平行于 x 轴划一直线（$\bar{y}$），使上下两边点子数接近；平行 y 轴划一直线（$\bar{x}$），使左右两边点子数接近。通过 $\bar{x}$、$\bar{y}$ 交点作一直线，使其与上两直线的交角为 45°，制成双样图（图 21－5）。根据双样图判断实验室误差的性质和大小。

各实验室数据所作的点，如以 45°线为轴呈狭长椭圆形（图 21－5b），表明不同实验室存在各种系统误差，若其中又有的点落在远处，表明该实验室与其它实验室存在显著的系统误差。实验室测定值双双偏高或双双偏低，即测定点分布在++或--像限内。根据其椭圆形的长轴与短轴之差及其位置，可以估计实验室间系统误差的大小和方向。

如果各点均匀分布在四个像限中能连成圆形，且离45°线或交点距离较近，说明各实验室测定值的精密度较高，实验室之间不存在显著的系统误差（图21-5a）。也可以根据各点的分散程度估计各实验室间的精密度和准确度。利用坐图法进行 F 检验，方法是每个点向45°线作垂直线，量出垂线的长度，并算出这些长度的平方和（L_1^2），再量出各垂线在45°线上的交点（垂足）到中心点（$\overline{x}$、$\overline{y}$）之间的距离，并计算出这一距离的平方和 L_2^2，$F=L_2^2/L_1^2$，查 F 表，当 $F<F_{0.05}$，说明两次测定不存在明显的系统误差。

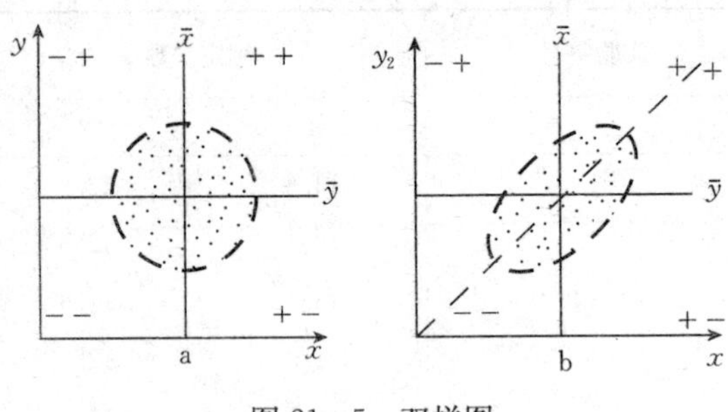

图21-5 双样图

21.5.2.5 实验室间质量控制中标准物质的应用[2,7] 在实验室分析过程中，质量控制的方法很多，而比较简便可靠的方法是在分析中使用标准物质。在有条件的实验室应该引入标准物质对实验室质量进行控制，无论实验室内或实验室间都可以用标准物质进行质量控制。

（1）用标准物质作分析标准。在用标准曲线法进行样品分析时，通常都是用纯试剂、纯水溶液作为标准的，这样的标准常因基体效应而产生很大的误差。如果用标准物质作标准，由于它的组成和样品的组成非常相似，因而可以避免基体效应所产生的误差。在光谱法或色谱法分析时，基体效应特别敏感，用标准物质作为标准的效果会更明显。

（2）用标准物质控制分析质量。在样品分析中随机插入几个标准物质同时测定，如果标准物质的分析结果在标准值的允许限（$\overline{X}\pm 2S_{\overline{x}}$）之内，就表明这批样品分析结果是可靠的；若标准物质的分析结果超出了标准值的允许限，说明这批样品分析结果不可靠，该批分析结果应当作废，待查明原因后重新测定。

（3）用标准物质评价新的分析方法的可靠性。只用加标回收率来衡量分析方法的准确度是不可靠的，有时回收率可能很好，但测定结果却不准确。因为加标回收只反映了样品处理过程中的某些环节（如损失情况、检测情况等），而对另一些环节（如样品的分解、提取、萃取、待测成分转化等）不能反映。

用标准物质作为分析样品则方法过程的反应同样经受作用，可靠性较大，方法的评判就不会发生困难。只要标准物质若干次测定的平均值在允许限之内，就可以加以肯定。

（4）用标准物质作仲裁的依据。当不同实验室对同一样品分析结果不一致时，可利用标准物质作为密码样品而进行仲裁，同时也可以反映实验的水平和分析人员的水平。

（5）使用标准物质的条件。大多数标准物质比较昂贵，各实验室应该根据各自条件选择使用。一般的质量控制活动可以用实验室控制样品或常规质量检查样品，特别需要时再选择标准物质。

① 标准物质的选择：根据分析样品的性质选用适当的标准物质，使其化学组成尽可能与分析样品一致。因为样品种类繁多，不可能都有对应的标准物质，因此，也只能选用性质近似的标准物质。例如分析各类土壤样品时可选用相应的或接近的土壤类型土壤标准物质；分析各种植物样品时选用果树叶标准物质等。此外，在有多个标准物质可供选择时，应选择所测成分的含量比较适合的标准物质。如果选用的标准物质中所需测定的成分太低，则必然使测定结果的误差增大。

② 标准物质的使用：使用前要按证书的规定进行干燥。使用时要严格按规定操作，要遵守证书指定的最小取样量，如果取样量低于最小取样量时，将不能保证取样的均匀度而影响分析结果。注意标准物质的保存和有效期，超期使用要慎重。

主要参考文献

[1] 南京农业大学主编．土壤农化分析（第二版）．北京：农业出版社．1986，8～17，19～27，200～204

[2] 鲍士旦主编．农畜水产品品质化学分析．北京：中国农业出版社．1996，536～578

[3] 刘光崧主编．土壤理化分析与剖面描述．北京：中国标准出版社．1996，1～4

[4] 劳家柽主编．土壤农化分析手册．北京：农业出版社．1988，29～41

[5] 农业部全国土壤肥料总站编．土壤分析技术规范．北京：农业出版社．1993，177～184

[6] 惠大丰，姜长鉴编著．统计分析系统 SAS 软件实用教程．北京：航空航天大学出版社．1996，27～52

[7] Sparks，D. L. et al（ed），Methods of Soil Analysis，Part 3. Chemical Methods. SSSA，Inc. ASA，Inc. Madison，Wisconsin，USA. 1996，19～48

思　考　题

1. 分析质量控制的意义。

2. 如何减少采样误差？
3. 何为分析误差？如何有效地控制系统误差和偶然误差？
4. 何为空白试验和对照试验？它们在分析中起什么作用？
5. 何为离群值（可疑数据）？如何有效地加以取舍？
6. 有效数字修约的原则是什么？
7. 在实际工作中，怎样选择分析方法？
8. 何为加标回收率？测定加标回收率有什么意义？
9. 如何确定分析方法的灵敏度和检出限？
10. 测定校正曲线可确定哪些有用参数？
11. 何为标准物质和标准参考物质？
12. 怎样应用实验室控制样品和质量控制检查样品进行实验室内质量控制？
13. 制作质量控制图的原理是什么？控制限、警戒限、辅助限代表什么意义？
14. 简述实验室质量考核的方法。
15. 何为“均分样品”？如何应用“均分样品”进行实验室间质量控制？
16. 比较方差分析法和 t 检验法在实验室质量检查中的应用范围和局限性。
17. 何为“双样”图测验法？如何应用“双样”图来评判实验室误差？

附　表

附表 1　国际原子量表（1979 年）

元	素	原子量	元	素	原子量	元	素	原子量
Ag	银	107.868	H	氢	1.0079	Rb	铷	85.4678
Al	铝	26.98154	He	氦	4.00260	Rh	铑	102.9055
Ar	氩	39.948	Hg	汞	200.59	Rn	氡	(222)
As	砷	74.9216	I	碘	126.9045	Ru	钌	101.07
Au	金	196.9665	In	铟	114.82	S	硫	32.06
B	硼	10.81	K	钾	39.098	Sb	锑	121.75
Ba	钡	137.33	Kr	氪	83.80	Sc	钪	44.9559
Be	铍	9.01218	La	镧	138.9055	Se	硒	78.966
Bi	铋	208.9804	Li	锂	6.941	Si	硅	28.0855
Br	溴	79.904	Mg	镁	24.305	Sn	锡	118.69
C	碳	12.011	Mn	锰	54.9380	Sr	锶	87.62
Ca	钙	40.08	Mo	钼	95.94	Te	碲	127.60
Cd	镉	112.41	N	氮	14.0067	Th	钍	232.0381
Ce	铈	140.12	Na	钠	22.98977	Ti	钛	47.90
Cl	氯	35.453	Ne	氖	20.179	Tl	铊	204.37
Co	钴	58.9332	Ni	镍	58.70	U	铀	238.029
Cr	铬	51.996	O	氧	15.9994	V	钒	50.9425
Cs	铯	132.9054	Os	锇	190.2	W	钨	183.85
Cu	铜	63.546	P	磷	30.97376	Xe	氙	131.29
F	氟	18.998403	Pb	铅	207.2	Zn	锌	65.39
Fe	铁	55.847	Pd	钯	106.4	Zr	锆	91.22
Ga	镓	69.72	Pt	铂	195.09			
Ge	锗	72.59	Ra	镭	226.0254			

附表 2　纯水制备用的几种国产离子交换树脂①

树脂分类	强酸性	弱酸性	强碱性		弱碱性	
全名称	强酸性苯乙烯系阳离子交换树脂	弱酸性丙烯酸系阳离子交换树脂	强碱性季铵Ⅰ型阴离子交换树脂		弱碱性苯乙烯系阴离子交换树脂	弱碱性环氧系阴离子交换树脂
型 号	001×7	112	201×7	201×4	303×2	331

（续）

树脂分类	强酸性	弱酸性	强碱性		弱碱性	
曾用牌号（及生产单位②）	732（上海、无锡、沈阳、长春、丹东等）；强酸1（南开等）；强酸1×7（北京）；010#（宜宾）	724（上海）；101（南开）	717#（上海、无锡、沈阳、长春、丹东等）；强碱201#（南开等）；214#（宜宾）	711（上海、沈阳、长春、丹东）	704#（上海）	701#（上海）
活性基团	$—SO_3^-$	$—COO^-$	$—N^+(CH_3)_3$	$—N^+(CH_3)_3$	$—NH_2$ $=NH$	$—NH_2$ $=NH$ $\equiv N$ $\equiv N=$
含水量（%）③	45～55	≤65	40～50	50～60	45～55	58～68
出厂离子形式	Na^+	H^+	Cl^-	Cl^-	Cl^-	OH
外观	淡黄色至褐色球状颗粒	乳白色球状颗粒	淡黄色至金黄色球状颗粒生	淡黄色至金黄色球状颗粒	淡黄色球状颗粒	金黄至琥珀色球状颗粒
粒度	0.3～1.2 mm ≥95%	20～50目 ≥80%	0.3～1.2 mm ≥95%	0.3～1.2 mm ≥90%	0.3～1.2 mm ≥95%	10～50目 ≥90%
湿真比重（20℃，g/mL）④	1.23～1.28		1.06～1.11	1.04～1.08	1.04～1.08	1.05～1.09
湿视比重（20℃，g/mL）⑤	0.75～0.85		0.65～0.75	0.65～0.75	0.65～0.75	0.60～0.75
转型膨胀率⑥	$Na^+ \to H^+$，+10%		$Cl^- \to OH^-$，+17%			$Cl^- \to OH^-$，+20%
耐磨率（%）≥	一级品93.0 二级品88.0		一级品95 二级品90			90
允许温度（℃）	钠型<120 氢型<100	<90	<60	氯型<70 氢氧型<50	<90	<80
全交换容量⑦（$mol \cdot kg^{-1}$干树脂）	（钠型） 一级品4.2 二级品4.0	9	（氯型） 一级品3.0 二级品2.8	3.5	5	9
允许pH值范围	1～14		0～12	0～12	0～9	0～9

（续）

树脂分类	强酸性	弱酸性	强碱性		弱碱性	
工作交换容量⑧ （mol・kg^{-1} 湿树脂）	1.5～1.8		0.3～1.0	0.35～0.45	0.6～1.0	0.7～1.1
国际对照产品	（美）Amberlite IR－120 Dowex－50 Duolite－20 （英）Zeokarb－ 225	（美）Amberlite IRC－50 （英）Zeokarb－ 226 （苏）К5－ПZ	（美）Amberlite IRA－400 Dowex－1 （英）De－Acid- ite FF （日）タィセィ オン SA10A 神胶 801	（美）Am- berlite IRA－401	（美） Amberlite IR－45	（美） Duolite A－30B （苏） ЗАЭ－ 10П
国际对照产品	（苏）КУ－2 （日）タィセィ オン SKIB 神胶 1					

注：

① 本表系根据 1977 年部标准规定型号、名称和第十设计院等编《纯水制备》（1974）整理而成。树脂的形态分凝胶型和大孔型两种。本表所列树脂均为凝胶型。大孔型树脂是在制造过程中人为地制备网孔，以便提高树脂的抗污染和耐使用的性能（适用于海水淡化）。目前国内生产的大孔型树脂也已得到广泛应用，适应不同水质的要求。

② 生产单位名称：上海——上海树脂厂；北京——北京化工五厂；南开——南开大学化工厂；无锡——无锡树脂厂；宜宾——宜宾化工厂；沈阳——沈阳有机化工厂；长春——长春树脂厂；丹东——丹东化工三厂。

③ 凝胶型树脂交联网孔内含有一定量的水分。交联度越小，孔隙率越大，含水量也越大。因此，含水量可以间接地反映树脂交联度的大小。

④ 湿真比重是指在水中充分膨胀后树脂颗粒本身的比重。它对交换柱反洗强度的大小以及混合柱再生前分层的好坏很有影响。阳树脂的湿真比重常大于阴树脂。

⑤ 湿视比重是指在水中充分膨胀时（即工作状态）树脂的堆集密度。此值常用以计算交换柱一定体积树脂层所需装填湿树脂的重量。

⑥ 同型号树脂的可交换离子不同时，树脂的膨胀率也不同。一般强酸性树脂由 Na^{+} 型转为 H^{+} 型，强碱性树脂由 Cl^{-} 型转为 OH^{-} 型，其体积都要胀大。因此，在混合柱再生时，可先通入 NaOH，以增加阳、阴树脂之间湿真比重之差，有利于迅速分层。

⑦ 全交换容量是指干树脂的交换基总数，用 mol・kg^{-1}表示，并注明离子型式，因为交换容量与离子型式有关。

⑧ 工作交换容量是指在动态工作状态下的交换容量，其数值随条件因素（例如进水的离子浓度、交换终点的控制指标、树脂层高度、交换速度、树脂的粒度和交换离子的型式等）而常用 mol・L^{-1}表示。

附表 3　电阻或电导之温度校正值表（f_t）

电导 25 ℃＝电导 $t \times f_t$　　　　电阻 25 ℃＝$\frac{电阻\ t}{f_t}$

温度（℃）	校正值	温度（℃）	校正值	温度（℃）	校正值	温度（℃）	校正值
3.0	1.709	20.0	1.112	25.0	1.000	30.0	0.907
4.0	1.660	20.2	1.107	25.2	0.996	30.2	0.904
5.0	1.613	20.4	1.102	25.4	0.992	30.4	0.901
6.0	1.569	20.6	1.097	25.6	0.988	30.6	0.897
7.0	1.528	20.8	1.092	25.8	0.983	30.8	0.894
8.0	1.488	21.0	1.087	26.0	0.979	31.0	0.890
9.0	1.448	21.2	1.082	26.2	0.975	31.2	0.887
10.0	1.411	21.4	1.078	26.4	0.971	31.4	0.884
11.0	1.375	21.6	1.073	26.6	0.967	31.6	0.880
12.0	1.341	21.8	1.068	26.8	0.964	31.8	0.877
13.0	1.309	22.0	1.064	27.0	0.960	32.0	0.873
14.0	1.277	22.2	1.060	27.2	0.956	32.2	0.870
15.0	1.247	22.4	1.055	27.4	0.953	32.4	0.867
16.0	1.218	22.6	1.051	27.6	0.950	32.6	0.864
17.0	1.189	22.8	1.047	27.8	0.947	32.8	0.86
18.0	1.163	23.0	1.043	28.0	0.943	33.0	0.858
18.2	1.157	23.2	1.038	28.2	0.940	34.0	0.843
18.4	1.152	23.4	1.034	28.4	0.936	35.0	0.829
18.6	1.147	23.6	1.029	28.6	0.932	36.0	0.815
18.8	1.142	23.8	1.025	28.8	0.929	37.0	0.801
19.0	1.136	24.0	1.020	29.0	0.925	38.0	0.788
19.2	1.131	24.2	1.016	29.2	0.921	39.0	0.775
19.4	1.127	24.4	1.012	29.4	0.918	40.0	0.763
19.6	1.122	24.6	1.008	29.6	0.914	41.0	0.750
19.8	1.117	24.8	1.004	29.8	0.911		

摘自《土壤理论分析》p.202。

附表 4 二氧化碳密度表（$\mu g \cdot mL^{-1}$）

Latm (1.01325×10^5Pa) 温度（℃）	0.98925 $\times10^5Pa$	0.99258 $\times10^5Pa$	0.99592 $\times10^5Pa$	0.99858 $\times10^5Pa$	1.00125 $\times10^5Pa$	1.00458 $\times10^5Pa$	1.00792 $\times10^5Pa$	1.1058 $\times10^5Pa$	1.01325 $\times10^5Pa$	1.01658 $\times10^5Pa$	1.01991 $\times10^5Pa$	1.02258 $\times10^5Pa$	1.02525 $\times10^5Pa$	1.02792 $\times10^5Pa$	1.03192 $\times10^5Pa$
28	1778	1784	1791	1797	1804	1810	1817	1823	1828	1833	1837	1842	1847	1852	1856
27	1784	1790	1797	1803	1810	1816	1823	1829	1834	1839	1843	1848	1853	1858	1863
26	1791	1797	1803	1809	1816	1822	1829	1835	1840	1845	1849	1854	1859	1864	1869
25	1797	1803	1810	1816	1823	1829	1836	1842	1847	1852	1856	1861	1866	1871	1876
24	1803	1809	1816	1822	1829	1835	1842	1848	1853	1858	1862	1867	1872	1877	1882
23	1809	1815	1822	1828	1835	1841	1848	1854	1859	1864	1868	1873	1878	1883	1888
22	1815	1821	1828	1834	1841	1847	1854	1860	1865	1870	1875	1880	1885	1890	1895
21	1822	1828	1835	1841	1848	1854	1861	1867	1872	1877	1882	1887	1892	1897	1902
20	1828	1834	1841	1847	1854	1860	1867	1873	1878	1883	1888	1893	1898	1903	1908
19	1834	1840	1847	1853	1860	1866	1873	1879	1884	1889	1894	1899	1904	1909	1914
18	1840	1846	1853	1859	1866	1872	1879	1885	1890	1895	1990	1905	1910	1915	1920
17	1846	1853	1860	1866	1873	1879	1886	1892	1897	1902	1907	1912	1917	1922	1927
16	1853	1860	1866	1873	1879	1886	1892	1898	1903	1908	1913	1918	1923	1928	1933
15	1859	1866	1872	1879	1886	1892	1899	1905	1910	1915	1920	1925	1930	1935	1940
14	1865	1872	1878	1885	1892	1899	1906	1912	1917	1922	1927	1932	1937	1942	1947
13	1872	1878	1885	1892	1899	1906	1913	1919	1924	1929	1934	1939	1944	1949	1954
12	1878	1885	1892	1899	1906	1912	1919	1925	1930	1935	1940	1945	1950	1955	1960
11	1885	1892	1899	1906	1913	1919	1926	1932	1937	1942	1947	1952	1957	1962	1967
10	1892	1899	1906	1913	1920	1926	1933	1939	1944	1949	1954	1959	1964	1969	1974

附表 5　浓酸碱的浓度（近似值）

名　称	比重	质量（%）	$mol \cdot L^{-1}$	配 1L 1$mol \cdot L^{-1}$溶液所需毫升数
HCl　盐酸	1.19	37	11.6	86
HNO_3　硝酸	1.42	70	16	63
H_2SO_4　硫酸	1.84	96	18	56
$HClO_4$　高氯酸	1.66	70	11.6	86
H_3PO_4　磷酸	1.69	85	14.6	69
HOAc　乙酸	1.05	99.5	17.4	58
NH_3　氨水	0.90	27	14.3	70

附表 6　几种洗涤液的配法

1. 铬酸洗液：配方不一。例如，有的是不含 CrO_3 结晶的洗液：50 g 工业用 $K_2Cr_2O_7$ 或 $Na_2Cr_2O_7$ 溶于 100 mL 热水，冷后，将 900 mL 工业用浓 H_2SO_4 慢慢地注入 $K_2Cr_2O_7$ 水溶液中。有的是氧化力较强的含有深红色 CrO_3 结晶的洗液：80 g 工业用 $K_2Cr_2O_7$ 或 $Na_2Cr_2O_7$ 溶于 30 mL 热水，冷后，将 1 L 工业用浓 H_2SO_4 慢慢注入此液。

2. 碱性酒精洗液：工业用酒精与 300 $g \cdot L^{-1}$NaOH 或 KOH 溶液等体积混合。

3. 草酸洗液：5 g 草酸溶于 1 L 1∶9H_2SO_4 溶液中。

4. 用 1∶9HNO_3 溶液作为洗涤剂很有效，特别适宜于原子吸收光谱分析。

附表 7　常用基准试剂的处理方法

基准试剂名称	规　格	标准溶液	处理方法
硼砂（$Na_2B_4O_7 \cdot H_2O$）	分析纯	标准酸	盛有蔗糖和食盐的饱和水溶液的干燥器内平衡一周
无水碳酸钠（Na_2CO_3）	（分析纯）	标准碱	180～200 ℃，4～6 h
苯二甲酸氢钾（$KHC_8H_4O_4$）	（分析纯）	标准碱	105～110 ℃，4～6 h
草酸（$H_2C_2O_4 \cdot 2H_2O$）	（分析纯）	标准碱或高锰酸钾	室温
草酸钠（$Na_2C_2O_4$）	（分析纯）	高锰酸钾	150 ℃，2～4 h
重铬酸钾（$K_2Cr_2O_7$）	（分析纯）	硫代硫酸钠等还原剂	130 ℃，3～4 h
氯化钠（NaCl）	（分析纯）	银盐	105 ℃，4～6 h
金属锌（Zn）	（分析纯）	EDTA	在干燥器中干燥 4～6 h
金属镁带（Mg）	（分析纯）	EDTA	100 ℃，1 h
碳酸钙（$CaCO_3$）	（分析纯）	EDTA	105 ℃，2～4 h

附表 8　化验室的临时急救措施

种　类		急　救　措　施
灼伤	火灼	一度烫伤（发红）：把棉花用酒精［无水或 $\varphi(H_3CH_2OH)=90\%\sim96\%$］浸湿，盖于伤处或用麻油浸过的纱布盖敷。 二度汤伤（起泡）：用上述处理也可，或用 30～50 g・L^{-1}高锰酸钾或 50 g・L^{-1}现制丹宁溶液如上法处理。 三度烫伤：用消毒棉包扎，请医生诊治。
灼伤	酸灼	1. 若强酸溅撒在皮肤或衣服上，用大量水冲洗，然后用 50 g・L^{-1}碳酸氢钠洗伤处（或用 1∶9 氢氧化铵洗之）。 2. 若为氢氟酸灼伤时，用水洗伤口至苍白，用新鲜配制 20 g・L^{-1}氧化镁甘油悬液涂之。 3. 眼睛酸伤，先用水冲洗，然后再用 30 g・L^{-1}碳酸氢钠洗眼，严重者请医生医治。
灼伤	碱灼	强碱溅撒在皮肤和衣服上，用大量水冲洗，可用 20 g・L^{-1}硼酸或 20 g・L^{-1}醋酸洗之。 眼睛碱伤先用水冲洗，并用 20 g・L^{-1}硼酸洗，严重者请医生诊治。
创　伤		若伤口不大，出血不多，可用 3%双氧水将伤口周围擦净，涂上红汞或碘酒，必要时撒上一些磺胺消炎粉。严重者须先涂上紫药水，然后撒上消炎粉，用纱布按压伤口，立即就医缝治。
中毒		1. 一氧化碳、乙炔、稀氨水及灯用煤气中毒时，应将中毒者移至空气新鲜流通处（勿使身体着凉），进行人工呼吸，输氧或二氧化碳混和气。 2. 生物碱中毒，用活性炭水浊液灌入，引起呕吐。 3. 汞化物中毒，若误入口者，应吃生鸡蛋或牛奶（约 1 L）引起呕吐。 4. 苯中毒，若误入口者，应服腹泻剂，引起呕吐，吸入者进行人工呼吸，输氧。 5. 苯酚（石炭酸）中毒，大量饮水、石灰水或石灰粉水，引起呕吐。 6. NH_3 中毒，若口服者应饮带有醋或柠檬汁的水，或植物油、牛奶，蛋白质引起呕吐。 7. 酸中毒，饮入苏打（$NaHCO_3$）水和水，吃氧化镁，引起呕吐。 8. 氟化物中毒，应饮 20 g・L^{-1}氯化钙，引起呕吐。 9. 氰化物中毒，饮浆糊、蛋白、牛奶等，引起呕吐。 10. 高锰酸盐中毒，饮浆糊、蛋白、牛奶等引起呕吐。
其他		1. 各种药品失火：如果电失火，应先切断电源，用二氧化碳或四氯化碳等灭火，油或其它可燃液体着火时，除以上方法外，应用砂或浸湿的衣服等扑灭。 2. 如果是工作人员触电，不能直接用手拖拉，离电源近的应切断电源，如果离电源远，应用木棒把触电者拨离电源，然后把触电者放在阴凉处，进行人工呼吸，输氧。

附表9　作物营养诊断的采样方法

生育期	采样部位	采样植株数
	大田作物	
	谷类（包括水稻）	
1）苗期（小于30 cm）	全部地上部分	
或2）抽穗以前	最上4张叶片	50～100
抽穗以后不再采样		
	玉　米	
1）苗期（小于30 cm）	全部地上部分	20～30
或2）抽穗以前	轮生叶下充分发育的叶片	15～25
或3）从抽雄穗到吐丝	穗位叶（或其上下紧挨的叶）中部1/3的叶片	15～25
	高　粱	
抽穗前或抽穗时	顶部第二叶片	15～25
	棉　花	
初花或初花前，或现第一批蕾时	主茎最新的成熟叶片（倒5叶）	30～40
	大豆或其他豆类	
1）苗期（小于30 cm）	全部地上部分	20～30
或2）始花前或始花后	顶部充分发育的2或3张叶片	20～30
开始结荚以后不再采样		
	花　生	
花期以前或花期时	主茎基部第四片成熟叶，包括叶柄	40～50
	苜　蓿	
1/10花期或以前	植株顶部以下1/3左右的成熟叶片	40～50
	三叶草和其它豆科饲料	
开花以前	主茎顶部以下1/3左右新成熟叶片	40～50
	干草、牧草或饲料用草	
穗头露出以前或在饲料质量最好的适宜时期	最上部4张叶片	40～50
	烟　草	
开花以前	最上部充分发育的叶	8～12
	甜　菜	
生长中期	中心幼叶与外边最老轮生叶之间正中的充分展开和成熟的叶片	30～40
	甘　蔗	

（续）

生 育 期	采 样 部 位	采样植株数
生长 4 个月时	顶部第三或第四张叶片，切取中部 20 cm 一段，并去中脉	15～25
	蔬 菜 作 物	
	球菜作物（大白菜、甘蓝球等）	
1）结球以前	轮生叶中心最先成熟的叶	10～20
或 2）结球时	外包叶的中脉	10～20
	叶菜作物（菠菜、生菜等）	
生长中期	最近成熟的叶	35～55
	芹　菜	
生长中期（30～38 cm）	最近成熟的叶柄	15～30
	马 铃 薯	
早花以前或早花时	选主茎顶端第三到第六的一张叶，包括叶柄	20～30
	根菜作物（胡萝卜、洋葱、甜菜等）	
根或球膨大以前	中心成熟的叶	20～30
	番茄（大田）	
早花期或以前	顶端第三或第四叶片	20～25
	番茄（温室）	
坐果时或以前	1. 幼株：邻近第二和第三簇处的叶片	20～25
	2. 老株：第四到第六簇处的叶片	20～25
	豌　豆	
始花前或始花时	顶部第三节处的叶片或叶柄	30～60
	豆　类	
1）苗期（小于 30 cm）	全部地上部分	20～30
或 2）始花前或始花时	顶部充分发育的 2 或 3 张叶片	20～30
	瓜类（西瓜、黄瓜、甜瓜）	
生长早期坐果以前	主茎基部附近的成熟叶	20～30
	水 果 和 干 果	
	桃、李、杏、樱桃、梨、苹果	
生长中期	当年生枝基部附近或短枝的叶，包括叶柄	50～100
	葡　萄	
终花期	果穗附近数叶的叶柄	60～100
	草　莓	
生长中期	最新充分展开的成熟叶片	50～57
	橙	
生长中期	非果枝（有人也用载果枝）上 4～7 月龄的春发叶，包括叶柄	20～30
	柠　檬	
生长中期	非果枝中部新发的成熟叶，包括叶柄	20～30
开花后 6～8 星期	成熟枝中部叶的中部小叶	30～35

摘自 Walsh，L. M 等，1973，Soil Testing and Plant Analysis，254～256。

参阅 Chapman，H. D. 1973，Diagnoetic Criteria for Plants and Soils. 738～744。

附表 10　作物营养诊断组织分析全氮、磷、钾、钙、镁的参考指标

（全 N、P、K、Ca、Mg%，干基）

有 * 号的是临界浓度

采样期	采样部位	元素	养分浓度水平			
			缺 乏	低 量	足 量	高 量
冬小麦						
拔节期	地上部分	N			3.00	
	地上部分	P			0.26	
	地上部分	K			2.49	
	地上部分	Ca			0.50	
抽穗期	地上部分（大麦相同）	N	<1.25	1.25～1.75	1.75～3.00	>3.00
	地上部分	P	<0.15	0.15～0.19	0.20～0.50	>0.50
	地上部分	K	<1.25	1.25～1.49	1.50～3.00	>3.00
	地上部分	Ca		<0.20	0.20～0.50	>0.50
	地上部分	Mg		<0.15	0.15～0.50	>0.50
收获后	籽粒	P		0.15	0.40	0.54
	秸秆	P		0.03	0.08	0.17
	秸秆	K		< 0.56		
春小麦						
扬花期	上部 4 张叶片	N	1.5～2.0	2.0～2.5	2.6～3.0	3.0～3.3
		P			0.25～0.26	
		K			2.32～2.49	
大麦						
分蘖期	完全发育的健壮叶	P		0.17	0.27	
成熟期	茎和叶	K			1.01*	
收获后	秸秆	N	0.40	0.80*		
	秸秆	P		0.04	0.12	0.56
	籽粒	P		0.15	0.41	0.62
荞麦						
开花期	地上部位	P		0.26	0.54	1.02
收获后	秸秆	P		0.03	0.21	0.45
	籽粒	P		0.24	0.33	0.38
玉米						
二、四叶期	地上部分	N			3.5～5.0	
	地上部分	P			0.4～0.8	
	地上部分	K			3.5～5.0	
	地上部分	Ca			0.9～1.6	
	地上部分	Mg			0.3～0.8	
抽雄期	穗位叶	N			3.00*	
		P			0.25*	
		K			1.90*	
		Ca			0.40*	
		Mg			0.25*	

（续）

采样期	采样部位	元素	养分浓度水平			
			缺 乏	低 量	足 量	高 量
吐丝期	穗位叶	N		1.1	2.7～3.5	
	穗位叶	P	<0.15	0.16～0.24	0.25～0.40	0.41～0.50
	穗位叶	K		<1.5	1.7～2.5	
	穗位叶	Ca			0.4～1.0	
	穗位叶	Mg			0.2～0.4	
成熟期	叶	P		0.05	0.12～0.23	
	秆	P		0.04	0.15～0.42	
	籽粒	P		0.23	0.43～0.80	
	籽粒	N			1.0～2.5	
	籽粒	P			0.2～0.6	
	籽粒	K			0.2～0.4	
	籽粒	Ca			0.01～0.02	
	籽粒	Mg			0.09～0.20	
			高 粱			
种植后约1个月	地上部分	N			3.5～4.0	
	地上部分	P			0.3～0.6	
	地上部分	K			3.0～4.5	
	地上部分	Ca			0.9～1.3	
	地上部分	Mg			0.35～0.50	
开花期	穗下第三叶	N			3.3～4.0	
（种后2个月）	穗下第三叶	P			0.2～0.35	
	穗下第三叶	K			1.4～1.7	
	穗下第三叶	Ca			0.3～0.6	
	穗下第三叶	Mg			0.2～0.5	
乳熟期	穗下第三叶	N			3.0～4.0	
（种后3个月）	穗下第三叶	P			0.15～0.25	
	穗下第三叶	K			1.0～1.5	
	穗下第三叶	Ca			0.2～0.6	
	穗下第三叶	Mg			0.1～0.5	
			谷 子			
扬花期	地上部分	Ca	0.26		0.51～1.08	
收获后	饲料用干草	P		0.09	0.22	0.62
			水 稻			
分蘖期（浙江）	成长的叶片	N		2.5*	3.9～4.8	
	成长的叶片	P		0.1*		
	成长的叶片	K		1.0*		
分蘖期（北京）	成长的叶鞘	P			0.20	
分蘖中期	最近充分展开的一叶片	N		3.81～5.06（平均4.52）		
	最近充分展开的一叶片	P		0.14～0.27（平均0.20）		

（续）

采样期	采样部位	元素	养分浓度水平			
			缺乏	低量	足量	高量
	最近充分展开的叶片	K		1.52～2.69（平均2.269）		
	最近充分展开的一叶片	Ca		0.16～0.39（平均0.28）		
	最近充分展开的一叶片	Mg		0.12～0.21（平均0.14）		
幼穗形成期（浙江）	茎叶	K		1.2～2.0		
幼穗分化期	最近充分展开的一叶片	N		2.85～4.20（平均3.44）		
	最近充分展开的一叶片	P		0.18～0.29（平均0.25）		
	最近充分展开的一叶片	K		1.17～2.53（平均1.84）		
	最近充分展开的一叶片	Ca		0.19～0.39（平均0.28）		
	最近充分展开的一叶片	Mg		0.16～0.39（平均0.19）		
成熟期	秸秆	P	0.02		0.04～0.05	
	秸秆	K	1.08		2.33	
棉花						
—	最近充分发育的一叶片	N			3.00～4.30	
		P			0.30～0.65	
		K			0.90～1.95	
		Ca			1.90～3.50	
		Mg			0.30～0.75	
蕾期（北京）	叶	P		0.28	0.35	
	秆	P			0.18	
早花期	地上部分	Ca		0.82～1.02	2.20	
盛花期	新成长的叶	K		0.59～0.82	1.03～1.30	
铃期	带果铃嫩枝上的叶片	N			3.50～4.00	
	带果铃嫩枝上的叶片	K			1.35	
收获后	种子	P		0.48	0.75	1.79
	纤维	P		0.03	0.05	0.12
	桃壳	P		0.07	0.10	0.21
马铃薯						
栽后40～45 d	顶部第五节处叶片	N	6.00		6.00～7.50	
	顶部第五节处叶片	P		<0.40*	>0.40	
	顶部第五节处叶片	K	2.50～4.50	4.50*	>4.50*	
栽后50 d	第一枝条基部第四叶	Ca			2.36	
	第一枝条基部第四叶	Mg			0.69	

（续）

采样期	采样部位	元素	养分浓度水平			
			缺 乏	低 量	足 量	高 量
栽后 60 d		N		3.76	6.33	
73 d		N		3.43	4.89	
88 d		N		2.87	3.00	
收获后	块茎	P		0.11	0.25	0.49
	块茎	Mg	0.12		0.13	
甘 薯						
生长中期	成长叶	N			3.2～4.2	
	成长叶	P			0.2～0.3	
	成长叶	K			2.9～4.3	
	成长叶	Ca			0.73～0.95	
	成长叶	Mg			0.4～0.8	
收获后	块根	P		0.06	0.12	0.22
	块根	Mg			0.06	
大 豆						
开花期	叶	P	0.19	0.22	0.26～0.27	
开花后（顶部有嫩荚，基部有长荚时）	上部叶	P			0.59	
	上部叶	K			2.95	
结荚前	上部充分发育的几片叶，去叶柄	N			4.26～5.50	
	上部充分发育的几片叶，去叶柄	P			0.26～0.50	
	上部充分发育的几片叶，去叶柄	K			1.71～2.50	
	上部充分发育的几片叶，去叶柄	Ca			0.36～2.00	
	上部充分发育的几片叶，去叶柄	Mg			0.26～1.00	
花 生						
扎针初期（出苗后 10～12 周）	上部茎及叶	N			3.50～4.50	
	上部茎及叶	P			0.20～0.35	
	上部茎及叶	K			1.70～3.00	
	上部茎及叶	Ca			1.25～1.75	
	上部茎及叶	Mg			0.30～0.80	
扎针期	主茎第一叶	K			1.30*	
苜 蓿						
—	顶部 15 cm	N	4.0	4～5	4.5～5.0	5～7
	顶部 15 cm	P	<0.20	0.21～0.25	0.26～0.70	0.7～1.0
	顶部 15 cm	K	<1.8	1.8～2.4	2.5～3.8	3.9～4.5

（续）

采样期	采样部位	元素	养分浓度水平			
			缺乏	低量	足量	高量
	顶部 15 cm	Ca	0.25	0.25～0.50	0.5～3.0	3.0～4.0
	顶部 15 cm	Mg	0.2	0.2～0.3	0.3～1.0	1.0～2.0
1/10 开花时	茎	K	0.48～0.94		1.5	
开花时	茎和叶	P	0.11		0.35	
红三叶草						
—	叶	P	0.15	0.15～0.25	0.25～0.32	
	叶	K	1.25	1.25～1.70	1.71～2.50	
烟草						
开花期	叶	P			0.24	
	杆	P			0.20	
甜菜						
种后 4～8 周	叶片及叶柄	P	0.11～0.17		0.27	
2/3 生长期	新成长充分发育的叶片	N		3.08	3.63～4.00	
	新成长的叶柄	NO_3—N	0	0.10	0.035～3.50	3.50
	新成长的叶片 Na<1.5%）	K	0.4～0.5	1.0*	1.0～6.0	
	新成长的叶片 Na<1.5%）	K	0.5～2.0		2.5～9.0	
	新成长的叶片	Ca	0.1～0.4	0.50*	0.4～1.5	
	新成长的叶柄	Ca	0.04～0.10	0.10*	0.2～2.5	
	新成长的叶片	Mg	0.025～0.05		0.1～2.5	
	新成长的叶柄	Mg	0.01～0.03		0.1～0.7	
收获后	叶	P		0.12	0.16	
	块根	P		0.05	0.10	0.33
甘蔗						
—	顶部向下第三至六叶片	N	1.0～1.5	1.0*	1.5～2.7	
	顶部向下第八至十节间	N	<0.2	0.25*	0.25～0.6	
	顶部向下第三至六叶鞘	P	0.02～0.05	0.08*	0.05～0.2	
	顶部向下第八至十节间	P	0.01～0.03	0.04*	0.04～0.2	
	顶部向下第三至六叶鞘	K	0.3～1.5	2.25*	2.25～6.0	
	顶部向下第八至十节间	K	0.3～0.8	1.0*	1.0～2.0	
	顶部向下第三至六叶鞘	Ca	0.02～0.1	0.15*	0.1～2.0	
	顶部向下第八至十节间	Ca	0.02～0.05	0.06*	0.05～2.0	
	顶部向下第三至六叶鞘	Mg	<0.1	0.1*	0.15～1.0	
	顶部向下第八至十节间	Mg	<0.05	0.05*	0.10～1.0	
桃						
—	叶片	N			3.87（标准值）	
	叶片	P			0.26（标准值）	
	叶片	K			1.68（标准值）	
	叶片	Ca			2.12（标准值）	

（续）

采样期	采样部位	元素	养分浓度水平			
			缺　乏	低　量	足　量	高　量
	叶片	Mg			0.67（标准值）	
梨、苹果						
—	叶片	N		2.04	2.33（标准值）	
	叶片	P		0.11～0.14	0.23（标准值）	
	叶片	K	<0.50		1.53（标准值）	
	叶片	Ca			1.40（标准值）	
	叶片	Mg			0.41（标准值）	
葡　萄						
—	叶柄	N			0.82（标准值）	
	叶柄	P			0.2～0.4	
	叶柄	K			1.4～2.0	
	叶片	N			2.0（标准值）	
	叶片	P			0.20（标准值）	
	叶片	K			2.01（标准值）	
	叶片	Ca			1.75（标准值）	
	叶片	Mg			0.44（标准值）	
橙						
—	果枝上 10 月龄的春发叶	N	1.3～1.6	1.6～1.8	1.8～2.4	2.4～2.6
	果枝上 10 月龄的春发叶	P		<0.08	0.09～0.11	0.11～0.14
	果枝上 10 月龄的春发叶	K	<0.4	0.4～0.5	0.5～1.5	1.5～2.2
	果枝上 10 月龄的春发叶	Ca	<2.5	3.0	3.0～5.5	5.5
	果枝上 10 月龄的春发叶	Mg	0.05～0.15	0.16～0.20	0.26～0.6	0.7～1.0
柠　檬						
—	非果枝上的春发叶	N		2.07～2.26	2.09	2.50
	新成长的叶	P	0.10～0.11		0.11～0.23	0.23～0.29
	非果枝上的春发叶	K			1.91	
	成长叶	Mg	0.083		0.233	

摘自 Walsh，L. M. 等 1973，Soil Testing and Plant Analysis；Chapman，H. D. 1973，Diaynostic Criteria for Plants and Soils；北京农大和浙江农大实验记录。

附表 11　不同组成形式的换算因素表

换算前的表示形式	换算因数	换算后的表示形式	换算前的表示形式	换算因数	换算后的表示形式
CO_2	0.2729	C	P	3.0662	PO_4
C	3.6641	CO_2	PO_4	0.7473	P_2O_5
有机碳（C）	1.724	有机质	PO_4	0.3261	P
有机质	0.5800	有机碳（C）	P_2O_5	1.3381	PO_4
NH_4Cl	0.3372	NH_4	KCl	0.5244	K
$(NH_4)_2SO_4$	0.2730	NH_4	KCl	0.6318	K_2O
NH_4	2.9654	NH_4Cl	K_2SO_4	0.4487	K
NH_4	3.6626	$(NH_4)_2SO_4$	K_2SO_4	0.5406	K_2O
NH_4Cl	0.2619	N	K	1.9068	KCl
$(NH_4)_2SO_4$	0.2120	N	K_2O	1.5829	KCl
N	3.8190	NH_4Cl	K	2.2284	K_2SO_4
N	4.7168	$(NH_4)_2SO_4$	K_2O	1.8499	K_2SO_4
KNO_3	0.6133	NO_3	K	1.2046	K_2O
NO_3	1.6306	KNO_3	K_2O	0.8301	K
KNO_3	0.1385	N	$K[B(C_6H_5)_4]$	0.1091	K
N	7.2182	KNO_3	$K[B(C_6H_5)_4]$	0.1314	K_2O
$NaNO_2$	0.6668	NO_2	K	9.1644	$K[B(C_6H_5)_4]$
NO_2	1.4997	$NaNO_2$	K_2O	7.6078	$K[B(C_6H_5)_4]$
$NaNO_2$	0.2030	N	NaCl	0.3934	Na
N	4.9259	$NaNO_2$	NaCl	0.5303	Na_2O
N	1.2878	NH_4	Na	2.5421	NaCl
N	1.2159	NH_3	Na_2O	1.8859	NaCl
N	4.4268	NO_3	Na	1.3480	Na_2O
N	3.2846	NO_2	Na_2O	0.7419	Na
NH_4	0.7765	N	Na_2SO_4	0.3237	Na
NH_3	0.8225	N	Na	3.0891	Na_2SO_4
NO_3	0.2259	N	Na_2SO_4	0.4364	Na_2O
NO_2	0.3044	N	Na_2O	2.2917	Na_2SO_4
NO_3	0.7420	NO_2	NaCl	0.6066	Cl
NO_3	0.2909	NH_4	KCl	0.4756	Cl
NO_2	1.3478	NO_3	Cl	1.6485	NaCl
NH_4	3.4374	NO_3	Cl	2.1028	KCl
KH_2PO_4	0.5215	P_2O_5	Cl	4.7915	$AgNO_3$
KH_2PO_4	0.2276	P	$AgNO_3$	0.2087	Cl
P_2O_5	1.9174	KH_2PO_4	K_2SO_4	0.5513	SO_4
P	4.3936	KH_2PO_4	SO_4	1.8141	K_2SO_4
P_2O_5	0.4364	P	SO_4	2.4298	$BaSO_4$
P	2.2913	P_2O_5	$BaSO_4$	0.4116	SO_4
KH_2PO_4	0.6979	PO_4	$BaSO_4$	0.7377	$CaSO_4 \cdot 2H_2O$
PO_4	1.4329	KH_2PO_4	$CaSO_4 \cdot 2H_2O$	1.3556	$BaSO_4$

（续）

换算前的表示形式	换算因数	换算后的表示形式	换算前的表示形式	换算因数	换算后的表示形式
$CaSO_4 \cdot 2H_2O$	0.5579	SO_4	Al_2O_3	0.5292	Al
SO_4	1.7923	$CaSO_4 \cdot 2H_2O$	Al	1.8895	Al_2O_3
SO_4	0.3338	S	$AlCl_3 \cdot 6H_2O$	0.1118	Al
S	2.4971	SO_3	$AlCl_3 \cdot 6H_2O$	0.2112	Al_2O_3
SO_3	0.4005	S	Al	8.9454	$AlCl_3 \cdot 6H_2O$
$CaSO_3$	0.4004	Ca	Al_2O_3	4.7343	$AlCl_3 \cdot 6H_2O$
$CaSO_3$	0.5603	CaO	Mn	1.2912	MnO
Ca	1.3992	CaO	MnO	0.7745	Mn
CaO	0.7146	Ca	Si	2.1393	SiO_2
Ca	2.4973	$CaCO_3$	SiO_2	0.4674	Si
CaO	1.7848	$CaCO_3$	$KMnO_4$	2.1198	$Na_2C_2O_4$
$CaSO_4 \cdot 2H_2O$	0.2328	Ca	$Na_2C_2O_4$	0.4717	$KMnO_4$
$CaSO_4 \cdot 2H_2O$	0.3257	CaO	KIO_3	0.9353	SO_3
Ca	4.2956	$CaSO_4 \cdot 2H_2O$	SO_3	1.0692	KIO_3
CaO	3.0701	$CaSO_4 \cdot 2H_2O$	$Na_2S_2O_3 \cdot 7H_2O$	0.1506	KIO_3
$CaCO_3$	0.4397	CO_2	KIO_3	6.6403	$Na_2S_2O_3 \cdot 7H_2O$
CO_2	2.2742	$CaCO_3$	$K_2Cr_2O_7$	5.7963	$Na_2S_2O_3 \cdot 7H_2O$
Mg	1.6583	MgO	$Na_2S_2O_3 \cdot 7H_2O$	0.1725	$K_2Cr_2O_7$
MgO	0.6030	Mg	$KMnO_4$	8.7960	$FeSO_4 \cdot 7H_2O$
Fe	1.4297	Fe_2O_3	$FeSO_4 \cdot 7H_2O$	0.1137	$KMnO_4$
Fe_2O_3	0.6994	Fe	$FeSO_4 \cdot 7H_2O$	0.1764	$K_2Cr_2O_7$
Ti	1.6680	TiO_2	$K_2Cr_2O_7$	5.6700	$FeSO_4 \cdot 7H_2O$
TiO_2	0.5995	Ti			

摘自《土壤理化分析》p.545～548。

附表 12　元素的电离电位、分析线波长、激发能和灵敏度

被测元素		电离电位	波长	激发能	火焰发射（光度）法			原子吸收法		
名称	符号	（V）	（nm）	（eV）	火焰类型	灵敏度	备注	火焰类型	灵敏度	备注
硅	Si	8.12	251.6	4.95				B	1.2	H
铁	Fe	7.83	248.3					A（或B）	0.15	H
			372.0	3.32	E	2.5				
铝	Al	5.96	309.3	4.02				B（或E）	1.1	
			396.2	3.13	E	0.4	n			
钛	Ti	6.81	364.3					B	1.4	
			518		D	10				
钙	Ca	6.09	422.7	2.92	E	0.07		B（或A）	0.03	M
镉	Cd	8.98	228.8	5.41	D	10		A	0.03	
			326.1	3.80	C	0.5				
			466		D	0.05	n			
镁	Mg	7.61	285.2	4.34	E	1.0		A（或B）	0.008	
锰	Mn	7.4	279.5	4.42				A（或B）	0.08	
			403.3	3.06	E	0.1				

（续）

被测元素		电离电位	波长	激发能	火焰发射（光度）法			原子吸收法		
名称	符号	（V）	（nm）	（eV）	火焰类型	灵敏度	备注	火焰类型	灵敏度	备注
钾	K	4.318	766.5	1.61	D	0.02		A（或F，J）	0.1	G
镧	La	5.6	550.1					B	30	
			392.8					B		
			560		E	0.6				
锂	Li	5.363	670.8	1.84	E	0.067		A（或F，J）	0.07	
			331.2					B	15	
钠	Na	5.12	589.0	2.10	D	0.001		A（或F，J）	0.04	
硼	B	8.257	249.7	4.96				B	35	
			518		E	3	n			
钼	Mo	7.35	313.3	3.96				A（或B）	1	
			390.3	3.17	K	10				
铜	Cu	7.68	324.7	3.82	E	0.6		A	0.1	
钴	Co	7.81	240.7					A	0.1	H
			345.4	4.02	E	3.4				
铬	Cr	6.74	357.9					A（或B）	0.15	
			452.4	2.91	E	5				
锌	Zn	9.36	213.9	5.8						
锆	Zr	6.92	360.1	3.39						

注：1. 火焰类型

A：空气—乙炔焰　B：氧化亚氮—乙炔焰　C：空气—氢焰　D：氧—氢焰

E：氧—乙炔焰　F：空气—煤气焰　J：空气—丙烷焰　K：氧—氰焰

2. 灵敏度

在火焰光度法中，其定义为：获得的光电流记号为总标程的1%时，溶液中被测元素的浓度，表示为$\frac{\mu g/mL}{1\%}$。检出限量定义为：获得电流记号两倍于背景波动大小时，溶液中被测元素的浓度，表示为μg/mL（即表中数据）。在原子吸收法中，灵敏度定义为：产生1%吸收讯号时，溶液中被测元素的浓度，表示为$\frac{\mu g/mg}{1\%}$。

3. 备注标符号

n：采用有机溶剂为喷雾液。

M：存在高浓度的另一种能电离的金属元素的情况下。

H：使用高强度灯源。

G：使用一种蒸汽放电光谱灯。

4. 其它没有符号的系采用水为溶剂的喷雾液。在原子吸收法中，一般以空心阴极灯为光源。本表引自卤水和盐的分析方法 p. 292～295。

附表13　各种磷矿粉磷的含量

磷矿粉产地	全磷	有效磷（2%柠檬酸溶性 P_2O_5%）	枸溶率（有效磷占全磷%）	磷素可给性
贵州开阳	35.98	8.41	2.34	高
贵州遵义	38.66	4.68	12.1	低
云南昆明	38.10	7.96	20.9	高

（续）

磷矿粉产地	全磷	有效磷（2%柠檬酸溶性 P_2O_5%）	枸溶率（有效磷占全磷%）	磷素可给性
广西玉林	29.09	5.61	19.3	中
海南	17.73	3.97	22.4	高
湖南石门	32.48	1.68	5.17	极低
湖北襄阳	32.44	5.22	25.10	中
江苏锦屏	35.78	1.21	3.40	极低
安徽凤台	22.41	5.62	25.10	高
河南信阳	25.52	4.41	17.30	中
四川峨嵋	29.10	7.12	24.50	高
内蒙古贺兰	18.84	4.29	22.80	高
摩洛哥	32.06	11.02	34.40	极高
突尼斯	23～30	—	—	—
埃及	29～32	—	—	—
撒哈拉	30～34	—	—	—
辽宁罗屯	10.02	2.67	26.70	高

附表 14　氮、磷、钾化肥的含量标准

氮　肥						
名称	含 N%以上	水分%以下	游离酸（H_2SO_4）%以下	等级	生产国	备　注
氨水	20.0			1	国产	以 NH_3%计 HG1—88—64
	18.0			2	国产	以 NH_3%计 HGl—88—64
	15.0			3	国产	
硫酸铵	19.0	0.5	0.08	1	国产	以干基计 GB—535—83
	20.8	1.0	0.20	2	国产	以干基计 GB—535—83
	20.6	2.0	0.30	3	国产	以干基计 GB—535—65
	19.0	0.5	0.05		日本	
	19.0	0.5	0.03		西德	
硝酸铵	34.4	0.6	甲基橙指示剂不显红色	优等	国产	以干基计 GB2945—89
	34.4	1.0		一等	国产	
	34.4	1.5		合格	国产	
氯化铵	25.4	0.5		优等	国产	以干基计 GB2946—92
	25.0	0.7		一等	国产	
	25.0	1.0		合格	国产	
碳酸氨铵	17.2	3.0		优等	国产	以湿基计 GB3559—92 优等品和一等品须含添加剂
	17.1	3.5		一等	国产	
	16.8	5.0		合格		
尿素	46.3	0.5	缩二脲%≤0.9	优等	国产	以干基计 GB 2401—91
	46.3	0.5	缩二脲%≤1.0	一等	国产	
	46.0	1.0	缩二脲%≤1.5	合格	国产	
氰氨基化钙	20～21				国产	
	19.0				日本	

（续）

名称	P_2O_5%以上	水分%以下	游离酸（P_2O_5）%以下	等级	生产国	备注
磷肥						
过磷酸钙	20	8	3.5	特级	国产	Z BG21003—87
	18	12	5.0	1		
	16	14	5.5	2B		
	14	14	5.5	3B		
	12	14	5.5	4B		
磷酸氢钙（沉淀磷酸钙）	30	25		特级	国产	以干基计 HG14—792—75
	27	25		1		
	24	25		2		
	21	25		3		
	18	25		4		
钙镁磷肥	18	0.5		1	国产	HG 1—294—81 均以有效磷为指标
	16	0.5		2		
	14	0.5		3		
	12	0.5		4		

钾肥

名称	K_2O%以上	水分%以下	杂质%以下	等级	生产国	备注
硫酸钾	50.0	1.0	Cl 1.5	优等	国产	Z BG21006—89
	45.0	3.0	Cl 2.5	一等		
	33.0	5.0		合格		
硫酸钾	50	1	Cl 1.5		法国	Tyler mesh
氯化钾	60	0.5			加拿大	
氯化钾	62	0.1	NaCl 1		加拿大	Tyler mesh

化成复合肥

名称	有效 P_2O_5%≥	水分%以下	N%≥	等级	生产国	备注
磷酸一铵（粒状）	52	1.0	11	优等	国产	GB10205—88
	49	1.5	11	一等		
	46	2.0	10	合格		
磷酸一铵（粉状）	49	7.0	9	优等	国产	Z BG21009—90
	47	9.0	8	一等		
磷酸二铵（粒状）	48～48	1.5	16	优等	国产	GB10205—88
	42	2.0	15	一等		
	38	2.5	13	合格		
硝酸磷肥	13.5	0.6	27.0	优等	国产	GB10510—89
	12.0	1.0	26.0	一等		
	11.0	1.2	25.0	合格		

（续）

项目	高浓度	中浓度	低浓度（三元）	低浓度（二元）	等级	生产国	备注
混成复合肥							
养分总量%	40.0	30.0	25.0	20.0		国产	($N+P_2O_5+K_2O$%)
游离水%	2.0	2.5	5.0	5.0			
（水溶磷占有效磷%）	50	50	40	40			GB15063—94

摘自：1. 南京农业大学主编，1996，土壤农化分析，农业出版社，381～382。

2. 化学工业标准汇编（化肥），1995，中国标准出版社。

附表 15 有机肥的养分含量（%）

肥料种类	水分	有机质	全氮（N）	全磷（P_2O_5）	全钾（K_2O）
（新鲜）人粪	70	20	1.0	0.5	0.4
人尿	90	3	0.5	0.1	0.2
猪粪	82	15	0.6	0.4	0.4
猪尿	95	28	0.3	0.1	1.0
马粪	76	20	0.5	0.3	0.2
马尿	90	60	1.2	痕迹	1.58
牛粪	—	14.5	0.3	0.3	0.2
牛尿	—	3.5	0.5	痕迹	0.7
羊粪	—	31.4	0.6	0.5	0.2
羊尿	—	8.3	1.7	痕迹	2.1
鸡鸭粪	—	25.5～26.2	1.1～1.6	1.4～1.5	0.6～0.9
一般厩肥	72	25	0.5	0.2	0.6
一般土粪	—	2～5	0.1～0.9	0.2～1.7	0.3～1.6
河、沟、湖泥	—	15～25	0.3	0.3	1.6
一般堆肥	65～75	5	0.4～0.5	0.2～0.3	0.4～2.7
高温堆肥	—	24～42	1.0～1.8	0.3～0.8	0.5～2.5
一般绿肥	>80	17～18	0.4～0.6	0.1～0.2	0.2～0.5
（风干）垃圾	—	—	—	0.29	0.2
秸秆类	—	—	0.5～0.6	0.2～0.3	2.0～3.0
坑、硝、熏土	—	—	0.1～0.6	0.1～0.7	0.1～1.3
大豆饼	—	—	6.3～7.0	1.1～1.3	1.3～2.1
棉籽饼	—	—	3.4	1.6	1.0
茶籽饼	—	—	1.1	0.4	1.2

图书在版编目（CIP）数据

土壤农化分析/鲍士旦主编．—3版．—北京：中国农业出版社，2000.12（2020.11重印）
面向21世纪课程教材
ISBN 978-7-109-06644-1

Ⅰ．土…　Ⅱ．鲍…　Ⅲ．土壤化学分析-教材　Ⅳ．S151.9

中国版本图书馆CIP数据核字（2000）第54776号

中国农业出版社出版
（北京市朝阳区农展馆北路2号）
（邮政编码 100125）
责任编辑　李国忠　杨国栋

北京万友印刷有限公司印刷　　新华书店北京发行所发行
1981年3月第1版　　2020年11月第3版北京第12次印刷

开本：787mm×960mm　1/16　　印张：33
字数：572千字
定价：49.50元